AutoCAD 2014 中文版实用教程

三维书屋工作室

黄海英　胡仁喜　等编著

机　械　工　业　出　版　社

本书重点介绍了 AutoCAD 2014 中文版的新功能及各种基本方法、操作技巧和应用实例。本书最大的特点是，在进行知识点讲解的同时，列举了大量的实例，使读者能在实践中掌握 AutoCAD 2014 的使用方法和技巧。

全书分为 14 章，分别介绍了 AutoCAD 2014 的有关基础知识、二维图形绘制与编辑、各种基本绘图工具、显示控制、文字与图表、尺寸标注、图块与外部参照、协同绘图工具、绘制和编辑三维表面、实体绘制、机械设计工程案例、建筑设计工程案例等。

为了配合各大中专学校师生利用此书进行教学的需要，随书配赠多媒体光盘，包含全书实例操作过程 AVI 文件和实例源文件，以及专为老师教学准备的 PowerPoint 多媒体电子教案。另外，为了延伸读者的学习范围，进一步丰富光盘的知识含量，随书光盘中还赠送了 AutoCAD 操作技巧 170 例，实用 AutoCAD 图样 100 套以及长达 500 分钟相应的操作过程录音讲解动画。

图书在版编目（CIP）数据

AutoCAD 2014 中文版实用教程/黄海英等编著. —5 版.
—北京：机械工业出版社，2013. 7
ISBN 978-7-111-43268-5

Ⅰ. ①A… Ⅱ. ①黄… Ⅲ. ①AutoCAD 软件 —教材
Ⅳ. ①TP391. 72

中国版本图书馆 CIP 数据核字（2013）第 156487 号

机械工业出版社（北京市百万庄大街 22 号 邮政编码 100037）
策划编辑：曲彩云 责任编辑：曲彩云
责任印制：杨 曦
北京中兴印刷有限公司印刷
2013 年 8 月第 5 版第 1 次印刷
184mm×260mm · 28. 5 印张 · 708 千字
0 001—3 000 册
标准书号：ISBN 978-7-111-43268-5
ISBN 978-7-89405-018-2（光盘）
定价：68. 00 元（含 1DVD）

凡购本书，如有缺页、倒页、脱页，由本社发行部调换
电话服务 网络服务
社服务中心：(010)88361066 教 材 网：http://www.cmpedu.com
销 售 一 部：(010)68326294 机工官网：http://www.cmpbook.com
销 售 二 部：(010)88379649 机工官博：http://weibo.com/cmp1952
读者购书热线：(010)88379203 封面无防伪标均为盗版

前　言

随着微电子技术，特别是计算机硬件和软件技术的迅猛发展，CAD 技术正在日新月异、突飞猛进地发展。目前，CAD 设计已经成为人们日常工作和生活中的重要内容，特别是 AutoCAD 已经成为 CAD 的世界标准。近年来，网络技术发展一日千里，结合其他设计制造业的发展，使 CAD 技术如虎添翼，CAD 技术正在乘坐网络技术的特别快车飞速向前，从而使 AutoCAD 更加羽翼丰满。同时，AutoCAD 技术一直致力于把工业技术与计算机技术融为一体，形成开放的大型 CAD 平台，特别是在机械、建筑、电子等领域技术发展势头异常迅猛。为了满足不同用户、不同行业技术发展的要求，把网络技术与 CAD 技术有机地融为一体，笔者精心组织了几所高校的老师，根据学生工程应用学习的需要编写了此书。

本书的编者是 Autodesk 中国认证考试中心的专家和各高校多年从事计算机图形学教学研究的一线人员，具有丰富的教学实践经验与教材编写经验。多年的教学工作使他们能够准确地把握学生的学习心理与实际需求。在书中处处凝结着编者的经验与体会，贯彻着他们的教学思想，希望能够对广大读者的学习起到抛砖引玉的作用，为广大读者的学习提供一条捷径。

本书重点介绍了 AutoCAD 2014 中文版的新功能及各种基本方法、操作技巧和应用实例。全书分为 14 章，分别介绍了 AutoCAD 2014 的有关基础知识、二维图形的绘制与编辑、各种基本绘图工具、显示控制、文字与图表、尺寸标注、图块与外部参照、协同绘图工具、绘制和编辑三维表面、实体绘制、机械设计工程案例、建筑设计工程案例等。在介绍的过程中，注意由浅入深，从易到难，各章节既相对独立又前后关联，编者根据自己多年的经验及学习的通常心理，及时给出总结和相关提示，帮助读者及时快捷地掌握所学的知识。全书解说翔实，图文并茂，语言简洁，思路清晰。本书可以作为初学者的入门教材，也可作为工程技术人员的参考工具书。

为了配合各学校师生利用此书进行教学的需要，随书配赠多媒体光盘，包含全书实例操作过程 AVI 文件和实例源文件，以及专为老师教学准备的 PowerPoint 多媒体电子教案。另外，为了延伸读者的学习范围，进一步丰富光盘的知识含量，随书光盘中还赠送了 AutoCAD 操作技巧 170 例，实用 AutoCAD 图样 100 套以及长达 500 分钟相应的操作过程录音讲解动画。

本书由三维书屋工作室总策划，由军械工程学院的黄海英和胡仁喜老师主要编写。其中黄海英执笔编写了第 1～10 章，胡仁喜执笔编写了第 11～14 章。路纯红、王培合、周冰、董伟、袁涛、王兵学、李鹏、李瑞、王玉秋、王义发、王敏、郑长松、王文平、孟清华、王艳池、刘昌丽、张俊生、王宏、阳平华、李广荣、张日晶、王玮等参加了部分章节的编写工作。

由于时间仓促，加上编者水平有限，书中不足之处在所难免，望广大读者登录 www.sjzsanweishuwu.com 或联系 **win760520@126.com** 批评指正，编者将不胜感激。

编　者

目 录

第 1 章 AutoCAD 2014 基础

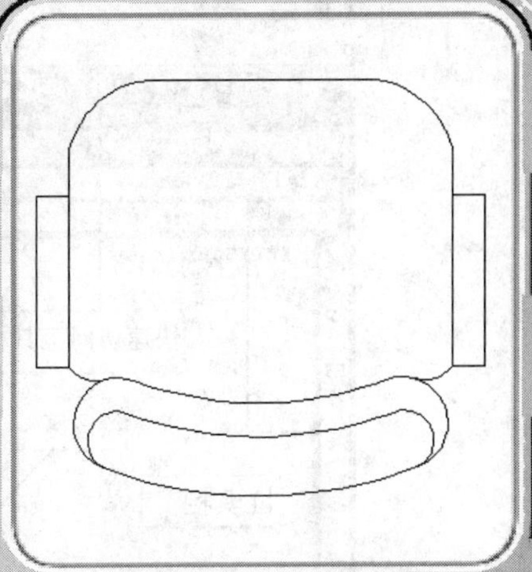

AutoCAD 2014 是美国 Autodesk 公司于 2013 年推出的最新版本，这个版本与 2009 版的 DWG 文件及应用程序兼容，拥有很好的整合性。

在本章中，我们开始循序渐进地学习 AutoCAD 2014 绘图的有关基本知识。了解如何设置图形的系统参数、样板图，熟悉建立新的图形文件、打开已有文件的方法等。

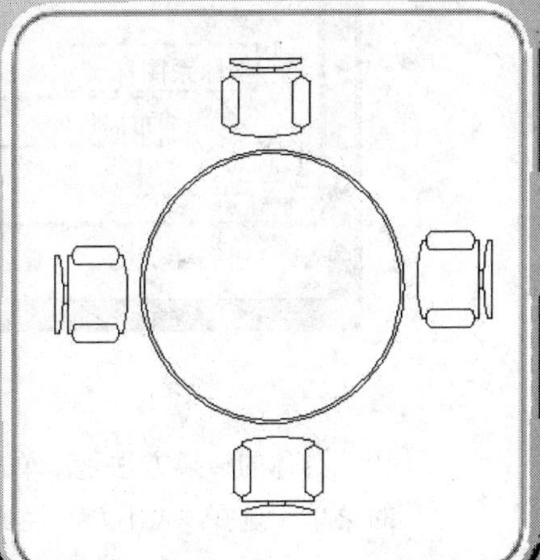

知识点

- 操作界面
- 设置绘图环境
- 文件管理
- 基本输入操作

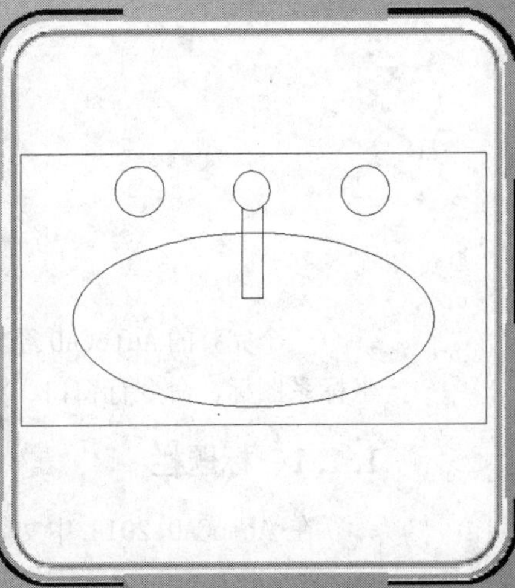

1.1 操作界面

启动 AutoCAD 2014 后的默认界面是 AutoCAD 2009 以后出现的新界面风格，为了便于学习和使用过 AutoCAD 以前版本用户学习本书，我们采用 AutoCAD 经典风格的界面介绍，如图 1-1 所示。

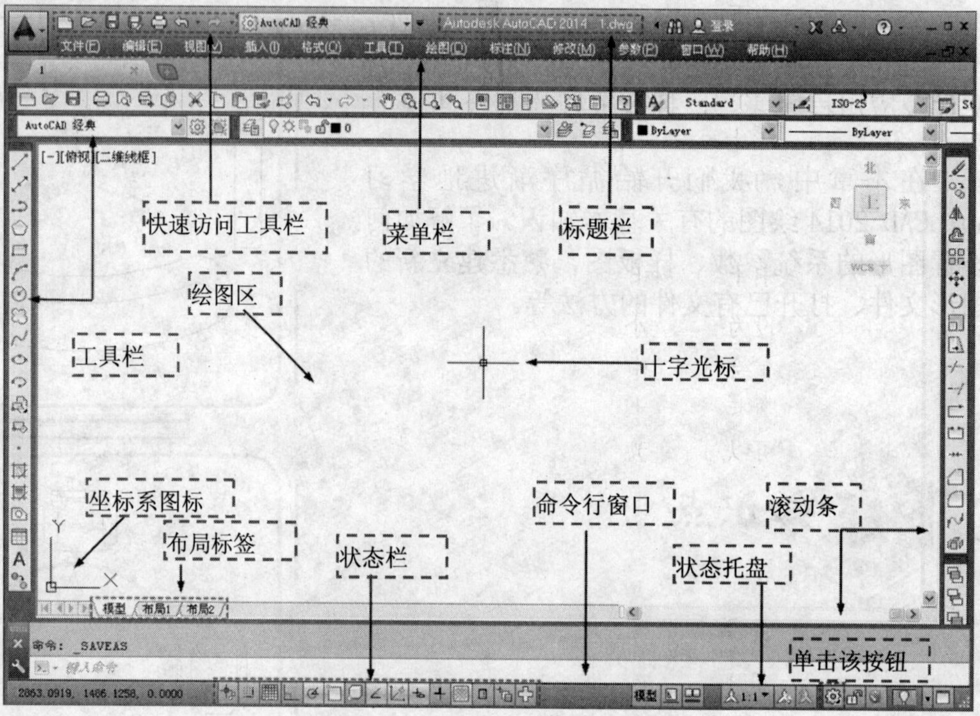

图 1-1 AutoCAD 2014 中文版操作界面

具体的转换方法是：单击界面右下角的“切换工作空间”按钮，如图 1-1 所示，在弹出的菜单中选择“AutoCAD 经典”选项，如图 1-2 所示，系统转换到 AutoCAD 经典界面。

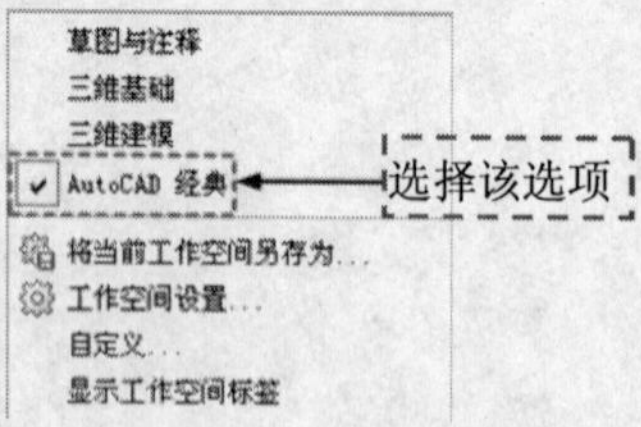

图 1-2 工作空间转换

一个完整的 AutoCAD 经典操作界面包括标题栏、绘图区、十字光标、菜单栏、工具栏、坐标系图标、命令行窗口、状态栏、布局标签、滚动条和快速访问工具栏等。

1.1.1 标题栏

在 AutoCAD 2014 中文版绘图窗口的最上端是标题栏。在标题栏中，显示了系统当前正在运行的应用程序（AutoCAD 2014）和用户正在使用的图形文件。在用户第一次启动 AutoCAD 时，在 AutoCAD 2014 绘图窗口的标题栏中，将显示 AutoCAD 2014 在启动时创建并打开的图形文件的名字 Drawing1.dwg。

1.1.2 绘图区

绘图区是指在标题栏下方的大片空白区域，绘图区是用户使用 AutoCAD 绘制图形的区域，用户完成一幅设计图形的主要工作都是在绘图区中完成的。

在绘图区中，还有一个作用类似光标的十字线，其交点反映了光标在当前坐标系中的位置。在 AutoCAD 中，将该十字线称为光标，AutoCAD 通过光标显示当前点的位置。十字线的方向与当前用户坐标系的 X 轴、Y 轴方向平行，十字线的长度系统预设为屏幕大小的 5%，如图 1-1 所示。

1. 修改图形窗口中十字光标的大小

光标的长度系统预设为屏幕大小的 5%，用户可以根据绘图的实际需要更改其大小。改变光标大小的方法为：在绘图窗口中选择工具菜单中的选项命令。屏幕上将弹出系统配置对话框。打开“显示”选项卡，在“十字光标大小”区域中的编辑框中直接输入数值，或者拖动编辑框后的滑块，即可以对十字光标的大小进行调整，如图 1-3 所示。

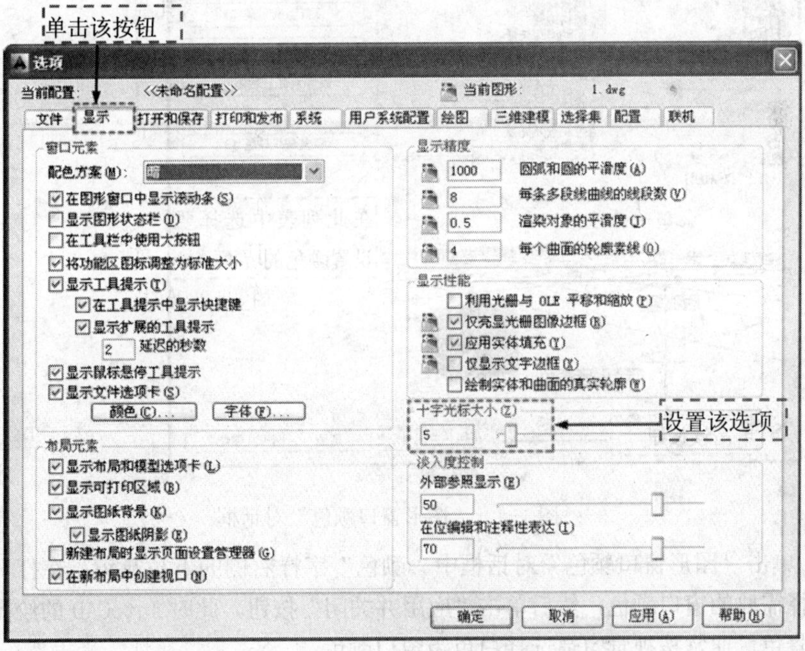

图 1-3 “选项”对话框中的“显示”选项卡

教你一招：

还可以通过设置系统变量 CURSORSIZE 的值，实现对其大小的更改。方法是在命令行输入：

命令：CURSORSIZE↙

输入：CURSORSIZE 的新值 <5>:

在提示下输入新值即可。默认值为 5%。

2. 修改绘图窗口的颜色

在默认情况下，AutoCAD 的绘图窗口是黑色背景、白色线条，这不符合绝大多数用户的习惯，因此修改绘图窗口颜色是大多数用户都需要进行的操作。

修改绘图窗口颜色的步骤为：

（1）选择“工具”下拉菜单中的“选项”打开的“选项”对话框，打开如图 1-3 所示的“显示”选项卡，单击“窗口元素”区域中的“颜色”按钮，将打开如图 1-4 所示的“图形窗口颜色”对话框。

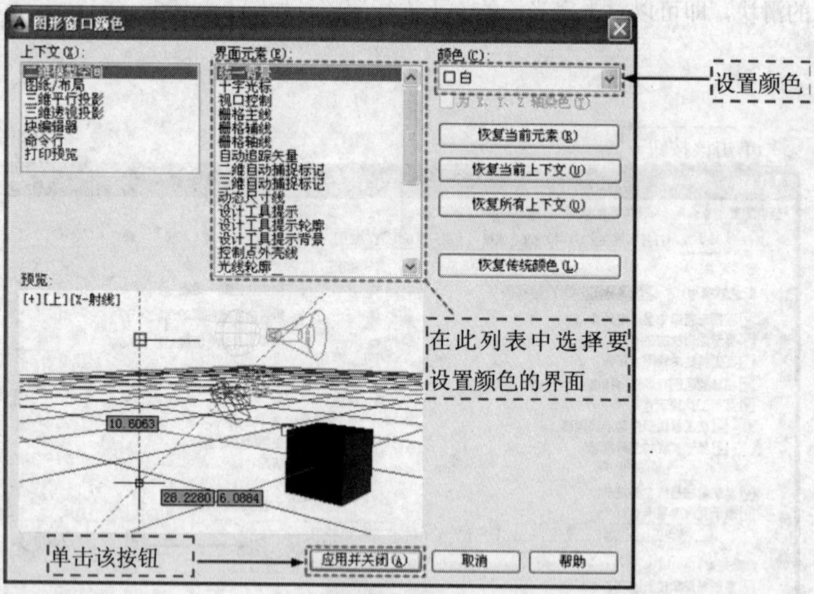

图 1-4 “图形窗口颜色”对话框

（2）单击“图形窗口颜色”对话框中“颜色”字样右侧的下拉箭头，在打开的下拉列表中，选择需要的窗口颜色，然后单击“应用并关闭”按钮，此时 AutoCAD 的绘图窗口变成了窗口背景色，通常按视觉习惯选择白色为窗口颜色。

1.1.3 坐标系图标

在绘图区的左下角，有一个直线指向图标，称之为坐标系图标，表示用户绘图时正使用的坐标系形式，如图 1-1 所示。坐标系图标的作用是为点的坐标确定一个参照系。根据工作需要，用户可以选择将其关闭。方法是选择菜单命令：视图→显示→UCS 图标→开，如图 1-5 所示。

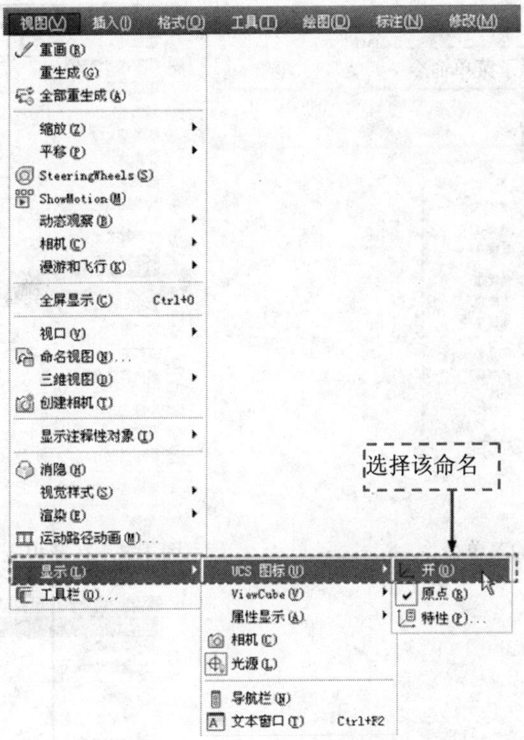

图 1-5　“视图”菜单

1.1.4　菜单栏

在 AutoCAD 绘图窗口标题栏的下方是 AutoCAD 的菜单栏。同其他 Windows 程序一样，AutoCAD 的菜单也是下拉形式的，并在菜单中包含子菜单。AutoCAD 的菜单栏中包含 12 个菜单：“文件”“编辑”“视图”“插入”“格式”“工具”“绘图”“标注”“修改”“参数”“窗口”和“帮助”，这些菜单几乎包含了 AutoCAD 的所有绘图命令，后面的章节将围绕这些菜单展开讲述。一般来讲，AutoCAD 下拉菜单中的命令有以下 3 种：

1．带有小三角形的菜单命令

这种类型的命令后面带有子菜单。例如，单击 “绘图”菜单，指向其下拉菜单中的“圆弧”命令，屏幕上就会进一步下拉出“圆弧”子菜单中所包含的命令，如图 1-6 所示。

2．打开对话框的菜单命令

这种类型的命令，后面带有省略号。例如，单击菜单栏中的“格式”菜单，选择其下拉菜单中的“表格样式（B）”命令，如图 1-7 所示。屏幕上就会打开对应的“表格样式”对话框，如图 1-8 所示。

3．直接操作的菜单命令

这种类型的命令将直接进行相应的绘图或其他操作。例如，选择视图菜单中的“重画”命令，系统将刷新显示所有视口，如图 1-9 所示。

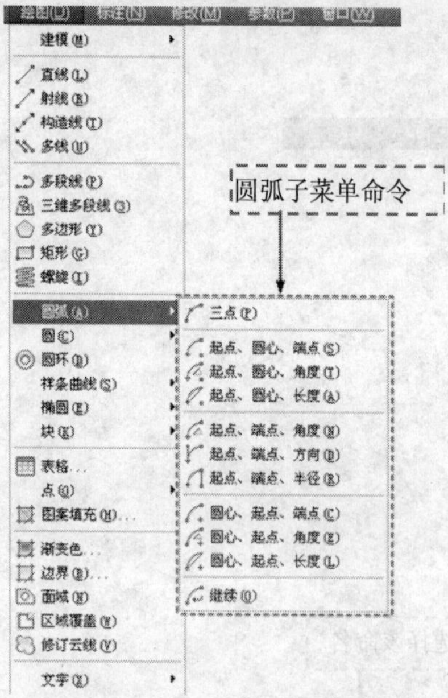

图 1-6　带有子菜单的菜单命令

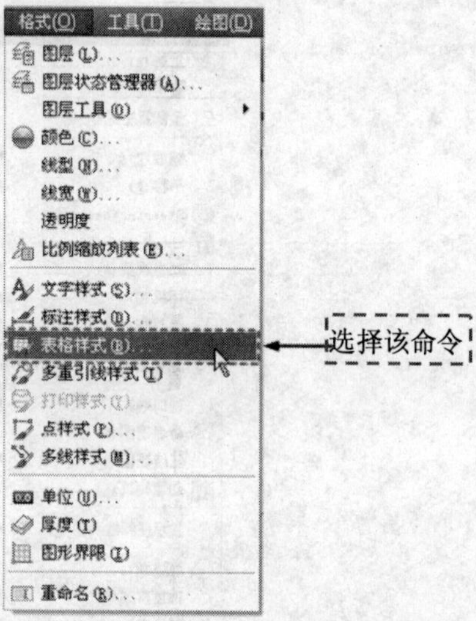

图 1-7　打开相应对话框的菜单命令

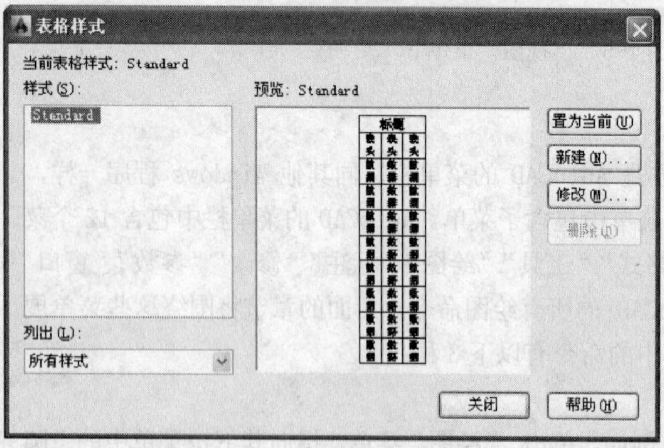

图 1-8　“表格样式”对话框

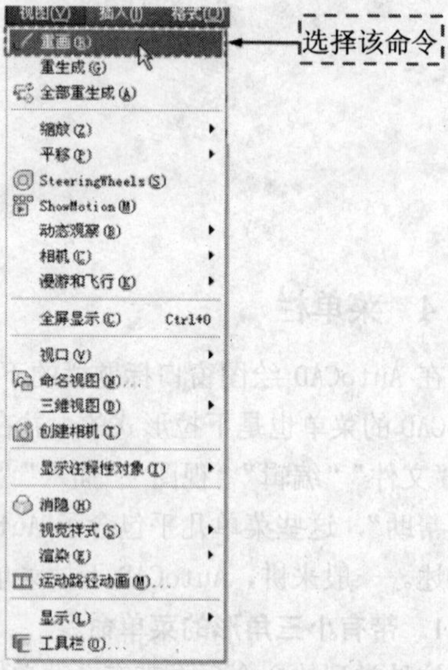

图 1-9　直接执行菜单命令

1.1.5　工具栏

工具栏是一组图标型工具的集合，把光标移动到某个图标，稍停片刻即在该图标一侧显示相应的工具提示，同时在状态栏中，显示对应的说明和命令名。此时，点取图标也可以启动相应命令。在默认情况下，可以见到绘图区顶部的“标准”工具栏、“样式”工具栏、“特性”工具栏以及“图层”工具栏（如图 1-10 所示）和位于绘图区左侧的“绘图”工具栏，右侧的“修改”工具栏和“绘图次序”工具栏（如图 1-11 所示）。

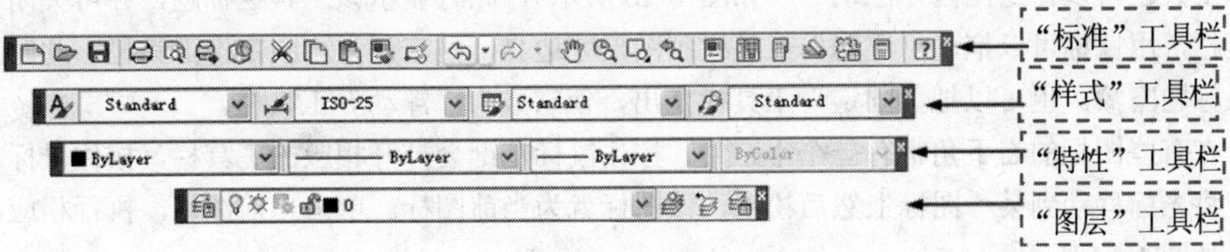

图 1-10　默认情况下出现的工具栏

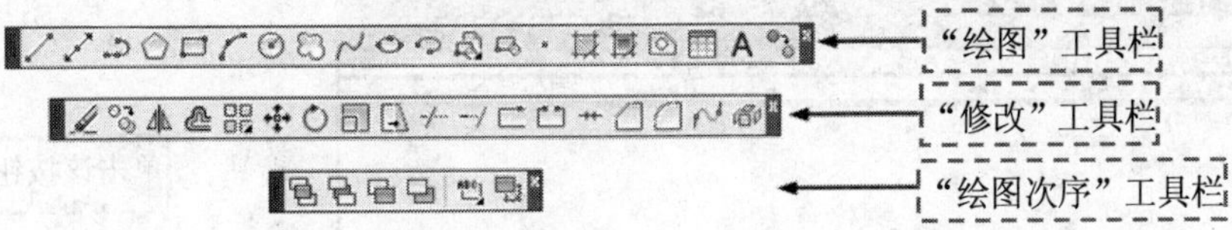

图 1-11　“绘图”“修改”“绘图次序”工具栏

1．设置工具栏

将光标放在任一工具栏的非标题区，单击鼠标右键，系统会自动打开单独的工具栏标签，如图 1-12 所示。用鼠标左键单击某一个未在界面显示的工具栏名，系统自动在界面打开该工具栏。反之，关闭工具栏。

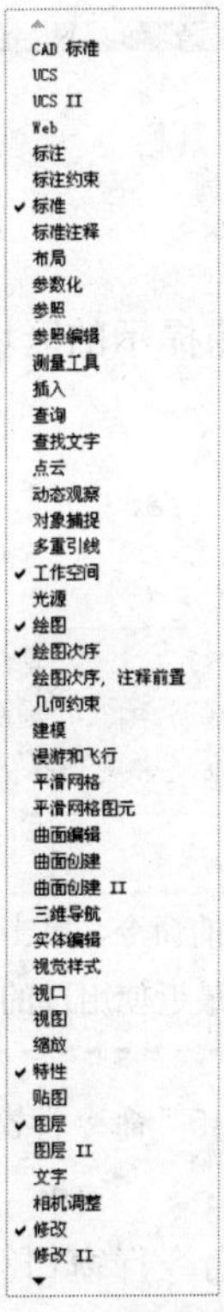

图 1-12　单独的工具栏标签

2. 工具栏的“固定”“浮动”与“打开”

工具栏可以在绘图区“浮动”（如图 1-13 所示），此时显示该工具栏标题，并可关闭该工具栏，用鼠标可以拖动“浮动”工具栏到图形区边界，使它变为“固定”工具栏，此时工具栏标题隐藏。也可以把“固定”工具栏拖出，使它成为“浮动”工具栏。

在有些图标的右下角带有一个小三角，按住鼠标左键会打开相应的工具栏，按住鼠标左键，将光标移动到某一图标上然后松手，该图标就为当前图标。单击当前图标，执行相应命令，如图 1-14 所示。

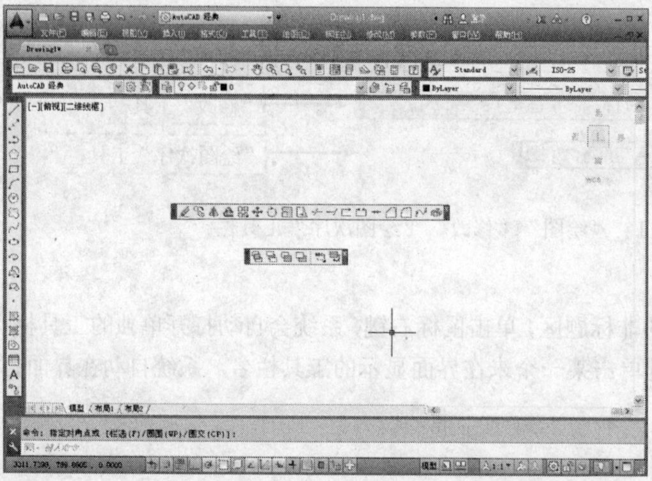

图 1-13 “浮动”工具栏

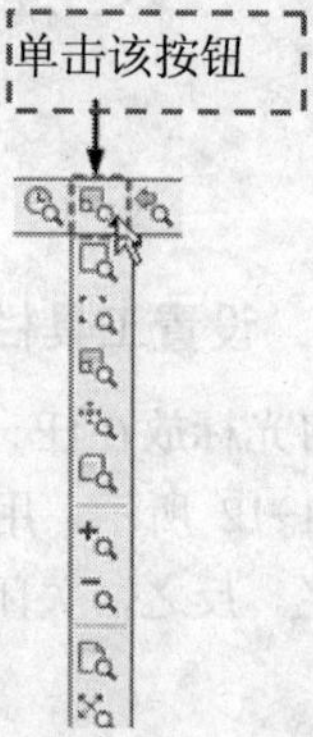

图 1-14 “打开”工具栏

1.1.6 命令行窗口

命令行窗口是输入命令名和显示命令提示的区域，默认的命令行窗口布置在绘图区下方，是若干文本行，如图 1-15 所示。

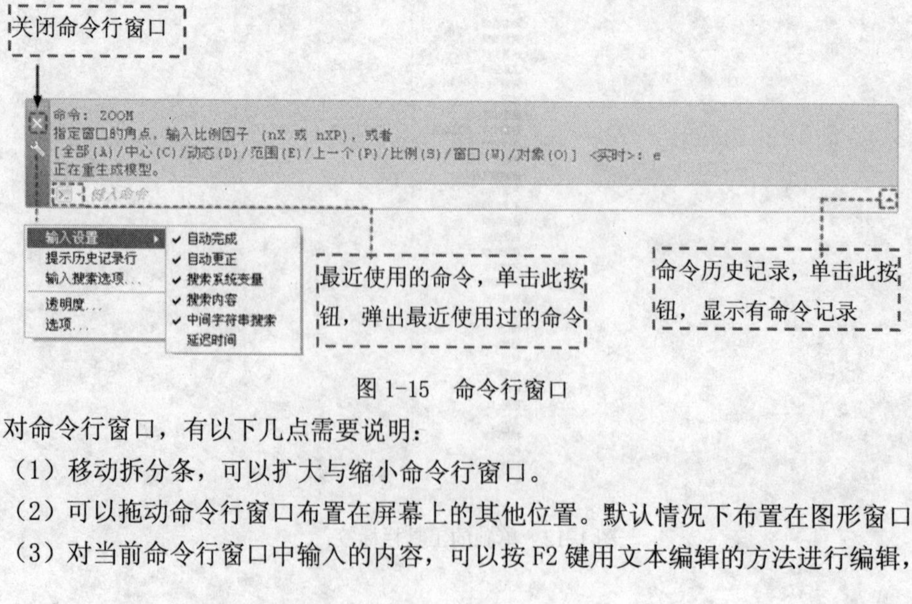

图 1-15 命令行窗口

对命令行窗口，有以下几点需要说明：

（1）移动拆分条，可以扩大与缩小命令行窗口。

（2）可以拖动命令行窗口布置在屏幕上的其他位置。默认情况下布置在图形窗口下方。

（3）对当前命令行窗口中输入的内容，可以按 F2 键用文本编辑的方法进行编辑，如图

1-16 所示。AutoCAD 文本窗口和命令窗口相似，它可以显示当前 AutoCAD 进程中命令的输入和执行过程，在执行 AutoCAD 某些命令时，它会自动切换到文本窗口，列出有关信息。

（4）AutoCAD 通过命令行窗口，反馈各种信息，包括出错信息。因此，用户要时刻关注在命令窗口中出现的信息。

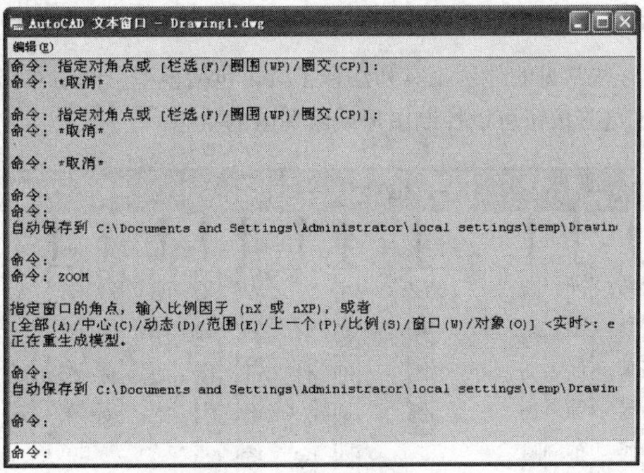

图 1-16　文本窗口

1.1.7　布局标签

AutoCAD 系统默认设定一个模型空间布局标签和“布局 1”、“布局 2”两个图样空间布局标签。在这里有两个概念需要解释一下：

1．布局

布局是系统为绘图设置的一种环境，包括图样大小、尺寸单位、角度设定、数值精确度等，在系统预设的 3 个标签中，这些环境变量都按默认设置。用户根据实际需要改变这些变量的值。也可以根据需要设置符合自己要求的新标签。

2．模型

AutoCAD 的空间分为模型空间和图样空间。模型空间是通常绘图的环境，而在图样空间中，可以创建叫做“浮动视口”的区域，以不同视图显示所绘图形。可以在图样空间中调整浮动视口并决定所包含视图的缩放比例。如果选择图样空间，则可打印多个视图，可以打印任意布局的视图。

AutoCAD 系统默认打开模型空间，可以通过鼠标左键单击选择需要的布局。

1.1.8　状态栏

状态栏在屏幕的底部，左端显示绘图区中光标定位点的坐标 x、y、z，在右侧依次有“推断约束”“捕捉模式”“栅格显示”“正交模式”“极轴追踪”“对象捕捉”“三维对象捕捉”“对象捕捉追踪”“允许/禁止动态 UCS”“动态输入”“显示/隐藏线宽”“显示/隐藏透明度”“快捷特性”“选择循环”和“注释监视器”15 个功能开关按钮。如图 1-1 所示。左键单击这些开关按钮，可以实现这些功能的开关。这些开关按钮的功能与使用方法将在第 4 章详细介绍。

1.1.9 滚动条

在AutoCAD的绘图窗口中，在窗口的下方和右侧还提供了用来浏览图形的水平和竖直方向的滚动条。在滚动条中单击鼠标或拖动滚动条中的滚动块，用户可以在绘图窗口中按水平或竖直两个方向浏览图形。

1.1.10 状态托盘

状态托盘包括一些常见的显示工具和注释工具，包括模型空间与布局空间转换工具，如图1-17所示，通过这些按钮可以控制图形或绘图区的状态。

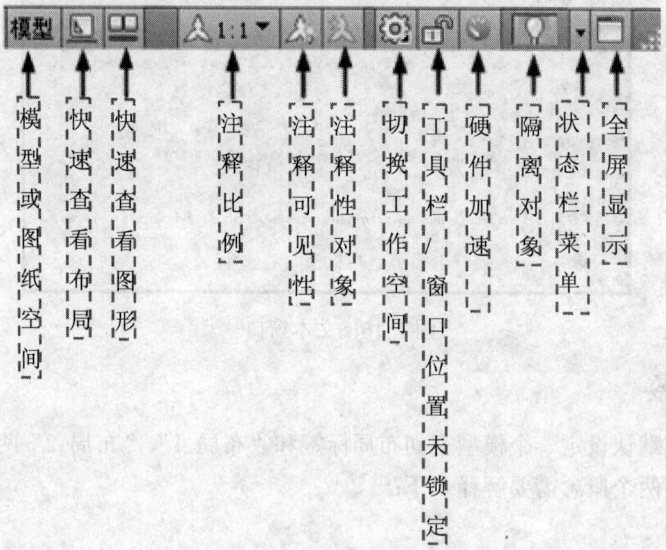

图1-17 状态托盘工具

（1）模型或图纸空间按钮：在模型空间与布局空间之间进行转换。

（2）快速查看布局按钮：快速查看当前图形在布局空间的布局。

（3）快速查看图形按钮：快速查看当前图形在模型空间的图形位置。

（4）注释比例按钮：左键单击注释比例右下角小三角符号弹出注释比例列表，如图1-18所示，可以根据需要选择适当的注释比例。

（5）注释可见性按钮：当图标亮显时表示显示所有比例的注释性对象；当图标变暗时表示仅显示当前比例的注释性对象。

（6）自动添加注释按钮：注释比例更改时，自动将比例添加到注释对象。

（7）切换工作空间按钮：进行工作空间转换。

（8）工具栏/窗口位置未锁定按钮：控制是否锁定工具栏或图形窗口在图形界面上的位置。

（9）硬件加速按钮：设定图形卡的驱动程序以及设置硬件加速的选项。

（10）隔离对象按钮：当选择隔离对象时，在当前视图中显示选定对象。所有其他对象都暂时隐藏；当选择隐藏对象时，在当前视图中暂时隐藏选定对象。所有其他对象都可见。

（11）状态栏菜单按钮：单击该下拉按钮，如图1-19所示。可以选择打开或锁定相关选项位置。

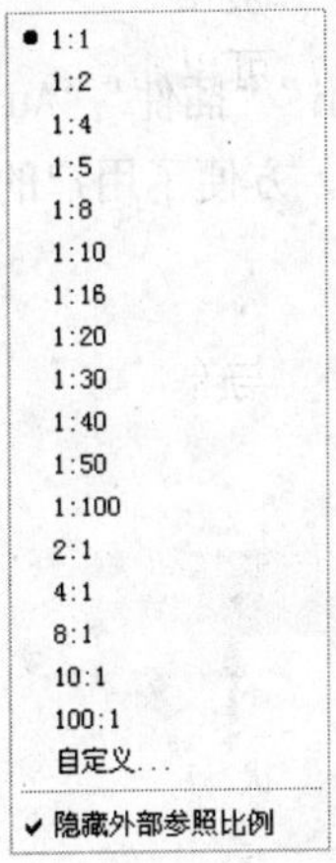

图 1-18　注释比例列表

图 1-19　工具栏/窗口位置锁右键菜单

（12）全屏显示按钮：该选项可以清除 Windows 窗口中的标题栏、工具栏和选项板等界面元素，使 AutoCAD 的绘图窗口全屏显示，如图 1-20 所示。

图 1-20　全屏显示

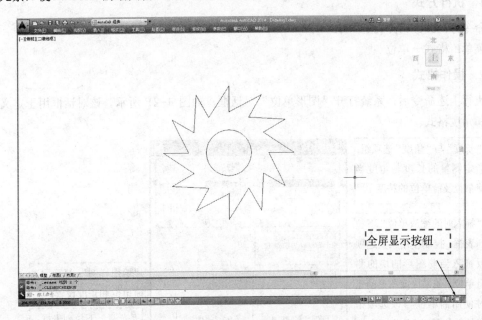

1.1.11　快速访问工具栏和交互信息工具栏

1．快速访问工具栏

该工具栏包括“新建”“打开”“保存”“另存为”“放弃”“重做”和“打印”等几个最常用的工具。用户也可以单击本工具栏后面的下拉按钮设置需要的常用工具。

2．交互信息工具栏

该工具栏包括“搜索”、Autodesk360、Autodesk Exchange 应用程序、“保持连接”和“帮

助”等几个常用的数据交互访问工具。

1.1.12 功能区

包括“默认”“插入”“注释”“参数化”“视图”“管理”“输出”“插件”“Autodesk 360”和“精选应用”10 个功能区，每个功能区集成了相关的操作工具，方便了用户的使用。用户可以单击功能区选项后面的▣按钮控制功能的展开与收缩。

打开或关闭功能区的操作方式如下：

■ 命令行：RIBBON（或 RIBBONCLOSE）

■ 菜单：工具→选项板→功能区

1.2 设置绘图环境

在 AutoCAD 中，可以利用相关命令对图形单位和图形边界以及工作工件进行具体设置。

1.2.1 图形单位设置

1. 执行方式

命令行：DDUNITS（或 UNITS）

菜单：格式→单位

2. 操作格式

执行上述命令后，系统打开“图形单位”对话框，如图 1-21 所示。该对话框用于定义单位和角度格式。

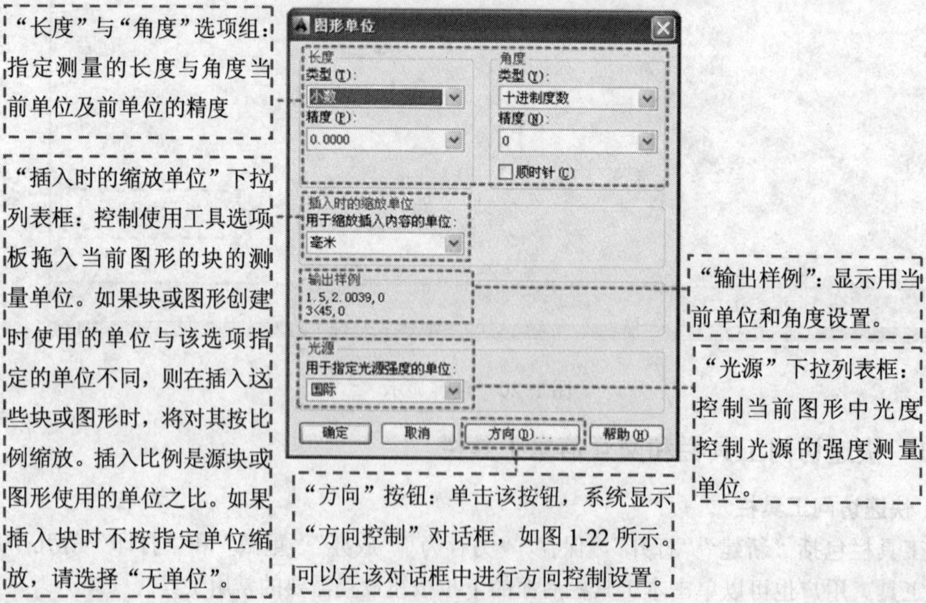
“长度”与“角度”选项组：指定测量的长度与角度当前单位及前单位的精度
“插入时的缩放单位”下拉列表框：控制使用工具选项板拖入当前图形的块的测量单位。如果块或图形创建时使用的单位与该选项指定的单位不同，则在插入这些块或图形时，将对其按比例缩放。插入比例是源块或图形使用的单位之比。如果插入块时不按指定单位缩放，请选择“无单位”。
图形单位
长度
类型(T):
小数
精度(P):
0.0000
角度
类型(Y):
十进制度数
精度(N):
0
顺时针(C)
插入时的缩放单位
用于缩放插入内容的单位:
毫米
输出样例
1.5,2.0039,0
3<45,0
光源
用于指定光源强度的单位:
国际
确定
取消
方向(D)...
帮助(H)
“输出样例”：显示用当前单位和角度设置。
“光源”下拉列表框：控制当前图形中光度控制光源的强度测量单位。
“方向”按钮：单击该按钮，系统显示“方向控制”对话框，如图 1-22 所示。可以在该对话框中进行方向控制设置。

图 1-21 “图形单位”对话框

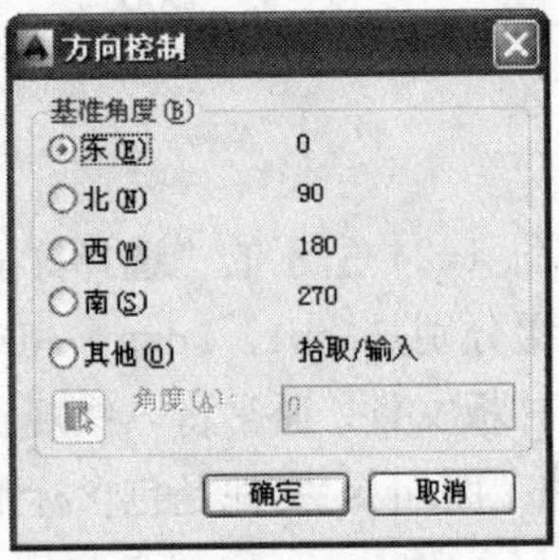

图 1-22 “方向控制”对话框

1.2.2 图形边界设置

1. 执行方式

命令行：LIMITS

菜单：格式→图形界限

2. 操作格式

命令：LIMITS↙

重新设置模型空间界限：

指定左下角点或［开(ON)/关(OFF)］〈0.0000,0.0000〉:（输入图形边界左下角的坐标后回车）

指定右上角点〈12.0000,90000〉:（输入图形边界右上角的坐标后回车）

3. 选项说明

（1）开(ON)：使绘图边界有效。系统在绘图边界以外拾取的点视为无效。

（2）关（OFF)：使绘图边界无效。用户可以在绘图边界以外拾取点或实体。

（3）动态输入角点坐标：可以直接在屏幕上输入角点坐标，输入了横坐标值后，按下“,”键，接着输入纵坐标值，如图 1-23 所示。也可以按光标位置直接按下鼠标左键确定角点位置。

图 1-23 动态输入

1.3 文件管理

本节将介绍有关文件管理的一些基本操作方法，包括新建文件、打开文件、保存文件、删除文件、密码与数字签名等，这些都是 AutoCAD 2014 最基础的知识。

1.3.1 新建文件

1. 执行方式

命令行：NEW 或 QNEW

菜单：文件→新建

工具栏：标准→新建

2. 操作格式

执行上述命令后，系统打开如图 1-24 所示的“选择样板”对话框，在文件类型下拉列表框中有 3 种格式的图形样板，后缀分别是.dwt，.dwg，.dws 的 3 种图形样板。

一般情况，.dwt 文件是标准的样板文件，通常将一些规定的标准性的样板文件设成.dwt 文件；.dwg 文件是普通的样板文件；而.dws 文件是包含标准图层、标注样式、线型和文字样式的样板文件。

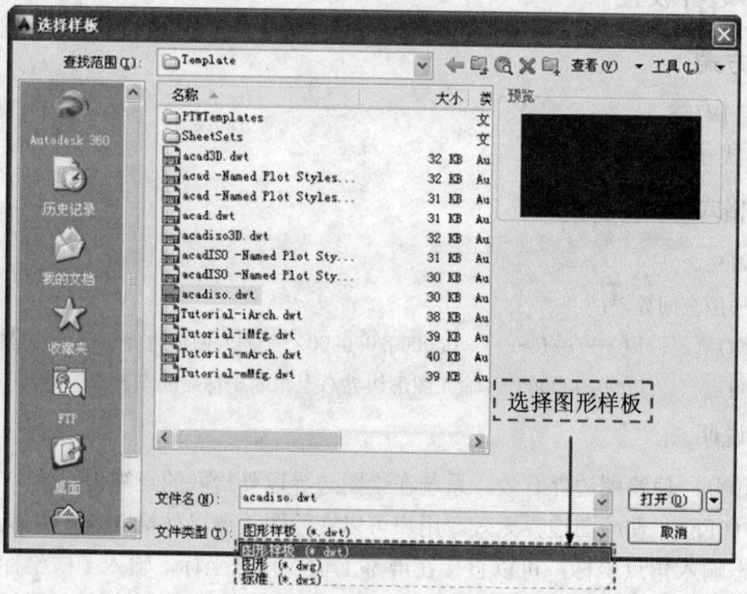

图 1-24 “选择样板”对话框

1.3.2 打开文件

1. 执行方式

命令行：OPEN

菜单：文件→打开

工具栏：标准→打开

2. 操作格式

执行上述命令后，打开“选择文件”对话框（图 1-25），在“文件类型”列表框中用户可选.dwg 文件、.dwt 文件、.dxf 文件和.dws 文件。

.dxf 文件是用文本形式存储的图形文件，能够被其他程序读取，许多第三方应用软件都支持.dxf 格式。

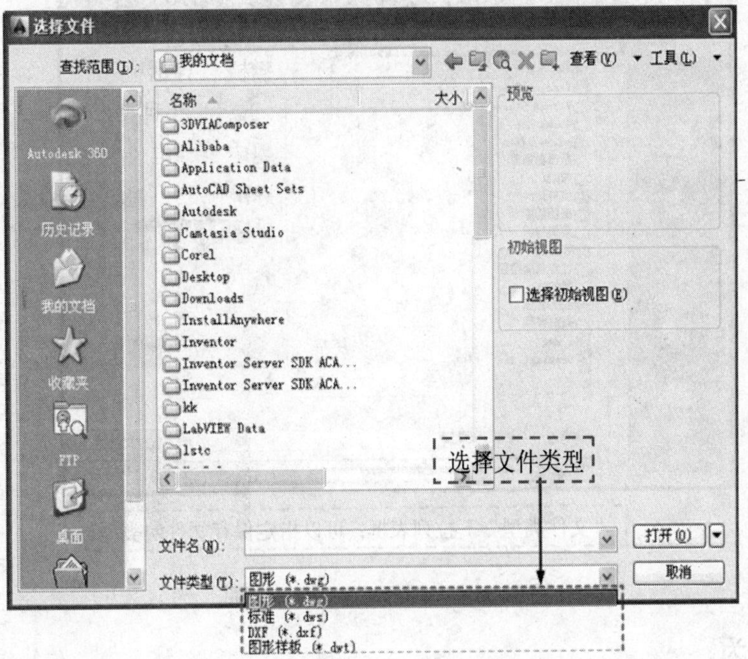

图 1-25 “选择文件”对话框

1.3.3 保存文件

1. 执行方式

命令名：QSAVE(或 SAVE)

菜单：文件→保存

工具栏：标准→保存

2. 操作格式

执行上述命令后，若文件已命名，则 AutoCAD 自动保存；若文件未命名（即为默认名 drawing1.dwg），则系统打开“图形另存为”对话框（如图 1-26 所示），用户可以命名保存。

为了防止因意外操作或计算机系统故障导致正在绘制的图形文件的丢失，可以对当前图形文件设置自动保存。

步骤如下：

（1）利用系统变量 SAVEFILEPATH 设置所有“自动保存”文件的位置，如：D:\HU\。

（2）利用系统变量 SAVEFILE 存储“自动保存”文件名。该系统变量储存的文件名文件是只读文件，用户可以从中查询自动保存的文件名。

（3）利用系统变量 SAVETIME 指定在使用“自动保存”时多长时间保存一次图形。

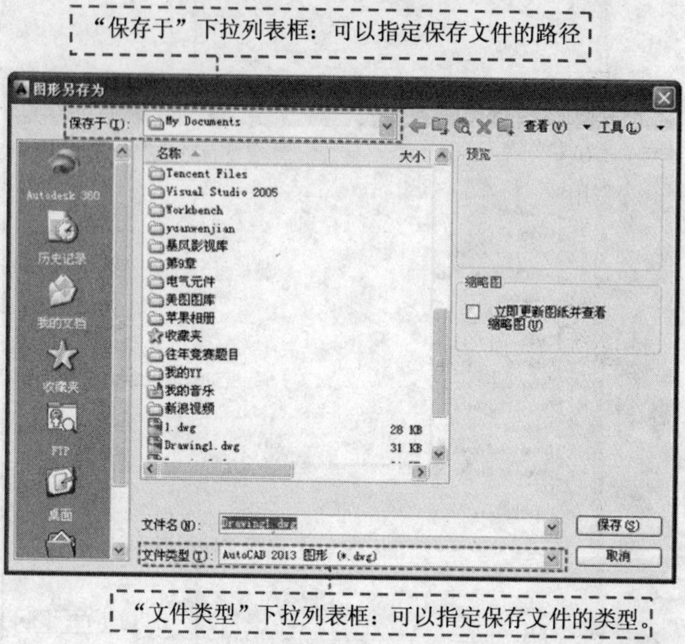

图1-26 "图形另存为"对话框

1.3.4 另存为

1. 执行方式

命令行：SAVEAS

菜单：文件→另存为

2. 操作格式

执行上述命令后，打开"图形另存为"对话框（如图1-26所示），AutoCAD用另存名保存，并把当前图形更名。

1.3.5 退出

1. 执行方式

命令行：QUIT或EXIT

菜单：文件→关闭

按钮：AutoCAD操作界面右上角的"关闭"按钮

2. 操作格式

命令：QUIT↙（或EXIT↙）

执行上述命令后，若用户对图形所作的修改尚未保存，则会出现图1-27所示的系统警告对话框。选择"是"按钮系统将保存文件，然后退出；选择"否"按钮系统将不保存文件。若用户对图形所作的修改已经保存，则直接退出。

1.3.6 图形修复

1. 执行方式

命令行：DRAWINGRECOVERY

菜单：文件→图形实用工具→图形修复管理器

2. 操作格式

命令：DRAWINGRECOVERY↙

执行上述命令后，系统打开图形修复管理器，如图 1-28 所示，打开“备份文件”列表中的文件，可以重新保存，从而进行修复。

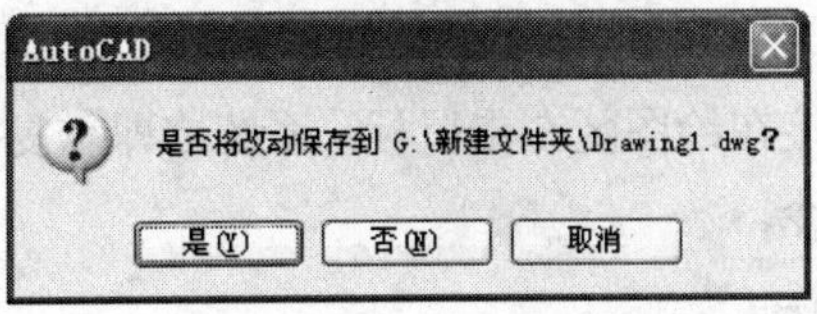

图 1-27 系统警告对话框

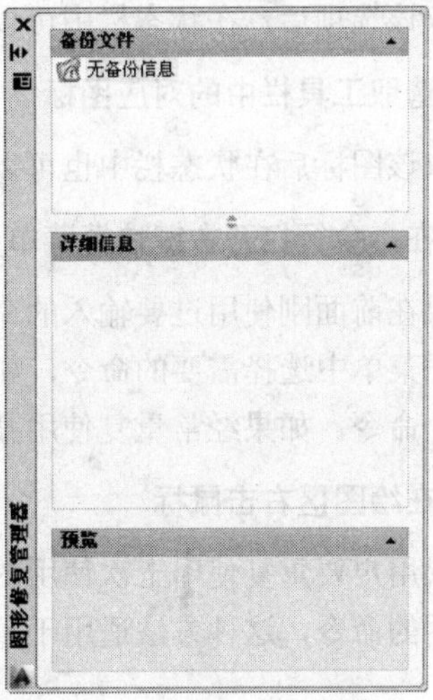

图 1-28 图形修复管理器

1.4 基本输入操作

在 AutoCAD 中，有一些基本的输入操作方法，这些基本方法是进行 AutoCAD 绘图的必备知识基础，也是深入学习 AutoCAD 功能的前提。

1.4.1 命令输入方式

AutoCAD 交互绘图必须输入必要的指令和参数。有多种 AutoCAD 命令输入方式（以画直线为例）。

1. 在命令窗口输入命令名

命令字符可不区分大小写。例如：命令：LINE↙。执行命令时，在命令行提示中经常会出现命令选项。如：输入绘制直线命令 LINE 后，命令行中的提示为：

命令：LINE↙

指定第一点：（在屏幕上指定一点或输入一个点的坐标）

指定下一点或 [放弃(U)]:

选项中不带括号的提示为默认选项，因此可以直接输入直线段的起点坐标或在屏幕上指定一点，如果要选择其他选项，则应该首先输入该选项的标识字符，如“放弃”选项的标识字符“U”，然后按系统提示输入数据即可。在命令选项的后面有时候还带有尖括号，尖括号内的数值为默认数值。

2. 在命令窗口输入命令缩写字

如 L（Line）、C（Circle）、A（Arc）、Z（Zoom）、R（Redraw）、M（More）、CO（Copy）、PL（Pline）、E（Erase）等。

3. 选取绘图菜单直线选项

选取该选项后，在状态栏中可以看到对应的命令说明及命令名。

4. 选取工具栏中的对应图标

选取该图标后在状态栏中也可以看到对应的命令说明及命令名。

5. 在命令行打开右键快捷菜单

如果在前面刚使用过要输入的命令，可以在命令行打开右键快捷菜单，在“最近使用的命令”子菜单中选择需要的命令，如图 1-29 所示。“最近使用的命令”子菜单中储存最近使用的 6 个命令，如果经常重复使用某个 6 次操作以内的命令，这种方法就比较快速简洁。

6. 在绘图区右击鼠标

如果用户要重复使用上次使用的命令，可以直接在绘图区右击鼠标，系统立即重复执行上次使用的命令，这种方法适用于重复执行某个命令。

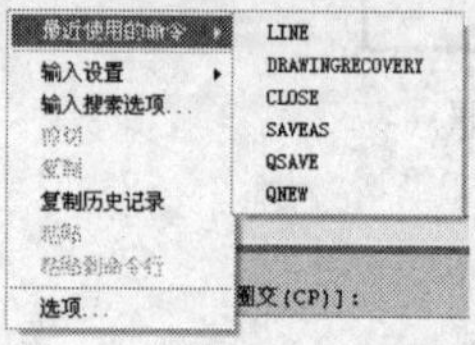

图 1-29　命令行右键快捷菜单

1.4.2　命令执行方式

有的命令有两种执行方式，通过对话框或通过命令行输入命令。如指定使用命令窗口方式，可以在命令名前加短划来表示，如“-LAYER”表示用命令行方式执行“图层”命令。而如果在命令行输入“LAYER”，系统则会自动打开“图层”对话框。

另外，有些命令同时存在命令行、菜单和工具栏 3 种执行方式，这时如果选择菜单或工具栏方式，命令行会显示该命令，并在前面加一下划线，如通过菜单或工具栏方式执行“直线”命令时，命令行会显示“_line”，命令的执行过程与结果与命令行方式相同。

1.4.3　命令的重复、撤消、重做

1. 命令的重复

在命令窗口中键入 Enter 键可重复调用上一个命令，不管上一个命令是完成了还是被取

消了。

2. 命令的撤消

在命令执行的任何时刻都可以取消和终止命令的执行。

◆ 执行方式

命令行：UNDO

菜单：编辑→放弃

工具栏：标准→放弃

快捷键：Esc

3. 命令的重做

已被撤消的命令还可以恢复重做。要恢复撤消的最后的一个命令。

◆ 执行方式

命令行：REDO

菜单：编辑→重做

工具栏：标准→重做

该命令可以一次执行多重放弃和重做操作。单击 UNDO 或 REDO 列表箭头，可以选择要放弃或重做的操作，如图 1-30 所示。

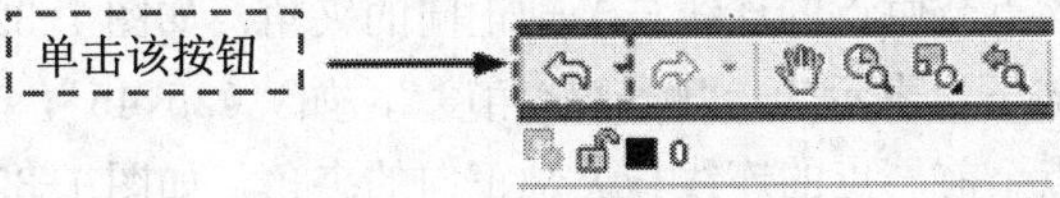

图 1-30 多重放弃或重做

1.4.4 坐标系与数据的输入方法

1. 坐标系

AutoCAD 采用两种坐标系：世界坐标系（WCS）与用户坐标系。用户刚进入 AutoCAD 时的坐标系就是世界坐标系，是固定的坐标系。世界坐标系也是坐标系中的基准，绘制图形时多数情况下都是在这个坐标系下进行的。

◆ 执行方式

命令行：UCS

菜单：工具→UCS

工具栏：标准→坐标系

AutoCAD 有两种视图显示方式：模型空间和图样空间。模型空间是指单一视图显示法，我们通常使用的都是这种显示方式；图样空间是指在绘图区域创建图形的多视图。用户可以对其中每一个视图进行单独操作。在默认情况下，当前 UCS 与 WCS 重合。图 1-31a 所示为模型空间下的 UCS 坐标系图标，通常放在绘图区左下角处；如当前 UCS 和 WCS 重合，则出现一个 W 字，如图 1-31b 所示；也可以指定它放在当前 UCS 的实际坐标原点位置，此时出现一个十字，如图 1-31c 所示。图 1-31d 所示为图样空间下的坐标系图标。

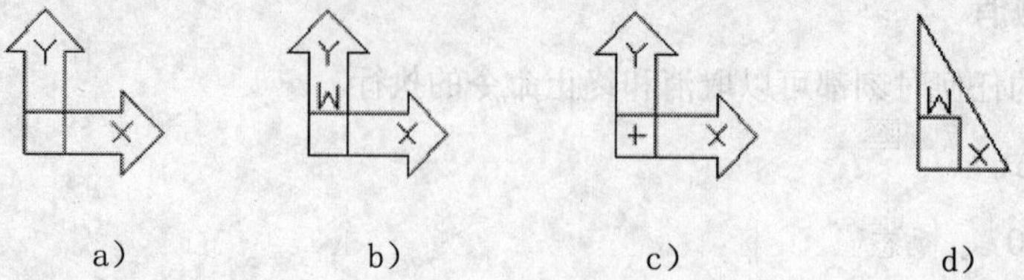

图 1-31　坐标系图标

2．数据输入方法

在 AutoCAD 中，点的坐标可以用直角坐标、极坐标、球面坐标和柱面坐标表示，每一种坐标又分别具有两种坐标输入方式：绝对坐标和相对坐标。其中直角坐标和极坐标最为常用，下面主要介绍一下它们的输入方法。

（1）直角坐标法：用点的 X、Y 坐标值表示的坐标。

例如：在命令行中输入点的坐标提示下，输入“15，18”，则表示输入了一个 X、Y 的坐标值分别为 15、18 的点，此为绝对坐标输入方式，表示该点的坐标是相对于当前坐标原点的坐标值，如图 1-32a 所示。如果输入“@10，20”，则为相对坐标输入方式，表示该点的坐标是相对于前一点的坐标值，如图 1-32c 所示。

（2）极坐标法：用长度和角度表示的坐标，只能用来表示二维点的坐标。

在绝对坐标输入方式下，表示为：“长度<角度”，如“25<50”，其中长度表为该点到坐标原点的距离，角度为该点至原点的连线与 X 轴正向的夹角，如图 1-32b 所示。

在相对坐标输入方式下，表示为：“@长度<角度”，如“@25<45”，其中长度为该点到前一点的距离，角度为该点至前一点的连线与 X 轴正向的夹角，如图 1-32d 所示。

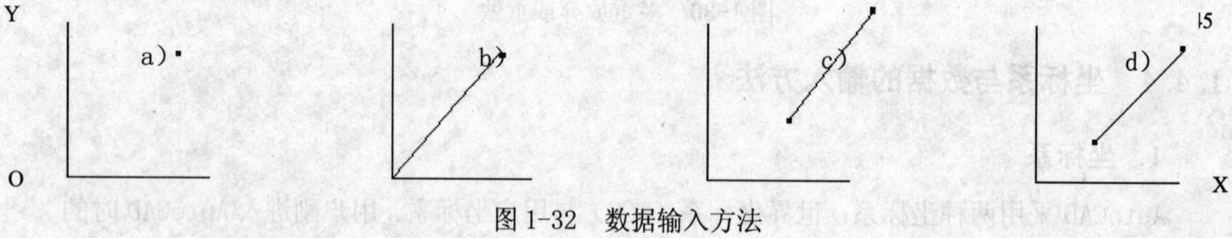

图 1-32　数据输入方法

3．动态数据输入

按下状态栏上的“DYN”按钮，系统打开动态输入功能，可以在屏幕上动态地输入某些参数数据，例如，绘制直线时，在光标附近，会动态地显示“指定第一点”以及后面的坐标框，当前显示的是光标所在位置，可以输入数据，两个数据之间以逗号隔开，如图 1-33 所示。指定第一点后，系统动态显示直线的角度，同时要求输入线段长度值，如图 1-34 所示，其输入效果与“@长度<角度”方式相同。

下面分别讲述点与距离值的输入方法。

（1）点的输入：绘图过程中，常需要输入点的位置，AutoCAD 提供了如下几种输入点的方式：

图 1-33　动态输入坐标值

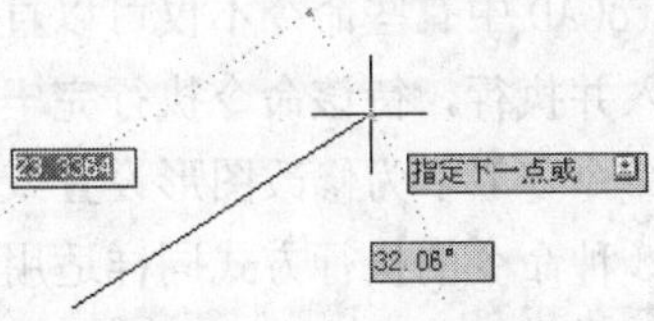

图 1-34　动态输入长度值

① 用键盘直接在命令窗口中输入点的坐标：直角坐标有两种输入方式：x，y（点的绝对坐标值，例如：100，50）和@ x，y（相对于上一点的相对坐标值，例如：@ 50，-30）。坐标值均相对于当前的用户坐标系。

极坐标的输入方式为：长度 < 角度（其中，长度为点到坐标原点的距离，角度为原点至该点连线与 X 轴的正向夹角，例如：20<45）或@长度 < 角度（相对于上一点的相对极坐标，例如 @ 50 < -30）。

② 用鼠标等定标设备移动光标单击左键在屏幕上直接取点。

③ 用目标捕捉方式捕捉屏幕上已有图形的特殊点（如端点、中点、中心点、插入点、交点、切点、垂足点等，详见第 4 章）。

④ 直接输入距离：先用光标拖拉出橡筋线确定方向，然后用键盘输入距离。这样有利于准确控制对象的长度等参数。

（2）距离值的输入：在 AutoCAD 命令中，有时需要提供高度、宽度、半径、长度等距离值。AutoCAD 提供了两种输入距离值的方式：一种是用键盘在命令窗口中直接输入数值；另一种是在屏幕上拾取两点，以两点的距离值定出所需数值。

1.4.5　实例——绘制线段

绘制一条 20mm 长的线段。

光盘路径　光盘\动画演示\第 1 章\绘制线段.avi

操作步骤

命令:LINE ↙

指定第一点:（在屏幕上指定一点）

指定下一点或 [放弃(U)]:

这时在屏幕上移动鼠标指明线段的方向，但不要单击鼠标左键确认，如图 1-35 所示，然后在命令行输入 20，这样就在指定方向上准确地绘制了长度为 20mm 的线段。

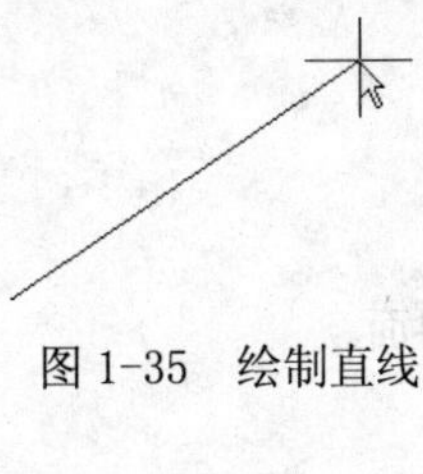

图 1-35　绘制直线

1.4.6 透明命令

在 AutoCAD 中有些命令不仅可以直接在命令行中使用，而且还可以在其他命令的执行过程中，插入并执行，待该命令执行完毕后，系统继续执行原命令，这种命令称为透明命令。

透明命令一般多为修改图形设置或打开辅助绘图工具的命令。

上述 3 种命令的执行方式同样适用于透明命令的执行。如：

```
命令：ARC↙
指定圆弧的起点或［圆心(C)]：'ZOOM↙（透明使用显示缩放命令 ZOOM)
>>（执行 ZOOM 命令）
正在恢复执行 ARC 命令
指定圆弧的起点或［圆心(C)]：（继续执行原命令）
```

1.4.7 按键定义

在 AutoCAD 中，除了可以通过在命令窗口输入命令、点取工具栏图标或点取菜单项来完成外，还可以使用键盘上的一组功能键或快捷键，通过这些功能键或快捷键，可以快速实现指定功能，如单击 F1 键，系统调用 AutoCAD 帮助对话框。

系统使用 AutoCAD 传统标准（Windows 之前）或 Microsoft Windows 标准解释快捷键。

有些功能键或快捷键在 AutoCAD 的菜单中已经指出，如“粘贴”的快捷键为 Ctrl+V；“复制”的快捷键为 Ctrl+C，这些快捷键只要用户在使用过程中多加留意，就会很快熟练掌握。快捷键的定义见菜单命令后面的说明，如“粘贴(P)Ctrl+V”。

1.5 上机实验

通过前面的学习，读者对本章知识也有了大体的了解，本节通过 3 个上机实验使读者进一步掌握本章知识要点。

实验 1 熟悉操作界面

操作提示：

（1）启动 AutoCAD 2014，进入绘图界面。

（2）调整操作界面大小。

（3）设置绘图窗口颜色与光标大小。

（4）打开、移动、关闭工具栏。

（5）尝试同时利用命令行、下拉菜单和工具栏绘制一条线段。

实验 2 管理图形文件

操作提示：

（1）启动 AutoCAD 2014，进入绘图界面。

（2）打开一幅已经保存过的图形。

（3）进行自动保存设置。

（4）进行加密设置。

（5）将图形以新的名字保存。

（6）尝试在图形上绘制任意图线。

（7）退出该图形。

（8）尝试重新打开按新名保存的原图形。

实验 3 数据输入

操作提示：

（1）在命令行输入 LINE 命令。

（2）输入起点的直角坐标方式下的绝对坐标值。

（3）输入下一点的直角坐标方式下的相对坐标值。

（4）输入下一点的极坐标方式下的绝对坐标值。

（5）输入下一点的极坐标方式下的相对坐标值。

（6）用鼠标直接指定下一点的位置。

（7）按下状态栏上的“正交”按钮，用鼠标拉出下一点的方向，在命令行输入一个数值。

（8）回车结束绘制线段的操作。

1.6 思考与练习

通过前面的学习，读者对本章知识也有了大体的了解，本节通过几个练习使读者进一步掌握本章知识要点。

1. 请指出 AutoCAD 2014 工作界面中标题栏、菜单栏、命令行窗口、状态栏、工具栏的位置及作用。

2. 打开未显示工具栏的方法是：

（1）选择“视图”下拉菜单中的“工具栏”选项，在弹出的“工具栏”对话框中选中欲显示工具栏项前面的复选框。

（2）用鼠标右击任一工具栏，在弹出的“工具栏”快捷菜单中单击该工具栏名称，选中欲显示工具栏。

（3）在命令窗口输入 TOOLBAR 命令。

（4）以上均可。

3. 调用 AutoCAD 命令的方法有：

（1）在命令行窗口输入命令名。

（2）在命令行窗口输入命令缩写字。

（3）拾取下拉菜单中的菜单选项。

（4）拾取工具栏中的对应图标。

（5）以上均可。

4．请用上题中的4种方法调用AutoCAD的画圆弧（ARC）命令。

5．请将下面左侧所列功能键与右侧相应功能用连线连起：

（1）Esc	（a）剪切
（2）UNDO（在“命令：”提示下。）	（b）弹出帮助对话框
（3）F2	（c）取消和终止当前命令
（4）F1	（d）图形窗口/文本窗口切换
（5）Ctrl+X	（e）撤消上次命令

6．请将下面左侧所列文件操作命令与右侧相应命令功能用连线连起

（1）OPEN	（a）打开旧的图形文件
（2）QSAVE	（b）将当前图形另名存盘
（3）SAVEAS	（c）退出
（4）QUIT	（d）将当前图形存盘AutoCAD

7．正常退出AutoCAD的方法有：

（1）QUIT命令

（2）EXIT命令

（3）屏幕右上角的关闭按钮

（4）直接关机

8．用资源管理器打开文件C：\Program Files\AutoCAD 2014\Sample\colorwh.dwg。

9．将打开的文件另存为：D：\图例\draw2，并加密码123，退出系统后重新打开。

第 2 章 基本绘图命令

二维图形是指在二维平面空间绘制的图形，主要由一些图形元素组成，如点、直线、圆弧、圆、椭圆、矩形、多边形、多段线、样条曲线、多线等几何元素。AutoCAD 提供了大量的绘图工具，可以帮助用户完成二维图形的绘制。本章主要内容包括：直线，圆和圆弧，椭圆和椭圆弧，平面图形，点等。

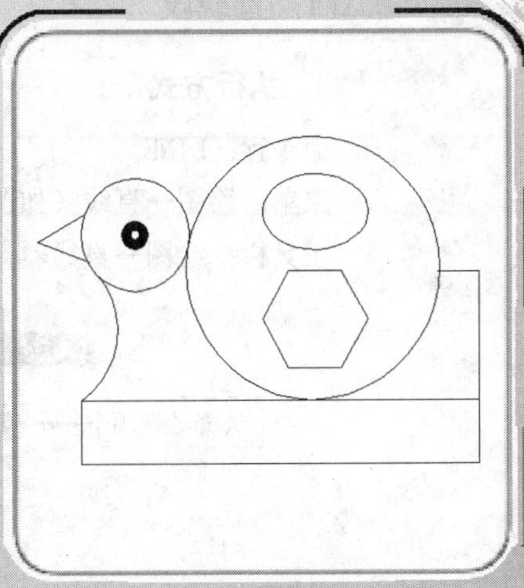

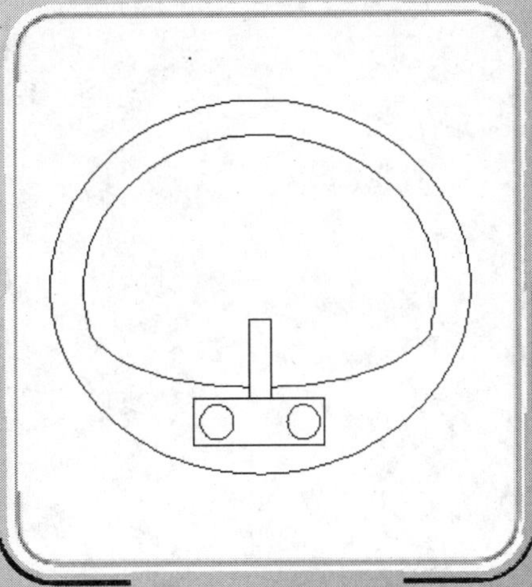

知识点

- 直线类命令
- 圆类命令
- 平面图形命令
- 点命令

2.1 直线类命令

直线类命令包括直线段、射线和构造线。这几个命令是 AutoCAD 中最简单的绘图命令。

2.1.1 直线段

1. 执行方式

命令行：LINE

菜单：绘图→直线（如图 2-1 所示）

工具栏：绘图→直线 ⁄（如图 2-2 所示）

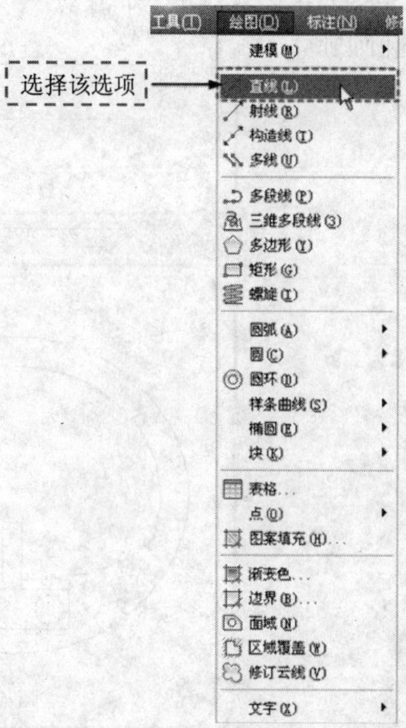

图 2-1 “绘图”菜单

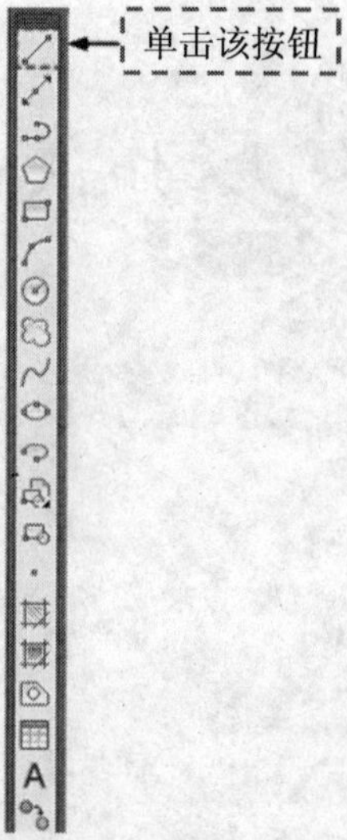

图 2-2 “绘图”工具栏

2. 操作格式

命令：LINE↙

指定第一点：（输入直线段的起点，用鼠标指定点或者给定点的坐标）

指定下一点或［放弃(U)］：（输入直线段的端点）

指定下一点或［放弃(U)］：（输入下一直线段的端点。输入选项“U”表示放弃前面的输入；单击鼠标右键点确认或按回车键 Enter，结束命令）

指定下一点或［闭合(C)/放弃(U)］：（输入下一直线段的端点，或输入选项“C”使图形闭合，结束命令）

3. 选项说明

（1）若用回车键响应“指定第一点：”提示，系统会把上次绘线（或弧）的终点作为本次操作的起始点。特别地，若上次操作为绘制圆弧，回车响应后绘出通过圆弧终点的与该圆弧相切的直线段，该线段的长度由鼠标在屏幕上指定的一点与切点之间线段的长度确定。

（2）在“指定下一点”提示下，用户可以指定多个端点，从而绘出多条直线段。但是，每一段直线是一个独立的对象，可以进行单独的编辑操作。

（3）绘制两条以上直线段后，若用 C 响应“指定下一点”提示，系统会自动链接起始点和最后一个端点，从而绘出封闭的图形。

（4）若用 U 响应提示，则擦除最近一次绘制的直线段。

（5）若设置正交方式（ORTHO ON），只能绘制水平直线或垂直线段。

（6）若设置动态数据输入方式（按下状态栏上“DYN”按钮），则可以动态输入坐标或长度值。下面的命令同样可以设置动态数据输入方式，效果与非动态数据输入方式类似。除了特别需要，以后不再强调，而只按非动态数据输入方式输入相关数据。

2.1.2 实例——表面粗糙度符号

绘制图 2-3 所示表面粗糙度符号。

光盘路径

光盘\动画演示\第 2 章\表面粗糙度符号.avi

操作步骤

命令：LINE↙

指定第一点:150，240 （1 点）

指定下一点或 [放弃(U)]：@80<-60 （2 点，也可以按状态栏上“DYN”按钮，在鼠标位置为 60°时，动态输入 80，如图 2-4 所示，下同）

指定下一点或 [放弃(U)]：@160<45（3 点）

指定下一点或 [闭合(C)/放弃(U)]：↙（结束直线命令）

命令:↙（再次执行直线命令）

指定第一点：↙（以上次命令的最后一点即 3 点为起点）

指定下一点或 [放弃(U)]：@80，0 （4 点）

指定下一点或 [放弃(U)]：↙（结束直线命令）

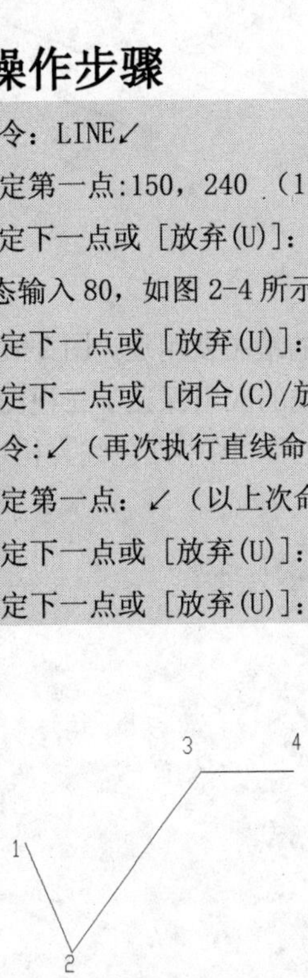

图 2-3 直线图形

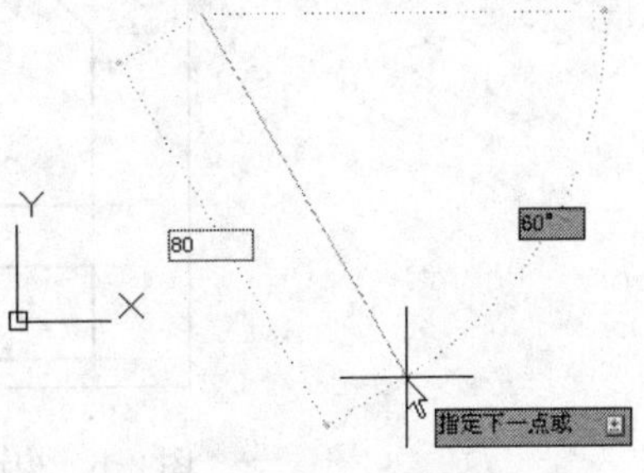

图 2-4 动态输入

2.1.3 构造线

1. 执行方式

命令行：XLINE

菜单：绘图→构造线

工具栏：绘图→构造线

2. 操作格式

命令：XLINE↙

指定点或[水平(H)/垂直(V)/角度(A)/二等分(B)/偏移(O)]：(给出根点 1)

指定通过点：(给定通过点 2，绘制一条双向无限长直线)

指定通过点：(继续给点，继续绘制线，如图 2-5a 所示，回车结束)

3. 选项说明

(1) 执行选项中有“指定点”“水平”“垂直”“角度”“二等分”和“偏移”6 种方式绘制构造线，分别如图 2-5a～f 所示。

(2) 这种线模拟手工作图中的辅助作图线。用特殊的线型显示，在绘图输出时可不作输出，常用于辅助作图。

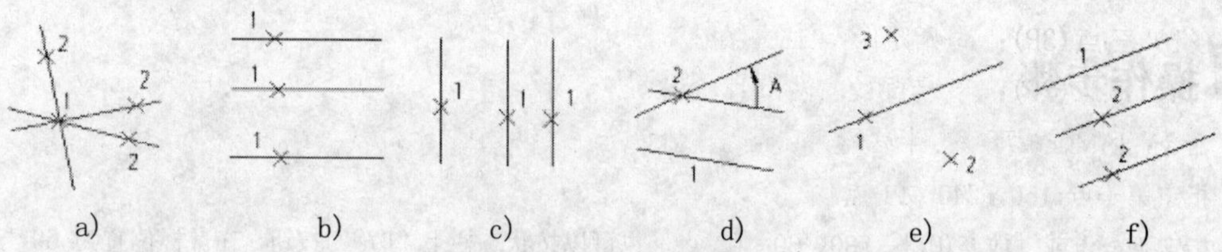

图 2-5 构造线

应用构造线作为辅助线绘制机械图中三视图的绘图是构造线的最主要用途。图 2-6 所示为应用构造线作为辅助线绘制机械图中三视图的绘图示例，构造线的应用保证了三视图之间“主俯视图长对正、主左视图高平齐、俯左视图宽相等”的对应关系。图中红色线为构造线，黑色线为三视图轮廓线。

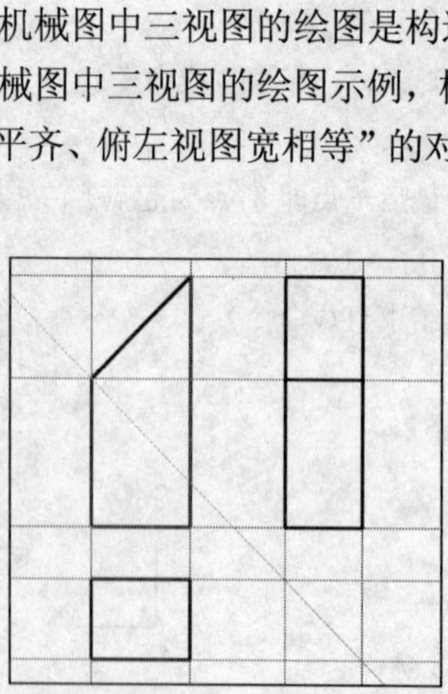

图 2-6 构造线辅助绘制三视图

2.2 圆类命令

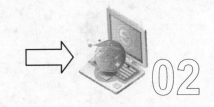

圆类命令主要包括“圆”“圆弧”“圆环”“椭圆”以及“椭圆弧”命令，这几个命令是AutoCAD中最简单的曲线命令。

2.2.1 圆

1. 执行方式

命令行：CIRCLE

菜单：绘图→圆

工具栏：绘图→圆

2. 操作格式

命令：CIRCLE↙

指定圆的圆心或［三点(3P)/两点(2P)/切点、切点、半径(T)]:(指定圆心)

指定圆的半径或［直径(D)]：(直接输入半径数值或用鼠标指定半径长度)

指定圆的直径 <默认值>：(输入直径数值或用鼠标指定直径长度)

3. 选项说明

（1）三点(3P)：用指定圆周上三点的方法画圆。

（2）两点(2P)：指定直径的两端点画圆。

（3）切点、切点、半径(T)：按先指定两个相切对象，后给出半径的方法画圆。图2-7给出了以“相切、相切、半径”方式绘制圆的各种情形（其中加黑的圆为最后绘制的圆）。

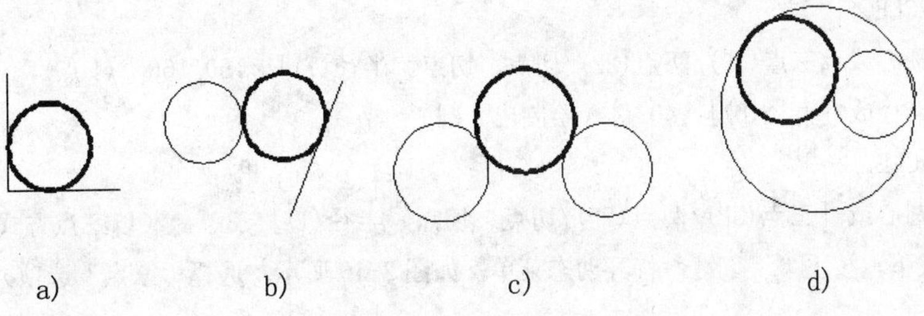

图 2-7　圆与另外两个对象相切的各种情形

（4）相切、相切、相切（A)：绘图的圆菜单中多了一种“相切、相切、相切”的方法，当选择此方式时（如图 2-8 所示），系统提示：

指定圆上的第一个点：_tan 到：（指定相切的第一个圆弧）

指定圆上的第二个点：_tan 到：（指定相切的第二个圆弧）

指定圆上的第三个点：_tan 到：（指定相切的第三个圆弧）

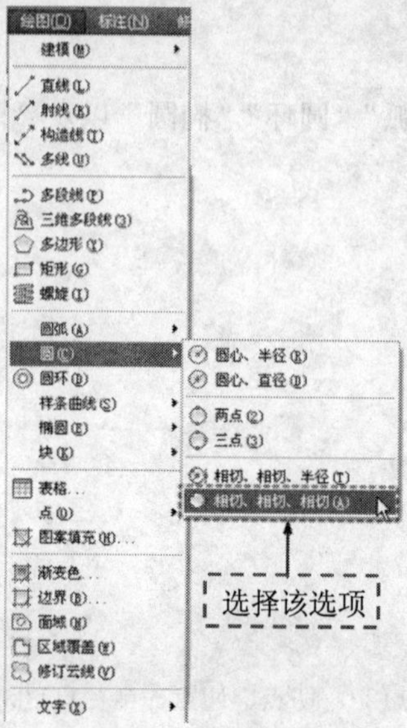

图 2-8　绘制圆的菜单方法

2.2.2　实例——连环圆

绘制图 2-9 所示连环圆图形。

光盘路径

光盘\动画演示\第 2 章\连环圆.avi

操作步骤

命令：CIRCLE↙

指定圆的圆心或 [三点(3P)/两点(2P)/切点、切点、半径(T)]：150,160　(1 点)

指定圆的半径或 [直径(D)]：40 ↙（绘制出 A 圆）

命令：CIRCLE↙

指定圆的圆心或 [三点(3P)/两点(2P)/切点、切点、半径(T)]：3P ↙（以三点方式绘制圆，或在动态输入模式下，按下“↓”键，打开动态菜单，如图 2-10 所示，选择“三点”选项）

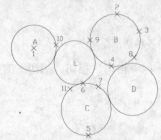

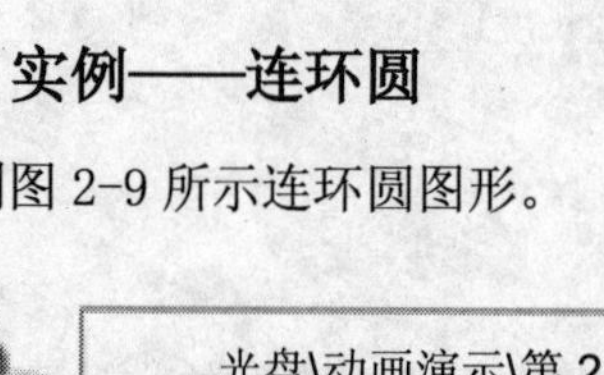

图 2-9　连环圆

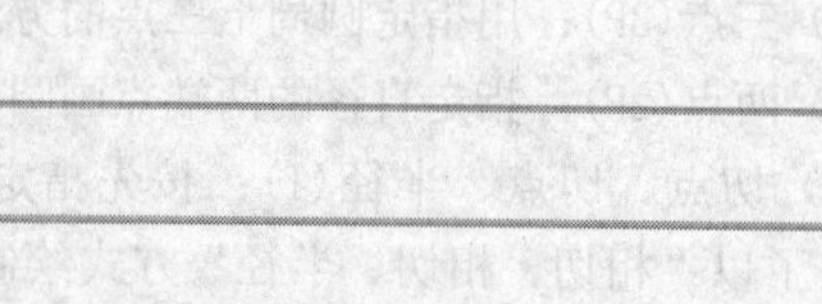

图 2-10　动态菜单

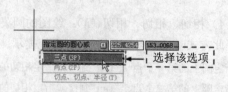

指定圆上的第一点：300,220↙　(2 点)

指定圆上的第二点：340,190↙　(3 点)

指定圆上的第三点：290,130 ↙（4 点）（绘制出 B 圆）

命令：CIRCLE↙

指定圆的圆心或［三点(3P)/两点(2P)/切点、切点、半径(T)］：2P ↙（2 点绘制圆方式）

指定圆直径的第一个端点：250,10↙ （5 点）

指定圆直径的第二个端点：240,100↙ （6 点）（绘制出 C 圆）

命令：CIRCLE↙

指定圆的圆心或［三点(3P)/两点(2P)/切点、切点、半径(T)］：T↙（以“相切、相切、半径”方式绘制中间的圆，并自动打开“切点”捕捉功能）

在对象上指定一点作圆的第一条切线：(在 7 点附近选中 C 圆)

在对象上指定一点作圆的第二条切线：(在 8 点附近选中 B 圆)

指定圆的半径： <45.2769>:45↙ （绘制出 D 圆）

命令：_circle （选取下拉菜单“绘图/圆/相切、相切、相切”）

指定圆的圆心或［三点(3P)/两点(2P)/切点、切点、半径(T)］：_3p

指定圆上的第一点：（打开状态栏上的“对象捕捉”按钮，关于“对象捕捉”功能，第 4 章将具体介绍） _tan 到 （9 点）

指定圆上的第二点：_tan 到 （10 点）

指定圆上的第三点：_tan 到 （11 点）（绘制出 E 圆）

2.2.3 圆弧

1. 执行方式

命令行：ARC（缩写名：A）

菜单：绘图→圆弧

工具栏：绘图→圆弧

2. 操作格式

命令：ARC↙

指定圆弧的起点或［圆心(C)］：(指定起点)

指定圆弧的第二点或［圆心(C)/端点(E)］：(指定第二点)

指定圆弧的端点：(指定端点)

3. 选项说明

（1）用命令方式画圆弧时，可以根据系统提示选择不同的选项，具体功能和用“绘制”菜单的“圆弧”子菜单提供的 11 种方式相似。这 11 种方式如图 2-11 所示。

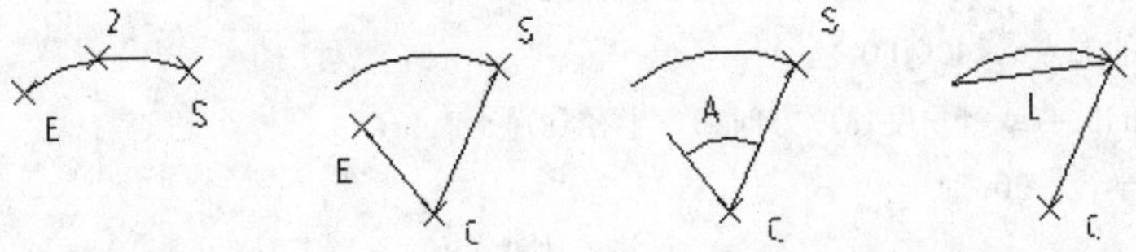

a)　　b)　　c)　　d)

图 2-11　11 种绘制圆弧的方式

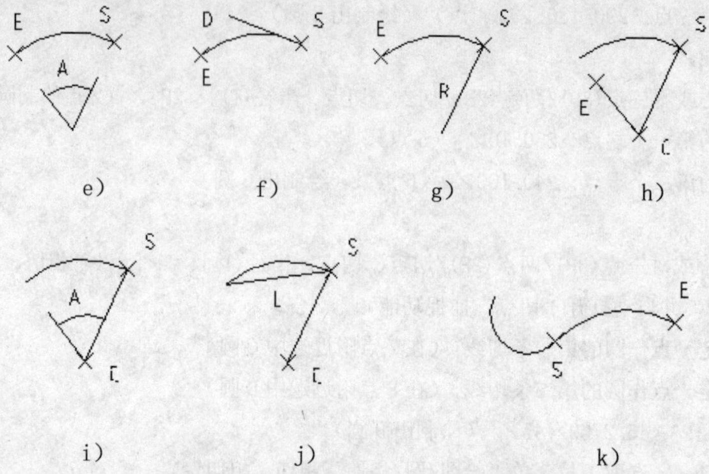

图 2-11　11 种绘制圆弧的方式（续）

（2）需要强调的是“继续”方式，绘制的圆弧与上一线段或圆弧相切，继续画圆弧段，因此提供端点即可。

2.2.4　实例——梅花图案

绘制图 2-12 所示的用不同方位的圆弧组成的梅花图案。

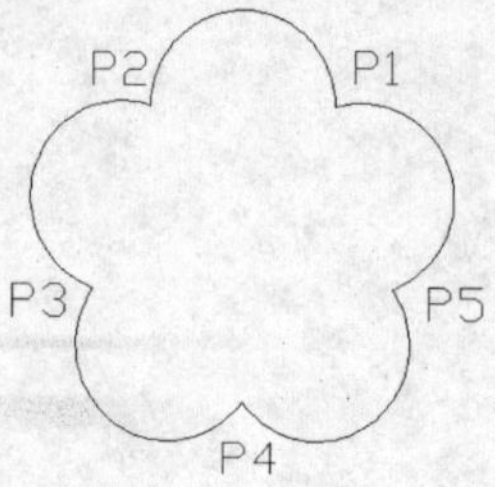

图 2-12　圆弧组成的梅花图案

光盘路径

光盘\动画演示\第 2 章\梅花图案.avi

操作步骤

命令: ARC↙

　　指定圆弧的起点或 [圆心(C)]: 140,110↙

　　指定圆弧的第二点或 [圆心(C)/端点(E)]: E↙

　　指定圆弧的端点: @40<180↙

　　指定圆弧的圆心或 [角度(A)/方向(D)/半径(R)]: R↙

　　指定圆弧半径: 20↙

　　命令:ARC↙

指定圆弧的起点或 [圆心(C)]: END↙　（此命令表示捕捉距离最近的端点，后面讲述）

　　于（点取 P2 点附近右上圆弧）

指定圆弧的第二点或［圆心(C)/端点(E)］：E↙
指定圆弧的端点：@40<252↙
指定圆弧的圆心或［角度(A)/方向(D)/半径(R)］：A↙
指定包含角：180↙
命令:ARC↙
指定圆弧的起点或［圆心(C)］：END↙
于（点取 P3 点附近左上圆弧）
指定圆弧的第二点或［圆心(C)/端点(E)］：C↙
指定圆弧的圆心：@20<324↙
指定圆弧的端点或［角度(A)/弦长(L)］：A↙
指定包含角：180↙
命令:ARC↙
指定圆弧的起点或［圆心(C)］：END↙
于（点取 P4 点附左下圆弧）
指定圆弧的第二点或［圆心(C)/端点(E)］：C↙
指定圆弧的圆心：@20<36↙
指定圆弧的端点或［角度(A)/弦长(L)］：L↙
指定弦长：40↙
命令:ARC↙
指定圆弧的起点或［圆心(C)］:END↙
于（点取 P5 点附近右下圆弧）
指定圆弧的第二点或［圆心(C)/端点(E)］:E↙
指定圆弧的端点：END↙
于（点取 P1 点附近上方圆弧）
指定圆弧的圆心或［角度(A)/方向(D)/半径(R)］:D↙
指定圆弧的起点切向：@20<36↙

结果如图 2-12 所示。

2.2.5 椭圆与椭圆弧

1. 执行方式

命令行：ELLIPSE
菜单：绘图→椭圆→圆弧
工具栏：绘图→椭圆或绘图→椭圆弧

2. 操作格式

命令：ELLIPSE↙
指定椭圆的轴端点或［圆弧(A)/中心点(C)］：（指定轴端点 1，如图 2-13a 所示）
指定轴的另一个端点：（指定轴端点 2，如图 2-13a 所示）
指定另一条半轴长度或［旋转(R)］:

3．选项说明

（1）指定椭圆的轴端点：根据两个端点定义椭圆的第一条轴。第一条轴的角度确定了整个椭圆的角度。第一条轴既可定义椭圆的长轴也可定义短轴。

（2）旋转(R)：通过绕第一条轴旋转圆来创建椭圆。相当于将一个圆绕椭圆轴翻转一个角度后的投影视图。

（3）中心点(C)：通过指定的中心点创建椭圆。

（4）圆弧(A)：该选项用于创建一段椭圆弧。与“工具栏：绘图→椭圆弧”功能相同。其中第一条轴的角度确定了椭圆弧的角度。第一条轴既可定义椭圆弧长轴也可定义椭圆弧短轴。选择该项，系统继续提示：

指定椭圆弧的轴端点或［中心点(C)］:（指定端点或输入 C）
指定轴的另一个端点:（指定另一端点）
指定另一条半轴长度或［旋转(R)］:（指定另一条半轴长度或输入 R）
指定起始角度或［参数(P)］:（指定起始角度或输入 P）
指定终止角度或［参数(P)/包含角度(I)］:

其中各选项含义如下：

（1）角度：指定椭圆弧端点的两种方式之一，光标与椭圆中心点连线的夹角为椭圆端点位置的角度，如图 2-13b 所示。

（2）参数(P)：指定椭圆弧端点的另一种方式，该方式同样是指定椭圆弧端点的角度，但通过以下矢量参数方程式创建椭圆弧：

P(u)=c+acosu+bsinu

式中，c 是椭圆的中心点，a 和 b 分别是椭圆的长轴和短轴；u 为光标与椭圆中心点连线的夹角。

（3）包含角度(I)：定义从起始角度开始的包含角度。

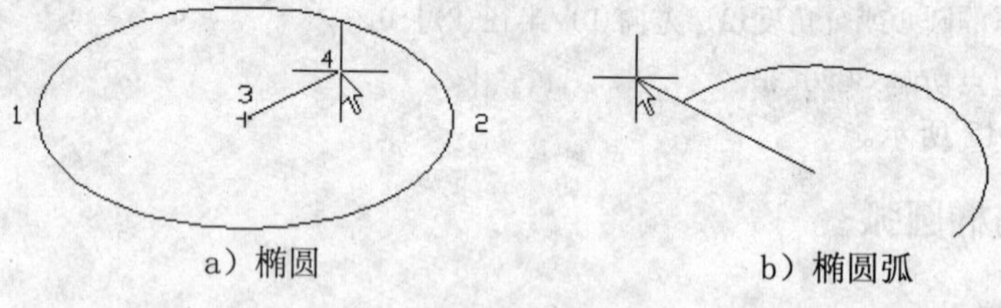

a）椭圆　　b）椭圆弧

图 2-13　椭圆和椭圆弧

2.2.6　实例——洗脸盆

绘制如图 2-14 所示洗脸盆。

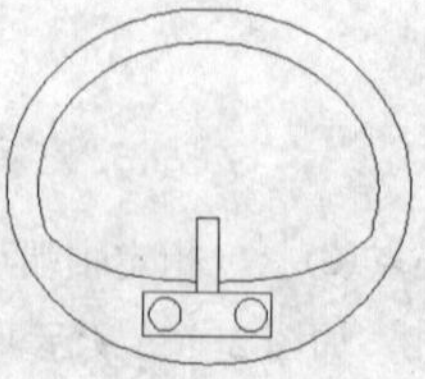

图 2-14　洗脸盆

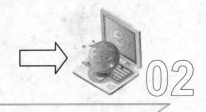

光盘\动画演示\第 2 章\洗脸盆.avi

操作步骤

01 单击“绘图”工具栏中的“直线”按钮，绘制水龙头图形，方法同前，结果如图 2-15 所示。

02 单击“绘图”工具栏中的“圆”按钮，绘制两个水龙头旋钮。方法同前，结果如图 2-16 所示。

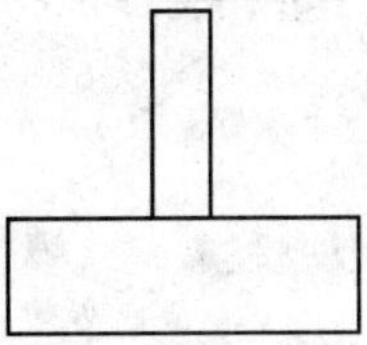

图 2-15　绘制水龙头

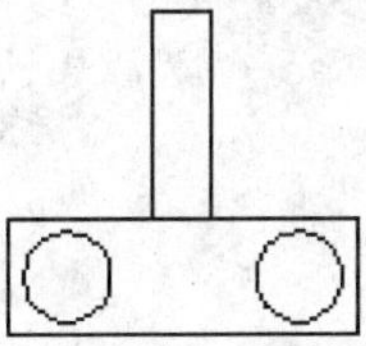

图 2-16　绘制旋钮

03 单击“绘图”工具栏中的“椭圆”按钮，绘制脸盆外沿，命令行提示与操作如下：

命令:_ellipse

指定椭圆的轴端点或[圆弧(A)/中心点(C)]:(用鼠标指定椭圆轴端点)

指定轴的另一个端点:(用鼠标指定另一端点)

指定另一条半轴长度或[旋转(R)]:(用鼠标在屏幕上拉出另一半轴长度)

结果如图 2-17 所示。

04 单击“绘图”工具栏中的“椭圆弧”按钮，绘制脸盆部分内沿，命令行提示与操作如下：

命令: _ellipse（选择工具栏或绘图菜单中的椭圆弧命令）

指定椭圆的轴端点或 [圆弧(A)/中心点(C)]:_a

指定椭圆弧的轴端点或 [中心点(C)]: C↙

指定椭圆弧的中心点:(按下状态栏“对象捕捉”按钮，捕捉刚才绘制椭圆中心点，关于“对象捕捉”后面介绍)

指定轴的端点:(适当指定一点)

指定另一条半轴长度或 [旋转(R)]: R↙

指定绕长轴旋转的角度:(用鼠标指定椭圆轴端点)

指定起始角度或 [参数(P)]:(用鼠标拉出起始角度)

指定终止角度或 [参数(P)/包含角度(I)]:(用鼠标拉出终止角度)

命令: _arc

指定圆弧的起点或 [圆心(C)]:(捕捉椭圆弧端点)

指定圆弧的第二个点或 [圆心(C)/端点(E)]:(指定第二点)

指定圆弧的端点:(捕捉椭圆弧另一端点)

结果如图 2-18 所示。

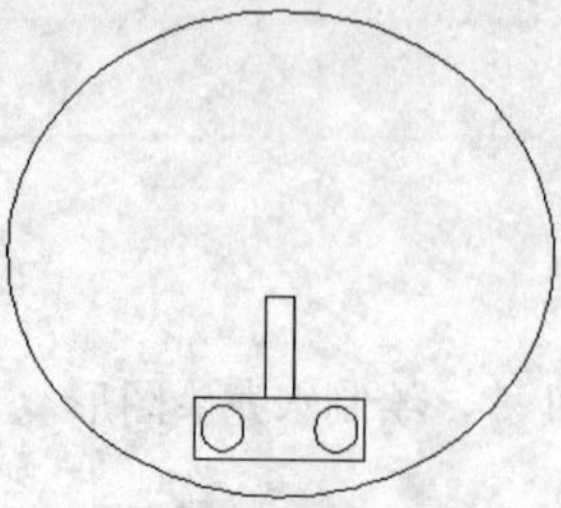

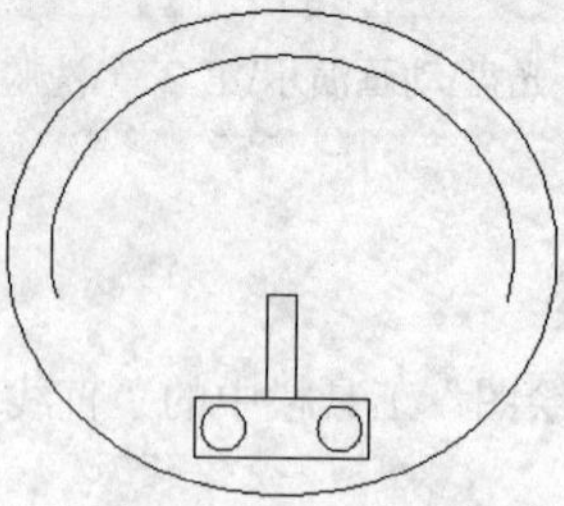

图 2-17　绘制脸盆外沿　　　图 2-18　绘制脸盆部分内沿

05 单击“绘图”工具栏中的“圆弧”按钮，绘制脸盆内沿其他部分，结果如图 2-14 所示。

2.2.7　圆环

1. 执行方式

命令行：DONUT

菜单：绘图→圆环

2. 操作格式

命令:DONUT↙

指定圆环的内径<默认值>：(指定圆环内径)

指定圆环的外径 <默认值>:(指定圆环外径)

指定圆环的中心点或 <退出>:（指定圆环的中心点）

指定圆环的中心点或 <退出>:（继续指定圆环的中心点，则继续绘制相同内外径的圆环。用回车键、空格键或鼠标右键结束命令，如图 2-19a 所示）

3. 选项说明

（1）若指定内径为零，则画出实心填充圆（见图 2-19b）。

（2）用命令 FILL 可以控制圆环是否填充，具体方法是：

命令: FILL↙

输入模式 [开(ON)/关(OFF)] <开>:（选择 ON 表示填充，选择 OFF 表示不填充，如图 2-19c 所示）

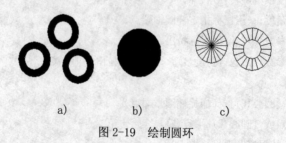

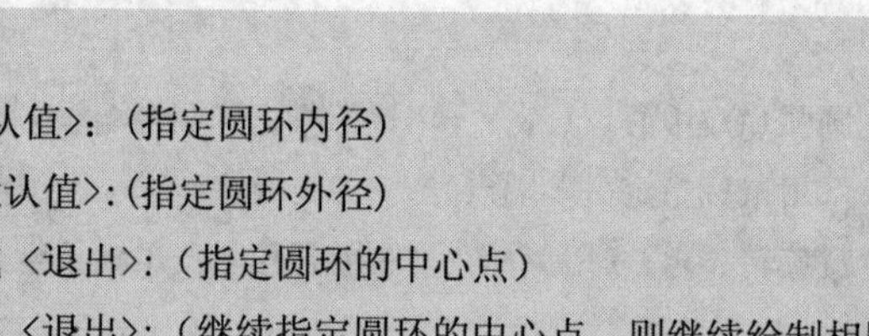

a)　　　b)　　　c)

图 2-19　绘制圆环

2.3　平面图形命令

平面图形命令包括矩形命令和正多边形命令。

2.3.1　矩形

1. 执行方式

命令行：RECTANG（缩写名：REC）

菜单：绘图→矩形

工具栏：绘图→矩形

2. 操作格式

命令:RECTANG↙

指定第一个角点或 [倒角(C)/标高(E)/圆角(F)/厚度(T)/宽度(W)]:（指定一点）

指定另一个角点或 [面积(A)/尺寸(D)/旋转(R)]:

3. 选项说明

（1）第一个角点：通过指定两个角点确定矩形，如图 2-20a 所示。

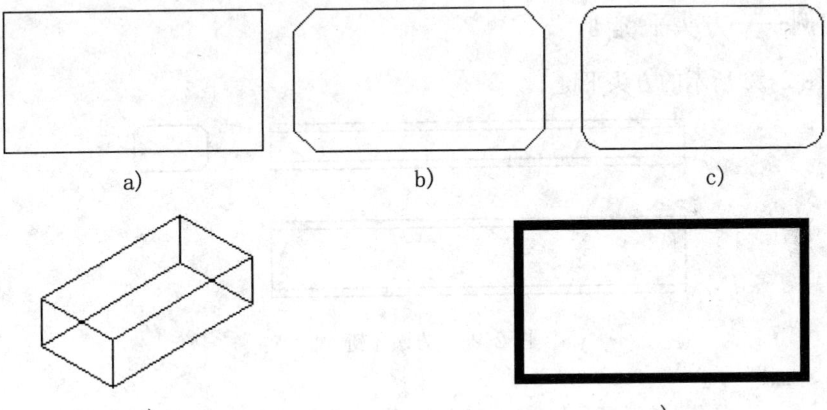

a)　b)　c)　d)　e)

图 2-20　绘制矩形

（2）尺寸(D)：使用长和宽创建矩形。第二个指定点将矩形定位在与第一角点相关的 4 个位置之一内。

（3）倒角(C)：指定倒角距离，绘制带倒角的矩形（如图 2-20b 所示），每一个角点的逆时针和顺时针方向的倒角可以相同，也可以不同，其中第一个倒角距离是指角点逆时针方向倒角距离，第二个倒角距离是指角点顺时针方向倒角距离。

（4）标高(E)：指定矩形标高（Z 坐标），即把矩形画在标高为 Z 和 XOY 坐标面平行的平面上，并作为后续矩形的标高值。

（5）圆角(F)：指定圆角半径，绘制带圆角的矩形，如图 2-20c 所示。

（6）厚度(T)：指定矩形的厚度，如图 2-20d 所示。

（7）宽度(W)：指定线宽，如图 2-20e 所示。

（8）面积（A)：指定面积和长或宽创建矩形。选择该项，系统提示：

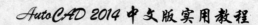

输入以当前单位计算的矩形面积〈20.0000〉:(输入面积值)

计算矩形标注时依据［长度(L)/宽度(W)］〈长度〉:(回车或输入 W)

输入矩形长度〈4.0000〉:（指定长度或宽度）

指定长度或宽度后，系统自动计算另一个宽度后绘制出矩形。如果矩形被倒角或圆角，则长度或宽度计算中会考虑此设置。如图 2-21 所示。

（9）旋转（R):旋转所绘制矩形的角度。选择该项，系统提示：

指定旋转角度或［拾取点(P)］〈45〉:(指定角度)

指定另一个角点或［面积(A)/尺寸(D)/旋转(R)］:(指定另一个角点或选择其他选项)

指定旋转角度后，系统按指定角度创建矩形，如图 2-22 所示。

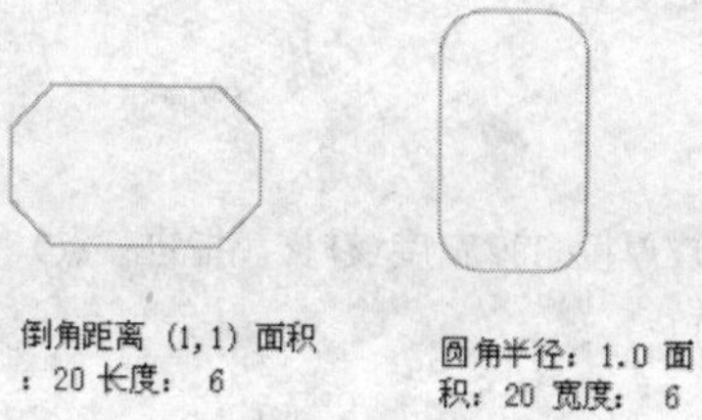

图 2-21　按面积绘制矩形

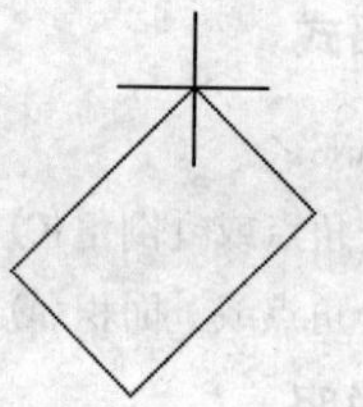

图 2-22　按指定旋转角度创建矩形

2.3.2　实例——方头平键 1

绘制如图 2-23 所示的方头平键 1。

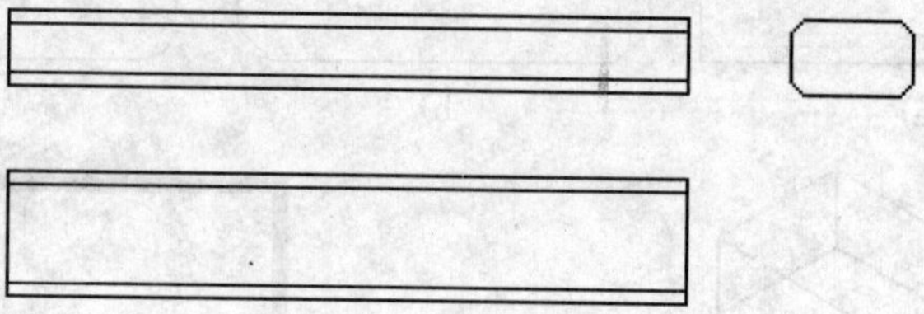

图 2-23　方头平键 1

光盘路径

光盘\动画演示\第 2 章\方头平键 1.avi

操作步骤

01 单击“绘图”工具栏中的“矩形”按钮，绘制主视图外形。命令行提示与操作如下：

命令:RETANG↙

指定第一个角点或［倒角(C)/标高(E)/圆角(F)/厚度(T)/宽度(W)]: 0,30 ↙

指定另一个角点或［面积(A)/尺寸(D)/旋转(R)]:@100,11↙

结果如图 2-24 所示。

02 单击“绘图”工具栏中的“直线”按钮，绘制主视图两条棱线。一条棱线端点的坐标值为（0,32）和（@100,0)，另一条棱线端点的坐标值为（0,39）和（@100,0)，结果如图 2-25 所示。

图 2-24　绘制主视图外形

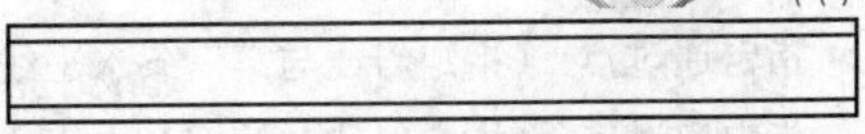

图 2-25　绘制主视图棱线

03 单击“绘图”工具栏中“构造线”按钮，绘制构造线，命令行提示与操作如下：

```
命令:XLINE↙
指定点或 [水平(H)/垂直(V)/角度(A)/二等分(B)/偏移(O)]:(指定主视图左边竖线上一点)
指定通过点:(指定竖直位置上一点)
指定通过点: ↙
```

用同样方法绘制右边竖直构造线，如图 2-26 所示。

04 单击“绘图”工具栏中的“矩形”按钮和“直线”按钮，绘制俯视图。命令行提示与操作如下：

```
命令:RETANG↙
指定第一个角点或 [倒角(C)/标高(E)/圆角(F)/厚度(T)/宽度(W)]:(指定左边构造线上一点)
指定另一个角点或 [面积(A)/尺寸(D)/旋转(R)]: @100,18↙
```

接着绘制两条直线，端点分别为{（0,2），（@100,0）}和{（0,16），（@100,0）}，结果如图 2-27 所示。

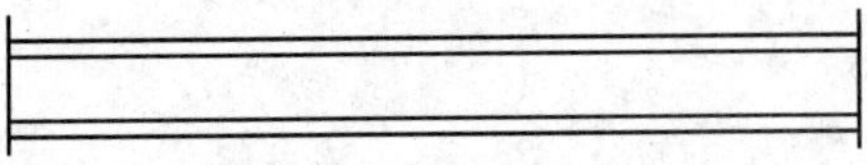

图 2-26　绘制竖直构造线

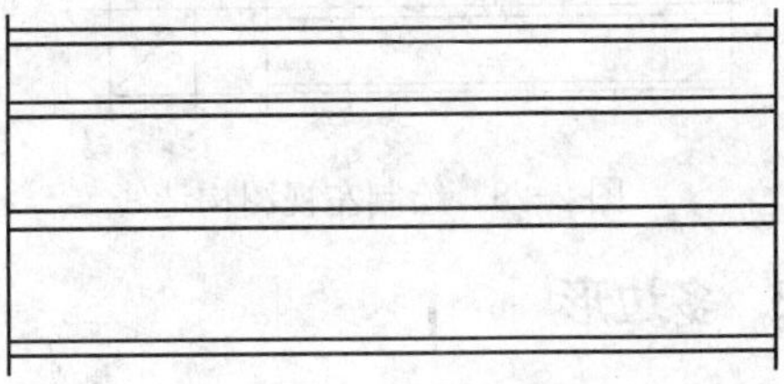

图 2-27　绘制俯视图

05 单击“绘图”工具栏中的“构造线”按钮，绘制左视图构造线。命令行提示与操作如下：

```
命令:_xline
指定点或 [水平(H)/垂直(V)/角度(A)/二等分(B)/偏移(O)]: H↙
指定通过点:(指定主视图上右上端点)
指定通过点:(指定主视图上右下端点)
指定通过点:(捕捉俯视图上右上端点)
指定通过点:(捕捉俯视图上右下端点)
指定通过点: ↙
命令: ↙(回车表示重复绘制构造线命令)
指定点或 [水平(H)/垂直(V)/角度(A)/二等分(B)/偏移(O)]:A↙
输入构造线的角度(0)或[参照(R)]:-45↙
指定通过点:(任意指定一点)
指定通过点: ↙
命令:XLINE↙
指定点或 [水平(H)/垂直(V)/角度(A)/二等分(B)/偏移(O)]:V↙
```

指定通过点：(指定斜线与第三条水平线的交点)

指定通过点：(指定斜线与第四条水平线的交点)

结果如图 2-28 所示。

06 设置矩形两个倒角距离为 2，绘制左视图。命令行提示与操作如下：

命令：_rectang↙

指定第一个角点或 [倒角(C)/标高(E)/圆角(F)/厚度(T)/宽度(W)]:C↙

指定矩形的第一个倒角距离 <0.0000>:(指定主视图上右上端点)

指定第二点：(指定主视图上右上第二个端点)

指定矩形的第二个倒角距离 <2.0000>:↙

指定第一个角点或 [倒角(C)/标高(E)/圆角(F)/厚度(T)/宽度(W)]:(按构造线确定位置指定一个角点)

指定另一个角点或 [面积(A)/尺寸(D)/旋转(R)]:(按构造线确定位置指定另一个角点)

结果如图 2-29 所示。

07 删除构造线，最终结果如图 2-23 所示。

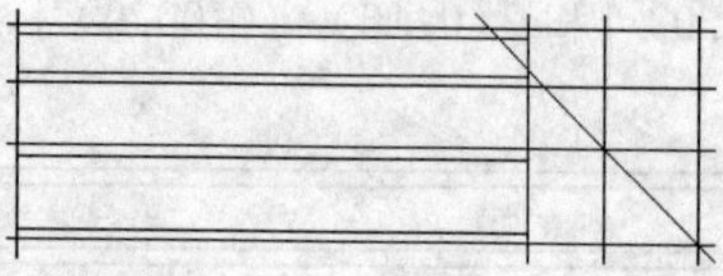

图 2-28　绘制左视图构造线

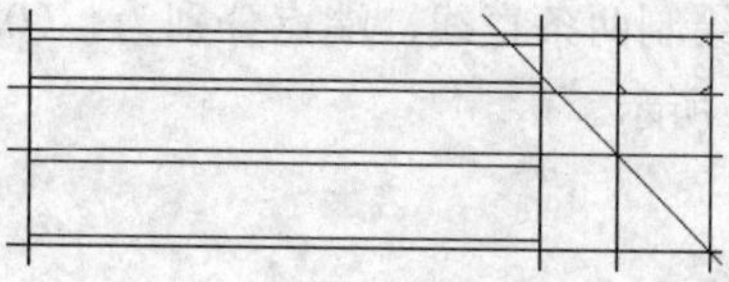

图 2-29　绘制左视图

2.3.3　多边形

1．执行方式

命令行：POLYGON

菜单：绘图→多边形

工具栏：绘图→多边形

2．操作格式

命令：POLYGON↙

输入侧面数<4>:(指定多边形的边数，默认值为 4。)

指定正多边形的中心点或 [边(E)]:(指定中心点)

输入选项 [内接于圆(I)/外切于圆(C)] <I>:(指定是内接于圆或外切于圆，I 表示内接，如图 2-30a 所示，C 表示外切，如图 2-30b 所示)

指定圆的半径：(指定外接圆或内切圆的半径)

3．选项说明

如果选择“边”选项，则只要指定多边形的一条边，系统就会按逆时针方向创建该正多边形，如图 2-30c 所示。

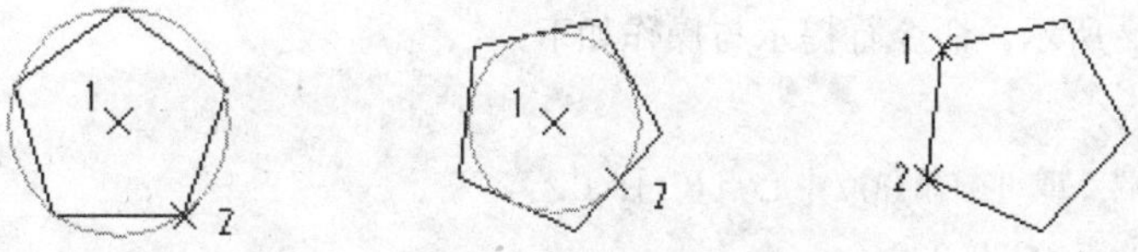

a)　　b)　　c)

图 2-30　画正多边形

2.3.4　实例——卡通造型

用所学的二维绘图命令绘制图 2-31 所示的卡通造型。

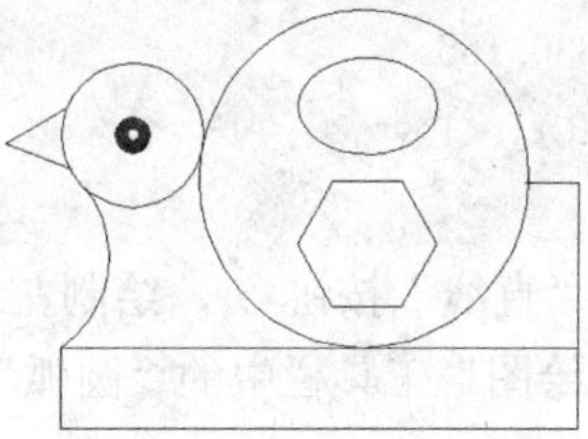

图 2-31　卡通造型

光盘路径

光盘\动画演示\第 2 章\卡通造型.avi

操作步骤

01 单击“绘图”工具栏中的“圆”按钮⊙，绘制左边小圆及圆环(其中黑体部分为要用键盘输入的命令或参数)。命令行提示与操作如下：

> 命令:CIRCLE↙
>
> 指定圆的圆心或 [三点(3P)/两点(2P)/切点、切点、半径(T)]：230,210↙
>
> 指定圆的半径或 [直径(D)]：30↙
>
> 命令：DONUT↙（绘制圆环）
>
> 指定圆环的内径 <10.0000>：5↙
>
> 指定圆环的外径 <20.0000>：15↙
>
> 指定圆环的中心点 <退出>：230,210↙
>
> 指定圆环的中心点 <退出>：↙

02 单击“绘图”工具栏中的“矩形”按钮□，绘制矩形。命令行提示与操作如下：

> 命令：RECTANG↙
>
> 指定第一个角点或 [倒角(C)/标高(E)/圆角(F)/厚度(T)/宽度(W)]：200,122↙
>
> 指定另一个角点或 [面积(A)/尺寸(D)/旋转(R)]:420,88↙

03 绘制右边大圆及小椭圆、正六边形。

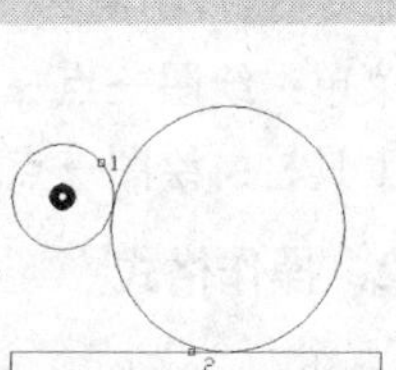

图 2-32　绘制过程图

利用“相切、相切、半径（T）”方式绘制圆，以如图 2-32 所示用鼠标在 1 点附近选取的小圆为第一条切线，以如图 2-32 所示用鼠标在 2 点附近选取的矩形为第二条切线，半径为 70，绘制的圆如图 2-32 所示。命令行提示与操作如下：

命令：ELLIPSE↙
指定椭圆的轴端点或 [圆弧(A)/中心点(C)]：C↙
指定椭圆的中心点：330,222↙
指定轴的端点：360,222↙
指定到其他轴的距离或 [旋转(R)]：20↙
命令：POLYGON↙
输入侧面数<4>：6↙
指定多边形的中心点或 [边(E)]：330,165↙
输入选项 [内接于圆(I)/外切于圆(C)] <I>：↙
指定圆的半径：30↙

04 单击“绘图”工具栏中的“直线”按钮，绘制左边折线，端点为（202,221），（@30<-150）和（@30<-20）。单击“绘图”工具栏中的“圆弧”按钮，绘制圆弧，命令行提示与操作如下：

命令：ARC↙
指定圆弧的起点或 [圆心(C)]：200,122↙
指定圆弧的第二点或 [圆心(C)/端点(E)]：E↙
指定圆弧的端点：210,188↙
指定圆弧的圆心或 [角度(A)/方向(D)/半径(R)]：R↙
指定圆弧半径：45↙

05 单击“绘图”工具栏中的“直线”按钮，绘制右边折线绘制连续直线，端点为（420,122），（@68<90）和（@23<180）。

2.4 点命令

点在 AutoCAD 有多种不同的表示方式，用户可以根据需要进行设置。也可以设置等分点和测量点。

2.4.1 点

1. 执行方式

命令行：POINT
菜单：绘图→点→单点或多点
工具栏：绘图→点

2. 操作格式

命令:_point
当前点模式： PDMODE=0 PDSIZE=0.0000
指定点:（指定点所在的位置）

3. 选项说明

（1）通过菜单方法操作时（如图 2-33 所示），“单点”选项表示只输入一个点，“多点”选项表示可输入多个点。

（2）可以打开状态栏中的“对象捕捉”开关设置点捕捉模式，帮助用户拾取点。

（3）点在图形中的表示样式，共有 20 种。可通过命令 DDPTYPE 或拾取菜单：格式→点样式，弹出“点样式”对话框来设置，如图 2-34 所示。

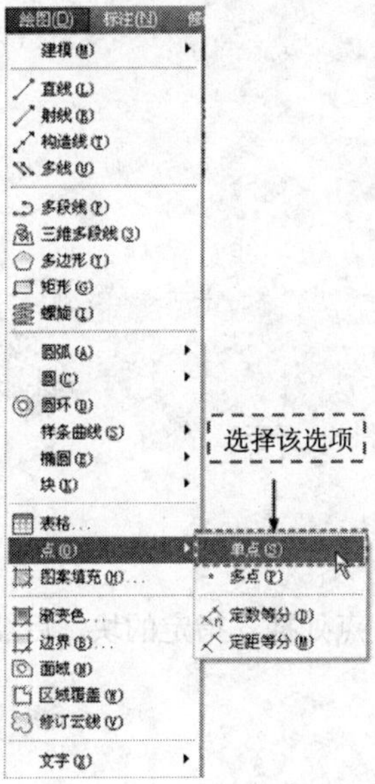

图 2-33 “点”子菜单

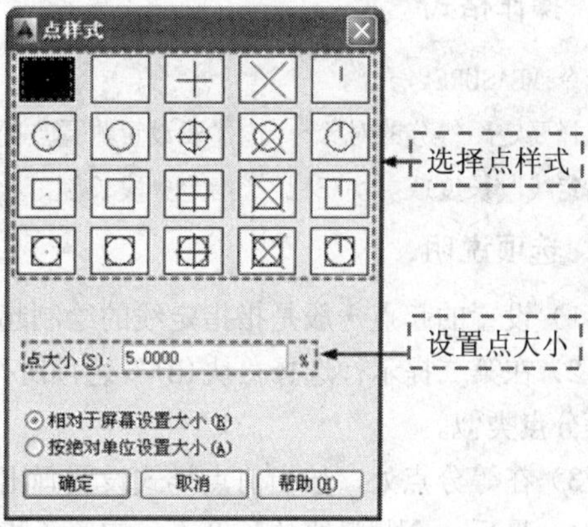

图 2-34 “点样式”对话框

2.4.2 等分点

1. 执行方式

命令行：DIVIDE（缩写名：DIV）

菜单：绘图→点→定数等分

2. 操作格式

命令：DIVIDE↙

选择要定数等分的对象：（选择要等分的实体）

输入线段数目或 [块(B)]：（指定实体的等分数，绘制结果如图 2-35a）

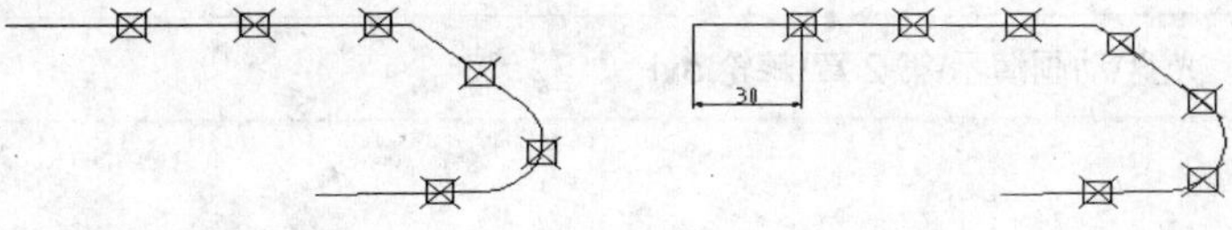

a) b)

图 2-35 绘制等分点和测量点

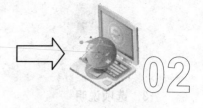

3. 选项说明

（1）等分数范围 2～32767。

（2）在等分点处，按当前点样式设置画出等分点。

（3）在第二提示行选择“块(B)”选项时，表示在等分点处插入指定的块（BLOCK）（见第 10 章）。

2.4.3 测量点

1. 执行方式

命令行：MEASURE（缩写名：ME）

菜单：绘图→点→定距等分

2. 操作格式

命令:MEASURE↙
选择要定距等分的对象:（选择要设置测量点的实体）
指定线段长度或［块(B)］:（指定分段长度，绘制结果如图 2-35b 所示）

3. 选项说明

（1）设置的起点一般是指指定线的绘制起点。

（2）在第二提示行选择“块(B)”选项时，表示在测量点处插入指定的块，后续操作与上节等分点类似。

（3）在等分点处，按当前点样式设置画出等分点。

（4）最后一个测量段的长度不一定等于指定分段长度。

2.4.4 实例——棘轮

绘制如图 2-36 所示的棘轮。

图 2-36 棘轮

光盘路径

光盘\动画演示\第 2 章\棘轮.avi

操作步骤

01 单击“绘图”工具栏中的“圆”按钮，绘制 3 个半径分别为 90、60、40 的同心圆，如图 2-37 所示。

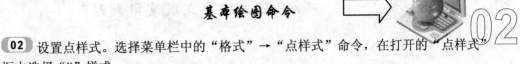

02 设置点样式。选择菜单栏中的“格式”→“点样式”命令，在打开的“点样式”对话框中选择“X”样式。

03 等分圆。命令行提示与操作如下：

```
命令:Divide↙
选择要定数等分的对象:（选取 R90 圆）
输入线段数目或 [块(B)]: 12↙
```

方法相同，等分 R60 圆，结果如图 2-38 所示。

04 单击“绘图”工具栏中的“直线”按钮，连接 3 个等分点，如图 2-39 所示。

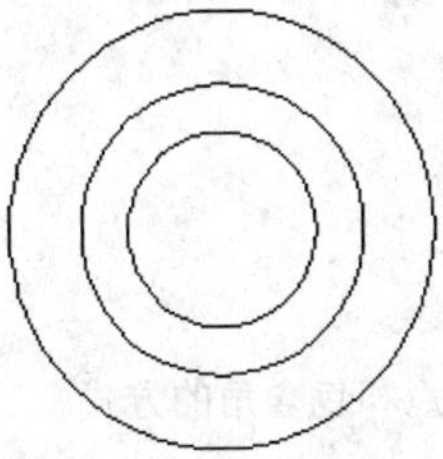

图 2-37 绘制同心圆

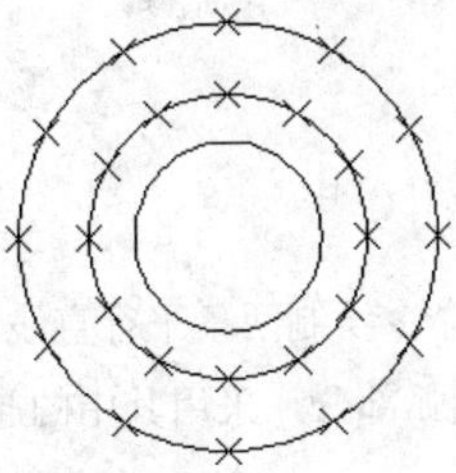

图 2-38 等分圆周

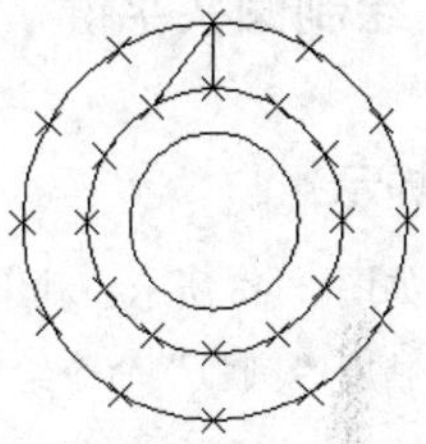

图 2-39 棘轮轮齿

05 用相同方法连接其他点，用鼠标选择绘制的点和多余的圆及圆弧，按下 Delete 键删除，结果如图 2-36 所示。

2.5 上机实验

通过前面的学习，读者对本章知识也有了大体的了解，本节通过几个上机实验使读者进一步掌握本章知识要点。

实验 1 绘制五角星

操作提示：

（1）如图 2-40 所示，计算好各个点的坐标。

（2）利用“直线”命令绘制各条线段。

实验 2 绘制嵌套圆图形

操作提示：

（1）如图 2-41 所示，以“圆心、半径”的方法绘制两个小圆。

（2）以“相切、相切、半径”的方法绘制中间与两个小圆均相切的大圆。

（3）执行“绘图”→“圆” →“相切、相切、相切”菜单命令，以已经绘制的 3 个圆为相切对象，绘制最外面的大圆，如图 2-42 所示。

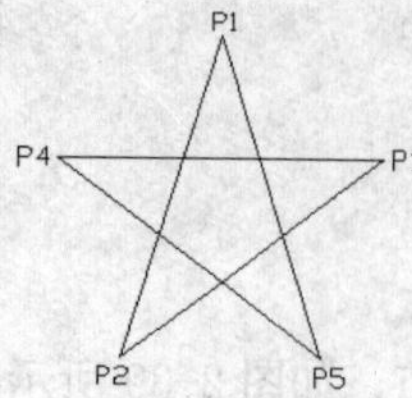

图 2-40　五角星

图 2-41　绘制圆形

图 2-42　绘制最外面的圆

实验 3　绘制圆头平键

操作提示：

（1）如图 2-43 所示，利用“直线”命令绘制两条平行直线。

（2）利用“圆弧”命令绘制图形中圆弧部分，采用其中的起点、端点和包含角的方式。

实验 4　绘制螺母

操作提示：

（1）如图 2-44 所示，利用“圆”命令绘制一个圆。

（2）利用“正多边形”命令绘制圆的外切正六边形，注意正多边形的中心的坐标与上面的圆相同。

（3）利用“圆”命令绘制里边的圆，圆心坐标与上面的圆相同。

实验 5　绘制简单物体三视图

操作提示：

（1）如图 2-45 所示，利用“直线”命令绘制主视图。

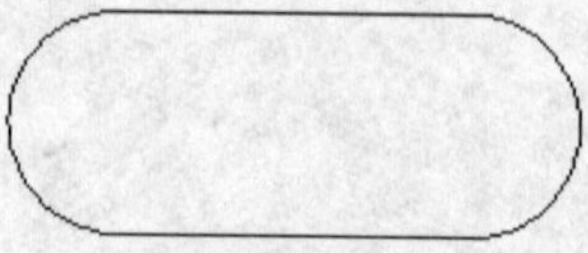
图 2-43　圆头平键

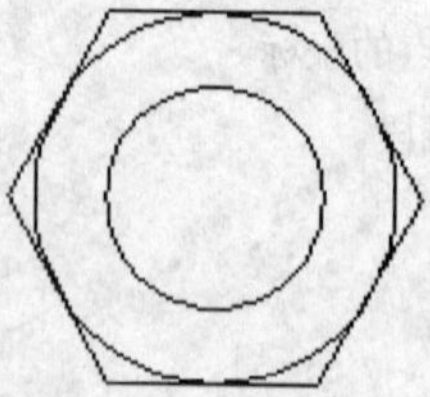
图 2-44　绘制螺母

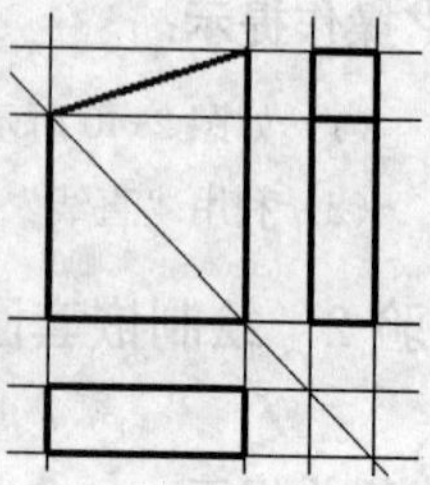
图 2-45　绘制三视图

（2）利用“构造线”命令绘制竖直构造线。

（3）利用“矩形”命令绘制俯视图。

（4）利用“构造线”命令绘制竖直、水平以及 45° 构造线。

（5）利用“矩形”和“直线”命令绘制左视图。

2.6 思考与练习

通过前面的学习，读者对本章知识也有了大体的了解，本节通过几个思考练习使读者进一步掌握本章知识要点。

1．将下面的命令与其命令名进行连线：

直线段	RAY
构造线	TRACE
轨迹线	XLINE
射线	LINE

2．请写出绘制圆弧的 10 种以上的方法。

3．绘制如图 2-46 所示的螺栓。

4．绘制如图 2-47 所示的椅子。

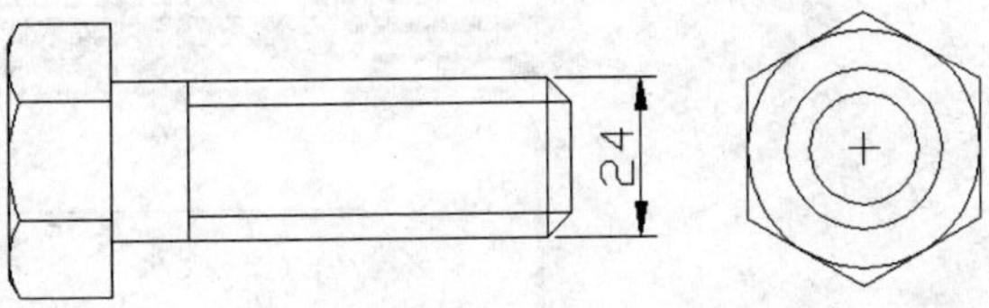

图 2-46　螺栓

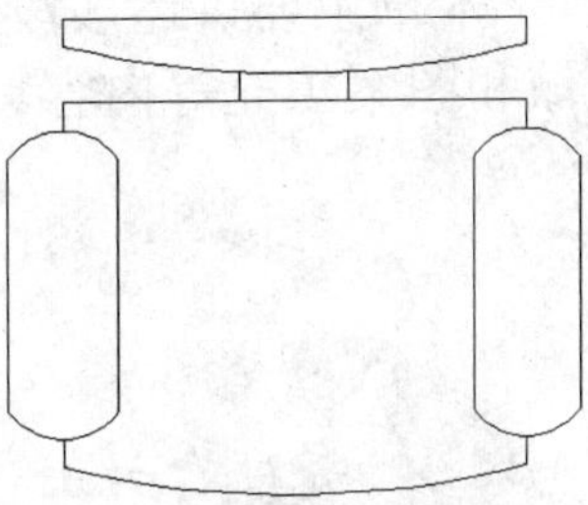

图 2-47　椅子

5．绘制如图 2-48 所示图形。圆环内径为 100mm，外径为 150mm；轨迹线宽为 2mm。

6．绘制图 2-49 所示矩形。外层矩形长为 150 mm，宽为 100mm，线宽为 5 mm，圆角半径为 10 mm；内层矩形面积为 2400 mm^2，宽为 30 mm，线宽为 0.1，第一倒角距离为 6 mm，第二倒角距离为 4 mm。

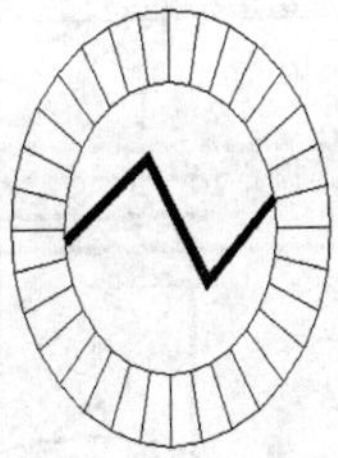

图 2-48　题 5 图

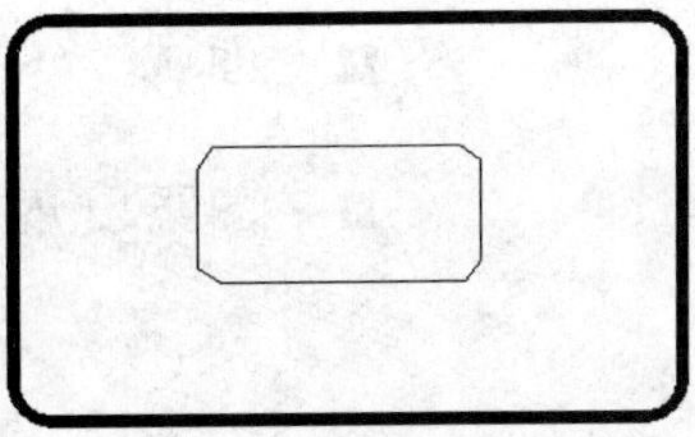

图 2-49　矩形

第 3 章高级二维绘图命令

通过上一章讲述的一些基本的二维绘图命令，可以完成一些简单二维图形的绘制。但是，有些二维图形的绘制，利用上一章学的命令很难完成。为此，AutoCAD 推出了一些高级二维绘图命令来方便有效地完成这些复杂的二维图形的绘制。

本章主要讲述多段线、多线、样条曲线、面域和图案填充等内容。

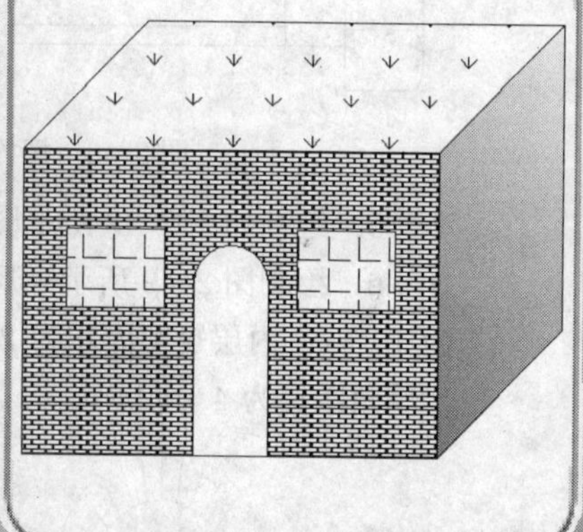

知识点

- 多段线和多线
- 样条曲线
- 面域
- 图案填充

3.1 多段线

多段线是一种由线段和圆弧组合而成的，不同线宽的多线，这种线由于其组合形式多样，线宽变化，弥补了直线或圆弧功能的不足，适合绘制各种复杂的图形轮廓，因而得到广泛的应用。

3.1.1 绘制多段线

1. 执行方式

命令行：PLINE（缩写名：PL）

菜单：绘图→多段线

工具栏：绘图→多段线

2. 操作格式

命令：PLINE↙

指定起点：（指定多段线的起点）

当前线宽为 0.0000

指定下一个点或 [圆弧(A)/半宽(H)/长度(L)/放弃(U)/宽度(W)]:（指定多段线的下一点）

3. 选项说明

多段线主要由连续的不同宽度的线段或圆弧组成，如果在上述提示中选“圆弧”，则命令行提示：

指定圆弧的端点或[角度(A)/圆心(CE) /方向(D)/半宽(H)/直线(L)/半径(R)/第二个点(S)/放弃(U)/宽度(W)]:

绘制圆弧的方法与“圆弧”命令相似。

3.1.2 编辑多段线

1. 执行方式

命令行：PEDIT（缩写名：PE）

菜单：修改→对象→多段线

工具栏：修改 II→编辑多段线

快捷菜单：选择要编辑的多段线，在绘图区域右击鼠标，从打开的快捷菜单上选择“多段线编辑”。

2. 操作格式

命令：PEDIT↙

选择多段线或 [多条(M)]:（选择一条要编辑的多段线）

输入选项 [闭合(C)/合并(J)/宽度(W)/编辑顶点(E)/拟合(F)/样条曲线(S)/非曲线化(D)/线型生成(L)/反转(R)/放弃(U)]:

3. 选项说明

（1）合并（J）：以选中的多段线为主体，合并其他直线段、圆弧和多段线，使其成为一条多段线。能合并的条件是各段端点首尾相连，如图 3-1 所示。

（2）宽度（W）：修改整条多段线的线宽，使其具有同一线宽，如图 3-2 所示。

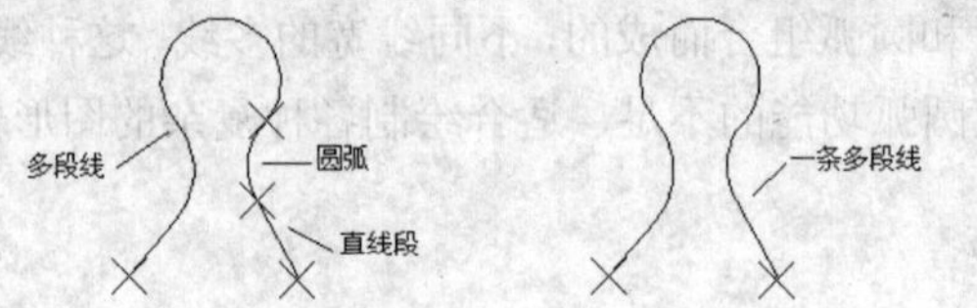

合并前　　　　合并后

图 3-1　合并多段线

（3）编辑顶点（E）：选择该项后，在多段线起点处出现一个斜的十字叉“×”，它为当前顶点的标记，并在命令行出现进行后续操作的提示：

[下一个(N)/上一个(P)/打断(B)/插入(I)/移动(M)/重生成(R)/拉直(S)/切向(T)/宽度(W)/退出(X)] <N>:

这些选项允许用户进行移动、插入顶点和修改任意两点间的线宽等操作。

（4）拟合（F）：将指定的多段线生成由光滑圆弧连接的圆弧拟合曲线，该曲线经过多段线的各顶点，如图 3-3 所示。

（5）样条曲线（S）：将指定的多段线以各顶点为控制点生成 B 样条曲线，如图 3-4 所示。

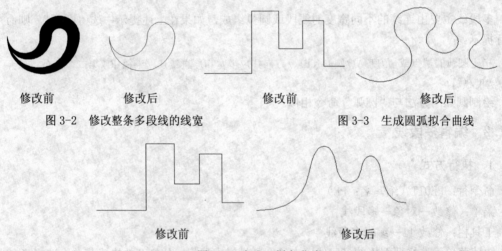

修改前　　　　修改后

图 3-2　修改整条多段线的线宽

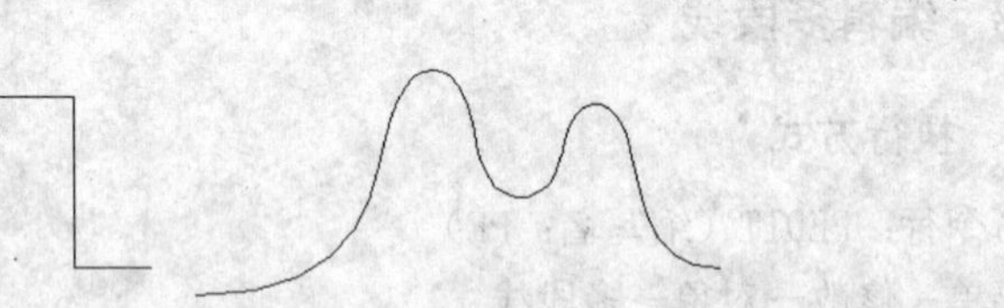

修改前　　　　修改后

图 3-3　生成圆弧拟合曲线

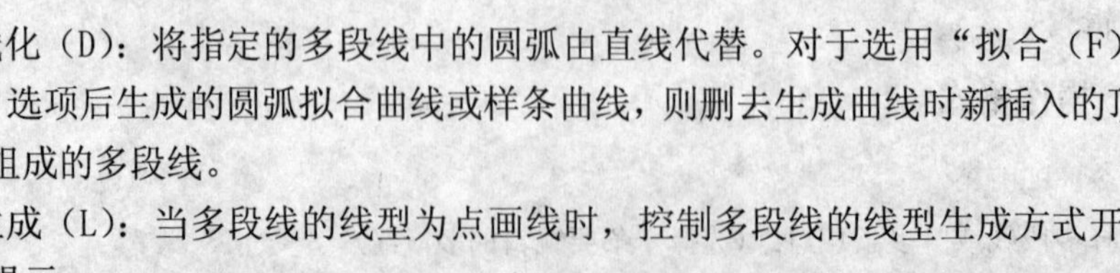

修改前　　　　修改后

图 3-4　生成 B 样条曲线

（6）非曲线化（D）：将指定的多段线中的圆弧由直线代替。对于选用“拟合（F）”或“样条曲线（S）”选项后生成的圆弧拟合曲线或样条曲线，则删去生成曲线时新插入的顶点，恢复成由直线段组成的多段线。

（7）线型生成（L）：当多段线的线型为点画线时，控制多段线的线型生成方式开关。选择此项，系统提示：

输入多段线线型生成选项 [开(ON)/关(OFF)] <关>:

选择 ON 时，将在每个顶点处允许以短画开始和结束生成线型，选择 OFF 时，将在每个

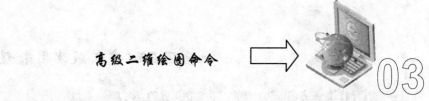

顶点处以长画开始和结束生成线型。“线型生成”不能用于带变宽线段的多段线，如图 3-5 所示。

（8）反转（R）：反转多段线顶点的顺序。使用此选项可反转使用包含文字线型的对象的方向。例如，根据多段线的创建方向，线型中的文字可能会倒置显示。

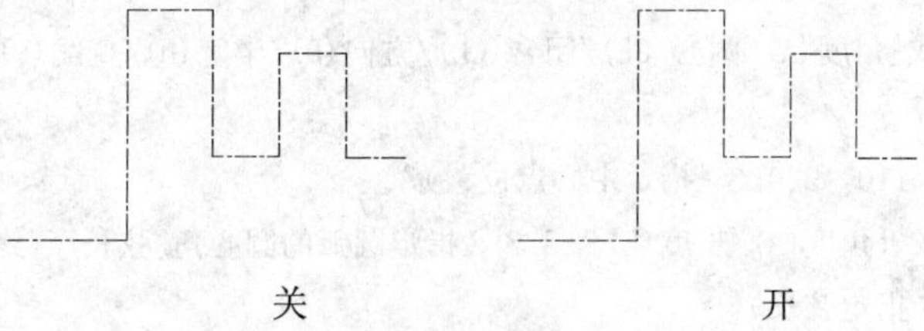

图 3-5　控制多段线的线型(线型为点画线时)

3.1.3　实例——弯月亮

绘制如图 3-6 所示的弯月亮造型。

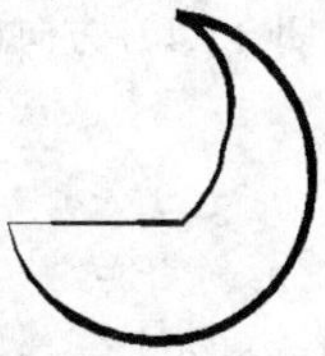

图 3-6　弯月亮造型

光盘路径

光盘\动画演示\第 3 章\弯月亮.avi

操作步骤

命令: PLINE↙

指定起点: （打开捕捉功能）60，180↙

当前线宽为 0.0000

指定下一个点或 [圆弧(A)/半宽(H)/长度(L)/放弃(U)/宽度(W)]:w↙

指定起点宽度 <0.0000>:↙

指定端点宽度 <0.0000>:2↙

指定下一个点或 [圆弧(A)/半宽(H)/长度(L)/放弃(U)/宽度(W)]:L↙

定直线的长度:80↙

指定下一个点或 [圆弧(A)/半宽(H)/长度(L)/放弃(U)/宽度(W)]:A↙

指定圆弧的端点或[角度(A)/圆心(CE)/闭合(CL)/方向(D)/半宽(H)/直线(L)/半径(R)/第二个点(S)/放弃(U)/宽度(W)]:a↙

指定包含角:45↙（指定圆弧包含的圆心角）

指定圆弧的端点或[圆心(CE)/半径(R)]:r↙

指定圆弧的半径:50↙（指定半径值）

指定圆弧的弦方向<260>:60↙（指定圆弧弦的方向）

指定圆弧的端点或[角度(A)/圆心(CE)/闭合(CL)/方向(D)/半宽(H)/直线(L)/半径(R)第二个点(S)/放弃(U)/宽度(W)]:h↙

指定起点半宽 <1.0000>: ↙

指定端点半宽 <1.0000>: 2↙

指定圆弧的端点或[角度(A)/圆心(CE)/闭合(CL)/方向(D)/半宽(H)/直线(L)/半径(R)/第二个点(S)/放弃(U)/宽度(W)]: ce↙

指定圆弧的圆心: 110，220↙（指定中心点位置）

指定圆弧的端点或 [角度(A)/长度(L)]: L↙（指定圆弧的圆心角/弦长/〈终点〉）

指定弦长: 60↙（指定弦长）

指定圆弧的端点或[角度(A)/圆心(CE)/闭合(CL)/方向(D)/半宽(H)/直线(L)/半径(R)/第二个点(S)/放弃(U)/宽度(W)]: d↙

指定圆弧的起点切向: 0↙（指定从起点开始的方向角度）

指定圆弧的端点:90，145↙ （指定圆弧终点）

指定圆弧的端点或[角度(A)/圆心(CE)/闭合(CL)/方向(D)/半宽(H)/直线(L)/半径(R)/第二个点(S)/放弃(U)/宽度(W)]: w↙

指定起点宽度 <4.0000>: ↙

指定端点宽度 <4.0000>: 0↙

指定圆弧的端点或[角度(A)/圆心(CE)/闭合(CL)/方向(D)/半宽(H)/直线(L)/半径(R)/第二个点(S)/放弃(U)/宽度(W)]: cl↙

绘制结果如图 3-6 所示。

3.2 样条曲线

样条曲线可用于创建形状不规则的曲线，例如为地理信息系统(GIS)应用或汽车设计绘制轮廓线。

AutoCAD 使用一种称为非一致有理 B 样条 (NURBS) 曲线的特殊样条曲线类型。NURBS 曲线在控制点之间产生一条光滑的曲线如图 3-7 所示。

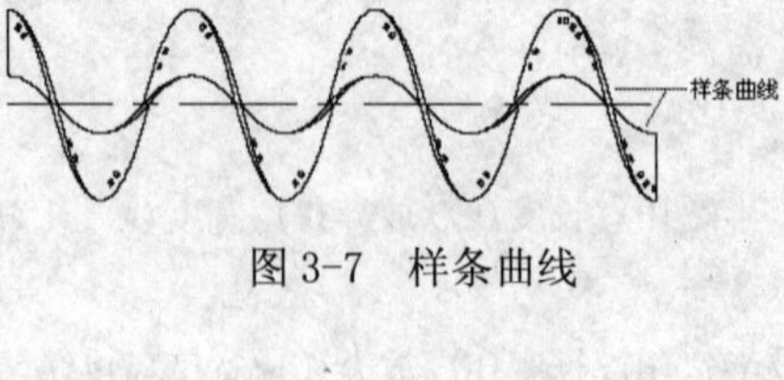

图 3-7 样条曲线

3.2.1 绘制样条曲线

1. 执行方式

命令行：SPLINE

菜单：绘图→样条曲线

工具栏：绘图→样条曲线

2. 操作格式

命令：SPLINE↙

指定第一个点或［方式(M)/节点(K)/对象(O)］：(指定一点或选择“对象(O)”选项)

输入下一个点或［起点切向(T)/公差(L)］：

输入下一个点或［端点相切(T)/公差(L)/放弃(U)/闭合(C)］:c

3. 选项说明

(1) 对象(O)：将二维或三维的二次或三次样条曲线拟合多段线转换为等价的样条曲线，然后（根据 DELOBJ 系统变量的设置）删除该多段线。

(2) 闭合(C)：将最后一点定义为与第一点一致，并使它在连接处相切，这样可以闭合样条曲线。选择该项，系统继续提示：

指定切向:（指定点或按 Enter 键）

用户可以指定一点来定义切向矢量，或者使用“切点”和“垂足”对象捕捉模式使样条曲线与现有对象相切或垂直。

(3) 拟合公差(F)：修改当前样条曲线的拟合公差。根据新公差以现有点重新定义样条曲线。公差表示样条曲线拟合所指定的拟合点集时的拟合精度。公差越小，样条曲线与拟合点越接近。公差为 0，样条曲线将通过该点。输入大于 0 的公差将使样条曲线在指定的公差范围内通过拟合点。在绘制样条曲线时，可以改变样条曲线拟合公差以查看效果。

(4) 〈起点切向〉：定义样条曲线的第一点和最后一点的切向。

如果在样条曲线的两端都指定切向，可以输入一个点或者使用“切点”和“垂足”对象捕捉模式使样条曲线与已有的对象相切或垂直。

如果按 Enter 键，AutoCAD 将计算默认切向。

3.2.2 编辑样条曲线

1. 执行方式

命令行：SPLINEDIT

菜单：修改→对象→样条曲线

快捷菜单：选择要编辑的样条曲线，在绘图区域右击鼠标，从打开的快捷菜单上选择“编辑样条曲线”

工具栏：修改 II→编辑样条曲线

2. 操作格式

命令：SPLINEDIT↙

选择样条曲线:（选择要编辑的样条曲线。若选择的样条曲线是用 SPLINE 命令创建的，其近似点以夹点的颜色显示出来；若选择的样条曲线是用 PLINE 命令创建的，其控制点以夹点的颜色显示出来）

输入选项［闭合(C)/合并(J)/拟合数据(F)/编辑顶点(E)/转换为多段线(P)/反转(R)/放弃(U)/退出(X)］〈退出〉:

3. 选项说明

（1）闭合（C）：在“闭合”和“开放”之间切换，具体取决于选定样条曲线是否为闭合状态。

（2）合并(J)：选定的样条曲线、直线和圆弧在重合端点处合并到现有样条曲线。选择有效对象后，该对象将合并到当前样条曲线，合并点处将具有一个折点。

（3）拟合数据(F)：编辑近似数据。选择该项后，创建该样条曲线时指定的各点以小方格的形式显示出来。

（4）编辑顶点(E)：精密调整样条曲线定义。

（5）转换为多段线（P）：将样条曲线转换为多段线。精度值决定结果多段线与源样条曲线拟合的精确程度。有效值为介于 0～99 之间的任意整数。

（6）反转(R)：翻转样条曲线的方向。该项操作主要用于应用程序。

（7）放弃(U)：取消上一编辑操作。

3.2.3 实例——螺钉旋具

绘制如图 3-8 所示的螺钉旋具。

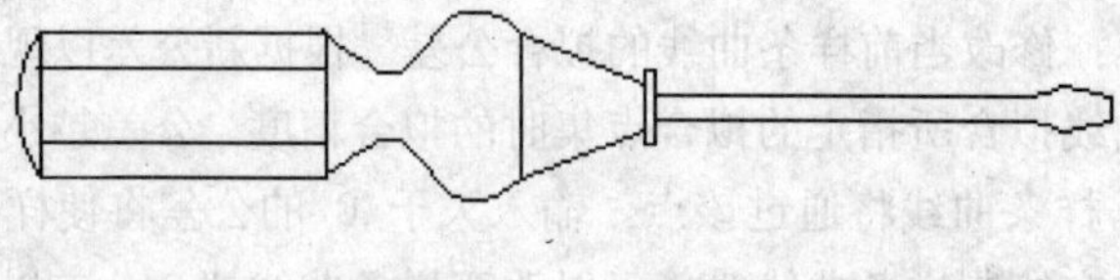

图 3-8 螺钉旋具

光盘路径

光盘\动画演示\第 3 章\螺钉旋具.avi

操作步骤

01 绘制螺钉旋具左部把手。

❶单击“绘图”工具栏中的“矩形”按钮，指定两个角点坐标为（45,180）和（170,120），绘制矩形。

❷单击“绘图”工具栏中的“直线”按钮，绘制两条直线，端点坐标是{（45,166）、（@125<0）}和{（45,134）、（@125<0）}。

❸单击“绘图”工具栏中的“圆弧”按钮，绘制圆弧，圆弧的 3 个端点坐标为（45,180）、（35,150）和（45,120）。绘制的图形如图 3-9 所示。

02 单击“绘图”工具栏中的“样条曲线”按钮和“直线”按钮。画螺钉旋具的中间部分。命令行提示与操作如下：

命令:SPLINE↙（绘制样条曲线）
指定第一个点或［方式（M）节点(K)对象(O)］：170,180↙（给出样条曲线第一点的坐标值）
指定下一点：192,165↙（给出样条曲线第二点的坐标值）
指定下一点或［闭合(C)/拟合公差(F)］<起点切向>:225,187↙（给出样条曲线第三点的坐标值）
指定下一点或［闭合(C)/拟合公差(F)］<起点切向>:255,180↙（给出样条曲线第四点的坐标值）
指定下一点或［闭合(C)/拟合公差(F)］<起点切向>:↙（给出样条曲线起点的切线方向）

命令:SPLINE↙

指定第一个点或 [对象(O)]: 170,120↙

指定下一点: 192,135↙

指定下一点或 [闭合(C)/拟合公差(F)] <起点切向>:225,113↙

指定下一点或 [闭合(C)/拟合公差(F)] <起点切向>:255,120↙

指定下一点或 [闭合(C)/拟合公差(F)] <起点切向>:↙

03 单击“绘图”工具栏中的“直线”按钮，绘制连续线段，端点坐标分别是(255,180)、(308,160)、(@5<90)、(@5<0)、(@30<-90)、(@5<-180)、(@5<90)、(255,120)、(255,180)，接着单击“绘图”工具栏中的“直线”按钮，绘制另一线段，端点坐标分别是 (308,160)、(@20<-90)。绘制完此步后的图形如图 3-10 所示。

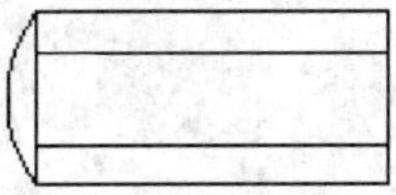

图 3-9　绘制螺钉旋具左部把手

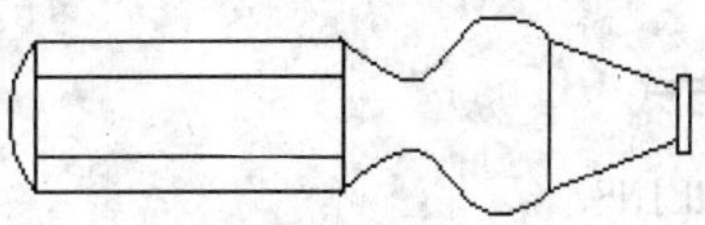

图 3-10　绘制完螺钉旋具中间部分后的图形

04 单击“绘图”工具栏中的“多段线”按钮，绘制螺钉旋具的右部。命令行提示与操作如下:

命令:PLINE↙　(绘制多段线)

指定起点:313,155↙（给出多段线起点的坐标值）

当前线宽为 0.0000

指定下一点或 [圆弧(A)/闭合(C)/半宽(H)/长度(L)/放弃(U)/宽度(W)]: @162<0↙（用相对极坐标给出多段线下一点的坐标值）

指定下一点或 [圆弧(A)/闭合(C)/半宽(H)/长度(L)/放弃(U)/宽度(W)]:a↙（转为画圆弧的方式）

指定圆弧的端点或[角度(A)/圆心(CE)/闭合(CL)/方向(D)/半宽(H)/直线(L)/半径(R)/第二点(S)/放弃(U)/宽度(W)]: 490,160↙（给出圆弧的端点坐标值）

指定圆弧的端点或[角度(A)/圆心(CE)/闭合(CL)/方向(D)/半宽(H)/直线(L)/半径(R)/第二点(S)/放弃(U)/宽度(W)]: ↙（退出）

命令:PLINE↙

指定起点: 313,145↙

当前线宽为 0.0000

指定下一点或 [圆弧(A)/闭合(C)/半宽(H)/长度(L)/放弃(U)/宽度(W)]: @162<0↙

指定下一点或 [圆弧(A)/闭合(C)/半宽(H)/长度(L)/放弃(U)/宽度(W)]: a↙

指定圆弧的端点或[角度(A)/圆心(CE)/闭合(CL)/方向(D)/半宽(H)/直线(L)/半径(R)/第二点(S)/放弃(U)/宽度(W)]: 490,140↙

指定圆弧的端点或[角度(A)/圆心(CE)/闭合(CL)/方向(D)/半宽(H)/直线(L)/半径(R)/第二点(S)/放弃(U)/宽度(W)]: L↙（转为直线方式）

指定下一点或 [圆弧(A)/闭合(C)/半宽(H)/长度(L)/放弃(U)/宽度(W)]: 510,145↙

指定下一点或 [圆弧(A)/闭合(C)/半宽(H)/长度(L)/放弃(U)/宽度(W)]: @10<90↙

指定下一点或 [圆弧(A)/闭合(C)/半宽(H)/长度(L)/放弃(U)/宽度(W)]: 490,160↙

指定下一点或 [圆弧(A)/闭合(C)/半宽(H)/长度(L)/放弃(U)/宽度(W)]: ↙

结果如图 3-8 所示。

3.3 多线

多线是一种复合线，由连续的直线段复合组成。这种线的一个突出的优点是能够提高绘图效率，保证图线之间的统一性。

3.3.1 绘制多线

1. 执行方式

命令行：MLINE

菜单：绘图→多线

2. 操作格式

命令：MLINE↙

当前设置：对正 = 上，比例 = 20.00，样式 = STANDARD

指定起点或 [对正(J)/比例(S)/样式(ST)]：(指定起点)

指定下一点：（给定下一点）

指定下一点或 [放弃(U)]：（继续给定下一点绘制线段。输入“U”，则放弃前一段的绘制；单击鼠标右键或按回车键 Enter，结束命令）

指定下一点或 [闭合(C)/放弃(U)]：（继续给定下一点绘制线段。输入“C”，则闭合线段，结束命令）

3. 选项说明

（1）对正（J)：该项用于给定绘制多线的基准。共有 3 种对正类型“上”、“无”和“下”。其中，“上（T)”表示以多线上侧的线为基准，依次类推。

（2）比例（S)：选择该项，要求用户设置平行线的间距。输入值为零时平行线重合，值为负时多线的排列倒置。

（3）样式（ST)：该项用于设置当前使用的多线样式。

3.3.2 定义多线样式

1. 执行方式

命令行：MLSTYLE

2. 操作格式

命令：MLSTYLE↙

系统自动执行该命令，打开如图 3-11 所示的“多线样式”对话框。在该对话框中，用户可以对多线样式进行定义、保存和加载等操作。下面通过定义一个新的多线样式来介绍该对话框的使用方法。欲定义的多线样式由 3 条平行线组成，中心轴线为紫色的中心线，其余两条平行线为黑色实线，相对于中心轴线上、下各偏移 0.5。步骤如下：

（1）在“多线样式”对话框中单击“新建”按钮，系统打开“创建新的多线样式”对话框，如图 3-12 所示。

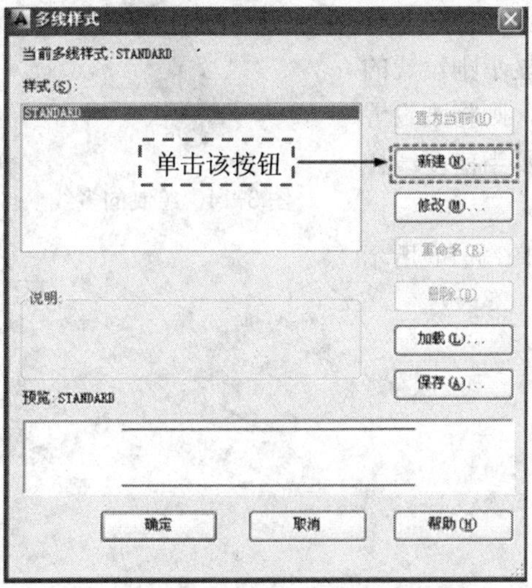

图 3-11 “多线样式”对话框

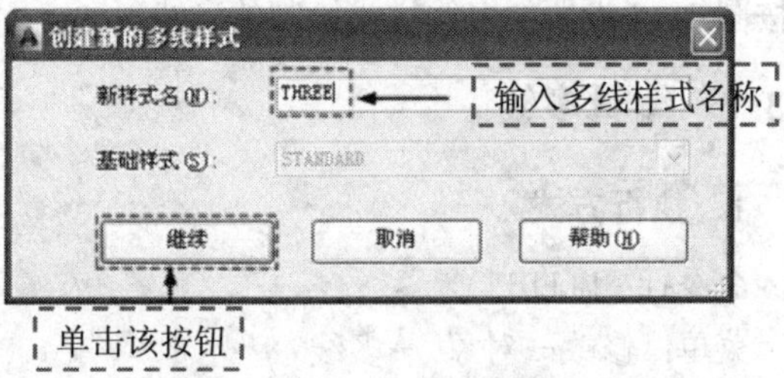

图 3-12 “创建新的多线样式”对话框

（2）在“创建新的多线样式”对话框的“新样式名”文本框中键入“THREE”，单击“继续”按钮。

（3）系统打开“新建多线样式”对话框，如图 3-13 所示。

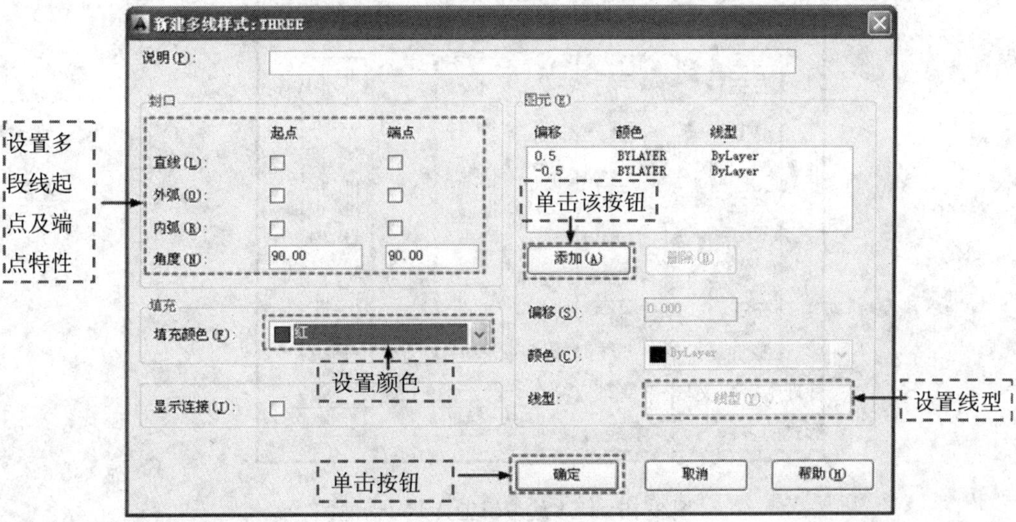

图 3-13 “新建多线样式”对话框

（4）在“封口”选项组中可以设置多线起点和端点的特性，包括以直线、外弧还是内弧封口以及封口线段或圆弧的角度。

（5）在“填充颜色”下拉列表框中可以选择多线填充的颜色。

（6）在“元素”选项组中可以设置组成多线的元素的特性。单击“添加”按钮，可以为多线添加元素；反之，单击“删除”按钮，可以为多线删除元素。在“偏移”文本框中可以设置选中的元素的位置偏移值。在“颜色”下拉列表框中可以为选中元素选择颜色。按下“线型”按钮，可以为选中元素设置线型。

（7）设置完毕后，单击“确定”按钮，系统返回到图 3-11 所示的“多线样式”对话框，在“样式”列表中会显示刚设置的多线样式名，选择该样式，单击“置为当前”按钮，则将刚设置的多线样式设置为当前样式，下面的预览框中会显示当前多线样式。

图 3-14　绘制的多线

（8）单击“确定”按钮，完成多线样式设置。图 3-14 所示为按图 3-13 设置的多线样式绘制的多线。

3.3.3　编辑多线

1. 执行方式

命令行：MLEDIT

菜单：修改→对象 →多线

2. 操作格式

调用该命令后，打开“多线编辑工具”对话框，如图 3-15 所示。

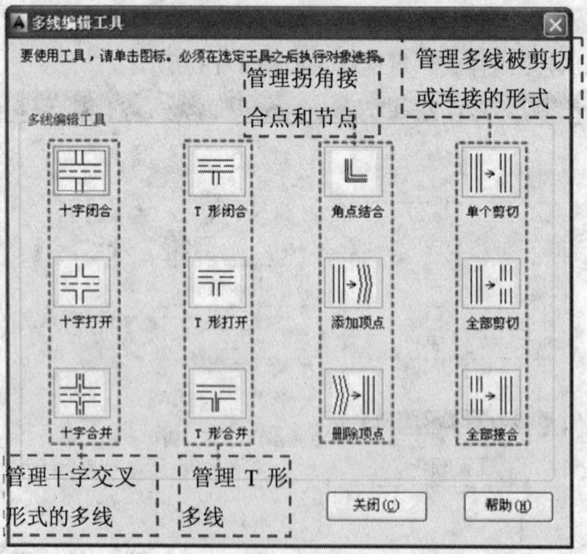

图 3-15　“多线编辑工具”对话框

利用该对话框，可以创建或修改多线的模式。单击“多线编辑工具”对话框中的某个示例图形，就可以调用该项编辑功能。

下面介绍以“十字打开”为例介绍多线编辑方法:把选择的两条多线进行打开交叉。选择该选项后，出现如下提示：

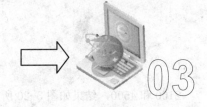

选择第一条多线:（选择第一条多线）

选择第二条多线:（选择第二条多线）

选择完毕后，第二条多线被第一条多线横断交叉。系统继续提示：

选择第一条多线:

可以继续选择多线进行操作。选择“放弃（U）”功能会撤消前次操作。操作过程和执行结果如图 3-16 所示。

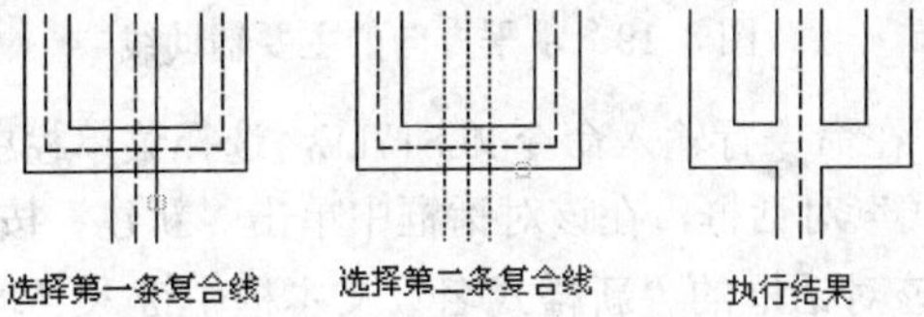

图 3-16　十字打开

3.3.4　实例——墙体

绘制如图 3-17 所示的墙体。

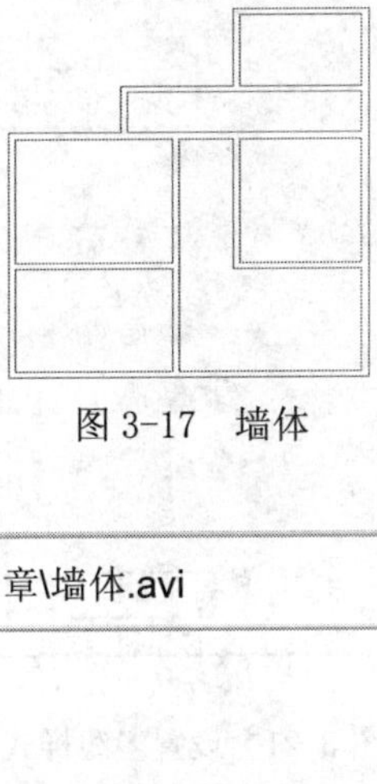

图 3-17　墙体

光盘路径

光盘\动画演示\第 3 章\墙体.avi

操作步骤

01 单击“绘图”工具栏中的“构造线”按钮。绘制出一条水平构造线和一条竖直构造线，组成“十”字构造线，如图 3-18 所示。命令行提示与操作如下：

命令:XLINE↙

指定点或［水平(H)/垂直(V)/角度(A)/二等分(B)/偏移(O)］: O↙

指定偏移距离或［通过(T)］〈0.0000〉: 4200

选择直线对象:(选择刚绘制的水平构造线)

指定向哪侧偏移:(指定右边一点)

选择直线对象:(继续选择刚绘制的水平构造线)

运用相同方法，将绘制得到的水平构造线依次向上偏移 4200、5100、1800 和 3000，绘制的水平构造线如图 3-19 所示。同样方法绘制垂直构造线，向右偏移依次是 3900、1800、

2100 和 4500，结果如图 3-20 所示。

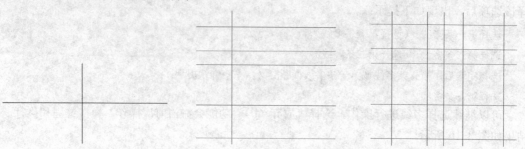

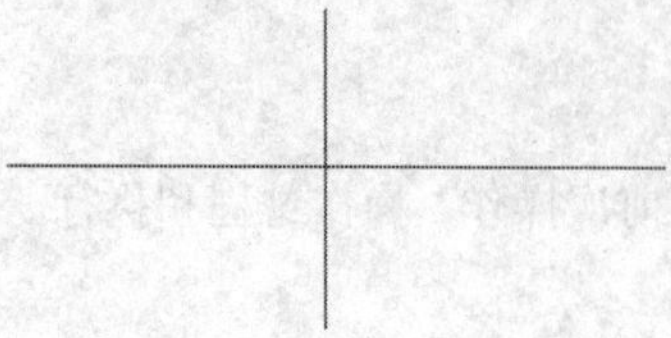

图 3-18　“十”字构造线

图 3-19　水平方向的主要辅助线

图 3-20　居室的辅助线网格

02 定义多线样式。在命令行输入命令 MLSTYLE，选择菜单栏中的“绘图”→“多线”命令，系统打开“多线样式”对话框，在该对话框中单击“新建”按钮，系统打开“创建新的多线样式”对话框，在该对话框的“新样式名”文本框中键入“墙体线”，单击“继续”按钮。系统打开“新建多线样式”对话框，进行如图 3-21 所示的设置。

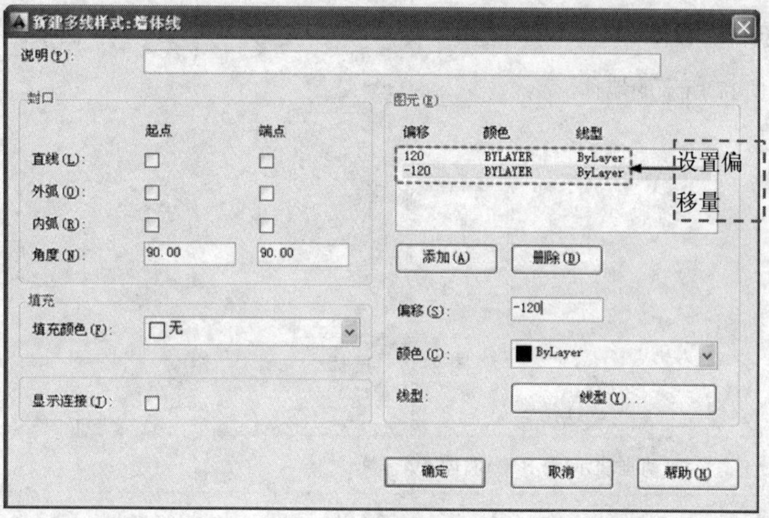

图 3-21　设置多线样式

03 选择菜单栏中的“绘图”→“多线”命令，绘制多线墙体。命令行提示与操作如下：

```
命令:MLINE↙
当前设置: 对正 = 上，比例 = 20.00，样式 = STANDARD
指定起点或 [对正(J)/比例(S)/样式(ST)]:S↙
输入多线比例 <20.00>:1↙
当前设置: 对正 = 上，比例 = 1.00，样式 = STANDARD
指定起点或 [对正(J)/比例(S)/样式(ST)]:J↙
输入对正类型 [上(T)/无(Z)/下(B)] <上>:Z↙
当前设置: 对正 = 无，比例 = 1.00，样式 = STANDARD
指定起点或 [对正(J)/比例(S)/样式(ST)]:(在绘制的辅助线交点上指定一点)
```

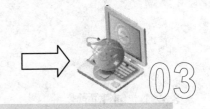

```
指定下一点:（在绘制的辅助线交点上指定下一点）
指定下一点或 [放弃(U)]:（在绘制的辅助线交点上指定下一点）
指定下一点或 [闭合(C)/放弃(U)]:（在绘制的辅助线交点上指定下一点）
……
指定下一点或 [闭合(C)/放弃(U)]:C↙
```

相同方法根据辅助线网格绘制多线，绘制结果如图 3-22 所示。

04 编辑多线。选择菜单栏中的“修改”→“对象”→“多线”，系统打开“多线编辑工具”对话框，如图 3-23 所示。选择其中的“T 形合并”选项，确认后，命令行提示与操作如下：

```
命令: MLEDIT↙
选择第一条多线:（选择多线）
选择第二条多线:（选择多线）
选择第一条多线或 [放弃(U)]:（选择多线）
……
选择第一条多线或 [放弃(U)]: ↙
```

同样方法继续进行多线编辑，编辑的最终结果如图 3-17 所示。

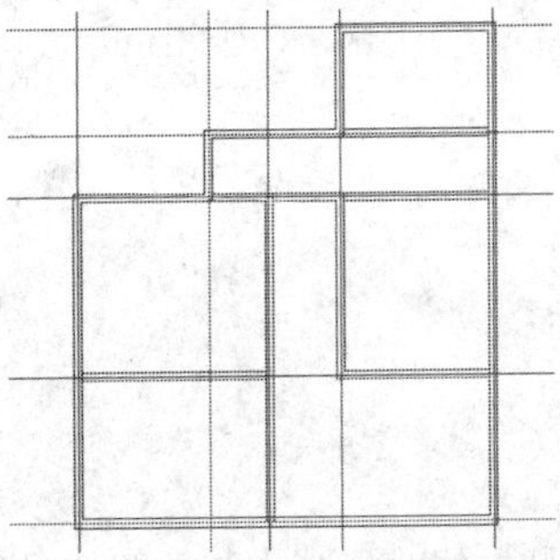
图 3-22　全部多线绘制结果

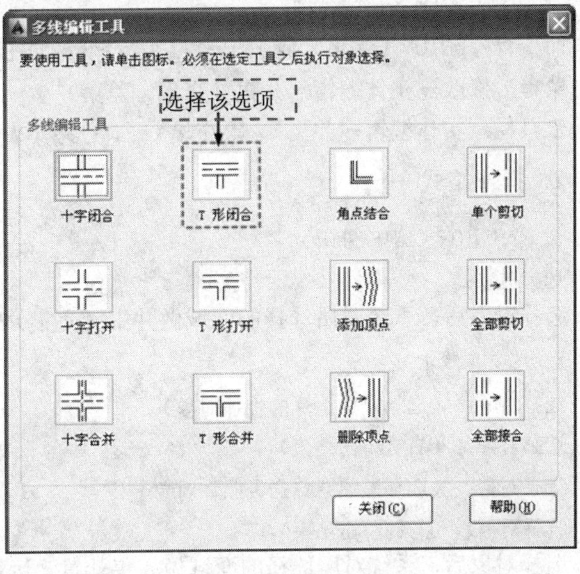

图 3-23　“多线编辑工具”对话框

3.4　面域

面域是具有边界的平面区域，内部可以包含孔。在 AutoCAD 中，用户可以将由某些对象围成的封闭区域转变为面域，这些封闭区域可以是圆、椭圆、封闭二维多段线和封闭的样条曲线等对象，也可以是由圆弧、直线、二维多段线和样条曲线等对象构成的封闭区域。

3.4.1 创建面域

1. 执行方式

命令行：REGION

菜单：绘图→面域

工具栏：绘图→面域

2. 操作格式

命令：REGION↙

选择对象：

选择对象后，系统自动将所选择的对象转换成面域。

3.4.2 面域的布尔运算

布尔运算是数学上的一种逻辑运算，用在 AutoCAD 绘图中，能够极大地提高绘图的效率。

需要注意的是，布尔运算的对象只包括实体和共面的面域，对于普通的线条图形对象无法使用布尔运算。通常的布尔运算包括并集、交集和差集 3 种，操作方法类似，下面一并介绍。

1. 执行方式

命令行：UNION（并集）或 INTERSECT（交集）或 SUBTRACT（差集）

菜单：修改→实体编辑→并集（交集、差集）

工具栏：实体编辑→并集（“交集”、“差集”）

2. 操作格式

命令：UNION（INTERSECT）↙

选择对象：

选择对象后，系统对所选择的面域做并集（交集）计算。

命令：SUBTRACT↙

选择对象：（选择差集运算的主体对象）

选择对象：（右键单击结束）

选择对象：（选择差集运算的参照体对象）

选择对象：（右键单击结束）

选择对象后，系统对所选择的面域做差集计算。运算逻辑是主体对象减去与参照体对象重叠的部分。布尔运算的结果如图 3-24 所示。

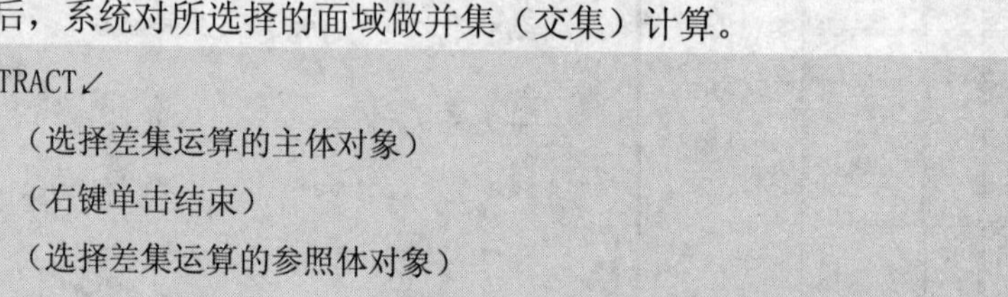

图 3-24 布尔运算的结果

3.4.3 实例——扳手

利用布尔运算绘制如图 3-25 所示的扳手。

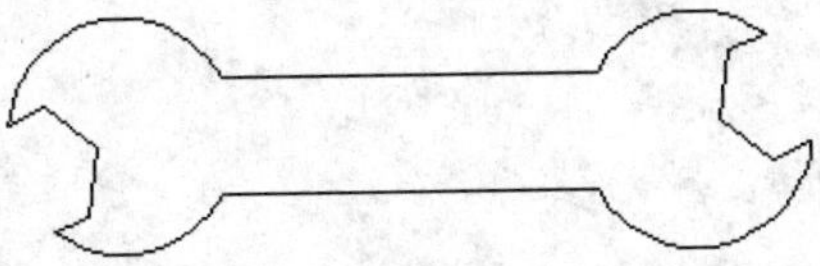

图 3-25 扳手平面图

光盘路径

光盘\动画演示\第 3 章\扳手.avi

操作步骤

01 单击“绘图”工具栏中的“矩形”按钮，绘制矩形。两个角点的坐标为（50,50），（100,40）结果如图 3-26 所示。

02 单击“绘图”工具栏中的“圆”按钮，圆心坐标为（50,45），半径为 10。同样以（100,45）为圆心，以 10 为半径绘制另一个圆，结果如图 3-27 所示。

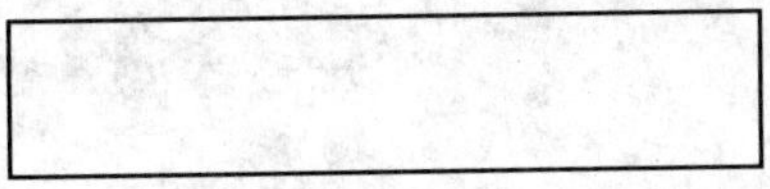

图 3-26 绘制矩形

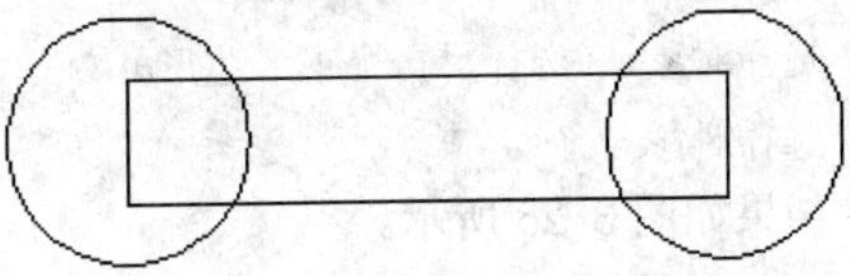

图 3-27 绘制圆

03 单击“绘图”工具栏中的“多边形”按钮，绘制正六边形。命令行提示与操作如下：

```
命令: polygon↙
输入侧面数 <6>:↙
指定正多边形的中心点或 [边(E)]:42.5,41.5↙
输入选项 [内接于圆(I)/外切于圆(C)] <I>:↙
指定圆的半径:5.8↙
```

同样以（107.4,48.2）为多边形中心，以 5.8 为半径绘制另一个正六边形，结果如图 3-28 所示。

04 单击“绘图”工具栏中的“面域”按钮，将所有图形转换成面域。命令行提示与操作如下：

```
命令: _region↙ -
选择对象:（依次选择矩形、多边形和圆）
……
找到 5 个
选择对象:↙
已提取 5 个环。
已创建 5 个面域。
```

05 单击“实体编辑”工具栏中的“并集”按钮，将矩形分别与两个圆进行并集处理。命令行提示与操作如下：

```
命令：UNION↙
选择对象：(选择矩形)
选择对象：(选择一个圆)
选择对象：(选择另一个圆)
选择对象：↙
```

并集处理结果如图 3-29 所示。

06 单击“实体编辑”工具栏中的“差集”按钮，以并集对象为主体对象，正多边形为参照体，进行差集处理。命令行提示与操作如下：

```
命令：_subtract
选择要从中减去的实体、曲面和面域...
选择对象：(选择并集对象)
找到 1 个
选择对象：↙
选择要从中减去的实体、曲面和面域..
选择对象：(选择一个正多边形)
选择对象：(选择另一个正多边形)
选择对象：↙
```

结果如图 3-25 所示。

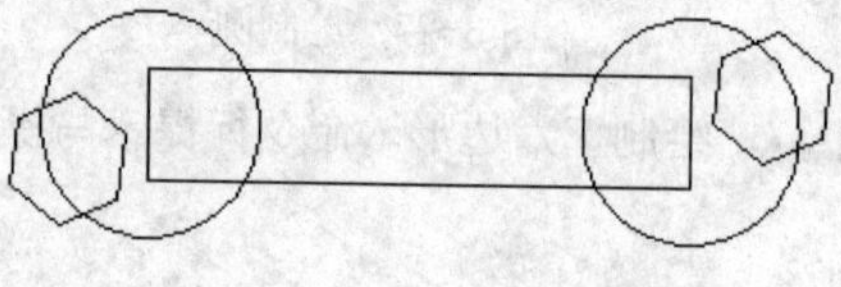

图 3-28　绘制正多边形

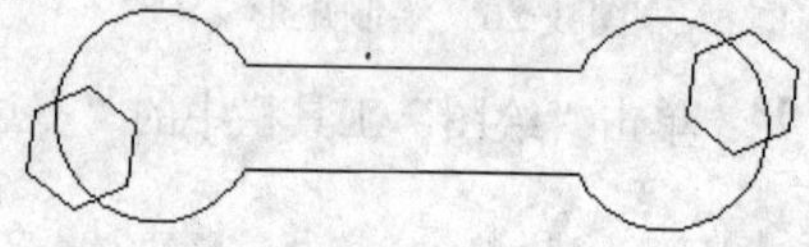

图 3-29　并集处理

3.5　图案填充

当用户需要用一个重复的图案(pattern)填充一个区域时，可以使用 BHATCH 命令建立一个相关联的填充阴影对象，即所谓的图案填充。

3.5.1　基本概念

1. 图案边界

当进行图案填充时，首先要确定填充图案的边界。定义边界的对象只能是直线、双向射线、单向射线、多线、样条曲线、圆弧、圆、椭圆、椭圆弧、面域等对象或用这些对象定义的块，而且作为边界的对象在当前屏幕上必须全部可见。

2. 孤岛

在进行图案填充时，我们把位于总填充域内的封闭区域称为孤岛，如图 3-30 所示。在用 BHATCH 命令填充时，AutoCAD 允许用户以点取点的方式确定填充边界，即在希望填充的区域内任意点取一点，AutoCAD 会自动确定出填充边界，同时也确定该边界内的岛。如果用户是以点取对象的方式确定填充边界的，则必须确切地点取这些岛，有关知识将在下一节中介绍。

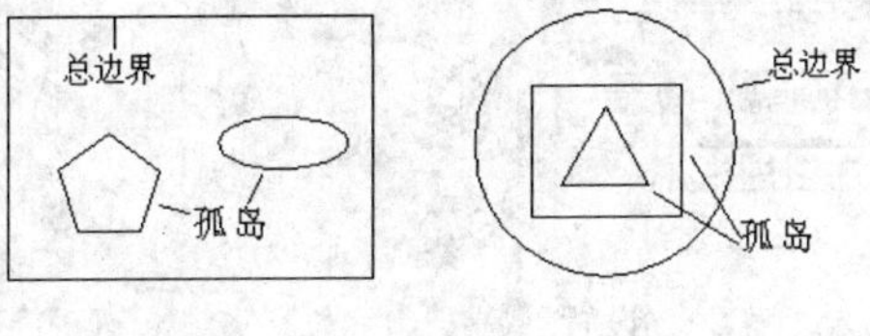

a) b)

图 3-30 孤岛

3. 填充方式

在进行图案填充时，需要控制填充的范围，AutoCAD 系统为用户设置了以下 3 种填充方式实现对填充范围的控制：

（1）普通方式：如图 3-31a 所示，该方式从边界开始，由每条填充线或每个填充符号的两端向里画，遇到内部对象与之相交时，填充线或符号断开，直到遇到下一次相交时再继续画。采用这种方式时，要避免剖面线或符号与内部对象的相交次数为奇数。该方式为系统内部的默认方式。

（2）最外层方式：如图 3-31b 所示，该方式从边界向里画剖面符号，只要在边界内部与对象相交，剖面符号由此断开，而不再继续画。

（3）忽略方式：如图 3-32 所示，该方式忽略边界内的对象，所有内部结构都被剖面符号覆盖。

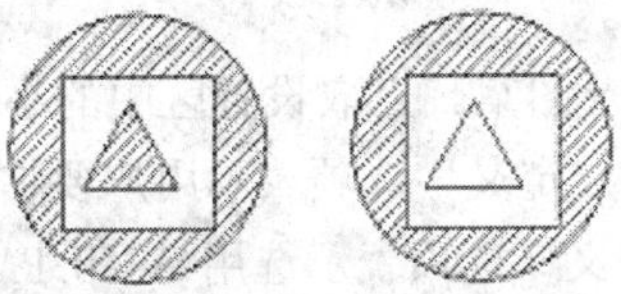

a) b)

图 3-31 填充方式

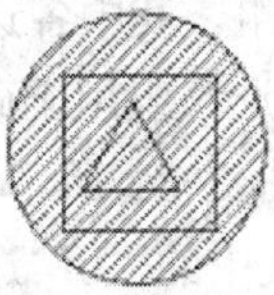

图 3-32 忽略方式

3.5.2 图案填充的操作

1. 执行方式

命令行：BHATCH

菜单：绘图→图案填充

工具条：绘图→图案填充或绘图→渐变色

2. 操作格式

执行上述命令后系统打开图 3-33 所示的“图案填充和渐变色”对话框，各选项组和按钮含义：

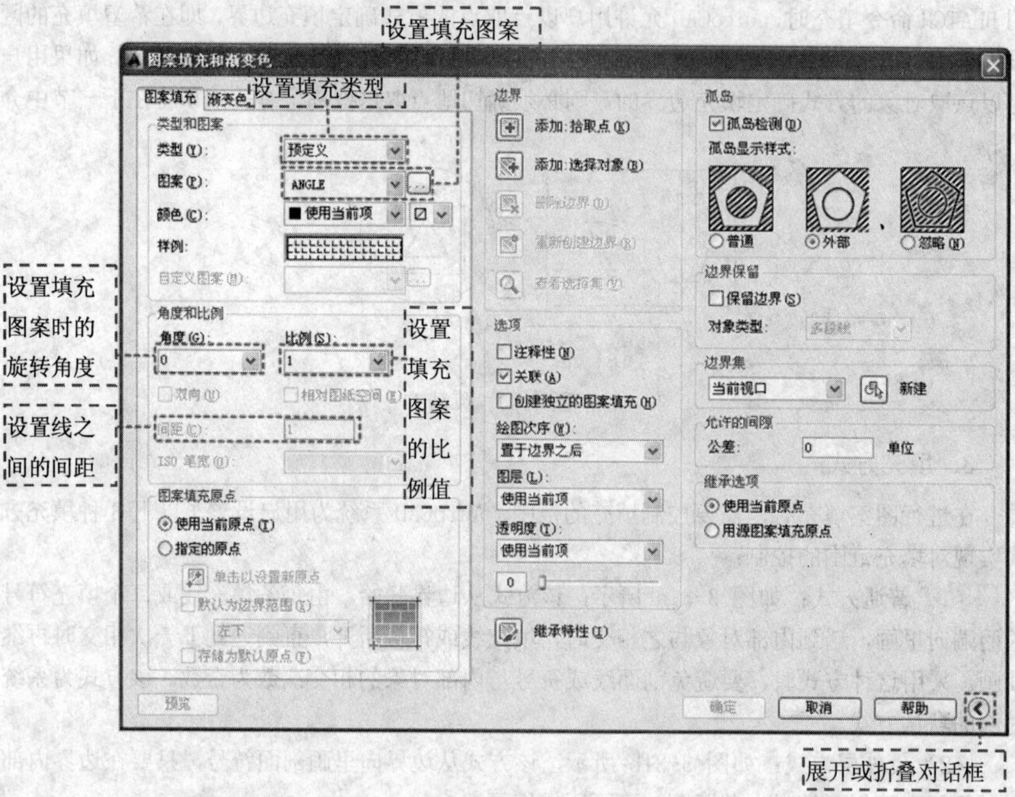

图 3-33 “图案填充和渐变色”对话框

（1）“图案填充”标签：此标签下各选项用来确定图案及其参数。选取此标签后，弹出图 3-33 左边选项组。其中各选项含义如下：

1）类型：此选项组用于确定填充图案的类型及图案。点取设置区中的小箭头，弹出一个下拉列表（如图 3-34 所示），在该列表中，“用户定义”选项表示用户要临时定义填充图案，与命令行方式中的“U”选项作用一样；“自定义”选项表示选用 ACAD.PAT 图案文件或其他图案文件（.PAT 文件）中的图案填充；“预定义”选项表示用 AutoCAD 标准图案文件（ACAD.PAT 文件）中的图案填充。

2）图案：此按钮用于确定标准图案文件中的填充图案。在弹出的下拉列表中，用户可从中选取填充图案。选取所需要的填充图案后，在“样例”中的图像框内会显示出该图案。只有用户在“类型”中选择了“预定义”，此项才以正常亮度显示，即允许用户从自己定义的图案文件中选取填充图案。

如果选择的图案类型是“预定义”，单击“图案”下拉列表框右边的[...]按钮，会弹出类似图 3-35 所示的对话框，该对话框中显示出所选类型所具有的图案，用户可从中确定所需要的图案。

3）样例：此选项用来给出一个样本图案。在其右面有一方形图像框，显示出当前用户所选用的填充图案。用户可以通过单击该图像的方式迅速查看或选取已有的填充图案（如图

3-36 所示)。

图 3-34 填充图案类

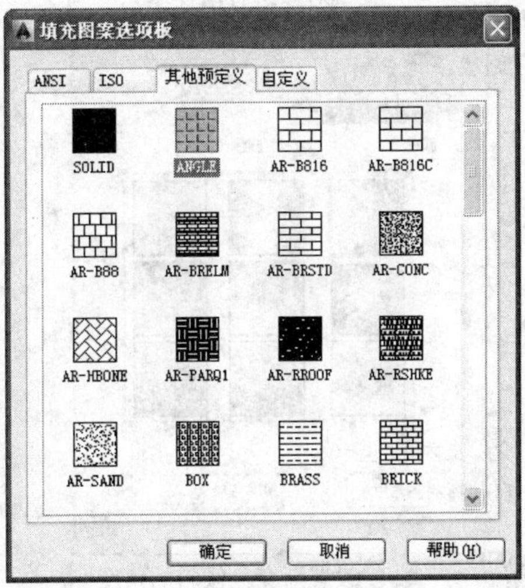

图 3-35 图案列表

4）自定义图案：此下拉列表框用于从用户定义的填充图案。只有在“类型”下拉列表框中选用“自定义”项后，该项才以正常亮度显示，即允许用户从自己定义的图案文件中选取填充图案。

5）角度：此下拉列表框用于确定填充图案时的旋转角度。每种图案在定义时的旋转角度为零，用户可在“角度”编辑框内输入所希望的旋转角度。

6）比例：此下拉列表框用于确定填充图案的比例值。每种图案在定义时的初始比例为 1，用户可以根据需要放大或缩小，方法是在“比例”编辑框内输入相应的比例值。

7） 双向：用于确定用户临时定义的填充线是一组平行线，还是相互垂直的两组平行线。只有当在“类型”下拉列表框中选用“用户定义”选项，该项才可以使用。

8）相对图纸空间：确定是否相对于图纸空间单位确定填充图案的比例值。选择此选项，可以按适合于版面布局的比例方便地显示填充图案。该选项仅仅适用于图形版面编排。

9）间距：指定线之间的间距，在“间距”文本框内输入值即可。只有当在“类型”下拉列表框中选用“用户定义”选项，该项才可以使用。

10）ISO 笔宽：此下拉列表框告诉用户根据所选择的笔宽确定与 ISO 有关的图案比例。只有选择了已定义的 ISO 填充图案后，才可确定它的内容。

11）图案填充原点：控制填充图案生成的起始位置。些图案填充（例如砖块图案）需要与图案填充边界上的一点对齐。默认情况下，所有图案填充原点都对应于当前的 UCS 原点。也可以选择“指定的原点”及下面一级的选项重新指定原点。

（2）“渐变色”标签：渐变色是指从一种颜色到另一种颜色的平滑过渡。渐变色能产生光的效果，可为图形添加视觉效果。点取该标签，AutoCAD 弹出图 3-36 所示的对话框，其中各选项含义如下：

1）“单色”单选钮：应用单色对所选择的对象进行渐变填充。其左边上面的显示框显示用户所选择的真彩色，单击左边的小方钮，系统打开“选择颜色”对话框，如图 3-37 所示。该对话框在第 4 章将详细介绍，这里不再赘述。

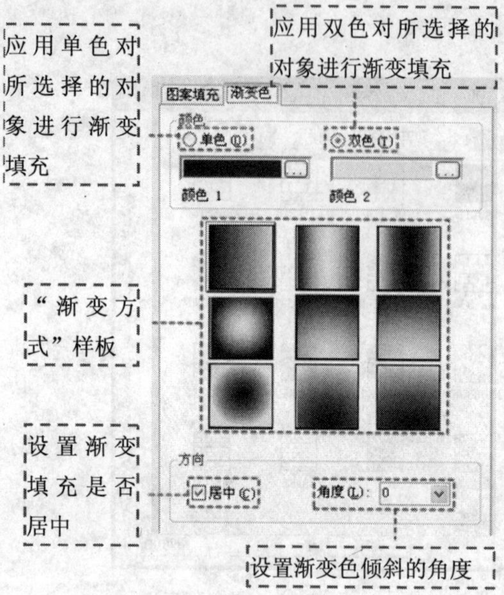

图 3-36 "渐变色"标签

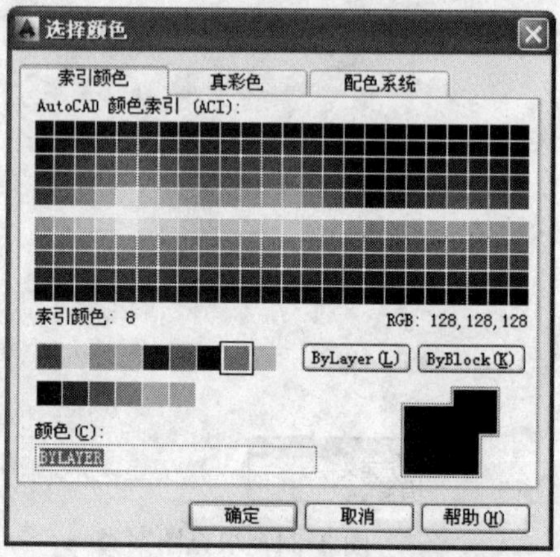

图 3-37 "选择颜色"对话框

2)"双色"单选钮：应用双色对所选择的对象进行渐变填充。填充颜色将从颜色 1 渐变到颜色 2。颜色 1 和颜色 2 的选取与单色选取类似。

3)"渐变方式"样板：在"渐变色"标签的下方有 9 个"渐变方式"样板，分别表示不同的渐变方式，包括线形、球形和抛物线形等方式。

4)"居中"复选框：该复选框决定渐变填充是否居中。

5)"角度"下拉列表框：在该下拉列表框中选择角度，此角度为渐变色倾斜的角度。不同的渐变色填充如图 3-38 所示。

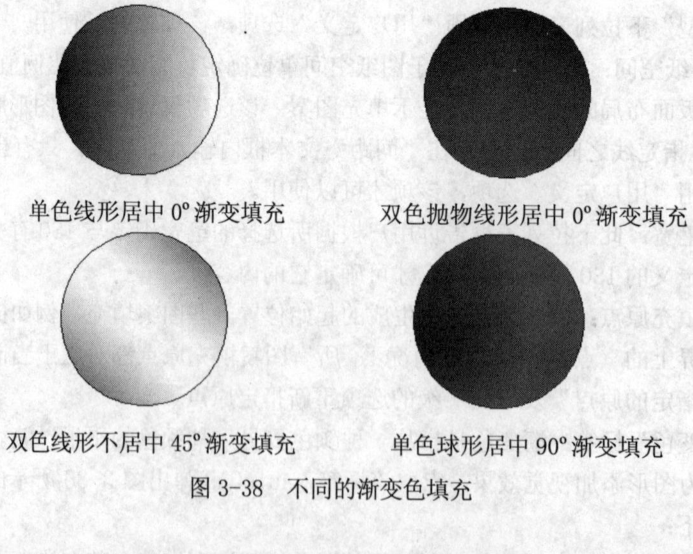

图 3-38 不同的渐变色填充

(3) 边界

1) 添加：拾取点：以点取点的形式自动确定填充区域的边界。在填充的区域内任意点取一点，系统会自动确定出包围该点的封闭填充边界，并且高亮度显示（如图 3-39 所示）。

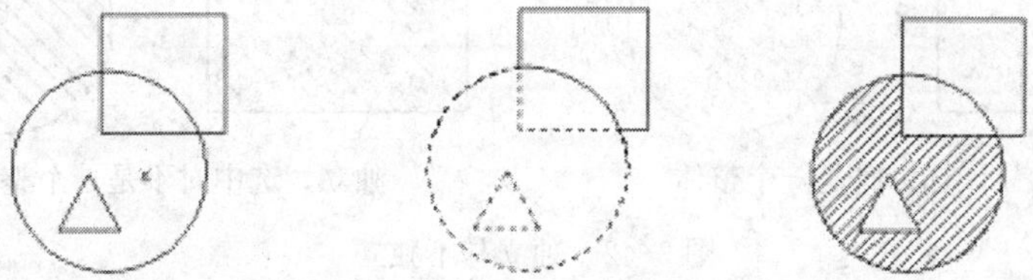

选择一点　　　　填充区域　　　　填充结果

图 3-39　边界确定

2）添加：选择对象：以选取对象的方式确定填充区域的边界。可以根据需要选取构成填充区域的边界。同样，被选择的边界也会以高亮度显示（如图 3-40 所示）。

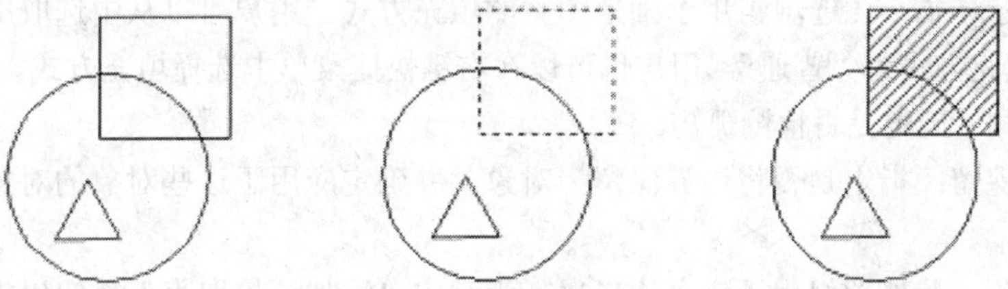

原始图形　　　　选取边界对象　　　　填充结果

图 3-40　选取边界对象

3）删除边界：从边界定义中删除以前添加的任何对象（如图 3-41 所示）。

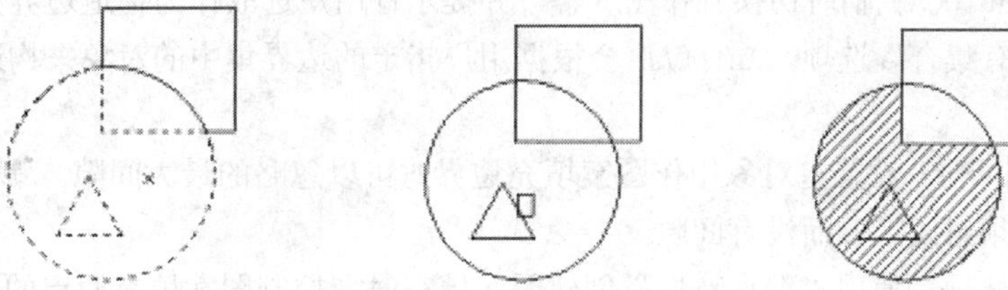

选取边界对象　　　　删除边界　　　　填充结果

图 3-41　删除“岛”后的边界

4）重新创建边界：围绕选定的图案填充或填充对象创建多段线或面域。

5）查看选择集：观看填充区域的边界。点取该按钮，AutoCAD 临时切换到作图屏幕，将所选择的作为填充边界的对象以高亮度方式显示。只有通过“拾取点”按钮或“选择对象”按钮选取了填充边界，“查看选择集””按钮才可以使用。

（4）选项

1）关联：此单选钮用于确定填充图案与边界的关系。若选择此单选钮，那么填充的图案与填充边界保持着关联关系，即图案填充后，当用钳夹（Grips）功能对边界进行拉伸等编辑操作时，AutoCAD 会根据边界的新位置重新生成填充图案。

2）创建独立的图案填充：控制当指定了几个独立的闭合边界时，是创建单个图案填充对象，还是创建多个图案填充对象，如图 3-42 所示。

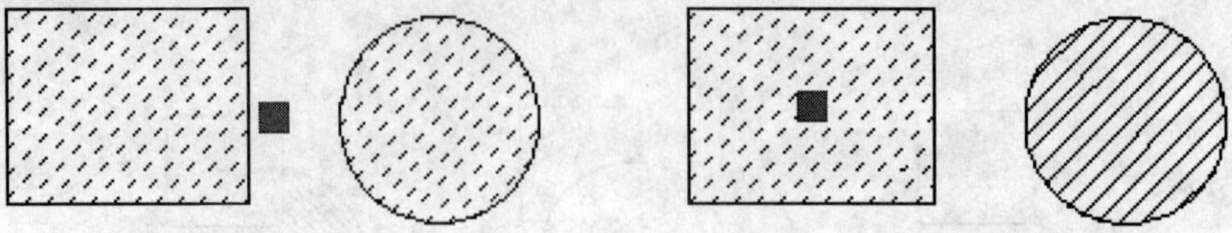

不独立，选中时是一个整体　　　　独立，选中时不是一个整体

图 3-42　独立与不独立

3）绘图次序：指定图案填充的绘图顺序。图案填充可以放在所有其他对象之后、所有其他对象之前、图案填充边界之后或图案填充边界之前。

（5）继承特性：此按钮的作用是继承特性，即选用图中已有的填充图案作为当前的填充图案。

（6）孤岛

1）孤岛显示样式：该选项组用于确定图案的填充方式。用户可以从中选取所要的填充方式。默认的填充方式为“普通”。用户也可以在右键快捷菜单中选择填充方式。

2）孤岛检测：确定是否检测孤岛。

（7）边界保留：指定是否将边界保留为对象，并确定应用于这些对象的对象类型是多段线还是面域。

（8）边界集：此选项组用于定义边界集。当点击“添加：拾取点”按钮以根据一指定点的方式确定填充区域时，有两种定义边界集的方式：一种是将包围所指定点的最近的有效对象作为填充边界，即“当前视口”选项，该项是系统的默认方式；另一种方式是用户自己选定一组对象来构造边界，即“现有集合”选项，选定对象通过其上面的“新建”按钮实现，按下该按钮后，AutoCAD 临时切换到作图屏幕，并提示行用户选取作为构造边界集的对象。此时若选取“现有集合”选项，AutoCAD 会根据用户指定的边界集中的对象来构造一封闭边界。

（9）允许的间隙：设置将对象用作图案填充边界时可以忽略的最大间隙。默认值为 0，此值指定对象必须封闭区域而没有间隙。

（10）继承选项：使用“继承特性”创建图案填充时，控制图案填充原点的位置。

3.5.3　编辑填充的图案

利用 HATCHEDIT 命令可以编辑已经填充的图案。

1．执行方式

命令行：HATCHEDIT

菜单：修改→对象→图案填充

2．操作格式

执行上述命令后，AutoCAD 会给出下面提示：

选择图案填充对象:

选取关联填充物体后，系统弹出如图 3-43 所示的“图案填充编辑”对话框。

在图 3-43 中，只有正常显示的选项才可以对其进行操作。该对话框中各项的含义与图 3-33 所示的“图案填充与渐变色”对话框中各项的含义相同。利用该对话框，可以对已弹出的图案进行一系列的编辑修改。

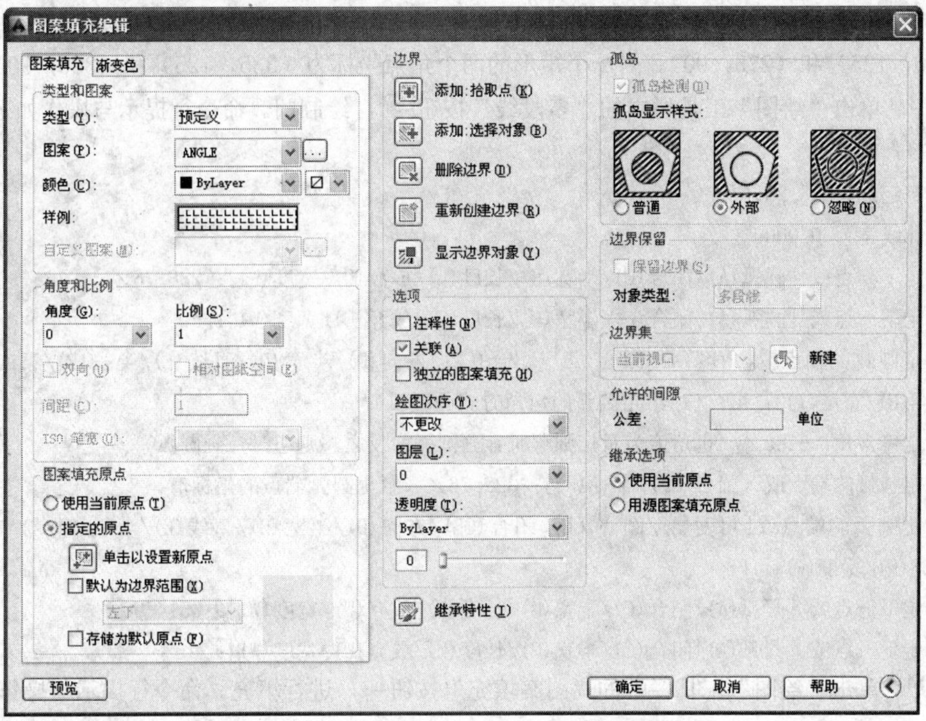

图 3-43 “图案填充编辑”对话框

3.5.4 实例——小屋

用所学二维绘图命令绘制图 3-44 所示的小屋。

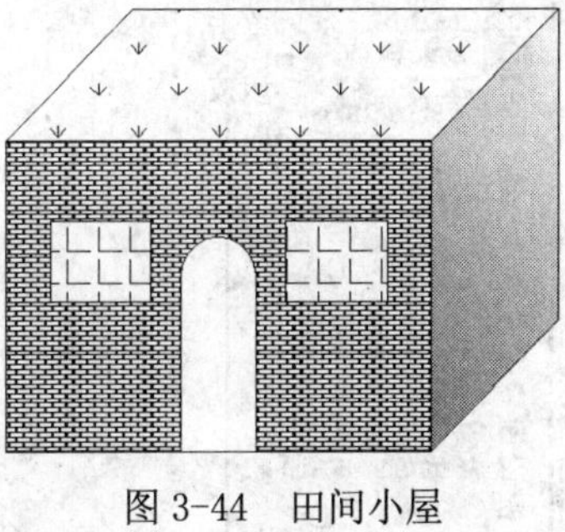

图 3-44 田间小屋

光盘路径

光盘\动画演示\第 3 章\小屋.avi

操作步骤

01 单击“绘图”工具栏中的“直线”按钮和“矩形”按钮，绘制房屋外框。矩形的两个角点坐标为(210,160)和(400,25)；连续直线的端点坐标为(210,160)、(@80<45)、

（@190<0）、（@135<-90）和（400,25）。同样方法绘制另一条直线，坐标分别是（400,160）和(@80<45)。

02 单击“绘图”工具栏中的“矩形”按钮，绘制窗户。一个矩形的两个角点坐标为（230，125）和（275，90）。另一个矩形的两个角点坐标为（335，125）和（380，90）。

03 单击“绘图”工具栏中的“多段线”按钮，绘制门。命令行提示与操作如下：

命令：PL↙

指定起点：288,25↙

当前线宽为 0.0000

指定下一点或［圆弧(A)/闭合(C)/半宽(H)/长度(L)/放弃(U)/宽度(W)］：288,76↙

指定下一点或［圆弧(A)/闭合(C)/半宽(H)/长度(L)/放弃(U)/宽度(W)］：a↙

指定圆弧的端点或[角度(A)/圆心(CE)/闭合(CL)/方向(D)/半宽(H)/直线(L)/半径(R)/第二点(S)/放弃(U)/宽度(W)]：a↙（用给定圆弧的包角方式画圆弧）

指定包含角：-180↙（包角值为负，则顺时针画圆弧；反之，则逆时针画圆弧）

指定圆弧的端点或［圆心(CE)/半径(R)］：322,76↙（给出圆弧端点的坐标值）

指定圆弧的端点或[角度(A)/圆心(CE)/闭合(CL)/方向(D)/半宽(H)/直线(L)/半径(R)/第二点(S)/放弃(U)/宽度(W)]：L↙

指定下一点或［圆弧(A)/闭合(C)/半宽(H)/长度(L)/放弃(U)/宽度(W)］：@51<-90↙

指定下一点或［圆弧(A)/闭合(C)/半宽(H)/长度(L)/放弃(U)/宽度(W)］：↙

04 单击“绘图”工具栏中的“图案填充”按钮，进行填充。命令行提示与操作如下：

命令：BHATCH↙　（填充命令，输入该命令后将出现“图案填充和渐变色”对话框，按照图 3-45 所示进行设置，填充屋顶小草）

选择内部点：（点击“拾取点”按钮，用鼠标在屋顶内拾取一点，如图 3-46 所示 1 点）

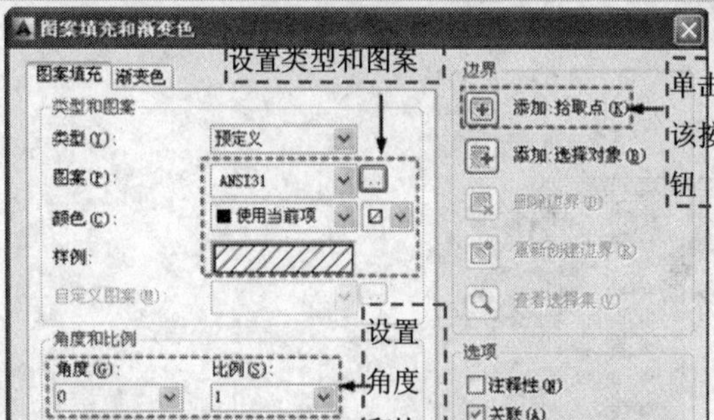

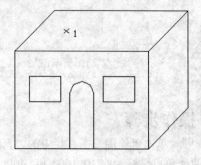

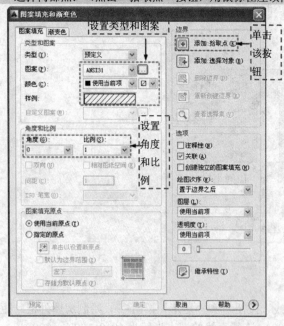

图 3-45　“图案填充和渐变色”对话框（一）

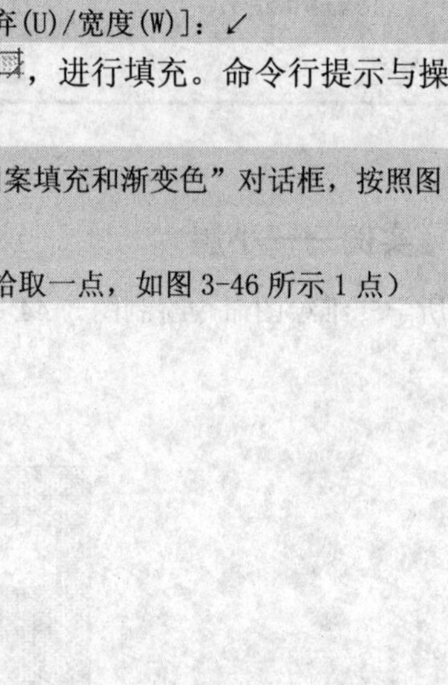

图 3-46　绘制步骤（一）

05 返回“图案填充和渐变色”对话框，选择“确定”按钮，系统以选定的图案进行填充。

06 同样，单击“绘图”工具栏中的“图案填充”按钮，选择 ANGLE 图案为预定义图案，角度为 0，比例为 2，拾取如图 3-47 所示 2、3 两个位置的点填充窗户。

07 单击“绘图”工具栏中的“图案填充”按钮，选择 ANGLE 图案为预定义图案，角度为 0，比例为 0.25，拾取如图 3-48 所示 4 位置的点填充小屋前面的砖墙。

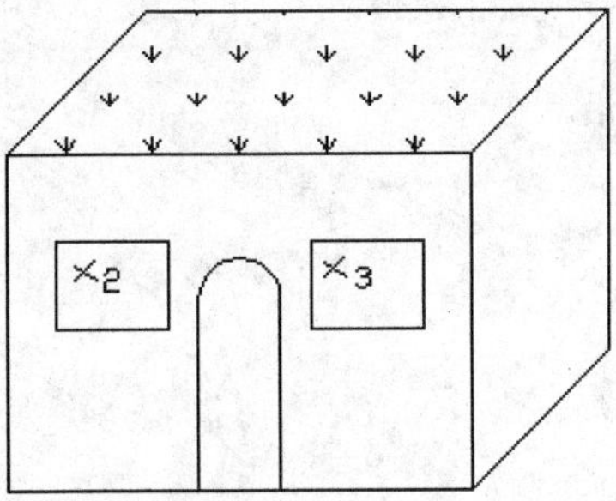

图 3-47　绘制步骤（二）

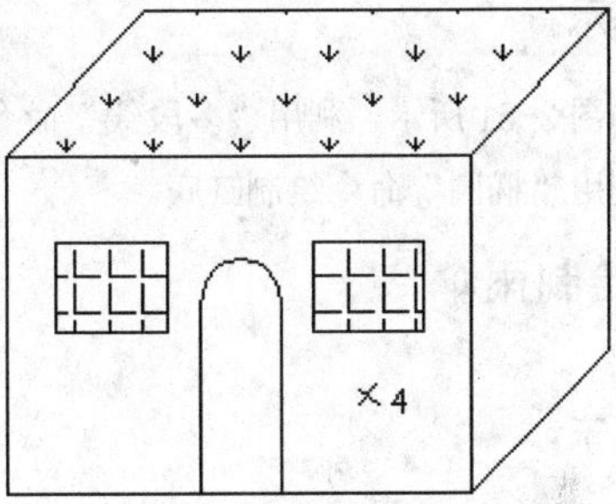

图 3-48　绘制步骤（三）

08 单击“绘图”工具栏中的“图案填充”按钮，，按照图 3-49 所示进行设置，拾取如图 3-50 所示 5 位置的点填充小屋前面的砖墙。最终结果如图 3-44 所示。

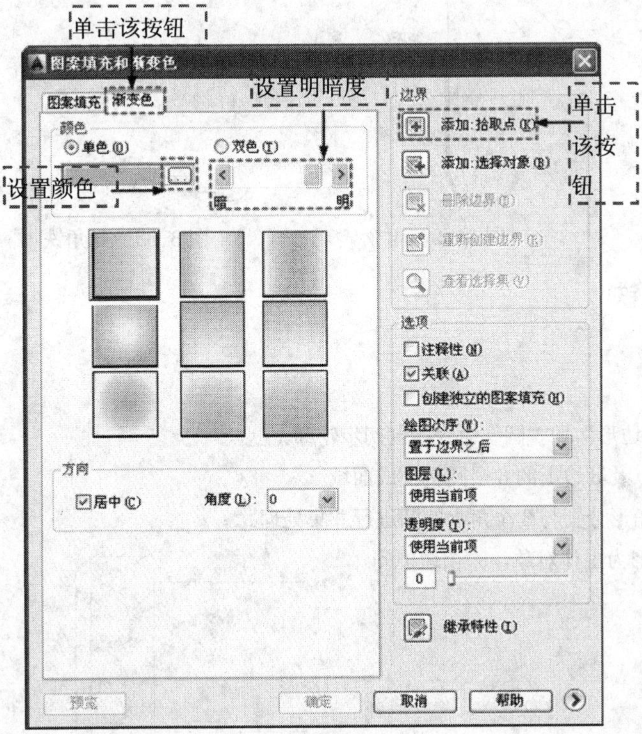

图 3-49　“图案填充和渐变色”对话框（二）

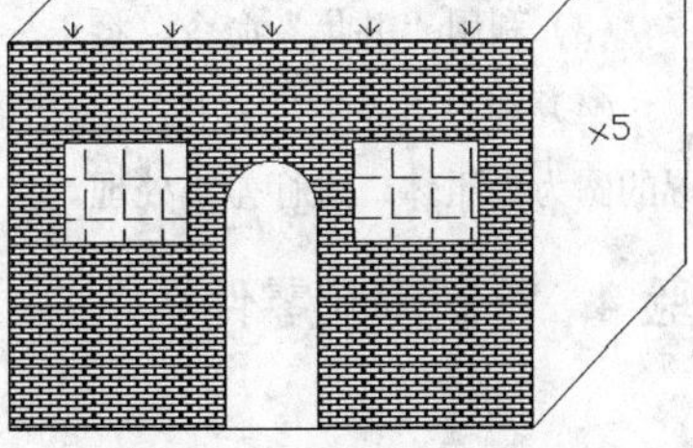

图 3-50　绘制步骤（四）

3.6 上机实验

通过前面的学习，读者对本章知识也有了大体的了解，本节通过几个上机实验使读者进一步掌握本章知识要点。

实验 1 绘制浴缸

操作提示：

（1）如图 3-51 所示，利用“多段线”命令绘制浴缸外沿。

（2）利用“椭圆”命令绘制缸底。

实验 2 绘制雨伞

操作提示：

（1）如图 3-52 所示，利用“圆弧”命令绘制伞的外框。

（2）利用“样条曲线”命令绘制伞的底边。

（3）利用“圆弧”命令绘制伞面。

（4）利用“多段线”命令绘制伞顶和伞把。

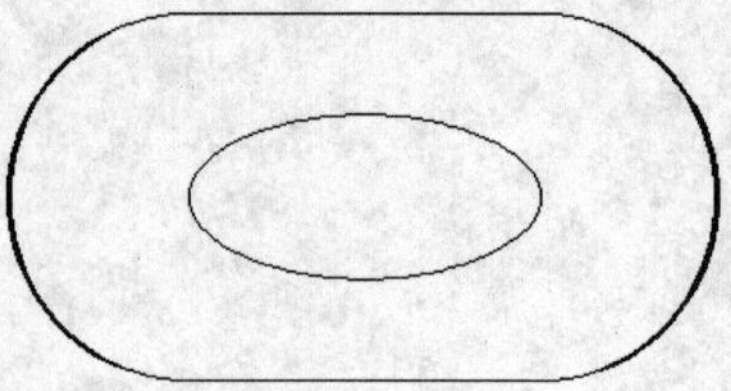

图 3-51 浴缸

图 3-52 雨伞

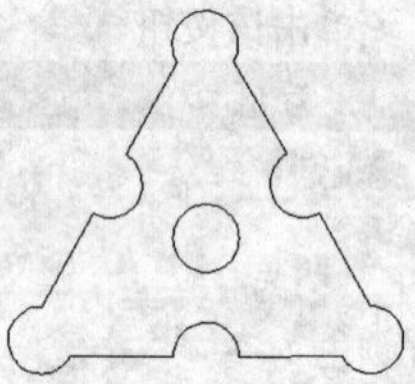

图 3-53 三角铁

实验 3 利用布尔运算绘制三角铁

操作提示：

（1）如图 3-53 所示，利用“正多边形”和“圆”命令绘制初步轮廓。

（2）利用“面域”命令将三角形以及其边上的 6 个圆转换成面域。

（3）利用“并集”命令，将正三角形分别与 3 个角上的圆进行并集处理。

（4）利用“差集”命令，以三角形为主体对象，3 个边中间位置的圆为参照体，进行差集处理。

实验 4 绘制滚花零件

操作提示：

（1）如图 3-54 所示，用“直线”命令绘制零件主体部分。

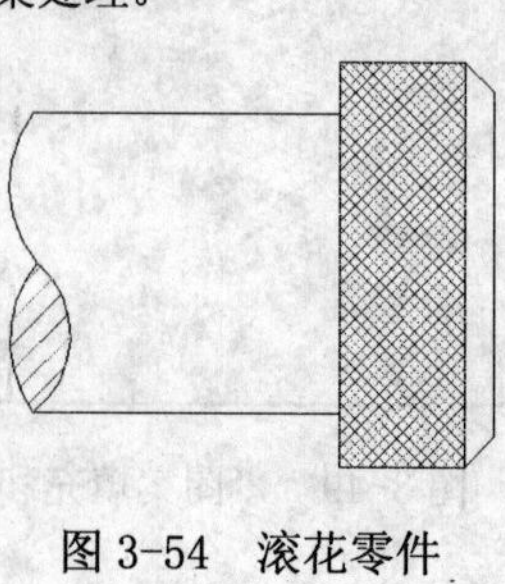

图 3-54 滚花零件

（2）用“圆弧”命令绘制零件断裂部分示意线。

（3）利用“图案填充”命令填充断面。

（4）绘制滚花表面。注意打开“边界图案填充”对话框“双向”复选框。

3.7 思考与练习

通过前面的学习，读者对本章知识也有了大体的了解，本节通过几个思考练习使读者进一步掌握本章知识要点。

1．可以有宽度的线有：

（1）构造线　（2）多段线　（3）轨迹线　（4）射线

2．可以用FILL命令进行填充的图形有：

（1）区域填充　（2）多段线　（3）圆环　（4）轨迹线　（5）多边形

3．下面的命令能绘制出线段或类线段图形的有：

（1）LINE　（2）TRACE　（3）PLINE　（4）SOLID　（5）ARC

4．动手试操作一下，进行图案填充时，下面图案类型中需要同时指定角度和比例的有：

（1）预先定义　（2）用户定义　（3）自定义

5．请指出多段线与轨迹线的异同点。

6．绘制如图3-55的五环旗图形。

7．用多义线命令绘制如图3-56所示的图形。

8．利用多线命令绘制如图3-57所示的道路交通网。

图3-55　五环旗

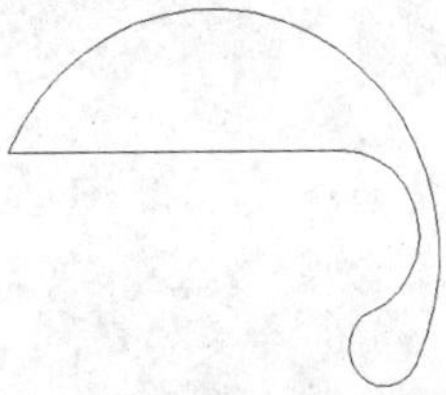

图3-56　题6图

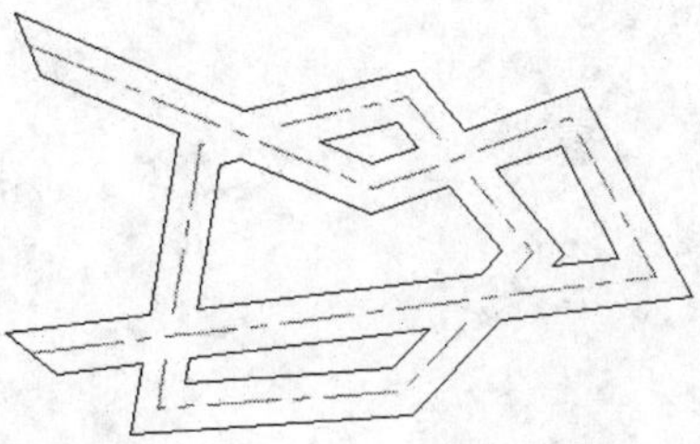

图3-57　道路交通网

9．绘制图3-58所示图形。

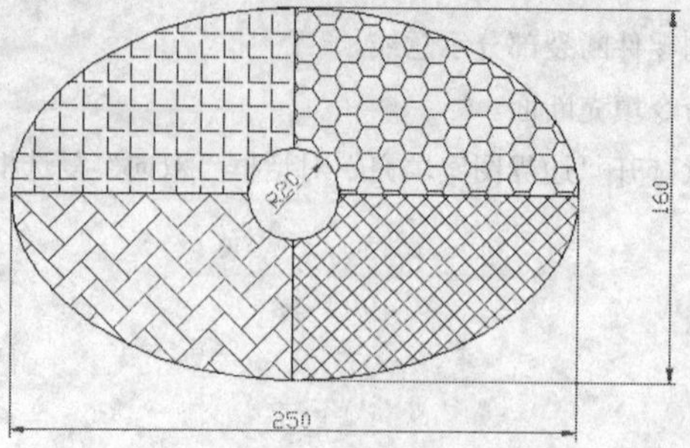

图 3-58　题 9 图

第 4 章 图层设置与精确定位

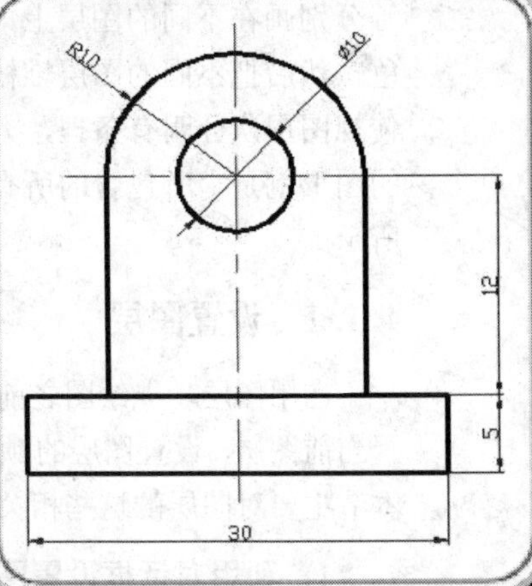

为了快捷准确地绘制图形和方便高效地管理图形，AutoCAD 提供了多种必要的和辅助的绘图工具，如工具条、对象选择工具、图层管理器、精确定位工具等。利用这些工具，可以方便、迅速、准确地实现图形的绘制和编辑，不仅可提高工作效率，而且能更好地保证图形的质量。

本章主要介绍图层设置和精确定位有关知识。

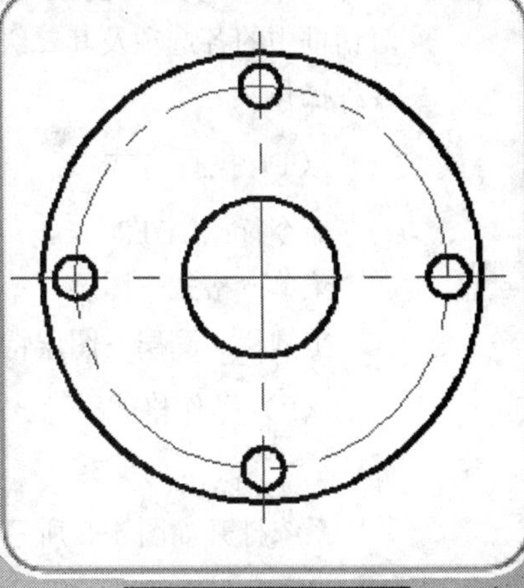

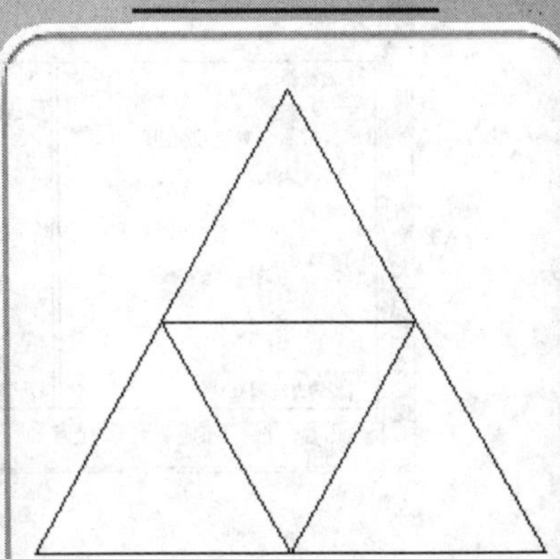

知识点

- 图层设置
- 精确定位工具
- 对象捕捉与追踪
- 对象约束

4.1 图层设置

图层的概念类似投影片，将不同属性的对象分别画在不同的投影片（图层）上，例如将图形的主要线段、中心线、尺寸标注等分别画在不同的图层上，每个图层可设定不同的线型、线条颜色，然后把不同的图层堆栈在一起成为一张完整的视图，如此可使视图层次分明有条理，方便图形对象的编辑与管理。一个完整的图形就是它所包含的所有图层上的对象叠加在一起，如图 4-1 所示。

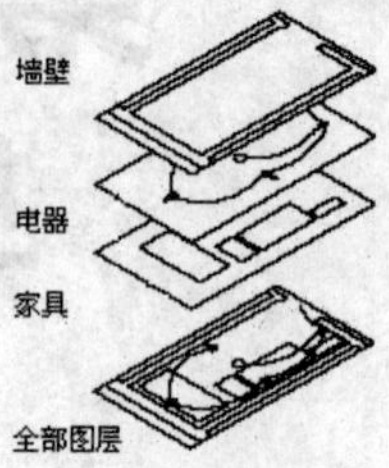

图 4-1　图层效果

4.1.1 设置图层

在用图层功能绘图之前，首先要对图层的各项特性进行设置，包括建立和命名图层、设置当前图层、设置图层的颜色和线型、图层是否关闭、是否冻结、是否锁定以及图层删除等。本节主要对图层的这些相关操作进行介绍。

1. 利用对话框设置图层

AutoCAD 2014 提供了详细直观的“图层特性管理器”对话框，用户可以方便地通过对该对话框中的各选项及其二级对话框进行设置，从而实现建立新图层、设置图层颜色及线型等各种操作。

（1）执行方式

命令行：LAYER

菜单：格式→图层

工具栏：图层→图层特性管理器

（2）操作格式

命令：LAYER↙

系统打开如图 4-2 所示的“图层特性管理器”对话框。

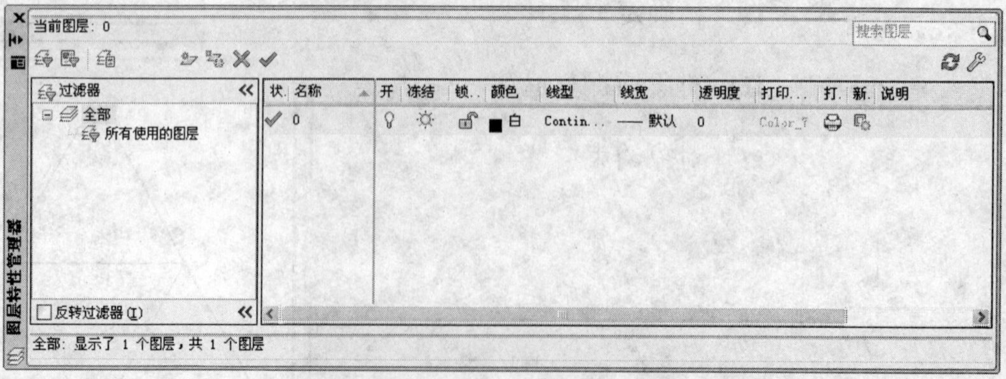

图 4-2　“图层特性管理器”对话框

（3）选项说明。

1）“新特性过滤器”按钮：显示“图层过滤器特性”对话框，如图 4-3 所示。从中可以基于一个或多个图层特性创建图层过滤器。

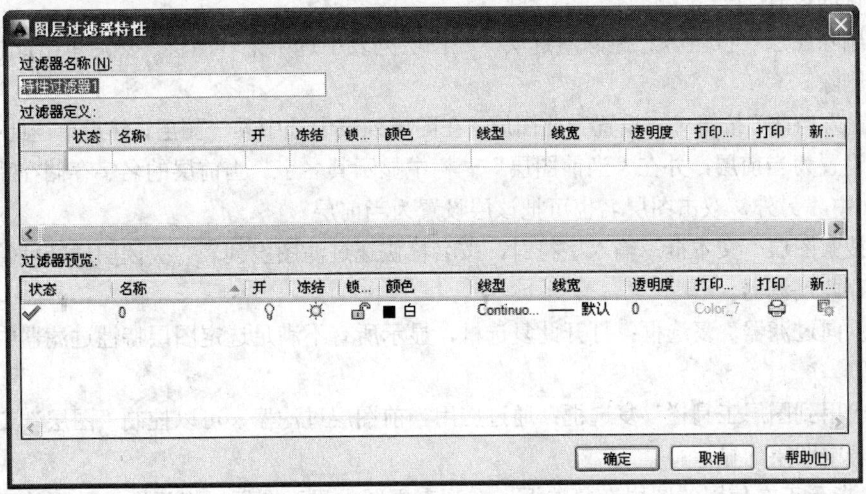

图 4-3 “图层过滤器特性”对话框

2）“新建组过滤器”按钮：创建一个图层过滤器，其中包含用户选定并添加到该过滤器的图层。

3）“图层状态管理器”按钮：显示“图层状态管理器”对话框，如图 4-4 所示。从中可以将图层的当前特性设置保存到命名图层状态中，以后可以再恢复这些设置。

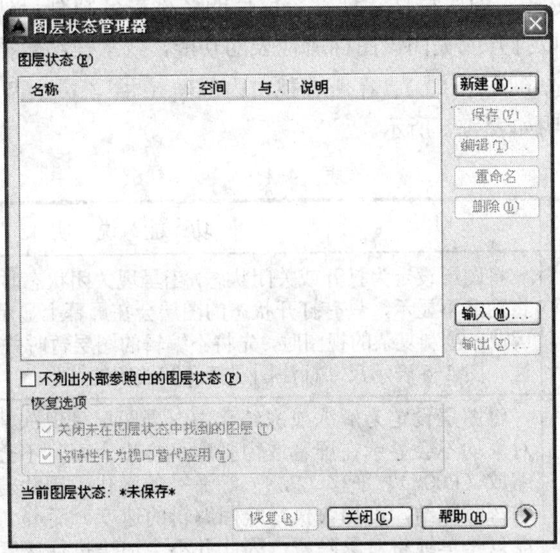

图 4-4 “图层状态管理器”对话框

4）“新建图层”按钮：建立新图层。单击此按钮，图层列表中出现一个新的图层名字“图层 1”，用户可使用此名字，也可改名。要想同时产生多个图层，可选中一个图层名后，输入多个名字，各名字之间以逗号分隔。图层的名字可以包含字母、数字、空格和特殊符号，

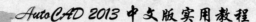

AutoCAD 2014 支持长达 255 个字符的图层名字。新的图层继承了建立新图层时所选中的已有图层的所有特性（颜色、线型、ON/OFF 状态等），如果新建图层时没有图层被选中，则新图层具有默认的设置。

5）“删除图层”按钮：删除所选层。在图层列表中选中某一图层，然后单击此按钮，则把该层删除。

6）“置为当前”按钮：设置当前图层。在图层列表中选中某一图层，然后单击此按钮，则把该层设置为当前层，并在“当前图层”一栏中显示其名字。当前层的名字存储在系统变量 CLAYER 中。另外，双击图层名也可把该层设置为当前层。

7）“搜索图层”文本框：输入字符时，按名称快速过滤图层列表。关闭图层特性管理器时并不保存此过滤器。

8）“反向过滤器”复选框：打开此复选框，显示所有不满足选定图层特性过滤器中条件的图层。

9）“应用到图层工具栏”复选框：通过应用当前图层过滤器，可以控制“图层”工具栏上图层列表中图层的显示。

10）“指示正在使用的图层”复选框：在列表视图中显示图标以指示图层是否处于使用状态。在具有多个图层的图形中，清除此选项可提高性能。

11）图层列表区：显示已有的图层及其特性。要修改某一图层的某一特性，单击它所对应的图标即可。右击空白区域或利用快捷菜单可快速选中所有图层。列表区中各列含义：

① 名称：显示满足条件的图层的名字。如果要对某层进行修改，首先要选中该层，使其逆反显示。

② 状态转换图标：在“图层特性管理器”窗口的名称栏分别有一列图标，移动指针到图标上单击鼠标左键可以打开或关闭该图标所代表的功能，或从详细数据区中勾选或取消勾选关闭（ / ）、锁定（ / ）、在所有视口内冻结（ / ）及不打印（ / ）等项目，各图标功能说明如表 4-1 所示。

表 4-1

图 示	名 称	功 能 说 明
/	打开 / 关闭	将图层设定为打开或关闭状态，当呈现关闭状态时，该图层上的所有对象将隐藏不显示，只有打开状态的图层会在屏幕上显示或由打印机打印出来。因此，绘制复杂的视图时，先将不编辑的图层暂时关闭，可降低图形的复杂性。图 4-5 表示尺寸标注图层打开和关闭的情形
/	解冻 / 冻结	将图层设定为解冻或冻结状态。当图层呈现冻结状态时，该图层上的对象均不会显示在屏幕或由打印机打出，而且不会执行重生（REGEN）、缩放（ROOM）、平移（PAN）等命令的操作，因此若将视图中不编辑的图层暂时冻结，可加快执行绘图编辑的速度。而 / （打开 / 关闭）功能只是单纯将对象隐藏，因此并不会加快执行速度
/	解锁 / 锁定	将图层设定为解锁或锁定状态。被锁定的图层，仍然显示在画面上，但不能以编辑命令修改被锁定的对象，只能绘制新的对象，如此可防止重要的图形被修改

（续）

图　示	名　称	功　能　说　明
/	打印 / 不打印	设定该图层是否可以打印图形
	新视口冻结	在新布局视口中冻结选定图层。例如，在所有新视口中冻结 DIMENSIONS 图层，将在所有新创建的布局视口中限制该图层上的标注显示，但不会影响现有视口中的 DIMENSIONS 图层。如果以后创建了需要标注的视口，则可以通过更改当前视口设置来替代默认设置。
	透明度	控制所有对象在选定图层上的可见性。对单个对象应用透明度时，对象的透明度特性将替代图层的透明度设置。

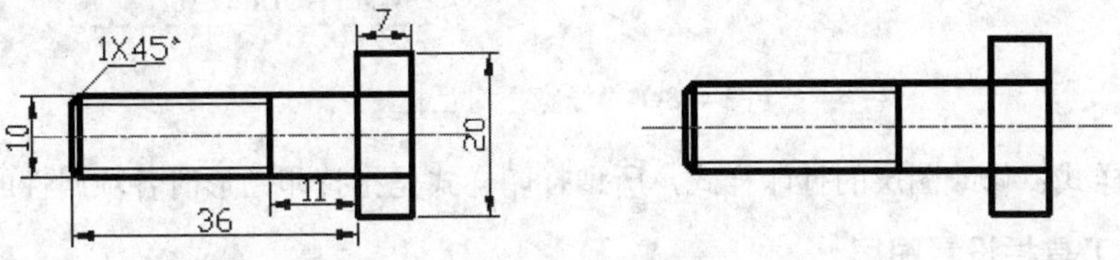

打开　　　　　　　　　　关闭

图 4-5　打开或关闭尺寸标注图层

③ 颜色：显示和改变图层的颜色。如果要改变某一层的颜色，单击其对应的颜色图标，AutoCAD2014 打开如图 4-6 所示的“选择颜色”对话框，用户可从中选取需要的颜色。

④ 线型：显示和修改图层的线型。如果要修改某一层的线型，单击该层的“线型”项，打开“选择线型”对话框，如图 4-7 所示，其中列出了当前可用的线型，用户可从中选取。具体内容下节详细介绍。

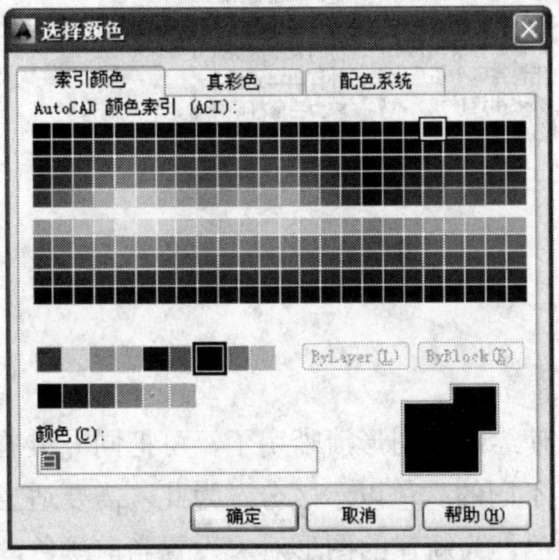

图 4-6　“选择颜色”对话框

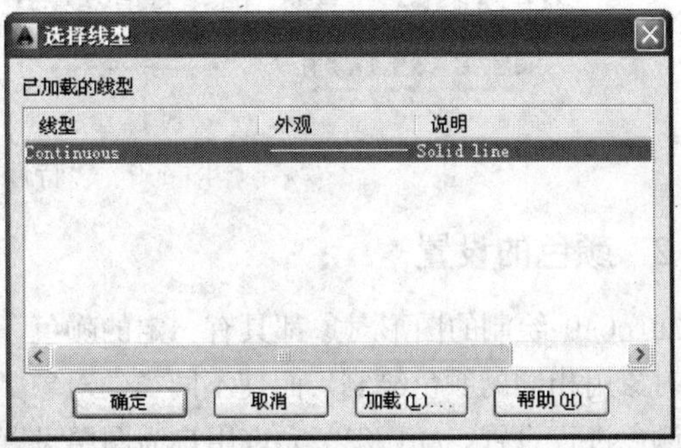

图 4-7　“选择线型”对话框

⑤ 线宽：显示和修改图层的线宽。如果要修改某一层的线宽，单击该层的“线宽”项，打开“线宽”对话框，如图 4-8 所示，其中列出了 AutoCAD 设定的线宽，用户可从中选取。

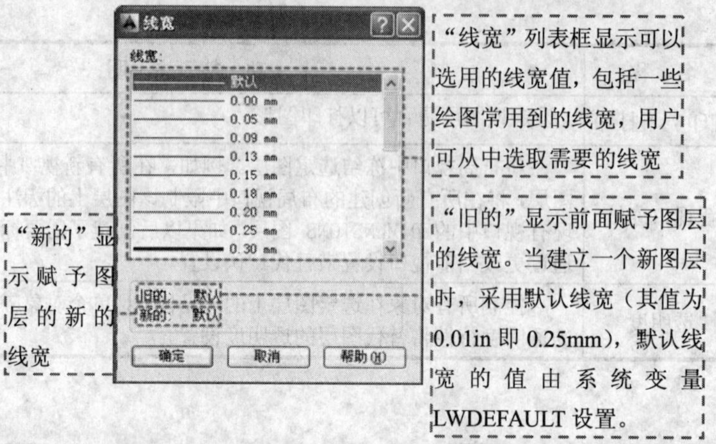

"新的"显示赋予图层的新的线宽
"旧的"显示前面赋予图层的线宽。当建立一个新图层时，采用默认线宽（其值为0.01in 即 0.25mm），默认线宽的值由系统变量LWDEFAULT设置。

图 4-8 "线宽"对话框

⑥ 打印样式：修改图层的打印样式，所谓打印样式是指打印图形时各项属性的设置。

2. 利用工具栏设置图层

AutoCAD 提供了一个"特性"工具栏，如图 4-9 所示。用户能够控制和使用工具栏上的工具图标快速地察看和改变所选对象的图层、颜色、线型和线宽等特性。"特性"工具栏上的图层颜色、线型、线宽和打印样式的控制增强了察看和编辑对象属性的命令。在绘图屏幕上选择任何对象都将在工具栏上自动显示它所在图层、颜色、线型等属性。

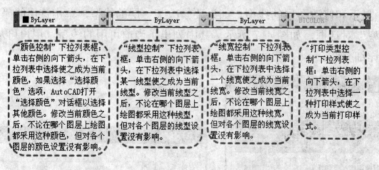

ByLayer
ByLayer
ByLayer
BYCOLOR
"颜色控制"下拉列表框：单击右侧的向下箭头，在下拉列表中选择使之成为当前颜色，如果选择"选择颜色"选项，AutoCAD打开"选择颜色"对话框以选择其他颜色。修改当前颜色之后，不论在哪个图层上绘图都采用这种颜色，但对各个图层的颜色设置没有影响。
"线型控制"下拉列表框：单击右侧的向下箭头，在下拉列表中选择某一线型使之成为当前线型。修改当前线型之后，不论在哪个图层上绘图都采用这种线型，但对各个图层的线型设置没有影响。
"线宽控制"下拉列表框：单击右侧的向下箭头，在下拉列表中选择一个线宽使之成为当前线宽。修改当前线宽之后，不论在哪个图层上绘图都采用这种线宽，但对各个图层的线宽设置没有影响。
"打印类型控制"下拉列表框：单击右侧的向下箭头，在下拉列表中选择一种打印样式使之成为当前打印样式。

图 4-9 "特性"工具栏

4.1.2 颜色的设置

AutoCAD 绘制的图形对象都具有一定的颜色，为使绘制的图形清晰明了，可把同一类的图形对象用相同的颜色绘制，而使不同类的对象具有不同的颜色以示区分。为此，需要适当地对颜色进行设置。AutoCAD 允许用户为图层设置颜色，为新建的图形对象设置当前颜色，还可以改变已有图形对象的颜色。

1. 执行方式

命令行：COLOR

菜单：格式→颜色

2. 操作格式

命令：COLOR↙

单击相应的菜单项或在命令行输入 COLOR 命令后回车，AutoCAD 打开图 4-6 所示的“选择颜色”对话框。也可在图层操作中打开此对话框，具体方法上节已讲述。

3. 选项说明

（1）“索引颜色”标签：打开此标签，可以在系统所提供的 255 色索引表中选择所需要的颜色，如图 4-10 所示。

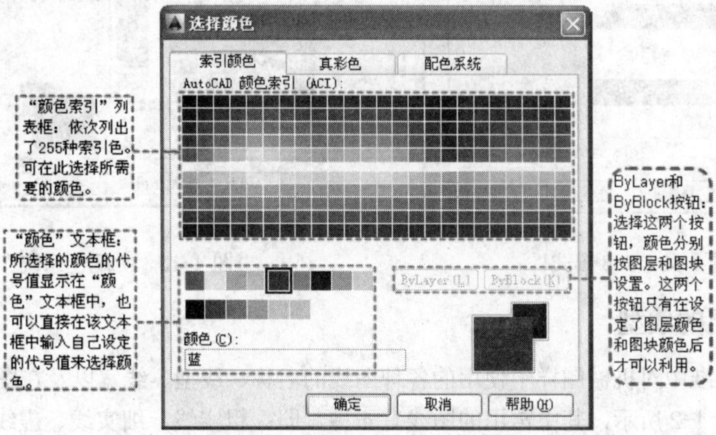
选择颜色
索引颜色
真彩色
配色系统
AutoCAD 颜色索引 (ACI):
“颜色索引”列表框：依次列出了255种索引色。可在此选择所需要的颜色。
“颜色”文本框：所选择的颜色的代号值显示在“颜色”文本框中，也可以直接在该文本框中输入自己设定的代号值来选择颜色。
ByLayer和ByBlock按钮：选择这两个按钮，颜色分别按图层和图块设置。这两个按钮只有在设定了图层颜色和图块颜色后才可以利用。
ByLayer (L)
ByBlock (K)
颜色 (C):
蓝
确定
取消
帮助 (H)

图 4-10 “索引颜色”标签

（2）“真彩色”标签：打开此标签，可以选择需要的任意颜色，如图 4-11 所示。

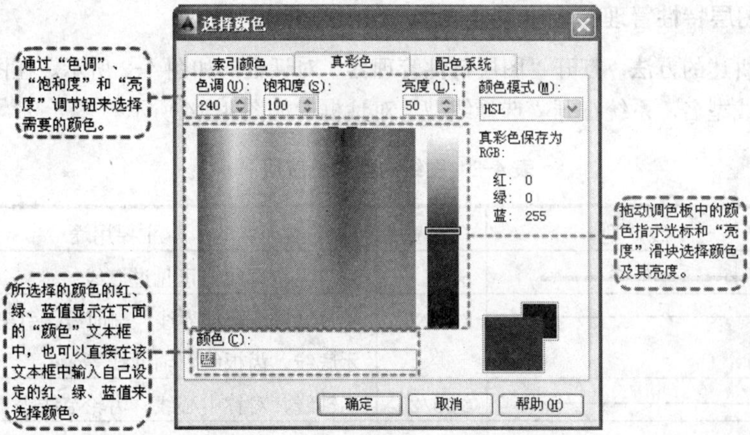
选择颜色
索引颜色
真彩色
配色系统
通过“色调”、“饱和度”和“亮度”调节钮来选择需要的颜色。
色调 (U):
240
饱和度 (S):
100
亮度 (L):
50
颜色模式 (M):
HSL
真彩色保存为 RGB:
红: 0
绿: 0
蓝: 255
拖动调色板中的颜色指示光标和“亮度”滑块选择颜色及其亮度。
所选择的颜色的红、绿、蓝值显示在下面的“颜色”文本框中，也可以直接在该文本框中输入自己设定的红、绿、蓝值来选择颜色。
颜色 (C):
确定
取消
帮助 (H)

图 4-11 “真彩色”标签

在此标签的右边，有一个“颜色模式”下拉列表框，默认的颜色模式为 HSL 模式，即如图 4-11 所示的模式。如果选择 RGB 模式，则如图 4-12 所示。在该模式下选择颜色方式与 HSL 模式下类似。

（3）“配色系统”标签：打开此标签，可以从标准配色系统（比如，Pantone）中选择预定义的颜色，如图 4-13 所示。

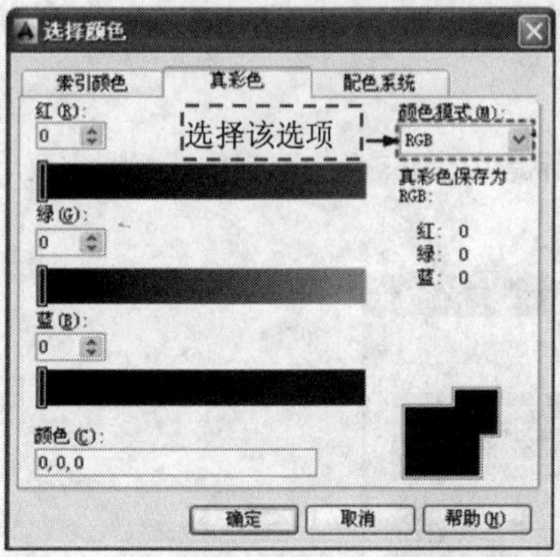

图 4-12 RGB 模式

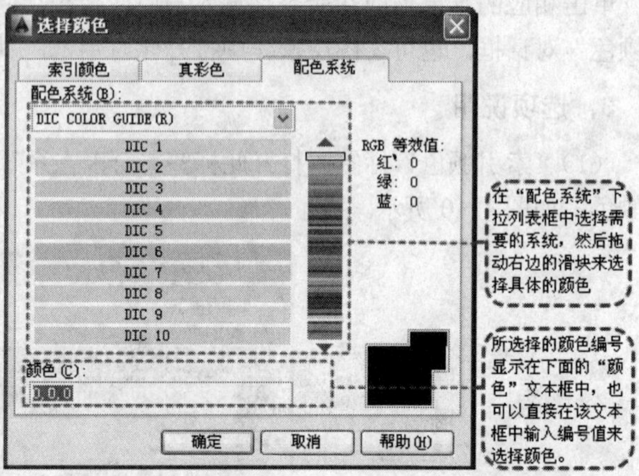

图 4-13 “配色系统”标签

4.1.3 图层的线型

在国家标准中对机械图样中使用的各种图线的名称、线型、线宽以及在图样中的应用作了规定，如表 4-2 所示，其中常用的图线有 4 种，即：粗实线、细实线、虚线、细点画线。图线分为粗、细两种，粗线的宽度 b 应按图样的大小和图形的复杂程度，在 0.5～2mm 之间选择，细线的宽度约为 b/2。

1. 在“图层特性管理器”中设置线型

按照上节讲述的方法，打开“图层特性管理器”对话框，如图 4-2 所示。在图层列表的线型项下单击线型名，系统打开“选择线型”对话框，如图 4-14 所示。

表 4-2 图线的型式及应用

图线名称	线 型	线 宽	主要用途
粗实线		b	可见轮廓线，可见过渡线
细实线		约 b/2	尺寸线、尺寸界线、剖面线、引出线、弯折线、牙底线、齿根线、辅助线等
细点画线		约 b/2	轴线、对称中心线、齿轮节线等
虚线		约 b/2	不可见轮廓线、不可见过渡线
波浪线		约 b/2	断裂处的边界线、剖视与视图的分界线
双折线		约 b/2	断裂处的边界线
粗点画线		b	有特殊要求的线或面的表示线
双点画线		约 b/2	相邻辅助零件的轮廓线、极限位置的轮廓线、假想投影的轮廓线

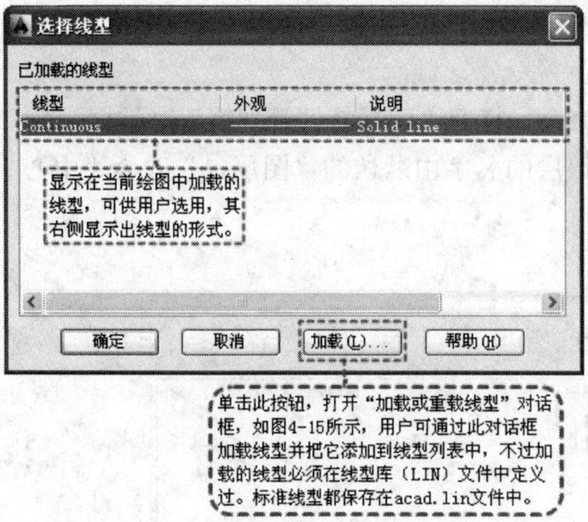

图 4-14 “选择线型”对话框

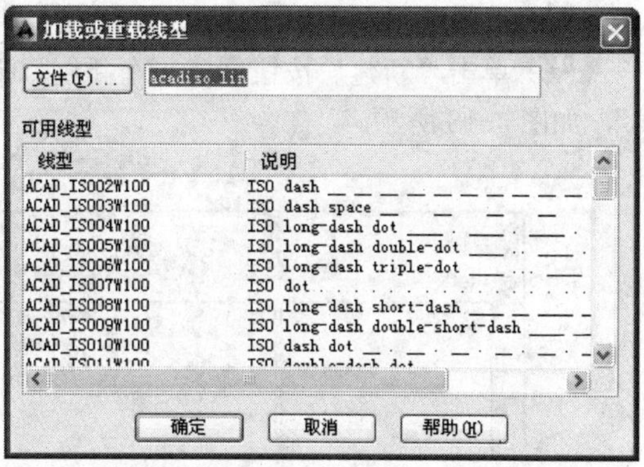

图 4-15 “加载或重载线型”对话框

2. 直接设置线型

用户也可以直接设置线型。

命令行：LINETYPE

在命令行输入上述命令后，系统打开“线型管理器”对话框，如图 4-16 所示。该对话框与前面讲述的相关知识相同，不再赘述。

4.1.4 实例——机械零件图

结合图层命令绘制图 4-17 所示的机械零件图形。

光盘路径

光盘\动画演示\第 4 章\机械零件图.avi

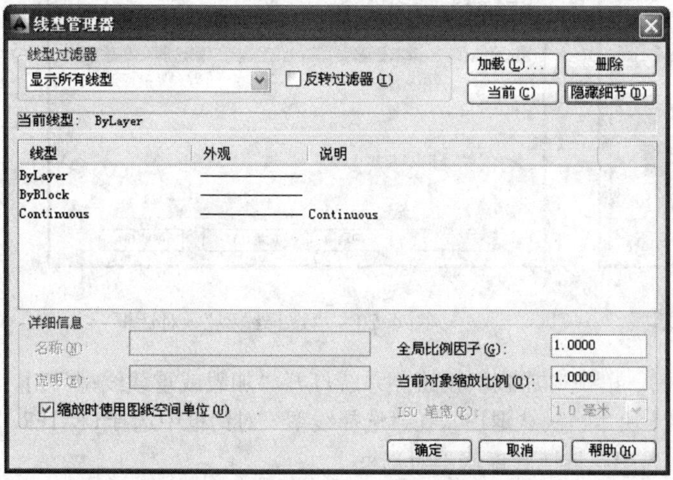

图 4-16 “线型管理器”对话框

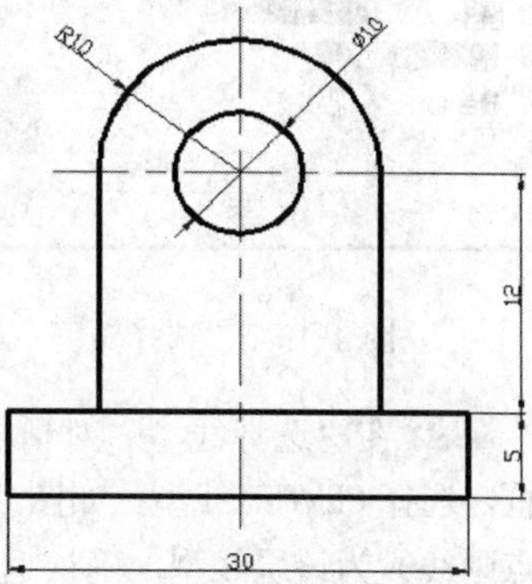

图 4-17 机械零件图形

操作步骤

01 选择菜单栏中的“格式”→“图层”命令，打开“图层特性管理器”对话框。

02 单击“新建”按钮创建一个新层，把该层的名字由默认的“图层 1”改为“中心线”，如图 4-18 所示。

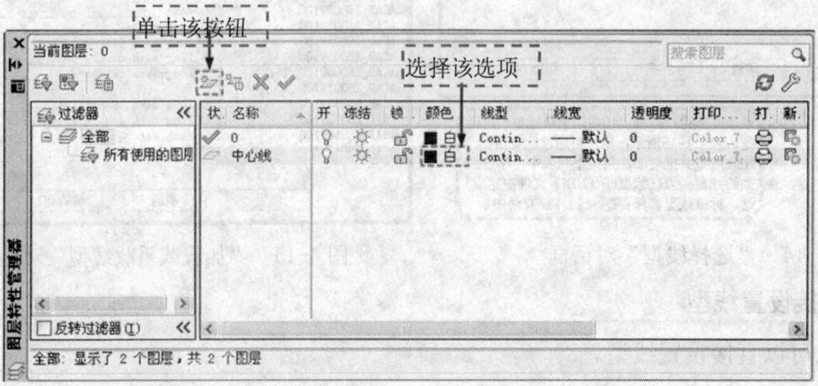

图 4-18　更改图层名

03 单击“中心线”层对应的“颜色”项，打开“选择颜色”对话框，选择红色为该层颜色，如图 4-19 所示。确认后返回“图层特性管理器”对话框。

04 单击“中心线”层对应的“线型”项，打开“选择线型”对话框，如图 4-20 所示。

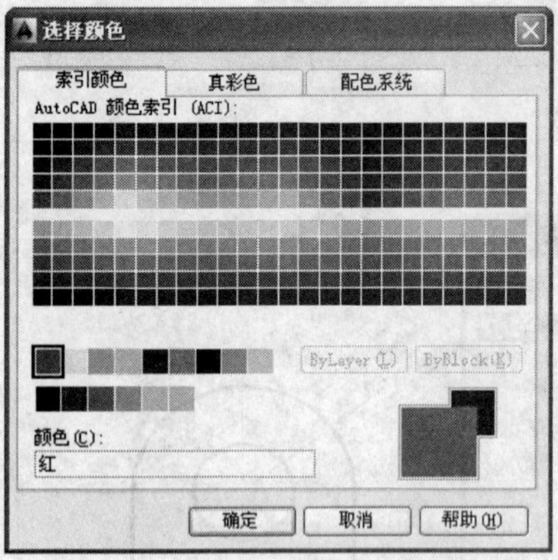

图 4-19　“选择颜色”对话框

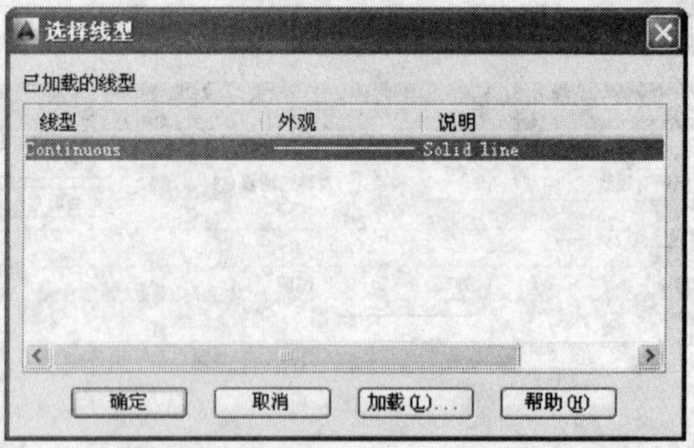

图 4-20　“选择线型”对话框

05 在“选择线型”对话框中，单击“加载”按钮，系统打开“加载或重载线型”对话框，选择 CENTER 线型，如图 4-21 所示。确认退出。在“选择线型”对话框中选择 CENTER（点画线）为该层线型，确认返回“图层特性管理器”对话框。

06 单击“中心线”层对应的“线宽”项，打开“线宽”对话框，选择 0.09mm 线宽，如图 4-22 所示。确认退出。

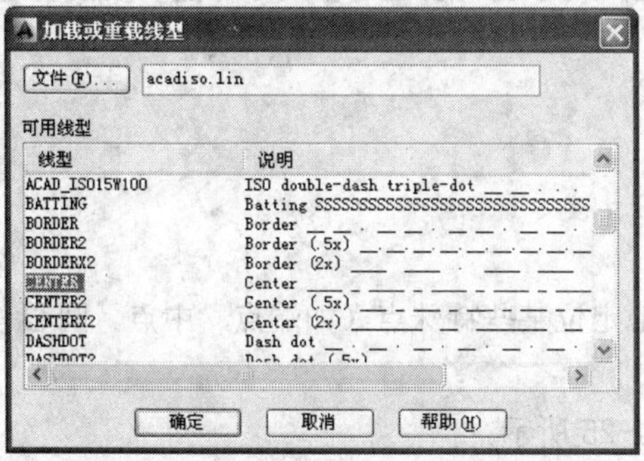

图 4-21 “加载或重载线型”对话框

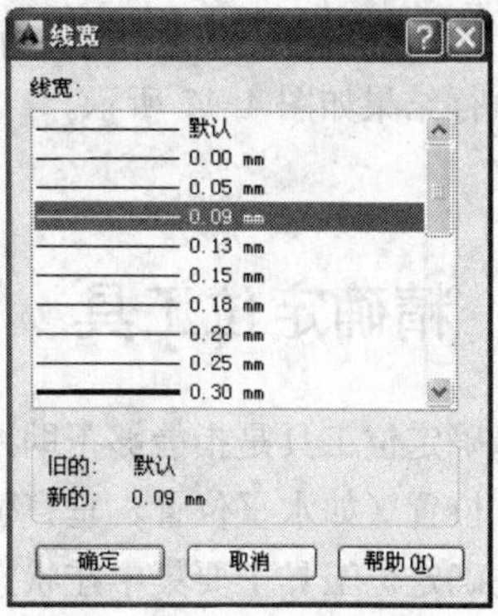

图 4-22 “线宽”对话框

07 用相同的方法再建立两个新层，分别命名为“轮廓线”和“尺寸线”。“轮廓线”层的颜色设置为黑色，线型为 Continuous（实线），线宽为 0.30mm。“尺寸线”层的颜色设置为蓝色，线型为 Continuous，线宽为 0.09mm。并且让 3 个图层均处于打开、解冻和解锁状态，各项设置如图 4-23 所示。

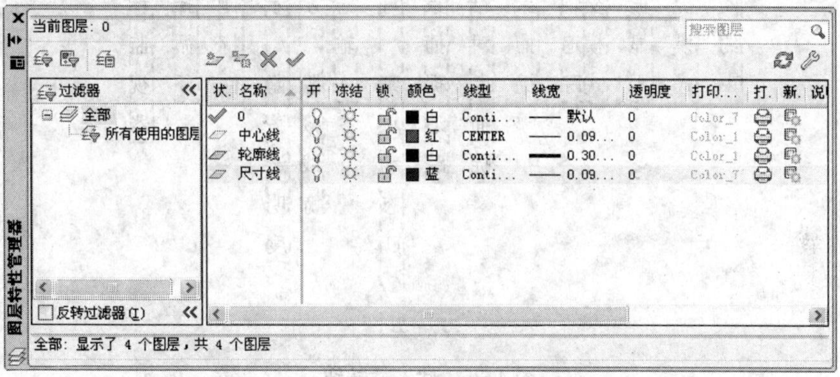

图 4-23 设置图层

08 选中“中心线”层，单击“当前”按钮，将其设置为当前层，然后确认关闭“图层特性管理器”对话框。

09 在当前层“中心线”层上绘制两条中心线，如图 4-24a 所示。

10 单击“图层”工具栏中图层下拉列表的下拉按钮，将“轮廓线”层设置为当前层，并在其上绘制图 4-17 中的主体图形，如图 4-24b 所示。

a) b)

图 4-24 绘制过程图

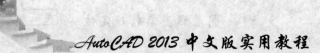

11 将当前层设置为“尺寸线”层，并在“尺寸线”层上进行尺寸标注（后面讲述）。执行结果如图 4-17 所示。

4.2 精确定位工具

精确定位工具是指能够帮助用户快速准确地定位某些特殊点（如端点、中点、圆心等）和特殊位置（如水平位置、垂直位置）的工具。

精确定位工具主要集中在状态栏上，如图 4-25 所示。

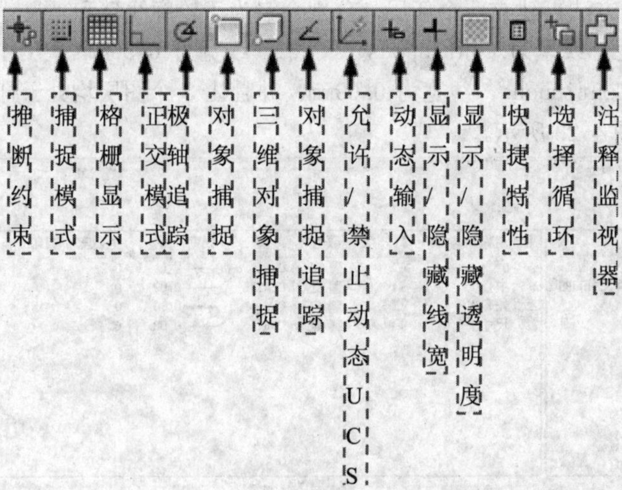

图 4-25　状态栏按钮

4.2.1　正交模式

在用 AutoCAD 绘图的过程当中，经常需要绘制水平直线和垂直直线，但是用鼠标拾取线段的端点时很难保证两个点严格沿水平或垂直方向，为此，AutoCAD 提供了正交功能，当启用正交模式时，画线或移动对象时只能沿水平方向或垂直方向移动光标，因此只能画平行于坐标轴的正交线段。

1．执行方式

命令行：ORTHO

状态栏：正交

快捷键：F8

2．操作格式

命令：ORTHO↙

输入模式［开(ON)/关(OFF)］<开>：(设置开或关)

4.2.2 栅格工具

用户可以应用显示栅格工具使绘图区域上出现可见的网格，它是一个形象的画图工具，就像传统的坐标纸一样。本节介绍控制栅格的显示及设置栅格参数的方法。

1. 执行方式

菜单：工具→绘图设置

状态栏：栅格（仅限于打开与关闭）

快捷键：F7（仅限于打开与关闭）

2. 操作格式

按上述操作打开“草图设置”对话框，打开“捕捉和栅格”标签，如图 4-26 所示。

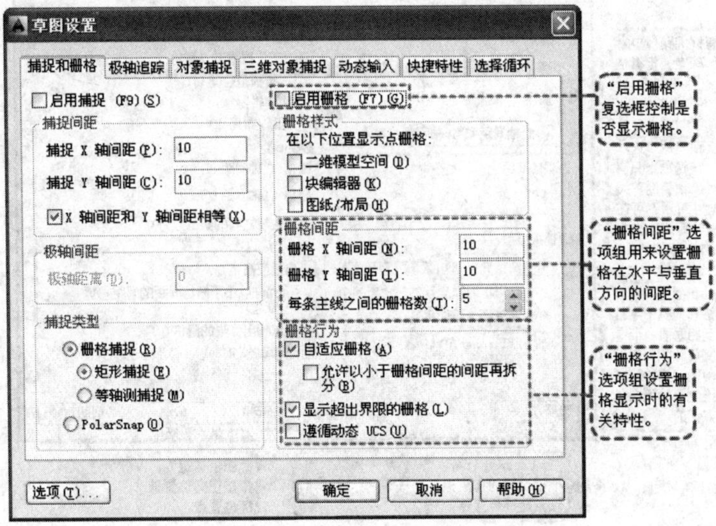

图 4-26 “草图设置”对话框

教你一招：

在“栅格 X 轴间距”和“栅格 Y 轴间距”文本框中输入数值时，若在“栅格 X 轴间距”文本框中输入一个数值后回车，则 AutoCAD 自动传送这个值给“栅格 Y 轴间距”，这样可减少工作量。如果“栅格 X 轴间距”和“栅格 Y 轴间距”设置为 0，则 AutoCAD 会自动将捕捉栅格间距应用于栅格，且其原点和角度总是和捕捉栅格的原点和角度相同。

4.2.3 捕捉工具

为了准确地在屏幕上捕捉点，AutoCAD 提供了捕捉工具，可以在屏幕上生成一个隐含的栅格（捕捉栅格），这个栅格能够捕捉光标，约束它只能落在栅格的某一个节点上，使用户能够高精确度地捕捉和选择这个栅格上的点。本节介绍捕捉栅格的参数设置方法。

1. 执行方式

菜单：工具→绘图设置

状态栏：捕捉（仅限于打开与关闭）

快捷键：F9（仅限于打开与关闭）

2. 操作格式

按上述操作打开“草图设置”对话框，打开其中“捕捉和栅格”标签，如图 4-27 所示。

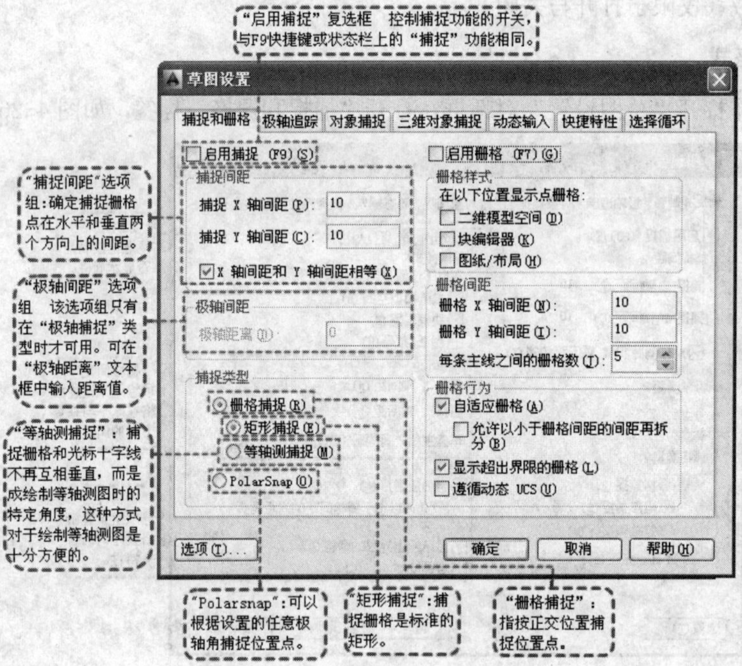

图 4-27 “捕捉和栅格”标签

4.3 对象捕捉

在 AutoCAD 中，利用对象捕捉功能，可以迅速、准确地捕捉到某些特殊点，从而迅速、准确地绘出图形。

在利用 AutoCAD 画图时经常要用到一些特殊的点，例如圆心、切点、线段或圆弧的端点、中点等，但是如果用鼠标拾取的话，要准确地找到这些点是十分困难的。为此，AutoCAD 提供了一些识别这些点的工具，通过这些工具可容易构造新的几何体，使创建的对象精确地画出来，其结果比传统手工绘图更精确更容易维护。

4.3.1 特殊位置点捕捉

在绘制 AutoCAD 图形时，有时需要指定一些特殊位置的点，比如圆心、端点、中点、平行线上的点等，这些点如表 4-3 所示。可以通过对象捕捉功能来捕捉这些点。

表 4-3 特殊位置点捕捉

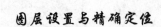

名称	命令	含 义
临时追踪点	TT	建立临时追踪点
两点之间中点	M2P	捕捉两个独立点之间的中点
捕捉自	FRO	与其他捕捉方式配合使用建立一个临时参考点，作为指出后继点的基点
端点	END	线段或圆弧的端点
中点	MID	线段或圆弧的中点
交点	INT	线、圆弧或圆等的交点
外观交点	APP	图形对象在视图平面上的交点
延长线	EXT	指定对象的延伸线上的点
圆心	CET	圆或圆弧的圆心
象限点	QUA	距光标最近的圆或圆弧上可见部分象限点，即圆周上 0°、90°、180°、270° 位置点
切点	TAN	最后生成的一个点到选中的圆或圆弧上引切线的切点位置
垂足	PER	在线段、圆、圆弧或其延长线上捕捉一个点，使最后生成的对象线与原对象正交
平行线	PAR	指定对象平行的图形对象上的点
节点	NOD	捕捉用 Point 或 DIVIDE 等命令生成的点
插入点	INS	文本对象和图块的插入点
最近点	NEA	离拾取点最近的线段、圆、圆弧等对象上的点
无	NON	取消对象捕捉
对象捕捉设置	OSNAP	设置对象捕捉

AutoCAD 提供了命令行、工具栏和右键快捷菜单 3 种执行特殊点对象捕捉的方法。

1. 命令方式

绘图时，当在命令行中提示输入一点时，输入相应特殊位置点命令，如表 4-3 所示，然后根据提示操作即可。

注意

AutoCAD 对象捕捉功能中捕捉垂足（Perpendiculer）和捕捉交点（Intersection）等项有延伸捕捉的功能，即如果对象没有相交，AutoC 会假想把线或弧延长，从而找出相应的点，上例中的垂足就是这种情况。

2. 工具栏方式

使用如图 4-28 所示的“对象捕捉”工具栏可以使用户更方便地实现捕捉点的目的。当命令行提示输入一点时，从“对象捕捉”工具栏上单击相应的按钮。当把鼠标放在某一图标上时，会显示出该图标功能的提示，然后根据提示操作即可。

3. 快捷菜单方式

快捷菜单可通过同时按下 Shift 键和鼠标右键来激活菜单中列出了 AutoCAD 提供的对象捕捉模式，如图 4-29 所示。操作方法与工具栏相似，只要在 AutoCAD 提示输入点时单击快捷菜单上相应的菜单项，然后按提示操作即可。

图 4-28 “对象捕捉”工具栏

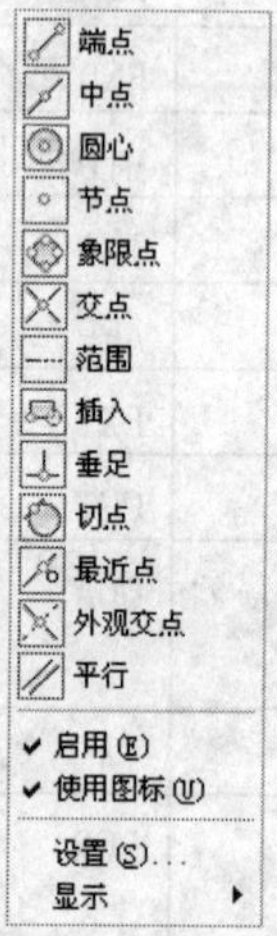

图 4-29 对象捕捉快捷菜单

4.3.2 实例——绘制圆公切线

结合绘图命令和特殊位置点捕捉绘制图 4-17 所示的圆公切线。

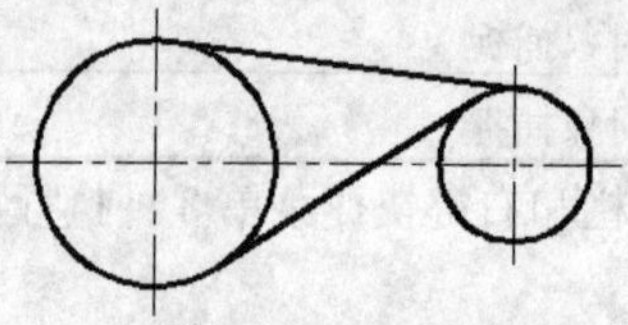

图 4-30 圆公切线

光盘路径

光盘\动画演示\第 4 章\绘制圆公切线.avi

操作步骤

01 选择菜单栏中的“格式”→“图层”命令，新建：中心线层：线型为 CENTER，其余属性默认；粗实线层：线宽为 0.30mm，其余属性默认。

02 将中心线层设置为当前层，单击“绘图”工具栏中的“直线”按钮，适当长度的垂直相交中心线。结果如图 4-31 所示。

03 转换到粗实线层，单击“绘图”工具栏中的“圆”按钮，绘制图形轴孔部分，其中绘制圆时，分别以水平中心线与竖直中心线交点为圆心，以适当半径绘制两个圆，结果如图 4-32 所示。

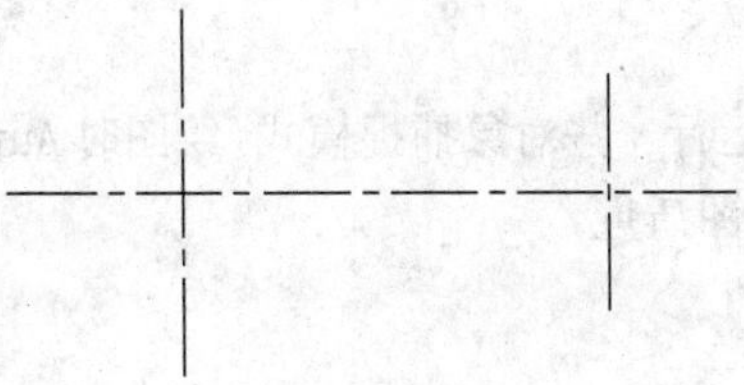

图 4-31　绘制中心线

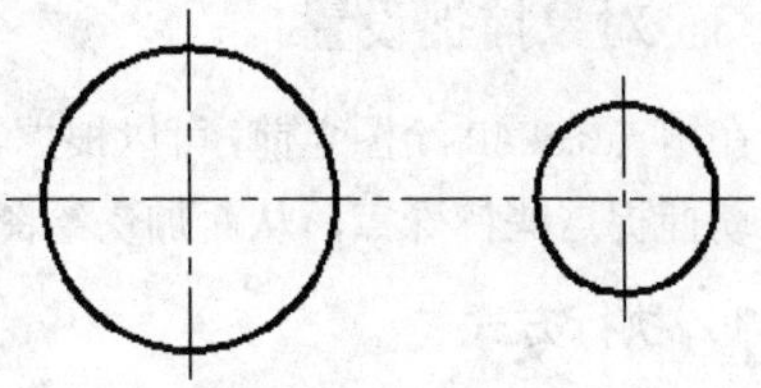

图 4-32　绘制圆

04 打开“对象捕捉”工具栏。

05 单击“绘图”工具栏中的“直线”按钮，绘制公切线。命令行提示与操作如下：

命令：_line
指定第一点：(单击“对象捕捉”工具栏上的“捕捉到切点”按钮)
_tan 到：（指定左边圆上一点，系统自动显示“递延切点”提示，如图 4-33 所示）
指定下一点或 [放弃(U)]：(单击“对象捕捉”工具栏上的“捕捉到切点”按钮)
_tan 到：（指定右边圆上一点，系统自动显示“递延切点”提示，如图 4-34 所示）
指定下一点或 [放弃(U)]：↙

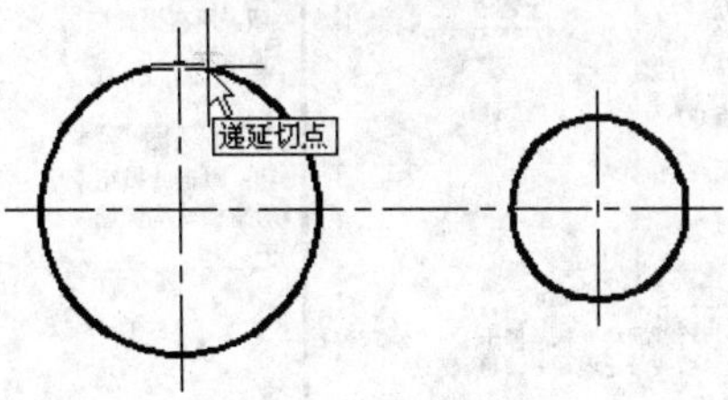

图 4-33　捕捉切点（一）

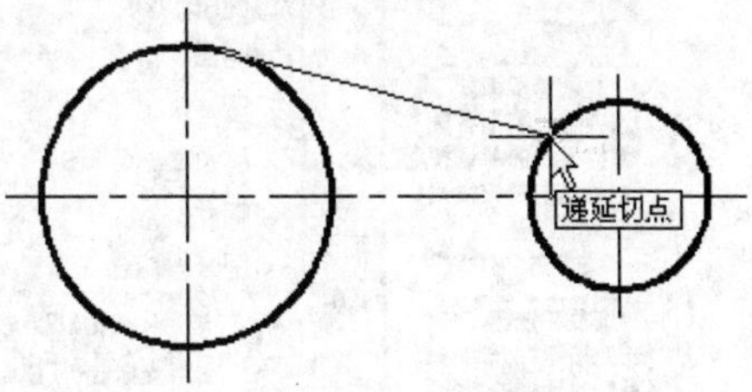

图 4-34　捕捉另一切点

06 再次单击“绘图”工具栏中的“直线”按钮，绘制公切线。同样利用“捕捉到切点”按钮捕捉切点，如图 4-35 所示为捕捉第二个切点的情形。

07 系统自动捕捉到切点的位置，最终结果如图 4-30 所示。

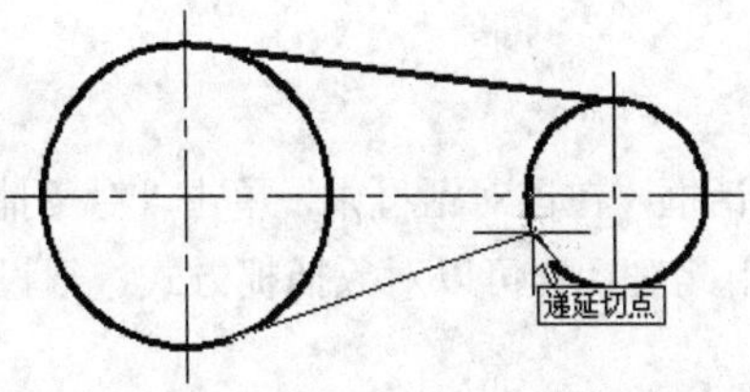

图 4-35　捕捉切点（二）

注意

不管用户指定圆上那一点作为切点，系统会自动根据圆的半径和指定的大致位置确定准确的切点，并且根据大致指定点与内外切点的距离依据距离趋近原则判断是绘制外切线还是内切线。

4.3.3 对象捕捉设置

在用 AutoCAD 绘图之前，可以根据需要事先设置运行一些对象捕捉模式，绘图时 AutoCAD 能自动捕捉这些特殊点，从而加快绘图速度，提高绘图质量。

1．执行方式

命令行：DDOSNAP

菜单：工具→绘图设置

工具栏：对象捕捉→对象捕捉设置

状态栏：对象捕捉（功能仅限于打开与关闭）

快捷键：F3（功能仅限于打开与关闭）

快捷菜单：对象捕捉设置（如图 4-36 所示）

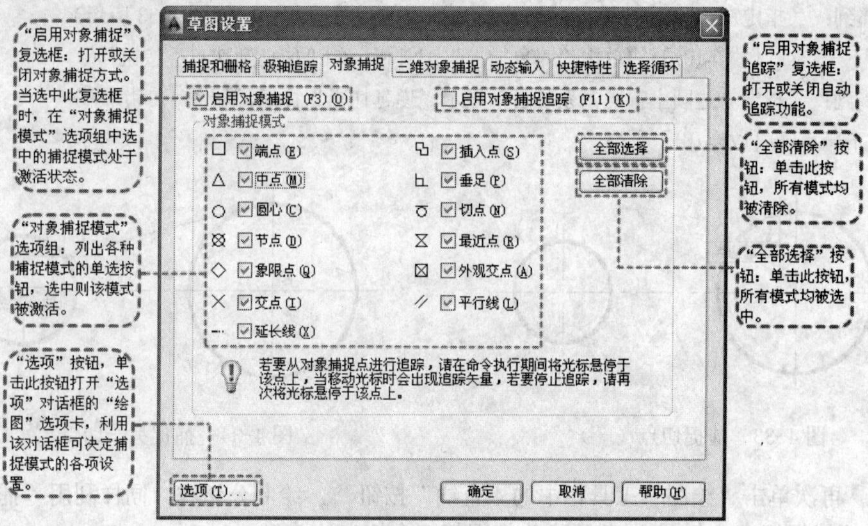

图 4-36 “草图设置”对话框的“对象捕捉”选项卡

2．操作格式

命令:DDOSNAP↙

系统打开“草图设置”对话框，在该对话框中，单击“对象捕捉”标签打开“对象捕捉”选项卡，如图 4-36 所示。利用此对话框可以对象捕捉方式进行设置。

4.3.4 实例——盘盖

绘制如图 4-37 所示的盘盖。

光盘路径

光盘\动画演示\第 1 章\绘制线段.avi

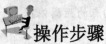

操作步骤

01 选择菜单栏中的“格式”→“图层”命令，设置图层：中心线层：线型为 CENTER，颜色为红色，其余属性默认；粗实线层：线宽为 0.30mm，其余属性默认。

02 将中心线层设置为当前层，单击“绘图”工具栏中的“直线”按钮，绘制垂直中心线。

03 选择菜单栏中的工具→绘图设置命令，打开“草图设置”对话框中的“对象捕捉”选项卡，单击“全部选择”按钮，选择所有的捕捉模式，并打开“启用对象捕捉”复选框，如图 4-38 所示，确认退出。

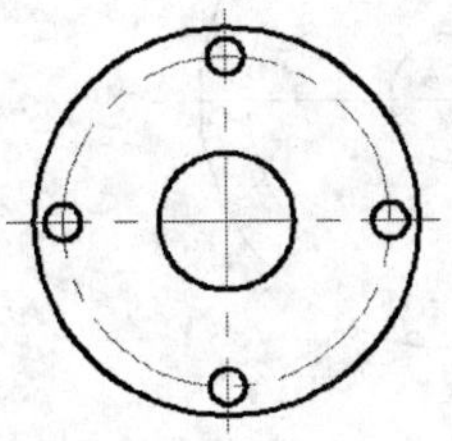

图 4-37　盘盖

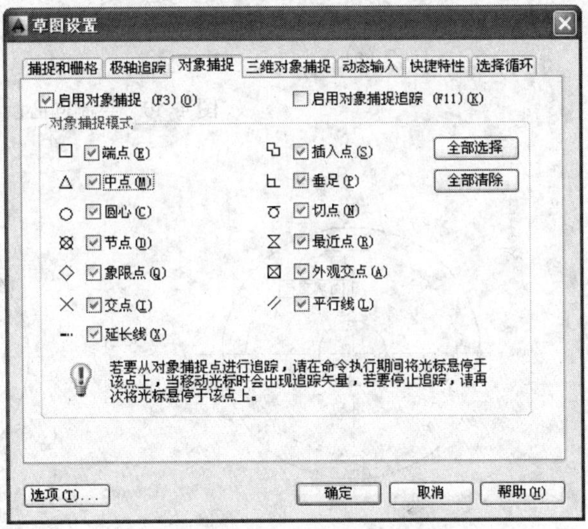

图 4-38　对象捕捉设置

04 单击“绘图”工具栏中的“圆”按钮，绘制圆形中心线，在指定圆心时，捕捉垂直中心线的交点，如图 4-39a 所示，结果如图 4-39b 所示。

05 转换到粗实线层，单击“绘图”工具栏中的“圆”按钮，绘制盘盖外圆和内孔，在指定圆心时，捕捉垂直中心线的交点，如图 4-40a 所示。结果如图 4-40b 所示。

06 单击“绘图”工具栏中的“圆”按钮，绘制螺孔，在指定圆心时，捕捉圆形中心线与水平中心线或垂直中心线的交点，如图 4-41a 所示，结果如图 4-41b 所示。

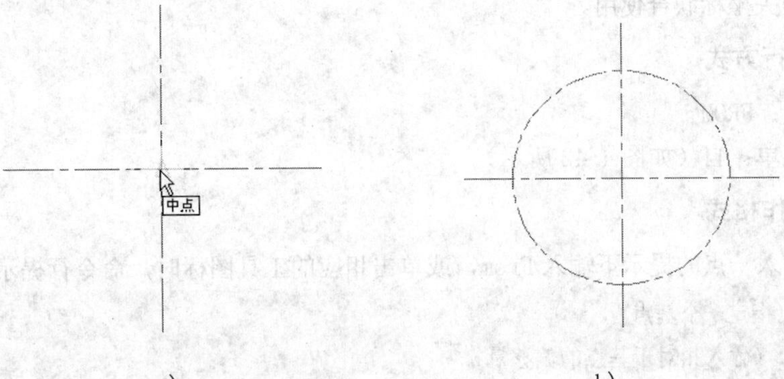

a)　　　b)

图 4-39　绘制中心线

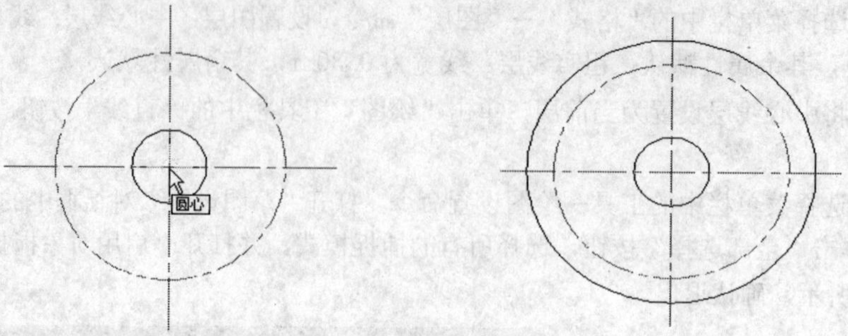

a)　　　　　　　　b)

图 4-40　绘制同心圆

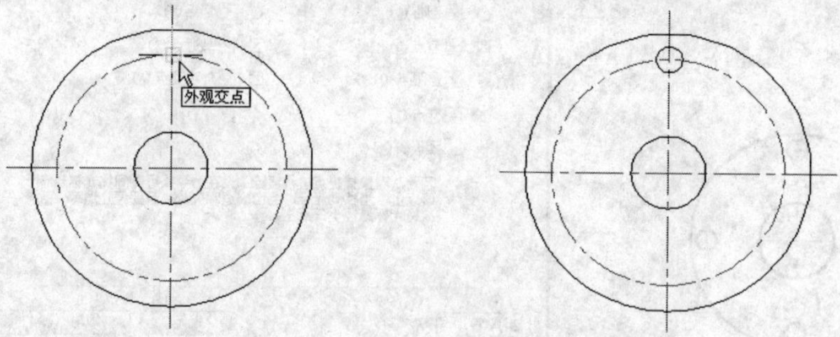

a)　　　　　　　　b)

图 4-41　绘制单个均布圆

07 同样方法绘制其他 3 个螺孔，最终结果如图 4-37 所示。

4.3.5　基点捕捉

在绘制图形时，有时需要指定以某个点为基点的一个点。这时，可以利用基点捕捉功能来捕捉此点。基点捕捉要求确定一个临时参考点作为指定后续点的基点，通常与其他对象捕捉模式及相关坐标联合使用。

1. 执行方式

命令行：FROM

快捷菜单：自（如图 4-42 所示）

2. 操作格式

当在输入一点的提示下输入 From，或单击相应的工具图标时，命令行提示：

基点：（指定一个基点）
<偏移>：（输入相对于基点的偏移量）

则得到一个点，这个点与基点之间坐标差为指定的偏移量。

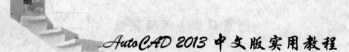

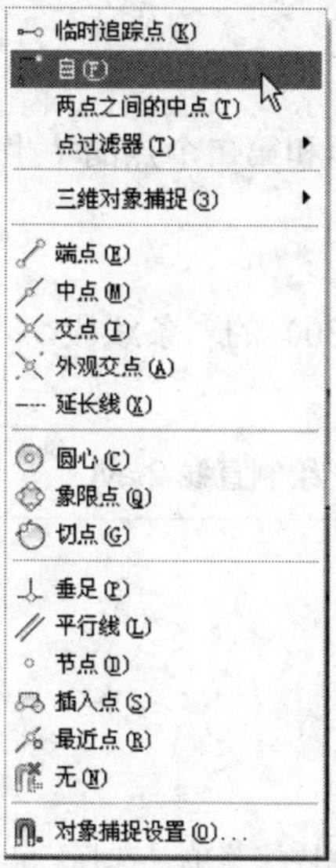

图 4-42　快捷菜单

在“<偏移>:”提示后输入的坐标必须是相对坐标，如(@10,15)等。

4.3.6　实例——绘制直线 1

绘制一条从点（45，45）到点（80，120）的线段。

光盘路径：光盘\动画演示\第 4 章\绘制直线 1.avi

操作步骤

命令: LINE↙

指定第一点: 45,45↙

指定下一点或 [放弃(U)]:FROM↙

基点: 100,100↙

<偏移>:@-20,20↙

指定下一点或 [放弃(U)]: ↙

结果绘制出从点（45，45）到点（80，120）的一条线段。

4.3.7　点过滤器捕捉

利用点过滤器捕捉，可以由一个点的 X 坐标和另一点的 Y 坐标确定一个新点。在“指定下一点或[放弃(U)]:”提示下选择此项（在快捷菜单中选取，如图 4-42 所示），AutoCAD 提示:

```
.X 于:（指定一个点）
(需要 YZ):（指定另一个点）
```

则新建的点具有第一个点的 X 坐标和第二个点的 Y 坐标。

4.3.8 实例——绘制直线 2

绘制从点（45，45）到点（80，120）的一条线段。

光盘路径

光盘\动画演示\第 4 章\绘制直线 2.avi

操作步骤

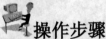

```
命令: LINE↙
指定第一点: 45,45↙
指定下一点或 [放弃(U)]:（打开右键快捷菜单，选择：点过滤器→X）
.X 于:80,100↙
(需要 YZ):100,120↙
指定下一点或 [放弃(U)]: ↙
```

结果绘制出从点（45，45）到点（80，120）的一条线段。

4.4 对象追踪

对象追踪是指按指定角度或与其他对象的指定关系绘制对象。可以结合对象捕捉功能进行自动追踪，也可以指定临时点进行临时追踪。

4.4.1 自动追踪

利用自动追踪功能，可以对齐路径，有助于以精确的位置和角度创建对象。自动追踪包括两种追踪选项：“极轴追踪”和“对象捕捉追踪”。“极轴追踪”是指按指定的极轴角或极轴角的倍数对齐要指定点的路径；“对象捕捉追踪”是指以捕捉到的特殊位置点为基点，按指定的极轴角或极轴角的倍数对齐要指定点的路径。

“极轴追踪”必须配合“极轴”功能和“对象追踪”功能一起使用，即同时打开状态栏上的“极轴”开关和“对象追踪”开关；“对象捕捉追踪”必须配合“对象捕捉”功能和“对象追踪”功能一起使用，即同时打开状态栏上的“对象捕捉”开关和“对象追踪”开关。

1. 对象捕捉追踪

（1）执行方式

命令行：DDOSNAP

菜单：工具→绘图设置

工具栏：对象捕捉→对象捕捉设置

状态栏：对象捕捉+对象追踪

快捷键：F11

快捷菜单：对象捕捉设置（如图 4-42 所示）

（2）操作格式：按照上面执行方式操作或者在“对象捕捉”开关或“对象追踪”开关单击鼠标右键，在快捷菜单中选择“设置”命令，系统打开“草图设置”对话框的“对象捕捉”选项卡，选中“启用对象捕捉追踪”复选框，即完成了对象捕捉追踪设置。

2. 极轴追踪设置

（1）执行方式

命令行：DDOSNAP

菜单：工具→绘图设置

工具栏：对象捕捉→对象捕捉设置

状态栏：对象捕捉+极轴

快捷键：F10

快捷菜单：对象捕捉设置（如图 4-42 所示）

（2）操作格式：按照上面执行方式操作或者在“极轴”开关单击鼠标右键，在快捷菜单中选择“设置”命令，系统打开如图 4-43 所示的“草图设置”对话框的“极轴追踪”选项卡。

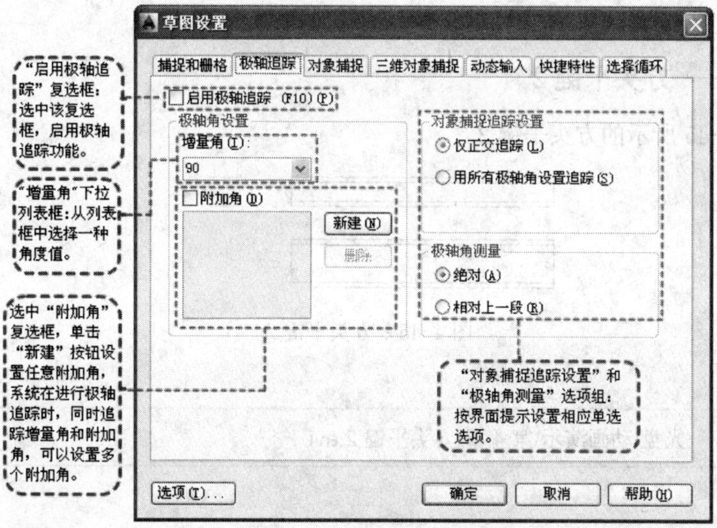

图 4-43 “草图设置”对话框“极轴追踪”选项卡

4.4.2 实例——绘制直线 3

绘制一条线段，使该线段的一个端点与另一条线段的端点在一条水平线上。

光盘路径

光盘\动画演示\第 4 章\绘制直线 3.avi

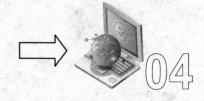

操作步骤

01 同时打开状态栏上的“对象捕捉”和“对象追踪”按钮，启动对象捕捉追踪功能。

02 单击“绘图”工具栏中的“直线”按钮，绘制一条线段。

03 单击“绘图”工具栏中的“直线”按钮，绘制第二条线段，命令行提示与操作如下：

命令:LINE↙

指定第一点:（指定点 1，如图 4-44a 所示）

指定下一点或 [放弃(U)]:（将鼠标移动到点 2 处，系统自动捕捉到第一条直线的端点 2，如图 4-44b 所示。系统显示一条虚线为追踪线，移动鼠标，在追踪线的适当位置指定一点 3，如图 4-44c 所示）

指定下一点或 [放弃(U)]:↙

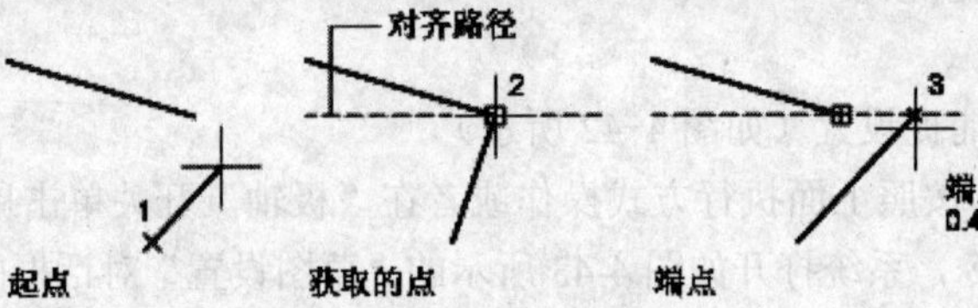

a）　　　　b）　　　　c）

图 4-44　对象捕捉追踪

4.4.3　实例——方头平键 2

绘制如图 4-45 所示的方头平键 2。

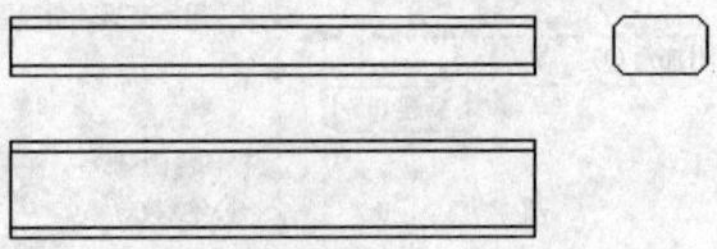

图 4-45　方头平键 2

光盘路径：光盘\动画演示\第 4 章\方头平键 2.avi

操作步骤

01 单击“绘图”工具栏中的“矩形”按钮，绘制主视图外形。首先在屏幕上适当位置指定一个角点，然后指定第二个角点为（@100,11），结果如图 4-46 所示。

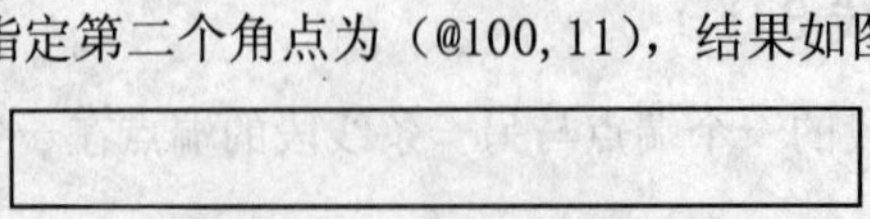

图 4-46　绘制主视图外形

02 同时打开状态栏上的“对象捕捉”和“对象追踪”按钮，启动对象捕捉追踪功能。

单击“绘图”工具栏中的“直线”按钮，绘制主视图棱线。命令行提示与操作如下：

命令: LINE↙

指定第一点:FROM↙

基点: （捕捉矩形左上角点，如图 4-47 所示）

<偏移>: @0,-2↙

指定下一点或 [放弃(U)]:（鼠标右移，捕捉矩形右边上的垂足，如图 4-48 所示）

相同方法，以矩形左下角点为基点，向上偏移两个单位，利用基点捕捉绘制下边的另一条棱线。结果如图 4-49 所示。

03 打开“草图设置”对话框“极轴追踪”选项卡，将“增量角”设置为 90，将对象捕捉追踪设置为“仅正交追踪”。

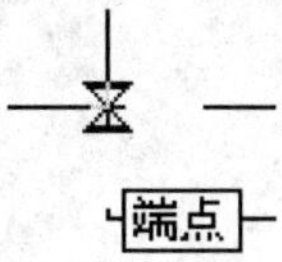

图 4-47　捕捉角点

图 4-48　捕捉垂足

04 单击“绘图”工具栏中的“矩形”按钮，绘制俯视图外形。捕捉上面绘制矩形左下角点，系统显示追踪线，沿追踪线向下在适当位置指定一点为矩形角点，如图 4-50 所示。另一角点坐标为（@100,18），结果如图 4-51 所示。

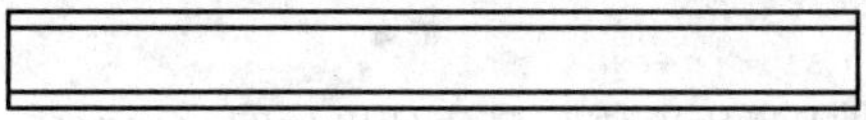

图 4-49　绘制主视图棱线

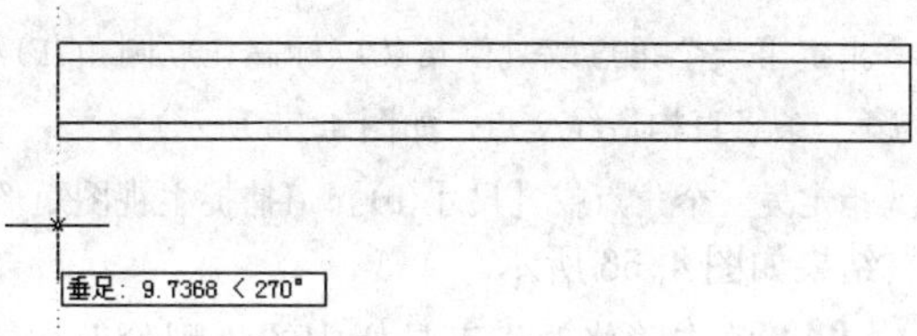

图 4-50　追踪对象

05 单击“绘图”工具栏中的“直线”按钮，结合基点捕捉功能绘制俯视图棱线，偏移距离为 2，结果如图 4-52 所示。

06 单击“绘图”工具栏中的“构造线”按钮，绘制左视图构造线。首先指定适当一点绘制-45 °构造线，继续绘制构造线，命令行提示与操作如下：

命令:XLINE↙

指定点或 [水平(H)/垂直(V)/角度(A)/二等分(B)/偏移(O)]:（捕捉俯视图右上角点，在水平追踪线上指定一点，如图 4-53 所示）

指定通过点:（打开状态栏上的“正交”开关，指定水平方向一点指定斜线与第四条水平线的交点）

同样方法绘制另一条水平构造线。再捕捉两水平构造线与斜构造线交点为指定点绘制两条竖直构造线。如图 4-54 所示。

图 4-51　绘制俯视图

图 4-52　绘制俯视图棱线

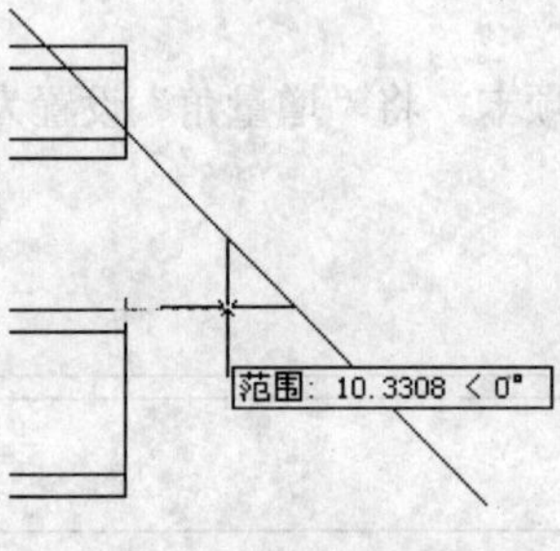

图 4-53　绘制左视图构造线

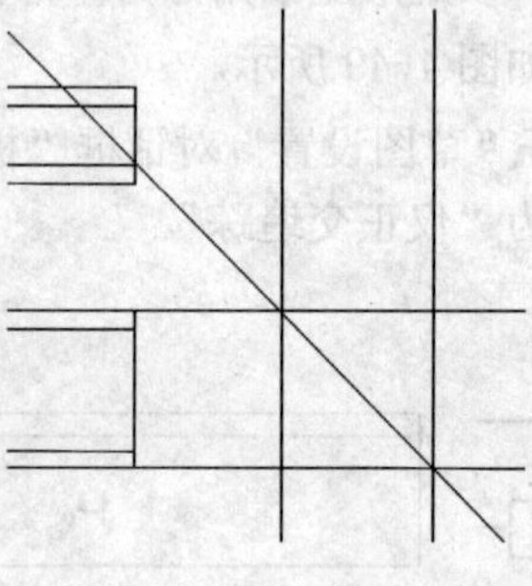

图 4-54　完成左视图构造线

07 单击“绘图”工具栏中的“矩形”按钮，绘制左视图。命令行提示与操作如下：

命令: _rectang↙

指定第一个角点或 [倒角(C)/标高(E)/圆角(F)/厚度(T)/宽度(W)]: C↙

指定矩形的第一个倒角距离 <0.0000>: 2

指定矩形的第一个倒角距离 <0.0000>:2

指定第一个角点或 [倒角(C)/标高(E)/圆角(F)/厚度(T)/宽度(W)]:(捕捉主视图矩形上边延长线与第一条竖直构造线交点，如图 4-55 所示)

指定另一个角点或 [尺寸(D)]: (捕捉主视图矩形下边延长线与第二条竖直构造线交点)

结果如图 4-56 所示。

08 单击“修改”工具栏中的“删除”按钮，删除构造线，最终结果如图 4-45 所示。

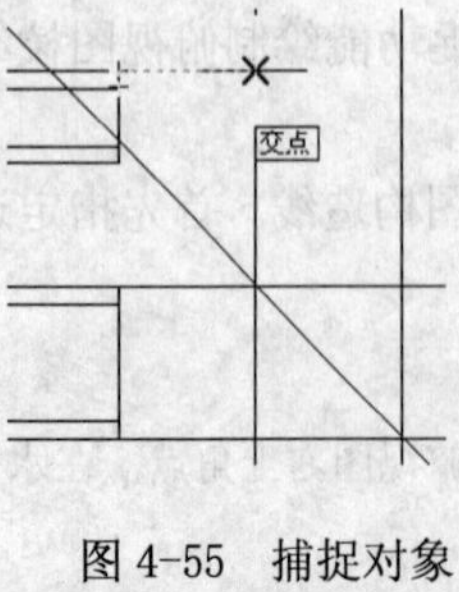

图 4-55　捕捉对象

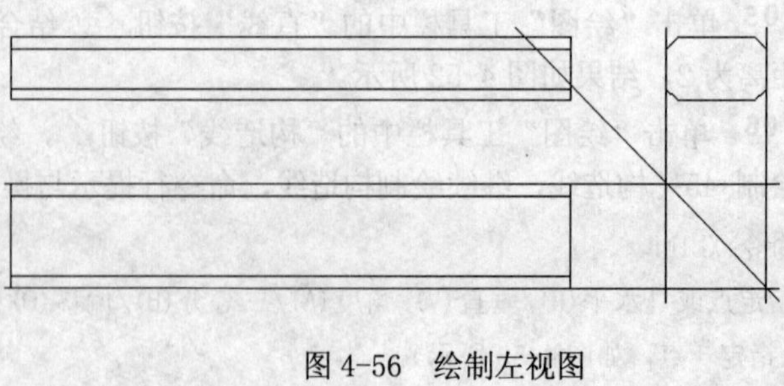

图 4-56　绘制左视图

4.4.4　临时追踪

在绘制图形对象时，除了可以进行自动追踪外，还可以指定临时点作为基点，进行临时追踪。

在提示输入点时，输入 tt，或打开右键快捷菜单，选择其中的“临时追踪点”命令，然后指定一个临时追踪点。该点上将出现一个小的加号(+)。移动光标时，将相对于这个临时点显示自动追踪对齐路径。要删除此点，请将光标移回到加号(+)上面。

4.4.5　实例——绘制直线 4

绘制一条线段，使其一个端点与一个已知点水平。

光盘路径　光盘\动画演示\第 4 章\绘制直线 4.avi

操作步骤

01 打开状态栏上“对象捕捉”开关，并打开“草图设置”对话框的“极轴追踪”选项卡，将“增量角”设置为 90，将对象捕捉追踪设置为“仅正交追踪”。

02 单击“绘图”工具栏中的“直线”按钮，绘制直线，命令行提示与操作如下：

命令：LINE↙

指定第一点：(适当指定一点)

指定下一点或 [放弃(U)]：tt↙

指定临时对象追踪点：（捕捉左边的点，该点显示一个+号，移动鼠标，显示追踪线，如图 4-57 所示）

指定下一点或 [放弃(U)]：(在追踪线上适当位置指定一点)

指定下一点或 [放弃(U)]：↙

结果如图 4-58 所示。

图 4-57　显示追踪线

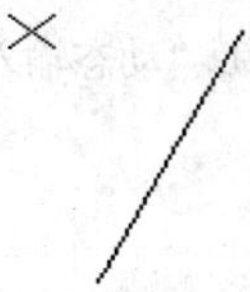

图 4-58　绘制结果

4.5　动态输入

动态输入功能可以在绘图平面直接动态输入绘制对象的各种参数，使绘图变得直观简捷。

1. 执行方式

命令行：DSETTINGS

菜单：工具→绘图设置

工具栏：对象捕捉→对象捕捉设置

状态栏：DYN（只限于打开与关闭）

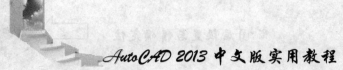

快捷键：F12（只限于打开与关闭）

快捷菜单：对象捕捉设置（如图 4-42 所示）

2. 操作格式

按照上面执行方式操作或者在 “DYN” 开关单击鼠标右键，在快捷菜单中选择“设置”命令，系统打开如图 4-59 所示的“草图设置”对话框的“动态输入”选项卡。

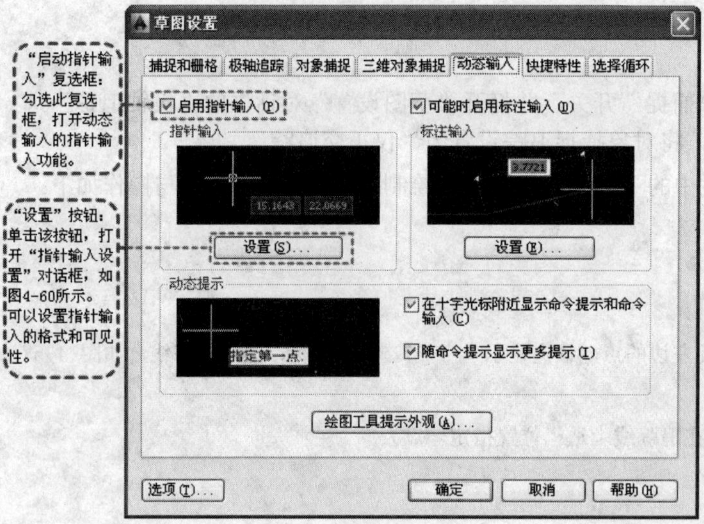

图 4-59 “动态输入”选项卡

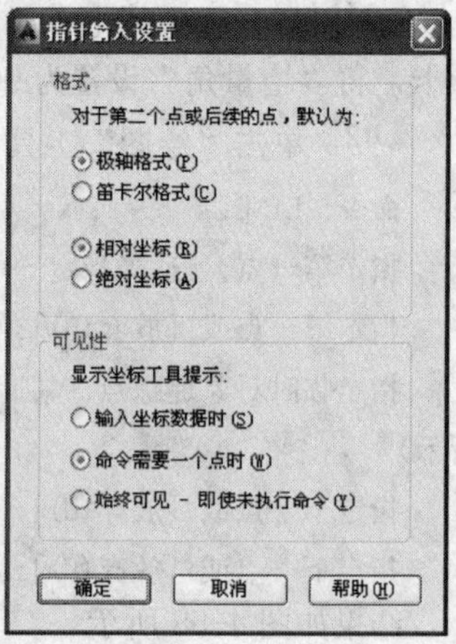

图 4-60 “指针输入设置”对话框

4.6 对象约束

约束能够用于精确地控制草图中的对象。草图约束有两种类型：尺寸约束和几何约束。

几何约束建立起草图对象的几何特性（如要求某一直线具有固定长度）或是两个或更多草图对象的关系类型（如要求两条直线垂直或平行，或是几个弧具有相同的半径）。在图形区用户可以使用“参数化”选项卡内的“全部显示”、“全部隐藏”或“显示”来显示有关信息，并显示代表这些约束的直观标记（如图 4-61 所示的水平标记 和共线标记 ）。

尺寸约束建立起草图对象的大小（如直线的长度、圆弧的半径等）或是两个对象之间的关系（如两点之间的距离）。如图 4-62 所示为一带有尺寸约束的示例。

4.6.1 建立几何约束

使用几何约束，可以指定草图对象必须遵守的条件，或是草图对象之间必须维持的关系。几何约束面板及工具栏（面板在“参数化”标签内的“几何”面板中）如图 4-63 所示，其主要几何约束选项功能见表 4-4。

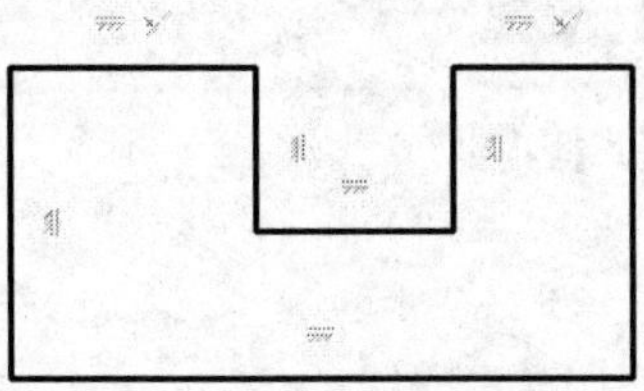

图 4-61 “几何约束”示意图

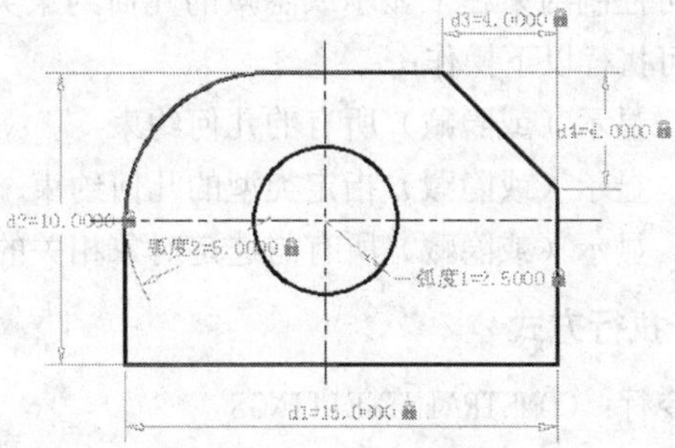

图 4-62 “尺寸约束”示意图

绘图中可指定二维对象或对象上的点之间的几何约束。之后编辑受约束的几何图形时，将保留约束。 因此，通过使用几何约束，可以在图形中包括设计要求。

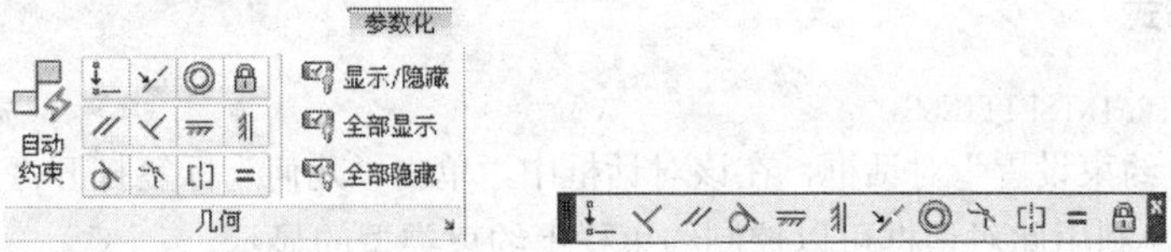

图 4-63 “几何约束”面板及工具栏

表 4-4 特殊位置点捕捉

约束模式	功 能
重合	约束两个点使其重合，或者约束一个点使其位于曲线（或曲线的延长线）上。可以使对象上的约束点与某个对象重合，也可以使其与另一对象上的约束点重合
共线	使两条或多条直线段沿同一直线方向
同心	将两个圆弧、圆或椭圆约束到同一个中心点。结果与将重合约束应用于曲线的中心点所产生的结果相同
固定	将几何约束应用于一对对象时，选择对象的顺序以及选择每个对象的点可能会影响对象彼此间的放置方式
平行	使选定的直线位于彼此平行的位置。平行约束在两个对象之间应用
垂直	使选定的直线位于彼此垂直的位置。垂直约束在两个对象之间应用
水平	使直线或点对位于与当前坐标系的 X 轴平行的位置。默认选择类型为对象
竖直	使直线或点对位于与当前坐标系的 Y 轴平行的位置
相切	将两条曲线约束为保持彼此相切或其延长线保持彼此相切。相切约束在两个对象之间应用
平滑	将样条曲线约束为连续，并与其他样条曲线、直线、圆弧或多段线保持 G2 连续性
对称	使选定对象受对称约束，相对于选定直线对称
相等	将选定圆弧和圆的尺寸重新调整为半径相同，或将选定直线的尺寸重新调整为长度相同

4.6.2 几何约束设置

在用 AutoCAD 绘图时，可以控制约束栏的显示，使用“约束设置”对话框，如图 4-64

所示，可控制约束栏上显示或隐藏的几何约束类型。可单独或全局显示/隐藏几何约束和约束栏。可执行以下操作：

- 显示（或隐藏）所有的几何约束
- 显示（或隐藏）指定类型的几何约束
- 显示（或隐藏）所有与选定对象相关的几何约束

1. 执行方式

命令行：CONSTRAINTSETTINGS

菜单：参数→约束设置

功能区：参数化→几何→“对话框启动器”

工具栏：参数化→约束设置

快捷键：CSETTINGS

2. 操作格式

命令：CONSTRAINTSETTINGS↙

系统打开“约束设置”对话框，在该对话框中，单击“几何”标签打开“几何”选项卡，如图 4-64 所示。利用此对话框可以控制约束栏上约束类型的显示。

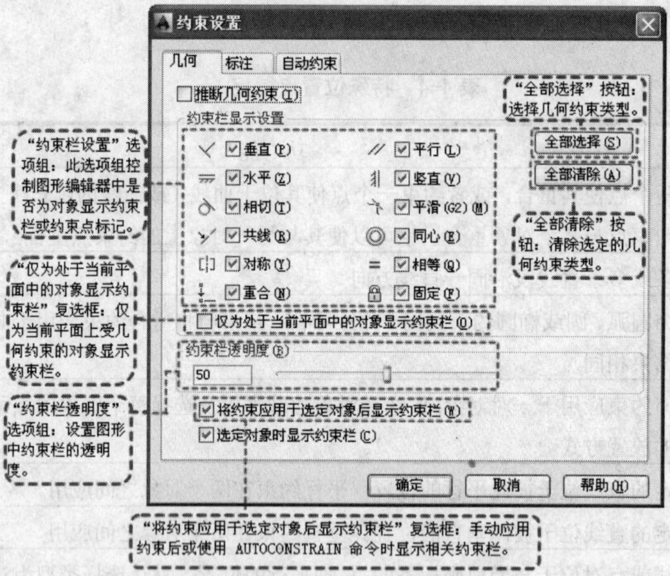

图 4-64 “约束设置”对话框

4.6.3 实例——绘制相切及同心圆

绘制如图 4-65 所示的绘制相切及同心圆。

光盘路径

光盘\动画演示\第 4 章\绘制相切及同心圆.avi

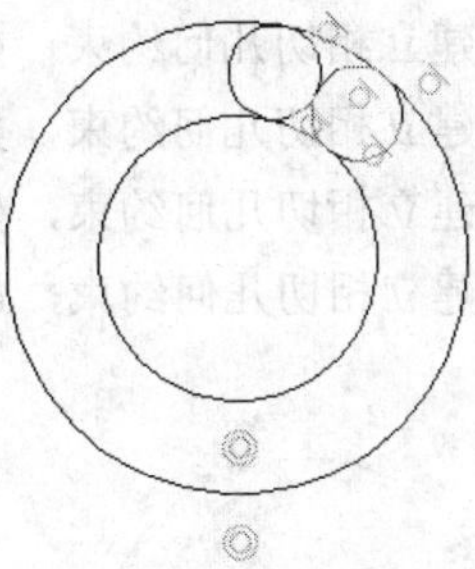

图 4-65　圆的公切线

操作步骤

01 单击“绘图”工具栏中的“圆”按钮，以适当半径绘制 4 个圆，结果如图 4-66 所示。

02 打开“几何约束”工具栏。

03 单击“几何约束”工具栏中的“相切”按钮，绘制使两圆相切。命令行提示与操作如下：

命令：_GeomConstraint

输入约束类型[水平(H)/竖直(V)/垂直(P)/平行(PA)/相切(T)/平滑(SM)/重合(C)/同心(CON)/共线(COL)/对称(S)/相等(E)/固定(F)]<相切>:_Tangent

选择第一个对象:(使用鼠标指针选择圆 1)

选择第二个对象：(使用鼠标指针选择圆 2)

04 系统自动将圆 2 向左移动与圆 1 相切，结果如图 4-67 所示。

05 单击“几何约束”工具栏中的“同心”按钮，使其中两圆同心。命令行提示与操作如下：

命令：_GeomConstraint

输入约束类型[水平(H)/竖直(V)/垂直(P)/平行(PA)/相切(T)/平滑(SM)/重合(C)/同心(CON)/共线(COL)/对称(S)/相等(E)/固定(F)] <相切>:_Concentric

选择第一个对象:(选择圆 1)

选择第二个对象:(选择圆 3)

系统自动建立同心的几何关系，如图 4-68 所示。

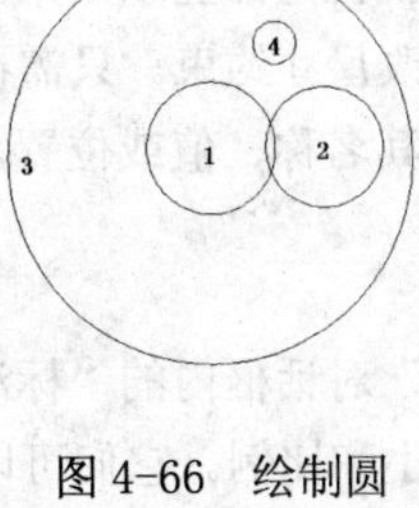

图 4-66　绘制圆

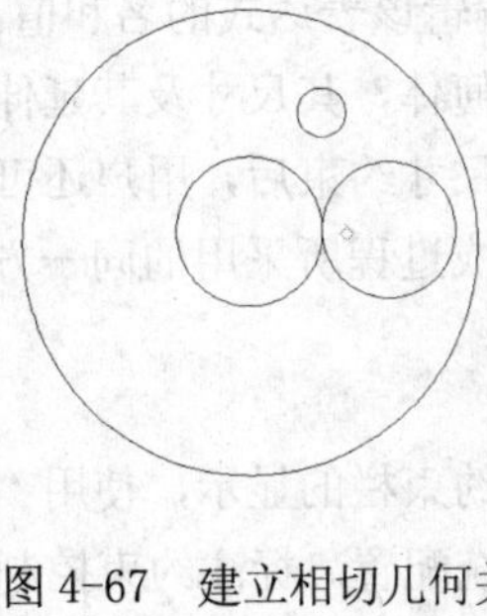

图 4-67　建立相切几何关系

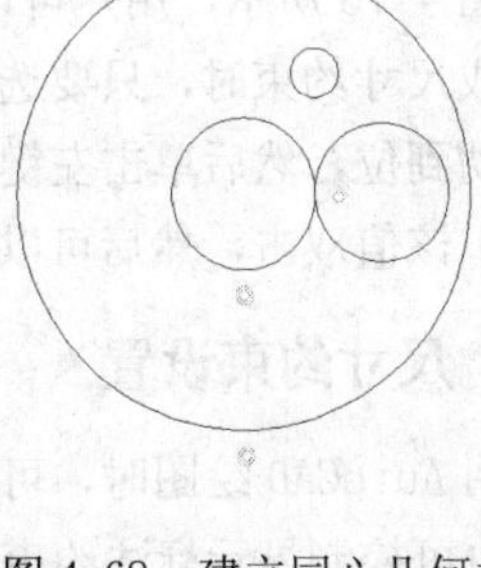

图 4-68　建立同心几何关系

06 同样方法，使圆 3 与圆 2 建立相切几何约束，如图 4-69 所示。

07 同样方法，使圆 1 与圆 4 建立相切几何约束，如图 4-70 所示。

08 同样方法，使圆 4 与圆 2 建立相切几何约束，如图 4-71 所示。

09 同样方法，使圆 3 与圆 4 建立相切几何约束，最终结果如图 4-65 所示。

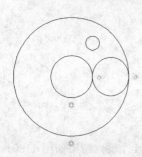

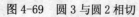

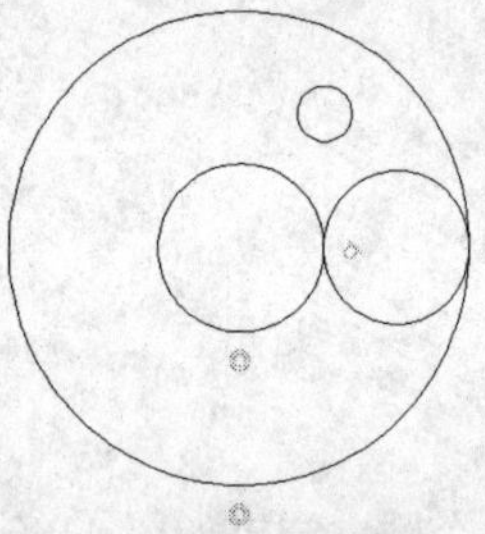

图 4-69　圆 3 与圆 2 相切

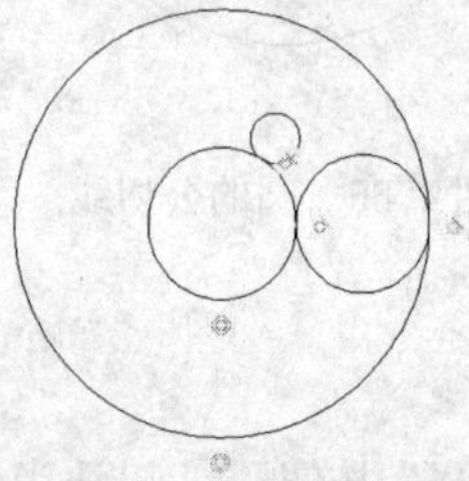

图 4-70　圆 1 与圆 4 相切

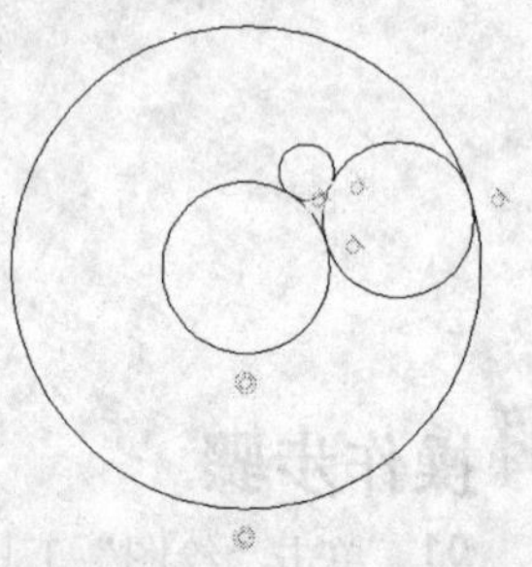

图 4-71　圆 3 与圆 4 相切

4.6.4　建立尺寸约束

建立尺寸约束是限制图形几何对象的大小，也就是与在草图上标注尺寸相似，同样设置尺寸标注线，与此同时在建立相应的表达式，不同的是可以在后续的编辑工作中实现尺寸的参数化驱动。标注约束面板及工具栏（面板在“参数化”标签内的“标注”面板中）如图 4-72 所示。

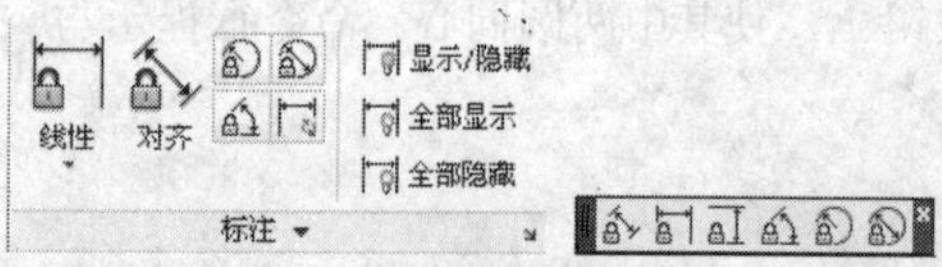

图 4-72　“标注约束”面板及工具栏

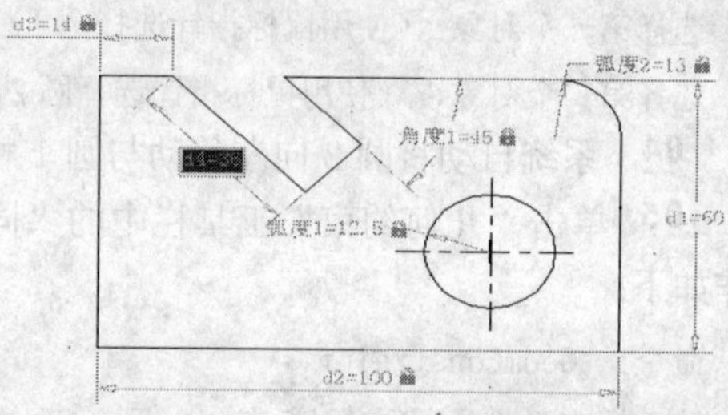

图 4-73　“尺寸约束编辑”示意图

在生成尺寸约束时，用户可以选择草图曲线、边、基准平面或基准轴上的点，以生成水平、竖直、平行、垂直和角度尺寸。

生成尺寸约束时，系统会生成一个表达式，其名称和值显示在一弹出的对话框文本区域中，如图 4-73 所示，用户可以接着编辑该表达式的名和值。

生成尺寸约束时，只要选中了几何体，其尺寸及其延伸线和箭头就会全部显示出来。将尺寸拖动到位，然后单击左键。完成尺寸约束后，用户还可以随时更改尺寸约束。只需在图形区选中该值双击，然后可以使用生成过程所采用的同一方式，编辑其名称、值或位置。

4.6.5　尺寸约束设置

在用 AutoCAD 绘图时，可以控制约束栏的显示，使用“约束设置”对话框内的“标注”选项卡，可控制显示标注约束时的系统配置。标注约束控制设计的大小和比例。它们可以约束以下内容：

- 对象之间或对象上的点之间的距离
- 对象之间或对象上的点之间的角度

1. 执行方式

命令行：CONSTRAINTSETTINGS
菜单：参数→约束设置
功能区：参数化→标注→标注约束设置
工具栏：参数化→约束设置
快捷键：CSETTINGS

2. 操作格式

命令：CONSTRAINTSETTINGS↙

系统打开“约束设置”对话框，在该对话框中，单击“标注”标签打开“标注”选项卡，如图 4-74 所示。利用此对话框可以控制约束栏上约束类型的显示。

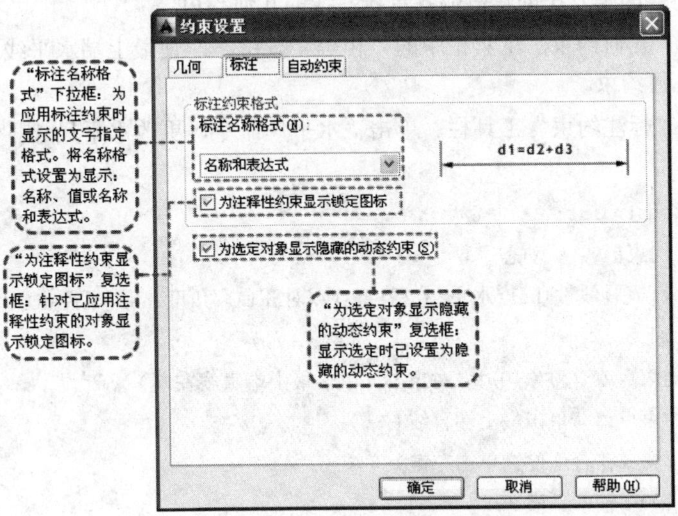
约束设置
几何
标注
自动约束
标注约束格式
标注名称格式(N)：
名称和表达式
d1=d2+d3
为注释性约束显示锁定图标
为选定对象显示隐藏的动态约束(S)
确定
取消
帮助(H)
“标注名称格式”下拉框：为应用标注约束时显示的文字指定格式。将名称格式设置为显示：名称、值或名称和表达式。
“为注释性约束显示锁定图标”复选框：针对已应用注释性约束的对象显示锁定图标。
“为选定对象显示隐藏的动态约束”复选框：显示选定时已设置为隐藏的动态约束。

图 4-74 “约束设置”对话框

4.6.6 实例——方头平键 3

利用尺寸驱动绘制如图 4-75 所示的方头平键 3。

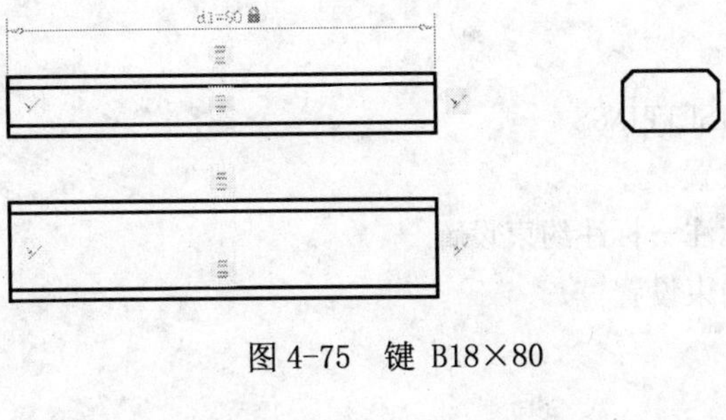

图 4-75 键 B18×80

光盘路径 光盘\动画演示\第 4 章\方头平键 3.avi

操作步骤

01 绘制方头平键（键 B18×100）或打开 2.3.2 节所绘方头平键 1。如图 4-76 所示。

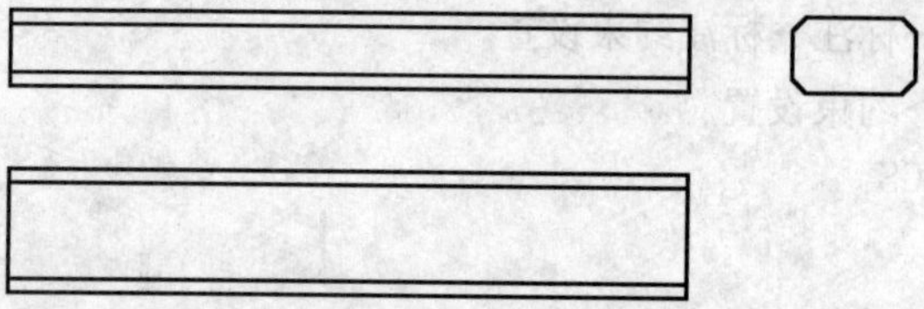

图 4-76 键 B18×100

02 单击“几何约束”工具栏中的“共线”按钮，使左端各竖直直线建立共线的几何约束。采用同样的是方法创建右端各直线共线的几何约束。

03 单击“几何约束”工具栏中的“相等”按钮，使最上端水平线与下面各条水平线建立相等的几何约束。

04 打开“标注约束”工具栏。单击“水平”命令，更改水平尺寸。命令行提示与操作如下：

```
命令: _DimConstraint
当前设置: 约束形式 = 动态
输入标注约束选项[线性(LI)/水平(H)/竖直(V)/对齐(A)/角度(AN)/半径(R)/直径(D)/形式(F)]<水平>:_Horizontal
指定第一个约束点或 [对象(O)] <对象>:（单击最上端直线左端）
指定第二个约束点:（单击最上端直线右端）
指定尺寸线位置（在合适位置单击左键）
标注文字 = 100（输入长度 80）
```

系统自动将长度 100 调整为 80，最终结果如图 4-75 所示。

4.6.7 自动约束

在用 AutoCAD 绘图时，使用“约束设置”对话框内的“自动约束”选项卡，如图 4-77 所示，可将设定公差范围内的对象自动设置为相关约束。

1. 执行方式

命令行：CONSTRAINTSETTINGS

菜单：参数→约束设置

功能区：参数化→标注→标注约束设置

工具栏：参数化→约束设置

快捷键：CSETTINGS

2. 操作格式

命令: CONSTRAINTSETTINGS↙

系统打开“约束设置”对话框，在该对话框中，单击“自动约束”标签打开“自动约束”选项卡，如图 4-77 所示。利用此对话框可以控制自动约束相关参数。

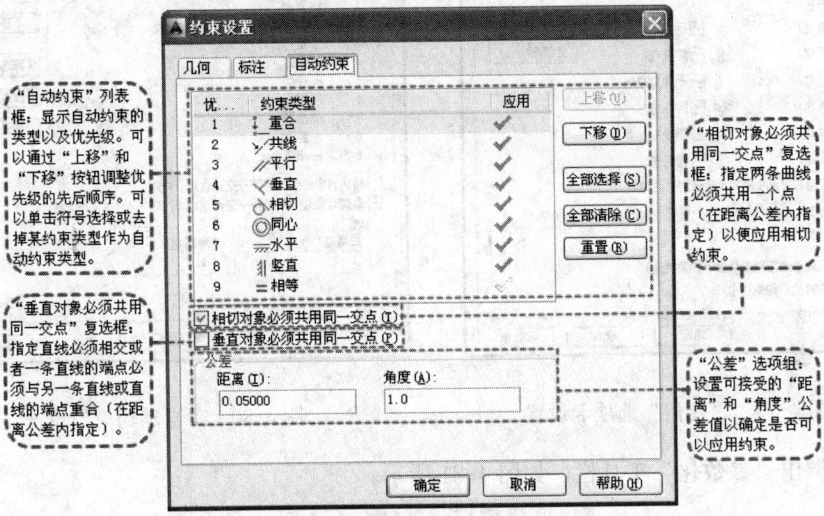

约束设置
几何
标注
自动约束
优...
约束类型
应用
1 重合
2 共线
3 平行
4 垂直
5 相切
6 同心
7 水平
8 竖直
9 相等
上移(U)
下移(D)
全部选择(S)
全部清除(C)
重置(R)
相切对象必须共用同一交点(T)
垂直对象必须共用同一交点(P)
公差
距离(I):
0.05000
角度(A):
1.0
确定
取消
帮助(H)
“自动约束”列表框：显示自动约束的类型以及优先级。可以通过“上移”和“下移”按钮调整优先级的先后顺序。可以单击符号选择或去掉某约束类型作为自动约束类型。
“垂直对象必须共用同一交点”复选框：指定直线必须相交或者一条直线的端点必须与另一条直线或直线的端点重合（在距离公差内指定）。
“相切对象必须共用同一交点”复选框：指定两条曲线必须共用一个点（在距离公差内指定）以便应用相切约束。
“公差”选项组：设置可接受的“距离”和“角度”公差值以确定是否可以应用约束。

图 4-77 “约束设置”对话框“自动约束”选项卡

4.6.8 实例——三角形

对如图 4-78 所示的未封闭三角形进行约束控制。

图 4-78 未封闭三角形

光盘路径

光盘\动画演示\第 4 章\约束控制未封闭三角形.avi

操作步骤

01 设置约束与自动约束。选择菜单栏中的“参数”→“约束设置”命令，打开“约束设置”对话框。打开“几何”选项卡，单击“全部选择”按钮，选择全部约束方式，如图 4-79 所示。再打开“自动约束”选项卡，将“距离”和“角度”公差设置为 1，不选择“相

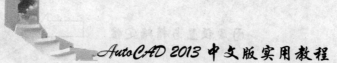

切对象必须共用同一交点”复选框和“垂直对象必须共用同一交点”复选框，约束优先顺序按图 4-80 所示设置。

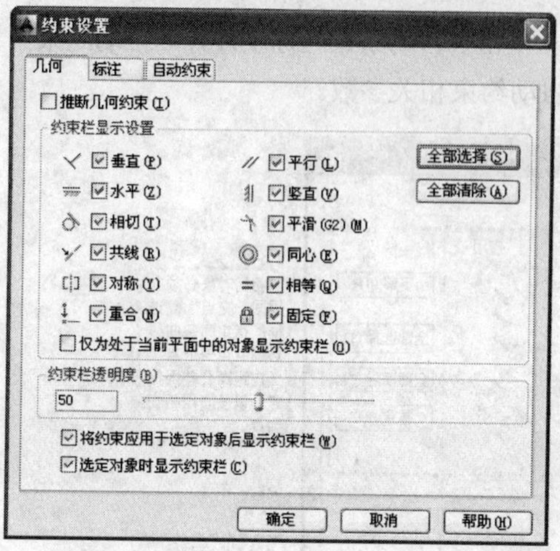

图 4-79 “几何”选项卡设置

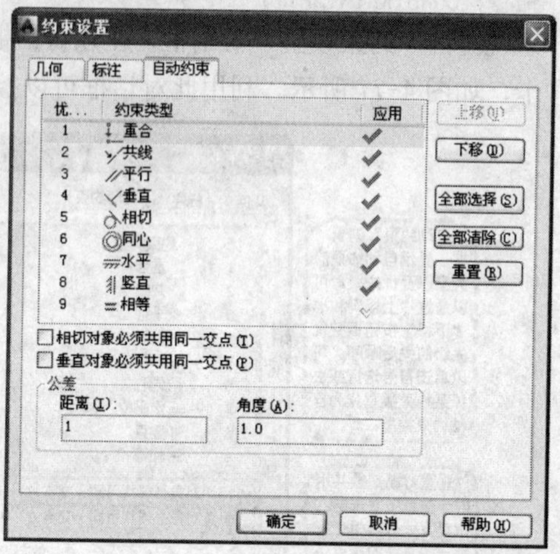

图 4-80 “自动约束”设置

02 调出“参数化”工具栏，如图 4-81 所示。

图 4-81 “参数化”工具栏

03 单击“参数化”工具栏上的“固定”按钮，命令提示如下：

命令：_GeomConstraint

输入约束类型[水平(H)/竖直(V)/垂直(P)/平行(PA)/相切(T)/平滑(SM)/重合(C)/同心(CON)/共线(COL)/对称(S)/相等(E)/固定(F)]<固定>:_Fix

选择点或 [对象(O)] <对象>:（选择三角形底边）

这时，底边被固定，并显示固定标记，如图 4-82 所示。

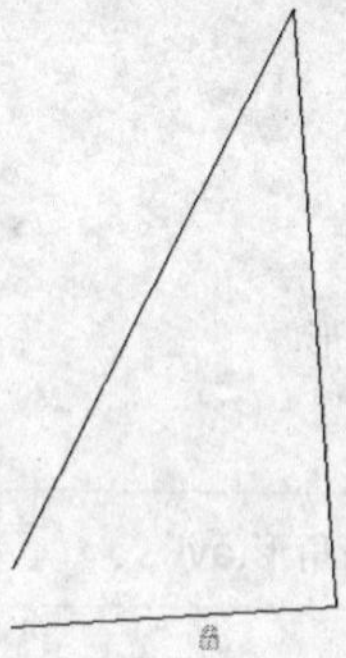

图 4-82 固定约束

图 4-83 自动重合约束

04 单击“参数化”工具栏上的“自动约束”按钮，命令提示如下：

命令：_AutoConstrain

选择对象或 [设置(S)]:（选择底边）

选择对象或［设置(S)］:（选择左边，这里已知左边两个端点的距离为 0.7，在自动约束公差范围内）

选择对象或［设置(S)］: ↙

这时，左边下移，底边和左边两个端点重合，并显示固定标记，而原来重合的上顶点现在分离，如图 4-83 所示。

05 同样方法，使上边两个端点进行自动约束，两者重合，并显示重合标记。如图 4-84 所示。

06 单击“参数化”工具栏上的“自动约束”按钮，选择底边和右边为自动约束对象（这里已知底边与右边的原始夹角为 89°），可以发现，底边与右边自动保持重合与垂直关系，如图 4-85 所示（注意：这里右边必然要缩短）。

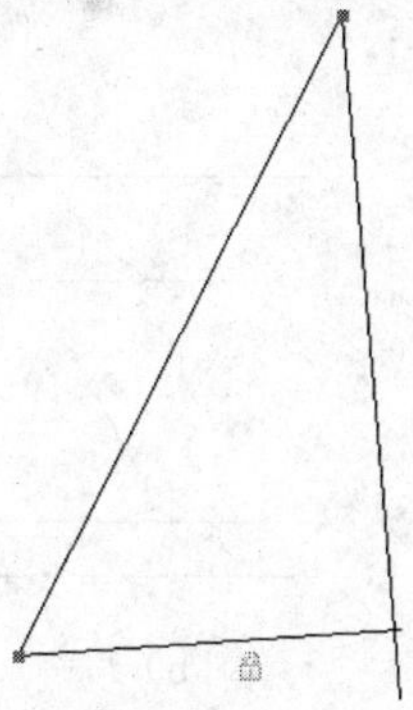

图 4-84　自动重合约束

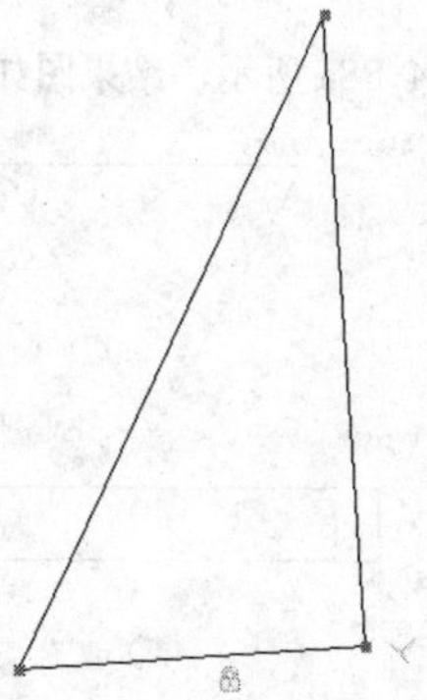

图 4-85　自动重合与自动垂直约束

4.7　上机实验

通过前面的学习，读者对本章知识也有了大体的了解，本节通过几个上机实验使读者进一步掌握本章知识要点。

实验 1　利用图层命令绘制螺栓

操作提示：

（1）如图 4-86 所示，设置 3 个新图层。

（2）绘制中心线。

（3）绘制螺栓轮廓线。

（4）绘制螺纹牙底线

实验 2　过四边形上下边延长线交点作四边形右边平行线

操作提示：

（1）如图 4-87 所示，打开“对象捕捉”工具栏。

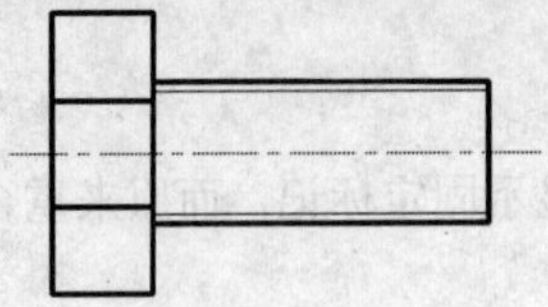

图 4-86　螺栓

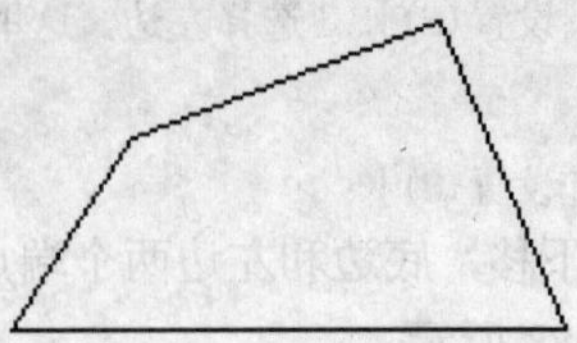

图 4-87　四边形

（2）利用“对象捕捉”工具栏中的“交点”工具捕捉四边形上下边的延长线交点作为直线起点。

（3）利用“对象捕捉”工具栏中的“平行线”工具捕捉一点作为直线终点。

实验 3　利用对象追踪功能绘制特殊位置直线

基本图如图 4-88a 所示，结果图如图 4-88b 所示。

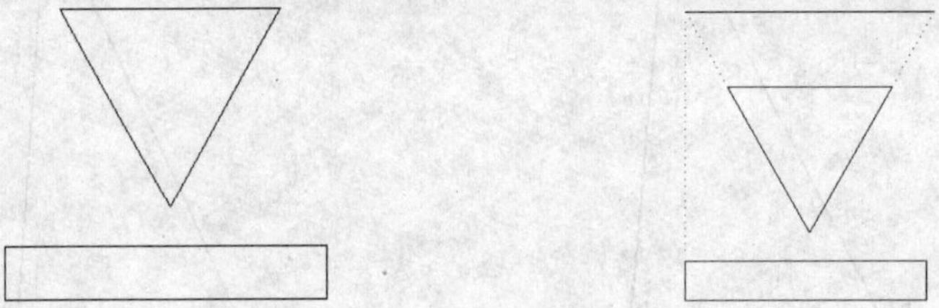

a）　　b）

图 4-88　绘制直线

操作提示：

（1）设置对象追踪与对象捕捉功能。

（2）在三角形左边延长线上捕捉一点作为直线起点。

（3）结合对象追踪与对象捕捉功能在三角形右边延长线上捕捉一点作为直线终点。

4.8　思考与练习

通过前面的学习，读者对本章知识也有了大体的了解，本节通过几个思考练习使读者进一步掌握本章知识要点。

1．试分析在绘图时如果不设置图层，将为绘图带来什么样的后果？

2．试分析图层的三大控制功能：打开/关闭，冻结/解冻和锁住/开锁有什么不同之处？

3．新建图层的方法有：

（1）命令行：LAYER

（2）菜单：　格式 →图层

（3）工具栏：物体特性→图层

（4）命令行：-LAYER

4．绘制图形时，需要一种前面没有用到过的线型，请给出解决步骤。

5. 设置或修改图层颜色的方法有：
（1）命令行：LAYER
（2）命令行：-LAYER
（3）菜单： 格式→图层
（4）菜单： 格式→颜色
（5）工具栏：物体特性→图层
（6）工具栏：物体特性→颜色下拉箭头
6. 试比较栅格与捕捉栅格的异同点。
7. 物体捕捉的方法有：
（1）命令行方式
（2）菜单栏方式
（3）快捷菜单方式
（4）工具栏方式
8. 正交模式设置的方法有：
（1）命令行：ORTHO
（2）菜单：工具→辅助绘图工具
（3）状态栏：正交开关按钮
（4）快捷键：F8
9. 绘制两个圆，并用线段连接其圆心。
10. 设置图层并绘制如图 4-89 所示的螺母。
11. 设置物体捕捉功能，并绘制如图 4-90 所示的塔形三角形。

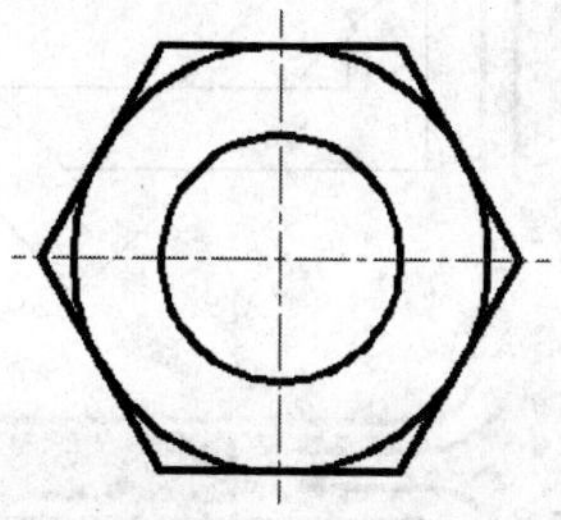

图 4-89　螺母

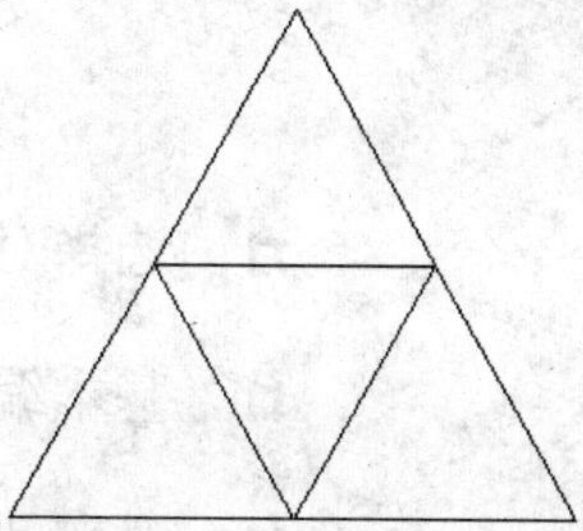

图 4-90　塔形三角形

第 5 章 平面图形的编辑

图形绘制完毕后，经常要进行复审，找出疏漏或根据变化来修改图形，力求达到准确与完美。这就是图形的编辑与修改。AutoCAD 2014 立足实践中对图形的一些技术要求，提供了丰富的图形编辑修改功能，最大限度地满足用户工程技术上的指标要求。这些编辑命令配合绘图命令的使用可以进一步完成复杂图形对象的绘制工作，并可使用户合理安排和组织图形，保证作图准确，减少重复，提高设计和绘图的效率。

本章主要讲述复制类命令、改变位置类命令、改变集合特性命令与对象编辑命令等知识。

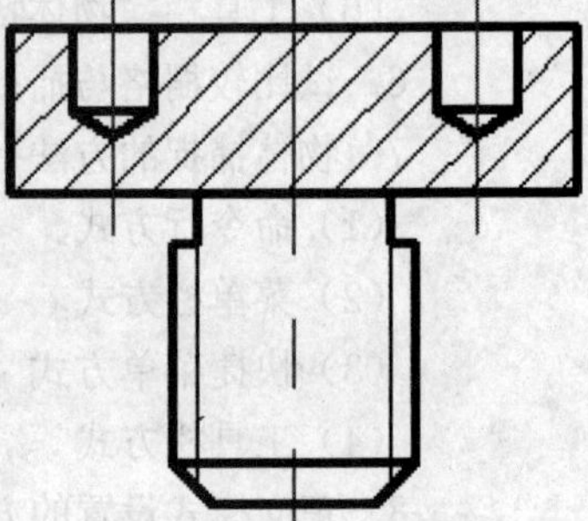

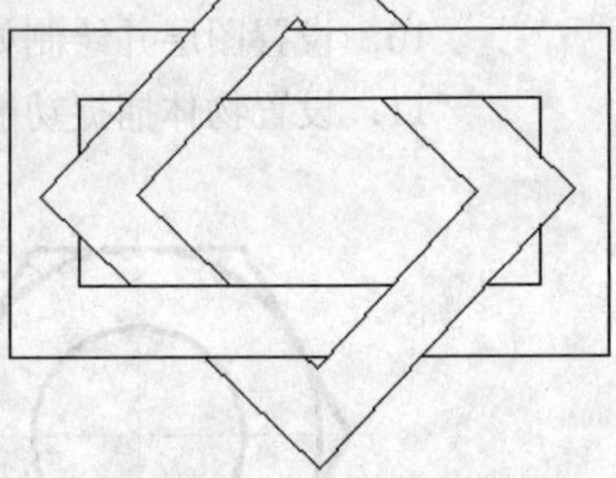

知识点

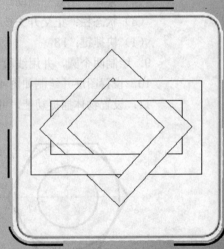

- 选择对象
- 基本编辑命令
- 改变几何特性类命令
- 删除及恢复类命令

5.1 选择对象

选择对象是进行编辑的前提。AutoCAD 提供了多种对象选择方法，如点取方法、用选择窗口选择对象、用选择线选择对象、用对话框选择对象等。

AutoCAD 可以把选择的多个对象组成整体，如选择集和对象组，进行整体编辑与修改。

AutoCAD 提供两种执行效果相同的途径编辑图形：

（1）先执行编辑命令，然后选择要编辑的对象。

（2）先选择要编辑的对象，然后执行编辑命令。

5.1.1 构造选择集

选择集可以仅由一个图形对象构成，也可以是一个复杂的对象组，如位于某一特定层上具有某种特定颜色的一组对象。选择集的构造可以在调用编辑命令之前或之后。

AutoCAD 提供以下几种方法构造选择集：

- 先选择一个编辑命令，然后选择对象，用回车键结束操作。
- 使用 SELECT 命令。
- 用点取设备选择对象，然后调用编辑命令。
- 定义对象组。

无论使用哪种方法，AutoCAD 都将提示用户选择对象，并且光标的形状由十字光标变为拾取框。

下面结合 SELECT 命令说明选择对象的方法。

SELECT 命令可以单独使用，即在命令行键入 SELECT 后回车，也可以在执行其他编辑命令时被自动调用。此时，屏幕出现提示：

选择对象：

等待用户以某种方式选择对象作为回答。AutoCAD 提供多种选择方式，可以键入“？”查看这些选择方式。选择该选项后，出现如下提示：

需要点或窗口(W)/上一个(L)/窗交(C)/框选(BOX)/全部(ALL)/栏选(F)/圈围(WP)/圈交(CP)/编组(G)/添加(A)/删除(R)/多个(M)/上一个(P)/放弃(U)/自动(AU)/单选(SI)/子对象(SU)/对象(O)

选择对象：

上面各选项含义如下：

（1）点：该选项表示直接通过点取的方式选择对象。这是较常用也是系统默认的一种对象选择方法。用鼠标或键盘移动拾取框，使其框住要选取的对象，然后，单击鼠标左键，就会选中该对象并高亮显示。该点的选定也可以使用键盘输入一个点坐标值来实现。当选定点后，系统将立即扫描图形，搜索并且选择穿过该点的对象。

用户可以利用“工具”下拉菜单中的“选项”项打开的“选项”对话框设置拾取框的大小。在“选项”对话框中选择“选择”选项卡。

移动“拾取框大小”选项组的滑动标尺可以调整拾取框的大小。左侧的空白区中会显示相应的拾取框的尺寸大小。

（2）窗口(W)：用由两个对角顶点确定的矩形窗口选取位于其范围内部的所有图形，与边界相交的对象不会被选中。指定对角顶点时应该按照从左向右的顺序。

在“选择对象：”提示下，键入 W，回车，选择该选项后，出现如下提示：

指定第一个角点：(输入矩形窗口的第一个对角点的位置)

指定对角点：(输入矩形窗口的另一个对角点的位置)

指定两个对角顶点后，位于矩形窗口内部的所有图形被选中，并高亮显示，如图 5-1 所示。

（3）上一个(L)：在“选择对象：”提示下键入 L 后回车，系统会自动选取最后绘出的一个对象。

（4）窗交(C)：该方式与上述“窗口”方式类似，区别在于：它不但选择矩形窗口内部的对象，也选中与矩形窗口边界相交的对象。

在“选择对象：”提示下键入 C，回车，系统提示：

指定第一个角点：(输入矩形窗口的第一个对角点的位置)

指定对角点：(输入矩形窗口的另一个对角点的位置)

选择的对象如图 5-2 所示。

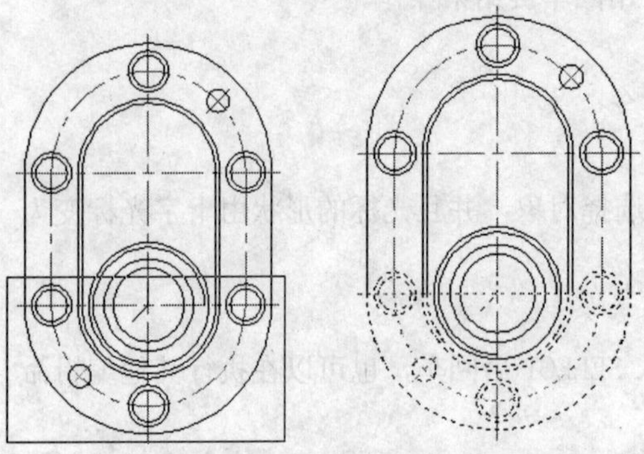

下部方框为选择框　　选择后的图形

图 5-1　窗口对象选择方式

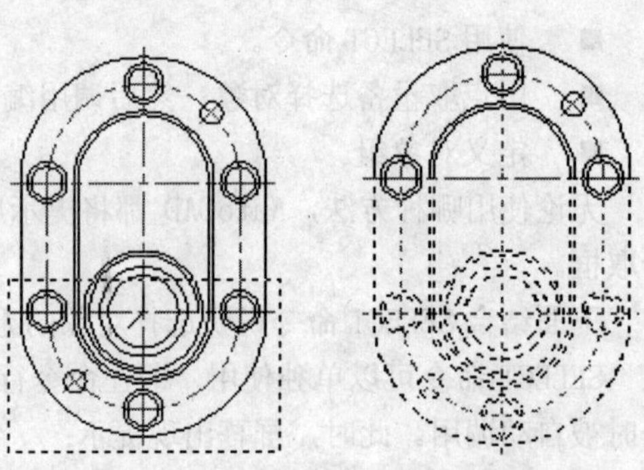

下部虚线框为选择框　　选择后的图形

图 5-2　“窗交”对象选择方式

（5）框(BOX)：该方式没有命令缩写字。使用时，系统根据用户在屏幕上给出的两个对角点的位置而自动引用“窗口”或“窗交”选择方式。若从左向右指定对角点，为“窗口”方式；反之，为“窗交”方式。

（6）全部(ALL)：选取图面上所有对象。在“选择对象：”提示下键入 ALL，回车。此时，绘图区域内的所有对象均被选中。

（7）栏选(F)：用户临时绘制一些直线，这些直线不必构成封闭图形，凡是与这些直线相交的对象均被选中。这种方式对选择相距较远的对象比较有效。交线可以穿过本身。在“选择对象：”提示下键入 F 回车，选择该选项后，出现如下提示：

指定第一个栏选点：(指定交线的第一点)

指定下一个栏选点或 [放弃(U)]：(指定交线的第二点)

指定下一个栏选点或 [放弃(U)]：(指定下一条交线的端点)

……

指定下一个栏选点或 [放弃(U)]:(回车结束操作)

执行结果如图 5-3 所示。

(8)圈围(WP):使用一个不规则的多边形来选择对象。在“选择对象:”提示下键入 WP,系统提示:

第一圈围点:(输入不规则多边形的第一个顶点坐标)

指定直线的端点或 [放弃(U)]:(输入第二个顶点坐标)

指定直线的端点或 [放弃(U)]:(回车结束操作)

根据提示,用户顺次输入构成多边形所有顶点的坐标,直到最后用回车作出空回答结束操作,系统将自动连接第一个顶点与最后一个顶点形成封闭的多边形。多边形的边不能接触或穿过本身。若键入 U,取消刚才定义的坐标点并且重新指定。凡是被多边形围住的对象均被选中(不包括边界)。执行结果如图 5-4 所示。

(9)圈交(CP):类似于“圈围”方式,在提示后键入 CP,后续操作与 WP 方式相同。区别在于:与多边形边界相交的对象也被选中,如图 5-5 所示。

其他几种选择方式与前面讲述的方式类似,读者可以自行练习,这里不再赘述。

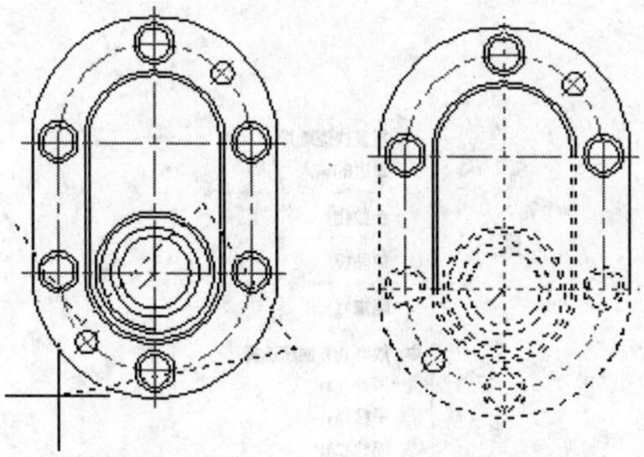

虚线为选择栏　　选择后的图形

图 5-3 “栏选”对象选择方式

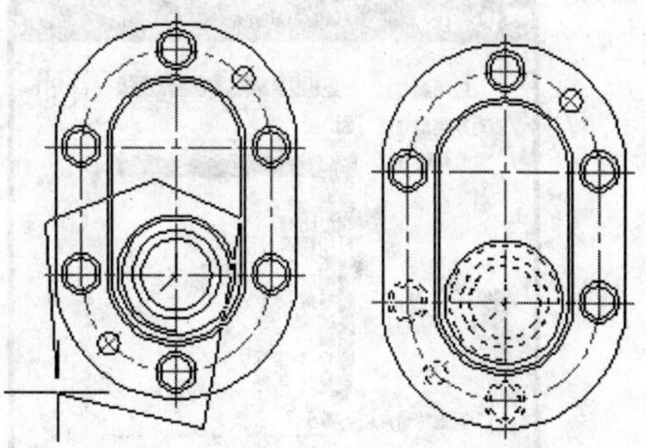

十字线所拉出多边形为选择框　　选择后的图形

图 5-4 “圈围”对象选择方式

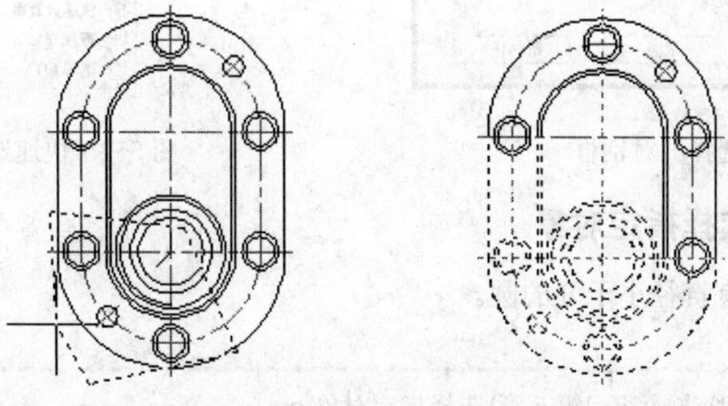

十字线所拉出多边形为选择框　　选择后的图形

图 5-5 “圈交”对象选择方式

5.1.2　快速选择

有时用户需要选择具有某些共同属性的对象来构造选择集，如选择具有相同颜色、线型或线宽的对象，用户当然可以使用前面介绍的方法选择这些对象，但如果要选择的对象数量较多且分布在较复杂的图形中，会导致很大的工作量。AutoCAD 2014 提供了 QSELECT 命令来解决这个问题。调用 QSELECT 命令后，打开“快速选择”对话框，利用该对话框可以根据用户指定的过滤标准快速创建选择集。“快速选择”对话框如图 5-6 所示。

1. 执行方式

命令行：QSELECT

菜单：工具→快速选择

右键快捷菜单：快速选择（如图 5-7 所示）

2. 操作格式

执行上述命令后，系统打开如图 5-6 所示的“快速选择”对话框。在该对话框中可以选择符合条件的对象或对象组。

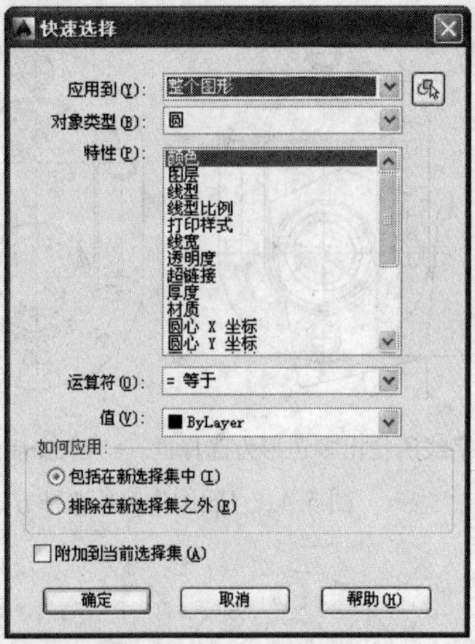

图 5-6　“快速选择”对话框

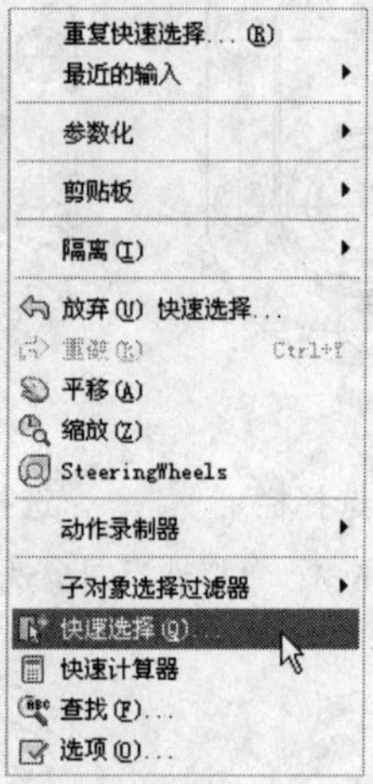

图 5-7　快速选择”右键菜单

5.1.3　实例——选择指定对象

删除图 5-8 中所有直径小于 8 的圆。

光盘路径

光盘\动画演示\第 5 章\选择指定对象.avi

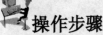

操作步骤

01 打开“快速选择”对话框。

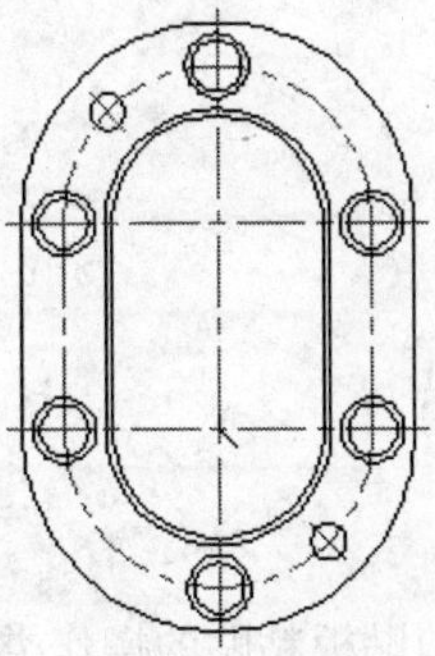

图 5-8　原图

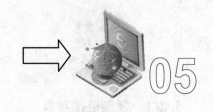

02 在“应用到”下拉列表框中选择“整个图形”。

03 在“对象类型”下拉列表框中选择“圆”。

04 在“特性”列表框中选择“直径”。

05 在“运算符”下拉列表框中选择“小于”。

06 在“值”输入框中输入 8。

07 在“如何应用”选项组中选择“排除在新选择集之外”，如图 5-9 所示。

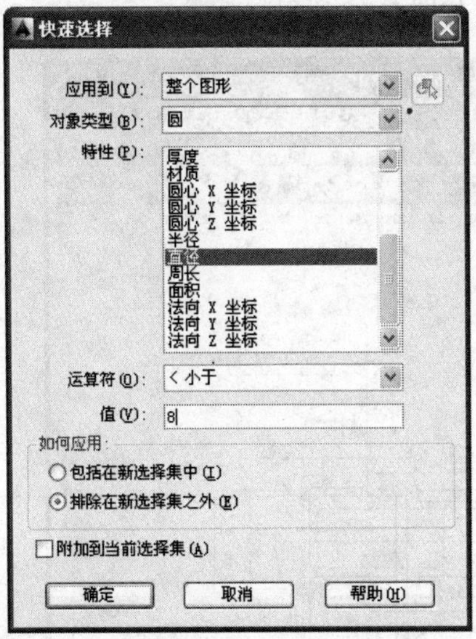

图 5-9　快速选择设置

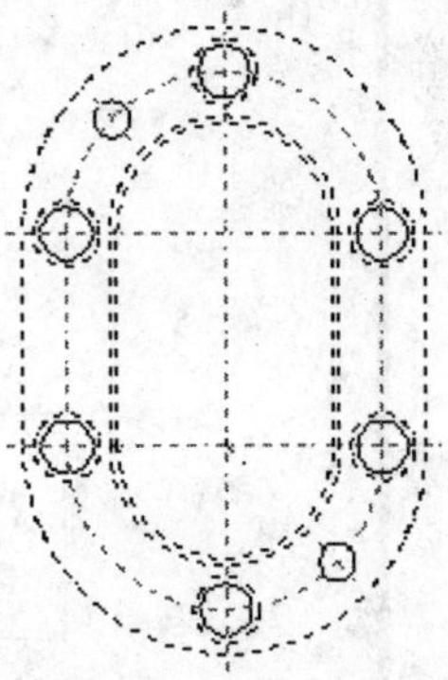

图 5-10　结果图

08 单击“确定”按钮，结果如图 5-10 所示。可以看出几个直径小于 8 的圆没有被选中。

5.2　基本编辑命令

AutoCAD 中，有一些编辑命令，不改变编辑对象形状和大小，只是改变对象相对位置和数量。利用这些编辑功能，可以方便地编辑绘制的图形。

5.2.1 复制链接对象

1. 执行方式

命令行：COPYLINK

菜单：编辑→复制链接

2. 操作格式

命令：COPYLINK↙

对象链接和嵌入的操作过程与用剪贴板粘贴的操作类似，但其内部运行机制却有很大的差异。链接对象及其创建应用程序始终保持联系。例如，Word 文档中包含一个 AutoCAD 图形对象，在 Word 中双击该对象，Windows 自动将其装入 AutoCAD 中，以供用户进行编辑。如果对原始 AutoCAD 图形作了修改，则 Word 文档中的图形也随之发生相应的变化。如果是用剪贴粘贴上的图形，则它只是 AutoCAD 图形的一个复制，粘贴之后，就不再与 AutoCAD 图形保持任何联系，原始图形的变化不会对它产生任何作用。

5.2.2 实例——链接图形

在 Word 文档中链接 AutoCAD 图形对象，如图 5-11 所示。

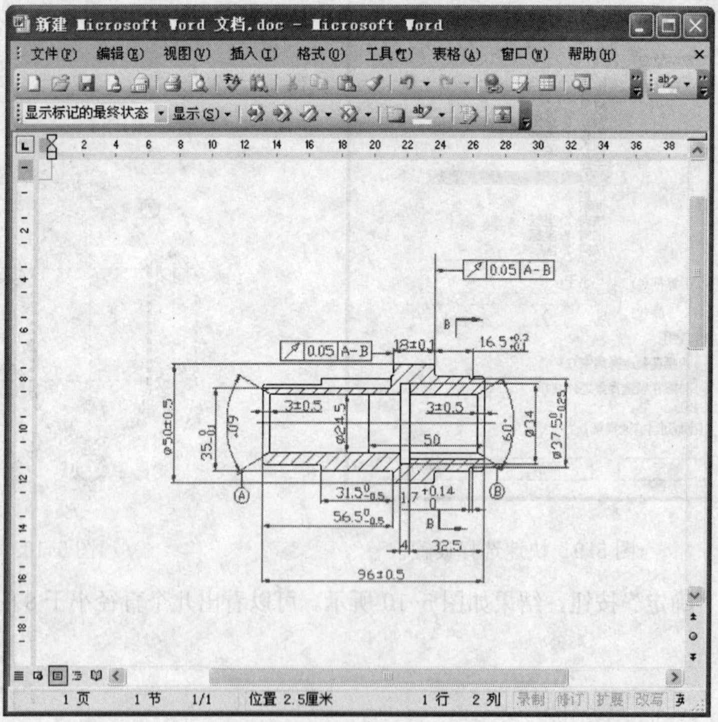

图 5-11 将 AutoCAD 对象链接到 Word 文档

光盘路径

光盘\动画演示\第 5 章\链接图形.avi

操作步骤

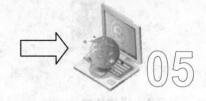

01 启动 Word，打开一个文件，在编辑窗口将光标移到要插入 AutoCAD 图形的位置。

02 启动 AutoCAD，打开或绘制一幅 DWG 文件。

03 在命令行输入 COPYLINK 命令。（如图 5-12 所示）

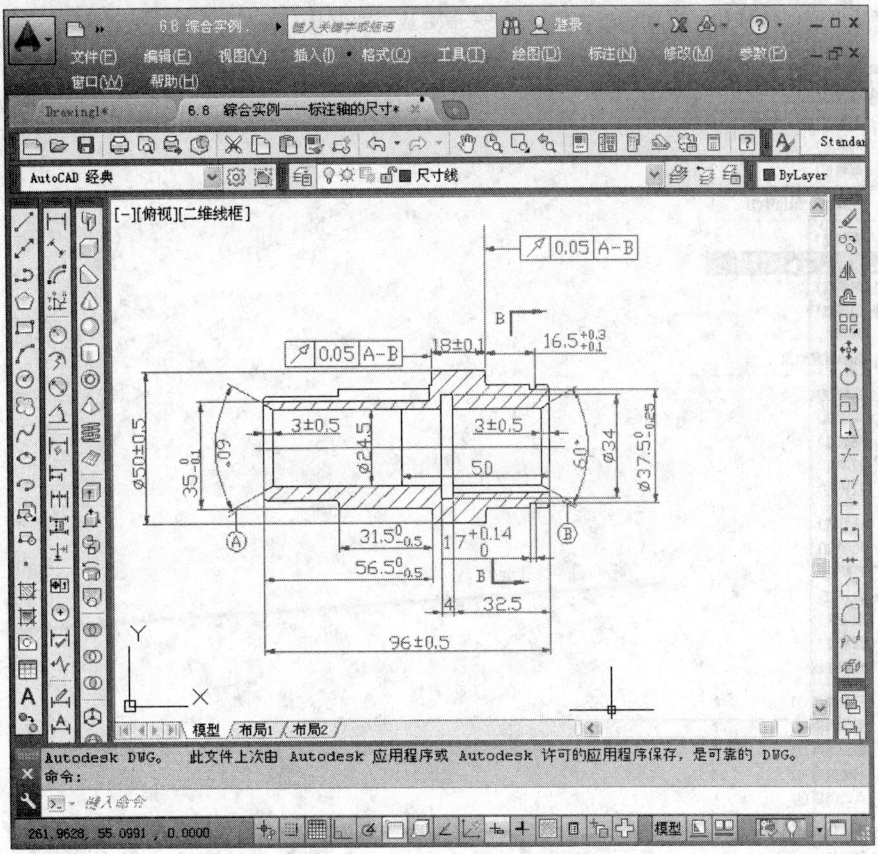

图 5-12　选择 AutoCAD 对象

04 重新切换到 Word 中，在编辑菜单中选取粘贴选项，AutoCAD 图形就粘贴到 Word 文档中了，如图 5-11 所示。

5.2.3　复制命令

1. 执行方式

命令行：COPY

菜单：修改→复制（如图 5-13 所示）

工具栏：修改→复制（如图 5-14 所示）

快捷菜单：选择要复制的对象，在绘图区域右击鼠标，从打开的快捷菜单上选择“复制选择”。

2. 操作格式

命令：COPY↙

选择对象：（选择要复制的对象）

用前面介绍的对象选择方法选择一个或多个对象，回车结束选择操作。系统继续提示：

当前设置： 复制模式 = 多个

指定基点或 [位移(D)/模式(O)] <位移>：(指定基点或位移)

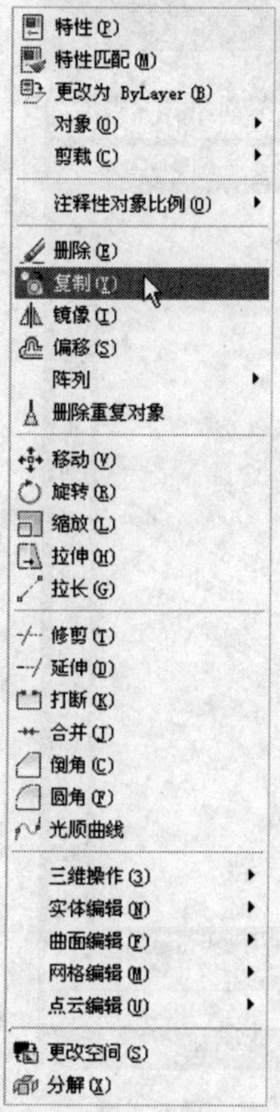

图 5-13 “修改”菜单

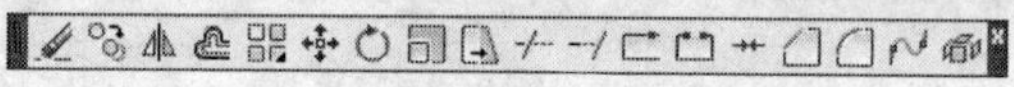

图 5-14 “修改”工具栏

3. 选项说明

(1) 指定基点：指定一个坐标点后，AutoCAD 2 把该点作为复制对象的基点，并提示：

指定第二个点或 [阵列(A)]或<使用第一点作为位移>:

指定第二个点后，系统将根据这两点确定的位移矢量把选择的对象复制到第二点处。如果此时直接回车，即选择默认的“用第一点作位移”，则第一个点被当作相对于 X、Y、Z 的位移。例如，如果指定基点为 2，3 并在下一个提示下按 Enter 键，则该对象从它当前的位置开始在 X 方向上移动 2 个单位，在 Y 方向上移动 3 个单位。

复制完成后，系统会继续提示：

指定第二个点或 [阵列(A)/退出(E)/放弃(U)] <退出>:

这时，可以不断指定新的第二点，从而实现多重复制。

（2）位移：直接输入位移值，表示以选择对象时的拾取点为基准，以拾取点坐标为移动方向纵横比移动指定位移后确定的点为基点。例如，选择对象时拾取点坐标为（2，3），输入位移为 5，则表示以（2，3）点为基准，沿纵横比为 3:2 的方向移动 5 个单位所确定的点为基点。

（3）模式：控制是否自动重复该命令。选择该项后，系统提示：

```
输入复制模式选项 [单个(S)/多个(M)] <当前>:
```

可以设置复制模式是单个或多个。

5.2.4 实例——洗手台

绘制如图 5-15 所示的洗手台。

光盘路径

光盘\动画演示\第 5 章\洗手台.avi

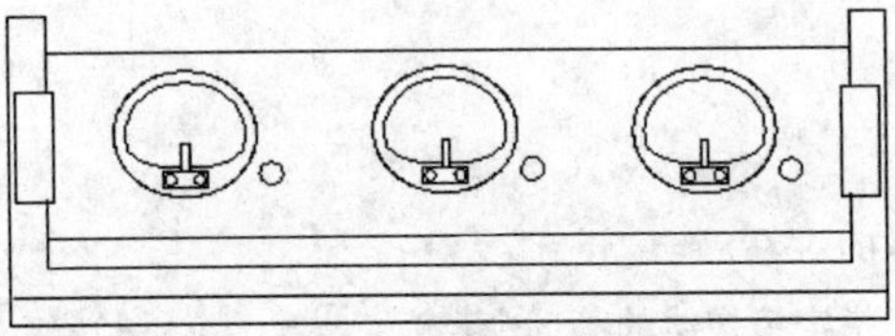

图 5-15 洗手台

操作步骤

01 单击“绘图”工具栏中的“直线”按钮和“矩形”按钮，绘制洗手台架，如图 5-16 所示。

02 单击“绘图”工具栏中的“直线”按钮，“圆”按钮、“圆弧”按钮以及“椭圆弧”按钮等命令绘制一个洗手盆及肥皂盒，如图 5-17 所示。

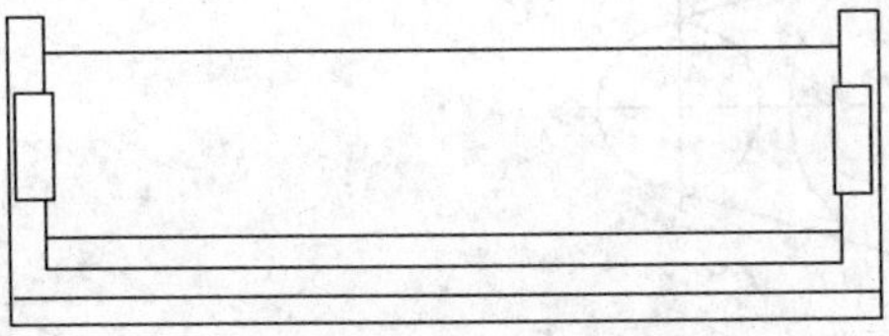

图 5-16 绘制洗手台架

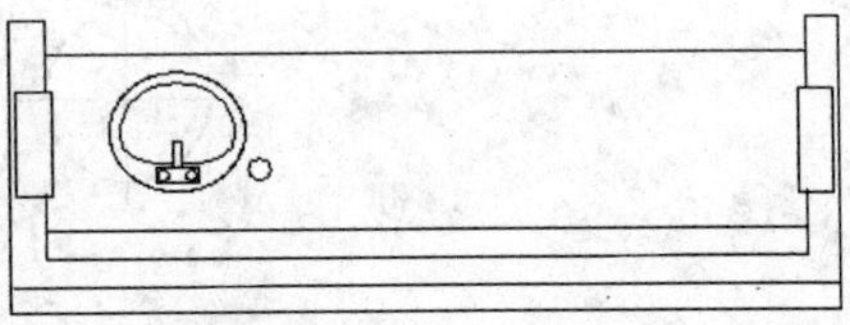

图 5-17 绘制一个洗手盆

03 单击“修改”工具栏中的“复制”按钮，复制另两个洗手盆及肥皂盒，命令行提示与操作如下：

```
命令: _copy
选择对象: (框选上面绘制的洗手盆及肥皂盒)
找到 23 个
选择对象: ↙
当前设置:  复制模式 = 多个
```

指定基点或 [位移(D)/模式(O)] <位移>:（指定一点为基点）

指定第二个点或 [阵列(A)]或 <用第一点作位移>:（打开状态栏上的“正交”开关，指定适当位置一点）

指定第二个点或 [阵列(A)/退出(E)/放弃(U)] <退出>:(指定适当位置一点)

结果如图 5-15 所示。

5.2.5 镜像命令

镜像对象是指把选择的对象围绕一条镜像线作对称复制。镜像操作完成后，可以保留原对象也可以将其删除。

1. 执行方式

命令行：MIRROR

菜单：修改→镜像

工具栏：修改→镜像

2. 操作格式

命令：MIRROR↙

选择对象：（选择要镜像的对象）

指定镜像线的第一点：（指定镜像线的第一个点）

指定镜像线的第二点：（指定镜像线的第二个点）

要删除源对象吗？[是(Y)/否(N)] <N>:（确定是否删除原对象）

这两点确定一条镜像线，被选择的对象以该线为对称轴进行镜像。包含该线的镜像平面与用户坐标系统的 XY 平面垂直，即镜像操作工作在与用户坐标系统的 XY 平面平行的平面上。

5.2.6 实例——压盖

绘制如图 5-18 所示的压盖。

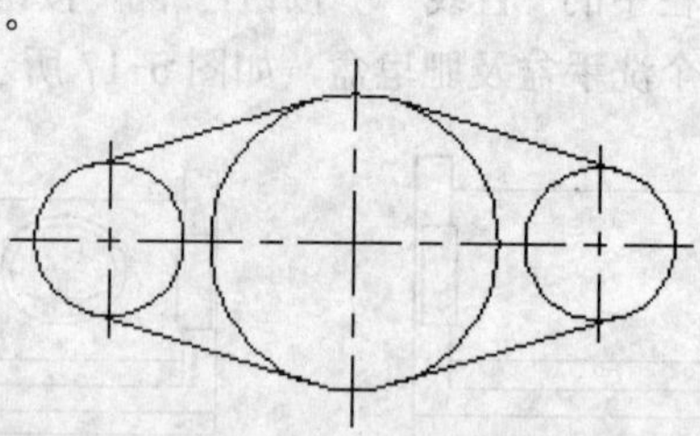

图 5-18 压盖

光盘路径

光盘\动画演示\第 5 章\压盖.avi

操作步骤

01 选择菜单栏中的“格式”→“图层”命令，设置如下图层：第一图层命名为“轮廓线”，线宽属性为 0.3mm，其余属性默认。第二图层名称设为“中心线”，颜色设为红色，线型加载为 CENTER，其余属性默认。

02 绘制中心线。设置“中心线”层为当前层。在屏幕上适当位置指定直线端点坐标，绘制一条水平中心线和两条竖直中心线，如图 5-19 所示。

03 将粗实线图层设置为当前层，单击“绘图”工具栏中的“圆”按钮，分别捕捉两中心线交点为圆心，指定适当的半径绘制两个圆，如图 5-20 所示。

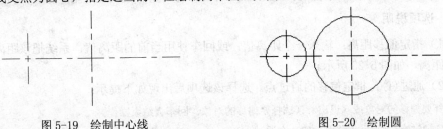

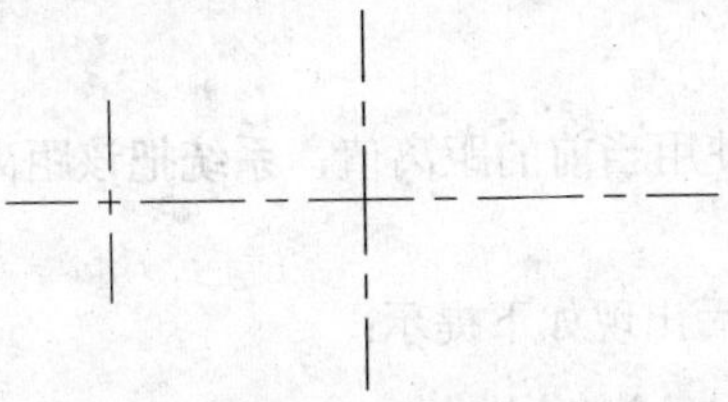

图 5-19　绘制中心线

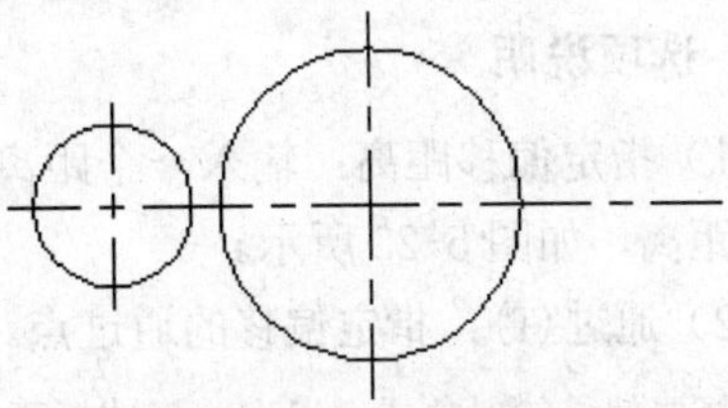

图 5-20　绘制圆

04 单击“绘图”工具栏中的“直线”按钮，，结合对象捕捉功能，绘制一条切线，如图 5-21 所示。

05 单击“修改”工具栏中的“镜像”按钮，以水平中心线为对称线镜像刚绘制的切线。命令行操作如下：

命令：mirror↙
选择对象：(选择切线)
选择对象：↙
指定镜像线的第一点：指定镜像线的第二点：(在中间的中心线上选取两点)
要删除源对象吗？[是(Y)/否(N)] <N>：↙

结果如图 5-22 所示。

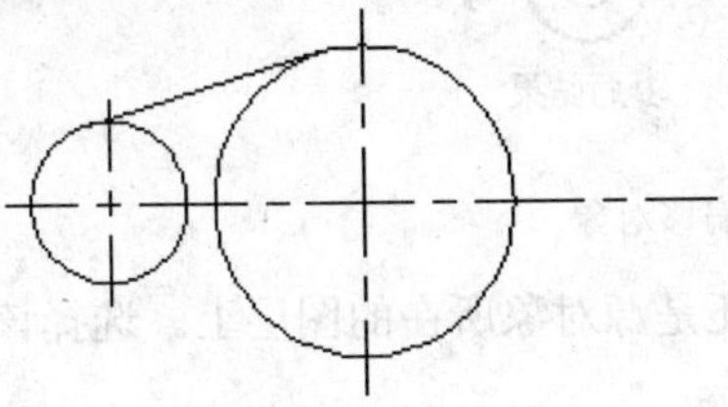

图 5-21　绘制切线

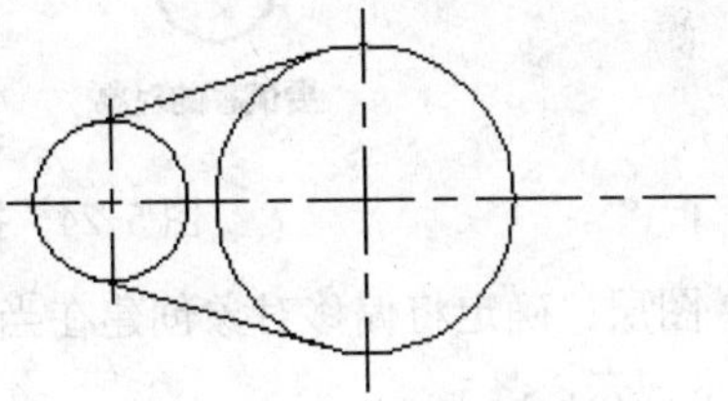

图 5-22　镜像切线

06 同样利用“镜像”命令以中间竖直中心线为对称线，选择对称线左边的图形对象，进行镜像，结果如图 5-18 所示。

5.2.7　偏移命令

偏移对象是指保持选择的对象的形状、在不同的位置以不同的尺寸大小新建一个对象。

1. 执行方式

命令行：OFFSET
菜单：修改→偏移
工具栏：修改→偏移

2. 操作格式

命令： OFFSET↙

当前设置：删除源=否　图层=源　OFFSETGAPTYPE=0
指定偏移距离或［通过(T)/删除(E)/图层(L)］〈通过〉：(指定距离植)
选择要偏移的对象，或［退出(E)/放弃(U)］〈退出〉：(选择要偏移的对象。回车会结束操作)
指定要偏移的那一侧上的点，或［退出(E)/多个(M)/放弃(U)］〈退出〉：(指定偏移方向)

3．选项说明

（1）指定偏移距离：输入一个距离值，或回车使用当前的距离值，系统把该距离值作为偏移距离，如图 5-23 所示。

（2）通过(T)：指定偏移的通过点。选择该选项后出现如下提示：

选择要偏移的对象或〈退出〉：(选择要偏移的对象。回车会结束操作)
指定通过点：(指定偏移对象的一个通过点)

操作完毕后系统根据指定的通过点绘出偏移对象，如图 5-24 所示。

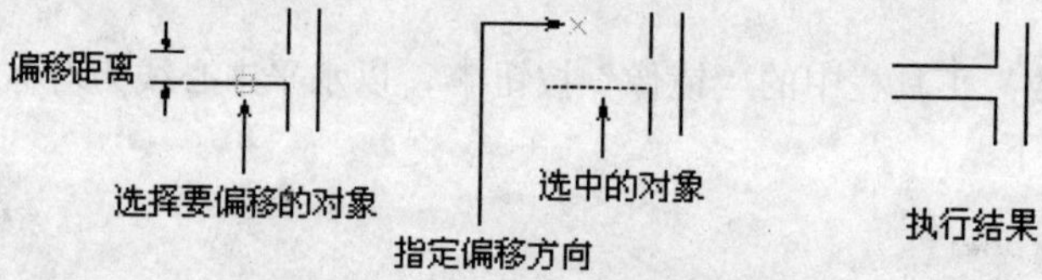

图 5-23　指定距离偏移对象

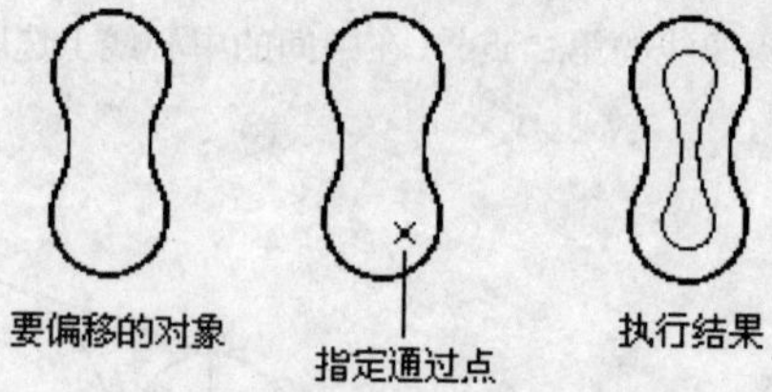

图 5-24　指定通过点偏移对象

（3）图层：确定将偏移对象创建在当前图层上还是源对象所在的图层上。选择该选项后出现如下提示：

输入偏移对象的图层选项［当前(C)/源(S)］〈源〉：

操作完毕后系统根据指定的图层绘出偏移对象。

5.2.8　实例——挡圈

绘制如图 5-25 所示挡圈。

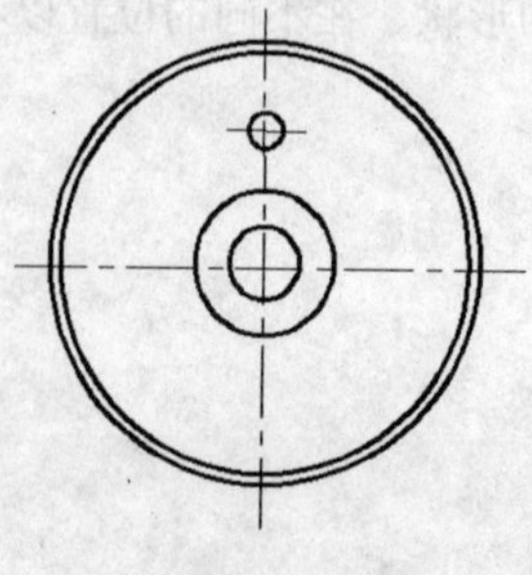

图 5-25　挡圈

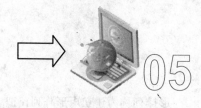

光盘\动画演示\第 5 章\挡圈.avi

操作步骤

01 设置图层。选择菜单栏中的“格式”→“图层”命令，设置两个图层：粗实线图层：线宽 0.3mm，其余属性默认；中心线图层：线型为 CENTER，其余属性默认。

02 设置中心线图层为当前层，单击“绘图”工具栏中的“直线”按钮，绘制中心线，如图 5-26 所示。

03 设置粗实线图层为当前层，单击“绘图”工具栏中的“圆”按钮，绘制挡圈内孔，圆心为中心线交点，半径为 8，如图 5-27 所示。

04 单击“修改”工具栏中的“偏移”按钮，偏移绘制的圆。命令行提示如下：

```
命令：_offset
当前设置：删除源=否  图层=源  OFFSETGAPTYPE=0
指定偏移距离或 [通过(T)/删除(E)/图层(L)] <通过>：6↙
选择要偏移的对象，或 [退出(E)/放弃(U)] <退出>：（指定绘制的圆）
指定要偏移的那一侧上的点，或 [退出(E)/多个(M)/放弃(U)] <退出>：（指定圆外侧）
选择要偏移的对象，或 [退出(E)/放弃(U)] <退出>：↙
```

相同方法指定距离为 38 和 40 以初始绘制的圆为对象向外偏移该圆，如图 5-28 所示。

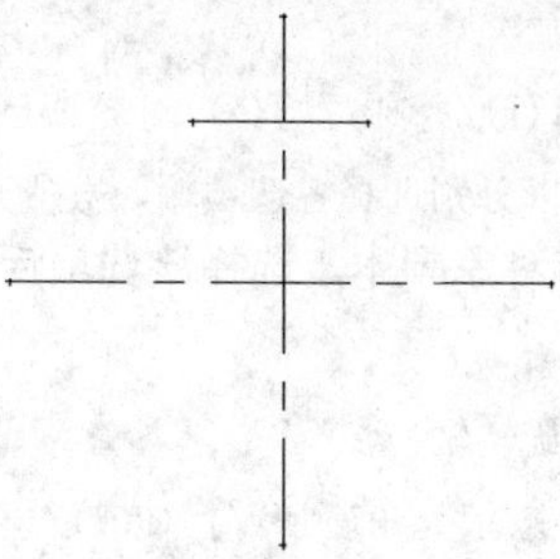

图 5-26 绘制中心线

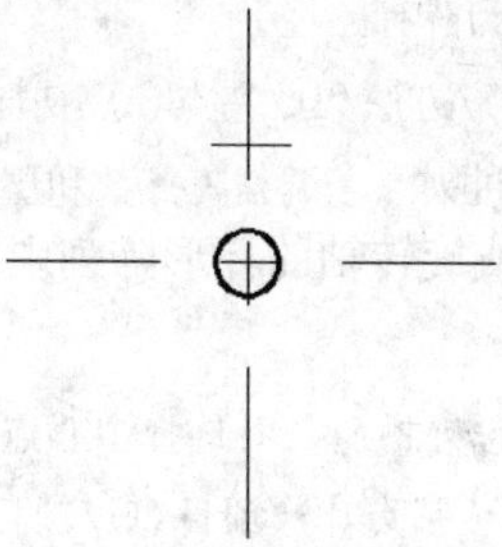

图 5-27 绘制内孔

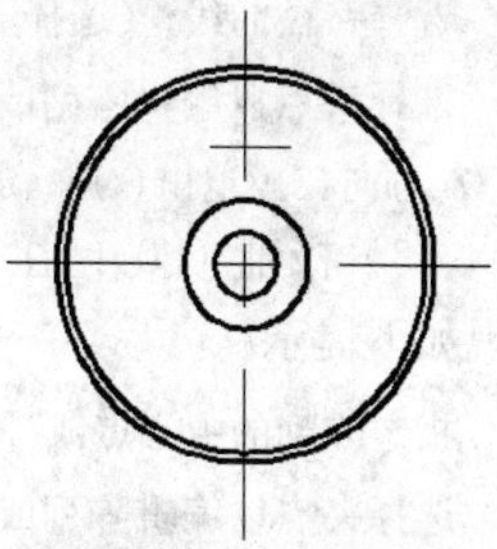

图 5-28 绘制轮廓线

05 单击“绘图”工具栏中的“圆”按钮，绘制小孔，以偏上位置的中心线交点为圆心，半径为 4，最终结果如图 5-25 所示。

> 注意：本例绘制同心圆也可以采用绘制圆的方式实现。一般在绘制结构相同并且要求保持恒定的相对位置时，可以采用偏移命令实现。

5.2.9 阵列命令

建立阵列是指多重复制选择的对象并把这些副本按矩形、路径或环形排列。把副本按矩形排列称为建立矩形阵列，把副本按路径排列称为建立路径阵列，把副本按环形排列称为建立极阵列。建立极阵列时，应该控制复制对象的次数和对象是否被旋转；建立矩形阵列时，应该控制行和列的数量以及对象副本之间的距离。

1．执行方式

命令行：ARRAY

菜单：修改→阵列→矩形阵列/路径阵列/环形阵列

工具栏：修改→阵列→矩形阵列/路径阵列/环形阵列

2．操作格式

命令：ARRAY↙

选择对象：（使用对象选择方法）

输入阵列类型[矩形（R）/路径（PA）/极轴（PO）]<矩形>:

3．选项说明

（1）矩形（R）：将选定对象的副本分布到行数、列数和层数的任意组合。选择该选项后出现如下提示：

选择夹点以编辑阵列或［关联(AS)/基点(B)/计数(COU)/间距(S)/列数(COL)/行数(R)/层数(L)/退出(X)]<退出>:（通过夹点，调整阵列间距，列数，行数和层数；也可以分别选择各选项输入数值）

（2）路径（PA）：沿路径或部分路径均匀分布选定对象的副本。选择该选项后出现如下提示：

选择路径曲线:（选择一条曲线作为阵列路径）

选择夹点以编辑阵列或［关联(AS)/方法(M)/基点(B)/切向(T)/项目(I)/行(R)/层(L)/对齐项目(A)/Z 方向(Z)/退出(X)］<退出>:（通过夹点，调整阵行数和层数；也可以分别选择各选项输入数值）

（3）极轴（PO）：在绕中心点或旋转轴的环形阵列中均匀分布对象副本。选择该选项后出现如下提示：

指定阵列的中心点或［基点(B)/旋转轴(A)]:（选择中心点、基点或旋转轴）

选择夹点以编辑阵列或［关联(AS)/基点(B)/项目(I)/项目间角度(A)/填充角度(F)/行(ROW)/层(L)/旋转项目(ROT)/退出(X)］<退出>:（通过夹点，调整角度，填充角度；也可以分别选择各选项输入数值）

5.2.10　实例——轴承端盖

绘制如图 5-29 所示的轴承端盖。

光盘路径

光盘\动画演示\第 5 章\轴承端盖.avi

操作步骤

01 图层设定。选择菜单栏中的“格式”→“图层”，或者单击图层工具栏命令图标，新建三个图层：粗实线层，线宽：0.50mm，其余属性默认。细实线层，线宽：0.30mm，所有属性默认。中心线层，线宽：0.30mm，颜色：红色，线型：CENTER，其余属性默认。

02 绘制左视图中心线。将线宽显示打开。将当前图层设置为中心线图层。单击“绘图”工具栏中的“直线”按钮和“圆”按钮，并结合“正交”、“对象捕捉”和“对象追踪”等工具选取适当尺寸绘制如图 5-30 所示的中心线。

03 左视图的轮廓线。将当前图层设置为粗实线图层。单击“绘图”工具栏中的“圆”按钮，并结合“对象捕捉”工具选取适当尺寸绘制如图 5-31 所示的圆。

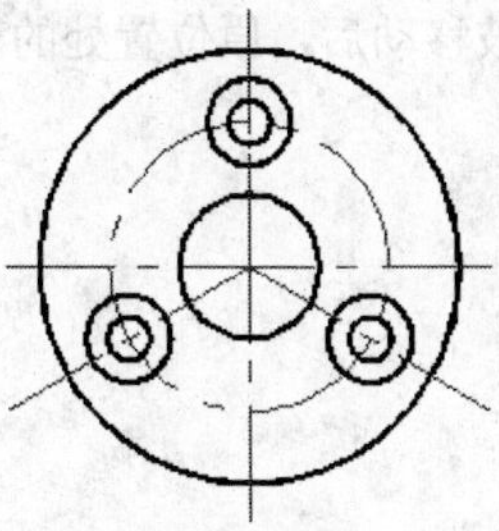

图 5-29　轴承端盖

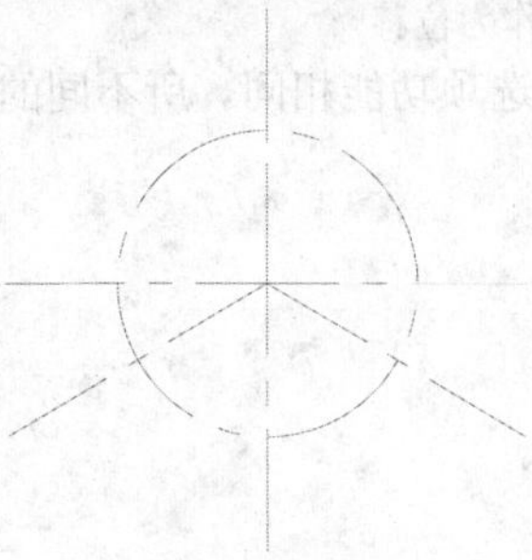

图 5-30　轴承端盖左视图中心线

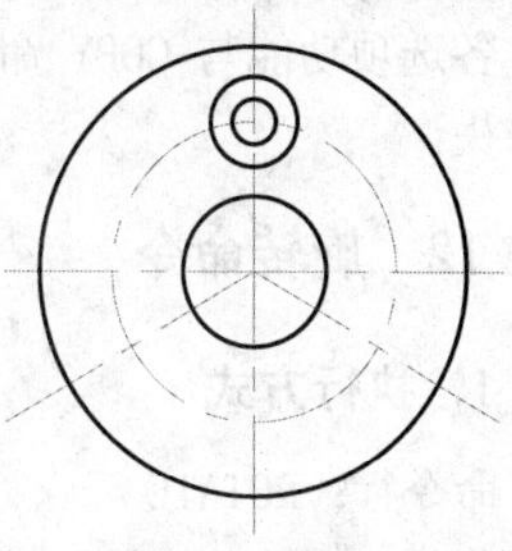

图 5-31　绘制左视图轮廓线

04 阵列圆。单击“修改”工具栏中的“环形阵列”按钮，项目数设置为 3，填充角度设置为 360，选择两个同心的小圆为阵列对象，捕捉中心线圆的圆心的阵列中心。命令行提示如下：

```
命令：_arraypolar
选择对象：（选择两个同心小圆）
选择对象：
类型 = 极轴　关联 = 是
指定阵列的中心点或 [基点(B)/旋转轴(A)]：（捕捉中心线圆的圆心）
选择夹点以编辑阵列或 [关联(AS)/基点(B)/项目(I)/项目间角度(A)/填充角度(F)/行(ROW)/层(L)/旋转项目(ROT)/退出(X)] <退出>:I
输入阵列中的项目数或 [表达式(E)] <6>: 3
选择夹点以编辑阵列或 [关联(AS)/基点(B)/项目(I)/项目间角度(A)/填充角度(F)/行(ROW)/层(L)/旋转项目(ROT)/退出(X)] <退出>: F
指定填充角度(+=逆时针、-=顺时针)或 [表达式(EX)] <360>:
选择夹点以编辑阵列或 [关联(AS)/基点(B)/项目(I)/项目间角度(A)/填充角度(F)/行(ROW)/层(L)/旋转项目(ROT)/退出(X)] <退出>:
```

阵列结果如图 5-29 所示。

5.2.11　移动命令

1. 执行方式

命令行：MOVE

菜单：修改→移动

快捷菜单：选择要复制的对象，在绘图区域右击鼠标，从打开的快捷菜单选择“移动”。

工具栏：修改→移动

2．操作格式

命令：MOVE↙

选择对象：（选择对象）

用前面介绍的对象选择方法选择要移动的对象，用回车结束选择。系统继续提示：

指定基点或[位移(D)] <位移>:（指定基点或移至点）

指定第二个点或 <使用第一个点作为位移>:

各选项功能与 COPY 命令相关选项功能相同。所不同的是对象被移动后，原位置处的对象消失。

5.2.12 旋转命令

1．执行方式

命令行：ROTATE

菜单：修改→旋转

快捷菜单：选择要旋转的对象，在绘图区域右击鼠标，从打开的快捷菜单选择“旋转”。

工具栏：修改→旋转

2．操作格式

命令：ROTATE↙

UCS 当前的正角方向：ANGDIR=逆时针　ANGBASE=0

选择对象：（选择要旋转的对象）

指定基点:（指定旋转的基点。在对象内部指定一个坐标点）

指定旋转角度，或［复制(C)/参照(R)］<0>:（指定旋转角度或其他选项）

3．选项说明

（1）复制（C）：选择该项，旋转对象的同时，保留原对象，如图 5-32 所示。

旋转前　　　　　　旋转后

图 5-32　复制旋转

（2）参照（R）：采用参考方式旋转对象时，系统提示：

指定参照角 <0>:（指定要参考的角度，默认值为 0）

指定新角度:（输入旋转后的角度值）

操作完毕后，对象被旋转至指定的角度位置。

可以用拖动鼠标的方法旋转对象。选择对象并指定基点后，从基点到当前光标位置会出现一条连线，移动鼠标选择的对象会动态地随着该连线与水平方向的夹角的变化而旋转，回车会确认旋转操作，如图 5-33 所示。

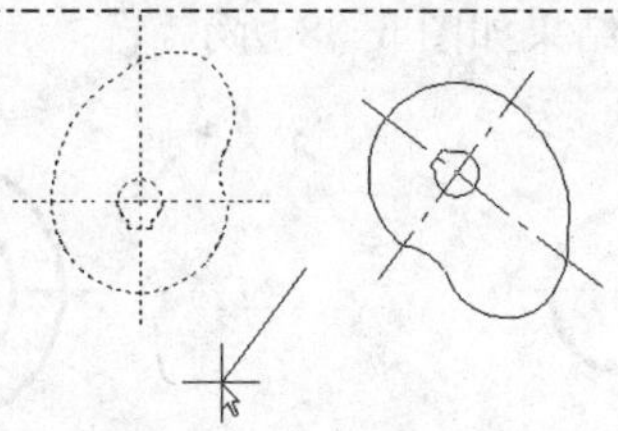

图 5-33　拖动鼠标旋转对象

5.2.13　实例——曲柄

绘制如图 5-34 所示的曲柄。

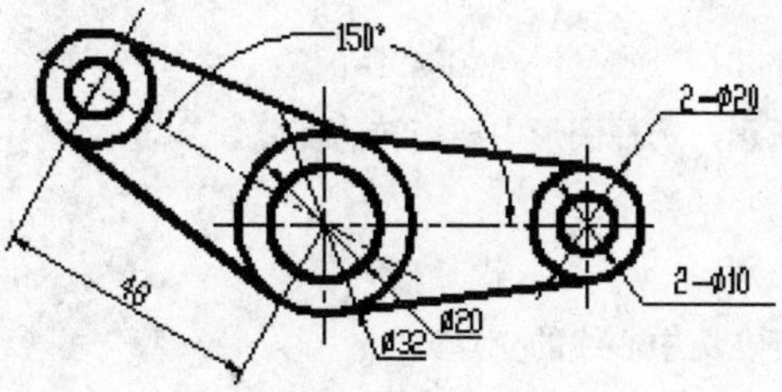

图 5-34　曲柄

光盘\动画演示\第 5 章\曲柄.avi

操作步骤

01 选择菜单栏中的“格式”→“图层”命令：中心线层：线型为 CENTER，其余属性默认；粗实线层：线宽为 0.30mm，其余属性默认。

02 将中心线层设置为当前层，单击“绘图”工具栏中的“直线”按钮，绘制中心线。坐标分别为{(100,100)，(180,100)}和{(120,120)，,(120,80)}，结果如图 5-35 所示。

03 单击“修改”工具栏中的“偏移”按钮，绘制另一条中心线，偏移距离为 48，结果如图 5-36 所示。

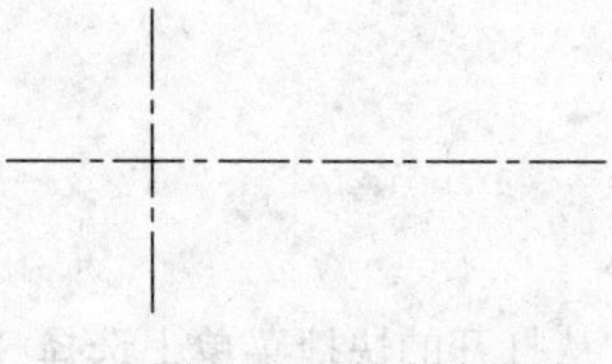

图 5-35　绘制中心线

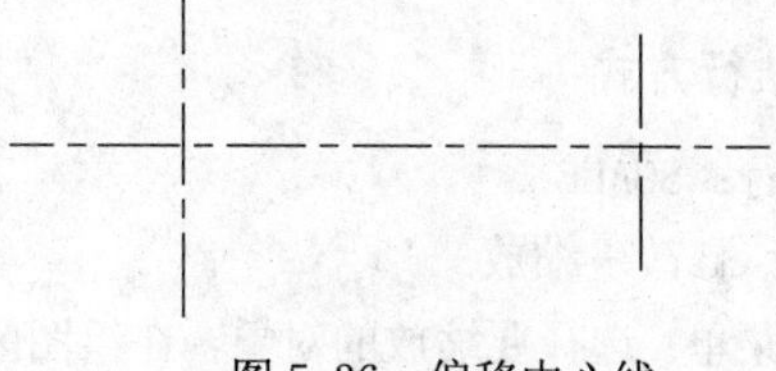

图 5-36　偏移中心线

04 转换到粗实线层，单击“绘图”工具栏中的“圆”按钮，绘制图形轴孔部分，其中绘制圆时，以水平中心线与左边竖直中心线交点为圆心，以 32 和 20 为直径绘制同心圆，以水平中心线与右边竖直中心线交点为圆心，以 20 和 10 为直径绘制同心圆，结果如图 5-37 所示。

05 单击“绘图”工具栏中的“直线”按钮，绘制连接板。分别捕捉左右外圆的切点为端点，绘制上下两条连接线，结果如图 5-38 所示。

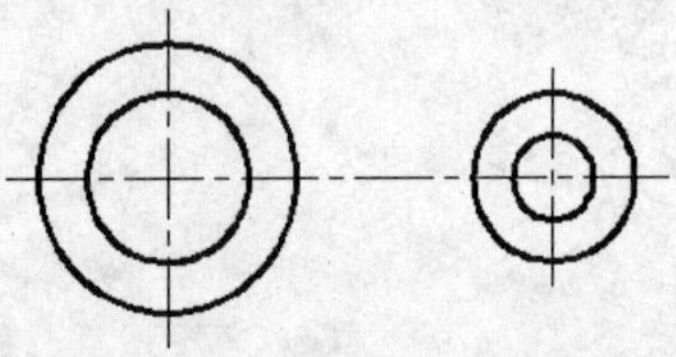

图 5-37 绘制同心圆

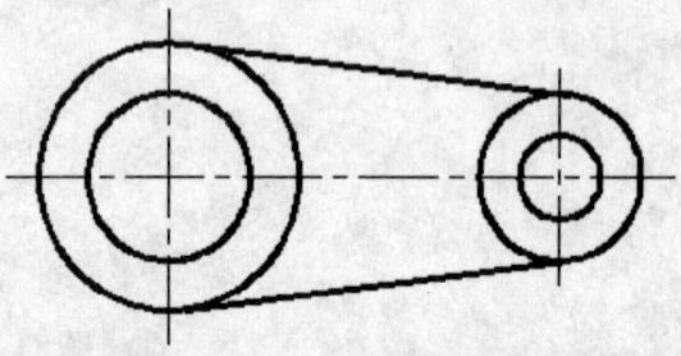

图 5-38 绘制切线

06 单击“修改”工具栏中的“旋转”按钮，将所绘制的图形进行复制旋转，命令行提示与操作如下：

```
命令:ROTATE↙
UCS 当前的正角方向:  ANGDIR=逆时针  ANGBASE=0
选择对象: （如图 5-39 所示，选择图形中要旋转的部分）
找到 1 个，总计 6 个
选择对象:↙
指定基点: _int 于（捕捉左边中心线的交点）
指定旋转角度，或 [复制(C)/参照(R)] <0>:C↙
旋转一组选定对象。
指定旋转角度，或 [复制(C)/参照(R)] <0>: 150↙
```

最终结果如图 5-34 所示。

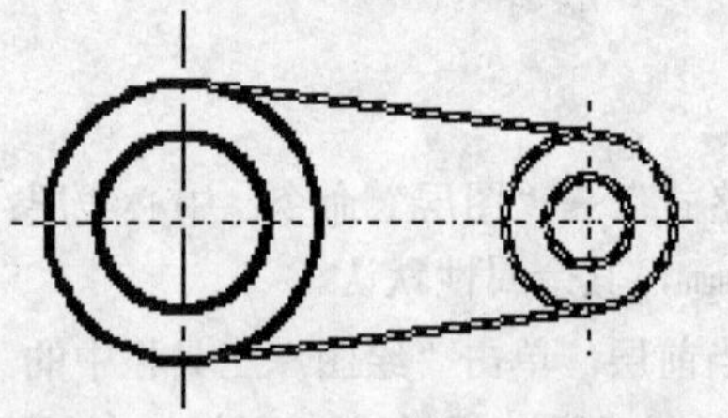

图 5-39 选择复制对象

5.2.14 缩放命令

1. 执行方式

命令行：SCALE

菜单：修改→缩放

快捷菜单：选择要缩放的对象，在绘图区域右击鼠标，从打开的快捷菜单上选择 Scale。

工具栏：修改→缩放

2．操作格式

命令：SCALE↙

选择对象：（选择要缩放的对象）

指定基点：（指定缩放操作的基点）

指定比例因子或［复制(C)/参照(R)］〈1.0000〉:

3．选项说明

（1）采用参考方向缩放对象时。系统提示：

指定参照长度〈1〉:（指定参考长度值）

指定新的长度或[点（P）]〈1.0000〉:（指定新长度值）

若新长度值大于参考长度值，则放大对象；否则缩小对象。操作完毕后，系统以指定的基点按指定比例因子缩放对象。如果选择“点（P）”选项，则指定两点来定义新的长度。

（2）可以用拖动鼠标的方法缩放对象。选择对象并指定基点后，从基点到当前光标位置会出现一条连线，线段的长度即为比例大小。移动鼠标选择的对象会动态地随着该连线长度的变化而缩放，回车确认缩放操作。

5.3 改变几何特性类命令

这一类编辑命令在对指定对象进行编辑后，使编辑对象的几何特性发生改变。包括倒斜角、倒圆角、断开、修剪、延长、加长、伸展等命令。

5.3.1 剪切命令

1．执行方式

命令行：TRIM

菜单：修改→修剪

工具栏：修改→修剪

2．操作格式

命令：TRIM↙

当前设置:投影=UCS，边=无

选择剪切边...

选择对象或〈全部选择〉：（选择一个或多个对象并按 Enter 键，或者按 Enter 键选择所有显示的对象）

回车结束对象选择，系统提示：

选择要修剪的对象，或按住 Shift 键选择要延伸的对象，或[栏选(F)/窗交(C)/投影(P)/边(E)/删除(R)/放弃(U)]:

3．选项说明

（1）在选择对象时，如果按住 Shift 键，系统就自动将“修剪”命令转换成“延伸”命令，“延伸”命令将在下节介绍。

（2）选择“边”选项时，可以选择对象的修剪方式：

■ 延伸(E)：延伸边界进行修剪。在此方式下，如果剪切边没有与要修剪的对象相交，系统会延伸剪切边直至与对象相交，然后再修剪，如图 5-40 所示。

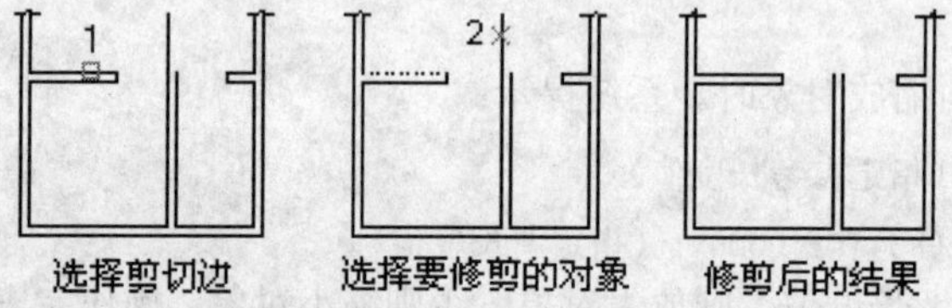

图 5-40 延伸方式修剪对象

■ 不延伸(N)：不延伸边界修剪对象。只修剪与剪切边相交的对象。

（3）选择“栏选（F）”选项时，系统以栏选的方式选择被修剪对象，如图 5-41 所示。

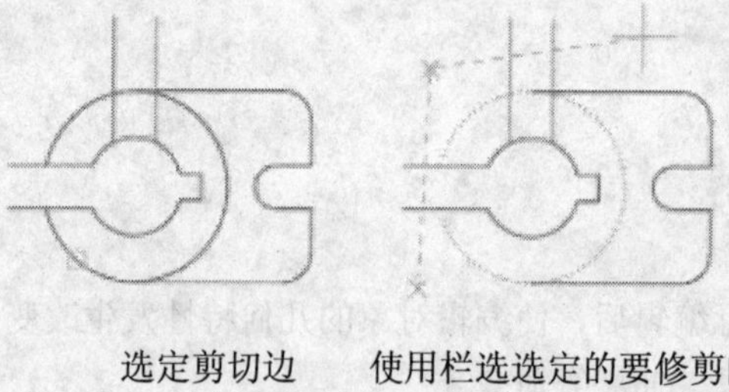

图 5-41 栏选修剪对象

（4）选择“窗交（C）”选项时，系统以栏选的方式选择被修剪对象，如图 5-42 所示。

（5）被选择的对象可以互为边界和被修剪对象，此时系统会在选择的对象中自动判断边界，如图 5-42 所示。

图 5-42 窗交选择修剪对象

5.3.2 实例——铰套

绘制如图 5-43 所示的铰套。

光盘路径

光盘\动画演示\第 5 章\铰套.avi

操作步骤

01 单击“绘图”工具栏中的“矩形”按钮，绘制两个矩形，如图 5-44 所示。

02 单击“修改”工具栏中的“偏移”按钮，绘制铰套。指定适当值为偏移距离，分别指定两个矩形为对象，向内偏移，结果如图 5-45 所示。

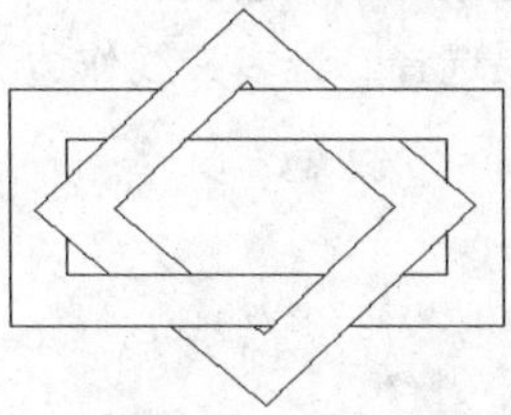

图 5-43　铰套

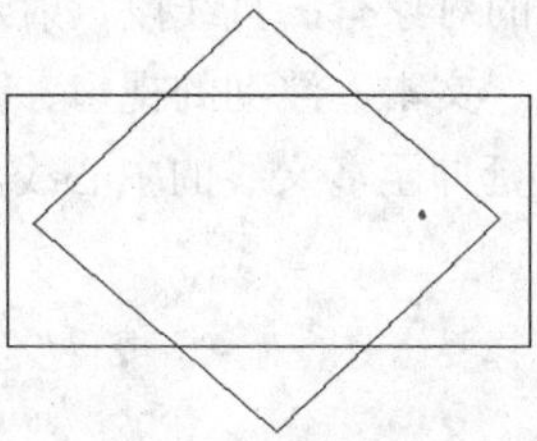

图 5-44　绘制矩形

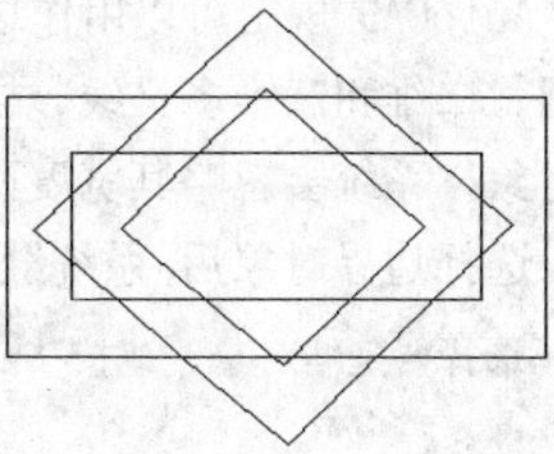

图 5-45　绘制方形套

03 单击“修改”工具栏中的“修剪”按钮，剪切出层次关系。命令行提示与操作如下：

命令：TRIM↙

当前设置:投影=UCS，边=延伸

选择剪切边...

选择对象或<全部选择>：↙

选择要修剪的对象，或按住 Shift 键选择要延伸的对象，或[栏选(F)/窗交(C)/投影(P)/边(E)/删除(R)/放弃(U)]:（按层次关系依次选择要剪切掉的部分图线）

……

选择要修剪的对象，或按住 Shift 键选择要延伸的对象，或[栏选(F)/窗交(C)/投影(P)/边(E)/删除(R)/放弃(U)]：↙

最终结果如图 5-43 所示。

5.3.3　延伸命令

延伸对象是指延伸对象直至到另一个对象的边界线，如图 5-46 所示。

1. 执行方式

命令行：EXTEND

菜单：修改→延伸

工具栏：修改→延伸

图 5-46　延伸对象

2. 操作格式

命令：EXTEND↙

当前设置:投影=UCS，边=无

选择边界的边...

选择对象或 <全部选择>:（选择边界对象）

此时可以选择对象来定义边界。若直接回车，则选择所有对象作为可能的边界对象。

AutoCAD 规定可以用作边界对象的对象有：直线段、射线、双向无限长线、圆弧、圆、椭圆、二维和三维多义线、样条曲线、文本、浮动的视口、区域。如果选择二维多义线作边界对象，系统会忽略其宽度而把对象延伸至多义线的中心线。

选择边界对象后,系统继续提示:

选择要延伸对象，或按 Shift 键选择要修剪的对象，或[栏选(F)/窗交(C)/投影(P)/边(E)/放弃(U)]:

3．选项说明

（1）如果要延伸的对象是适配样条多段线，则延伸后会在多段线的控制框上增加新节点。如果要延伸的对象是锥形的多义线，AutoCAD 2014 会修正延伸端的宽度，使多义线从起始端平滑地延伸至新终止端。如果延伸操作导致终止端的宽度可能为负值，则取宽度值为 0，如图 5-47 所示。

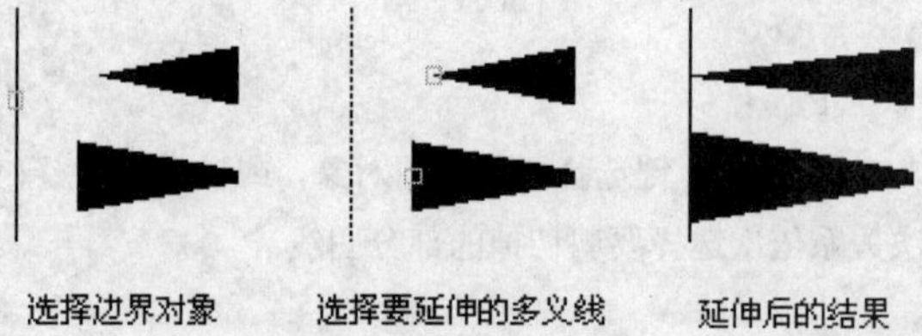

图 5-47　延伸对象

（2）选择对象时，如果按住 Shift 键，系统自动将“延伸”命令转换成“修剪”命令。

5.3.4　实例——螺钉

绘制如图 5-48 所示的螺钉。

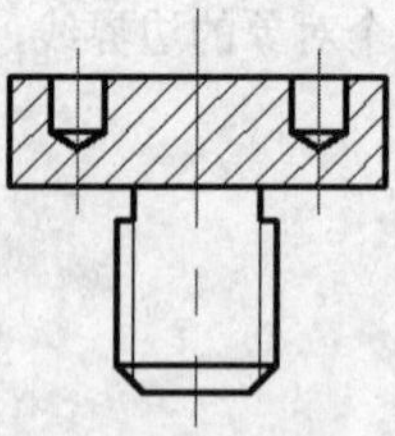

图 5-48　螺钉

光盘路径

光盘\动画演示\第 5 章\螺钉.avi

操作步骤

01 选择菜单栏中的“格式”→“图层”命令，设置 3 个新图层：粗实线层，线宽 0.3mm，其余属性默认；细实线线宽 0.09，所有属性默认；中心线层，颜色红色，线型 CENTER，其余属性默认。

02 设置中心线层为当前层，单击“绘图”工具栏中的“直线”按钮，绘制中心线。坐标分别是{(930,460),(930,430)}和{(921,445),(921,457)}，结果如图 5-49 所示。

03 转换到粗实线层，单击“绘图”工具栏中的“直线”按钮，绘制轮廓线。坐标分别是{(930,455),(916,455),(916,432)}，结果如图 5-50 所示。

04 单击“修改”工具栏中的“偏移”按钮，绘制初步轮廓，将刚绘制的竖直轮廓线分别向右偏移 3、7、8 和 9.25，将刚绘制的水平轮廓线分别向下偏移 4、8、11、21 和 23，如图 5-51 所示。

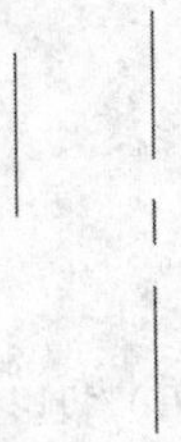

图 5-49 绘制中心线

图 5-50 绘制轮廓线

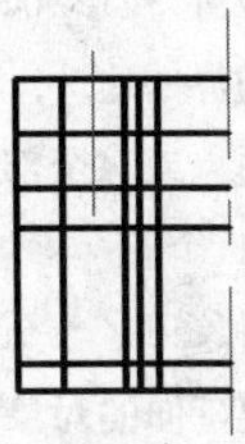

图 5-51 偏移轮廓线

05 分别选取适当的界线和对象，单击“修改”工具栏中的“修剪”按钮，修剪偏移产生的轮廓线，结果如图 5-52 所示。

06 单击“修改”工具栏中的“倒角”按钮，对螺钉端部进行倒角（将在 5.3.7 小节介绍），命令行提示与操作如下：

```
命令:_chamfer↙
(“修剪”模式) 当前倒角距离 1 = 0.0000，距离 2 = 0.0000
选择第一条直线或 [放弃(U)/多段线(P)/距离(D)/角度(A)/修剪(T)/方式(E)/多个(M)]:d↙
指定第一个倒角距离 <0.0000>: 2↙
指定第二个倒角距离 <2.0000>:↙
选择第一条直线或 [放弃(U)/多段线(P)/距离(D)/角度(A)/修剪(T)/方式(E)/多个(M)]:(选择图 5-62 最下边的直线)
选择第二条直线，或按住 Shift 键选择要应用角点的直线:(选择与其相交的侧面直线)
```

结果如图 5-53 所示。

07 单击“绘图”工具栏中的“直线”按钮，绘制螺孔底部。坐标分别是{(919,451),(@10<-30)}，{(923,451),(@10<210)}。结果如图 5-54 所示。

08 单击“修改”工具栏中的“修剪”按钮，将刚绘制的两条斜线多余部分剪掉，修剪结果如图 5-55 所示。

09 转换到细实线层，单击“绘图”工具栏中的“直线”按钮，绘制两条螺纹牙底线，如图 5-56 所示。

10 单击“修改”工具栏中的“延伸”按钮，将牙底线延伸至倒角处，命令行提示与操作如下：

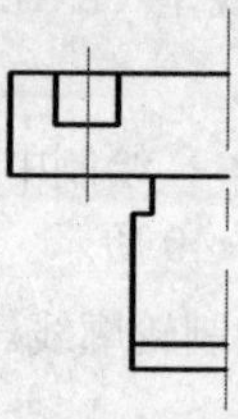

图 5-52　绘制螺孔和螺柱初步轮廓

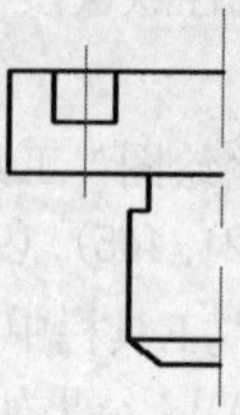

图 5-53　斜角处理

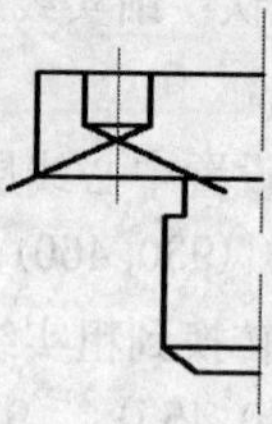

图 5-54　绘制螺孔底部

命令: _extend

当前设置:投影=UCS，边=无

选择边界的边...

选择对象或 <全部选择>:（选择倒角生成的斜线）

找到 1 个

选择对象: ↙

选择要延伸的对象，或按住 Shift 键选择要修剪的对象，或[栏选(F)/窗交(C)/投影(P)/边(E)/放弃(U)]:（选择刚绘制的细实线）

选择要延伸的对象，或按住 Shift 键选择要修剪的对象，或 [投影(P)/边(E)/放弃(U)]: ↙

结果如图 5-59 所示。

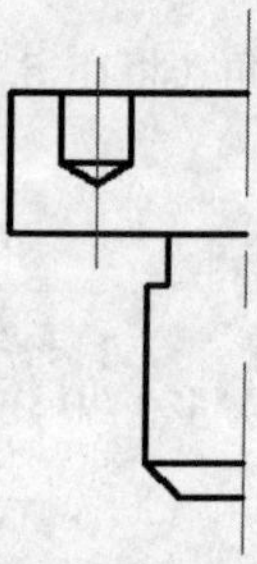

图 5-55　修剪螺孔底部图线

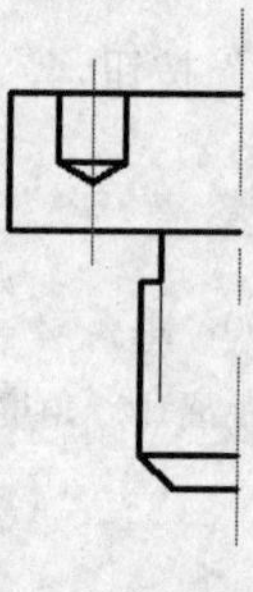

图 5-56　绘制螺纹牙底线

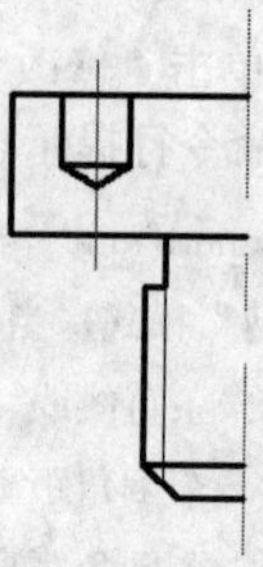

图 5-57　延伸螺纹牙底线

11 单击“修改”工具栏中的“镜像”按钮，对图形进行镜像处理，以长中心线为轴，该中心线左边所有的图线为对象进行镜像，结果如图 5-58 所示。

12 单击“绘图”工具栏中的“图案填充”按钮，绘制剖面，打开“图案填充和渐变色”对话框，如图 5-59 所示。在“图案填充”选项卡中选择“类型”为“用户定义”，“角度”为 45，“间距”为 1.5，单击“拾取点”按钮，在图形中要填充的区域拾取点，回车后在“图案填充和渐变色”对话框中单击“确定”按钮，最终结果如图 5-48 所示。

5.3.5　圆角命令

圆角是指用指定的半径决定的一段平滑的圆弧连接两个对象。AutoCAD 2014 规定可以圆滑连接一对直线段、非圆弧的多义线段、样条曲线、双向无限长线、射线、圆、圆弧和椭圆。可以在任何时刻圆滑连接多义线的每个节点。

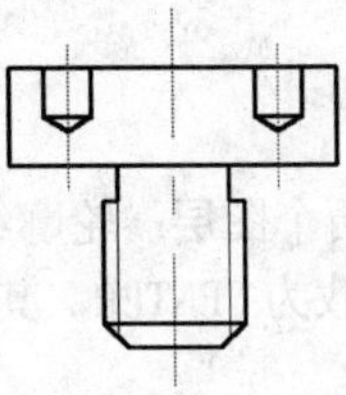

图 5-58　镜像对象

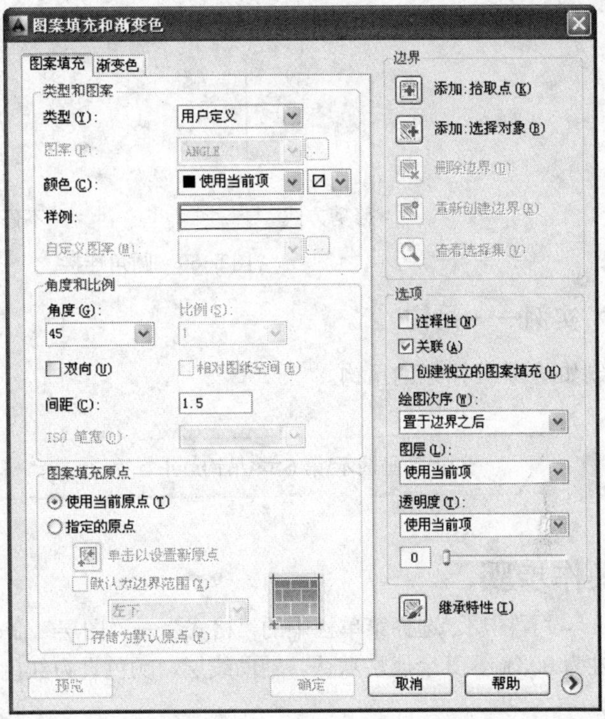

图 5-59　“图案填充和渐变色”对话框

1. 执行方式

命令行：FILLET

菜单：修改→圆角

工具栏：修改→圆角

2. 操作格式

命令：FILLET↙

当前设置：模式 = 修剪，半径 = 0.0000

选择第一个对象或 [放弃(U)/多段线(P)/半径(R)/修剪(T)/多个(M)]：(选择第一个对象或别的选项)

选择第二个对象，或按住 Shift 键选择对象以应用角点或 [半径(R)]：(选择第二个对象)

3. 选项说明

（1）多段线(P)：在一条二维多段线的两段直线段的节点处插入圆滑的弧。选择多段线后系统会根据指定的圆弧的半径把多段线各顶点用圆滑的弧连接起来。

（2）修剪(T)：决定在圆滑连接两条边时，是否修剪这两条边，如图 5-60 所示。

（3）多个(M)：同时对多个对象进行圆角编辑。而不必重新起用命令。

（4）快速创建零距离倒角或零半径圆角：按住 Shift 键并选择两条直线，可以快速创建零距离倒角或零半径圆角。

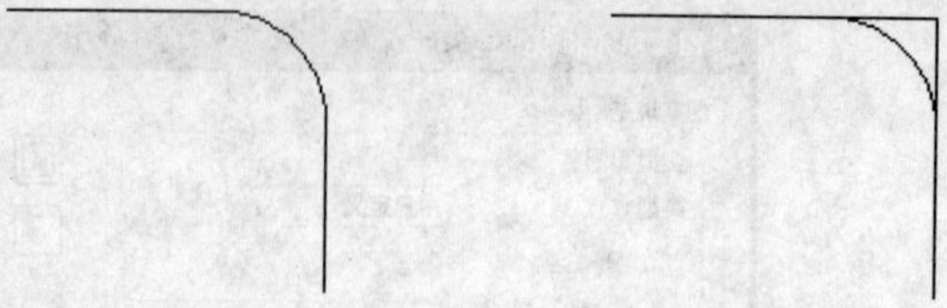

图 5-60　圆角连接

5.3.6　实例——吊钩

绘制如图 5-61 所示的吊钩。

光盘路径

光盘\动画演示\第 5 章\吊钩.avi

操作步骤

01 设置图层。选择菜单栏中的“格式”→“图层”命令，新建两个图层：轮廓线层，线宽属性为 0.3mm，其余属性默认。辅助线层，颜色设为红色，线型加载为 CENTER，其余属性默认。

02 绘制定位辅助线。将“辅助线”层设置为当前层。单击“绘图”工具栏中的“直线”按钮，命令绘制两条垂直辅助线，结果如图 5-62 所示。

03 偏移处理。单击“修改”工具栏中的“偏移”按钮，将竖直直线分别向右偏移 142，160，将水平直线分别向下偏移 180，210，结果如图 5-63 所示。

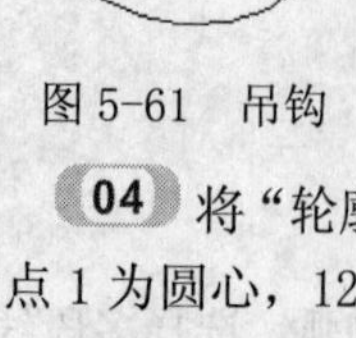

图 5-61　吊钩

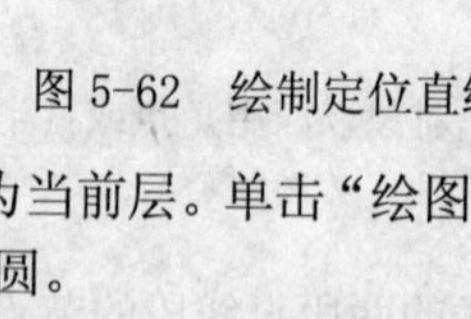

图 5-62　绘制定位直线

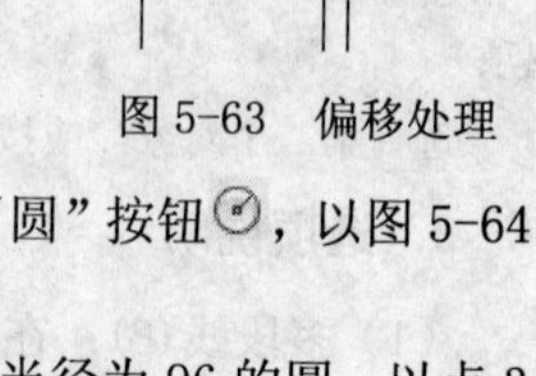

图 5-63　偏移处理

04 将“轮廓线”层设置为当前层。单击“绘图”工具栏中的“圆”按钮，以图 5-64 中点 1 为圆心，120 为半径绘制圆。

重复上述命令，绘制半径为 40 的同心圆，再以点 2 为圆心绘制半径为 96 的圆，以点 3 为圆心绘制半径为 80 的圆，以点 4 为圆心绘制半径为 42 的圆。结果如图 5-64 所示。

05 偏移处理。单击“修改”工具栏中的“偏移”按钮，线段 5 分别向两侧偏移 22.5 和 30，将线段 6 向上偏移 80，结果如图 5-65 所示。

06 修剪处理。单击“修改”工具栏中的“修剪”按钮，将图 5-65 修剪成如图 5-66 所示。

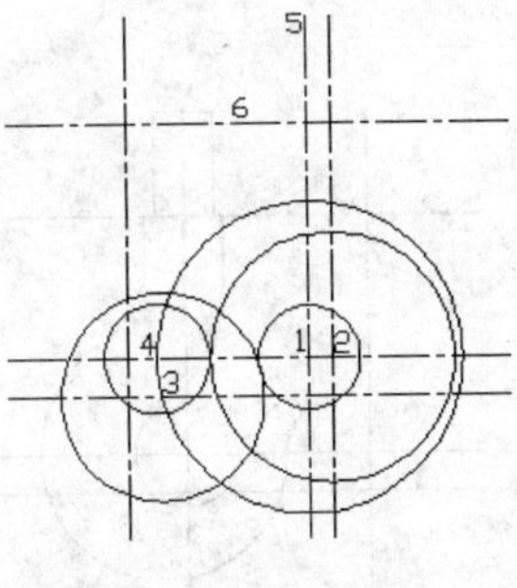

图 5-64　绘制圆

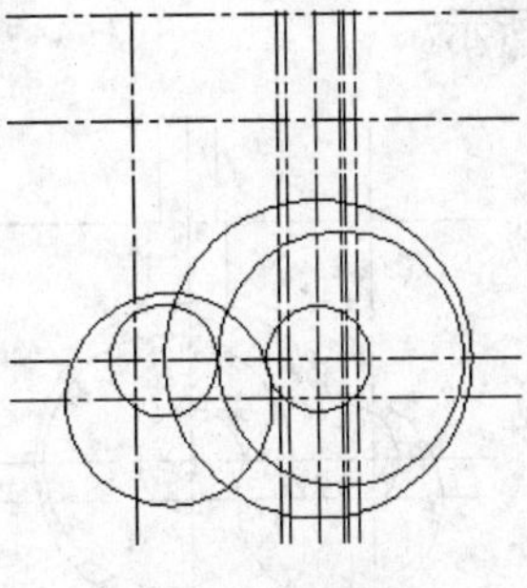

图 5-65　偏移处理

07 单击“绘图”工具栏中的“圆角”按钮，进行圆角处理。命令行提示与操作如下：

命令: fillet↙
当前设置: 模式 = 修剪，半径 = 0.0000
选择第一个对象或 [放弃(U)/多段线(P)/半径(R)/修剪(T)/多个(M)]: R
指定圆角半径 <1.0000>: 80
选择第一个对象或 [放弃(U)/多段线(P)/半径(R)/修剪(T)/多个(M)]: （选择线段 7）
选择第二个对象，或按住 Shift 键选择对象以应用角点或 [半径(R)]: （选择半径为 96 的圆）

重复上述命令选择线段 8 和半径为 40 的圆，进行倒圆角，半径为 120。

结果如图 5-67 所示。

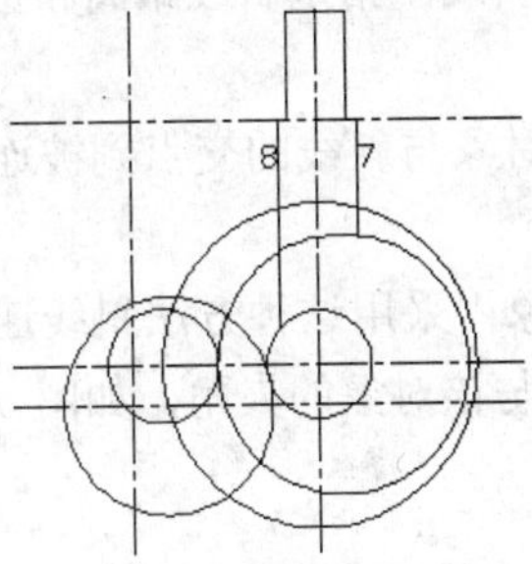

图 5-66　修剪处理

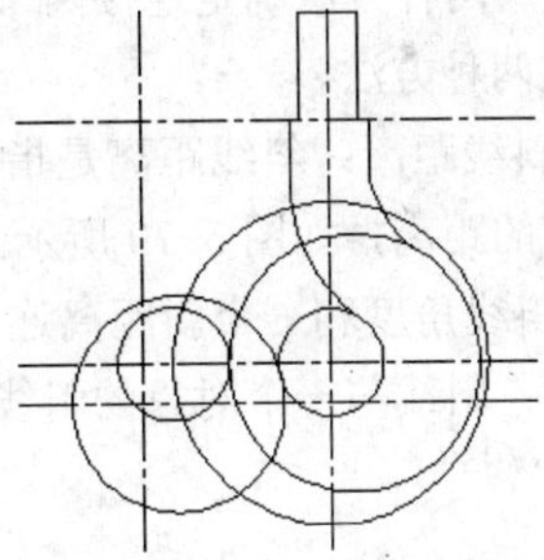

图 5-67　圆角处理

08 单击“绘图”工具栏中的“圆”按钮，绘制圆。命令行提示与操作如下：

命令:circle↙
指定圆的圆心或 [三点(3P)/两点(2P)/切点、切点、半径(T)]: 3p↙
指定圆上的第一个点:tan↙
到（选择半径为 42 的圆）
指定圆上的第二个点:tan↙
到（选择半径为 96 的圆）
指定圆上的第三个点:tan↙
到（选择半径为 80 的圆）

结果如图 5-68 所示。

09 修剪处理。单击“修改”工具栏中的“修剪”按钮，将多余线段进行修剪，结果如图 5-69 所示。

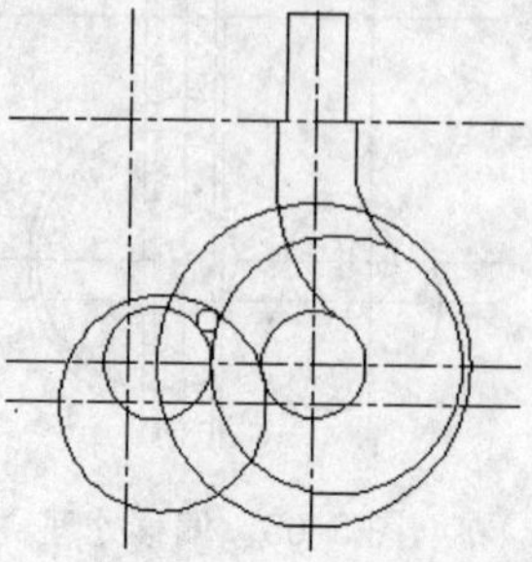

图 5-68　绘制圆

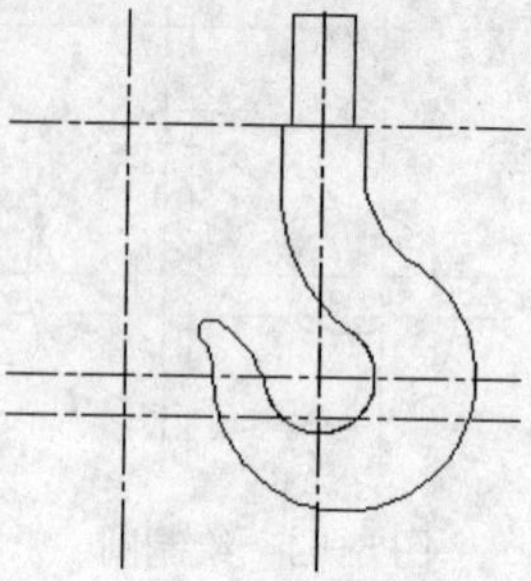

图 5-69　修剪处理

10 单击“修改”工具栏中的“删除”按钮，删除多余线段，命令行提示与操作如下：

命令：erase↙

选择对象：(选择多余的线段)

选择对象：↙

结果如图 5-61 所示。

5.3.7　倒角命令

倒角是指用斜线连接两个不平行的线型对象。可以用斜线连接直线段、双向无限长线、射线和多义线。

AutoCAD 采用两种方法确定连接两个线型对象的斜线：指定斜线距离和指定斜线角度。下面分别介绍这两种方法。

（1）指定斜线距离：斜线距离是指从被连接的对象与斜线的交点到被连接的两对象的可能的交点之间的距离，如图 5-70 所示。

（2）指定斜线角度和一个斜距离连接选择的对象：采用这种方法斜线连接对象时，需要输入两个参数：斜线与一个对象的斜线距离和斜线与该对象的夹角，如图 5-71 所示。

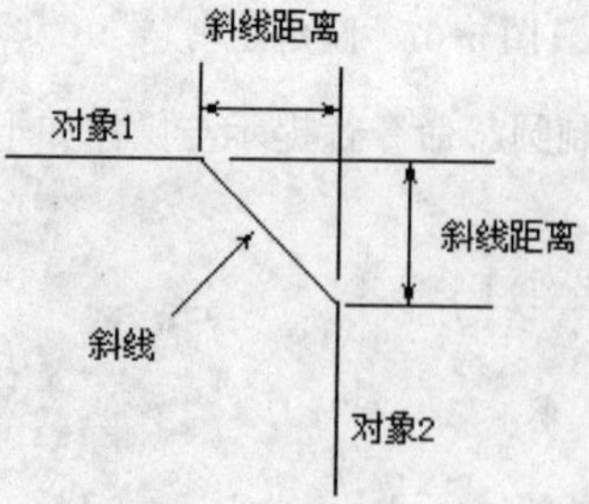

图 5-70　斜线距离

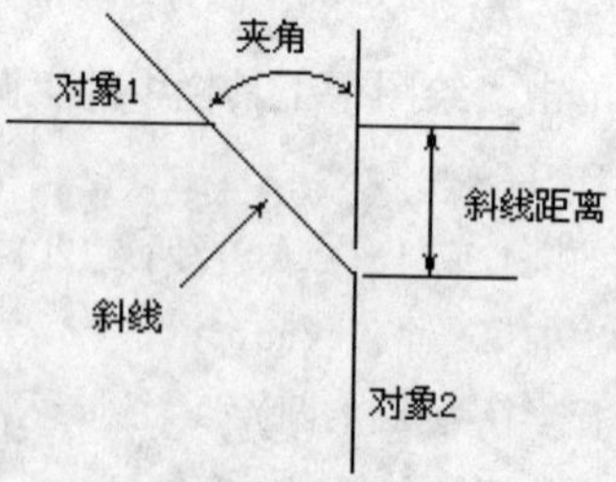

图 5-71　斜线距离与夹角

1. 执行方式

命令行：CHAMFER

菜单：修改→倒角

工具栏：修改→倒角

2. 操作格式

命令：CHAMFER↙

（“不修剪”模式）当前倒角距离 1 = 0.0000，距离 2 = 0.0000

选择第一条直线或 [放弃(U)/多段线(P)/距离(D)/角度(A)/修剪(T)/方式(E)/多个(M)]：（选择第一条直线或别的选项）

选择第二条直线，或按住 Shift 键选择直线以应用角点或 [距离(D)/角度(A)/方法(M)]：（选择第二条直线）

注意

有时用户在执行圆角和倒角命令时，发现命令不执行或执行没什么变化，那是因为系统默认圆角半径和倒角距离均为 0，如果不事先设定圆角半径或斜角距离，系统就以默认值执行命令，所以看起来好象没有执行命令。

3. 选项说明

（1）多段线（P）：对多段线的各个交叉点倒斜角。为了得到最好的连接效果，一般设置斜线是相等的值。系统根据指定的斜线距离把多义线的每个交叉点都作斜线连接，连接的斜线成为多段线新添加的构成部分，如图 5-72 所示。

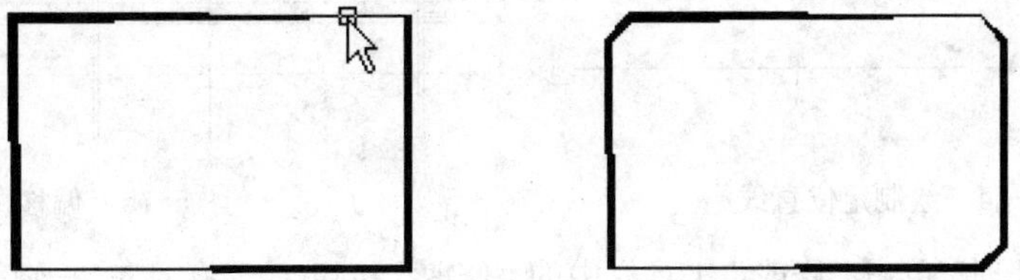

选择多段线　　　　倒斜角结果

图 5-72　斜线连接多段线

（2）距离(D)：选择倒角的两个斜线距离。这两个斜线距离可以相同或不相同，若二者均为 0，则系统不绘制连接的斜线，而是把两个对象延伸至相交并修剪超出的部分。

（3）角度(A)：选择第一条直线的斜线距离和第一条直线的倒角角度。

（4）修剪(T)：与圆角连接命令 FILLET 相同，该选项决定连接对象后是否剪切原对象。

（5）方式(E)：决定采用“距离”方式还是“角度”方式来倒斜角。

（6）多个(M)：同时对多个对象进行倒斜角编辑。

5.3.8　实例——齿轮轴

绘制如图 5-73 所示的齿轮轴。

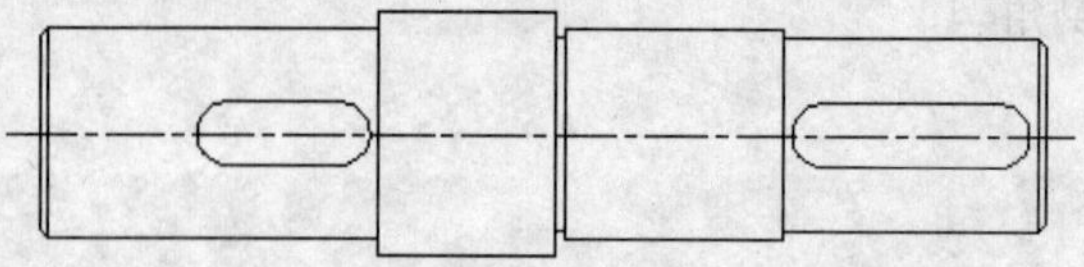

图 5-73　齿轮轴

光盘路径

光盘\动画演示\第 5 章\齿轮轴.avi

操作步骤

01 设置图层。单击“格式”→“图层”或者单击图层工具栏中的“图层”特性管理器命令，新建两个图层：轮廓线层，线宽属性为 0.3mm，其余属性默认。中心线层，颜色设为红色，线型加载为 CENTER，其余属性默认。

02 绘制定位中心线。将“中心线”层设置为当前层。单击“绘图”工具栏中的“直线”按钮，命令绘制中心线。将“轮廓线”层设置为当前层。重复上述命令绘制竖直线。结果如图 5-74 所示。

03 偏移处理。单击“修改”工具栏中的“偏移 ”按钮，将水平直线分别向上偏移 25、27.5、30、35 将竖直线分别向右偏移 2.5、108、163、166、235、315.5、318。然后选择偏移形成的 4 条水平点划线，将其所在层修改为“轮廓线”层，将其线型转换成实线。结果如图 5-75 所示。

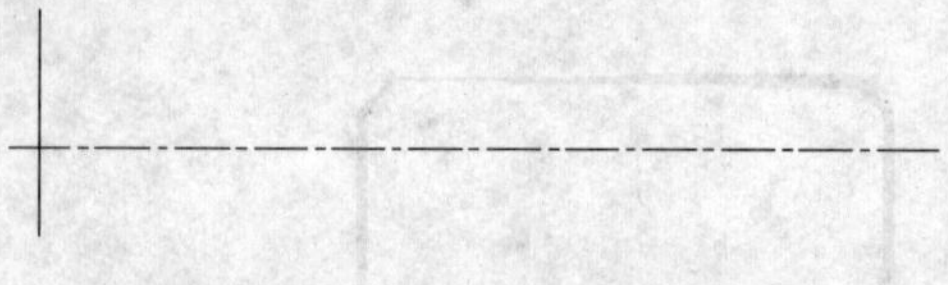

图 5-74　绘制定位直线

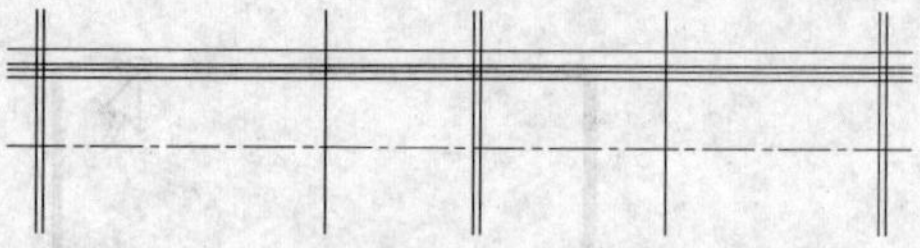

图 5-75　偏移直线

04 修剪处理。单击“修改”工具栏中的“修剪”按钮，将图 5-75 修剪成如图 5-76 所示。

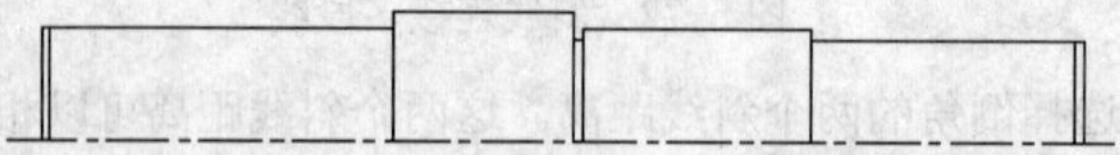

图 5-76　修剪处理

05 倒角处理。单击“修改”工具栏中的“倒角”按钮，对图形进行倒角处理。命令行提示与操作如下：

```
命令: _chamfer↙
(“修剪”模式) 当前倒角距离 1 = 0.0000，距离 2 = 0.0000
选择第一条直线或 [放弃(U)/多段线(P)/距离(D)/角度(A)/修剪(T)/方式(E)/多个(M)]: D↙
指定 第一个 倒角距离 <0.0000>: 2.5↙
指定 第二个 倒角距离 <2.5000>:↙
```

选择第一条直线或 [放弃(U)/多段线(P)/距离(D)/角度(A)/修剪(T)/方式(E)/多个(M)]：（选择最左侧的竖直线）

选择第二条直线，或按住 Shift 键选择直线以应用角点或 [距离(D)/角度(A)/方法(M)]：（选择左侧的水平线

重复上述命令将右端进行倒角处理，结果如图 5-77 所示。

06 镜像处理。单击“修改”工具栏中的“镜像”按钮，将水平中心线上的对象镜像成如图 5-78 所示。

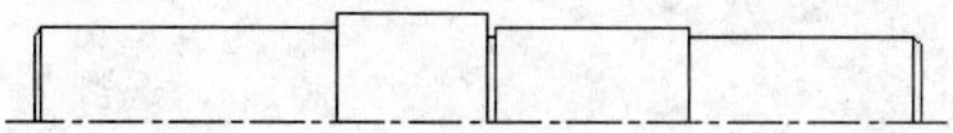

图 5-77　倒角处理

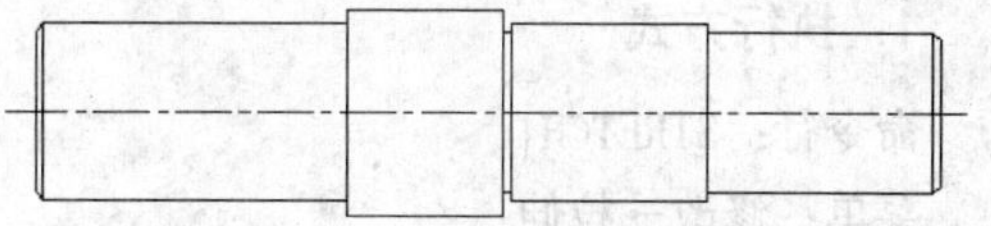

图 5-78　镜像处理

07 偏移处理。单击“修改”工具栏中的“偏移”按钮，命令将线段 1 分别向左偏移 12、49，将线段 2 分别向右为 12、69。结果如图 5-79 所示。

08 绘制圆。单击“绘图”工具栏中的“圆”按钮，分别选取偏移后的线段与水平定位直线的交点为圆心，指定半径为 9，绘制圆，结果如图 5-80 所示。

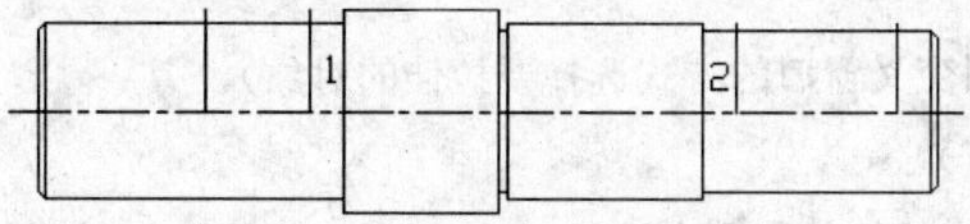

图 5-79　偏移处理

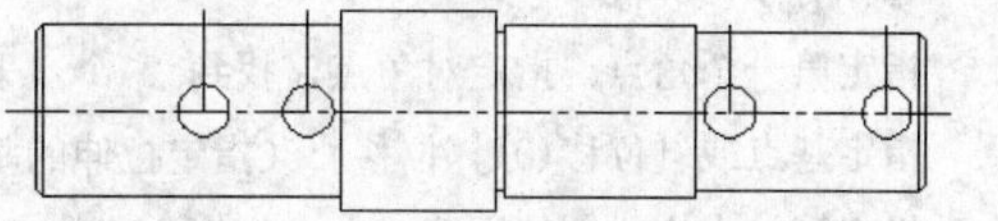

图 5-80　绘制圆

09 绘制直线。单击“绘图”工具栏中的“直线”按钮，绘制与圆相切的直线，结果如图 5-81 所示。

10 单击“修改”工具栏中的“删除”按钮，删除并修剪。

命令：erase↙

选择对象：(选择步骤 6 所偏移后的线段）

选择对象：↙

结果如图 5-82 所示。

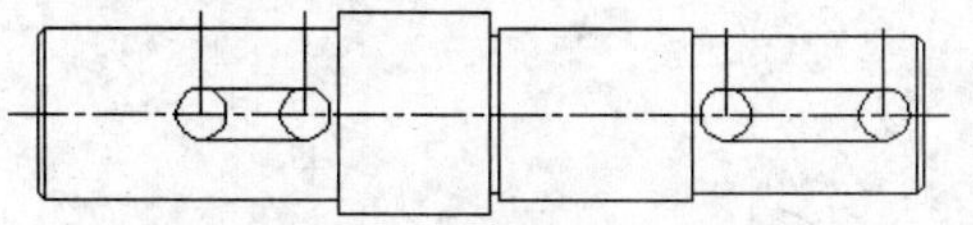

图 5-81　绘制直线

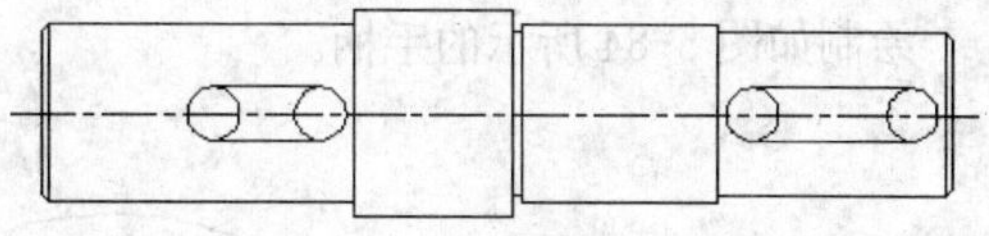

图 5-82　删除结果

11 修剪处理。单击“修改”工具栏中的“修剪”按钮，将多余的线段进行修剪，结果如图 5-73 所示。

5.3.9　拉伸命令

拉伸对象是指拖拉选择的对象，且对象的形状发生改变。拉伸对象时应指定拉伸的基点和移置点。利用一些辅助工具如捕捉、钳夹功能及相对坐标等可以提高拉伸的精度，如图 5-83 所示。

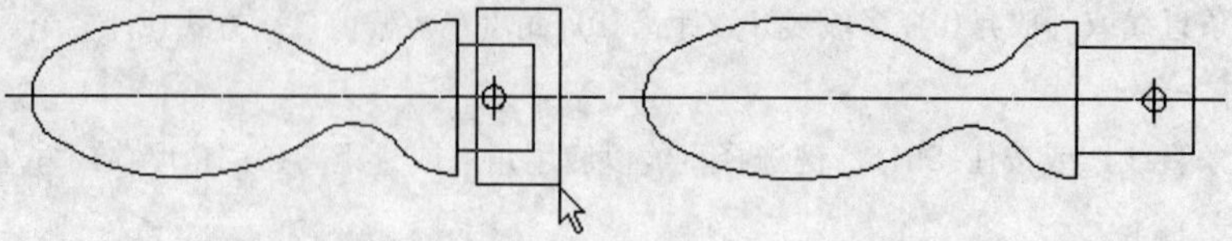

图 5-83 拉伸

1. 执行方式

命令行：STRETCH

菜单：修改→拉伸

工具栏：修改→拉伸

2. 操作格式

命令：STRETCH↙

以交叉窗口或交叉多边形选择要拉伸的对象...

选择对象：C↙

指定第一个角点：指定对角点：找到 2 个（采用交叉窗口的方式选择要拉伸的对象）

指定基点或 [位移(D)]<位移>：（指定拉伸的基点）

指定第二个点或 <使用第一个点作为位移>：（指定拉伸的移至点）

此时，若指定第二个点，系统将根据这两点决定的矢量拉伸对象。若直接回车，系统会把第一个点的坐标值作为 X 和 Y 轴的分量值。

注意：用交叉窗口选择拉伸对象后，落在交叉窗口内的端点被拉伸，落在外部的端点保持不动。

5.3.10 实例——手柄

绘制如图 5-84 所示的手柄。

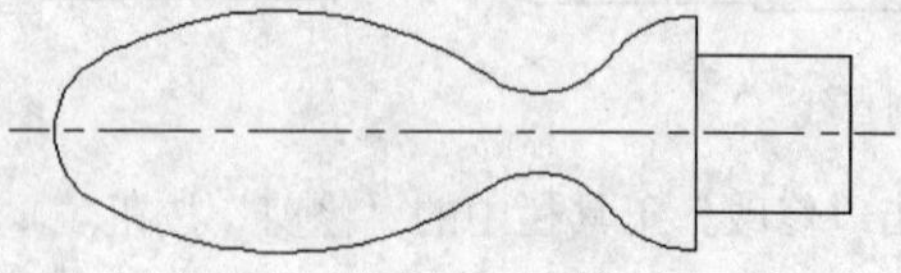

图 5-84 手柄

光盘路径：光盘\动画演示\第 5 章\手柄.avi

操作步骤

01 设置图层。选择菜单栏中的“格式”→“图层”命令。新建两个图层：轮廓线层，线宽属性为 0.3mm，其余属性默认。中心线层，颜色设为红色，线型加载为 CENTER，其余属性默认。

02 将“中心线”层设置为当前层。单击“绘图”工具栏中的“直线”按钮，绘制直线，直线的两个端点坐标是（150,150）和（@100,0），结果如图 5-85 所示。

03 将“轮廓线”层设置为当前层。单击“绘图”工具栏中的“圆”按钮，以（160,150）为圆心，半径 10 绘制圆；以（235,150）为圆心，半径 15 绘制圆。再绘制半径为 50 的圆与前两个圆相切，结果如图 5-86 所示。

图 5-85　绘制直线

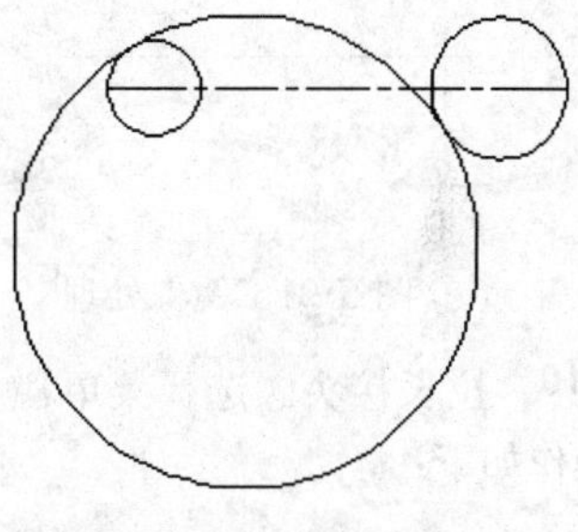

图 5-86　绘制圆

04 绘制直线。单击“绘图”工具栏中的“直线”按钮，绘制直线，各端点坐标为{（250,150）(@10,<90)（@15<180)}，重复“直线”命令绘制从点（235,165）到点（235,150）的直线，结果如图 5-87 所示。

05 修剪处理。单击“修改”工具栏中的“修剪”按钮，将图 5-97 修剪成如图 5-88 所示。

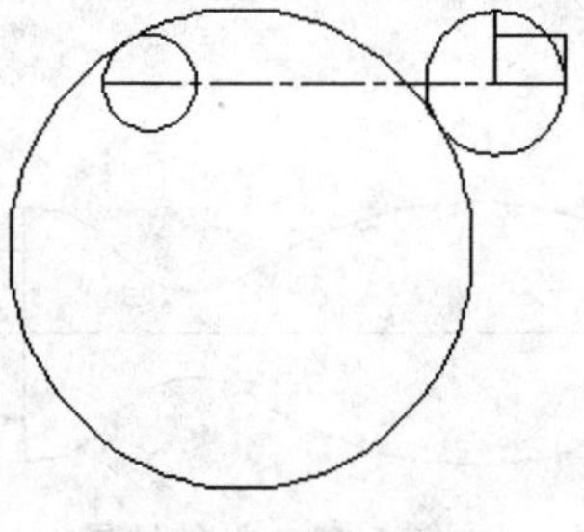

图 5-87　绘制直线

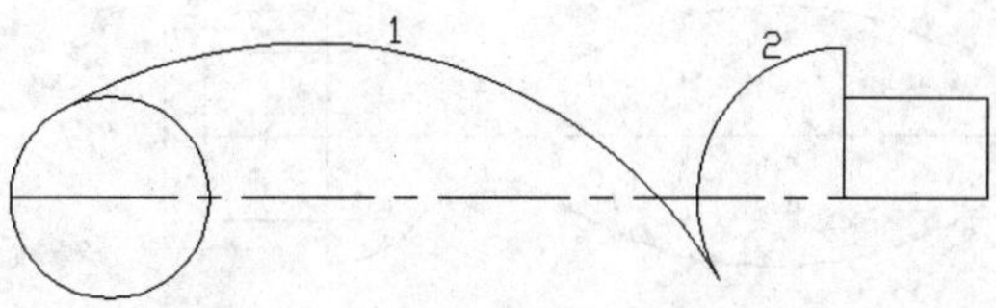

图 5-88　修剪处理

06 绘制圆。单击“绘图”工具栏中的“圆”按钮，绘制与圆弧 1 和圆弧 2 相切的圆，半径为 12，结果如图 5-89 所示。

07 修剪处理。单击“修改”工具栏中的“修剪”按钮，将多余的圆弧进行修剪，结果如图 5-90 所示。

08 镜像处理。单击“修改”工具栏中的“镜像”按钮，以中心线为对称轴，不删除原对象，将绘制的中心线以上对象镜像，结果如图 5-91 所示。

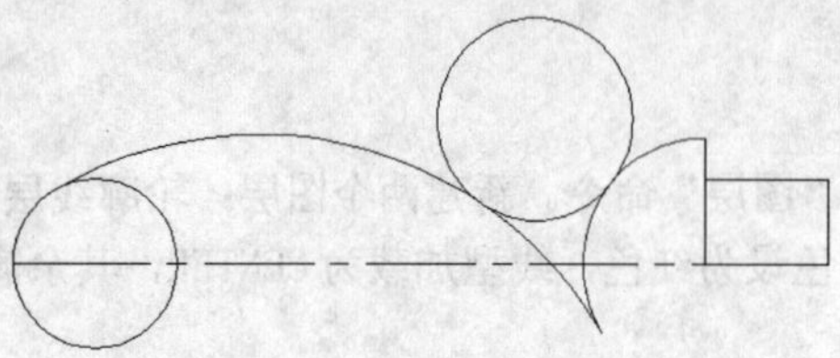

图 5-89　绘制圆

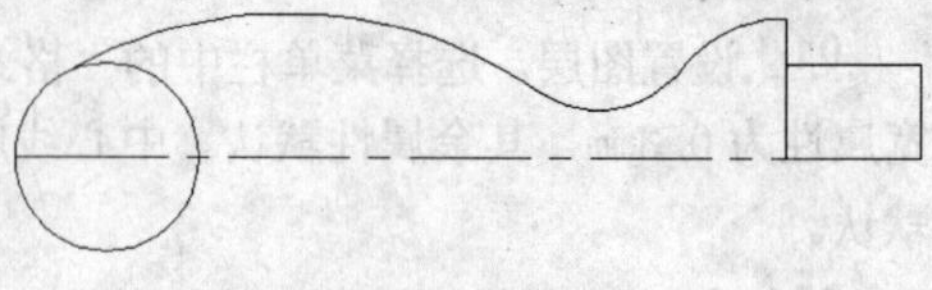

图 5-90　修剪处理

09 修剪处理。单击“修改”工具栏中的“修剪”按钮，进行修剪处理，结果如图 5-92 所示。

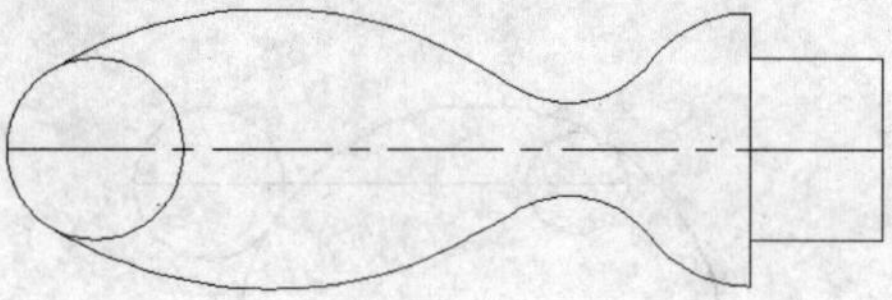

图 5-91　镜像处理

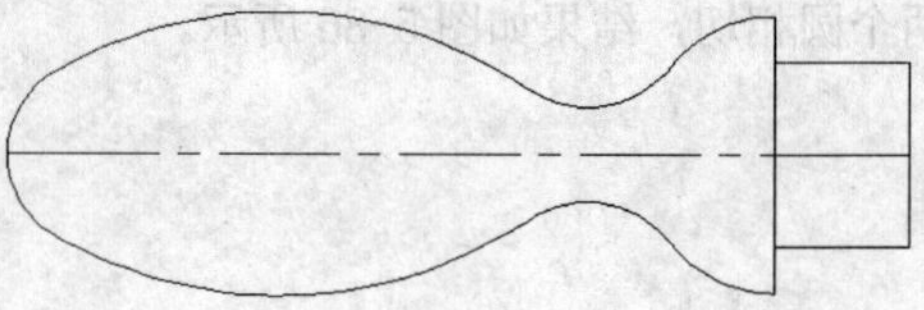

图 5-92　修剪结果

10 拉长接头。选择菜单栏中的“修改”→“拉伸”命令，拉长接头部分。命令行提示与操作如下：

命令：STRETCH↙
以交叉窗口或交叉多边形选择要拉伸的对象...
选择对象：C↙
指定第一个角点：（框选手柄接头部分，如图 5-93 所示）
指定对角点：找到 6 个
选择对象：↙
指定基点或［位移(D)］〈位移〉:100，100↙
指定位移的第二个点或〈用第一个点作位移〉:105，100↙

结果如图 5-94 所示。

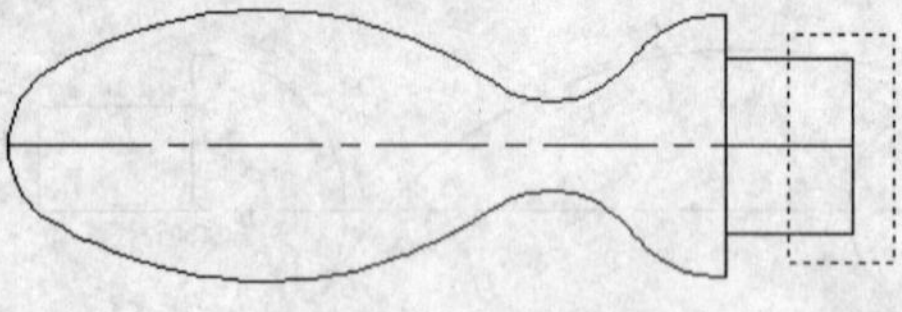

图 5-93　选择对象

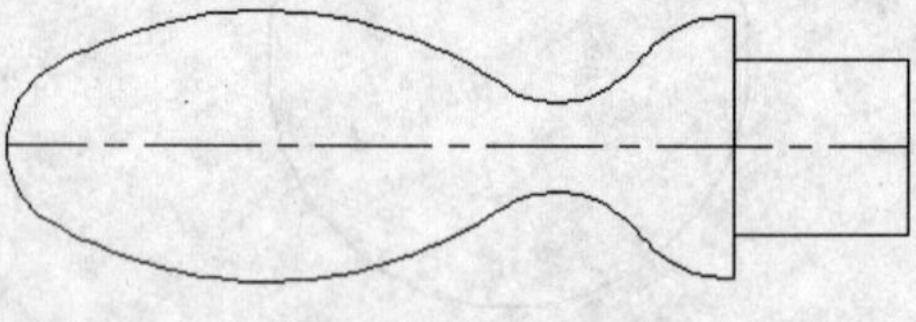

图 5-94　拉伸结果

11 选择菜单栏中的“修改”→“拉长”命令，拉长中心线。命令行提示与操作如下：

命令：_lengthen
选择对象或［增量(DE)/百分数(P)/全部(T)/动态(DY)］：DE↙
输入长度增量或［角度(A)］〈0.0000〉:4↙
选择要修改的对象或［放弃(U)］:（选择中心线右端）
选择要修改的对象或［放弃(U)］：（选择中心线左端）
选择要修改的对象或［放弃(U)］：↙

最终结果如图 5-84 所示。

5.3.11 拉长命令

1. 执行方式

命令行：LENGTHEN

菜单：修改→拉长

2. 操作格式

命令:LENGTHEN↙

选择对象或［增量(DE)/百分数(P)/全部(T)/动态(DY)]:（选定对象）

3. 选项说明

（1）增量(DE)：用指定增加量的方法改变对象的长度或角度。

（2）百分数(P)：用指定占总长度的百分比的方法改变圆弧或直线段的长度。

（3）全部(T)：用指定新的总长度或总角度值的方法来改变对象的长度或角度。

（4）动态(DY)：“打开动态拖拉模式。在这种模式下，可以使用拖拉鼠标的方法来动态地改变对象的长度或角度。

5.3.12 打断命令

1. 执行方式

命令行：BREAK

菜单：修改→打断

工具栏：修改→打断

2. 操作格式

命令：BREAK↙

选择对象:（选择要打断的对象）

指定第二个打断点或［第一点(F)]:（指定第二个断开点或键入 F）

3. 选项说明

如果选择“第一点(F)”，AutoCAD 将丢弃前面的第一个选择点，重新提示用户指定两个断开点。

5.3.13 实例——打断中心线

将图 5-95a 中过长的中心线打断。

光盘路径

光盘\动画演示\第 5 章\打断中心线.avi

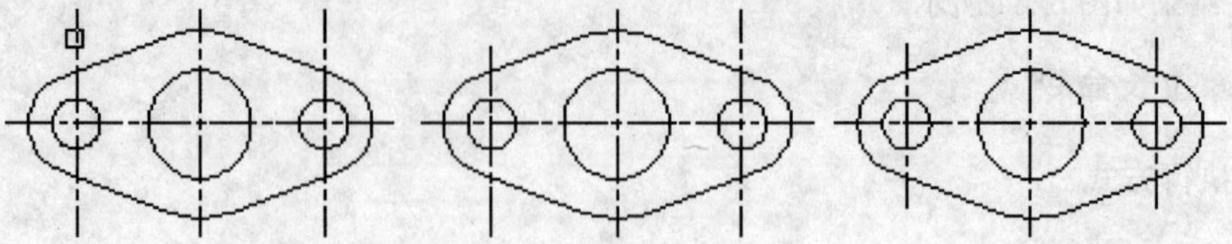

a)　　　　b)　　　　c)

图 5-95　打断对象

操作步骤

01 单击“修改”工具栏中的“打断”按钮，执行“打断”命令。

02 按命令行提示选择过长的中心线需要打断的地方，如图 5-95a 所示。

03 这时被选中的中心线亮显，在中心线的延长线上选择第二点，多余的中心线被删除，结果如图 5-95b 所示。

04 相同方法删除掉多余中心线，结果如图 5-95c 所示。

5.3.14　打断于点命令

打断于点命令是指在对象上指定一点从而把对象在此点拆分成两部分。此命令与打断命令类似。

1．执行方式

工具栏：修改→打断于点

2．操作格式

输入此命令后，命令行提示：

选择对象：(选择要打断的对象)
指定第二个打断点或 [第一点(F)]: _f（系统自动执行“第一点(F)”选项）
指定第一个打断点：(选择打断点)
指定第二个打断点：@（系统自动忽略此提示）

5.3.15　分解命令

1．执行方式

命令行：EXPLODE
菜单：修改→分解
工具栏：修改→分解

2．操作格式

命令：EXPLODE↙
选择对象：（选择要分解的对象）

选择一个对象后，该对象会被分解。系统将继续提示该行信息，允许分解多个对象。

3. 选项说明

选择的对象不同，分解的结果就不同。下面列出了几种对象的分解结果。

（1）二维和优化多段线：放弃所有关联的宽度或切线信息。对于宽多段线，将沿多段线中心放置结果直线和圆弧。

（2）三维多段线：分解成直线段。为三维多段线指定的线型将应用到每一个得到的线段。

（3）三维实体：将平整面分解成面域。将非平整面分解成曲面。

（4）注释性对象：分解一个包含属性的块将删除属性值并重显示属性定义。无法分解使用 MINSERT 命令和外部参照插入的块及其依赖块。

（5）体：分解成一个单一表面的体（非平面表面）、面域或曲线。

（6）圆：如果位于非一致比例的块内，则分解为椭圆。

（7）引线：根据引线的不同，可分解成直线、样条曲线、实体（箭头）、块插入（箭头、注释块）、多行文字或公差对象。

（8）网格对象：将每个面分解成独立的三维面对象。将保留指定的颜色和材质。

（9）多行文字：分解成文字对象。

（10）多行：分解成直线和圆弧。

（11）多面网格：单顶点网格分解成点对象。双顶点网格分解成直线。三顶点网格分解成三维面。

（12）面域：分解成直线、圆弧或样条曲线。

5.3.16 合并

它可以将直线、圆、椭圆弧和样条曲线等独立的线段合并为一个对象，如图 5-96 所示。

1. 执行方式

命令行：JOIN

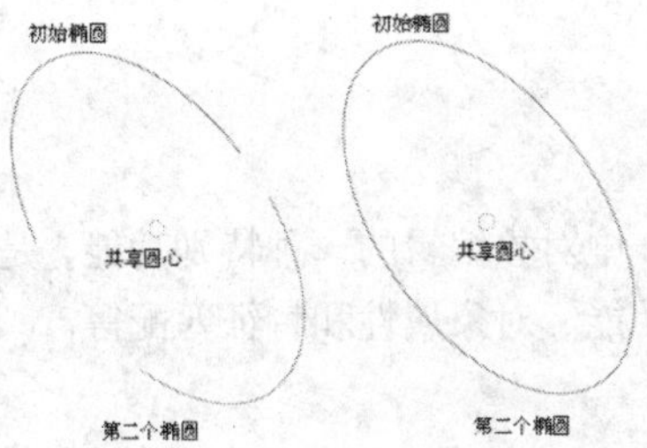

图 5-96　合并对象

2. 操作格式

命令：JOIN↙

选择源对象或要一次合并的多个对象：（选择一个对象）

找到 1 个

选择要合并的对象：（选择另一个对象）

```
找到 1 个，总计 2 个
选择要合并的对象：↙
2 条直线已合并为 1 条直线
```

5.3.17 光顺曲线

在两条开放曲线的端点之间创建相切或平滑的样条曲线。

1. 执行方式

命令行：BLEND
菜单："修改"→"光顺曲线"
工具栏："修改"→"光顺曲线"

2. 操作步骤

```
命令：BLEND↙
连续性 = 相切
选择第一个对象或 [连续性(CON)]: con
输入连续性 [相切(T)/平滑(S)] <相切>:
选择第一个对象或 [连续性(CON)]:
选择第二个点:
```

3. 选项说明

（1）连续性（CON）：在两种过渡类型中指定一种。

（2）相切（T）：创建一条 3 阶样条曲线，在选定对象的端点处具有相切（G1）连续性。

（3）平滑（S）：创建一条 5 阶样条曲线，在选定对象的端点处具有曲率（G2）连续性。

如果使用"平滑"选项，请勿将显示从控制点切换为拟合点。此操作将样条曲线更改为 3 阶，这会改变样条曲线的形状。

5.4 对象编辑

对象编辑功能使 AutoCAD 中对象编辑的一种特别功能，是指直接对对象本身的参数或图形要素进行编辑。包括钳夹功能、对象属性和特征匹配等。

5.4.1 钳夹功能

利用钳夹功能可以快速方便地编辑对象。AutoCAD 在图形对象上定义了一些特殊点，称为夹持点，利用夹持点可以灵活地控制对象，如图 5-97 所示。

要使用钳夹功能编辑对象必须先打开钳夹功能，打开的方法是：

在菜单中选择"工具"→"选项"→"选择"命令，在"选择"选项卡的夹点选项组下面，打开"显示夹点"复选框。在该页面上还可以设置代表夹点的小方格的尺寸和颜色。

也可以通过 GRIPS 系统变量控制是否打开钳夹功能，1 代表打开，0 代表关闭。

打开了钳夹功能后，应该在编辑对象之前先选择对象。夹点表示了对象的控制位置。

使用夹点编辑对象，要选择一个夹点作为基点，称为基准夹点。然后，选择一种编辑操作：删除、移动、复制选择、拉伸和缩放。可以用空格键、回车键或键盘上的快捷键循环选择这些功能。

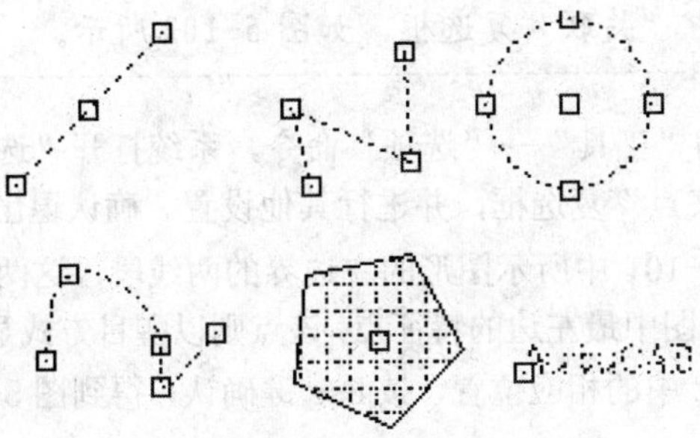

图 5-97　夹持点

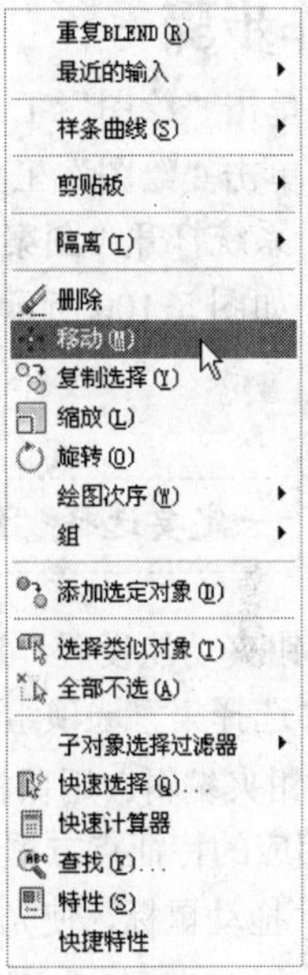

图 5-98　快捷菜单

下面仅就其中的拉伸对象操作为例进行讲述，其他操作类似。

在图形上拾取一个夹点，该夹点马上改变颜色，此点为夹点编辑的基准点。这时系统提示：

** 拉伸 **

指定拉伸点或 [基点(B)/复制(C)/放弃(U)/退出(X)]:

在上述拉伸编辑提示下输入移动命令或右击鼠标在右键快捷菜单中选择“移动”命令，如图 5-98 所示。

系统就会转换为“移动”操作，其他操作类似。

5.4.2　实例——编辑图形

绘制如图 5-99a 所示图形，并利用钳夹功能编辑成 5-99b 所示的图形。

a) 绘制图形　　b) 编辑图形

图 5-99　编辑前的填充图案

光盘路径　光盘\动画演示\第 5 章\编辑图形.avi

操作步骤

01 单击“绘图”工具栏中的“直线”按钮和“圆”按钮，绘制图形轮廓。

02 单击“绘图”工具栏中的“图案填充”按钮，进行图案填充。在命令行中输入填充命令，系统打开“图案填充和渐变色”对话框，在“类型”下拉列表框中选择“用户定义”选项，如图 5-100 所示，“角度”设置为 0，间距设置为 20，结果如图 5-99a 所示。

注意：一定要选择“组合”选项组中“关联”复选框，如图 5-102 所示。

03 钳夹功能设置。选择菜单栏中的“工具”→“选项”命令，系统打开“选项”对话框，在“选择集”选项组中选取“显示夹点”复选框，并进行其他设置。确认退出。

04 钳夹编辑。用鼠标分别点取图 5-101 中所示图形的左边界的两线段，这两线段上会显示出相应的特征点方框，再用鼠标点取图中最左边的特征点，该点则以醒目方式显示（如图 5-101）。拖动鼠标，使光标移到图 5-102 中的相应位置，按 Esc 键确认，得到图 5-103 所示的图形。

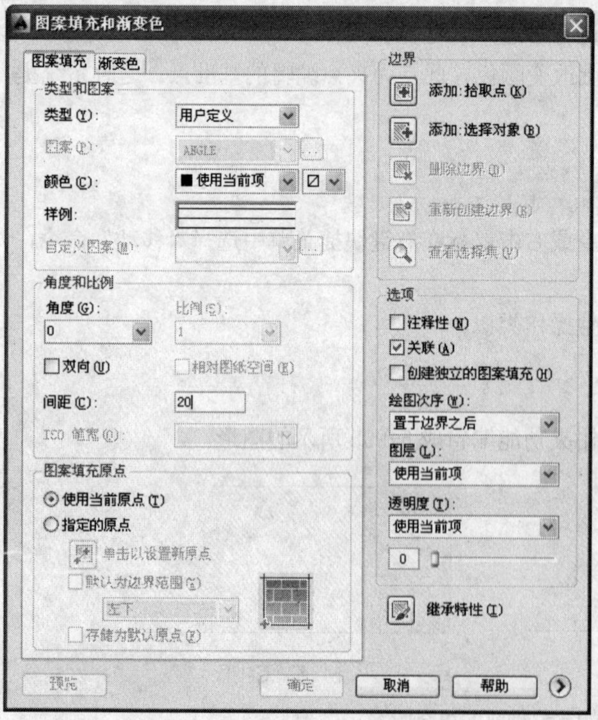

图 5-100　“图案填充和渐变色”对话框

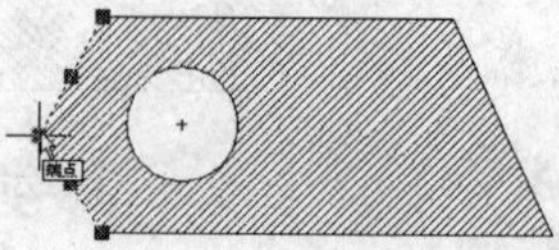

图 5-101　显示边界特征点

用鼠标点取圆，圆上会出现相应的特征点，再用鼠标点取圆的圆心部位，则该特征点以醒目方式显示（如图 5-104 所示）。拖动鼠标，使光标位于另一点的位置，如图 5-104 所示，然后按 Esc 键确认，得到图 5-105 的结果。

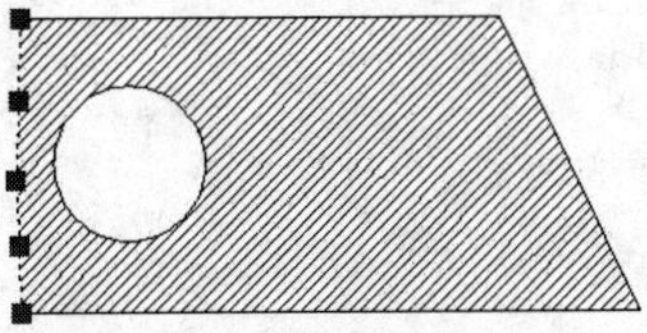

图 5-102　移动夹点到新位置

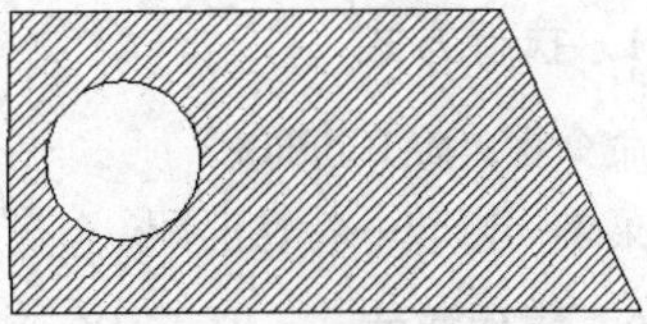

图 5-103　编辑后的图案

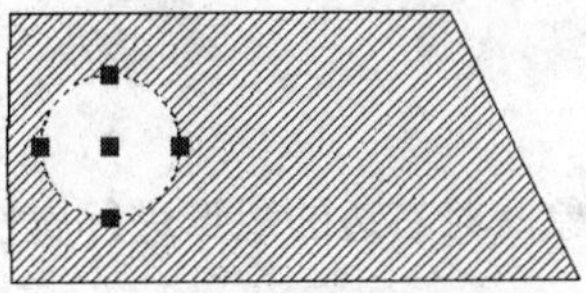

图 5-104　显示圆上特征点

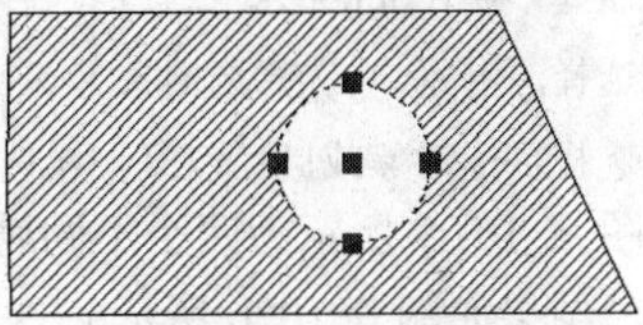

图 5-105　夹点移动到新位置

5.4.3　修改对象属性

1．执行方式

命令行：DDMODIFY 或 PROPERTIES

菜单：修改→特性

2．操作格式

命令：DDMODIFY↙

AutoCAD 打开特性工具板，如图 5-106 所示。利用它可以方便地设置或修改对象的各种属性。不同的对象属性种类和值不同，修改属性值，对象改变为新的属性。

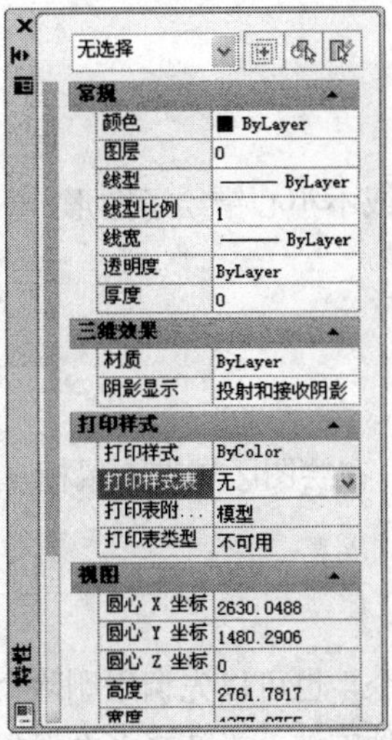

图 5-106　特性工具板

5.4.4 特性匹配

利用特性匹配功能可将目标对象属性与源对象的属性进行匹配，使目标对象变为与源对象相同。利用特性匹配功能可以方便快捷地修改对象属性，并保持不同对象的属性相同。

1. 执行方式

命令行：MATCHPROP

菜单：修改→特性匹配

2. 操作格式

命令：MATCHPROP↙

选择源对象：(选择源对象)

选择目标对象或[设置(S)]：(选择目标对象)

图 5-107a 所示为两个不同属性的对象，以左边的圆为源对象，对右边的矩形进行属性匹配，结果如图 5-107b 所示。

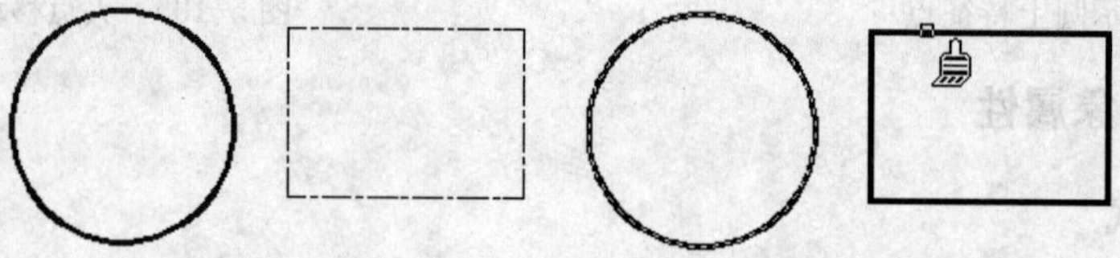

a）原图　　b）结果

图 5-107　特性匹配

5.5 删除及恢复类命令

这一类命令主要用于删除图形的某部分或对已被删除的部分进行恢复。包括删除、恢复、重做、清除等命令。

5.5.1 删除命令

如果所绘制的图形不符合要求或不小心错绘了图形，可以使用删除命令 ERASE 把它删除。

1. 执行方式

命令行：ERASE

菜单：修改→删除

快捷菜单：选择要删除的对象，在绘图区域右击鼠标，从打开的快捷菜单上选择“删除”

工具栏：修改→删除

2. 操作格式

可以先选择对象后调用删除命令，也可以先调用删除命令然后再选择对象。选择对象时可以使用前面介绍的对象选择的各种方法。当选择多个对象时，多个对象都被删除；若选择的对象属于某个对象组，则该对象组的所有对象都被删除。

5.5.2 恢复命令

若不小心误删除了图形，可以使用恢复命令 OOPS 恢复误删除的对象。

1. 执行方式

命令行：OOPS 或 U
工具栏：标准工具栏→放弃
快捷键：Ctrl+Z

2. 操作格式

在命令窗口的提示行上输入 OOPS，回车。

5.5.3 清除命令

此命令与删除命令功能完全相同。

1. 执行方式

菜单：编辑→删除
快捷键：Delete

2. 操作格式

用菜单或快捷键输入上述命令后，系统提示：

选择对象：(选择要清除的对象，按回车键执行清除命令)

5.5.4 实例——弹簧

绘制如图 5-108 所示的弹簧。

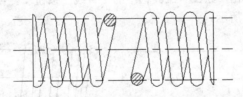

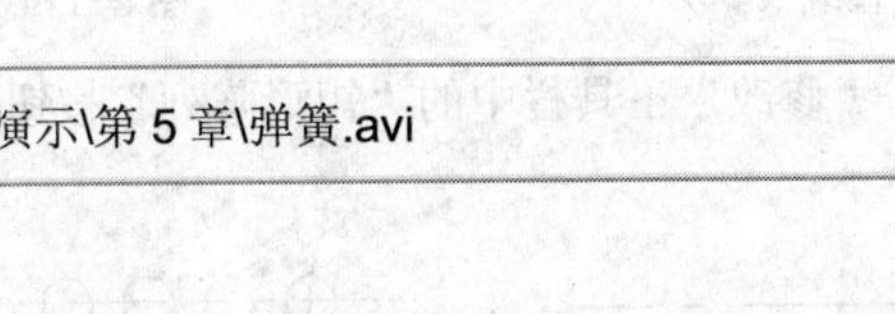

图 5-108 弹簧

光盘路径

光盘\动画演示\第 5 章\弹簧.avi

操作步骤

01 设置图层。选择菜单栏中的“格式”→“图层”命令,，新建三个图层：轮廓线层，线宽属性为 0.3mm，其余属性默认。中心线层，颜色设为红色，线型加载为 CENTER，其余属性默认。细实线层，线宽属性为 0.09mm 颜色设为蓝色，其余属性默认。

02 将“中心线”层设置为当前层。单击“绘图”工具栏中的“直线”按钮，用鼠标在水平方向上取两点为端点，绘制中心线，结果如图 5-109 所示。

03 偏移处理。单击“修改”工具栏中的“偏移”按钮，将中心线分别向上、下偏移 15，结果如图 5-110 所示。

图 5-109　绘制中心线

图 5-110　偏移处理

04 绘制辅助直线。单击“绘图”工具栏中的“直线”按钮，在水平直线下方任取一点为起点，终点坐标为（@45<96），结果如图 5-111 所示。

05 将“轮廓线”层设置为当前层。分别以点 1 和 2 为圆心绘制半径为 3 的圆，结果如图 5-112 所示。

图 5-111　绘制辅助直线

图 5-112　绘制圆

06 绘制直线。单击“绘图”工具栏中的“直线”按钮，绘制两条与两个圆相切的直线。结果如图 5-113 所示。

07 阵列处理。单击“修改”工具栏中的“矩形阵列”按钮，选择刚绘制的对象，在命令行中输入列数为 4、列之间的距离为 10，进行阵列，结果如图 5-114 所示。

08 绘制直线。单击“绘图”工具栏中的“直线”按钮，绘制与圆相切的线段 3 和线段 4，结果如图 5-115 所示。

图 5-113　绘制直线（一）

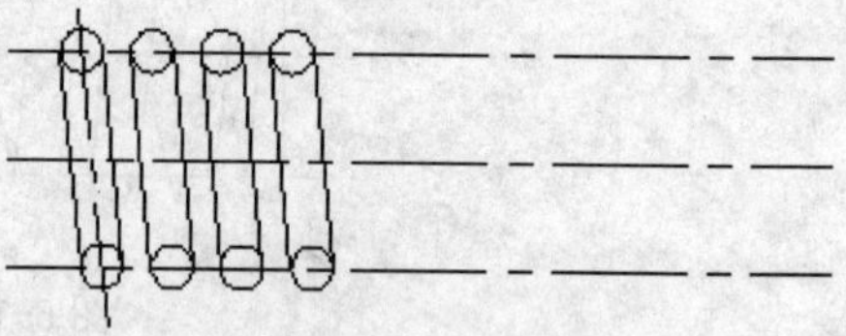
图 5-114　阵列处理（一）

09 阵列处理。单击“修改”工具栏中的“矩形阵列”按钮，选择对象为线段 3 和线段 4，结果如图 5-116 所示。

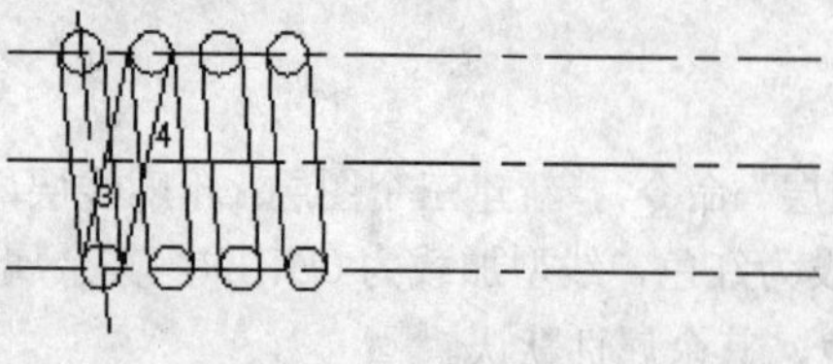

图 5-115　绘制直线（二）

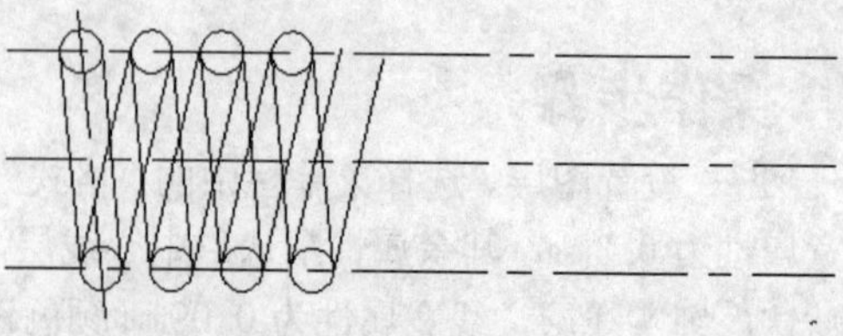
图 5-116　阵列处理（二）

10 单击“修改”工具栏中的“复制”按钮，复制图形上侧最右边的圆到右边 10

个单位，结果如图 5-117 所示。

11 绘制辅助直线。单击“绘图”工具栏中的“直线”按钮，绘制辅助直线 5，结果如图 5-118 所示。

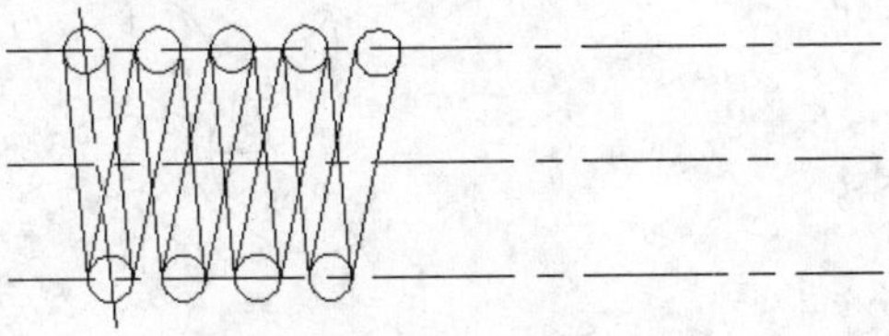

图 5-117　复制圆

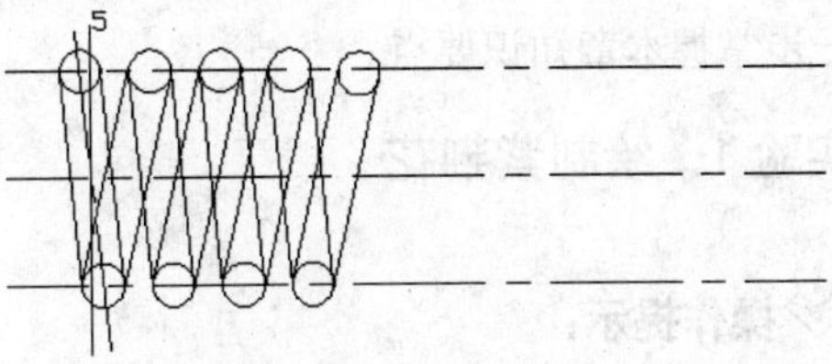

图 5-118　绘制辅助直线

12 修剪处理。单击“修改”工具栏中的“修剪”按钮，进行修剪处理，结果如图 5-119 所示。

13 单击“修改”工具栏中的“删除”按钮，删除多余直线，结果如图 5-120 所示。

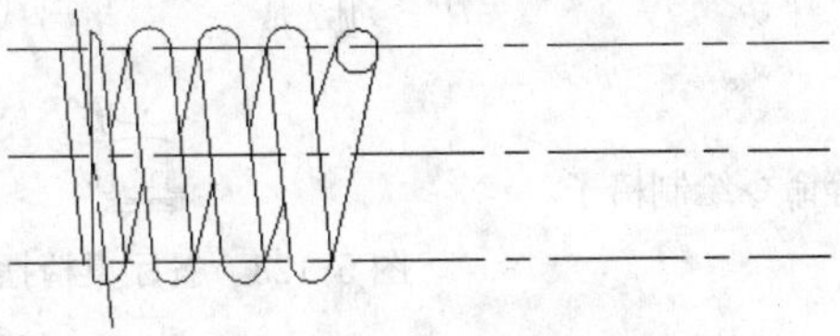

图 5-119　修剪处理

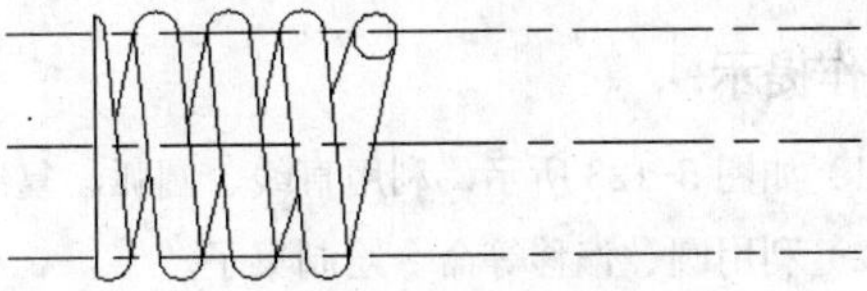

图 5-120　删除多余直线

14 单击“修改”工具栏中的“旋转”按钮，进行旋转处理。命令行提示与操作如下：

```
命令：rotate↙
UCS 当前的正角方向： ANGDIR=逆时针  ANGBASE=0
选择对象：（选择右侧的图形）
找到 25 个
指定基点：(在水平中心线上取一点)
指定旋转角度，或 [复制(C)/参照(R)] <0>:C↙
指定旋转角度，或 [复制(C)/参照(R)] <0>:180↙
```

结果如图 5-121 所示。

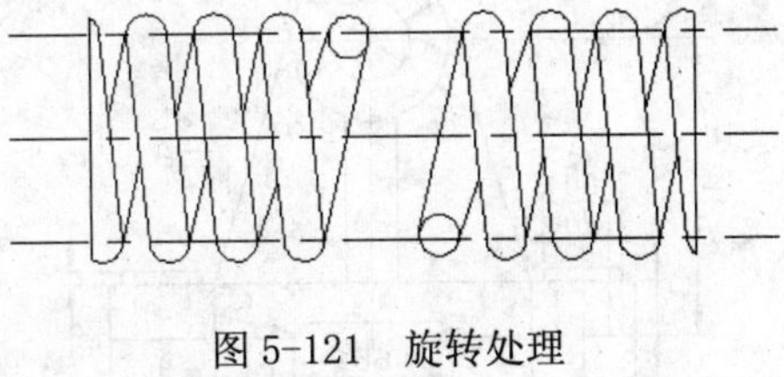

图 5-121　旋转处理

15 图案填充。将“细实线”层设置为当前层。单击“绘图”工具栏中的“图案填充”按钮，系统打开“图案填充和渐变色”对话框，选择“用户定义”类型，选择角度为 45°，间距为 1；选择相应的填充区域。确认后进行填充，结果如图 5-108 所示。

5.6 上机实验

通过前面的学习，读者对本章知识也有了大体的了解，本节通过 4 个上机实验使读者进一步掌握本章知识要点。

实验 1 绘制紫荆花

操作提示：

（1）如图 5-122 所示，利用“多段线”和“圆弧”命令绘制花瓣外框。

（2）利用“正多边形”“直线”和“修剪”等命令绘制五角星。

（3）阵列花瓣。

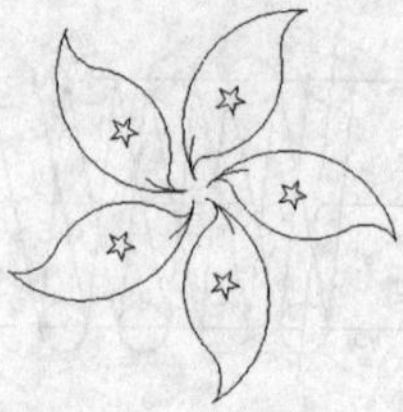

图 5-122 紫荆花

实验 2 绘制餐桌布置图

操作提示：

（1）如图 5-123 所示，利用直线、圆弧、复制等命令绘制椅子。

（2）利用圆、偏移等命令绘制桌子。

（3）利用旋转、平移、阵列等命令布置桌椅。

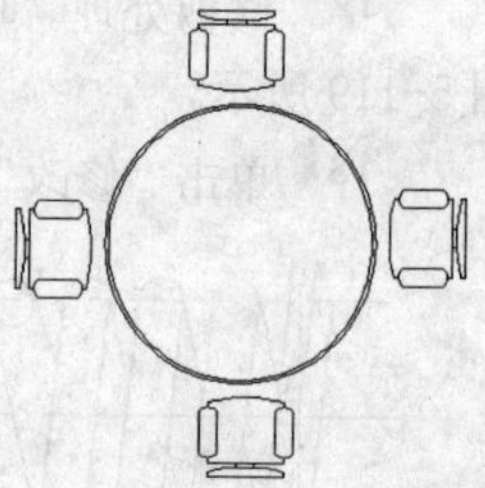

图 5-123 餐厅桌椅摆放

实验 3 绘制轴承座

操作提示：

（1）如图 5-124 所示，利用“图层”命令设置 3 个图层。

（2）利用“直线”命令绘制中心线。

（3）利用“直线”命令和“圆”命令绘制部分轮廓线。

（4）利用“圆角”命令进行圆角处理。

（5）利用“直线”命令绘制螺孔线。

（6）利用“镜像”命令对左端局部结构进行镜像。

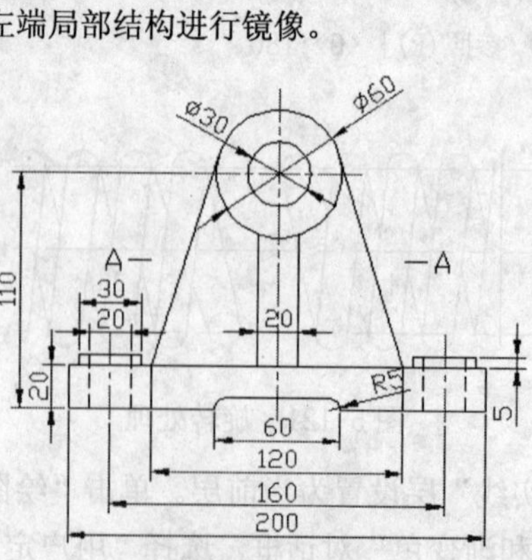

图 5-124 轴承座

实验 4　绘制挂轮架

操作提示：

（1）如图 5-125 所示，利用“图层”命令设置图层。

（2）利用“直线”“圆”“偏移”以及“修剪”命令绘制中心线，

（3）利用“直线”“圆”以及“偏移”命令绘制挂轮架的中间部分。

（4）利用“圆弧”“圆角”以及“剪切”命令继续绘制挂轮架中部图形。

（5）利用“圆弧”“圆”命令绘制挂轮架右部。

（6）利用“修剪”“圆角”命令修剪与倒圆角。

（7）利用“偏移”“圆”命令绘制 R30 圆弧。在这里为了找到 R30 圆弧圆心，需要以 23 为距离向右偏移竖直对称中心线，并捕捉图 5-126 上边第二条水平中心线与竖直中心线的交点为圆心，绘制 R26 辅助圆，以所偏移中心线与辅助圆交点为 R30 圆弧圆心。

之所以偏移距离为 23,因为半径为 30 的圆弧的圆心在中心线左右各 30-ϕ14/2 处的平行线上。而绘制辅助圆的目的是找到 R30 圆弧的具体圆心位置点，因为 R30 圆弧与 R4 圆弧内切，根据相切的几何关系，R30 圆弧的圆心应在以 R4 圆弧的圆心为圆心，该辅助圆与上面偏移复制平行线的交点即为 R30 圆弧的圆心。

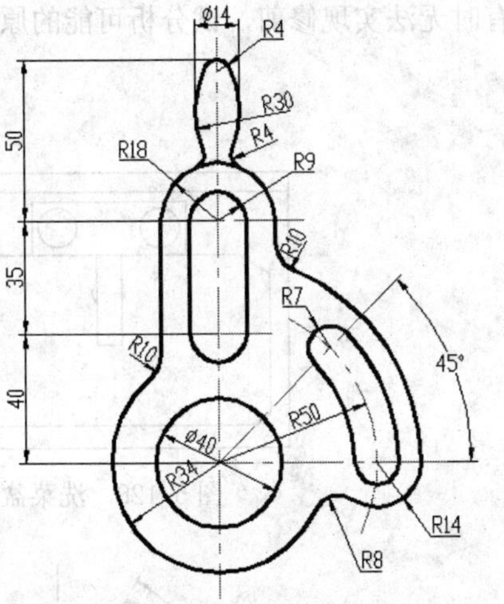

图 5-125　挂轮架

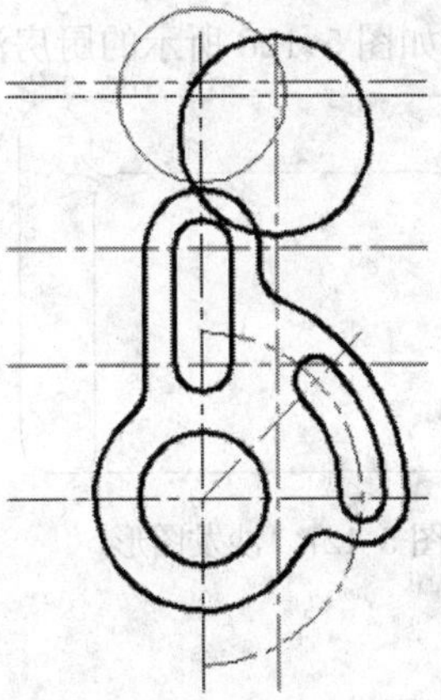

图 5-126　绘制圆

（8）利用“删除”“修剪”“镜像”“圆角”等命令绘制把手图形部分。

（9）利用“打断”“拉长”和“删除”命令对图形中的中心线进行整理。

5.7　思考与练习

通过前面的学习，读者对本章知识也有了大体的了解，本节通过几个练习使读者进一步掌握本章知识要点。

1．能够改变一条线段的长度的命令有

（1）DDMODIFY　（2）LENTHEN　（3）EXTEND　（4）TRIM

（5）STRETCH　（6）SCALE　（7）BREAK　（8）MOVE

2．能够将物体的某部分进行大小不变的复制的命令有

（1）MIRROR　（2）COPY

（3）ROTATE　（4）ARRAY

3．将下列命令与其命令名连线。

CHAMFER　伸展

LENGTHEN　倒圆角

FILLET　加长

STRETCH　倒斜角

4．下面命令中哪一个命令在选择物体时必须采取交叉窗口或交叉多边形窗口进行选择？

（1）LENTHEN　（2）STRETCH　（3）ARRAY　（4）MIRROR

5．下列命令中哪些可以用来去掉图形中不需要的部分？

（1）删除　（2）清除　（3）剪切　（4）恢复

6．请分析 COPYCLIP 与 COPYLINK 两个命令的异同。

7．在利用修剪命令对图形进行修剪时，有时无法实现修剪，试分析可能的原因。

8．绘制如图 5-127 所示沙发图形。

9．绘制如图 5-128 所示的厨房洗菜盆。

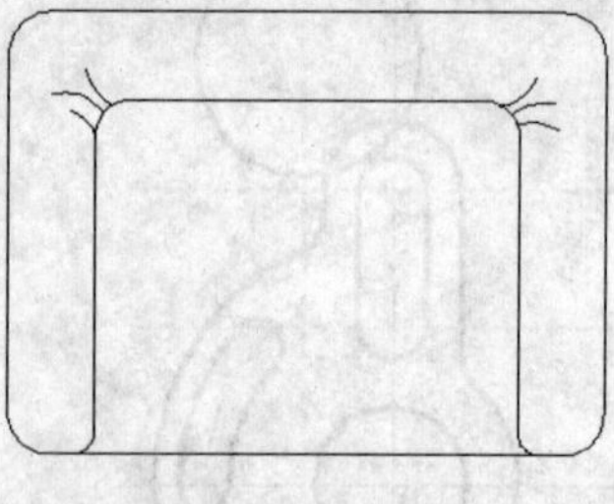

图 5-127　沙发图形

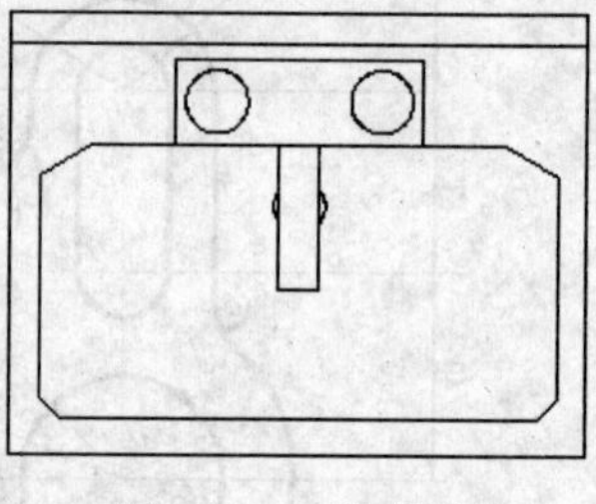

图 5-128　洗菜盆

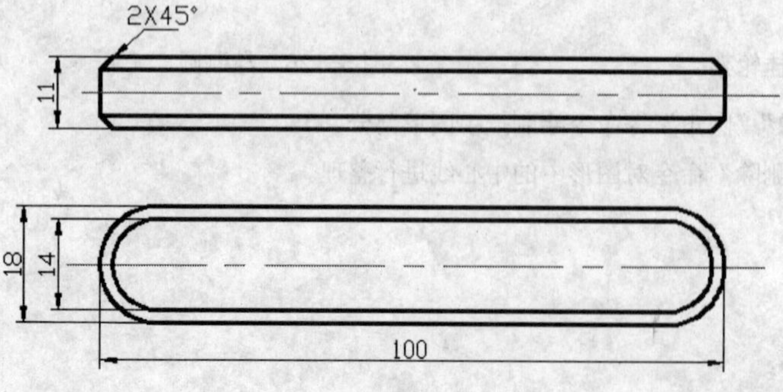

图 5-129　圆头平键

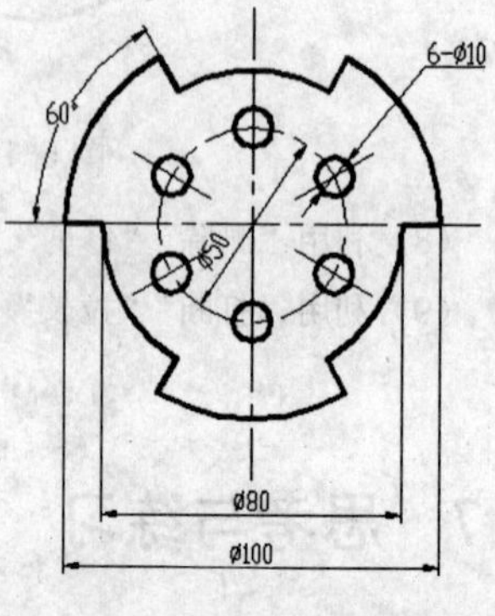

图 5-130　均布结构图形

10. 绘制如图 5-129 所示的圆头平键。

11. 绘制如图 5-130 所示的均布结构图形。

12. 绘制如图 5-131 所示的圆锥滚子轴承。

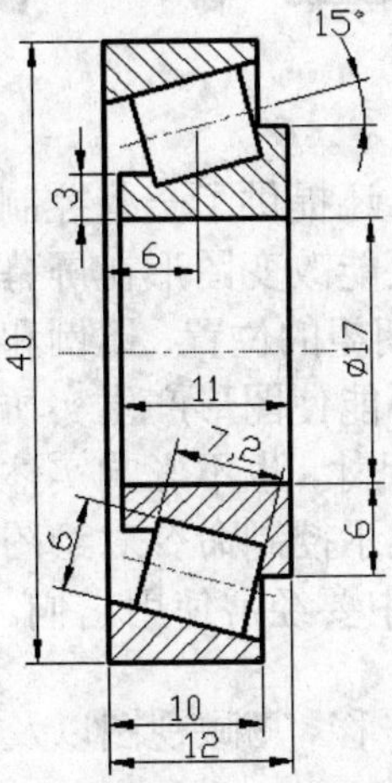

图 5-131　圆锥滚子轴承

第 6 章显示与布局

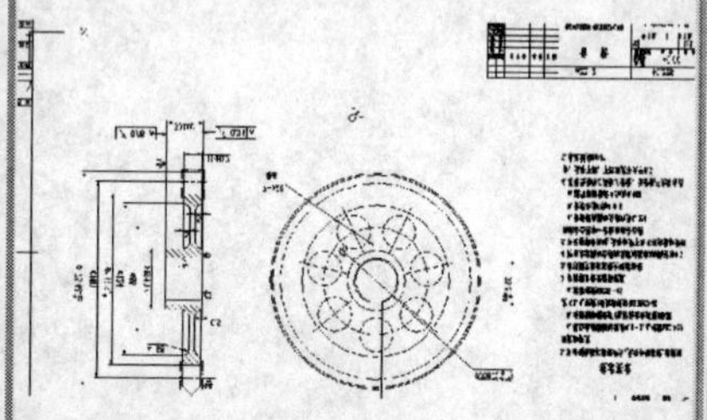

为了便于绘图操作，AutoCAD 还提供了一些控制图形显示的命令，一般这些命令只能改变图形在屏幕上的显示方式，可以按操作者所期望的位置、比例和范围进行显示，以便于观察，但不能使图形产生实质性的改变，既不改变图形的实际尺寸，也不影响实体间的相对关系。尽管如此，这些显示控制命令对绘图操作具有重要作用，在绘图作业中要经常使用它们。

本章主要介绍图形的缩放、平移、鸟瞰视图以及布局等知识。

知识点

- 图形的缩放
- 平移
- 模型与布局
- 打印

6.1 图形的缩放

图形的缩放包括实时缩放、放大和缩小、动态缩放等内容。

6.1.1 实时缩放

AutoCAD 为交互式的缩放和平移提供了可能。有了实时缩放，就可以通过垂直向上或向下移动光标来放大或缩小图形。利用实时平移（下节介绍），能点击和移动光标重新放置图形。

在实时缩放命令下,可以通过垂直向上或向下移动光标来放大或缩小图形。

1. 执行方式

命令行：Zoom

菜单：视图→缩放→实时

工具栏：标准→实时缩放

2. 操作格式

按住选择钮垂直向上或向下移动。从图形的中点向顶端垂直地移动光标就可以放大图形一倍，向底部垂直地移动光标就可以缩小图形一倍。

6.1.2 放大和缩小

放大和缩小是两个基本缩放命令。放大图像能观察细节称之为“放大”；缩小图像能看到大部分的图形称之为“缩小”，如图 6-1 所示。

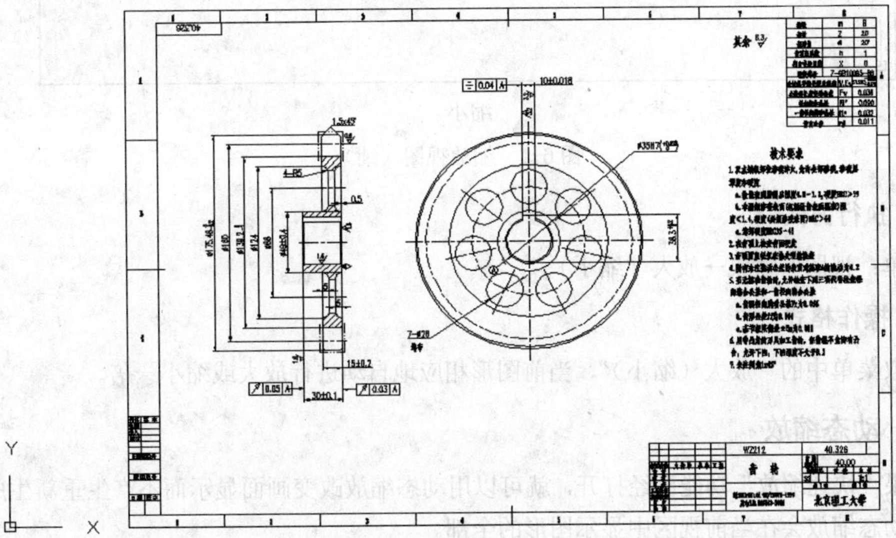

原图

图 6-1 缩放视图

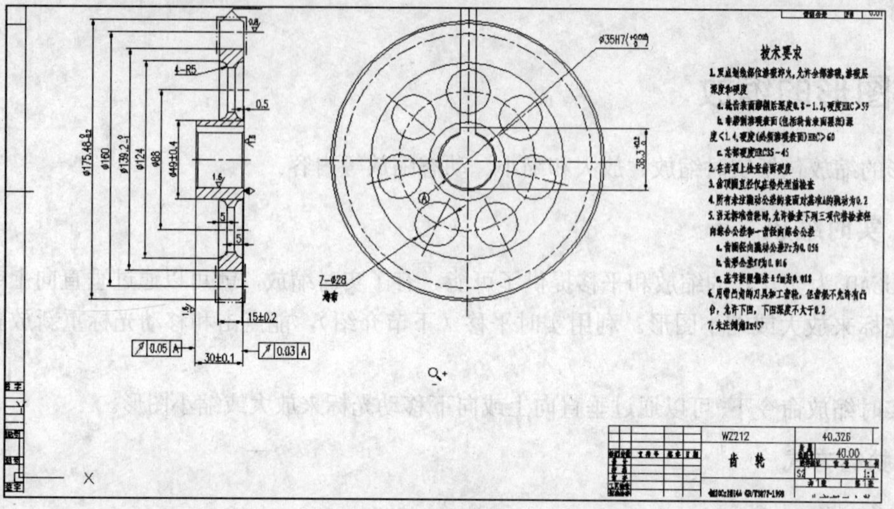

放大

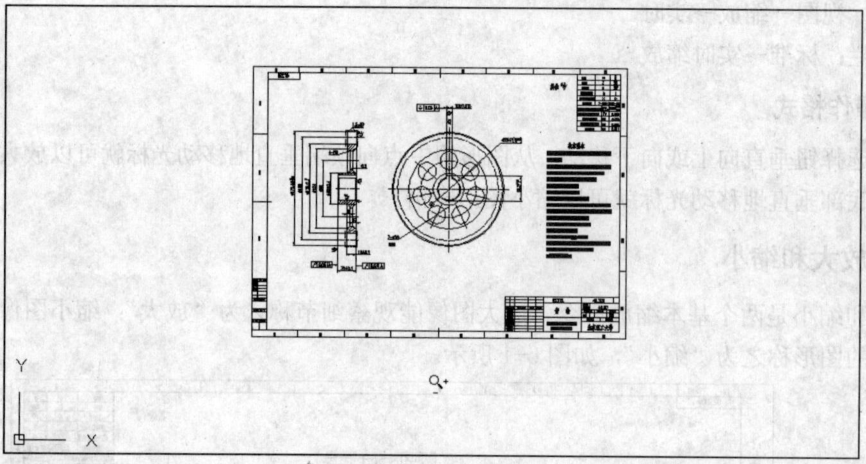

缩小

图 6-1　缩放视图（续）

1．执行方式

菜单：视图→缩放→放大（缩小）

2．操作格式

选取菜单中的“放大（缩小）”，当前图形相应地自动进行放大或缩小一倍。

6.1.3　动态缩放

如果“快速缩放”功能已经打开，就可以用动态缩放改变画面显示而不产生重新生成的效果。动态缩放会在当前视区中显示图形的全部。

1．执行方式

命令行：ZOOM

菜单：视图→缩放→动态

工具栏：标准→“缩放”下拉工具栏→动态缩放 （如图 6-2 所示）

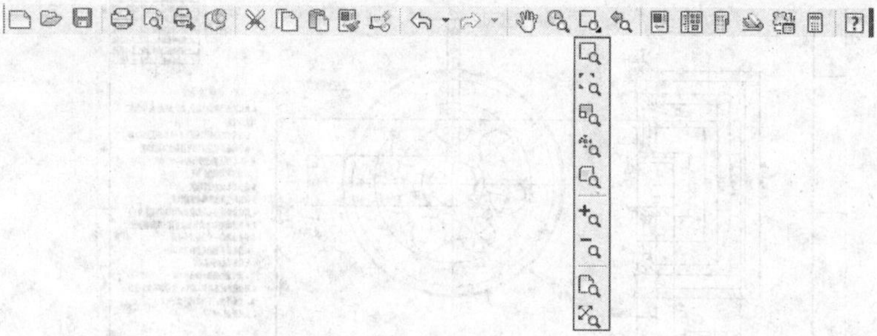

图 6-2 “缩放”下拉工具栏

缩放→动态缩放（如图 6-3 所示）

图 6-3 “缩放”工具栏

2. 操作格式

命令：ZOOM↙

指定窗口的角点，输入比例因子 (nX 或 nXP)，或者[全部(A)/中心(C)/动态(D)/范围(E)/上一个(P)/比例(S)/窗口(W)/对象(O)]〈实时〉：D↙

执行上述命令后，系统弹出一个图框。选取动态缩放前的画面呈绿色点线。如果要动态缩放的图形显示范围与选取动态缩放前的范围相同，则此框与白线重合而不可见。重生成区域的四周有一个蓝色虚线框，用以标记虚拟屏幕。

这时，如果线框中有一个×出现，如图 6-4a 所示，就可以拖动线框而把它平移到另外一个区域。如果要放大图形到不同的放大倍数，按下选择钮，×就会变成一个箭头，如图 6-4b 所示。这时左右拖动边界线就可以重新确定视区的大小。

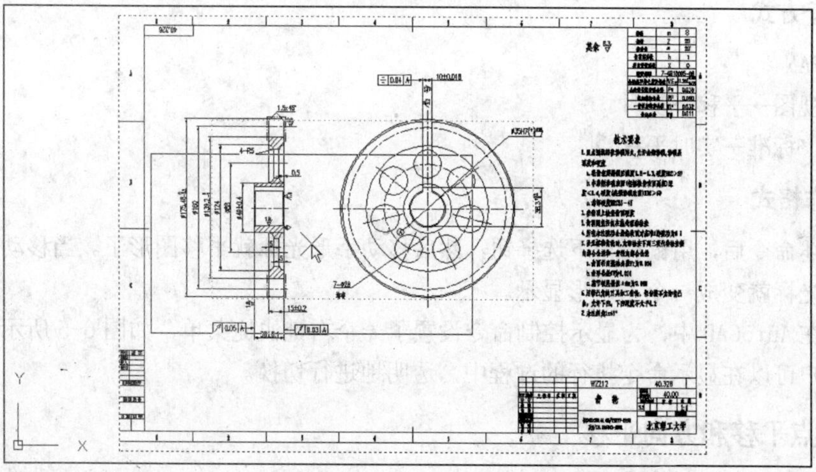

a)

图 6-4 动态缩放

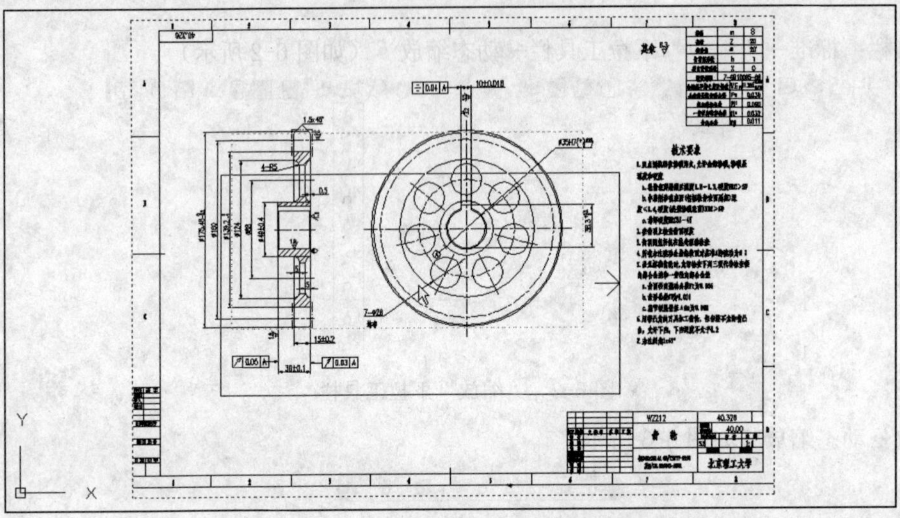

b)

图 6-4　动态缩放（续）

另外，还有窗口缩放、比例缩放、中心缩放、缩放对象、缩放上一个、全部缩放和最大图形范围缩放，其操作方法与动态缩放类似，不再赘述。

6.2　平移

平移包括实时平移、定点平移和方向平移。

6.2.1　实时平移

1. 执行方式

命令：PAN

菜单：视图→平移→实时

工具栏：标准→实时平移

2. 操作格式

执行上述命令后，用鼠标按下选择钮，然后移动手形光标就平移图形了。当移动到图形的边沿时，光标就变成一个三角形显示。

另外，在 AutoCAD 中，为显示控制命令设置了一个右键快捷菜单，如图 6-5 所示。在该菜单中，用户可以在显示命令执行的过程中，透明地进行切换。

6.2.2　定点平移和方向平移

1. 执行方式

命令：-PAN

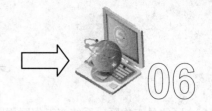

菜单：视图→平移→点（如图 6-6 所示）

2. 操作格式

命令:-pan↙

指定基点或位移:（指定基点位置或输入位移值）

指定第二点:（指定第二点确定位移和方向）

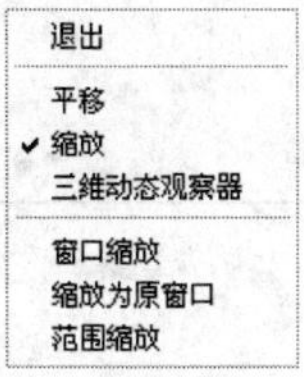

图 6-5　右键快捷菜单图

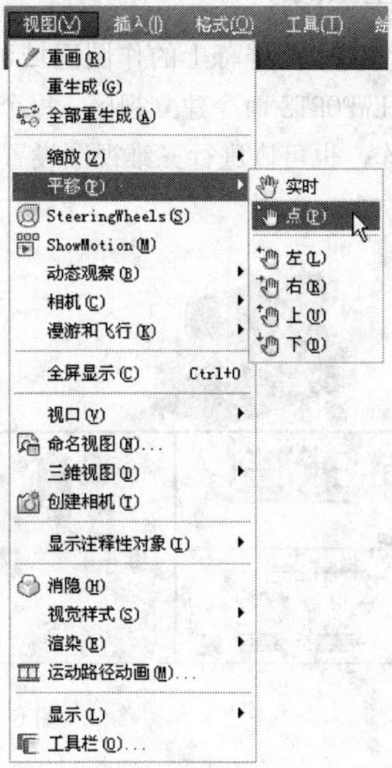

图 6-6　“平移”子菜单

执行命令后，图形按指定的位移和方向平移。在“平移”子菜单中，还有“左”“右”“上”“下”4 个平移命令，选择这些命令时，图形按指定的方向平移一定的距离。

6.3 模型与布局

AutoCAD 窗口提供了两个并行的工作环境，即“模型”选项卡和“布局“选项卡。

在“模型”选项卡上工作时，可以绘制主题的模型，通常称其为模型空间。在布局选项卡上，可以布置模型的多个“快照”。一个布局代表一张可以使用各种比例显示一个或多个模型视图的图样。可以按下“模型”选项卡或“布局“选项卡来实现模型空间和布局空间的转换。

无论是模型空间还是布局空间，都以各种视区来表示图形。视区是图形屏幕上用于显示图形的一个矩形区域。默认时，系统把整个作图区域作为单一的视区，用户可以通过其绘制和显示图形。此外，用户也可根据需要把作图屏幕设置成多个视区，每个视区显示图形的不同部分，这样可以更清楚地描述物体的形状。但同一时间仅有一个是当前视区。这个当前视区便是工作区，系统在工作区周围显示粗的边框，以便用户知道哪一个视区是工作区。本节内容的菜单命令主要集中在“视图”菜单。而本章内容的工具栏命令主要集中在“视口”和“布局”两个工具栏中，如图 6-7 所示。

图 6-7 “视口”和“布局”工具栏

6.3.1 模型空间

在模型空间中，屏幕上的作图区域可以被划分为多个相邻的非重叠视区。用户可以用 VPORTS 或 VIEWPORTS 命令建立视区，每个视区又可以再进行分区。在每个视区中可以进行平移和缩放操作，也可以进行三维视图设置与三维动态观察，如图 6-8 所示。

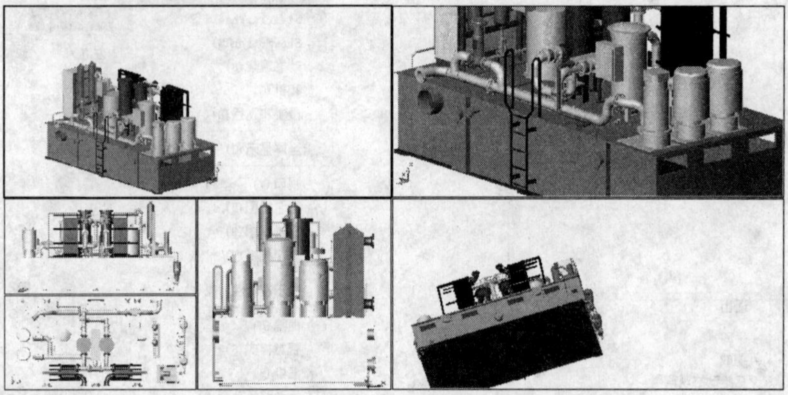

图 6-8 模型空间视图

1. 新建视口

（1）执行方式

命令行：VPORTS

菜单：视图→视口→新建视口

工具栏：视口→显示“视口”对话框

（2）操作格式：执行上面操作后，系统打开如图 6-9 所示“视口”对话框的“新建视口”选项卡。图 6-10 所示为按图 6-9 设置建立的一个图形的视口。可以在多视口的一个视口中再建立多视口。

2. 命名视口

（1）执行方式

命令行：VPORTS

菜单：视图→视口→命名视口

工具栏：视口→显示“视口”对话框

（2）操作格式：执行上述操作后，系统打开如图 6-11 所示的“视口”对话框的“命名视口”选项卡，该选项卡用来显示保存在图形文件中的视区配置。

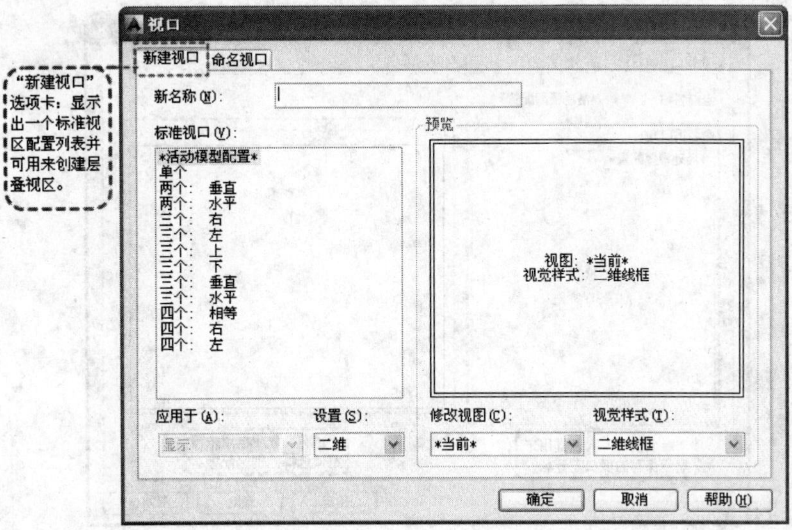

图 6-9 “视口”对话框的“新建视口”选项卡

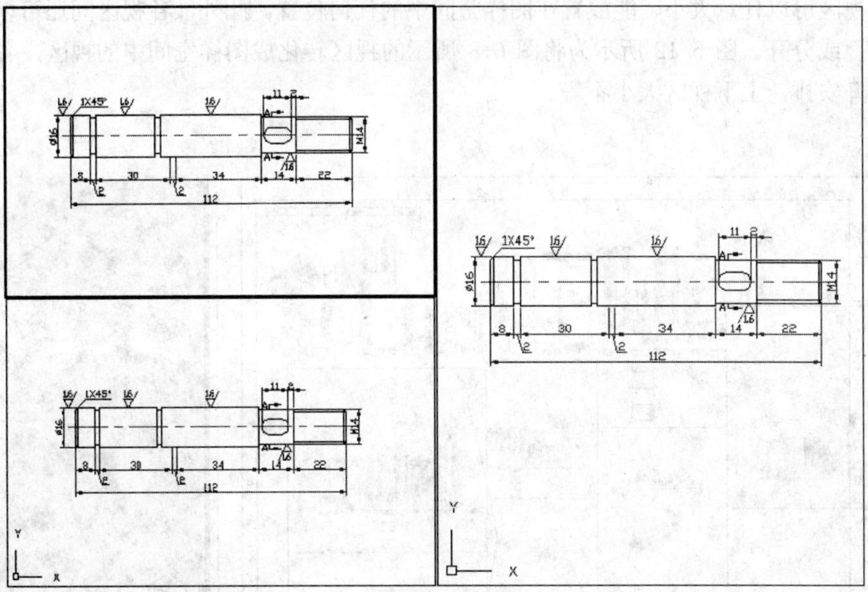

图 6-10 建立的视口

6.3.2 图样空间

在布局中可以创建并放置视口，还可以添加标注、标题栏或其他几何图形。视口显示图形的模型空间对象，即在“模型”选项卡上创建的对象。每个视口都能以指定比例显示模型空间对象。使用布局视口的好处之一是：可以在每个视口中有选择地冻结图层。因此，可以查看每个视口中的不同对象。通过在每个视口中平移和缩放，还可以显示不同的视图。

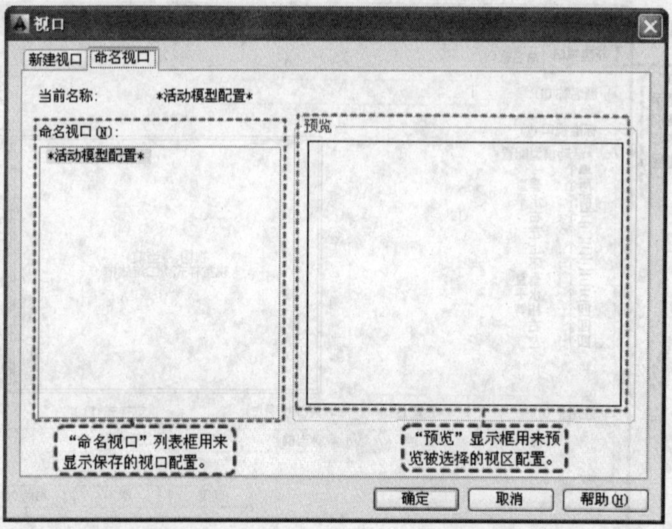

图 6-11 命名视口配置显示

此时，各视区作为一个整体，用户可以对其执行诸如 COPY、SCALE、ERASE 这样的编辑操作，使视区可以任意大小、能放置在图样空间中的任何位置。此外，各视区间还可以相互邻接、重叠或分开。图 6-12 所示为将图 6-8 所示的视区转化成图样空间中的视区，各视区间相互分开安排，上下视区大小不等。

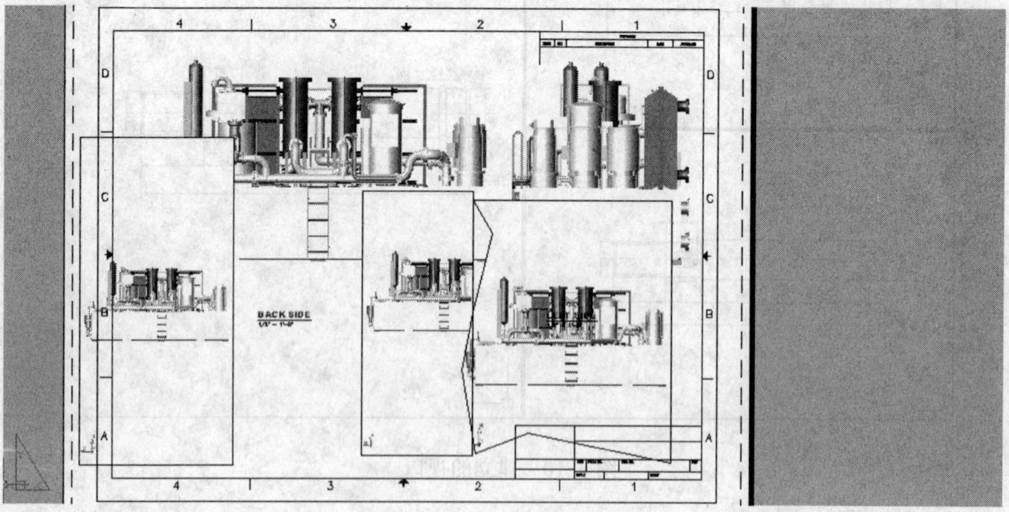

图 6-12 图样空间视图

可以在图形中创建多个布局，每个布局都可以包含不同的打印设置和图样尺寸。默认情况下，新图形最开始有两个布局选项卡，布局 1 和布局 2。如果使用样板图形，图形中的默认布局配置可能会有所不同。

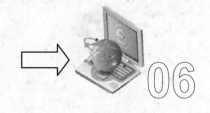

创建和放置布局视口时，附着到布局的所有打印样式表都将自动附着到用户创建的布局视口上。

1. 建立浮动视口

在布局空间中，可以使用 MVIEW 命令在图样空间创建图样空间浮动视口并打开现有图样空间浮动视口。MVIEW 可以打开一个或多个视口，在图样空间中观察模型空间创建的实体。图样空间浮动视口比一般视口具有更大的灵活性，它不仅可以自由移动并且可以重新规定尺寸甚至相互之间可以进行交叉层叠。在图样空间中，可以根据需要创建任意多的视口，但只能看其中的 15 个。可以使用 ON 和 OFF 选项控制视口的显示。

（1）执行方式

命令行：MVIEW

（2）操作格式

命令：MVIEW↙

指定视口的角点或［开(ON)/关(OFF)/布满(F)/着色打印(S)/锁定(L)/对象(O)/多边形(P)/恢复(R)/图层(LA)/2/3/4］<布满>::

通过相关选项，可以进行对应的操作。

2. 布局操作

布局模拟图样页面，并提供直观的打印设置。在布局中可以创建并放置视口对象，还可以添加标题栏或其他对象和几何图形。可以在图形中创建多个布局以显示不同视图，每个布局可以使用不同的打印比例和图样尺寸。

（1）执行方式

命令行：LAYOUT

菜单：插入→布局→新建布局（来自样板的布局）

（2）操作格式

命令：LAYOUT↙

输入布局选项［复制(C)/删除(D)/新建(N)/样板(T)/重命名(R)/另存为(SA)/设置(S)/?］<设置>:

（3）选项说明

1）复制(C)：复制指定的布局。

2）样板(T)：从样板图选择一个样板文件建立布局。选择该项，系统打开“从文件选择样板”对话框。选择样板文件后，系统按该样板文件建立布局。这种方法有一个很明显的优点就是可以利用有些样板进行绘图的基本工作，比如，绘制图样边框和标题栏等，图 6-13 所示即为一种样板文件布局。本选项与菜单命令：“插入→布局→来自样板的布局”效果相同。

3）〈设置〉：对布局进行页面设置，选择该项，系统自动对布局进行设置。

3. 通过向导建立布局

在 AutoCAD 2014 中，可以通过向导来建立布局，相对命令行方式，这种方式更直观。

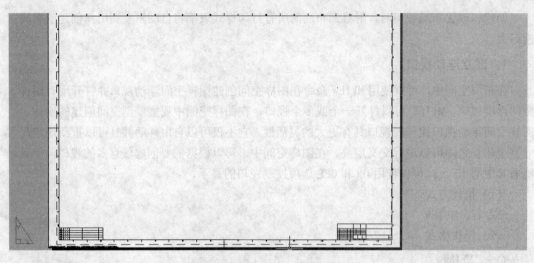

图 6-13　一种样板文件布局

（1）执行方式

命令行：LAYOUTWIZARD

菜单：插入→布局→创建布局向导

（2）操作格式

命令：LAYOUTWIZARD↙

系统打开“创建布局-开始”向导对话框，如图 6-14 所示。输入新建布局名，单击“下一步”按钮，然后按照对话框提示逐步操作，包括打印机、图样尺寸、方向、标题栏、定义视口、拾取位置等参数的设置。最终达到创建一个新的布局。

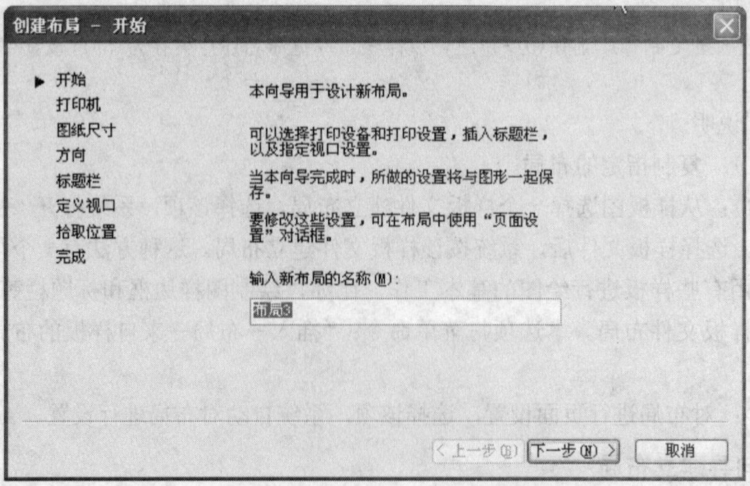

图 6-14　“创建布局-开始”向导对话框

6.4 打印

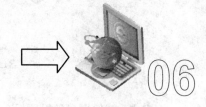

在利用 AutoCAD 建立了图形文件后，通常要进行绘图的最后一个环节，即输出图形。在这个过程中，要想在一张图纸上得到一幅完整的图形，必须恰当地规划图形的布局，合适地安排图纸规格和尺寸，正确地选择打印设备及各种打印参数。

在进行绘图输出时，将用到一个重要的命令 PLOT（打印），该命令将图形输出到绘图机、打印机或图形文件中。AutoCAD 的打印和绘图输出非常方便，其中打印预览功能非常有用，所见即所得。AutoCAD 支持所有的标准 Windows 输出设备。下面分别介绍 PLOT 命令的有关参数设置的知识。

1. 执行方式

命令行：PLOT

菜单：文件→打印

工具栏：标准→打印

快捷键：Ctrl+P

2. 操作格式

执行上述操作后，屏幕显示“打印”对话框，按下右下角的按钮，将对话框展开，如图 6-15 所示。在“打印”对话框中可设置打印设备参数和图纸尺寸、打印份数等。

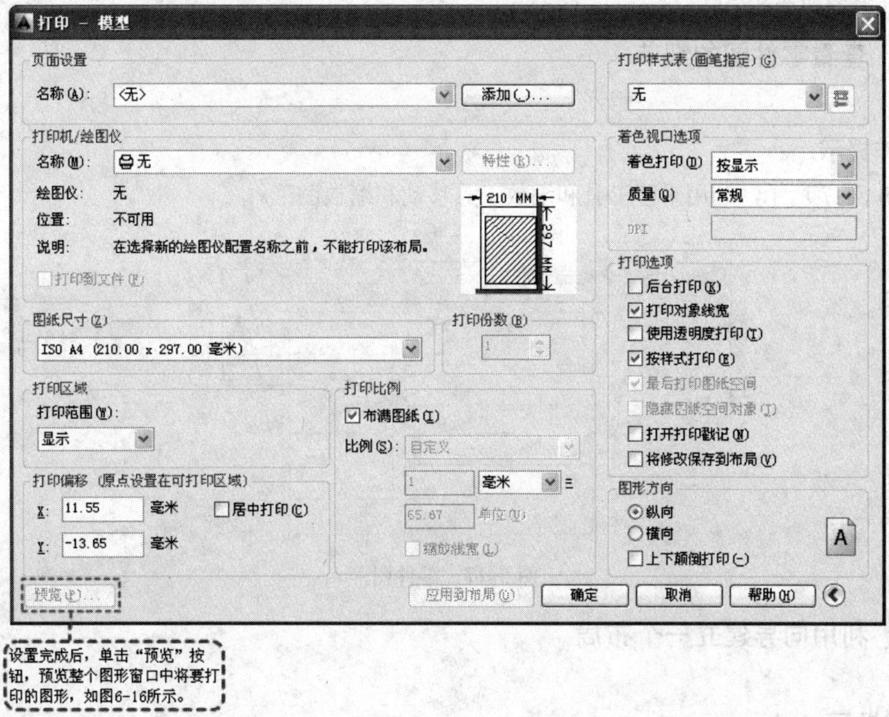

图 6-15 “打印”对话框

完成上述绘图参数设置后，可以单击“确定”按钮进行打印输出。

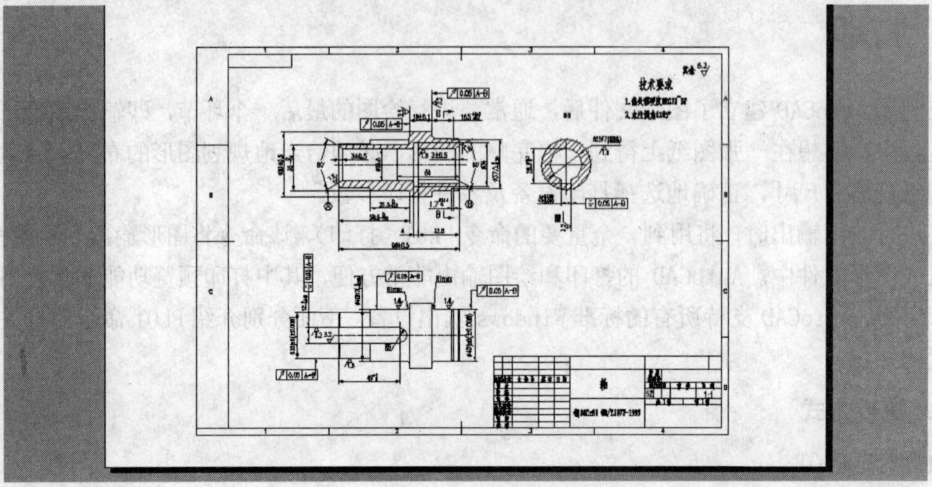

图 6-16　“完全预览”显示

6.5　上机实验

通过前面的学习，读者对本章知识也有了大体的了解，本节通过两个上机实验使读者进一步掌握本章知识要点。

实验 1　查看零件图的细节

操作提示：

如图 6-17 所示，利用平移工具和缩放工具移动和缩放图形。

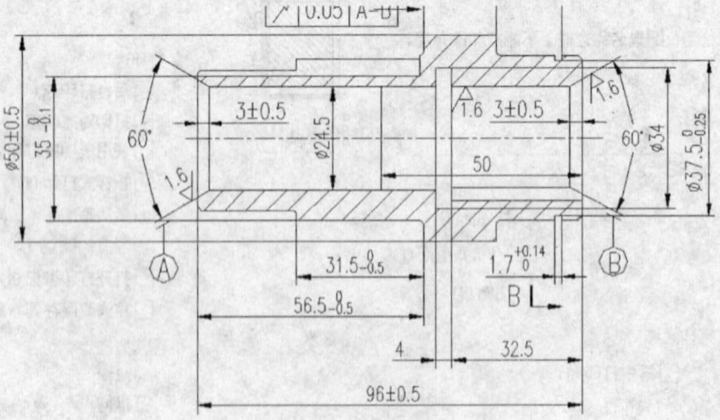

图 6-17　零件图

实验 2　利用向导建立一个布局

操作提示：

（1）执行“布局向导”命令打开“创建布局”对话框。

（2）按提示逐步进行设置。

6.6 思考与练习

通过前面的学习，读者对本章知识也有了大体的了解，本节通过几个练习使读者进一步掌握本章知识要点。

1. 利用缩放与平移命令查看路径 X：Programme Files\AutoCAD 2014\Sample\MKMPlan 的图形细节。

2. 建立如图 6-18 所示的多窗口视口，并命名保存。

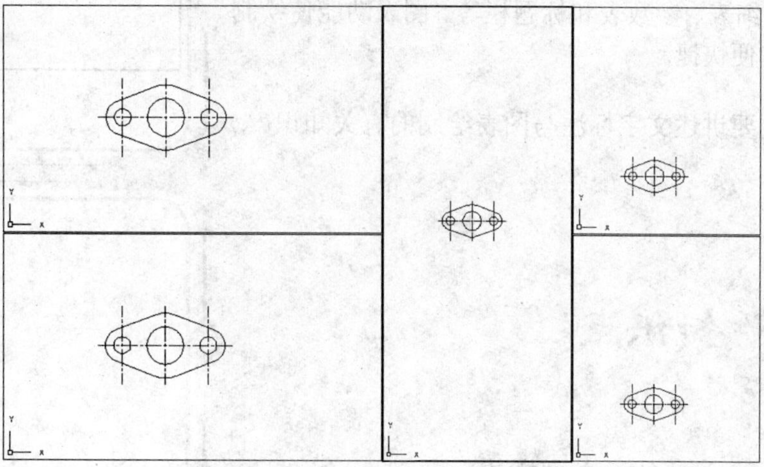

图 6-18　多窗口视口

第 7 章 文字与表格

文字注释是图形中很重要的一部分内容，进行各种设计时，通常不仅要绘出图形，还要在图形中标注一些文字，如技术要求、注释说明等，对图形对象加以解释。AutoCAD 提供了多种写入文字的方法，本章将介绍文本的注释和编辑功能。图表在 AutoCAD 图形中也有大量的应用，如明细表、参数表和标题栏等。图表功能使绘制图表变得方便快捷。

本章主要讲述文字标注与图表绘制的有关知识。

知识点

- 文本样式
- 文本标注
- 文本编辑
- 创建表格
- 编辑表格文字

7.1 文本样式

文本样式是用来控制文字基本形状的一组设置。AutoCAD 提供了“文字样式”对话框，通过这个对话框可方便直观地定制需要的文本样式，或是对已有样式进行修改。

所有 AutoCAD 图形中的文字都有与其相对应的文本样式。当输入文字对象时，AutoCAD 使用当前设置的文本样式。模板文件 ACAD.DWT 和 ACADISO.DWT 中定义了名叫 STANDARD 的默认文本样式。

1. 执行方式

命令行：STYLE 或 DDSTYLE

菜单：格式→文字样式

工具栏：文字→文字样式

2. 操作格式

命令：STYLE↙

在命令行输入 STYLE 或 DDSTYLE 命令，或在“格式”菜单中选择“文字样式” 命令，AutoCAD 打开“文字样式”对话框，如图 7-1 所示。

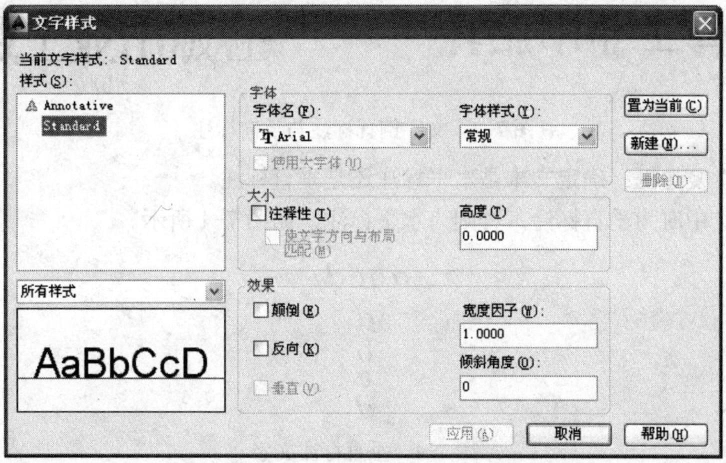

图 7-1　“文字样式”对话框

3. 选项说明

（1）“字体”选项组：确定字体式样。文字字体确定字符的形状，在 AutoCAD 中，除了固有的 SHX 形状字体文件外，还可以使用 TrueType 字体（如宋体、楷体、italley 等）。一种字体可以设置不同的效果从而被多种文本样式使用，例如图 7-2 所示就是同一种字体（宋体）的不同样式。

（2）“大小”选项组

1）“注释性”复选框：指定文字为注释性文字。

2）“使文字方向与布局匹配”复选框：指定图纸空间视口中的文字方向与布局方向匹配。如果清除“注释性”选项，则该选项不可用。

3）“高度”复选框：设置文字高度。如果输入 0.0，则每次用该样式输入文字时，文字默认值为 0.2 高度。

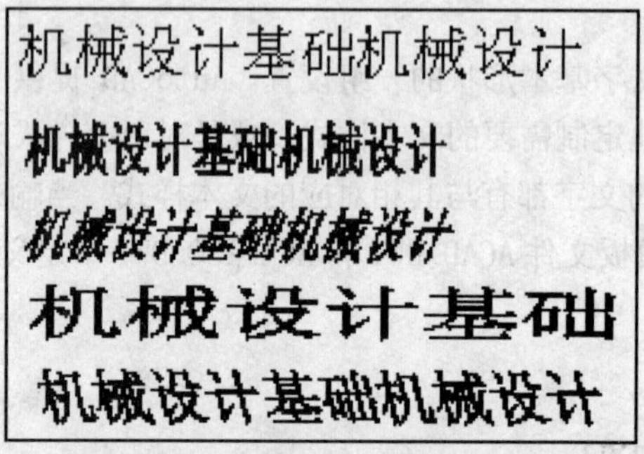

图 7-2　同一种字体的不同样式

（3）“效果”选项组：此矩形框中的各项用于设置字体的特殊效果。

1）“颠倒”复选框：选中此复选框，表示将文本文字倒置标注，如图 7-3a 所示。

2）“反向”复选框：确定是否将文本文字反向标注。图 7-3b 给出了这种标注效果。

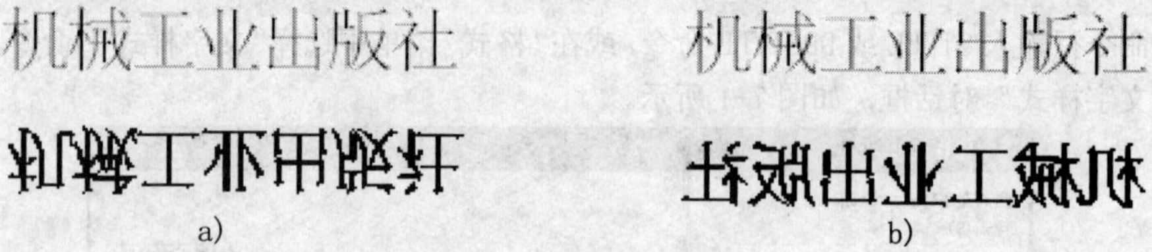

图 7-3　文字倒置标注与反向标注

3）“垂直”复选框：确定文本是水平标注还是垂直标注。

此复选框选中时为垂直标注，否则为水平标注，如图 7-4 所示。

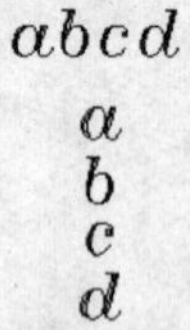

图 7-4　垂直标注文字

注意

本复选框只有在 SHX 字体下才可用。

4）宽度比例：设置宽度系数，确定文本字符的宽高比。当比例系数为 1 时表示将按字体文件中定义的宽高比标注文字。当此系数小于 1 时字会变窄，反之变宽。图 7-5a 给出了不同比例系数下标注的文本。

5）倾斜角度：用于确定文字的倾斜角度。角度为 0 时不倾斜，为正时向右倾斜，为负时向左倾斜，如图 7-5b 所示。

（4）“置为当前”按钮：该按钮用于将在“样式”下选定的样式设置为当前。

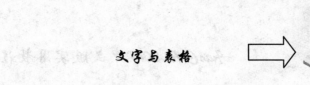

(5)“新建”按钮：该按钮用于新建文字样式。单击此按钮系统弹出如图 7-6 所示的“新建文字样式”对话框，并自动为当前设置提供名称“样式 n”(其中 n 为所提供样式的编号)。可以采用默认值或在该框中输入名称，然后单击“确定”按钮使新样式名使用当前样式设置。

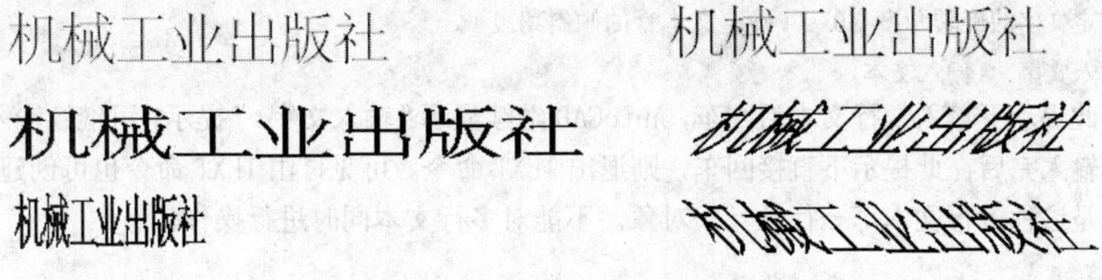

a) b)

图 7-5　不同宽度系数的文字标注与文字倾斜标注

(6)“删除”按钮：该按钮用于删除未使用文字样式。

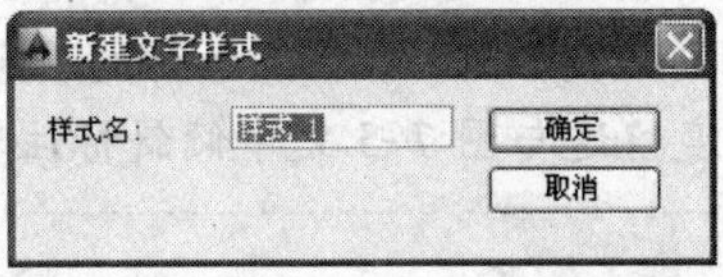

图 7-6　“新建文字样式”对话框

7.2　文本标注

在制图过程中文字传递了很多设计信息，它可能是一个很长很复杂的说明，也可能是一个简短的文字信息。当需要标注的文本不太长时，可以利用 TEXT 命令创建单行文本。当需要标注很长、很复杂的文字信息时，用户可以用 MTEXT 命令创建多行文本。

7.2.1　单行文本标注

1. 执行方式

命令行：TEXT

菜单：绘图→文字→单行文字

工具栏：文字→单行文字 AI

2. 操作格式

命令：TEXT↙

选择相应的菜单项或在命令行输入 TEXT 命令后回车，AutoCAD 提示：

当前文字样式： Standard　当前文字高度:0.2000　注释性： 否　对正： 左

指定文字的起点或 [对正(J)/样式(S)]:

3. 选项说明

（1）指定文字的起点：在此提示下直接在作图屏幕上点取一点作为文本的起始点，AutoCAD 提示：

指定高度 〈0.2000〉：（确定字符的高度）

指定文字的旋转角度 〈0〉：（确定文本行的倾斜角度）

输入文字：（输入文本）

在此提示下输入一行文本后回车，AutoCAD 继续显示“输入文字：”提示，可继续输入文本，待全部输入完后在此提示下直接回车，则退出 TEXT 命令。可见，由 TEXT 命令也可创建多行文本，只是这种多行文本每一行是一个对象，不能对多行文本同时进行操作。

注意

只有当前文本样式中设置的字符高度为 0 时，在使用 TEXT 命令时 AutoCAD 才出现要求用户确定字符高度的提示。AutoCAD 允许将文本行倾斜排列，如图 7-7 所示为倾斜角度分别是 0°、30° 和 -30° 时的排列效果。在“指定文字的旋转角度 〈0〉：”提示下输入文本行的倾斜角度或在屏幕上拉出一条直线来指定倾斜角度，这与图 7-5 文字倾斜标注不同。

（2）对正(J)：在上面的提示下键入 J，用来确定文本的对齐方式，对齐方式决定文本的哪一部分与所选的插入点对齐。执行此选项，AutoCAD 提示：

输入选项 [左(L)/居中(C)/右(R)/对齐(A)/中间(M)/布满(F)/左上(TL)/中上(TC)/右上(TR)/左中(ML)/正中(MC)/右中(MR)/左下(BL)/中下(BC)/右下(BR)]：

在此提示下选择一个选项作为文本的对齐方式。当文本串水平排列时，AutoCAD 为标注文本串定义了图 7-8 所示的顶线、中线、基线和底线，各种对齐方式如图 7-9 所示，图中大写字母对应上述提示中各命令。

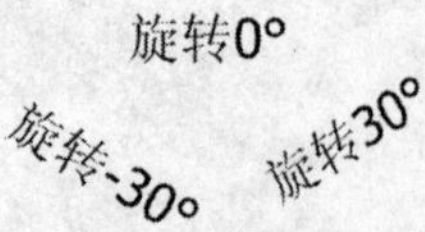

图 7-7 倾斜排列效果

图 7-8 底线、基线、中线和顶线

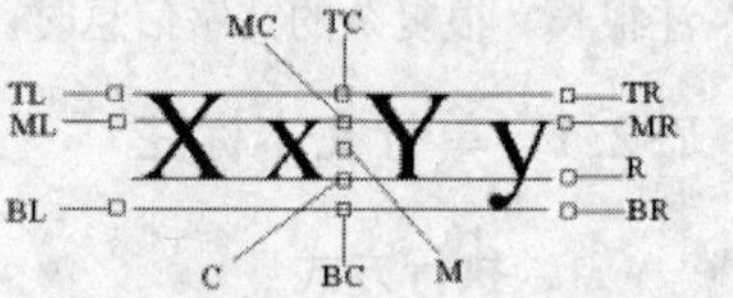

图 7-9 文本的对齐方式

下面以“对齐”为例进行简要说明：

对齐(A)：选择此选项，要求用户指定文本行基线的起始点与终止点的位置，AutoCAD 提示：

指定文字基线的第一个端点：（指定文本行基线的起点位置）

指定文字基线的第二个端点：（指定文本行基线的终点位置）

输入文字：（输入一行文本后回车）

输入文字：（继续输入文本或直接回车结束命令）

执行结果：所输入的文本字符均匀地分布于指定的两点之间，如果两点间的连线不水平，则文本行倾斜放置，倾斜角度由两点间的连线与 X 轴夹角确定；字高、字宽根据两点间的距离、字符的多少以及文本样式中设置的宽度系数自动确定。指定了两点之后，每行输入的字符越多，字宽和字高越小。

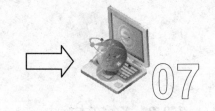

其他选项与“对齐”类似，不再赘述。

实际绘图时，有时需要标注一些特殊字符，例如直径符号、上划线或下划线、温度符号等，由于这些符号不能直接从键盘上输入，AutoCAD 提供了一些控制码，用来实现这些要求。控制码用两个百分号（%%）加一个字符构成，常用的控制码见表 7-1。

表 7-1　AutoCAD 常用控制码

符 号	功 能	符 号	功 能
%%O	上划线	\u+E101	流线
%%U	下划线	\u+2261	标识
%%D	“度”符号	\u+E102	界碑线
%%P	正负符号	\u+2260	不相等
%%C	直径符号	\u+2126	欧姆
%%%	百分号%	\u+03A9	欧米加
\u+2248	几乎相等	\u+214A	低界线
\u+2220	角度	\u+2082	下标 2
\u+E100	边界线	\u+00B2	上标 2
\u+2104	中心线	\u+0278	电相位
\u+0394	差值		

表 7-1 中，%%O 和%%U 分别是上划线和下划线的开关，第一次出现此符号开始画上划线和下划线，第二次出现此符号上划线和下划线终止。例如在“Text:”提示后输入“I want to %%U go to Beijing%%U.”，则得到图 7-10 上行所示的文本行；输入“50%%D+%%C75%%P12”，则得到图 7-10 下行所示的文本行。

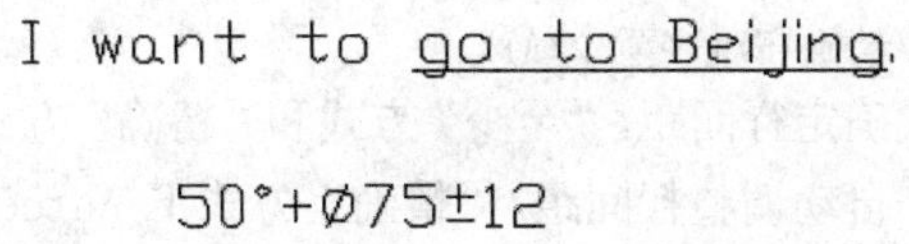

图 7-10　文本行

用 TEXT 命令可以创建一个或若干个单行文本，也就是说用此命令可以标注多行文本。在“输入文本:”提示下输入一行文本后回车，AutoCAD 继续提示“输入文本:”，用户可输入第二行文本，依次类推，直到文本全部输入完，再在此提示下直接回车，结束文本输入命令。每一次回车就结束一个单行文本的输入，每一个单行文本是一个对象，可以单独修改其文本样式、字高、旋转角度和对齐方式等。

用 TEXT 命令创建文本时，在命令行输入的文字同时显示在屏幕上，而且在创建过程中可以随时改变文本的位置，只要将光标移到新的位置点击按键，则当前行结束，随后输入的文本在新的位置出现。用这种方法可以把多行文本标注到屏幕的任何地方。

7.2.2 多行文本标注

1. 执行方式

命令行：MTEXT

菜单：绘图→文字→多行文字

工具栏：绘图→多行文字A或文字→多行文字A

2. 操作格式

命令:MTEXT↙

选择相应的菜单项或工具条图标，或在命令行输入 MTEXT 命令后回车，系统提示：

当前文字样式："Standard"　当前文字高度:1.9122　注释性: 否

指定第一角点: (指定矩形框的第一个角点)

指定对角点或 [高度(H)/对正(J)/行距(L)/旋转(R)/样式(S)/宽度(W)/栏(C)]:

3. 选项说明

（1）指定对角点：直接在屏幕上点取一个点作为矩形框的第二个角点，AutoCAD 以这两个点为对角点形成一个矩形区域，其宽度作为将来要标注的多行文本的宽度，而且第一个点作为第一行文本顶线的起点。响应后 AutoCAD 打开如图 7-11 所示的多行文字编辑器，可利用此对话框与编辑器输入多行文本并对其格式进行设置。关于对话框中各项的含义与编辑器功能，稍后再详细介绍。

（2）对正(J)：确定所标注文本的对齐方式。选取此选项，AutoCAD 提示：

输入对正方式 [左上(TL)/中上(TC)/右上(TR)/左中(ML)/正中(MC)/右中(MR)/左下(BL)/中下(BC)/右下(BR)] <左上(TL)>:

这些对齐方式与 TEXT 命令中的各对齐方式相同，不再重复。选取一种对齐方式后回车，AutoCAD 回到上一级提示。

（3）行距(L)： 确定多行文本的行间距，这里所说的行间距是指相邻两文本行的基线之间的垂直距离。执行此选项，AutoCAD 提示：

输入行距类型 [至少(A)/精确(E)] <至少(A)>:

在此提示下有两种方式确定行间距，"至少"方式和"精确"方式。"至少"方式下 AutoCAD 根据每行文本中最大的字符自动调整行间距。"精确"方式下 AutoCAD 给多行文本赋予一个固定的行间距。可以直接输入一个确切的间距值，也可以输入"nx"的形式，其中 n 是一个具体数，表示行间距设置为单行文本高度的 n 倍，而单行文本高度是本行文本字符高度的 1.66 倍。

（4）旋转(R)：确定文本行的倾斜角度。执行此选项，AutoCAD 提示：

指定旋转角度 <0>: (输入倾斜角度)

输入角度值后回车，AutoCAD 返回到"指定对角点或 [高度(H)/对正(J)/行距(L)/旋转®/样式(S)/宽度(W)]:"提示。

（5）样式(S)：确定当前的文本样式。

（6）宽度(W)：指定多行文本的宽度。可在屏幕上选取一点与前面确定的第一个角点组成的矩形框的宽作为多行文本的宽度。也可以输入一个数值，精确设置多行文本的宽度。

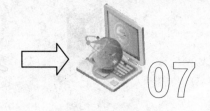

在创建多行文本时，只要给定了文本行的起始点和宽度后，AutoCAD 就会打开图 7-11 所示的多行文字编辑器，该编辑器包含一个“文字格式”对话框和一个右键快捷菜单。用户可以在编辑器中输入和编辑多行文本，包括设置字高、文本样式以及倾斜角度等。

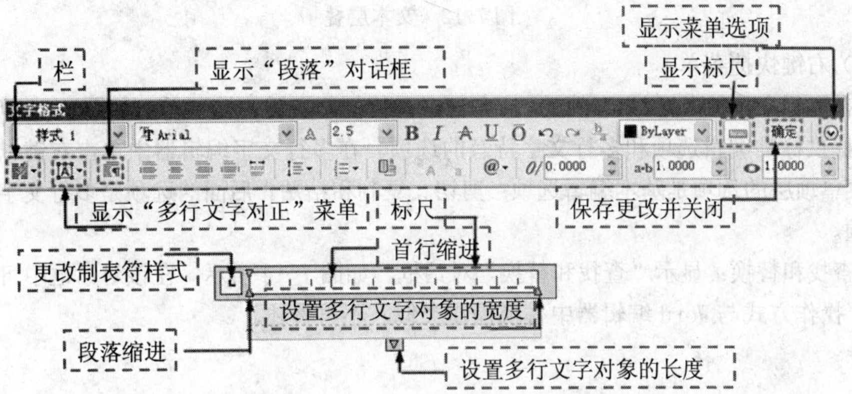

图 7-11 “文字格式”对话框和多行文字编辑器

该编辑器与 Microsoft 的 Word 编辑器界面类似，事实上该编辑器与 Word 编辑器在某些功能上趋于一致。这样既增强了多行文字编辑功能，又使用户更熟悉和方便，效果很好。

（7）“文字格式”对话框：用来控制文本的显示特性。可以在输入文本之前设置文本的特性，也可以改变已输入文本的特性。要改变已有文本的显示特性，首先应选择要修改的文本，选择文本有以下 3 种方法：

1）将光标定位到文本开始处，按下鼠标左键，将光标拖到文本末尾。

2）点击某一个字，则该字被选中。

3）三击鼠标则选全部内容。

下面介绍选项卡中部分选项的功能：

- “高度”下拉列表框：该下拉列表框用来确定文本的字符高度，可在文本编辑框中直接输入新的字符高度，也可从下拉列表中选择已设定过的高度。
- “B”和“I”按钮：这两个按钮用来设置黑体或斜体效果。这两个按钮只对 TrueType 字体有效。
- “下划线” U 与“上划线” O 按钮：该按钮用于设置或取消上（下）划线。
- “堆叠”按钮：该按钮为层叠/非层叠文本按钮，用于层叠所选的文本，也就是创建分数形式。当文本中某处出现“/”或“^”或“#”这 3 种层叠符号之一时可层叠文本，方法是选中需层叠的文字，然后单击此按钮，则符号左边文字作为分子，右边文字作为分母。AutoCAD2014 提供了 3 种分数形式，如选中“abcd/efgh”后单击此按钮，得到如图 7-12a 所示的分数形式；如果选中“abcd^efgh” 后单击此按钮，则得到图 7-12b 所示的形式，此形式多用于标注极限偏差；如果选中“abcd # efgh” 后单击此按钮，则创建斜排的分数形式，如图 7-12c 所示。如果选中已经层叠的文本对象后单击此按钮，则恢复到非层叠形式。

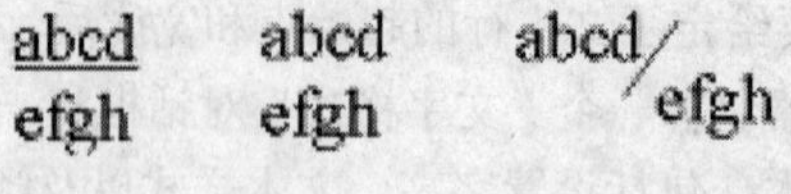

a)　　b)　　c)

图 7-12　文本层叠

（8）右键快捷菜单

1）在多行文字绘制区域，单击鼠标右键，系统打开右键快捷菜单，如图 7-13 所示。

2）提供标准编辑选项和多行文字特有的选项。在多行文字编辑器中单击右键以显示快捷菜单。菜单顶层的选项是基本编辑选项：剪切、复制和粘贴。后面的选项是多行文字编辑器特有的选项。

3）查找和替换：显示“查找和替换”对话框，如图 7-14 所示。在该对话框中可以进行替换操作，操作方式与 Word 编辑器中替换操作类似，不再赘述。

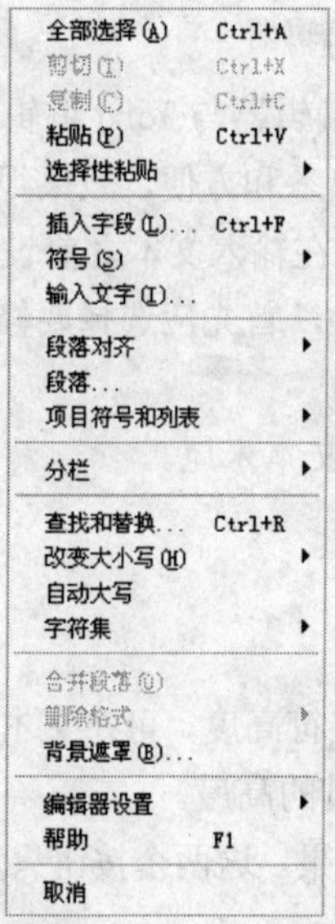

图 7-13　右键快捷菜单

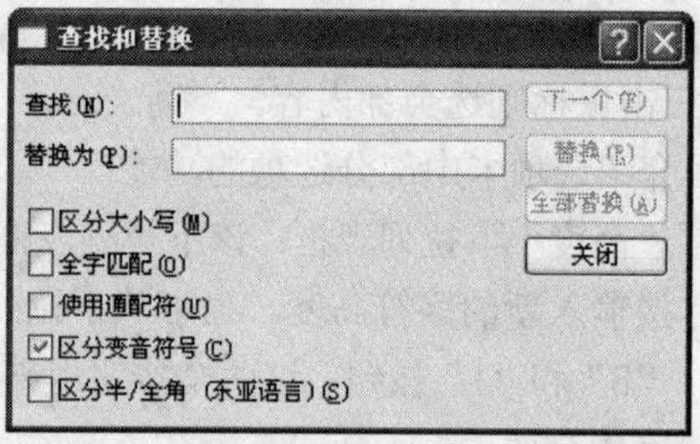

图 7-14　“查找和替换”对话框

4）全部选择：选择多行文字对象中的所有文字。

5）改变大小写：改变选定文字的大小写。可以选择“大写”或“小写”。

6）自动大写：将所有新输入的文字转换成大写。自动大写不影响已有的文字。要改变已有文字的大小写，请选择文字，单击右键，然后在快捷菜单上单击“改变大小写”。

7）删除格式：清除选定文字的粗体、斜体或下划线格式。

8）合并段落：将选定的段落合并为一段并用空格替换每段的回车。

9）符号：在光标位置插入列出的符号或不间断空格。也可以手动插入符号。

10）输入文字：显示“选择文件”对话框，如图 7-15 所示。选择任意 ASCII 或 RTF 格式的文件。输入的文字保留原始字符格式和样式特性，但可以在多行文字编辑器中编辑和格式化

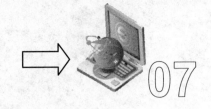

输入的文字。选择要输入的文本文件后，可以替换选定的文字或全部文字，或在文字边界内将插入的文字附加到选定的文字中。输入文字的文件必须小于 32KB。

图 7-15 “选择文件”对话框

11）插入字段：插入一些常用或预设字段。单击该命令，系统打开“字段”对话框，如图 7-16 所示。用户可以从中选择字段插入到标注文本中。

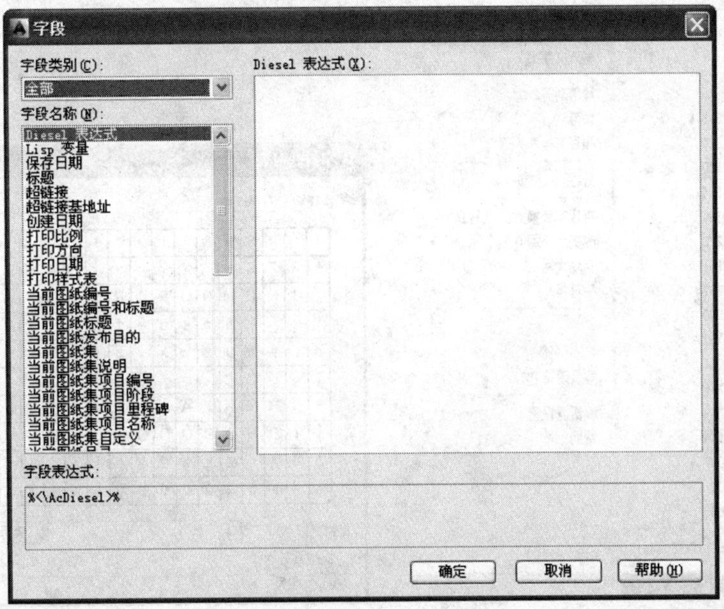

图 7-16 “字段”对话框

12）背景遮罩：用设定的背景对标注的文字进行遮罩。单击该命令，系统打开“背景遮罩”对话框，如图 7-17 所示。

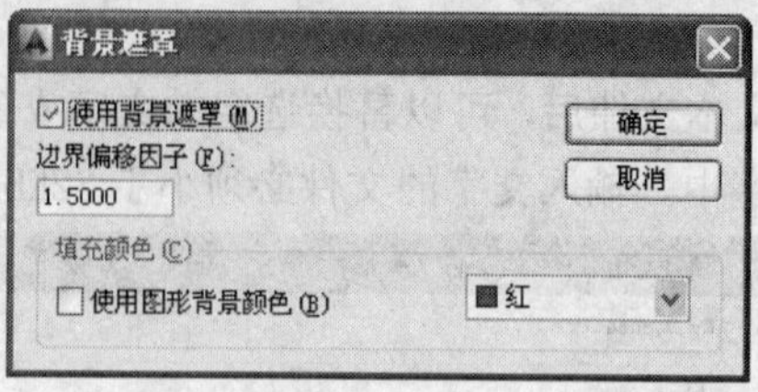

图 7-17 “背景遮罩”对话框

13）字符集：可以从后面的子菜单打开某个字符集，插入字符。

7.2.3 实例——插入符号

在标注文字时，插入“!”号。

光盘路径

光盘\动画演示\第 7 章\插入符号.avi

操作步骤

01 在“文字格式”工具栏上单击“选项”按钮，系统打开“选项”菜单，在“符号”列表中单击“其他”，如图 7-18 所示，系统将显示“字符映射表”对话框，如图 7-19 所示。其中包含当前字体的整个字符集。

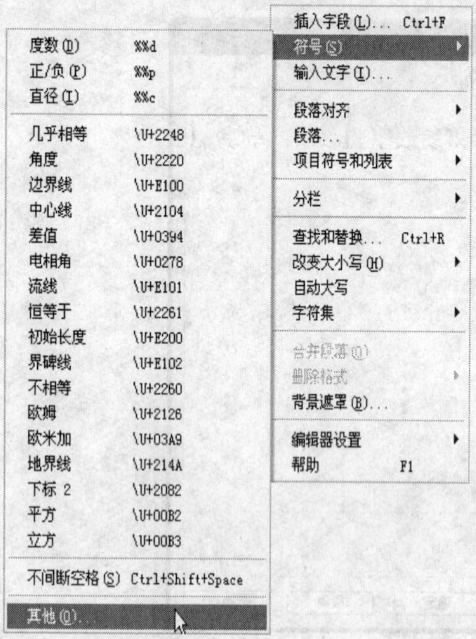

图 7-18 快捷菜单

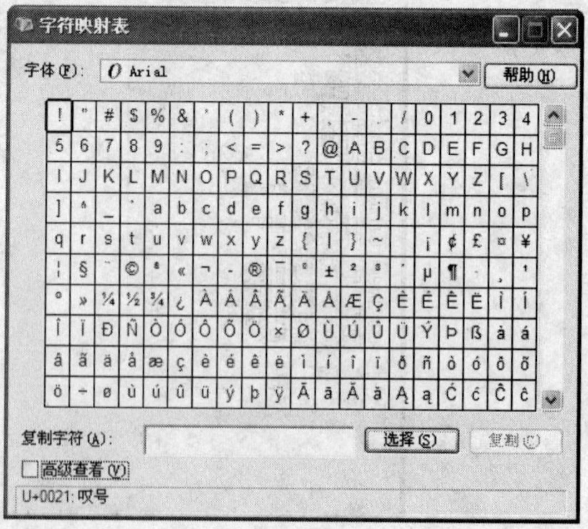

图 7-19 “字符映射表”对话框

02 选中要插入的字符，然后单击“选择”。

03 选择要使用的所有字符，然后单击“复制”。

04 在多行文字编辑器中单击右键，然后在快捷菜单中单击“粘贴”。

7.3 文本编辑

本节主要介绍文本编辑命令 DDEDIT。

7.3.1 文本编辑命令

1. 执行方式

命令行：DDEDIT

菜单：修改→对象→文字→编辑

工具栏：文字→编辑

快捷菜单："修改多行文字"或"编辑文字"

2. 操作格式

选择相应的菜单项，或在命令行输入 DDEDIT 命令后回车，AutoCAD 提示：

命令: DDEDIT↙

选择注释对象或 [放弃(U)]:

要求选择想要修改的文本，同时光标变为拾取框。用拾取框点击对象，如果选取的文本是用 TEXT 命令创建的单行文本，则深显该文本，可对其进行修改。如果选取的文本是用 MTEXT 命令创建的多行文本，选取后则打开多行文字编辑器，可根据前面的介绍对各项设置或内容进行修改。

7.3.2 实例——样板图

所谓样板图就是将绘制图形通用的一些基本内容和参数事先设置好，并绘制出来，以.dwt 的格式保存起来。例如 A3 图纸，可以绘制好图框、标题栏，设置好图层、文字样式、标注样式等，然后作为样板图保存。以后需要绘制 A3 幅面的图形时，可打开此样板图，在此基础上绘图。如果有很多张图纸，就可以明显提高绘图效率，也有利于图形的标准化。

本节绘制的样板图，如图 7-20 所示。样板图包括边框绘制、图形外围设置、标题栏绘制、图层设置、文本样式设置、标注样式设置等。可以逐步进行设置。

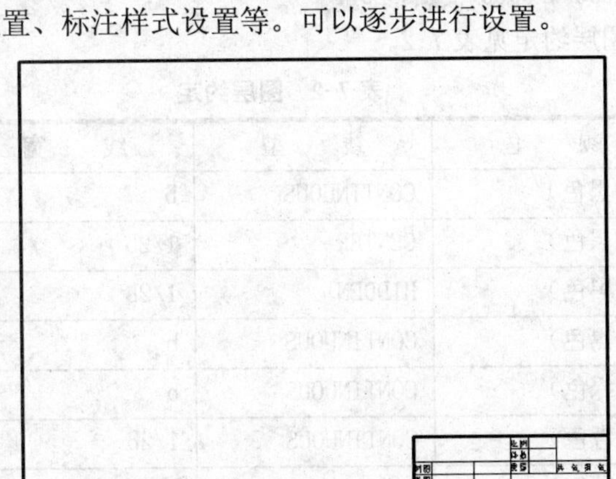

图 7-20 绘制的样板图

光盘路径

光盘\动画演示\第 7 章\样板图.avi

操作步骤

01 设置单位。选择菜单栏中的“格式”→“单位”命令，打开“图形单位”对话框，如图 7-21 所示。设置“长度”的类型为“小数”，“精度”为 0；“角度”的类型为“十进制度数”，“精度”为 0，系统默认逆时针方向为正，插入时的缩放单位设置为“无单位”。

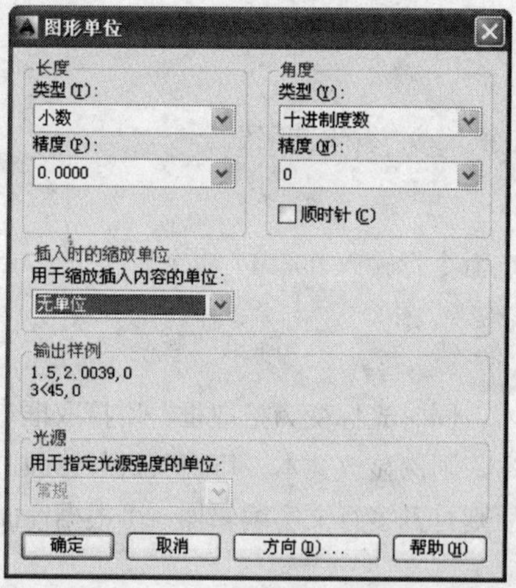

图 7-21 “图形单位”对话框

02 设置图形边界。国家标准对图纸的幅面大小作了严格规定，在这里，按国家标准 A3 图纸幅面设置图形边界，A3 图纸的幅面为 420mm×297mm，故设置图形边界如下：

命令：LIMITS↙

重新设置模型空间界限：

指定左下角点或 [开(ON)/关(OFF)] <0.0000,0.0000>：↙

指定右上角点 <12.0000,9.0000>：420,297↙

03 设置图层。图层约定见表 7-2。

表 7-2 图层约定

图 层 名	颜 色	线 型	线 宽	用 途
0	7（黑色）	CONTINUOUS	b	默认
实体层	1（黑色）	CENTER	1/2b	可见轮廓线
细实线层	2（黑色）	HIDDEN	1/2b	细实线隐藏线
中心线层	7（黑色）	CONTINUOUS	b	中心线
尺寸标注层	6（绿色）	CONTINUOUS	b	尺寸标注
波浪线层	4（青色）	CONTINUOUS	1/2b	一般注释
剖面层	1（品红）	CONTINUOUS	1/2b	填充剖面线

（续）

图 层 名	颜 色	线 型	线 宽	用 途
图框层	5（黑色）	CONTINUOUS	1/2b	图框线
标题栏层	3（黑色）	CONTINUOUS	1/2b	标题栏零件名
备层	2（白色）	CONTINUOUS	1/2b	

04 设置层名。选择菜单栏中的“格式”→“图层”命令，打开“图层特性管理器”对话框，如图 7-22 所示。在该对话框中单击“新建图层”按钮，建立不同层名的新图层，这些不同的图层分别存放不同的图线或图形。

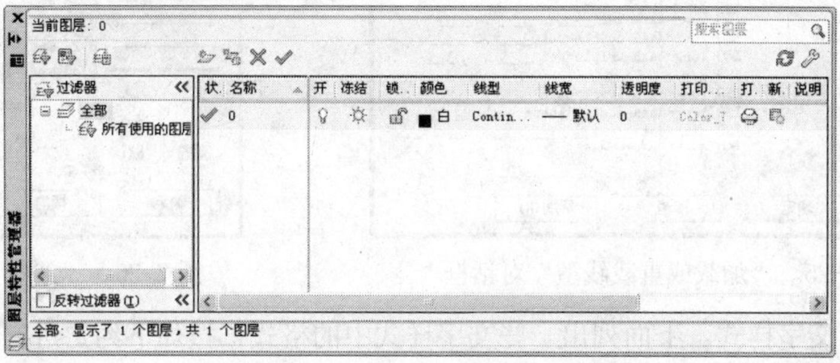

图 7-22 “图层特性管理器”对话框

05 设置图层颜色。为了区分不同的图层上的图线，增加图形不同部分的对比性，可以在“图层特性管理器”对话框中单击对应图层“颜色”标签下的颜色色块，打开“选择颜色”对话框，如图 7-23 所示。在该对话框中选择需要的颜色。

06 设置线型。在常用的工程图中，通常要用到不同的线型，这是因为不同的线型表示不同的含义。在 “图层特性管理器”中单击“线型”标签下的线型选项，打开“选择线型”对话框，如图 7-24 所示。在该对话框中选择对应的线型，如果在“已加载的线型”列表框中没有需要的线型，可以单击“加载”按钮，打开“加载或重载线型”对话框加载线型，如图 7-25 所示。

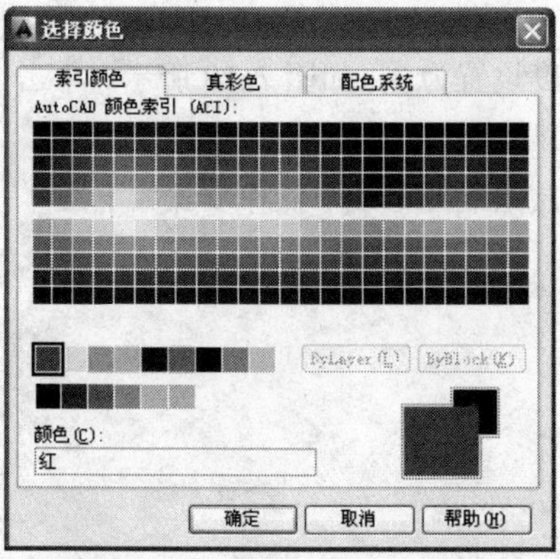

图 7-23 “选择颜色”对话框

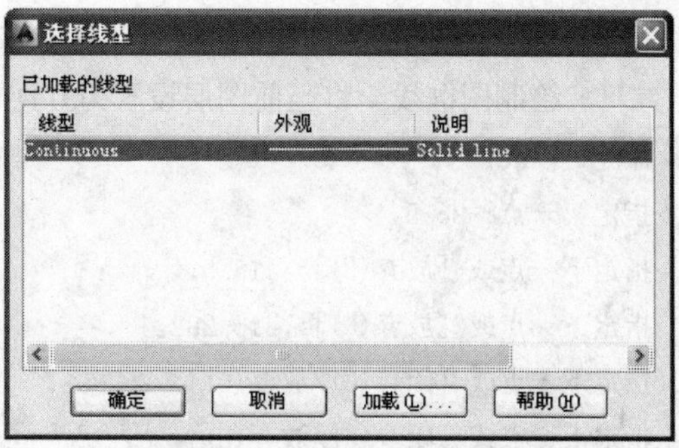

图 7-24 “选择线型”对话框

07 设置线宽。在工程图中，不同的线宽也表示不同的含义，因此也要对不同的图层的线宽进行设置，单击“图层特性管理器”中“线宽”标签下的选项，打开“线宽”对话框，如图 7-26 所示。在该对话框中选择适当的线宽。需要注意的是，应尽量保持细线与粗线之间的比例大约为 1:2。

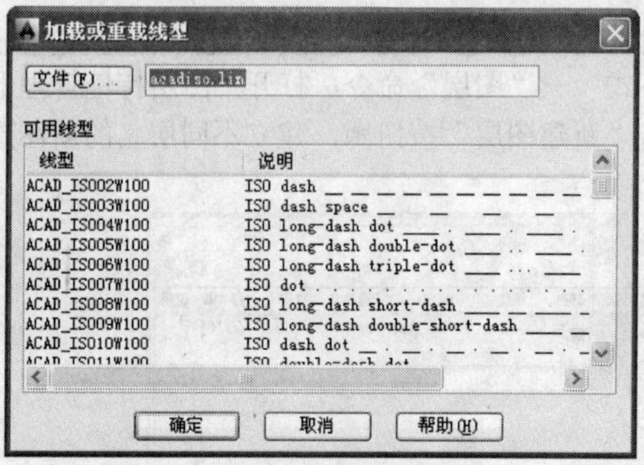

图 7-25 “加载或重载线型”对话框

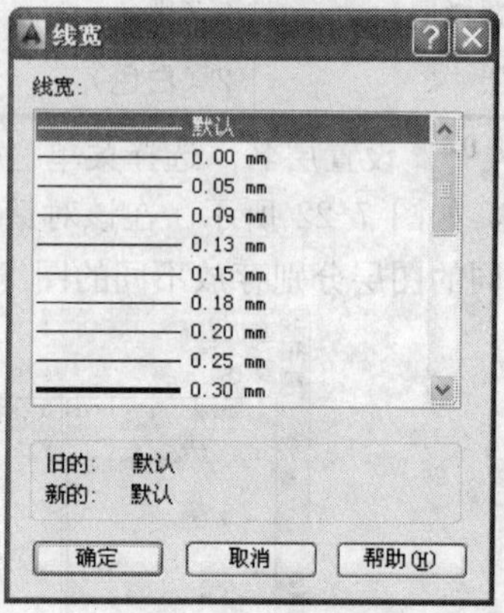

图 7-26 “线宽”对话框

08 设置文字样式。下面列出一些文字样式中的格式，按如下约定进行设置：文字高度一般为 7，零件名称为 10，标题栏中其他文字为 5，尺寸文字为 5，线型比例为 1，图纸空间线型比例为 1，单位十进制，小数点后 0 位，角度小数点后 0 位。

可以生成 4 种文字样式，分别用于一般注释、标题块中零件名、标题块注释及尺寸标注。

09 选择菜单栏中的“格式”→“文字样式”命令，打开“文字样式”对话框，单击“新建”按钮，系统打开“新建文字样式”对话框，如图 7-27 所示。接受默认的“样式 1”文字样式名，确认退出。

图 7-27 “新建文字样式”对话框

10 系统回到“文字样式”对话框。在“字体名”下拉列表框中选择“宋体”选项，在“宽度比例”文本框中将宽度比例设置为 1，将文字高度设置为 3，如图 7-28 所示。单击“应用”按钮，然后再单击“关闭”按钮。其他文字样式类似设置。

11 绘制图框线。将当前图层设置为 0 层。在该层绘制图框线，操作步骤如下：

```
命令: line↙
指定第一点: 25,5↙
指定下一点或 [放弃(U)]: 415,5↙
指定下一点或 [放弃(U)]: 415,292↙
指定下一点或 [闭合(C)/放弃(U)]: 25,292↙
指定下一点或 [闭合(C)/放弃(U)]: c↙
```

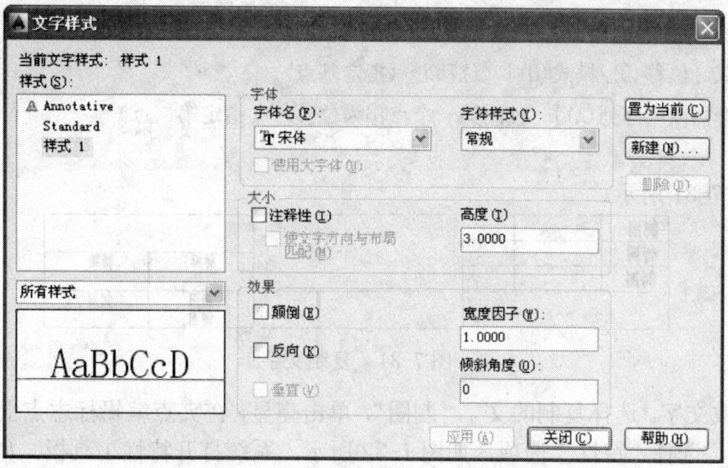

图 7-28　“文字样式”对话框

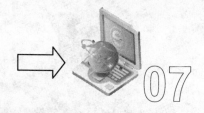

12 绘制标题栏。绘制标题栏图框。按照有关标准或规范设定尺寸，利用直线命令和相关编辑命令绘制标题栏，如图 7-29 所示。

13 设置文字样式。选择菜单栏中的“格式”→“文字样式”命令，打开“文字样式”对话框，在“文字样式”下拉列表框中选择“样式 1”，单击“关闭”按钮，确认退出。

14 注写标题栏中的文字

```
命令:dtext↙（或者单击下拉菜单“绘图”→“文字” →“单行文字”，下同）
当前文字样式：样式 1　文字高度：3.0000　注释性：　否　对正：　左
指定文字的起点或［对正(J)/样式(S)］：（指定文字输入的起点）
指定文字的旋转角度〈0〉：↙
输入文字：制图↙
命令：move↙
选择对象：（选择刚标注的文字）
找到 1 个
选择对象：↙
指定基点或位移：（指定一点）
指定位移的第二点或〈用第一点作位移〉：（指定适当的一点，使文字刚好处于图框中间位置）
```

结果如图 7-30 所示。

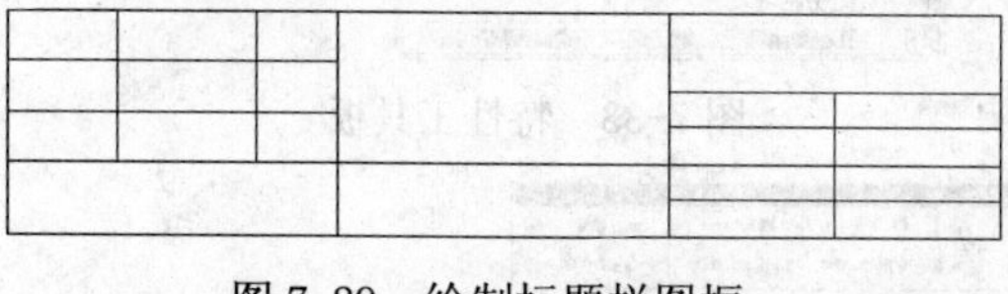

图 7-29　绘制标题栏图框

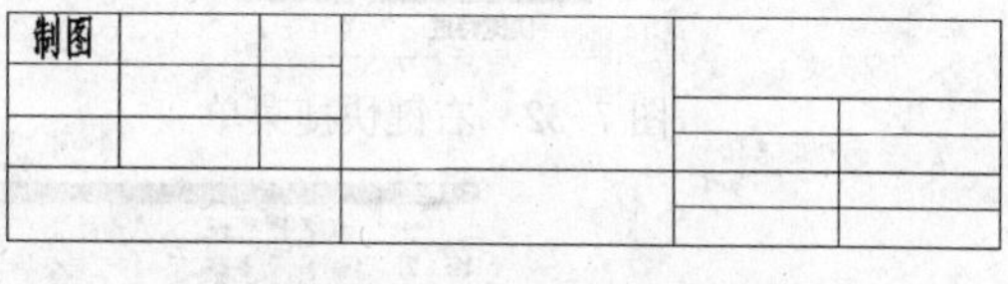

图 7-30　标注和移动文字

15 单击“修改”工具栏中的“复制”按钮，复制文字。

```
命令:copy↙
选择对象:（选择文字“制图”）
找到 1 个
```

选择对象：↙
当前设置： 复制模式 = 多个
指定基点或 [位移(D)/模式(O)] <位移>：(指定基点)
指定第二个点或 [阵列(A)] <使用第一个点作为位移>：(指定第二点)
……

结果如图 7-31 所示。

图 7-31 复制文字

16 修改文字。选择复制的文字“制图”，单击亮显，在夹点编辑标志点上单击鼠标右键，打开快捷菜单，选择“特性”选项，如图 7-32 所示。系统打开特性工具板，如图 7-33 所示。选择“文字”选项组中的内容选项，单击后面的 … 按钮，打开多行文字编辑器，如图 7-34 所示。在编辑器中将其中的文字“制图”改为“校核”。用同样方法修改其他文字，结果如图 7-35 所示。

绘制标题栏后的样板图如图 7-36 所示。

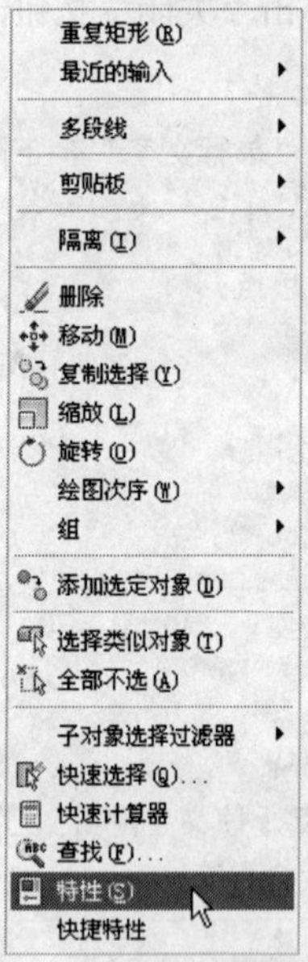

图 7-32 右键快捷菜单

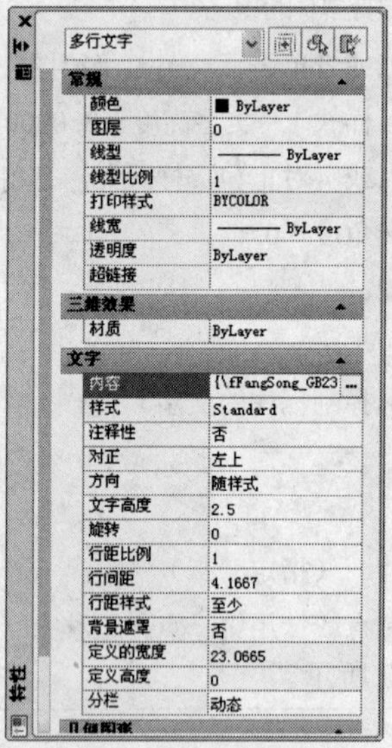

图 7-33 特性工具板

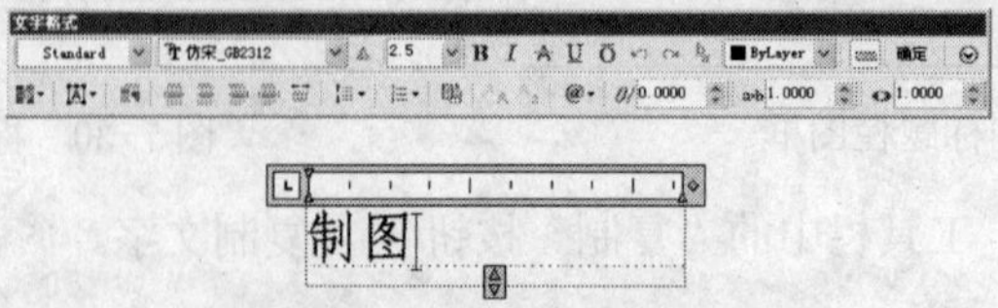

图 7-34 多行文字编辑器

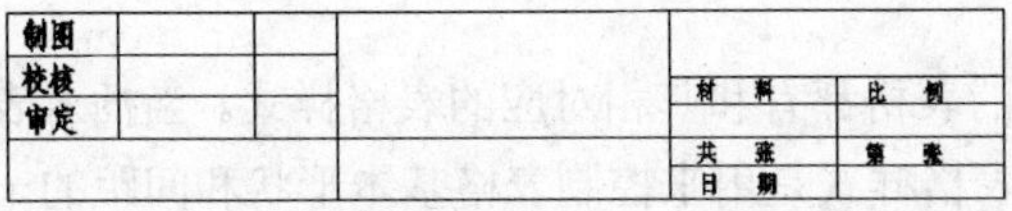

图 7-35 修改文字

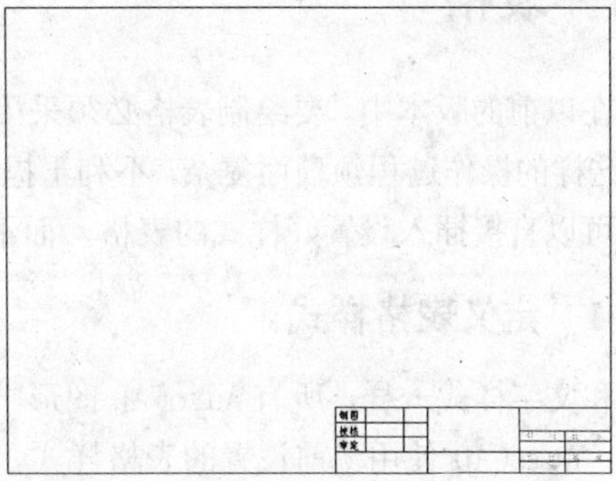

图 7-36 绘制标题栏后的样板图

17 设置尺寸标注样式。有关尺寸标注内容第 8 章将详细介绍，在此从略。

18 保存成样板图文件。样板图及其环境设置完成后，可以将其保存成样板图文件。在“文件”下拉菜单中单击“保存”或“另存为”选项，打开“保存”或“图形另存为”对话框，如图 7-37 所示。在“文件类型”下拉列表框中选择“AutoCAD 样板文件（*.dwt)”选项，输入文件名“机械”，单击“保存”按钮，保存文件。系统打开“样板选项”对话框，如图 7-38 所示，单击“确定”按钮，保存文件。下次绘图时，可以打开该样板图文件，在此基础上开始绘图。

图 7-37 保存样板图

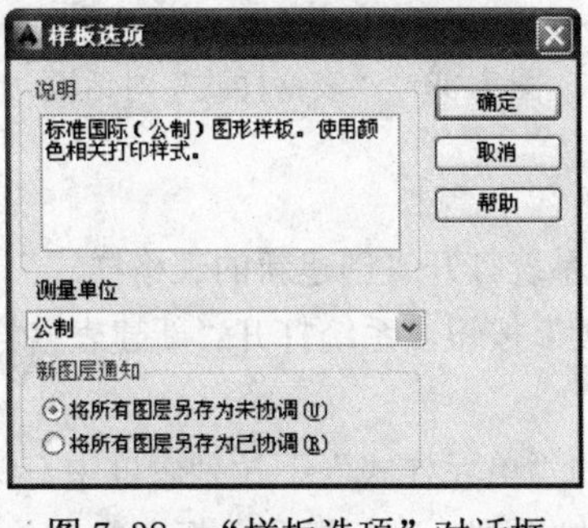

图 7-38 “样板选项”对话框

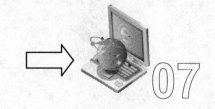

7.4 表格

在以前的版本中，要绘制表格必须采用绘制图线或者图线结合偏移或复制等编辑命令来完成。这样的操作过程烦琐而复杂，不利于提高绘图效率。表格功能使创建表格就变得非常容易，用户可以直接插入设置好样式的表格，而不用绘制由单独的图线组成的栅格。

7.4.1 定义表格样式

和文字样式一样，所有 AutoCAD 图形中的表格都有和其相对应的表格样式。当插入表格对象时，AutoCAD 使用当前设置的表格样式。表格样式是用来控制表格基本形状和间距的一组设置。模板文件 ACAD.DWT 和 ACADISO.DWT 中定义了名叫 STANDARD 的默认表格样式。

1. 执行方式

命令行：TABLESTYLE

菜单：格式→表格样式

工具栏：样式→表格样式管理器

2. 操作格式

命令：TABLESTYLE↙

在命令行输入 TABLESTYLE 命令，或在“格式”菜单中选择“文字样式” 命令，或者在“样式”工具栏中单击“表格样式管理器”按钮，AutoCAD 打开“表格样式”对话框，如图 7-39 所示。

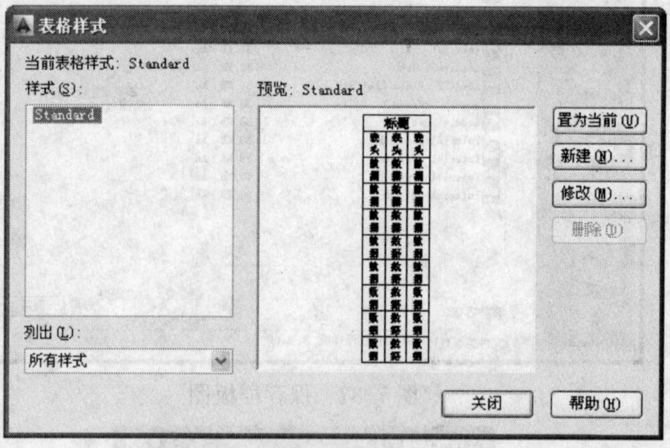

图 7-39 “表格样式”对话框

3. 选项说明

（1）新建：单击该按钮，系统打开“创建新的表格样式”对话框，如图 7-40 所示。输入新的表格样式名后，单击“继续”按钮，系统打开“新建表格样式”对话框，如图 7-41 所示。从中可以定义新的表格样式。

“新建表格样式”对话框的“单元样式”下拉列表框中有 3 个重要的选项：“数据”、“表头”和“标题”，分别控制表格中数据、列标题和总标题的有关参数，如图 7-42 所示。在“新建表格样式”对话框在有 3 个重要的选项卡：

1)“常规”选项卡：用于控制数据栏格与标题栏格的上下位置关系。

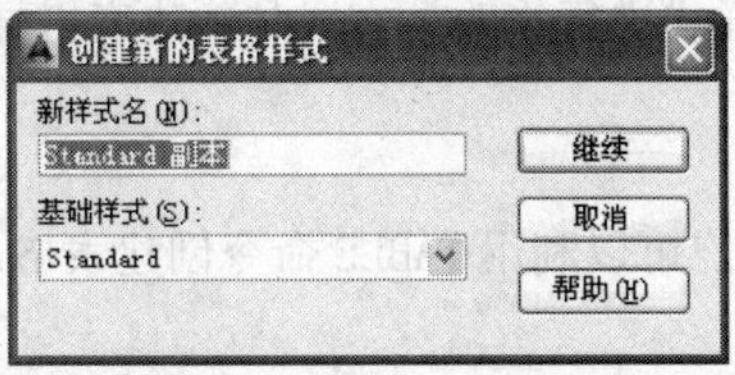

图 7-40 “创建新的表格样式”对话框

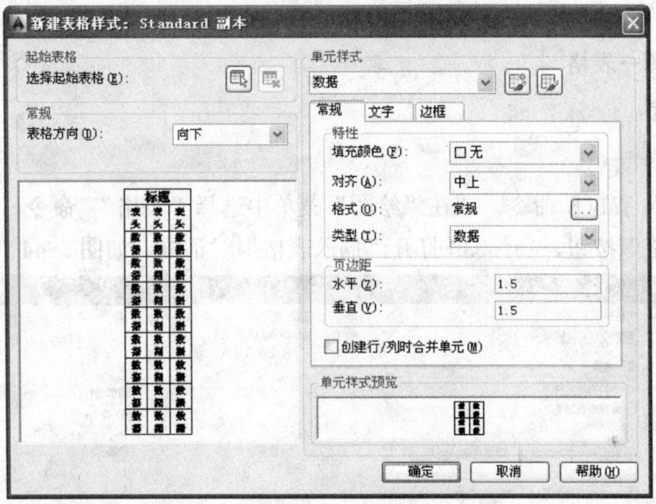

图 7-41 “新建表格样式”对话框

2)“文字”选项卡：用于设置文字属性，单击此选项卡，在“文字样式”下拉列表框中可以选择已定义的文字样式并应用于数据文字，也可以单击右侧的按钮[...]重新定义文字样式。其中“文字高度”、“文字颜色”和“文字角度”各选项设定的相应参数格式可供用户选择。

3)“边框”选项卡：用于设置表格的边框属性，下面的边框线按钮控制数据边框线的各种形式，如绘制所有数据边框线、只绘制数据边框外部边框线、只绘制数据边框内部边框线、无边框线、只绘制底部边框线等。选项卡中的“线宽”、“线型”和“颜色”下拉列表框则控制边框线的线宽、线型和颜色；选项卡中的“间距”文本框用于控制单元边界和内容之间的间距。

标题		
页眉	页眉	页眉
数据	数据	数据
数据	数据	数据
数据	数据	数据
数据	数据	数据
数据	数据	数据
数据	数据	数据
数据	数据	数据
数据	数据	数据

图 7-42 表格样式

数据	数据	数据
数据	数据	数据
数据	数据	数据
数据	数据	数据
数据	数据	数据
数据	数据	数据
数据	数据	数据
数据	数据	数据
数据	数据	数据
标题		

图 7-43 表格示例

图 7-43 所示为数据文字样式为“standard”，文字高度为 4.5，文字颜色为“红色”，对齐方式为“右下”；标题文字样式为“standard”，文字高度为 6，文字颜色为“蓝色”，对齐方式为“正中”，表格方向为“上”，水平单元边距和垂直单元边距均为 1.5 的表格样式。

（2）修改：对当前表格样式进行修改，方式与新建表格样式相同。

7.4.2 创建表格

在设置好表格样式后，用户可以利用 TABLE 命令创建表格。

1. 执行方式

命令行：TABLE

菜单：绘图→表格

工具栏：绘图→表格

2. 操作格式

命令：TABLE↙

在命令行输入 TABLE 命令，或在“绘图”菜单中选择“表格” 命令，或者在“绘图”工具栏中单击“表格”按钮，AutoCAD 打开“插入表格”对话框，如图 7-44 所示。

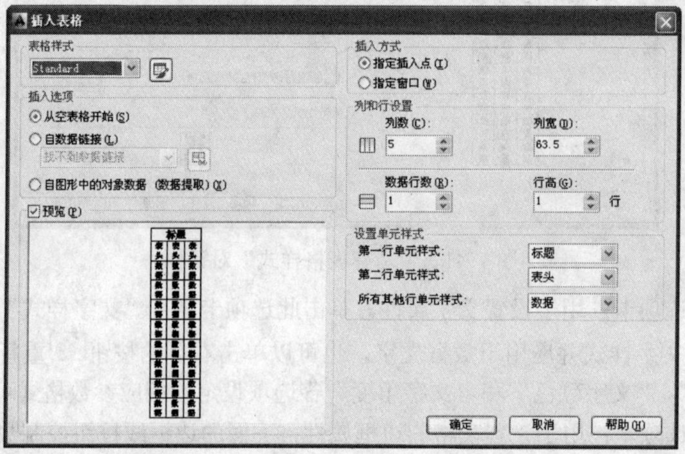

图 7-44 “插入表格”对话框

3. 选项说明

（1）“表格样式设置”选项组：可以在“表格样式名称”下拉列表框中选择一种表格样式，也可以单击后面的“…”按钮新建或修改表格样式。

（2）“插入方式”选项组

1）“指定插入点”单选按钮。指定表左上角的位置。可以使用定点设备，也可以在命令行输入坐标值。如果表样式将表的方向设置为由下而上读取，则插入点位于表的左下角。

2）“指定窗口”单选按钮。指定表的大小和位置。可以使用定点设备，也可以在命令行输入坐标值。选定此选项时，行数、列数、列宽和行高取决于窗口的大小以及列和行设置。

（3）“列和行的设置”选项组：指定列和行的数目以及列宽与行高。

在“插入方式”选项组中选择了“指定窗口”单选按钮后，列与行设置的两个参数中只能指定一个，另外一个有指定窗口大小自动等分指定。

在上面的“插入表格”对话框中进行相应设置后，单击“确定”按钮，系统在指定的插入点或窗口自动插入一个空表格，并显示多行文字编辑器，用户可以逐行逐列输入相应的文字或数据，如图 7-45 所示。

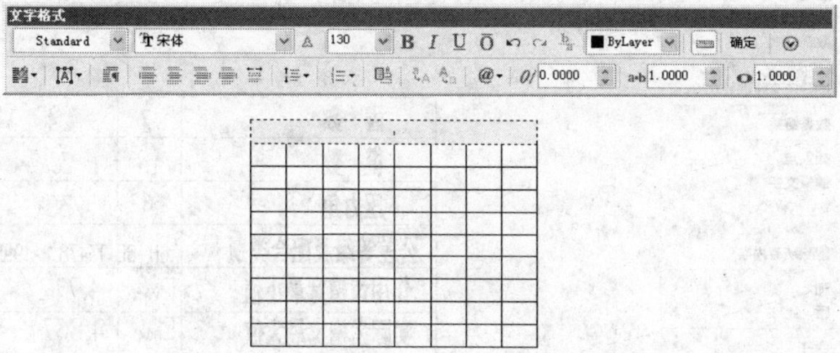

图 7-45　多行文字编辑器

在插入后的表格中选择某一个单元格，单击后出现钳夹点，通过移动钳夹点可以改变单元格的大小，如图 7-46 所示。

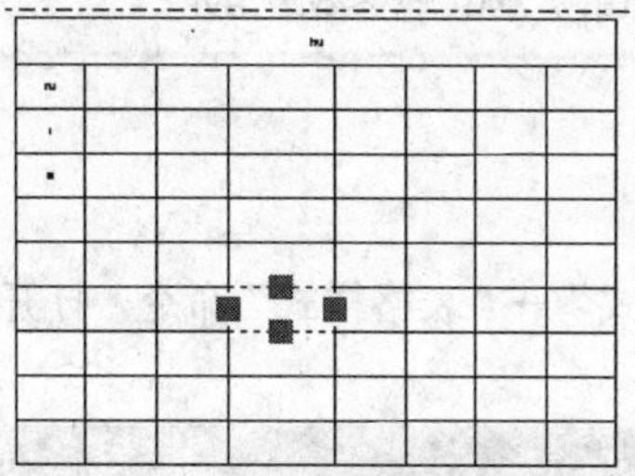

图 7-46　改变单元格大小

7.4.3　表格文字编辑

1．执行方式

命令行：TABLEDIT

快捷菜单：选定表和一个或多个单元后，单击右键并单击快捷菜单上的“编辑文字”，如图 7-47 所示。

定点设备：在表单元内双击

2．操作格式

命令：TABLEDIT↙

系统打开图 7-45 所示的多行文字编辑器，用户可以对指定表格单元的文字进行编辑。

7.4.4 实例——齿轮参数表

绘制如图 7-48 所示的齿轮参数表。

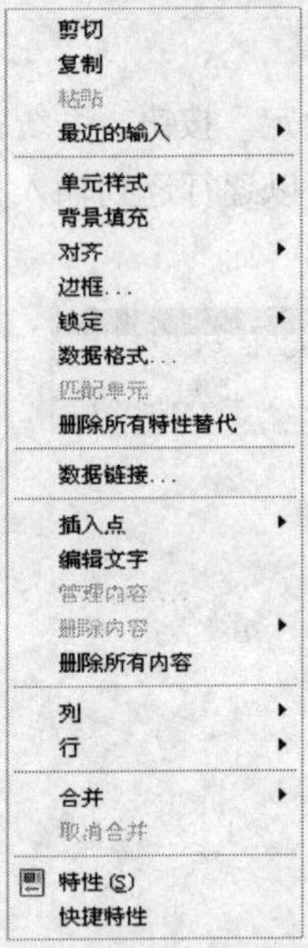

图 7-47 快捷菜单

齿 数	Z	24
模 数	m	3
压力角	α	30°
公差等级及配合类别	6H-GB T3478.1-1995	
作用齿槽宽最小值	E_{Vmin}	4.712
实际齿槽宽最大值	E_{max}	4.837
实际齿槽宽最小值	E_{min}	4.759
作用齿槽宽最大值	E_{Vmax}	4.790

图 7-48 齿轮参数表

光盘路径

光盘\动画演示\第 7 章\齿轮参数表.avi

操作步骤

01 选择菜单栏中的“格式”→“表格样式”命令，打开“表格样式”对话框，如图 7-49 所示。

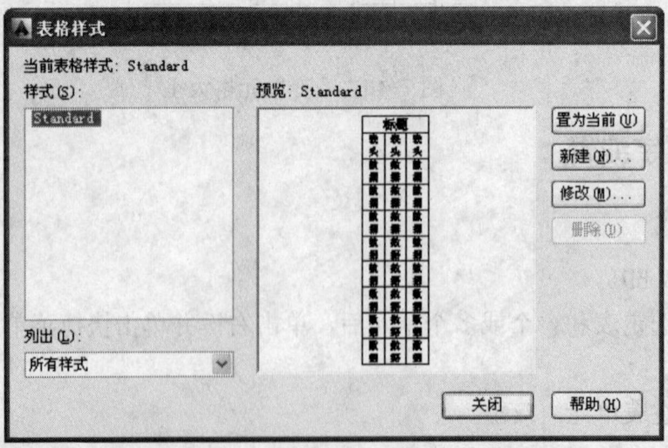

图 7-49 “表格样式”对话框

02 单击“修改”按钮，系统打开“修改表格样式”对话框，如图 7-50 所示。在该对话框中进行如下设置：在“单元样式”下拉列表框中选择“数据”，设置数据文字样式为“Standard”，文字高度为 4.5，文字颜色为“ByBlock”，填充颜色为“无”，对齐方式为“正中”，在“边框特性”选项组中按下第一个按钮，栅格颜色为“洋红”；表格方向向下，水平单元边距和垂直单元边距都为 1.5 的表格样式。

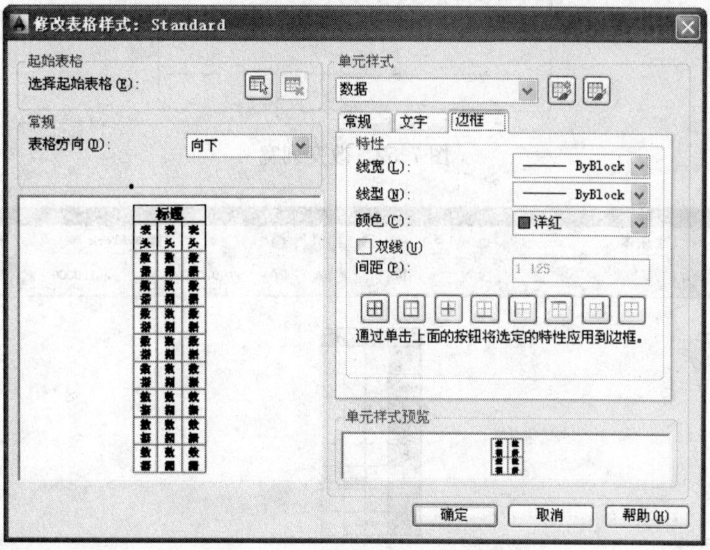

图 7-50 “修改表格样式”对话框

03 设置好文字样式后，单击“确定”按钮退出对话框。

04 创建表格。选择菜单栏中的“绘图”→“表格”命令，系统打开“插入表格”对话框，如图 7-51 所示，设置插入方式为“指定插入点”，行和列设置为 6 行 3 列，列宽为 8，行高为 1 行。在“设置单元样式”选项组中设置所有行的单元样式都为“数据”。确定后，在绘图平面指定插入点，则插入如图 7-52 所示的空表格，并显示多行文字编辑器如图 7-53 所示，不输入文字，直接在多行文字编辑器中单击“确定”按钮退出。

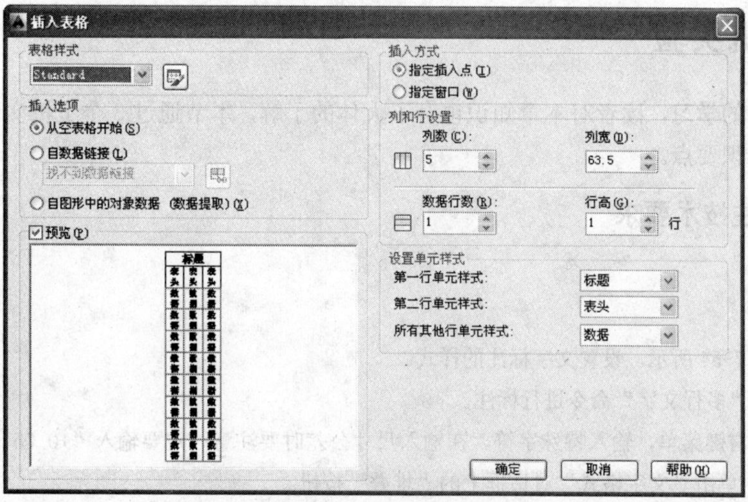

图 7-51 “插入表格”对话框

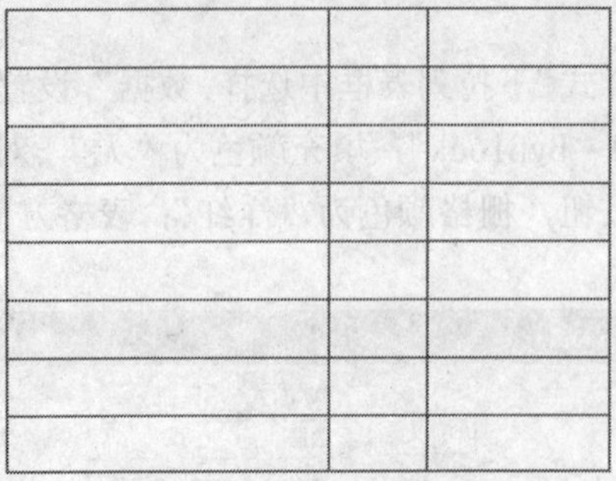

图 7-52　改变列宽

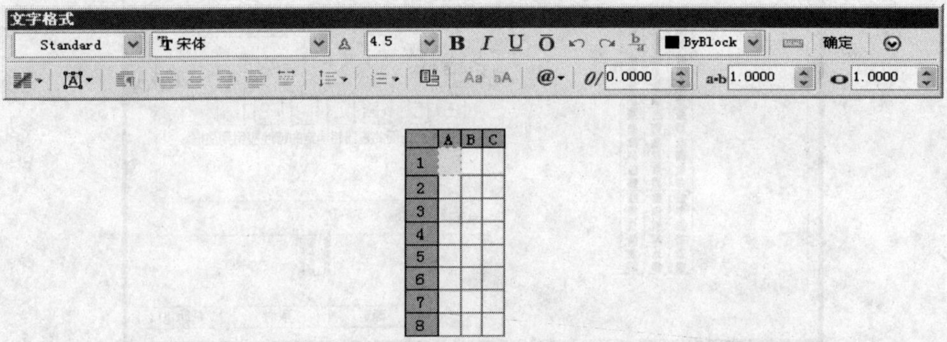

图 7-53　多行文字编辑器

05 单击第 1 列某一个单元格，出现钳夹点后，将右边钳夹点向右拉，使列宽大约变成 60，同样方法，将第二列和第三列的列宽拉成约 15 和 30。结果如图 7-52 所示。

06 双击单元格，重新打开多行文字编辑器，在各单元格中输入相应的文字或数据，最终结果如图 7-48 所示。

7.5　上机实验

通过前面的学习，读者对本章知识也有了大体的了解，本节通过 3 个上机实验使读者进一步掌握本章知识要点。

实验 1　标注技术要求

操作提示：

（1）如图 7-54 所示，设置文字标注的样式。

（2）利用“多行文字”命令进行标注。

（3）利用右键菜单，输入特殊字符。在输入尺寸公差时要注意一定要输入“+0.05^-0.06”，然后选择这些文字，单击“文字格式”对话框上的“堆叠”按钮。

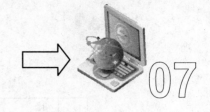

1. 当无标准齿轮时，允许检查下列三项代替检查径向综合公差和一齿径向综合公差
   a. 齿圈径向跳动公差Fr为0.056
   b. 齿形公差ff为0.016
   c. 基节极限偏差$\pm f_{pb}$为0.018
2. 用带凸角的刀具加工齿轮，但齿根不允许有凸台，允许下凹，下凹深度不大于0.2
3. 未注倒角1x45°
4. 尺寸为$\varnothing30^{+0.05}_{-0.06}$的孔抛光处理。

图 7-54　技术要求

实验 2　绘制并填写标题栏

操作提示：

（1）如图 7-55 所示，按照有关标准或规范设定的尺寸，利用直线命令和相关编辑命令绘制标题栏。

（2）设置两种不同的文字样式。

（3）注写标题栏中的文字。

<table>
<tr><td colspan="3" rowspan="2">阀体</td><td>比例</td><td></td><td rowspan="2"></td></tr>
<tr><td>件数</td><td></td></tr>
<tr><td>制图</td><td></td><td></td><td>重量</td><td></td><td>共 张 第 张</td></tr>
<tr><td>描图</td><td></td><td></td><td colspan="3" rowspan="2">三维书屋工作室</td></tr>
<tr><td>审核</td><td></td><td></td></tr>
</table>

图 7-55　标注图形名和单位名称

实验 3　绘制变速器组装图明细表

操作提示：

（1）如图 7-56 所示，设置表格样式。

（2）插入空表格，并调整列宽。

（3）重新输入文字和数据。

7.6　思考与练习

通过前面的学习，读者对本章知识也有了大体的了解，本节通过几个练习使读者进一步掌握本章知识要点。

14	端盖	1	HT150	
13	端盖	1	HT150	
12	定距环	1	Q235A	
11	大齿轮	1	40	
10	键 16×70	1	Q275	GB 1095-79
9	轴	1	45	
8	轴承	2		30208
7	端盖	1	HT200	
6	轴承	2		30211
5	轴	1	45	
4	键8×50	1	Q275	GB 1095-79
3	端盖	1	HT200	
2	调整垫片	2组	08F	
1	减速器箱体	1	HT200	
序号	名　称	数量	材　料	备　注

图 7-56　变速器组装图明细表

1．定义一个名为 USER 的文本样式，字体为楷体，字体高度为 5，倾斜角度为 15º。并在矩形内输入下面一行文本。

欢迎使用AutoCAD 2014中文版

2．试用 MTEXT 命令输入如图 7-57 所示的文本。

3．试用 DTEXT 命令输入如图 7-58 所示的文本。

4．试用“编辑”命令修改练习 1 中的文本。

5．试用“特性”选项板修改练习 3 中的文本。

6．绘制如图 7-59 所示的明细表。

技术要求：
1.Ø20的孔配做。
2.未注倒角1×45°。

图 7-57　MTEXT 命令练习

用特殊字符输入下划线
字体倾斜角度为15°

图 7-58　DTEXT 命令练习

11	hu11	橡胶密封圈	1	
10	hu10	橡胶密封圈	1	
9	hu9	卡环	1	
8	hu8	卡环	1	
7	hu7	离合器压板	1	
6	hu6	外齿摩擦片	7	
5	hu5	弹簧	20	
4	hu4	离合器活塞	1	
3	hu3	CNL离合器缸体	1	
2	hu2	弹簧座总成	1	
1	hu1	内齿摩擦片总成	7	
序号	代　　号	名　　称	数量	备 注

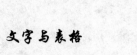

图 7-59　明细表

第 8 章尺寸标注

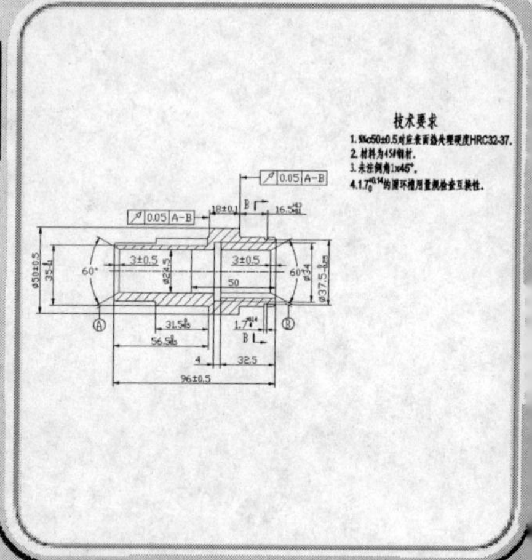

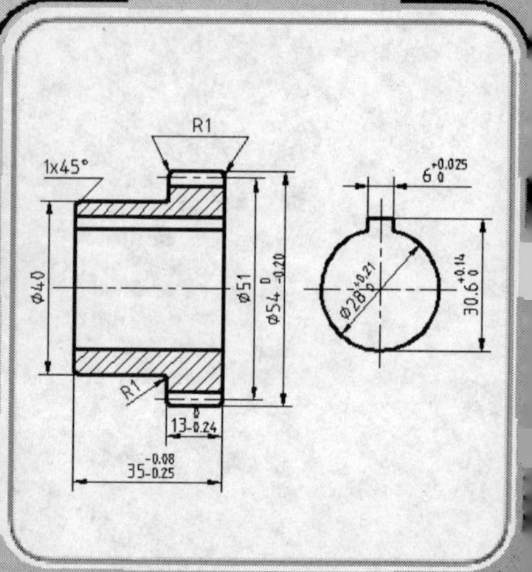

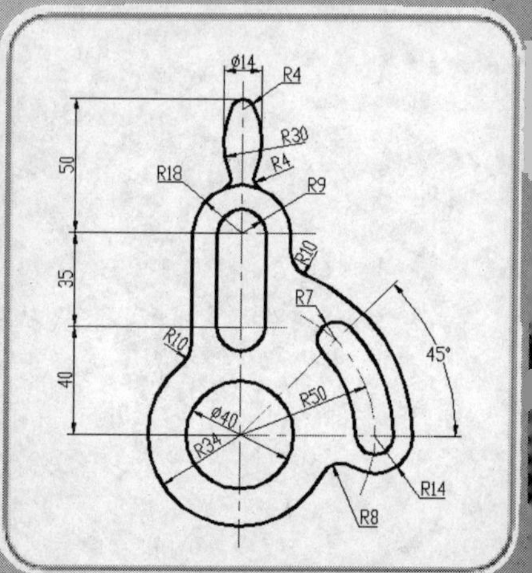

尺寸标注是绘图设计过程当中相当重要的一个环节。因为图形的主要作用是表达物体的形状，而物体各部分的真实大小和各部分之间的确切位置只能通过尺寸标注来表达。因此，没有正确的尺寸标注，绘制出的图样对于加工制造就没什么意义。AutoCAD 提供了方便、准确的标注尺寸功能。本章介绍 AutoCAD 的尺寸标注功能。

知识点

- 尺寸样式
- 标注尺寸
- 引线标注
- 编辑尺寸标注

8.1 尺寸样式

在进行尺寸标注之前，要建立尺寸标注的样式。如果用户不建立尺寸样式而直接进行标注，系统使用默认的名称为 STANDARD 的样式。用户如果认为使用的标注样式某些设置不合适，也可以修改标注样式。

图 8-1 “标注”菜单

1. 执行方式

命令行：DIMSTYLE

菜单：格式→标注样式或标注→样式（如图 8-1 所示）

工具栏：标注→标注样式（如图 8-2 所示）

2. 操作格式

命令：DIMSTYLE↙

或选择相应的菜单项或工具图标，AutoCAD 打开“标注样式管理器”对话框，如图 8-3 所示。利用此对话框可方便直观地定制和浏览尺寸标注样式，包括产生新的标注样式、修改已存在的样式、设置当前尺寸标注样式、样式重命名以及删除一个已有样式等。

图 8-2 “标注”工具栏

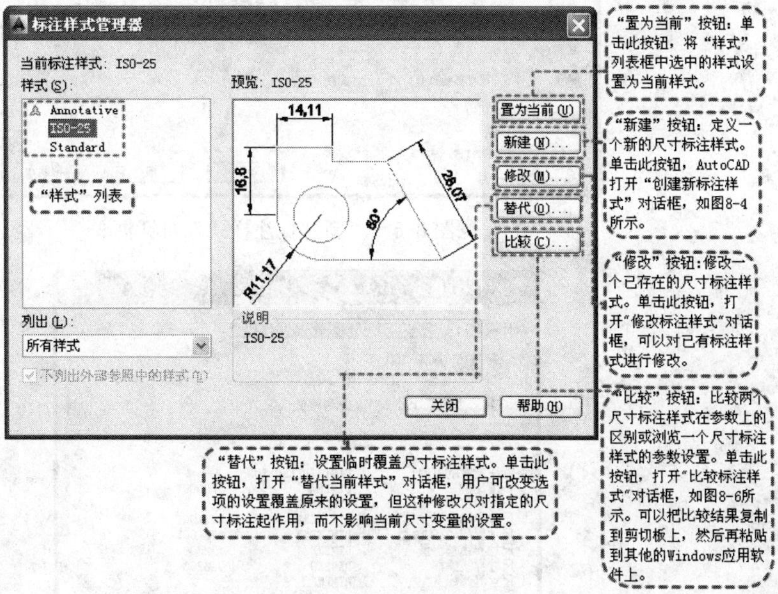

图 8-3 “标注样式管理器”对话框

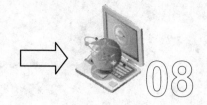

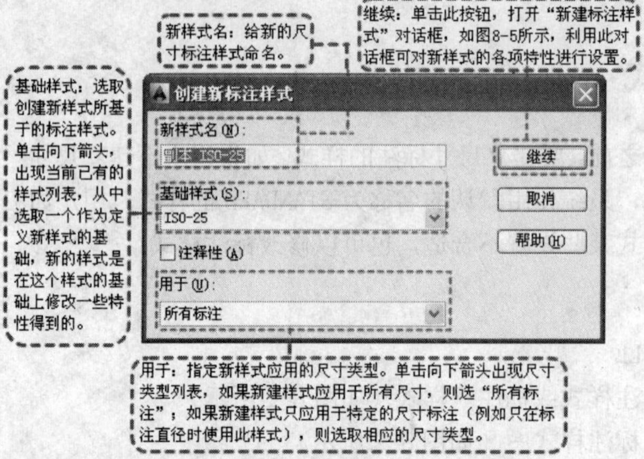
新样式名：给新的尺寸标注样式命名。
继续：单击此按钮，打开“新建标注样式”对话框，如图8-5所示，利用此对话框可对新样式的各项特性进行设置。
基础样式：选取创建新样式所基于的标注样式。单击向下箭头，出现当前已有的样式列表，从中选取一个作为定义新样式的基础，新的样式是在这个样式的基础上修改一些特性得到的。
创建新标注样式
新样式名(N)：
副本 ISO-25
继续
取消
帮助(H)
基础样式(S)：
ISO-25
注释性(A)
用于(U)：
所有标注
用于：指定新样式应用的尺寸类型。单击向下箭头出现尺寸类型列表，如果新建样式应用于所有尺寸，则选“所有标注”；如果新建样式只应用于特定的尺寸标注（例如只在标注直径时使用此样式），则选取相应的尺寸类型。

图 8-4 “创建新标注样式”对话框

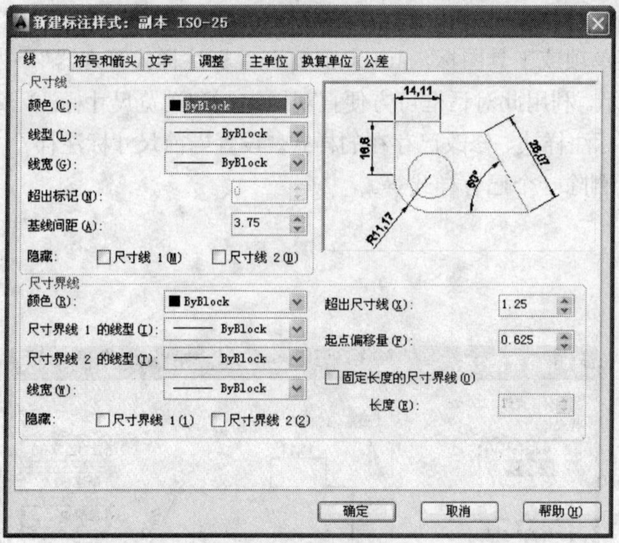

图 8-5 “新建标注样式”对话框

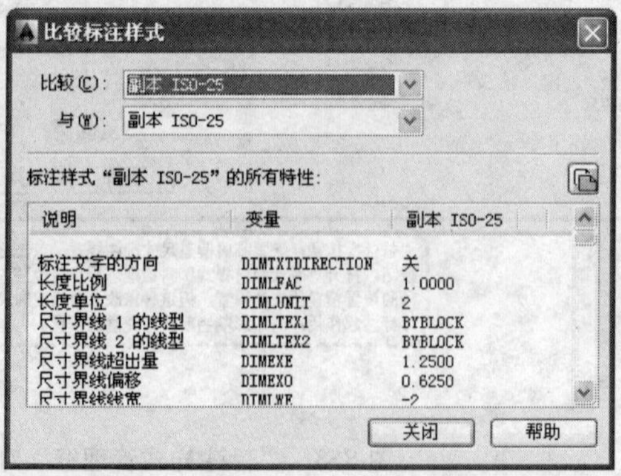

图 8-6 “比较标注样式”对话框

8.1.1 直线

在“新建标注样式”对话框中，第一个选项卡就是“线”，如图 8-5 所示。该选项卡用于设置尺寸线、尺寸界线的形式和特性。

1.“尺寸线”选项组

设置尺寸线的特性。其中各选项的含义如下：

（1）“颜色”下拉列表框：设置尺寸线的颜色。可直接输入颜色名字，也可从下拉列表中选择，如果选取“选择颜色”，系统打开“选择颜色”对话框供用户选择其他颜色。

（2）“线宽”下拉列表框：设置尺寸线的线宽，下拉列表中列出了各种线宽的名字和宽度。

（3）“超出标记”微调框：当尺寸箭头设置为短斜线、短波浪线等，或尺寸线上无箭头时，可利用此微调框设置尺寸线超出尺寸界线的距离。

（4）“基线间距”微调框：设置以基线方式标注尺寸时，相邻两尺寸线之间的距离。

（5）“隐藏”复选框组：确定是否隐藏尺寸线及相应的箭头。选中“尺寸线 1”复选框表示隐藏第一段尺寸线，选中“尺寸线 2”复选框表示隐藏第二段尺寸线。

2.“尺寸界线”选项组

该选项组用于确定尺寸界线的形式。其中各项的含义如下：

（1）“颜色”下拉列表框：设置尺寸界线的颜色。

（2）“线宽”下拉列表框：设置尺寸界线的线宽。

（3）“超出尺寸线”微调框：确定尺寸界线超出尺寸线的距离。

（4）“起点偏移量”微调框：确定尺寸界线的实际起始点相对于指定的尺寸界线的起始点的偏移量。

（5）“隐藏”复选框组：确定是否隐藏尺寸界线。复选框“尺寸界线 1”选中表示隐藏第一段尺寸界线，复选框“尺寸界线 2”选中表示隐藏第二段尺寸界线。

3. 尺寸样式显示框

在“新建标注样式”对话框的右上方，是一个尺寸样式显示框，该框以样例的形式显示用户设置的尺寸样式。

8.1.2 符号和箭头

在“新建标注样式”对话框中，第二个选项卡就是“符号和箭头”，如图 8-7 所示。该选项卡用于设置箭头、圆心标记、弧长符号和半径折弯标注的形式和特性。

1.“箭头”选项组

设置尺寸箭头的形式，AutoCAD 提供了多种多样的箭头形状，列在“第一个”和“第二个”下拉列表框中。另外，还允许采用用户自定义的箭头形状。两个尺寸箭头可以采用相同的形式，也可采用不同的形式。

（1）“第一个”下拉列表框：用于设置第一个尺寸箭头的形式。可单击右侧的小箭头从下拉列表中选择，其中列出了各种箭头形式的名字以及各类箭头的形状。一旦确定了第一个箭头的类型，第二个箭头则自动与其匹配，要想第二个箭头取不同的形状，可在“第二个”下拉列表框中设定。

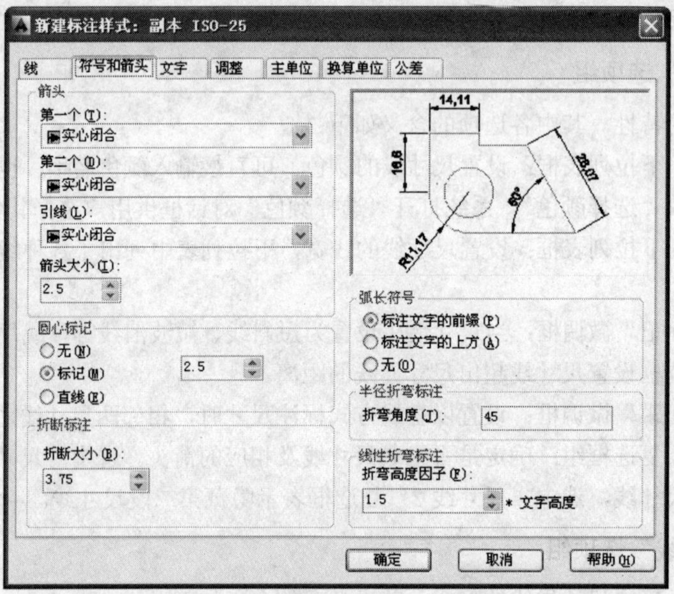

图 8-7 “符号和箭头”选项卡

如果在列表中选择了“用户箭头”，打开如图 8-8 所示的“选择自定义箭头块”对话框，可以事先把自定义的箭头存成一个图块，在此对话框中输入该图块名即可。

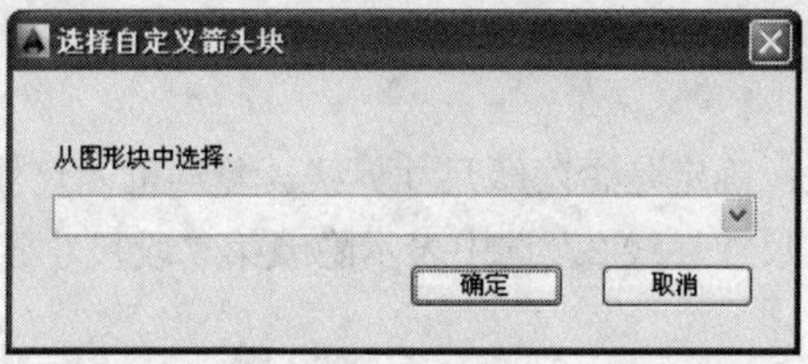

图 8-8 “选择自定义箭头块”对话框

（2）“第二个”下拉列表框：确定第二个尺寸箭头的形式，可与第一个箭头不同。

（3）“引线”下拉列表框：确定引线箭头的形式，与“第一个”设置类似。

（4）“箭头大小”微调框：设置箭头的大小。

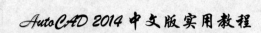

2.“圆心标记”选项组

（1）标记：中心标记为一个记号。

（2）直线：中心标记采用中心线的形式。

（3）无：既不产生中心标记，也不产生中心线，如图 8-9 所示。

（4）“大小”微调框：设置中心标记和中心线的大小和粗细。

3.“弧长符号”选项组

控制弧长标注中圆弧符号的显示。有 3 个单选项：

（1）标注文字的前缀：将弧长符号放在标注文字的前面，如图 8-10a 所示。

（2）标注文字的上方：将弧长符号放在标注文字的上方，如图 8-10b 所示。

（3）无：不显示弧长符号，如图 8-10c 所示。

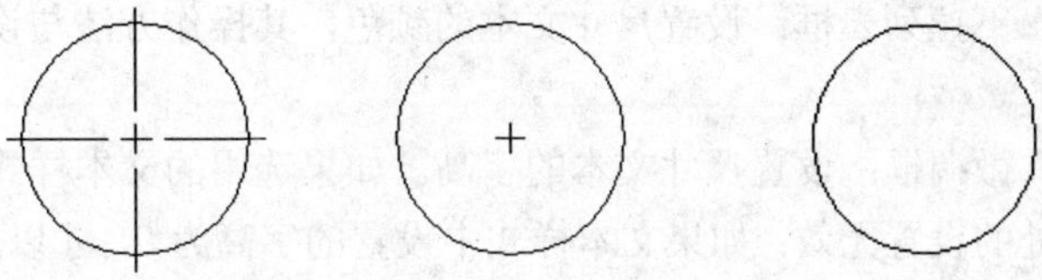

图 8-9　圆心标记

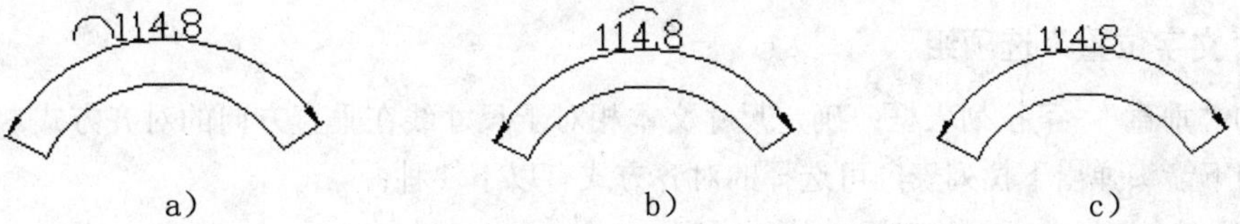

图 8-10　弧长符号

4.“半径标注折弯”选项组

控制折弯（Z 字型）半径标注的显示。折弯半径标注通常在中心点位于页面外部时创建。在“折弯角度”文本框中可以输入连接半径标注的尺寸界线和尺寸线横向直线的角度，如图 8-11 所示。

8.1.3　尺寸文本

在“新建标注样式”对话框中，第三个选项卡就是“文字”，如图 8-12 所示。该选项卡用于设置尺寸文本的形式、布置和对齐方式等。

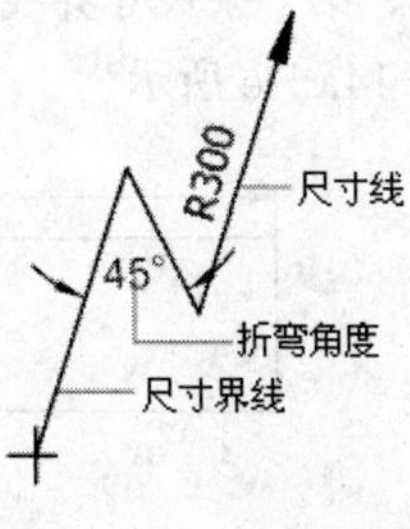

图 8-11　折弯角度

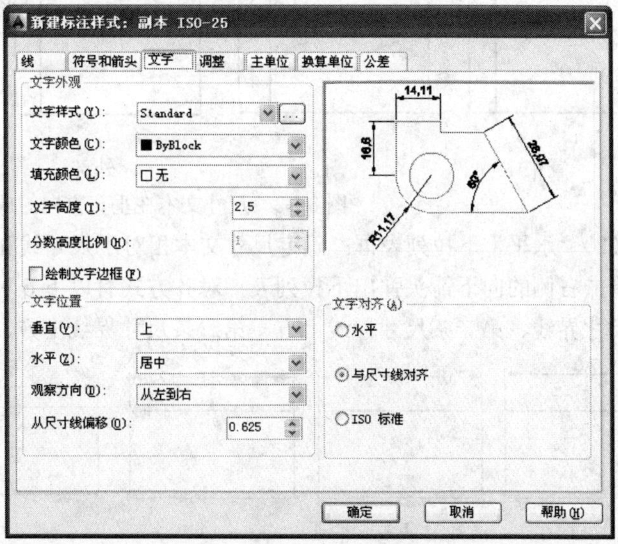

图 8-12　“新建标注样式”对话框的“文字”选项卡

1．“文字外观”选项组

（1）“文字样式”下拉列表框：选择当前尺寸文本采用的文本样式。可单击小箭头从下拉列表中选取一个样式，也可单击右侧的…按钮，打开“文字样式”对话框以创建新的文本样式或对文本样式进行修改。

（2）“文字颜色”下拉列表框：设置尺寸文本的颜色，其操作方法与设置尺寸线颜色的方法相同。

（3）“文字高度”微调框：设置尺寸文本的字高。如果选用的文本样式中已设置了具体的字高（不是0），此处的设置无效；如果文本样式中设置的字高为0，才以此处的设置为准。

（4）“分数高度比例”微调框：确定尺寸文本的比例系数。

（5）“绘制文字边框”复选框：选中此复选框，AutoCAD在尺寸文本周围加上边框。

2．“文字位置”选项组

（1）“垂直” 下拉列表框：确定尺寸文本相对于尺寸线在垂直方向的对齐方式。单击右侧的向下箭头弹出下拉列表，可选择的对齐方式有以下4种：

1）置中：将尺寸文本放在尺寸线的中间。

2）上：将尺寸文本放在尺寸线的上方。

3）外部：将尺寸文本放在远离第一条尺寸界线起点的位置，即和所标标注的对象分列于尺寸线的两侧。

4）JIS：使尺寸文本的放置符合JIS（日本工业标准）规则。

这几种文本布置方式如图8-13所示。

置中　　上　　外部　　JIS

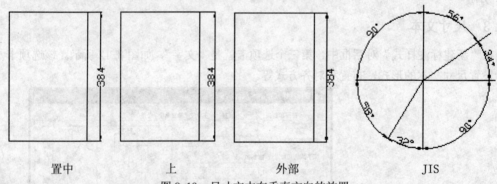

图8-13　尺寸文本在垂直方向的放置

（2）“水平”下拉列表框：确定尺寸文本相对于尺寸线和尺寸界线在水平方向的对齐方式。单击右侧的向下箭头弹出下拉列表，对齐方式有以下5种：居中、第一条尺寸界线、第二条尺寸界线、第一条尺寸界线上方、第二条尺寸界线上方，如图8-14a～e所示。

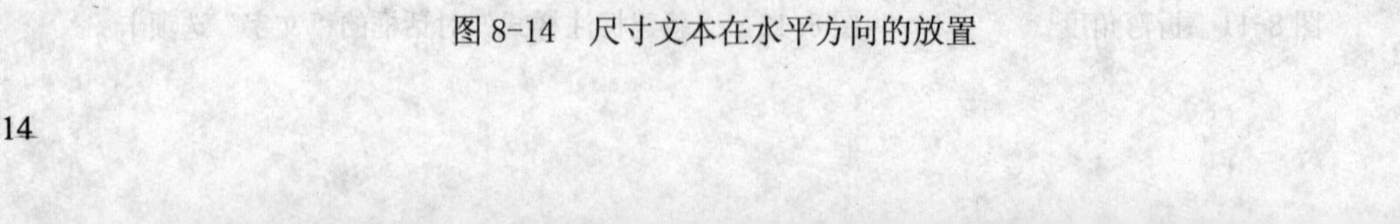

a）　b）　c）　d）　e）

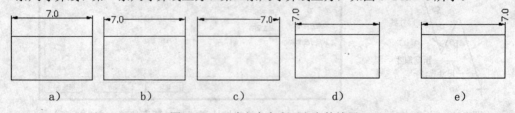

图8-14　尺寸文本在水平方向的放置

（3）“从尺寸线偏移”微调框：当尺寸文本放在断开的尺寸线中间时，此微调框用来设置尺寸文本与尺寸线之间的距离（尺寸文本间隙）。

3.“文字对齐”选项组

用来控制尺寸文本排列的方向。

（1）“水平”单选按钮：尺寸文本沿水平方向放置。不论标注什么方向的尺寸，尺寸文本总保持水平。

（2）“与尺寸线对齐” 单选按钮：尺寸文本沿尺寸线方向放置。

（3）“ISO 标准”单选按钮：当尺寸文本在尺寸界线之间时，沿尺寸线方向放置；在尺寸界线之外时，沿水平方向放置。

8.1.4 调整

在“新建标注样式”对话框中，第四个选项卡就是“调整”，如图 8-15 所示。该选项卡根据两条尺寸界线之间的空间，设置将尺寸文本、尺寸箭头放在两尺寸界线的里边还是外边。如果空间允许，AutoCAD 总是把尺寸文本和箭头放在尺寸界线的里边，空间不够的话，则根据本选项卡的各项设置放置。

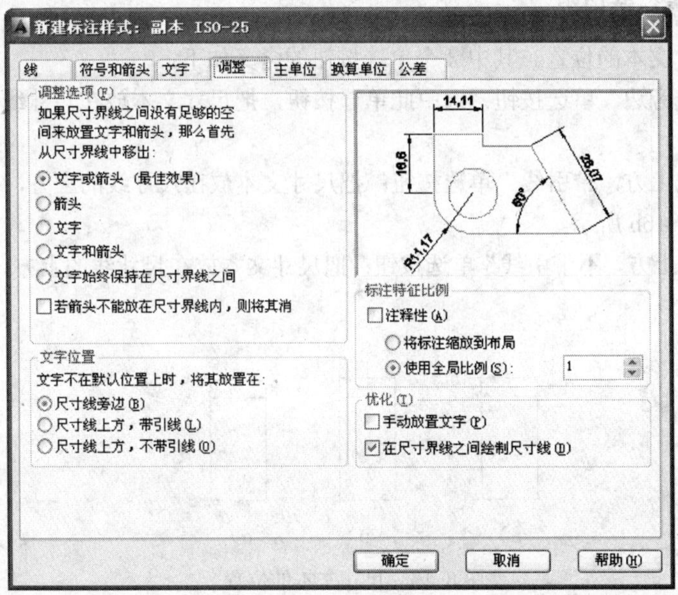

图 8-15 “新建标注样式”对话框的“调整”选项卡

1.“调整选项”选项组

（1）“文字或箭头（最佳效果）” 单选按钮：选中此单选按钮，按以下方式放置尺寸文本和箭头：

如果空间允许，把尺寸文本和箭头都放在两尺寸界线之间；如果两尺寸界线之间只够放置尺寸文本，则把文本放在尺寸界线之间，而把箭头放在尺寸界线的外边；如果只够放置箭头，则把箭头放在里边，把文本放在外边；如果两尺寸界线之间既放不下文本，也放不下箭头，则把二者均放在外边。

（2）“箭头”单选按钮：选中此单选按钮，按以下方式放置尺寸文本和箭头：如果空间允许，把尺寸文本和箭头都放在两尺寸界线之间；如果空间只够放置箭头，则把箭头放在尺寸界线之间，把文本放在外边；如果尺寸界线之间的空间放不下箭头，则把箭头和文本均放在外面。

（3）“文字”单选按钮：选中此单选按钮，按以下方式放置尺寸文本和箭头：

如果空间允许，把尺寸文本和箭头都放在两尺寸界线之间；否则把文本放在尺寸界线之间，把箭头放在外面；如果尺寸界线之间的空间放不下尺寸文本，则把文本和箭头都放在外面。

（4）“文字和箭头”单选按钮：选中此单选按钮，如果空间允许，把尺寸文本和箭头都放在两尺寸界线之间；否则把文本和箭头都放在尺寸界线外面。

（5）“文字始终保持在尺寸界线之间”单选按钮：选中此单选按钮，AutoCAD 总是把尺寸文本放在两条尺寸界线之间。

（6）“若箭头不能放在尺寸界线内，则将其消除”复选框：选中此复选框，则尺寸界线之间的空间不够时省略尺寸箭头。

2.“文字位置”选项组

用来设置尺寸文本的位置。其中 3 个单选按钮的含义如下：

（1）“尺寸线旁边”单选按钮：选中此单选按钮，把尺寸文本放在尺寸线的旁边，如图 8-16a 所示。

（2）“尺寸线上方，带引线”单选按钮：把尺寸文本放在尺寸线的上方，并用引线与尺寸线相连，如图 8-16b 所示。

（3）“尺寸线上方，不带引线”单选按钮：把尺寸文本放在尺寸线的上方，中间无引线，如图 8-16c 所示。

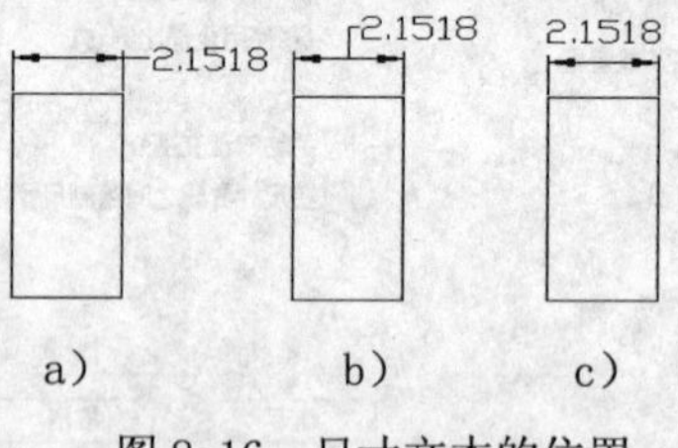

图 8-16　尺寸文本的位置

3.“标注特征比例”选项组

（1）“使用全局比例”单选按钮：确定尺寸的整体比例系数。其后面的“比例值”微调框可以用来选择需要的比例。

（2）“将标注缩放到布局”单选按钮：确定图纸空间内的尺寸比例系数，默认值为 1。

（3）“注释性”复选框：选择此项，则指定标注为 annotative。

4.“调整”选项组

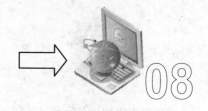

设置附加的尺寸文本布置选项，包含两个选项：

（1）“手动放置文字”复选框：选中此复选框，标注尺寸时由用户确定尺寸文本的放置位置，忽略前面的对齐设置。

（2）“在尺寸界线之间绘制尺寸线”复选框：选中此复选框，不论尺寸文本在尺寸界线内部还是外面，AutoCAD 均在两尺寸界线之间绘出一尺寸线；否则当尺寸界线内放不下尺寸文本而将其放在外面时，尺寸界线之间无尺寸线。

8.1.5 主单位

在“新建标注样式”对话框中，第五个选项卡就是“主单位”，如图 8-17 所示。该选项卡用来设置尺寸标注的主单位和精度，以及给尺寸文本添加固定的前缀或后缀。本选项卡含两个选项组，分别对长度型标注和角度型标注进行设置。

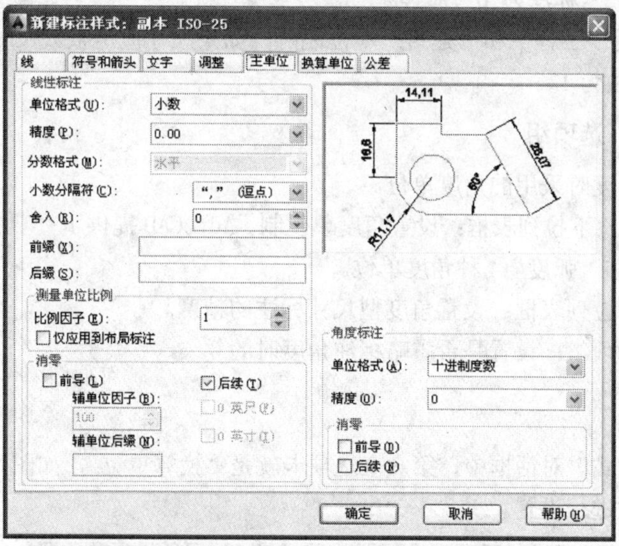

图 8-17　“新建标注样式”对话框的“主单位”选项卡

1.“线性标注”选项组

用来设置标注长度型尺寸时采用的单位和精度。

（1）“单位格式”下拉列表框：确定标注尺寸时使用的单位制（角度型尺寸除外）。在下拉菜单中 AutoCAD 提供了“科学”“小数”“工程”“建筑”“分数”和“Windows 桌面”6 种单位制，可根据需要选择。

（2）“分数格式”下拉列表框：设置分数的形式。AutoCAD 提供了“水平”“对角”和“非堆叠”3 种形式供用户选用。

（3）“小数分隔符”下拉列表框：确定十进制单位（Decimal）的分隔符，AutoCAD 提供了 3 种形式：“.”(点)“,”(逗点)和空格。

（4）“舍入”微调框：设置除角度之外的尺寸测量的圆整规则。在文本框中输入一个值，如果输入 1 则所有测量值均圆整为整数。

（5）“前缀”文本框：设置固定前缀。可以输入文本，也可以用控制符产生特殊字符，这些文本将被加在所有尺寸文本之前。

（6）“后缀”文本框：给尺寸标注设置固定后缀。

（7）“测量单位比例”选项组：确定 AutoCAD 自动测量尺寸时的比例因子。其中“比例因子”微调框用来设置除角度之外所有尺寸测量的比例因子。例如，如果用户确定比例因子为 2，AutoCAD 则把实际测量为 1 的尺寸标注为 2。

如果选中“仅应用到布局标注”复选项，则设置的比例因子只适用于布局标注。

（8）“消零”选项组：用于设置是否省略标注尺寸时的 0。

1）前导：选中此复选框省略尺寸值处于高位的 0。例如，0.50000 标注为 .50000。

2）后续：选中此复选框省略尺寸值小数点后末尾的 0。例如，12.5000 标注为 12.5，而 30.0000 标注为 30。

3）0 英尺：采用“工程”和“建筑”单位制时，如果尺寸值小于 1 英尺时，省略尺。例如， 0'-6 1/2″ 标注为 6 1/2″。

4）0 英寸：采用“工程”和“建筑”单位制时，如果尺寸值是整数尺时，省略寸。例如，1'-0″标注为 1'。

2.“角度标注”选项组

用来设置标注角度时采用的角度单位。

（1）“单位格式”下拉列表框：设置角度单位制。AutoCAD 提供了“十进制度数”、“度/分/秒”、“百分度”和“弧度”4 种角度单位。

（2）“精度”下拉列表框：设置角度型尺寸标注的精度。

（3）“消零”选项组：设置是否省略标注角度时的 0。

8.1.6 换算单位

在“新建标注样式”对话框中，第六个选项卡就是“换算单位”，如图 8-18 所示。该选项卡用于对替换单位进行设置。

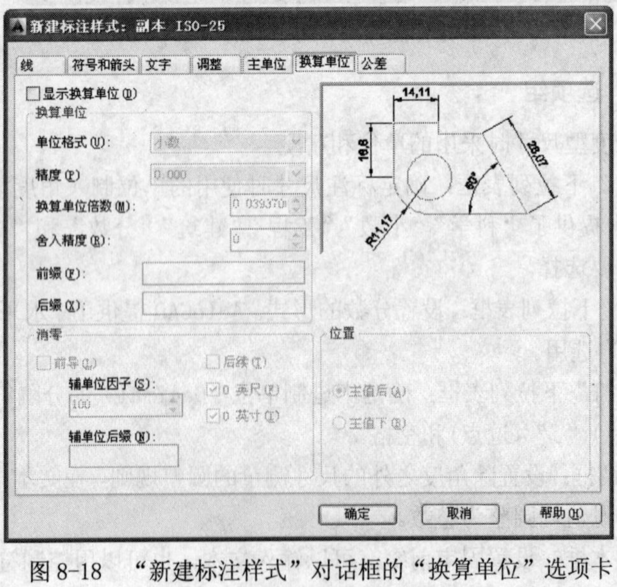

图 8-18 “新建标注样式”对话框的“换算单位”选项卡

1. “显示换算单位”复选框

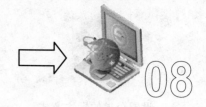

选中此复选框，则替换单位的尺寸值也同时显示在尺寸文本上。

2. “换算单位”选项组

用于设置替换单位。其中各项的含义如下：

(1)“单位格式”下拉列表框：选取替换单位采用的单位制。

(2)“精度”下拉列表框：设置替换单位的精度。

(3)“换算单位倍数”微调框：指定主单位和替换单位的转换因子。

(4)“舍入精度” 微调框：设定替换单位的圆整规则。

(5)“前缀”文本框：设置替换单位文本的固定前缀。

(6)“后缀”文本框：设置替换单位文本的固定后缀。

3. “消零”选项组

设置是否省略尺寸标注中的 0。

4. “位置”选项组

设置替换单位尺寸标注的位置。

(1)“主值后”单选按钮：把替换单位尺寸标注放在主单位标注的后边。

(2)“主值下”单选按钮：把替换单位尺寸标注放在主单位标注的下边。

8.1.7 公差

在“新建标注样式”对话框中，第七个选项卡就是“公差”，如图 8-19 所示。该选项卡用来确定标注公差的方式。

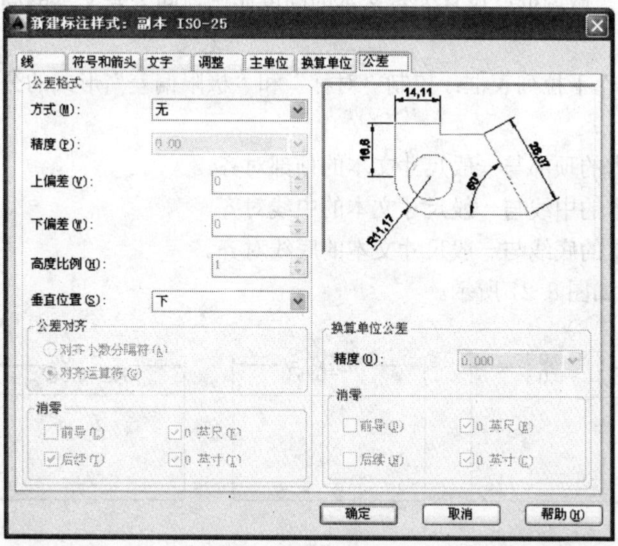

图 8-19 “新建标注样式”对话框的“公差”选项卡

1. “公差格式”选项组

设置公差的标注方式。

(1)“方式”下拉列表框：设置以何种形式标注公差。单击右侧的向下箭头弹出一下拉列表，其中列出了 AutoCAD 提供的 5 种标注公差的形式，用户可从中选择。这 5 种形式分别是“无”、“对称”、“极限偏差”、“极限尺寸”和“基本尺寸”，其中“无”表示不标注公差，即我们上面的通常标注情形。其余 4 种标注情况如图 8-20 所示。

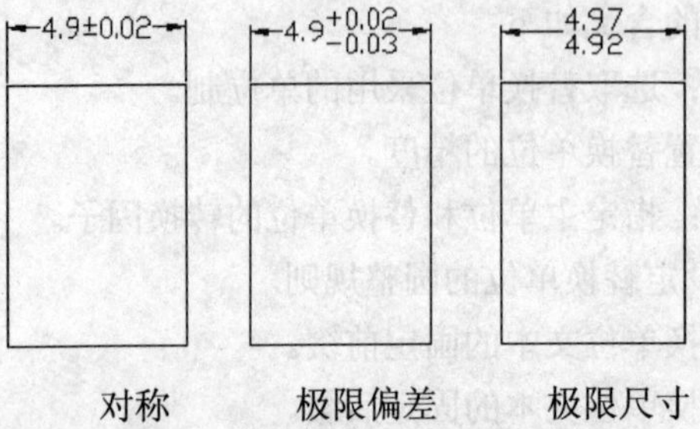

图 8-20　公差标注的形式

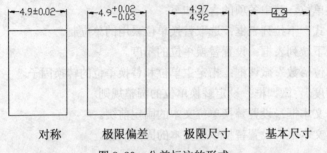

(2)“精度”下拉列表框：确定公差标注的精度。

(3)“上偏差”微调框：设置尺寸的上偏差。

(4)“下偏差”微调框：设置尺寸的下偏差。

系统自动在上偏差数值前加一“+”号，在下偏差数值前加一“-”号。如果上偏差是负值或下偏差是正值，都需要在输入的偏差值前加负号。如下偏差是+0.005，则需要在“下偏差”微调框中输入-0.005。

(5)“高度比例”微调框：设置公差文本的高度比例，即公差文本的高度与一般尺寸文本的高度之比。

(6)“垂直位置”下拉列表框：控制“对称”和“极限偏差”形式的公差标注的文本对齐方式。

1）上：公差文本的顶部与一般尺寸文本的顶部对齐。

2）中：公差文本的中线与一般尺寸文本的中线对齐。

3）下：公差文本的底线与一般尺寸文本的底线对齐。

这 3 种对齐方式如图 8-21 所示。

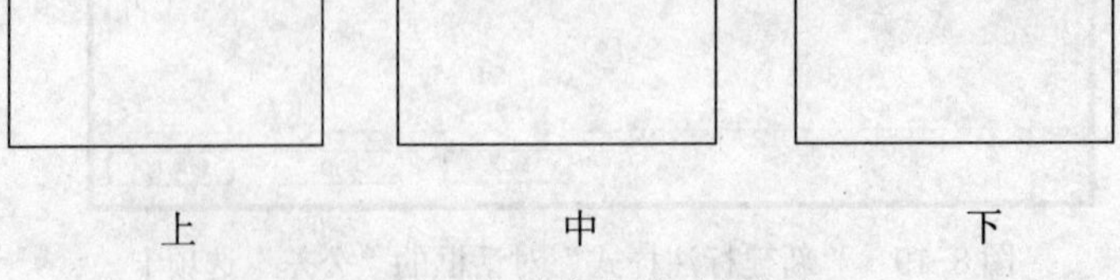

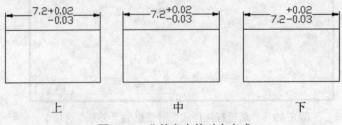

图 8-21　公差文本的对齐方式

(7)“消零”选项组：设置是否省公差标注中的 0。

2．“换算单位公差”选项组

对形位公差标注的替换单位进行设置。其中各项的设置方法与上面相同。

8.2 标注尺寸

正确地进行尺寸标注是设计绘图工作中非常重要的一个环节，AutoCAD 提供了方便快捷的尺寸标注方法，可通过执行命令实现，也可利用菜单或工具图标实现。本节重点介绍如何对各种类型的尺寸进行标注。

8.2.1 长度型尺寸标注

1．执行方式

命令行：DIMLINEAR（缩写名 DIMLIN）

菜单：标注→线性

工具栏：标注→线性标注

2．操作格式

命令：DIMLIN↙

选择相应的菜单项或工具图标，或在命令行输入 DIMLIN 后回车，AutoCAD 提示：

指定第一个尺寸界线原点或 <选择对象>:

3．选项说明

在此提示下有两种选择，直接回车选择要标注的对象或确定尺寸界线的起始点，分别说明如下：

（1）直接回车：光标变为拾取框，并且在命令行提示：

选择标注对象：

用拾取框点取要标注尺寸的线段，AutoCAD 提示：

指定尺寸线位置或[多行文字(M)/文字(T)/角度(A)/水平(H)/垂直(V)/旋转(R)]：

各项的含义如下：

1）指定尺寸线位置：确定尺寸线的位置。用户可移动鼠标选择合适的尺寸线位置，然后回车或单击鼠标左键，AutoCAD 则自动测量所标注线段的长度并标注出相应的尺寸。

2）多行文字(M)：用多行文本编辑器确定尺寸文本。

3）文字(T)：在命令行提示下输入或编辑尺寸文本。选择此选项后，AutoCAD 提示：

输入标注文字 <默认值>:

其中的默认值是 AutoCAD 自动测量得到的被标注线段的长度，直接回车即可采用此长度值，也可输入其他数值代替默认值。当尺寸文本中包含默认值时，可使用尖括号“<>”表示默认值。

4）角度(A)：确定尺寸文本的倾斜角度。

5）水平(H)：水平标注尺寸，不论标注什么方向的线段，尺寸线均水平放置。

6）垂直(V)：垂直标注尺寸，不论被标注线段沿什么方向，尺寸线总保持垂直。

注意

要在公差尺寸前或后添加某些文本符号，必须输入尖括号“<>”表示默认值。比如，要将图 8-22a 所示原始尺寸改为图 b 所示尺寸，在进行线性标注时，在执行 M 或 T 命令后，在“输入标注文字<默认值>:”提示下应该这样输入：%%c<>。如果要将图 a 的尺寸文本改为图 c 所示的文本则比较麻烦。因为后面的公差是堆叠文本，这时可以用多行文字命令 M 选项来执行，在多行文字编辑器中输入：5.8+0.1^-0.2，然后堆叠处理一下即可。

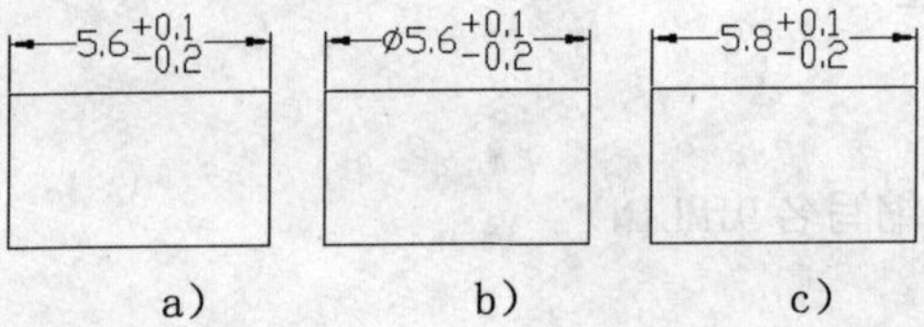

图 8-22　在公差尺寸前或后添加某些文本符号

7）旋转(R)：输入尺寸线旋转的角度值，旋转标注尺寸。

(2) 指定第一条尺寸界线原点：指定第一条与第二条尺寸界线的起始点。

8.2.2　实例——标注螺栓

标注如图 8-23 所示的螺栓。

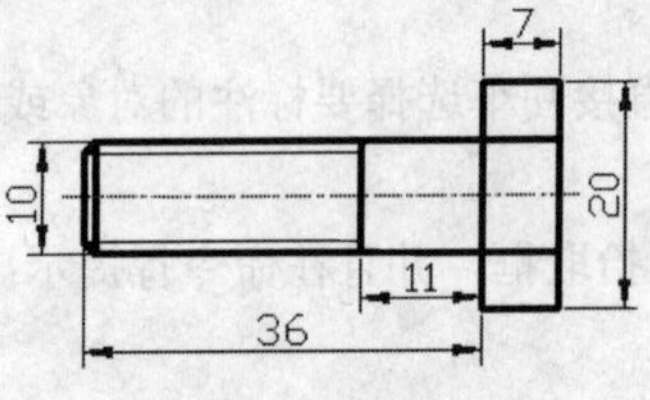

图 8-23　螺栓

光盘路径

光盘\动画演示\第 8 章\标注螺栓.avi

操作步骤

01 选择菜单栏中的“标注”→“标注样式”命令，设置标注样式。命令行提示与操作如下：

```
命令：DIMSTYLE↙
```

回车后，打开“标注样式管理器”对话框，如图 8-24 所示。也可单击“格式”下拉菜单下的“标注样式”选项，或者单击“标注”下拉菜单下的“样式”选项，均可调出该对话框。由于系统的标注样式有些不符合要求，因此，根据图 8-23 中的标注样式，进行线性标注样式的设置。单击“新建”按钮，弹出“创建新标注样式”对话框，如图 8-25 所示，单击“用于”后的按钮，从中选择“线性标注”，然后单击“继续”按钮，将弹出“新建标注样式”对话框，单击“文字”选项卡，进行如图 8-26 设置，设置完成后，单击“确定”按钮，回到“标注样式管理器”对话框。

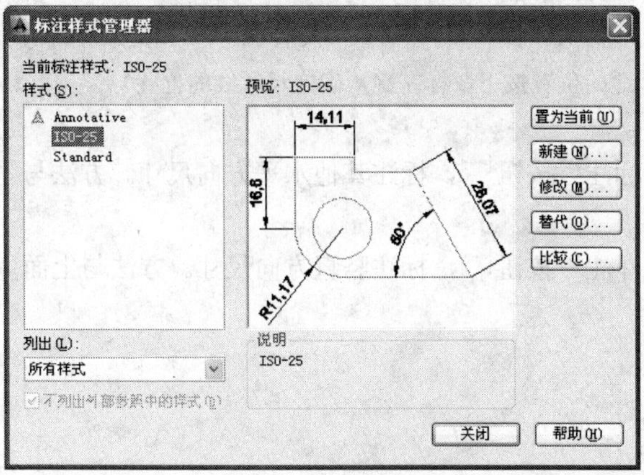

图 8-24 “标注样式管理器”对话框

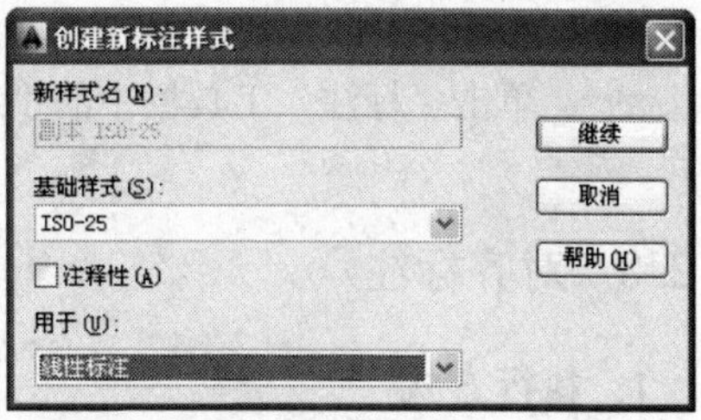

图 8-25 “创建新标注样式”对话框

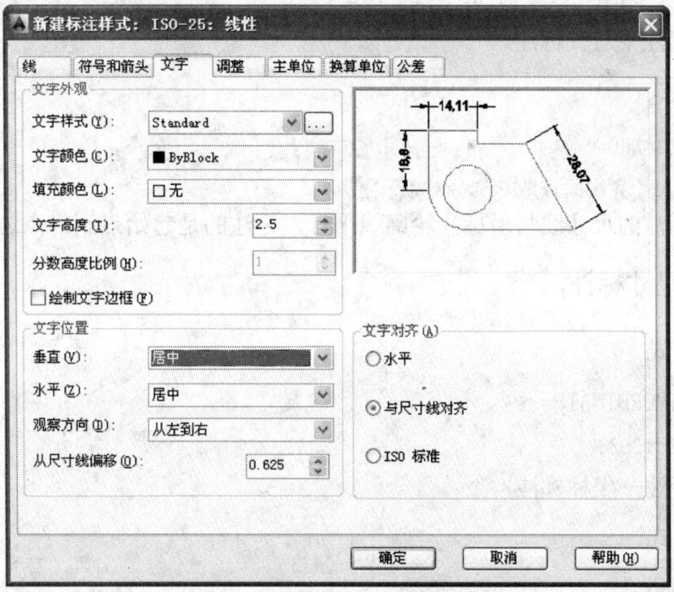

图 8-26 “新建标注样式”对话框

02 单击“标注”工具栏中的“线型标注”按钮，标注主视图高度。命令行提示与操作如下：

```
命令:DIMLINEAR↙
指定第一条尺寸界线起点或 <选择对象>:_endp 于（捕捉标注为“11”的边的一个端点，作为第
```

一条尺寸界线的起点）

指定第二条尺寸界线起点:_endp 于（捕捉标注为“11”的边的另一个端点，作为第二条尺寸界线的起点）

指定尺寸线位置或[多行文字(M)/文字(T)/角度(A)/水平(H)/垂直(V)/旋转(R)]:T↙（回车后，系统在命令行显示尺寸的自动测量值，可以对尺寸值进行修改）

输入标注文字<11>:↙（回车，采用尺寸的自动测量值“11”）

指定尺寸线位置或[多行文字(M)/文字(T)/角度(A)/水平(H)/垂直(V)/旋转(R)]:（指定尺寸线的位置。拖动鼠标，将出现动态的尺寸标注，在合适的位置按下鼠标左键，确定尺寸线的位置）

标注文字=11

03 单击“标注”工具栏中的“线型标注”按钮，标注其他水平方向尺寸。方法与上面相同。

04 单击“标注”工具栏中的“线型标注”按钮，标注竖直方向尺寸。方法与上面相同。

8.2.3 对齐标注

1. 执行方式

命令行：DIMALIGNED

菜单：标注→对齐

工具栏：标注→对齐标注

2. 操作格式

命令：DIMALIGNED↙

指定第一个尺寸界线原点或 <选择对象>:

这种命令标注的尺寸线与所标注轮廓线平行，标注的是起始点到终点之间的距离尺寸。

8.2.4 坐标尺寸标注

1. 执行方式

命令行：DIMORDINATE

菜单：标注→坐标

工具栏：标注→坐标标注

2. 操作格式

命令：DIMORDINATE↙

指定点坐标：

点取或捕捉要标注坐标的点，AutoCAD 把这个点作为指引线的起点，并提示：

指定引线端点或 [X 基准(X)/Y 基准(Y)/多行文字(M)/文字(T)/角度(A)]:

3. 选项说明

（1）指定引线端点：确定另外一点。根据这两点之间的坐标差决定是生成 X 坐标尺寸

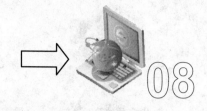

还是 Y 坐标尺寸。如果这两点的 Y 坐标之差比较大，则生成 X 坐标；反之，生成 Y 坐标。

（2）X（Y）基准：生成该点的 X（Y）坐标。

8.2.5 角度尺寸标注

1. 执行方式

命令行：DIMANGULAR

菜单：标注→角度

工具栏：标注→角度标注

2. 操作格式

命令：DIMANGULAR↙

选择圆弧、圆、直线或 <指定顶点>：

3. 选项说明

（1）选择圆弧（标注圆弧的中心角）：当用户选取一段圆弧后，AutoCAD 提示：

指定标注弧线位置或 [多行文字(M)/文字(T)/角度(A) /象限点(Q)]：（确定尺寸线的位置或选取某一项）

在此提示下确定尺寸线的位置 AutoCAD 按自动测量得到的值标注出相应的角度，在此之前用户可以选择“多行文字(M)”项、“文字(T)”项、“角度(A)”项或“象限点（Q)”通过多行文本编辑器或命令行来输入或定制尺寸文本以及指定尺寸文本的倾斜角度。

（2）选择一个圆（标注圆上某段弧的中心角）：当用户点取圆上一点选择该圆后，AutoCAD 提示选取第二点：

指定角的第二个端点：（选取另一点，该点可在圆上，也可不在圆上）

指定标注弧线位置或 [多行文字(M)/文字(T)/角度(A) /象限点(Q)]：

确定尺寸线的位置，AutoCAD 标出一个角度值，该角度以圆心为顶点，两条尺寸界线通过所选取的两点，第二点可以不必在圆周上。用户还可以选择“多行文字(M)”项、“文字(T)”项、“角度(A)”或 “象限点（Q)”项编辑尺寸文本和指定尺寸文本的倾斜角度，如图 8-27 所示。

（3）选择一条直线（标注两条直线间的夹角）：当用户选取一条直线后，AutoCAD 提示选取另一条直线：

选择第二条直线：（选取另外一条直线）

指定标注弧线位置或 [多行文字(M)/文字(T)/角度(A) /象限点(Q)]：

在此提示下确定尺寸线的位置，AutoCAD 标出这两条直线之间的夹角。该角以两条直线的交点为顶点，以两条直线为尺寸界线，所标注角度取决于尺寸线的位置，如图 8-28 所示。用户还可以利用“多行文字(M)”项、“文字(T)”项、“角度(A)” 或“象限点（Q)”项编辑尺寸文本和指定尺寸文本的倾斜角度。

（4）<指定顶点>：直接回车，AutoCAD 提示：

指定角的顶点：（指定顶点）

指定角的第一个端点：（输入角的第一个端点）
指定角的第二个端点：（输入角的第二个端点）
创建了无关联的标注。
指定标注弧线位置或［多行文字(M)/文字(T)/角度(A) /象限点(Q)]：（输入一点作为角的顶点）

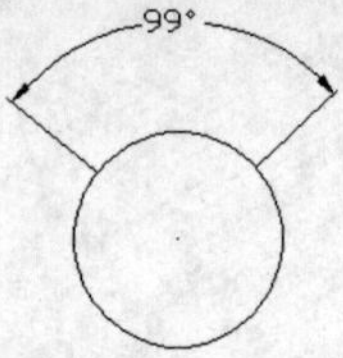

图 8-27 标注角度

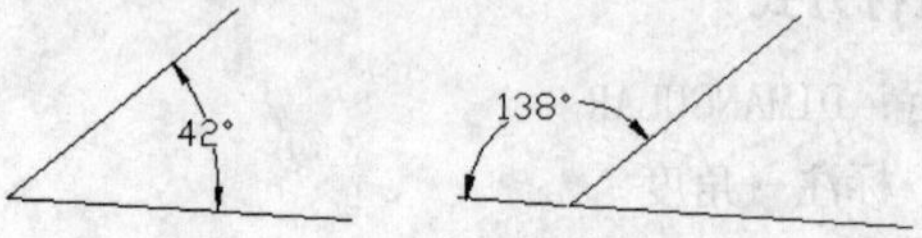

图 8-28 用 DIMANGULAR 命令标注两直线的夹角

在此提示下给定尺寸线的位置，AutoCAD 根据给定的三点标注出角度，如图 8-29 所示。另外，用户还可以用“多行文字(M)”项、“文字(T)”项、“角度(A)” 或“象限点（Q)”选项编辑器尺寸文本和指定尺寸文本的倾斜角度。

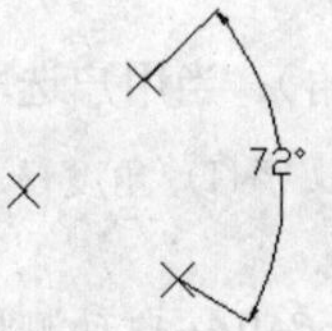

图 8-29 用 DIMANGULAR 命令标注三点确定的角度

8.2.6 直径标注

1. 执行方式

命令行：DIMDIAMETER
菜单：标注→直径
工具栏：标注→直径标注

2. 操作格式

命令：DIMDIAMETER↙
选择圆弧或圆：（选择要标注直径的圆或圆弧）
指定尺寸线位置或［多行文字(M)/文字(T)/角度(A)]：（确定尺寸线的位置或选某一选项）

用户可以选择“多行文字(M)”项、“文字(T)”项或“角度(A)”项来输入、编辑尺寸文本或确定尺寸文本的倾斜角度，也可以直接确定尺寸线的位置标注出指定圆或圆弧的直径。

8.2.7 半径标注

1. 执行方式

命令行：DIMRADIUS
菜单：标注→半径标注
工具栏：标注→半径标注

2. 操作格式

命令：DIMRADIUS↙

选择圆弧或圆：（选择要标注半径的圆或圆弧）

指定尺寸线位置或［多行文字(M)/文字(T)/角度(A)］：（确定尺寸线的位置或选某一选项）

用户可以选择“多行文字(M)”项、“文字(T)”项或“角度(A)”项来输入、编辑尺寸文本或确定尺寸文本的倾斜角度，也可以直接确定尺寸线的位置标注出指定圆或圆弧的半径。

8.2.8 实例——标注曲柄

标注如图 8-30 所示的曲柄尺寸。

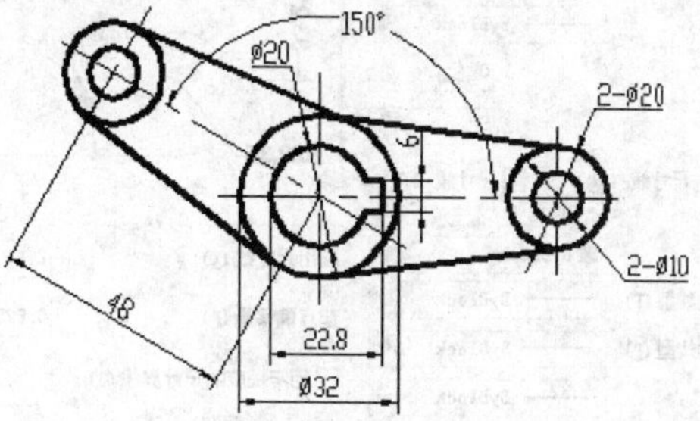

图 8-30 曲柄

光盘路径　光盘\动画演示\第 8 章\标注曲柄.avi

操作步骤

01 打开图形文件“曲柄.dwg”，进行局部修改，得到如图 8-30 所示图形。

02 设置绘图环境。

命令：LAYER↙　（创建一个新图层”BZ”，并将其设置为当前层）

命令：DIMSTYLE↙

回车后，弹出“标注样式管理器”对话框，根据标注样式，分别进行线性、角度、直径标注样式的设置。单击“新建”按钮，在弹出的“创建新标注样式”对话框中的“新样式”名中输入“机械制图”，单击“继续”按钮，弹出“新建标注样式：机械制图”对话框，分别按图 8-31～图 8-34 所示进行设置，设置完成后，单击“置为当前”按钮，将“机械制图”标注样式设置为当前标注样式。

03 标注曲柄中的线性尺寸。

命令：DIMLINEAR↙ （进行线性标注，标注图中的尺寸 φ32）

指定第一个尺寸界线原点或 <选择对象>:

_int 于（捕捉 φ32 圆与水平中心线的左交点，作为第一条尺寸界线的起点）

指定第二条尺寸界线原点:

_int 于（捕捉 φ32 圆与水平中心线的右交点，作为第二条尺寸界线的起点）

指定尺寸线位置或[多行文字(M)/文字(T)/角度(A)/水平(H)/垂直(V)/旋转(R)]:T↙

输入标注文字 <32>: %%c32↙　　（输入标注文字。回车，则取默认值，但是没有直径符号“ φ”）

指定尺寸线位置或[多行文字(M)/文字(T)/角度(A)/水平(H)/垂直(V)/旋转(R)]:（指定尺寸线位置）

标注文字 =32

同样方法标注线性尺寸 22.8 和 6。

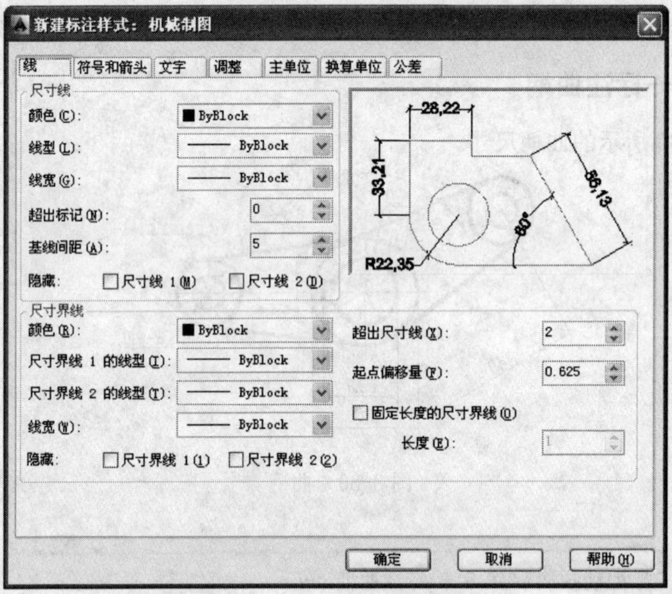

图 8-31　设置“线”选项卡

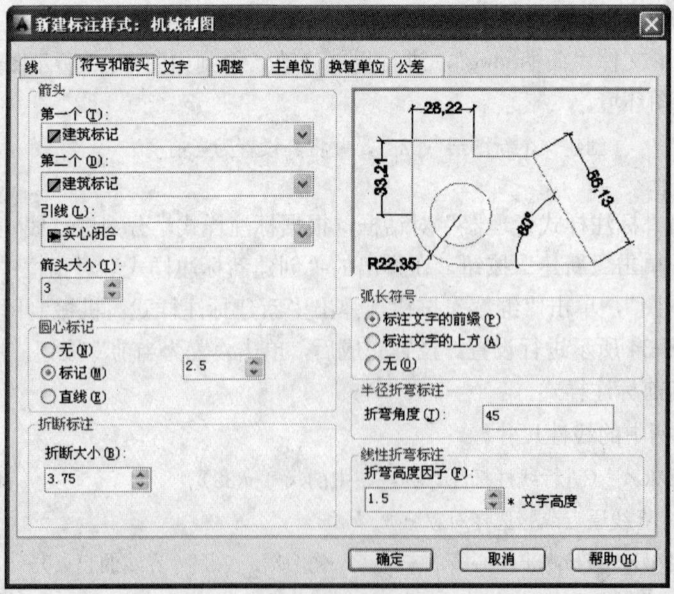

图 8-32　设置“符号和箭头”选项卡

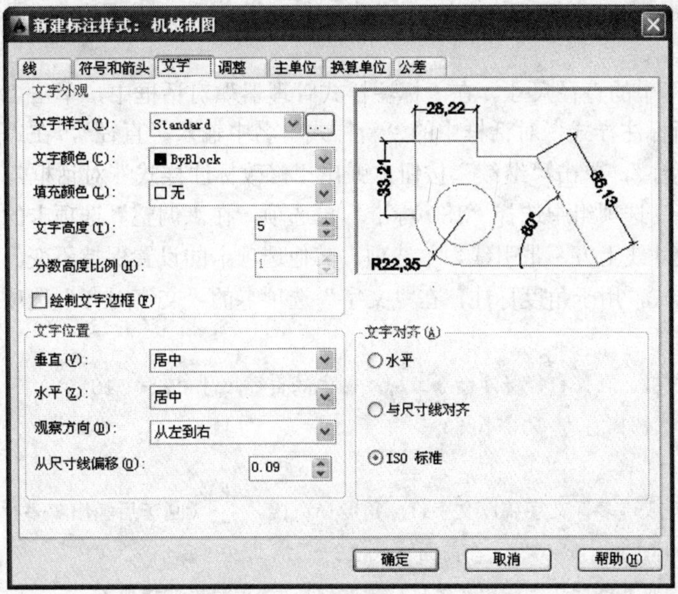

图 8-33　设置“文字”选项卡

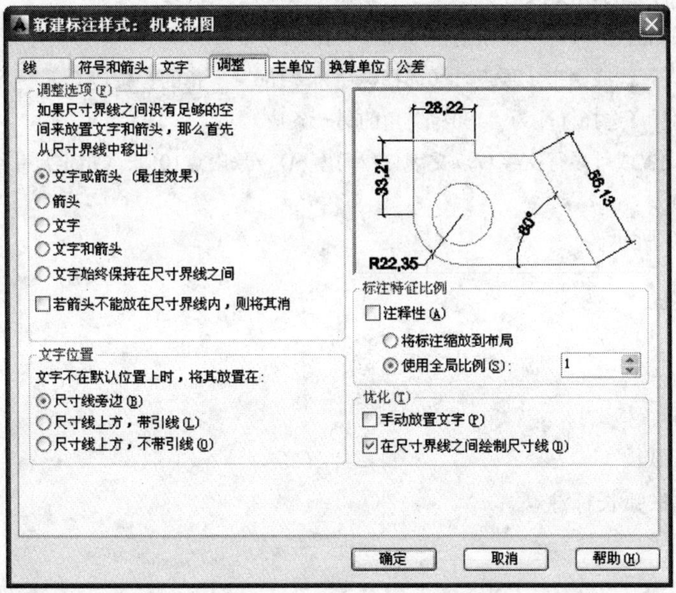

图 8-34　设置“调整”选项卡

04 标注曲柄中的对齐尺寸。

命令：DIMALIGNED↙（对齐尺寸标注命令。标注图中的对齐尺寸“48”）

指定第一个尺寸界线原点或 <选择对象>:

_int 于（捕捉倾斜部分中心线的交点，作为第二条尺寸界线的起点）

指定第二个尺寸界线原点:

```
_int 于（捕捉中间中心线的交点，作为第二条尺寸界线的起点）
指定尺寸线位置或[多行文字(M)/文字(T)/角度(A)]:（指定尺寸线位置）
标注文字 =48
```

05 标注曲柄中的直径尺寸。在“标注样式管理器”对话框中，单击“新建”按钮，在弹出的“创建新标注样式”对话框中的“新样式”名中输入“直径”，在“用于”下拉列表中选择“直径标注”，单击“继续”按钮，弹出“修改标注样式”对话框，在“文字”选项卡的“文字对齐”选项组中选择“ISO 标准”单选项，在“调整”选项卡的“文字位置”选项组中选择“尺寸线上方，带引线”单选项，其他选项卡的设置保持不变。方法同前，设置“角度”标注样式，用于角度标注，在“文字”选项卡的“文字对齐”选项组中选择“与尺寸线对齐”单选项。

```
命令:DIMDIAMETER↙ （直径标注命令。标注图中的直径尺寸“2－φ10”）
选择圆弧或圆:（选择右边 φ10 小圆）
标注文字 =10
指定尺寸线位置或 [多行文字(M)/文字(T)/角度(A)]:M↙ （回车后弹出“多行文字”编辑器，其中“<>”表示测量值，即“φ10”，在前面输入“2－”，即为“2－<>”）
指定尺寸线位置或 [多行文字(M)/文字(T)/角度(A)]:（指定尺寸线位置）
```

同样方法标注直径尺寸 φ20 和 2- φ20。

06 标注曲柄中的角度尺寸。

```
命令: DIMANGULAR↙ （标注图中的角度尺寸“150° ”）
选择圆弧、圆、直线或 <指定顶点>:（选择标注为“150° ”角的一条边）
选择第二条直线:（选择标注为“150° ”角的另一条边）
指定标注弧线位置或 [多行文字(M)/文字(T)/角度(A) /象限点(Q)]:（指定尺寸线位置）
标注文字 =150
```

结果如图 8-30 所示。

8.2.9 弧长标注

1. 执行方式

命令行：DIMARC

菜单：标注→弧长

工具栏：标注→弧长标注

2. 操作格式

```
命令:DIMARC↙
选择弧线段或多段线弧线段:（选择圆弧）
指定弧长标注位置或 [多行文字(M)/文字(T)/角度(A)/部分(P)/引线(L)]:
```

3. 选项说明

（1）部分（P）：缩短弧长标注的长度。系统提示：

```
指定圆弧长度标注的第一个点:（指定圆弧上弧长标注的起点）
```

指定圆弧长度标注的第二个点：（指定圆弧上弧长标注的终点，结果如图 8-35 所示）

（2）引线（L）：添加引线对象。仅当圆弧（或弧线段）大于 90° 时才会显示此选项。引线是按径向绘制的，指向所标注圆弧的圆心，如图 8-36 所示。

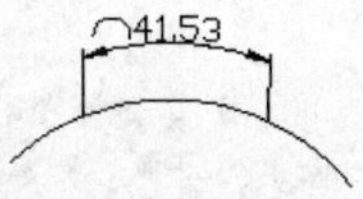

图 8-35　部分圆弧标注

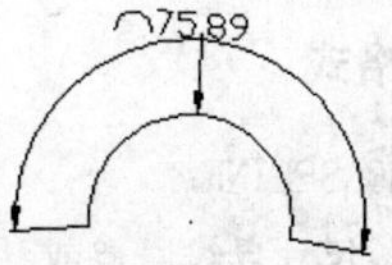

图 8-36　引线

8.2.10　折弯标注

1. 执行方式

命令行：DIMJOGGED

菜单：标注→折弯

工具栏：标注→折弯

2. 操作格式

命令:DIMJOGGED↙

选择圆弧或圆:（选择圆弧或圆）

指定图示中心位置:（指定一点）

标注文字 = 51.28

指定尺寸线位置或［多行文字(M)/文字(T)/角度(A)]:（指定一点或其他选项）

指定折弯位置:（指定折弯位置，如图 8-37 所示）

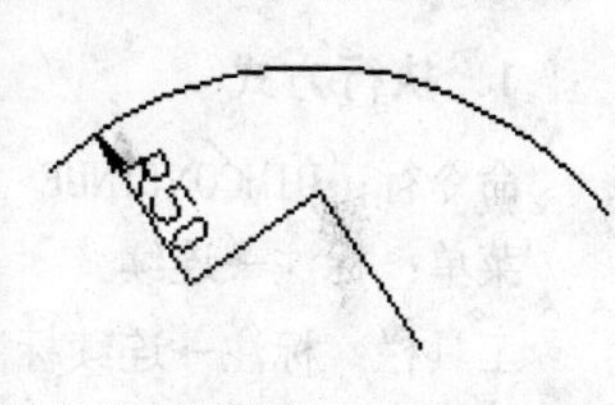

图 8-37　折弯标注

8.2.11　圆心标记和中心线标注

1. 执行方式

命令行：DIMCENTER

菜单：标注→圆心标记

工具栏：标注→圆心标记

2. 操作格式

命令：DIMCENTER↙

选择圆弧或圆：（选择要标注中心或中心线的圆或圆弧）

8.2.12　基线标注

基线标注用于产生一系列基于同一条尺寸界线的尺寸标注，适用于长度尺寸标注、角度标注和坐标标注等。在使用基线标注方式之前，应该先标注出一个相关的尺寸。

1．执行方式

命令行：DIMBASELINE

菜单：标注→基线

工具栏：标注→基线标注

2．操作格式

命令：DIMBASELINE↙

指定第二条尺寸界线原点或［放弃(U)/选择(S)］〈选择〉：

3．选项说明

（1）指定第二条尺寸界线原点：直接确定另一个尺寸的第二条尺寸界线的起点，AutoCAD 以上次标注的尺寸为基准标注，标注出相应尺寸。

（2）〈选择〉：在上述提示下直接回车，AutoCAD 提示：

选择基准标注：(选取作为基准的尺寸标注)

8.2.13　连续标注

连续标注又叫尺寸链标注，用于产生一系列连续的尺寸标注，后一个尺寸标注均把前一个标注的第二条尺寸界线作为它的第一条尺寸界线。适用于长度型尺寸标注、角度型标注和坐标标注等。在使用连续标注方式之前，应该先标注出一个相关的尺寸。

1．执行方式

命令行：DIMCONTINUE

菜单：标注→连续

工具栏：标注→连续标注

2．操作格式

命令：DIMCONTINUE↙

选择连续标注：

指定第二条尺寸界线原点或［放弃(U)/选择(S)］〈选择〉：

在此提示下的各选项与基线标注中完全相同，不再叙述。

注意：系统允许利用基线标注方式和连续标注方式进行角度标注，如图 8-38 所示。

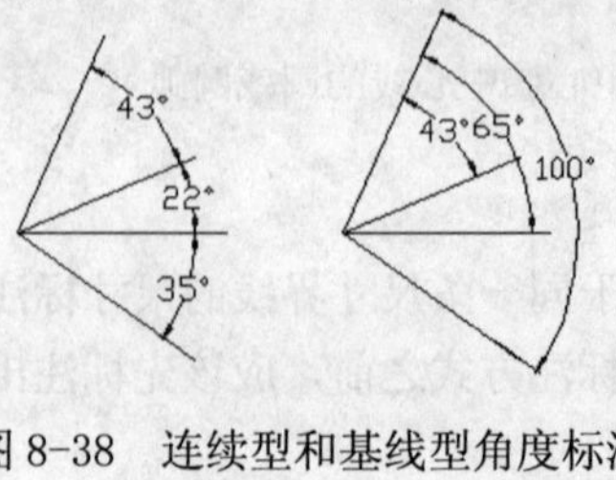

图 8-38　连续型和基线型角度标注

8.2.14　实例——标注挂轮架

标注如图 8-39 所示的挂轮架尺寸。

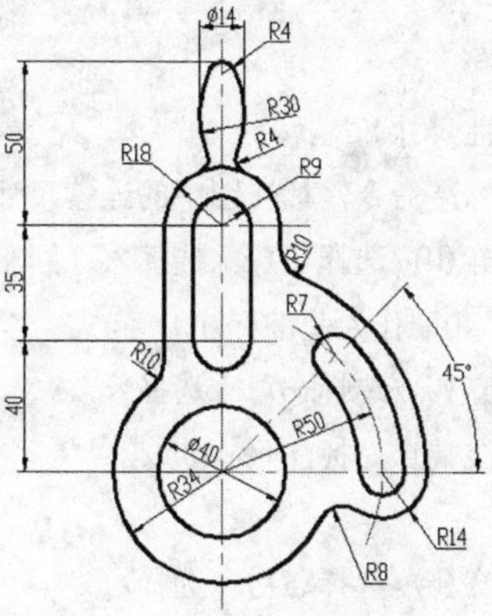

图 8-39　挂轮架

光盘路径　光盘\动画演示\第 8 章\标注挂轮架.avi

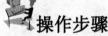

操作步骤

01 打开图形文件“挂轮架.dwg”。

02 创建尺寸标注图层，设置尺寸标注样式，命令行提示与操作如下：

命令: LAYER↙（创建一个新图层“BZ”，并将其设置为当前层）

命令: DIMSTYLE↙（方法同前，分别设置“机械制图”标注样式，并在此基础上设置“直径”标注样式、“半径”标注样式及“角度”标注样式，其中“半径”标注样式与“直径”标注样式设置一样，将其用于半径标注）

03 标注挂轮架中的半径尺寸、连续尺寸及线性尺寸命令行提示与操作如下：

命令: DIMRADIUS↙（半径标注命令。标注图中的半径尺寸 R8）

选择圆弧或圆:（选择挂轮架下部的“R8”圆弧）

标注文字 =8

指定尺寸线位置或 [多行文字(M)/文字(T)/角度(A)]:（指定尺寸线位置）

……

（方法同前，分别标注图中的半径尺寸）

命令: DIMLINEAR↙（标注图中的线性尺寸 φ14）

指定第一个尺寸界线原点或 <选择对象>:

_qua 于（捕捉左边 R30 圆弧的象限点）

指定第二个尺寸界线原点:

_qua 于（捕捉右边 R30 圆弧的象限点）

指定尺寸线位置或[多行文字(M)/文字(T)/角度(A)/水平(H)/垂直(V)/旋转(R)]:T↙

输入标注文字〈14〉: %%c14↙

指定尺寸线位置或[多行文字(M)/文字(T)/角度(A)/水平(H)/垂直(V)/旋转(R)]:(指定尺寸线位置)

标注文字 =14

……

(方法同前，分别标注图中的线性尺寸)

命令:DIMCONTINUE↙　　(连续标注命令，标注图中的连续尺寸)

指定第二条尺寸界线原点或 [放弃(U)/选择(S)] 〈选择〉:(回车，选择作为基准的尺寸标注)

选择连续标注:(选择线性尺寸“40”作为基准标注)

指定第二条尺寸界线原点或 [放弃(U)/选择(S)] 〈选择〉:

_endp 于(捕捉上边的水平中心线端点，标注尺寸 35)

标注文字 =35

指定第二条尺寸界线原点或 [放弃(U)/选择(S)] 〈选择〉:

_endp 于(捕捉最上边的 R4 圆弧的端点，标注尺寸“50”)

标注文字 =50

指定第二条尺寸界线原点或 [放弃(U)/选择(S)] 〈选择〉:↙

选择连续标注:.↙(回车结束命令)

04 标注直径尺寸及角度尺寸。命令行提示与操作如下:

命令:DIMDIAMETER↙　　(标注图中的直径尺寸 φ40)

选择圆弧或圆:(选择中间 φ40 圆)

标注文字 =40

指定尺寸线位置或 [多行文字(M)/文字(T)/角度(A)]:(指定尺寸线位置)

命令: DIMANGULAR↙　　(标注图中的角度尺寸 45°)

选择圆弧、圆、直线或〈指定顶点〉:(选择标注为 45° 角的一条边)

选择第二条直线:(选择标注为 45° 角的另一条边)

指定标注弧线位置或 [多行文字(M)/文字(T)/角度(A) /象限点(Q)]:(指定尺寸线位置)

标注文字 =45

结果如图 8-39 所示。

8.2.15 快速尺寸标注

快速尺寸标注命令 QDIM 使用户可以交互地、动态地、自动化地进行尺寸标注。在 QDIM 命令中可以同时选择多个圆或圆弧标注直径或半径，也可同时选择多个对象进行基线标注和连续标注，选择一次即可完成多个标注，因此可节省时间，提高工作效率。

1. 执行方式

命令行：QDIM

菜单：标注→快速标注

工具栏：标注→快速标注

2. 操作格式

命令：QDIM↙

关联标注优先级 = 端点

选择要标注的几何图形：(选择要标注尺寸的多个对象后回车)

指定尺寸线位置或 [连续(C)/并列(S)/基线(B)/坐标(O)/半径(R)/直径(D)/基准点(P)/编辑(E)/设置(T)] <连续>：

3. 选项说明

（1）指定尺寸线位置：直接确定尺寸线的位置，在该位置按默认的尺寸标注类型标注出相应的尺寸。

（2）连续(C)：产生一系列连续标注的尺寸。键入 C，AutoCAD 提示用户选择要进行标注的对象，选择完后回车，返回上面的提示，给定尺寸线位置，完成连续尺寸标注。

（3）并列(S)：产生一系列交错的尺寸标注，如图 8-40 所示。

（4）基线(B)：产生一系列基线标注尺寸。后面的“坐标(O)”、“半径(R)”、“直径(D)”含义与此类同。

（5）基准点(P)：为基线标注和连续标注指定一个新的基准点。

（6）编辑(E)：对多个尺寸标注进行编辑。AutoCAD 允许对已存在的尺寸标注添加或移去尺寸点。选择此选项，AutoCAD 提示：

指定要删除的标注点或 [添加(A)/退出(X)] <退出>：

在此提示下确定要移去的点之后回车，AutoCAD 对尺寸标注进行更新。如图 8-41 所示为图 8-40 删除中间 4 个标注点后的尺寸标注。

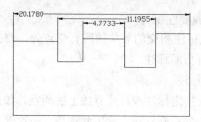

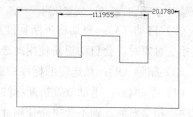

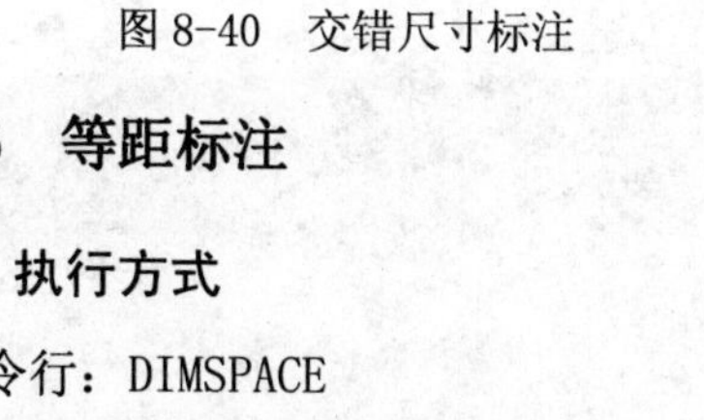

图 8-40　交错尺寸标注

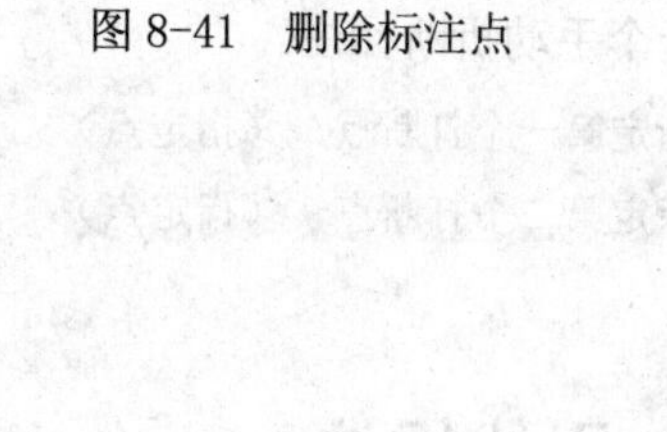

图 8-41　删除标注点

8.2.16　等距标注

1. 执行方式

命令行：DIMSPACE

菜单：标注→标注间距

工具栏：标注→等距标注

2. 操作格式

命令：DIMSPACE↙

选择基准标注：(选择平行线性标注或角度标注)

选择要产生间距的标注：(选择平行线性标注或角度标注以从基准标注均匀隔开，并按 Enter 键)

输入值或 [自动(A)] <自动>:(指定间距或按 Enter 键)

3. 选项说明

(1)输入值：指定从基准标注均匀隔开选定标注的间距值。

(2)自动(A)：基于在选定基准标注的标注样式中指定的文字高度自动计算间距。所得的间距值是标注文字高度的两倍。

8.2.17 折断标注

1. 执行方式

命令行：DIMBREAK

菜单：标注→标注打断

工具栏：标注→折断标注

2. 操作格式

选择要添加/删除折断的标注或 [多个(M)]：(选择标注，或输入 m 并按 Enter 键)

选择要折断标注的对象或 [自动(A) /手动(M)/删除(R)] <自动>：(选择与标注相交或与选定标注的尺寸界线相交的对象，输入选项，或按 Enter 键)

选择要折断标注的对象：(选择通过标注的对象或按 Enter 键以结束命令)

3. 选项说明

(1)多个(M)：指定要向其中添加打断或要从中删除打断的多个标注。

选择标注：(使用对象选择方法，并按 Enter 键)

输入选项 [打断(B)/恢复(R)] <打断>：(输入选项或按 Enter 键)

(2)自动(A)：自动将折断标注放置在与选定标注相交的对象的所有交点处。修改标注或相交对象时，会自动更新使用此选项创建的所有折断标注。

(3)删除(R)：从选定的标注中删除所有折断标注。

(4)手动(M)：手动放置折断标注。为打断位置指定标注或尺寸界线上的两点。如果修改标注或相交对象，则不会更新使用此选项创建的任何折断标注。使用此选项，一次仅可以放置一个手动折断标注。

指定第一个打断点：(指定点)

指定第二个打断点：(指定点)

8.3 引线标注

AutoCAD 提供了引线标注功能，利用该功能不仅可以标注特定的尺寸，如圆角、倒角等，还可以实现在图中添加多行旁注、说明。在引线标注中指引线可以是折线，也可以是曲线，指引线端部可以有箭头，也可以没有箭头。

8.3.1 一般引线标注

利用 LEADE 命令可以创建灵活多样的引线标注形式，可根据需要把指引线设置为折线或曲线，指引线可带箭头，也可不带箭头，注释文本可以是多行文本，也可以是形位公差，还可以从图形其他部位复制，还可以是一个图块。

1. 执行方式

命令行：LEADER

2. 操作格式

命令：LEADER↙

指定引线起点：(输入指引线的起始点)

指定下一点：(输入指引线的另一点)

AutoCAD 由上面两点画出指引线并继续提示：

指定下一点或 [注释(A)/格式(F)/放弃(U)] 〈注释〉：

3. 选项说明

（1）指定下一点：直接输入一点，AutoCAD 根据前面的点画出折线作为指引线。

（2）〈注释〉：输入注释文本，为默认项。在上面提示下直接回车，AutoCAD 提示：

输入注释文字的第一行或〈选项〉：

1）输入注释文本：在此提示下输入第一行文本后回车，用户可继续输入第二行文本，如此反复执行，直到输入全部注释文本，然后在此提示下直接回车，AutoCAD 会在指引线终端标注出所输入的多行文本，并结束 LEADER 命令。

2）直接回车：如果在上面的提示下直接回车，AutoCAD 提示：

输入注释选项 [公差(T)/副本(C)/块(B)/无(N)/多行文字(M)] 〈多行文字〉：

在此提示下选择一个注释选项或直接回车选“多行文字”选项。其中各选项含义如下：

① 公差(T)：标注形位公差。形位公差的标注见 8.4 节。

② 副本(C)：把已由 LEADER 命令创建的注释复制到当前指引线的末端。执行该选项，AutoCAD 提示：

选择要复制的对象：

在此提示下选取一个已创建的注释文本，则 AutoCAD 把它复制到当前指引线的末端。

③ 块(B)：插入块，把已经定义好的图块插入到指引线末端。执行该选项，系统提示：

输入块名或 [?]：

在此提示下输入一个已定义好的图块名，AutoCAD 把该图块插入到指引线的末端。或键入“？”列出当前已有图块，用户可从中选择。

④ 无(N)：不进行注释，没有注释文本。

⑤ 〈多行文字〉：用多行文本编辑器标注注释文本并定制文本格式，为默认选项。

（3）格式(F)：确定指引线的形式。选择该项，AutoCAD 提示：

输入引线格式选项 [样条曲线(S)/直线(ST)/箭头(A)/无(N)] 〈退出〉：

选择指引线形式，或直接回车回到上一级提示。

1）样条曲线(S)：设置指引线为样条曲线。

2）直线(ST)：设置指引线为折线。

3）箭头(A)：在指引线的起始位置画箭头。

4）无(N)：在指引线的起始位置不画箭头。

5）<退出>：此项为默认选项，选取该项退出“格式”选项，返回“指定下一点或 [注释(A)/格式(F)/放弃(U)] <注释>:”提示，并且指引线形式按默认方式设置。

8.3.2 快速引线标注

利用 QLEADER 命令可快速生成指引线及注释，而且可以通过命令行优化对话框进行用户自定义，由此可以消除不必要的命令行提示，取得最高的工作效率。

1. 执行方式

命令行：QLEADER

2. 操作格式

命令：QLEADER↙

指定第一个引线点或 [设置(S)] <设置>:

3. 选项说明

(1) 指定第一个引线点：在上面的提示下确定一点作为指引线的第一点，AutoCAD 提示：

指定下一点：（输入指引线的第二点）

指定下一点：（输入指引线的第三点）

AutoCAD 提示用户输入的点的数目由“引线设置”对话框确定。输入完指引线的点后 AutoCAD 提示：

指定文字宽度 <0.0000>：（输入多行文本的宽度）

输入注释文字的第一行 <多行文字(M)>:

此时，有两种命令输入选择，含义如下：

1）输入注释文字的第一行：在命令行输入第一行文本。系统继续提示：

输入注释文字的下一行：（输入另一行文本）

输入注释文字的下一行：（输入另一行文本或回车）

2）<多行文字(M)>：打开多行文字编辑器，输入编辑多行文字。

输入全部注释文本后，在此提示下直接回车，AutoCAD 结束 QLEADER 命令并把多行文本标注在指引线的末端附近。

(2) <设置>：在上面提示下直接回车或键入 S，AutoCAD 打开“引线设置”对话框，允许对引线标注进行设置。该对话框包含“注释”“引线和箭头”“附着”3 个选项卡，下面分别进行介绍。

1）“注释”选项卡（如图 8-42 所示）：用于设置引线标注中注释文本的类型、多行文本的格式并确定注释文本是否多次使用。

2）“引线和箭头”选项卡（如图 8-43 所示）：用来设置引线标注中指引线和箭头的形式。

其中“点数”选项组设置执行 QLEADER 命令时 AutoCAD 提示用户输入的点的数目。例如，设置点数为 3，执行 QLEADER 命令时当用户在提示下指定 3 个点后，AutoCAD 自动提示用户输入注释文本。注意设置的点数要比用户希望的指引线的段数多 1。可利用微调框进行设置，如果选择“无限制”复选框，AutoCAD 会一直提示用户输入点直到连续回车两次为止。“角度约束”选项组设置第一段和第二段指引线的角度约束。

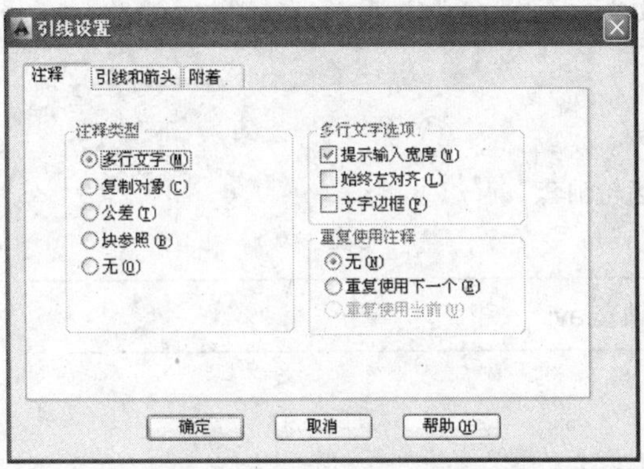

图 8-42 “引线设置”对话框“注释”选项卡

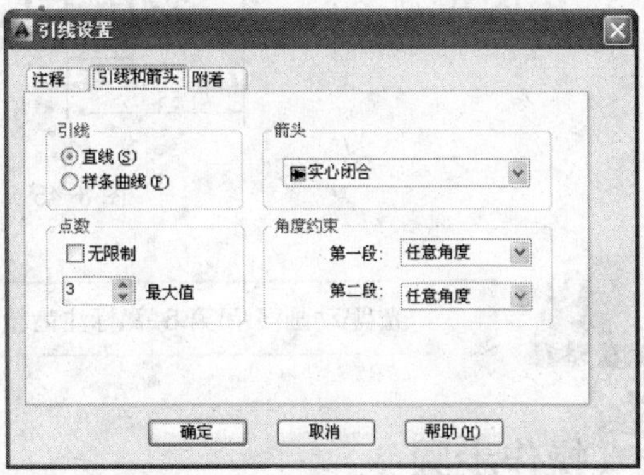

图 8-43 “引线设置”对话框“引线和箭头”选项卡

3）“附着”选项卡（如图 8-44 所示）：设置注释文本和指引线的相对位置。如果最后一段指引线指向右边，AutoCAD 自动把注释文本放在右侧；如果最后一段指引线指向左边，AutoCAD 自动把注释文本放在左侧。利用本页左侧和右侧的单选按钮分别设置位于左侧和右侧的注释文本与最后一段指引线的相对位置，二者可相同也可不相同。

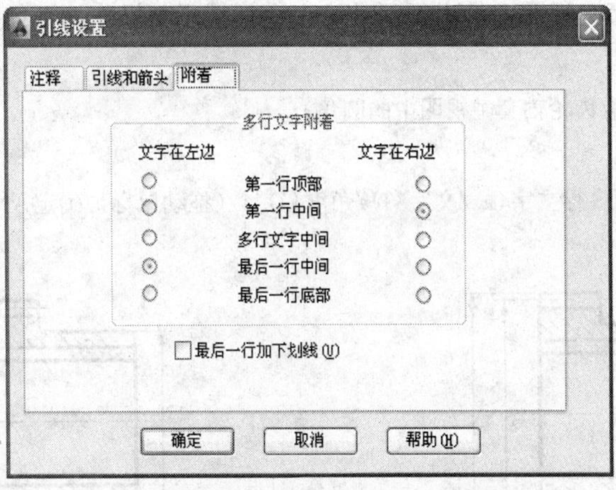

图 8-44 “引线设置”对话框的“附着”选项卡

8.3.3 实例——标注齿轮轴套

标注如图 8-45 所示的齿轮轴套尺寸。

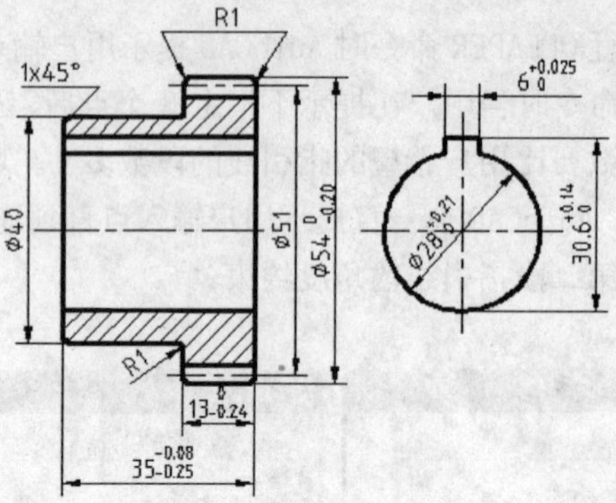

图 8-45　齿轮轴套

光盘路径

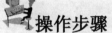

光盘\动画演示\第 8 章\标注齿轮轴套.avi

操作步骤

01 选择菜单栏中的“格式”→“文字样式”命令，设置文字样式。

02 选择菜单栏中的“格式”→“标注样式”命令，设置标注样式为机械图样。

03 单击“标注”工具栏中的“线型标注”按钮，标注齿轮主视图中的线性尺寸 ϕ40、ϕ51、ϕ54。

04 方法同前，标注齿轮轴套主视图中的线性尺寸 13；然后利用“基线标注”命令，标注基线尺寸 35。结果如图 8-46 所示。

05 标注齿轮轴套主视图中的半径尺寸。命令行提示与操作如下：

```
命令:Dimradius↙
选择圆弧或圆:(选取齿轮轴套主视图中的圆角)
标注文字 =1
指定尺寸线位置或 [多行文字(M)/文字(T)/角度(A)]:(拖动鼠标，确定尺寸线位置)
```

结果如图 8-47 所示。

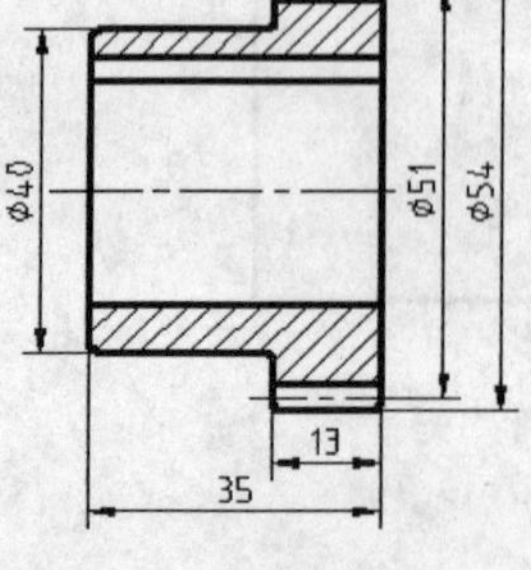

图 8-46　标注线性及基线尺寸

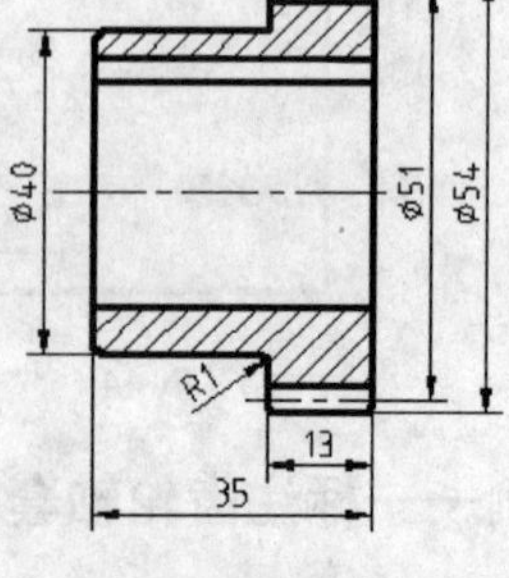

图 8-47　标注半径尺寸“R1”

06 用引线标注齿轮轴套主视图上部的圆角半径。命令行提示与操作如下：

命令:Leader↙（引线标注）

指定引线起点:_nea 到（捕捉齿轮轴套主视图上部圆角上一点）

指定下一点:（拖动鼠标，在适当位置处单击）

指定下一点或［注释(A)/格式(F)/放弃(U)］〈注释〉:〈正交 开〉（打开正交功能，向右拖动鼠标，在适当位置处单击）

指定下一点或［注释(A)/格式(F)/放弃(U)］〈注释〉:↙

输入注释文字的第一行或〈选项〉:R1↙

输入注释文字的下一行:↙（结果如图 8-48 所示）

命令:↙（继续引线标注）

指定引线起点:_nea 到（捕捉齿轮轴套主视图上部右端圆角上一点）

指定下一点:（利用对象追踪功能，捕捉上一个引线标注的端点，拖动鼠标，在适当位置处单击鼠标）

指定下一点或［注释(A)/格式(F)/放弃(U)］〈注释〉:（捕捉上一个引线标注的端点）

指定下一点或［注释(A)/格式(F)/放弃(U)］〈注释〉:↙

输 QLEA 入注释文字的第一行或〈选项〉:↙

输入注释选项［公差(T)/副本(C)/块(B)/无(N)/多行文字(M)］〈多行文字〉:N↙（无注释的引线标注）

结果如图 8-49 所示。

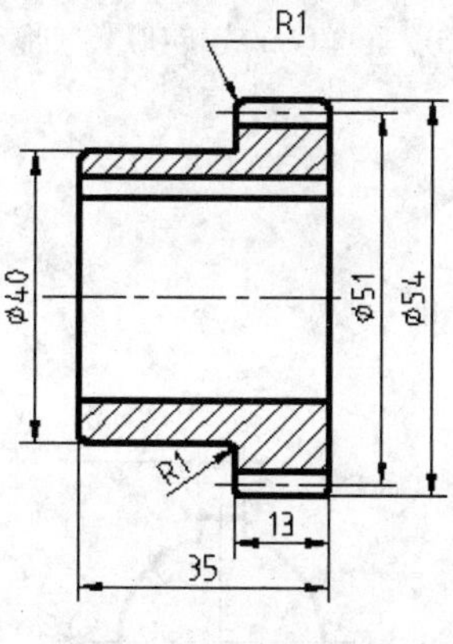

图 8-48　引线标注“R1”

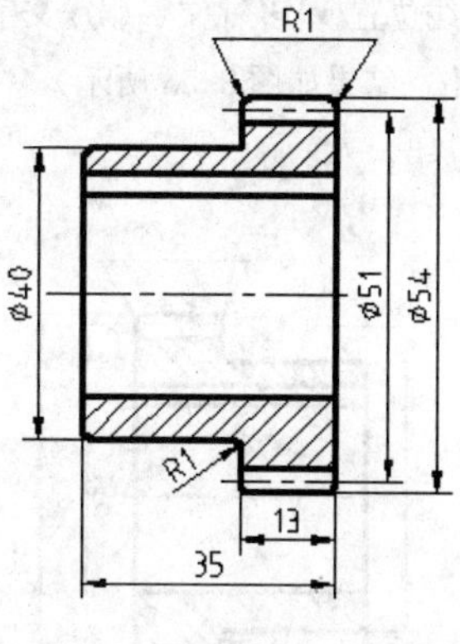

图 8-49 引线标注

07 用引线标注齿轮轴套主视图的倒角。命令行提示与操作如下：

命令:Qleader↙

指定第一个引线点或［设置(S)］〈设置〉:↙（回车，弹出如图 8-50 所示的“引线设置”对话框，如图 8-50 及图 8-51 所示，分别设置其选项卡，设置完成后，单击“确定”按钮）

指定第一个引线点或［设置(S)］〈设置〉:（捕捉齿轮轴套主视图中上端倒角的端点）

指定下一点:（拖动鼠标，在适当位置处单击）

指定下一点:（拖动鼠标，在适当位置处单击）

指定文字宽度〈0〉:↙

输入注释文字的第一行〈多行文字(M)〉: 1x45%%d↙

输入注释文字的下一行:↙

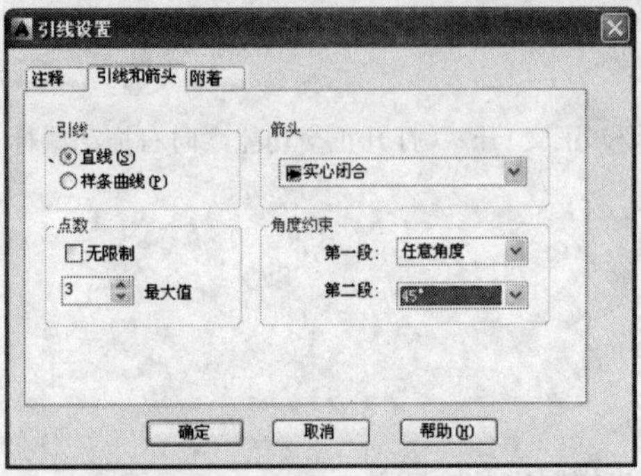

图 8-50 “引线设置”对话框

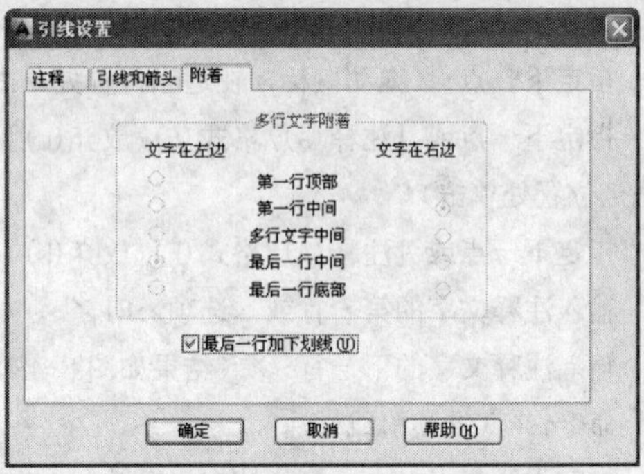

图 8-51 “附着”选项卡

结果如图 8-52 所示。

08 标注齿轮轴套局部视图中的尺寸，命令行提示与操作如下：

命令: Dimlinear↙（标注线性尺寸“6”）

指定第一个尺寸界线原点或〈选择对象〉:↙（选取标注对象）

选择标注对象:（选取齿轮轴套局部视图上端水平线）

指定尺寸线位置或[多行文字(M)/文字(T)/角度(A)/水平(H)/垂直(V)/旋转(R)]:T↙

输入标注文字〈6〉: 6{\H0.7x;\S+0.025^ 0;}↙（其中“H0.7x”表示公差字高比例系数为 0.7，需要注意的是：“x”为小写）

指定尺寸线位置或[多行文字(M)/文字(T)/角度(A)/水平(H)/垂直(V)/旋转(R)]:（拖动鼠标，在适当位置处单击，结果如图 8-53 所示）

标注文字 =6

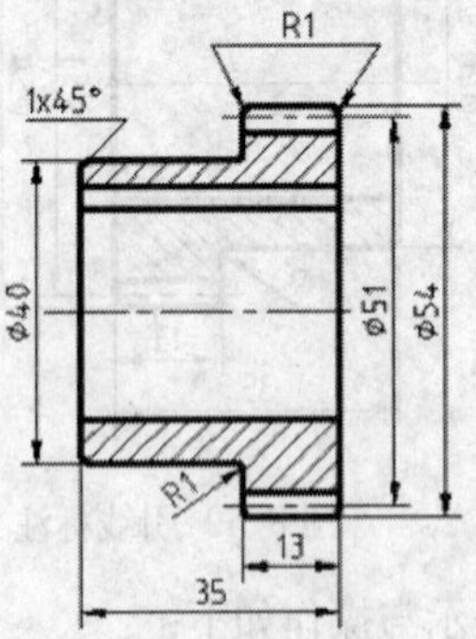

图 8-52 引线标注倒角尺寸

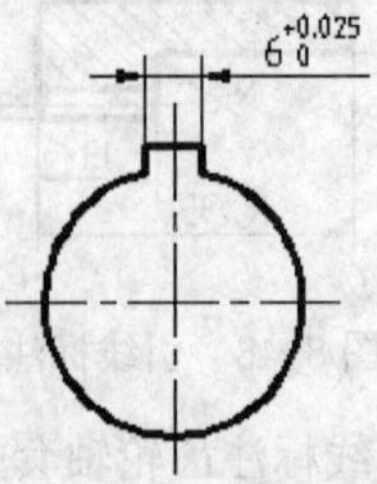

图 8-53 标注尺寸偏差

方法同前，标注线性尺寸 30.6，上偏差为+0.14，下偏差为 0。

方法同前，利用“直径标注”命令标注直径尺寸 φ28，输入标注文字为“%%C28{\H0.7x;\S+0.21^ 0;}”，结果如图 8-54 所示。

09 修改齿轮轴套主视图中的线性尺寸，为其添加尺寸偏差。

命令:DDIM↙（修改标注样式命令。也可以使用设置标注样式命令 DIMSTYLE，或选择“标

注”→“样式”，用于修改线性尺寸 13 及 35）

在弹出的“标注样式管理器”的样式列表中选择“机械图样”样式，如图 8-55 所示，单击“替代”按钮。

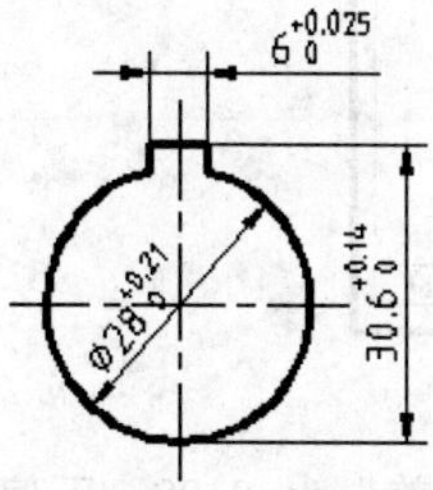

图 8-54　局部视图中的尺寸

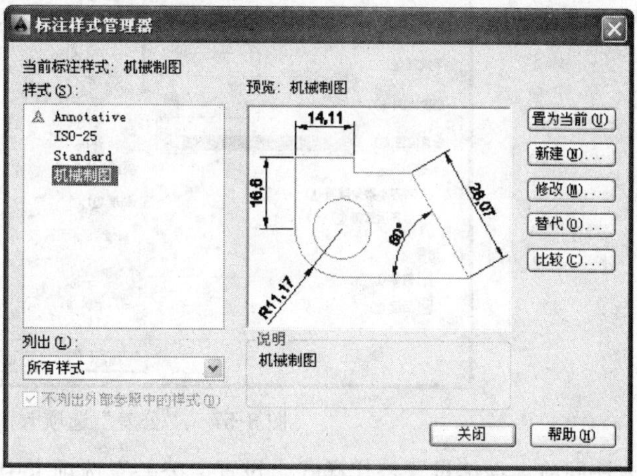

图 8-55　替代“机械图样”标注样式

系统弹出“替代当前样式”对话框，单击“主单位”选项卡，如图 8-56 所示，将“线性标注”选项区中的“精度”值设置为 0.00；单击“公差”选项卡，如图 8-57 所示，在“公差格式”选项区中，将“方式”设置为“极限偏差”，设置“上偏差”为 0，下偏差为 0.24，“高度比例”为 0.7，设置完成后单击“确定”按钮。命令行提示与操作如下：

命令：-dimstyle（或单击标注”工具栏中的“标注更新”按钮 ）

当前标注样式:ISO-25

输入标注样式选项[保存(S)/恢复(R)/状态(ST)/变量(V)/应用(A)/?] <恢复>：A↙

选择对象：（选取线性尺寸“13”，即可为该尺寸添加尺寸偏差）

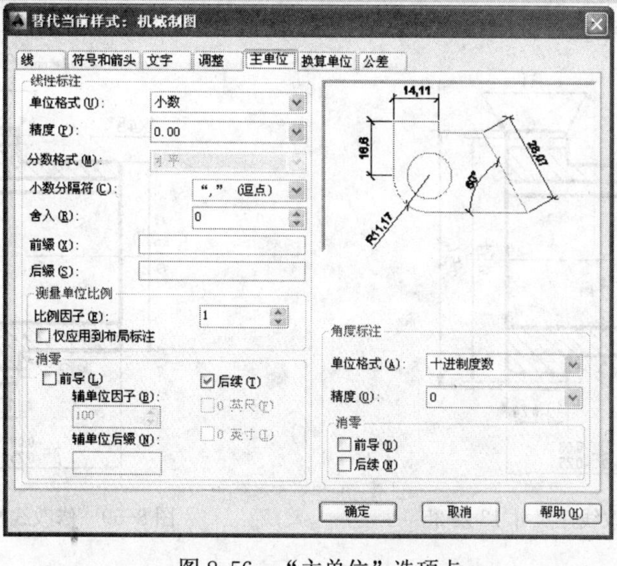

图 8-56　“主单位”选项卡

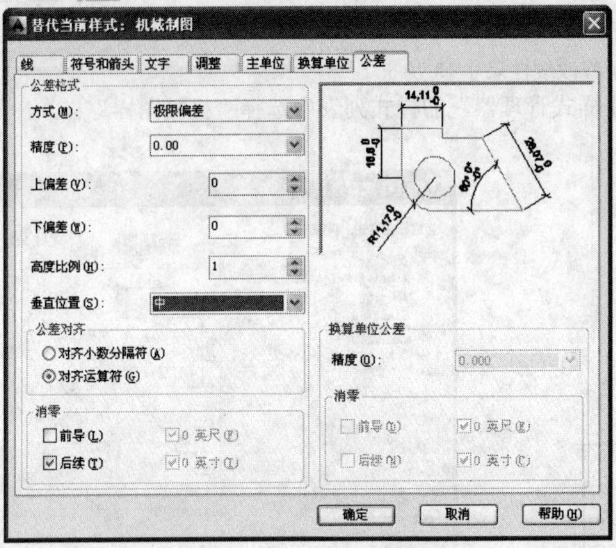

图 8-57 “公差”选项卡

方法同前，继续设置替代样式。设置“公差”选项卡中的“上偏差”为-0.08，下偏差为 0.25。单击“标注”工具栏中的“快速标注”按钮，选取线性尺寸 35，即可为该尺寸添加尺寸偏差，结果如图 8-58 所示。

10 修改齿轮轴套主视图中的线性尺寸 ϕ54，为其添加尺寸偏差。

命令: Explode↙

选择对象:（选择尺寸 ϕ54，回车）

命令: Mtedit↙（编辑多行文字命令）

选择多行文字对象:（选择分解的 ϕ54 尺寸，在弹出的“多行文字编辑器”中，将标注的文字修改为“%%C54 0^-0.20 ”，选取“0^-0.20”，单击“堆叠”按钮，此时，标注变为尺寸偏差的形式，单击“确定”按钮）

结果如图 8-59 所示。

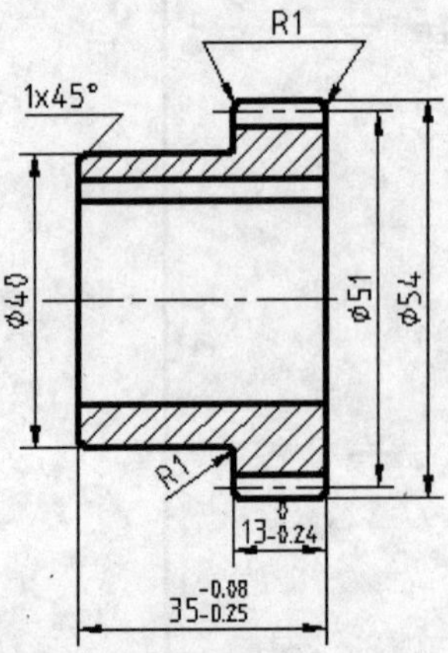

图 8-58 修改线性尺寸 13 及 35

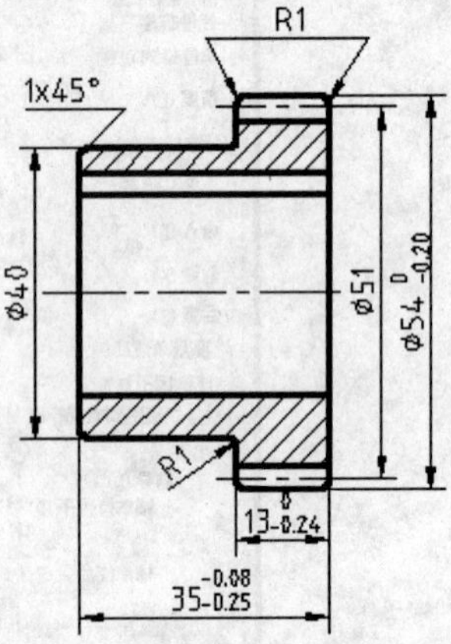

图 8-59 修改线性尺寸 ϕ54

8.4 形位公差

为方便机械设计工作，AutoCAD 提供了标注形位公差的功能。形位公差的标注包括指引线、特征符号、公差值、附加符号以及基准代号和其附加符号。利用 AutoCAD 可方便地标注出形位公差。

形位公差的标注如图 8-60 所示。

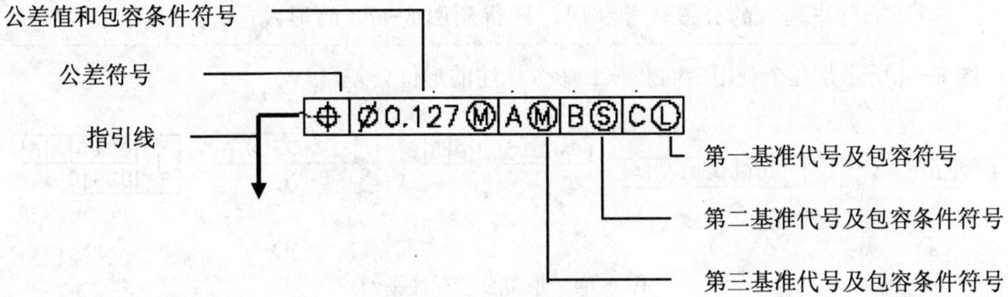

图 8-60　形位公差标注

1. 执行方式

命令行：TOLERANCE

菜单：标注→公差

工具栏：标注→公差

2. 操作格式

命令：TOLERANCE↙

在命令行输入 TOLERANCE 命令，或选择相应的菜单项或工具栏图标，AutoCAD 打开如图 8-61 所示的“形位公差”对话框，可通过此对话框对形位公差标注进行设置。

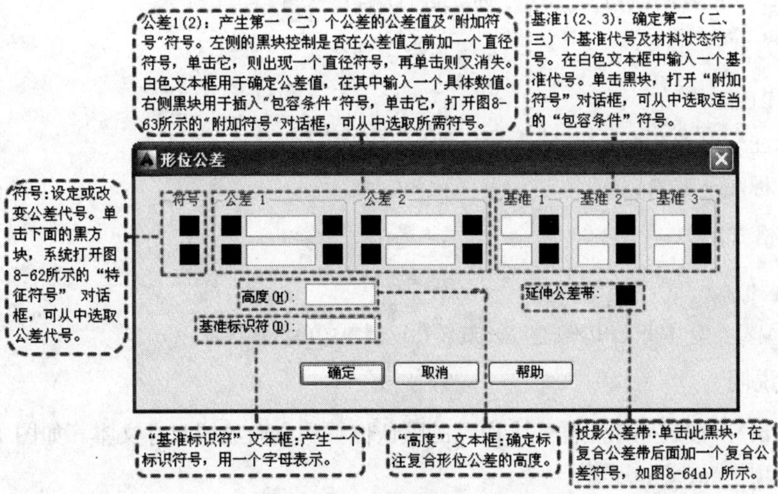

图 8-61　“形位公差”对话框

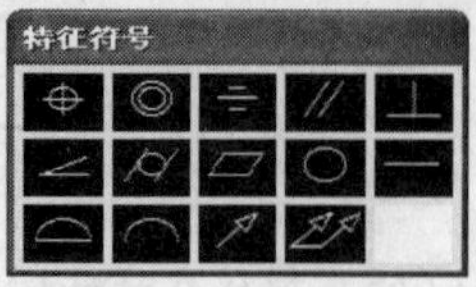

图 8-62 “特征符号”对话框

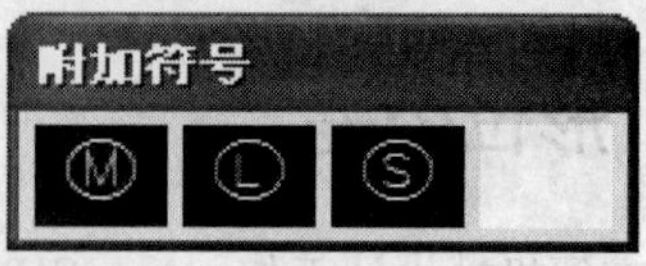

图 8-63 “附加符号”对话框

在“形位公差”对话框中有两行，可实现复合形位公差的标注。如果两行中输入的公差代号相同，则得到图 8-64e 的形式。

图 8-64 所示是几个利用 TOLERANCE 命令标注的形位公差。

a）　b）　c）　d）　e）

图 8-64 形位公差标注举例

8.5 编辑尺寸标注

AutoCAD 允许对已经创建好的尺寸标注进行编辑修改，包括修改尺寸文本的内容、改变其位置、使尺寸文本倾斜一定的角度等，还可以对尺寸界线进行编辑。

8.5.1 利用 DIMEDIT 命令编辑尺寸标注

通过 DIMEDIT 命令用户可以修改已有尺寸标注的文本内容、把尺寸文本倾斜一定的角度，还可以对尺寸界线进行修改，使其旋转一定角度从而标注一段线段在某一方向上的投影的尺寸。DIMEDIT 命令可以同时对多个尺寸标注进行编辑。

1. 执行方式

命令行：DIMEDIT

菜单：标注→对齐文字→默认

工具栏：标注→编辑标注

2. 操作格式

命令：DIMEDIT↙

输入标注编辑类型［默认(H)/新建(N)/旋转(R)/倾斜(O)］<默认>：

3. 选项说明

（1）<默认>：按尺寸标注样式中设置的默认位置和方向放置尺寸文本。如图 8-65a 所示。选择此选项，AutoCAD 提示：

选择对象：（选择要编辑的尺寸标注）

（2）新建(N)：执行此选项，AutoCAD 打开多行文字编辑器，可利用此编辑器对尺寸文本进行修改。

（3）旋转(R)：改变尺寸文本行的倾斜角度。尺寸文本的中心点不变，使文本沿给定的角度方向倾斜排列，如图 8-65b 所示。若输入角度为 0 则按“新建标注样式”对话框“文字”页中设置的默认方向排列。

（4）倾斜(O)：修改长度型尺寸标注尺寸界线，使其倾斜一定角度，与尺寸线不垂直，如图 8-65c 所示。

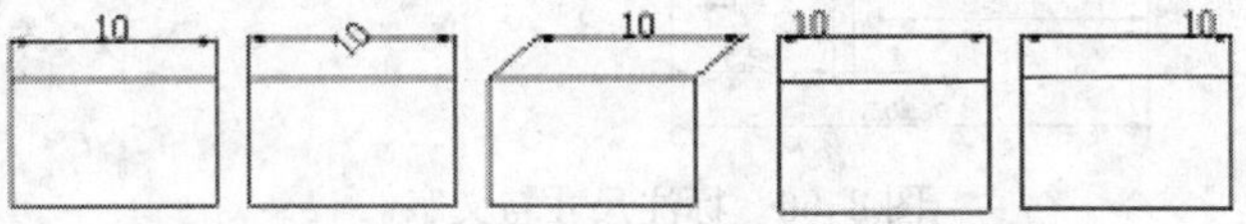

图 8-65　尺寸标注的编辑

8.5.2　利用 DIMTEDIT 命令编辑尺寸标注

通过 DIMTEDIT 命令可以改变尺寸文本的位置，使其位于尺寸线上面左端、右端或中间，而且可使文本倾斜一定的角度。

1. 执行方式

命令：DIMTEDIT

菜单：标注→对齐文字→（除“默认”命令外其他命令）

工具栏：标注→编辑标注文字

2. 操作格式

命令：DIMTEDIT↙

选择标注：(选择一个尺寸标注)

为标注文字指定新位置或 [左对齐(L)/右对齐(R)/居中(C)/默认(H)/角度(A)]:

3. 选项说明

（1）指定标注文字的新位置：更新尺寸文本的位置。用鼠标把文本拖动到新的位置，这时系统变量 DIMSHO 为 ON。

（2）左(右)对齐：使尺寸文本沿尺寸线左（右）对齐，如图 8-65d、e 所示。此选项只对长度型、半径型、直径型尺寸标注起作用。

（3）居中(C)：把尺寸文本放在尺寸线上的中间位置，如图 8-65a 所示。

（4）默认(H)：把尺寸文本按默认位置放置。

（5）角度(A)：改变尺寸文本行的倾斜角度。

8.5.3　实例——标注齿轮轴

标注如图 8-66 所示的齿轮轴尺寸。

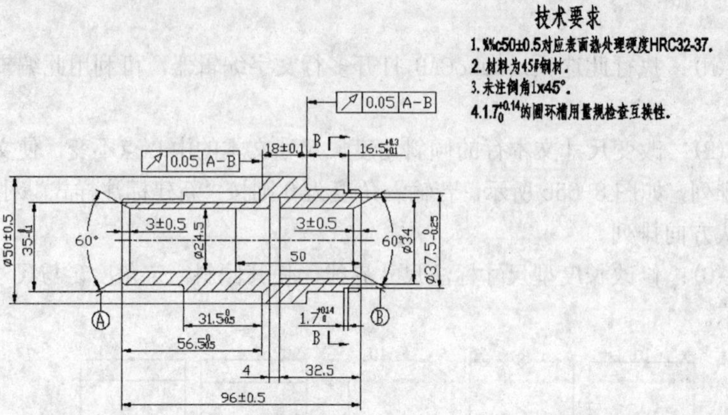

图 8-66　标注尺寸与文字

光盘路径

光盘\动画演示\第 8 章\标注齿轮轴.avi

操作步骤

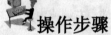

01 打开绘制的图形文件“齿轮轴.dwg”，如图 8-67 所示。

02 设置尺寸标注样式。在系统默认的 standard 标注样式中，修改以下变量：箭头大小：3；文字高度：4；文字对齐：与尺寸线对齐；精度设为 0.0。其他按照默认设置不变。

03 标注基本尺寸。如图 8-68 所示，包括 3 个线性尺寸，两个角度尺寸和两个直径尺寸，而实际上这两个直径尺寸也是按线性尺寸的标注方法进行标注。

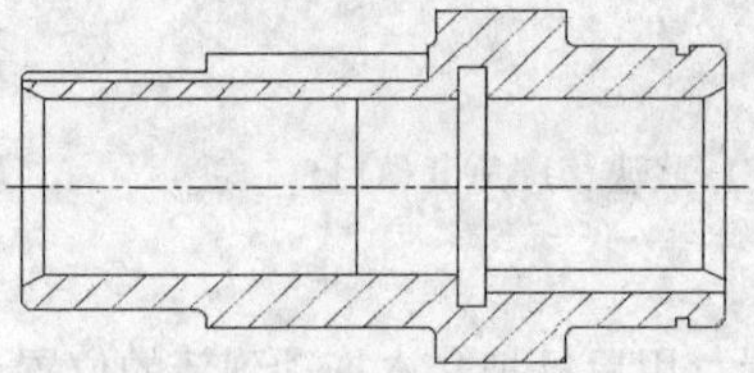

图 8-67　绘制图形

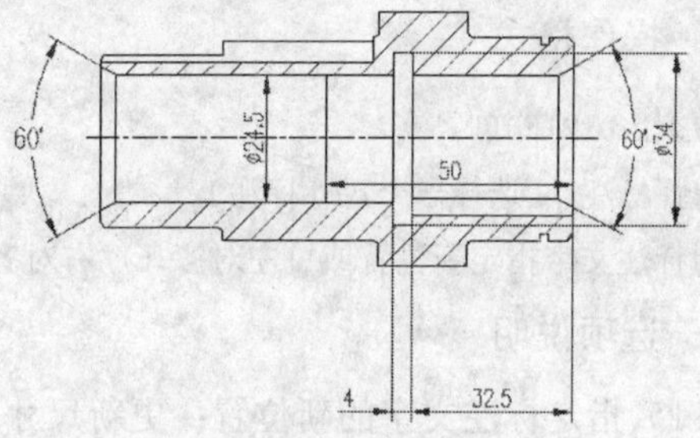

图 8-68　标注基本尺寸

单击“标注”工具栏中的“线型标注”按钮，标注线性尺寸 4、32.5、50、ϕ34、ϕ24.5、60，标注结果如图 8-69 所示。

04 标注公差尺寸。其中包括 5 个对称公差尺寸和 6 个极限偏差尺寸。在“标注样式管理器”对话框中单击“替代”按钮，在替代样式的“公差”选项卡中按每一个尺寸公差的不同进行替代设置，替代设定后，进行尺寸标注。单击标注”工具栏中的“标注更新”按钮，更新标注。命令行提示与操作如下：

```
命令: -dimstyle
当前标注样式:ISO-25
输入标注样式选项[保存(S)/恢复(R)/状态(ST)/变量(V)/应用(A)/?] <恢复>: A↙
```

选择对象：（选取线性尺寸 13，即可为该尺寸添加尺寸偏差）
命令：DIMLINEAR↙
指定第一个尺寸界线原点或 〈选择对象〉:（捕捉第一条延伸线原点）
指定第二个尺寸界线原点:（捕捉第二条延伸线原点）
创建了无关联的标注。
指定尺寸线位置或[多行文字(M)/文字(T)/角度(A)/水平(H)/垂直(V)/旋转(R)]:M↙
（在打开的多行文本编辑器的编辑栏中尖括号前加%%C，标注直径符号）
指定尺寸线位置或[多行文字(M)/文字(T)/角度(A)/水平(H)/垂直(V)/旋转(R)]: ↙
标注文字 =50

对公差按尺寸要求进行替代设置。标注基本尺寸为 35、31.5、56.5、96、18、3、1.7、16.5、38.5 的公差尺寸进行标注，标注结果如图 8-69 所示。

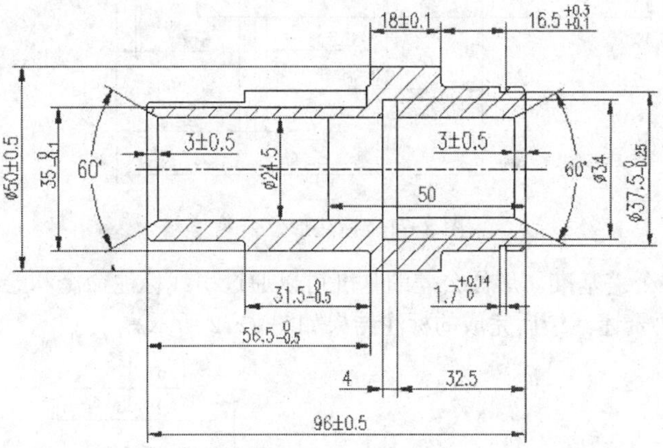

图 8-69　标注尺寸公差

05 标注形位公差。打开“形位公差”对话框，进行如图 8-70 所示的设置，确定后在图形上指定放置位置。

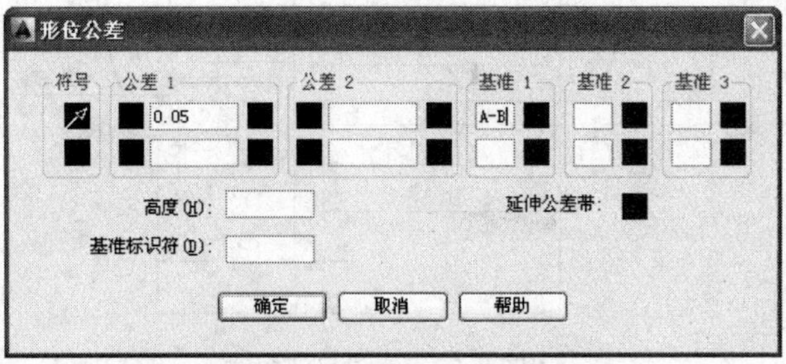

图 8-70　“形位公差”对话框

06 标注引线。命令行提示与操作如下：

命令：LEADER↙
指定引线起点:（指定起点）
指定下一点:（指定下一点）

指定下一点或 [注释(A)/格式(F)/放弃(U)] <注释>: ↙

输入注释文字的第一行或 <选项>:↙

输入注释选项 [公差(T)/副本(C)/块(B)/无(N)/多行文字(M)] <多行文字>: N↙ （引线指向形位公差符号，故无注释文本）

按同样方法标注另一个形位公差，结果如图 8-71 所示。

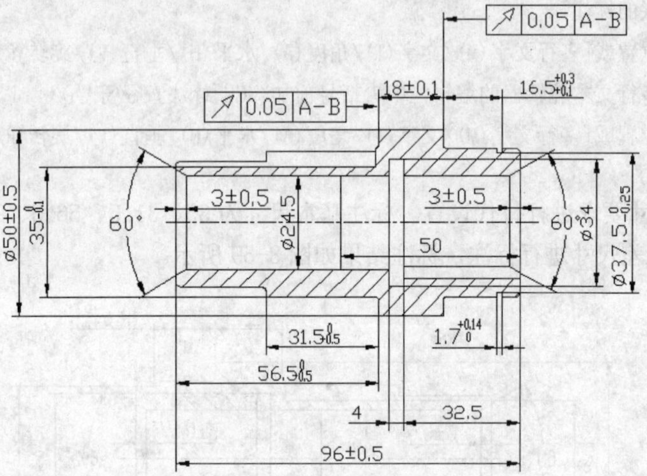

图 8-71　标注形位公差

07 标注形位公差基准。形位公差的基准可以通过引线标注命令和绘图命令以及单行文字命令绘制，不再赘述。最后完成的标注结果如图 8-72 所示。

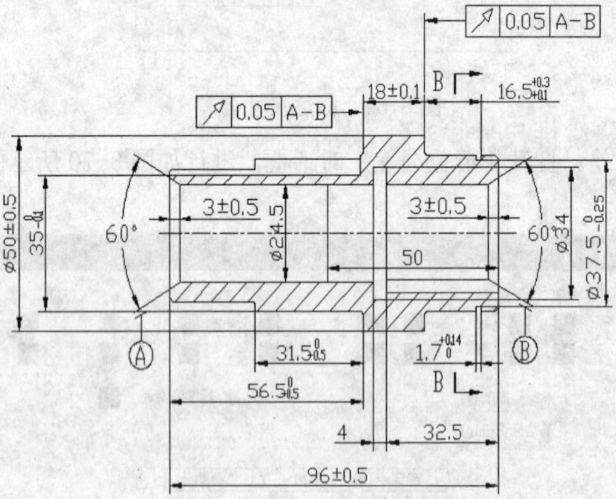

图 8-72　完成尺寸标注

08 标注技术要求。单击“绘图”工具栏中的“多行文字”命令，系统打开多行文字编辑器。在编辑器输入如图 8-73 所示文字。

标注的文字如图 8-74 所示。

最终完成尺寸标注与文字标注的图形如图 8-66 所示。

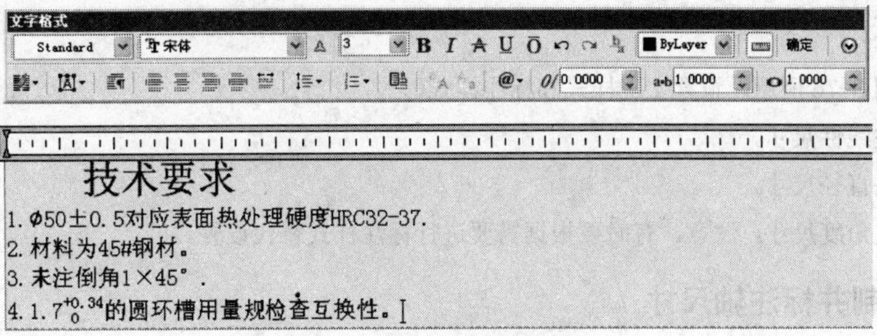

图 8-73　多行文字编辑器

技术要求

1. φ50±0.5对应表面热处理硬度HRC32-37.

2. 材料为45#钢材.

3. 未注倒角1×45°.

4. 1.7$^{+0.14}_{0}$的圆环槽用量规检查互换性.

图 8-74　标注的文字

8.6　上机实验

通过前面的学习，读者对本章知识也有了大体的了解，本节通过 4 个上机实验使读者进一步掌握本章知识要点。

实验 1　标注圆头平键线性尺寸

操作提示：

（1）如图 8-75 所示，设置标注样式。

（2）进行线性标注。

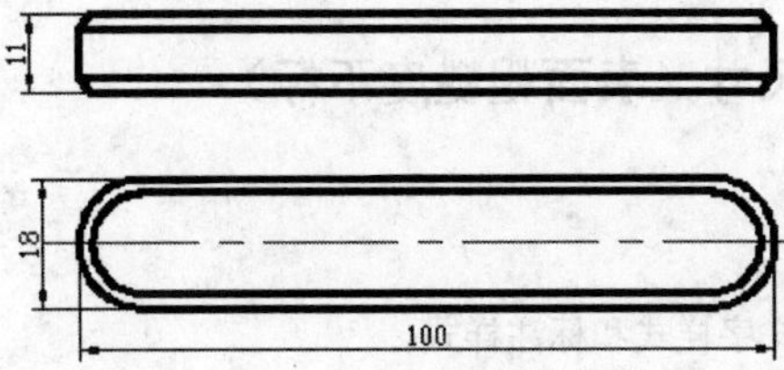

图 8-75　圆头平键

实验 2　标注垫片尺寸

操作提示：

（1）如图 8-76 所示，设置文字样式和标注样式。

（2）标注线性尺寸。

（3）标注直径尺寸。

（4）标注角度尺寸。注意，有时要根据需要进行标注样式替代设置。

实验 3　绘制并标注轴尺寸

操作提示：

（1）如图 8-77 所示，绘制图形。

（2）设置文字样式和标注样式。

（3）标注线性尺寸。

（4）标注连续尺寸。

（5）标注引线尺寸。

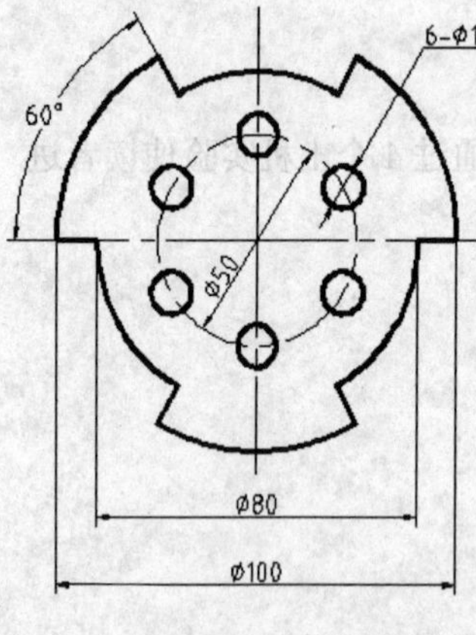

图 8-76　垫片

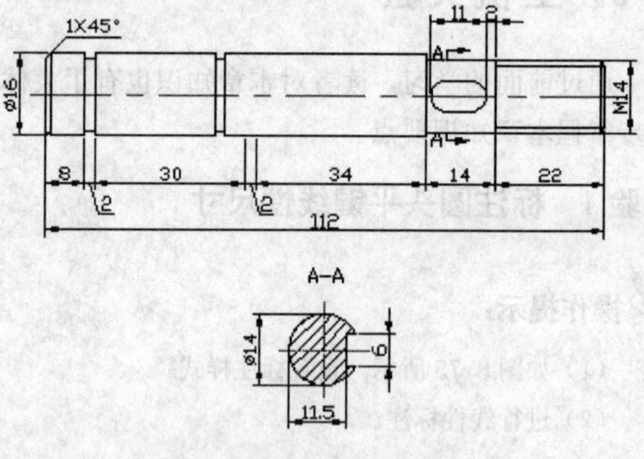

图 8-77　轴

实验 4　绘制并标注阀盖尺寸（表面粗糙度不标）

操作提示：

（1）如图 8-78 所示，设置文字样式和标注样式。

（2）标注阀盖尺寸。

（3）标注阀盖主视图中的形位公差。

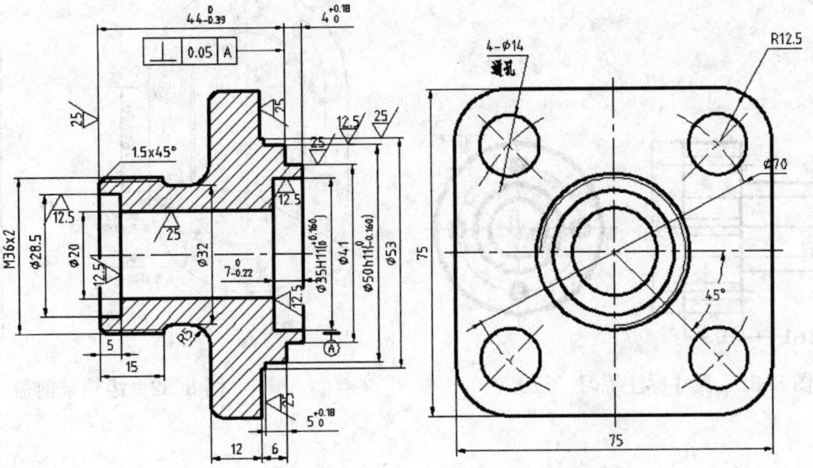

图 8-78 阀盖

8.7 思考与练习

通过前面的学习，读者对本章知识也有了大体的了解，本节通过几个练习使读者进一步掌握本章知识要点。

1. 绘制并标注图 8-79 所示的图形。
2. 绘制并标注图 8-80 所示的图形。

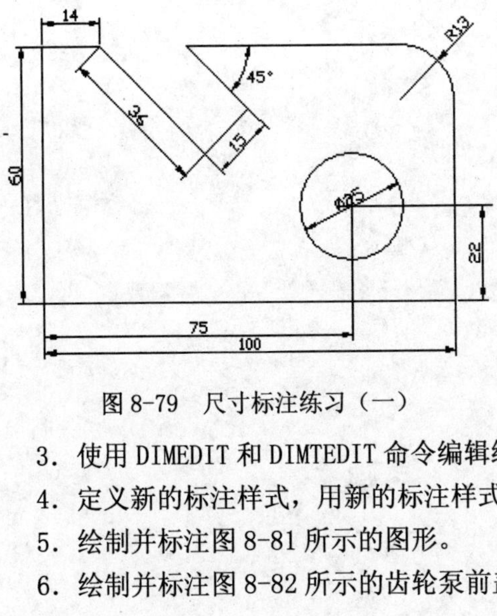

图 8-79 尺寸标注练习（一）

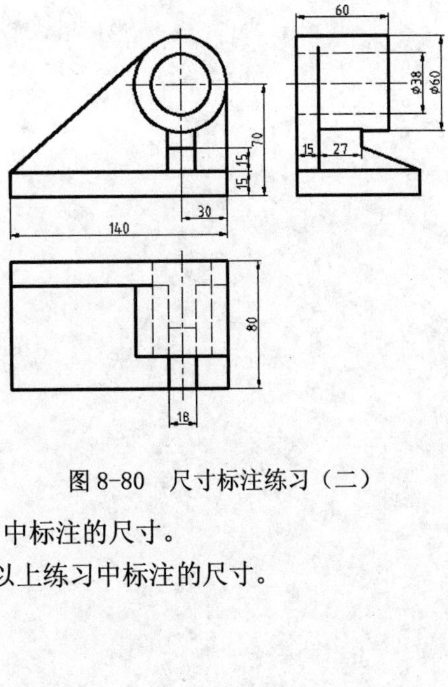

图 8-80 尺寸标注练习（二）

3. 使用 DIMEDIT 和 DIMTEDIT 命令编辑练习 1 中标注的尺寸。
4. 定义新的标注样式，用新的标注样式更新以上练习中标注的尺寸。
5. 绘制并标注图 8-81 所示的图形。
6. 绘制并标注图 8-82 所示的齿轮泵前盖。

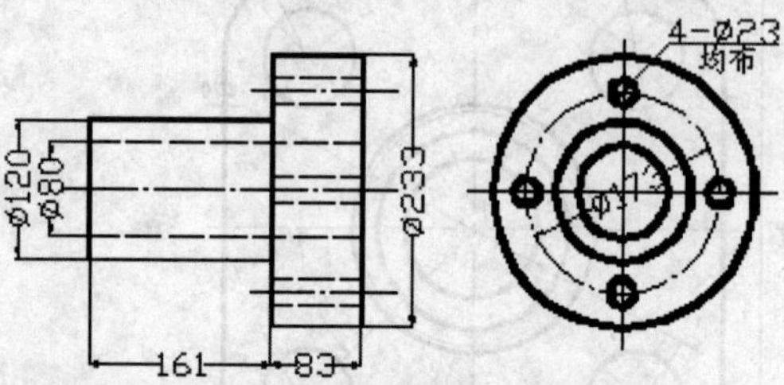

图 8-81　尺寸标注练习（三）

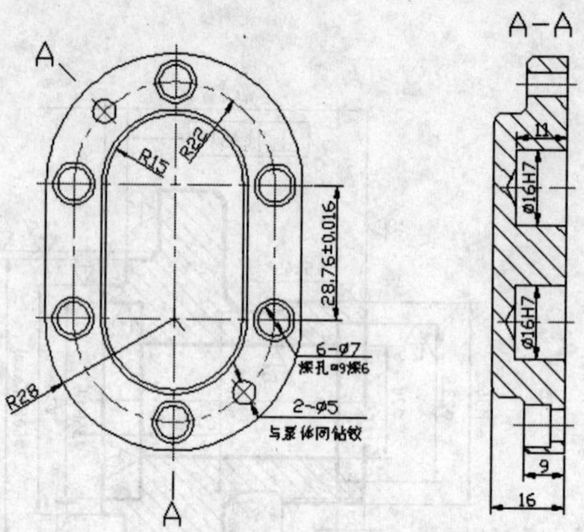

图 8-82　齿轮泵前盖

第 9 章 图块与外部参照

在设计绘图过程中经常会遇到一些重复出现的图形（例如机械设计中的螺钉、螺母，建筑设计中的桌椅、门窗等）如果每次都重新绘制这些图形，不仅造成大量的重复工作，而且存储这些图形及其信息要占据相当大的磁盘空间。AutoCAD 提供了图块和外部参照来解决这些问题。

本章主要介绍图块及其属性、外部参照和光栅图像等知识。

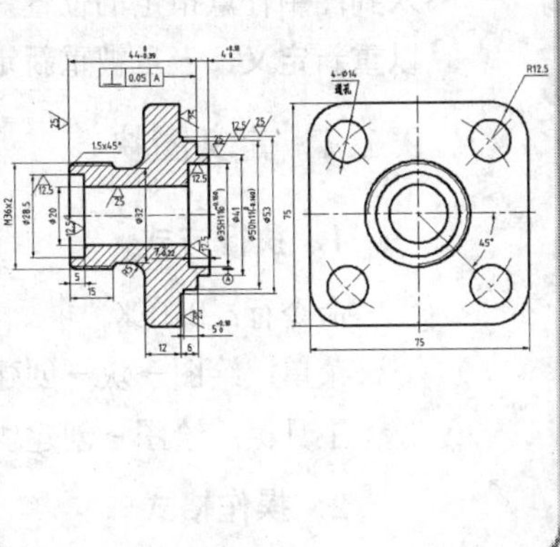

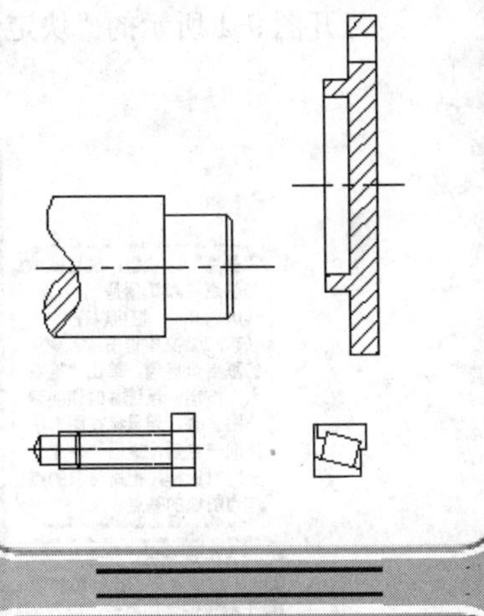

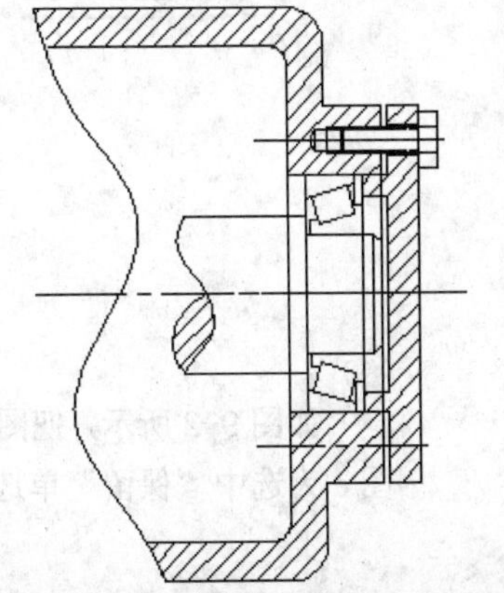

知识点

- 定义、存盘图块
- 插入图块
- 动态块
- 图块的属性

9.1 图块操作

AutoCAD 把一个图块作为一个对象进行编辑修改等操作，用户可根据绘图需要把图块插入到图中任意指定的位置，而且在插入时还可以指定不同的缩放比例和旋转角度。图块还可以重新定义，一旦被重新定义，整个图中基于该块的对象都将随之改变。

9.1.1 定义图块

1. 执行方式

命令行：BLOCK

菜单：绘图→块→创建

工具栏：绘图→创建块

2. 操作格式

命令：BLOCK↙

选择相应的菜单命令或单击相应的工具栏图标，或在命令行输入 BLOCK 后回车，AutoCAD 打开图 9-1 所示的“块定义”对话框，利用该对话框可定义图块并为之命名。

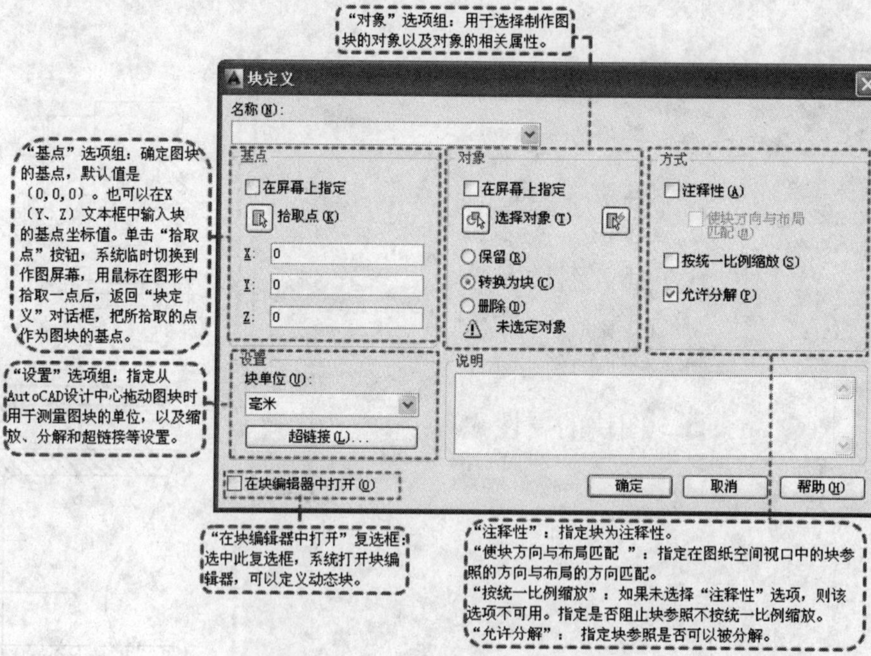

图 9-1 “块定义”对话框

如图 9-2 所示，把图 a 中的正五边形定义为图块，图 b 为选中“删除”单选按钮的结果，图 c 为选中“保留”单选按钮的结果。

a） b） c）

图 9-2 删除图形对象

9.1.2 图块的存盘

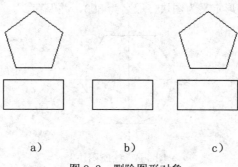

用 BLOCK 命令定义的图块保存在其所属的图形当中，该图块只能在该图中插入，而不能插入到其他的图中，但是有些图块在许多图中要经常用到，这时可以用 WBLOCK 命令把图块以图形文件的形式（后缀为.DWG）写入磁盘，图形文件可以在任意图形中用 INSERT 命令插入。

1. 执行方式

命令行：WBLOCK

2. 操作格式

命令：WBLOCK↙

在命令行输入 WBLOCK 后回车，AutoCAD 打开“写块”对话框，如图 9-3 所示，利用此对话框可把图形对象保存为图形文件或把图块转换成图形文件。

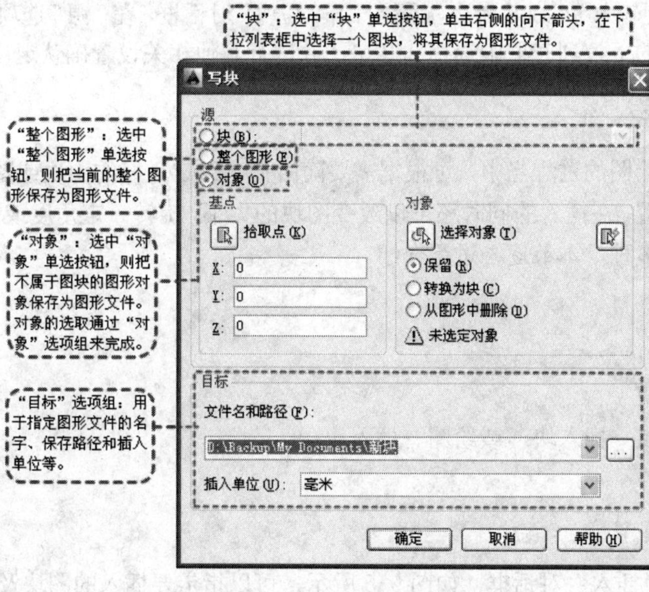

图 9-3 “写块”对话框

9.1.3　实例——定义螺母图块

将图 9-4 所示螺母图形定义为图块，取名为 HU3，并保存。

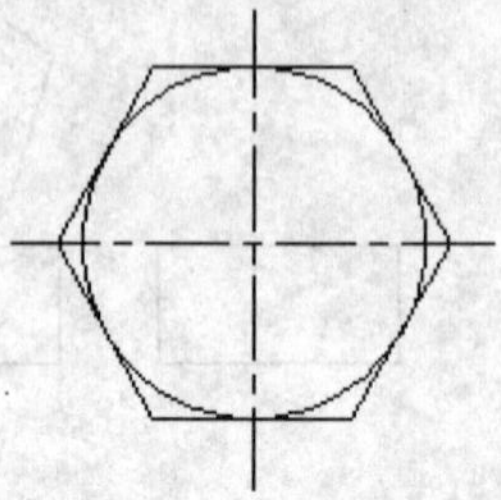

图 9-4　绘制图块

光盘路径

光盘\动画演示\第 9 章\定义螺母图块.avi

操作步骤

01 选择菜单栏中的“绘图”→“块”命令，从“块”子菜单中选择“创建”命令，或单击“绘图”工具栏中的“创建块”按钮，打开“块定义”对话框。

02 在“名称”下拉列表框中输入 HU3。

03 单击“拾取”按钮切换到作图屏幕，选择圆心为插入基点，返回“块定义”对话框。

04 单击“选择对象”按钮切换到作图屏幕，选择图 9-4 中的对象后，回车返回“块定义”对话框。

05 确认关闭对话框。

06 在命令行输入 WBLOCK 命令，系统打开“写块”对话框，在“源”选项组中选择“块”单选按钮，在后面的下拉列表框中选择 HU3 块，并进行其他相关设置确认退出。

9.1.4　图块的插入

在用 AutoCAD 绘图的过程当中，可根据需要随时把已经定义好的图块或图形文件插入到当前图形的任意位置，在插入的同时还可以改变图块的大小、旋转一定角度或把图块炸开等。插入图块的方法有多种，本节逐一进行介绍。

1．执行方式

命令行：INSERT
菜单：插入→块
工具栏：插入点→插入块或绘图→插入块

2．操作格式

命令：INSERT↙

AutoCAD 打开“插入”对话框，如图 9-5 所示，可以指定要插入的图块及插入位置。

如图 9-6 所示，图 a 是被插入的图块，图 b 取比例系数为 1.5 插入该图块的结果，图 c

是取比例系数为 0.5 的结果，X 轴方向和 Y 轴方向的比例系数也可以取不同，如图 d 所示，X 轴方向的比例系数为 1，Y 轴方向的比例系数为 1.5。另外，比例系数还可以是一个负数，当为负数时表示插入图块的镜像，其效果如图 9-7 所示。

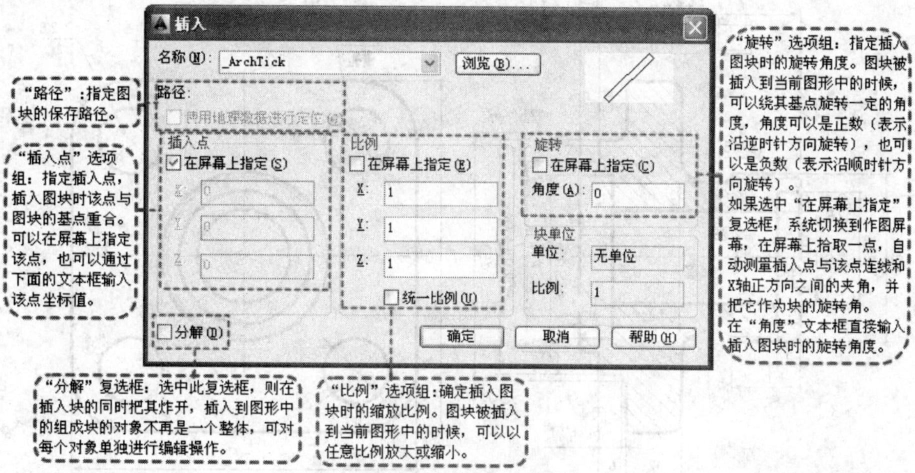

图 9-5 "插入"对话框

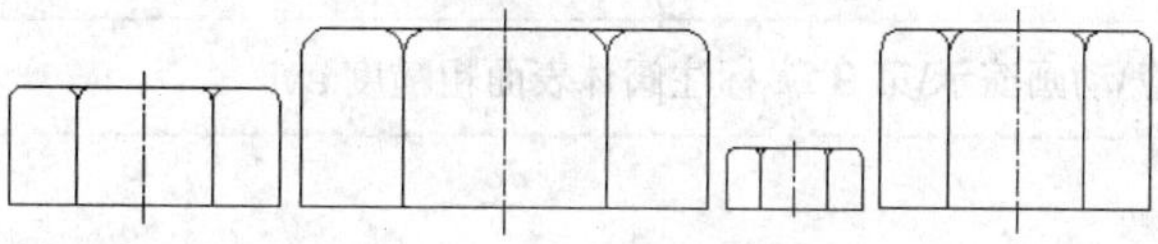

a） b） c） d）

图 9-6 取不同比例系数插入图块的效果

X 比例=1，Y 比例=1　X 比例= -1，Y 比例=1　X 比例=1，Y 比例= -1　X 比例= -1，Y 比例= -1

图 9-7 取比例系数为负值插入图块的效果

如图 9-8b 是图 a 所示的图块旋转 30º 插入的效果，图 c 是旋转－30º 插入的效果。

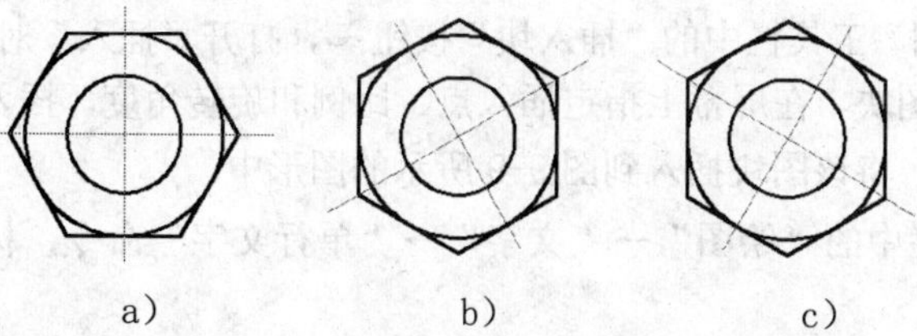

a） b） c）

图 9-8 以不同旋转角度插入图块的效果

9.1.5 实例——标注阀体表面粗糙度

标注图 9-9 所示图形中的表面粗糙度符号。

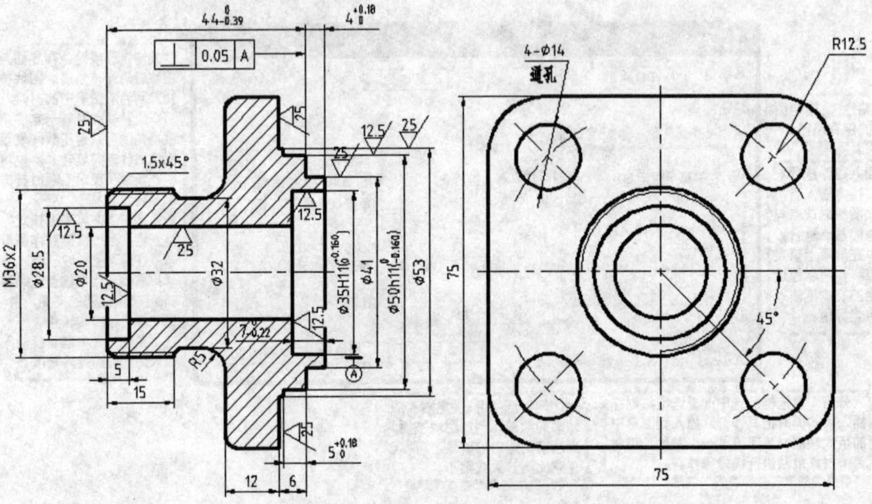

图 9-9 标注表面粗糙度

光盘\动画演示\第 9 章\标注阀体表面粗糙度.avi

光盘路径

操作步骤

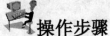

01 单击“绘图”工具栏中的“直线”按钮，绘制如图 9-10 所示的图形。

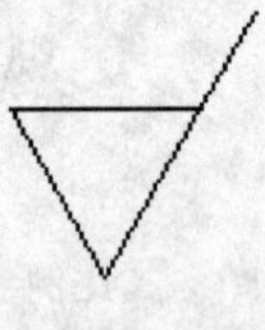

图 9-10 绘制表面粗糙度符号

02 在命令行内输入“WBLOCK”命令打开“写块”对话框，拾取上面图形下尖点为基点，以上面图形为对象，输入图块名称并指定路径，确认退出。

03 单击“绘图”工具栏中的“插入块”按钮，打开“插入”对话框，单击“浏览”按钮找到刚才保存的图块，在屏幕上指定插入点、比例和旋转角度，插入时选择适当的插入点、比例和旋转角度，将该图块插入到图 9-9 所示的图形中。

04 选择菜单栏中的“绘图”→“文字”→“单行文字”命令，标注文字，标注时注意对文字进行旋转。

05 同样利用插入图块的方法标注其他表面粗糙度。

9.1.6 动态块

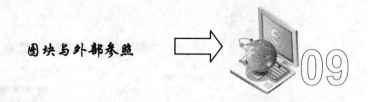

动态块具有灵活性和智能性。用户在操作时可以轻松地更改图形中的动态块参照。可以通过自定义夹点或自定义特性来操作动态块参照中的几何图形。这使得用户可以根据需要在位调整块，而不用搜索另一个块以插入或重定义现有的块。

例如，如果在图形中插入一个门块参照，编辑图形时可能需要更改门的大小。 如果该块是动态的，并且定义为可调整大小，那么只需拖动自定义夹点或在“特性”选项板中指定不同的大小就可以修改门的大小，如图 9-11 所示。 用户可能还需要修改门的打开角度，如图 9-12 所示。 该门块还可能会包含对齐夹点，使用对齐夹点可以轻松地将门块参照与图形中的其他几何图形对齐，如图 9-13 所示。

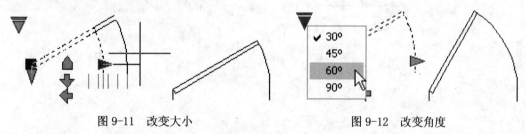

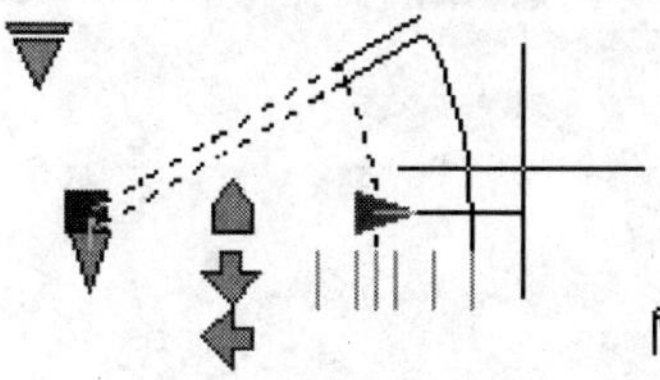

图 9-11 改变大小

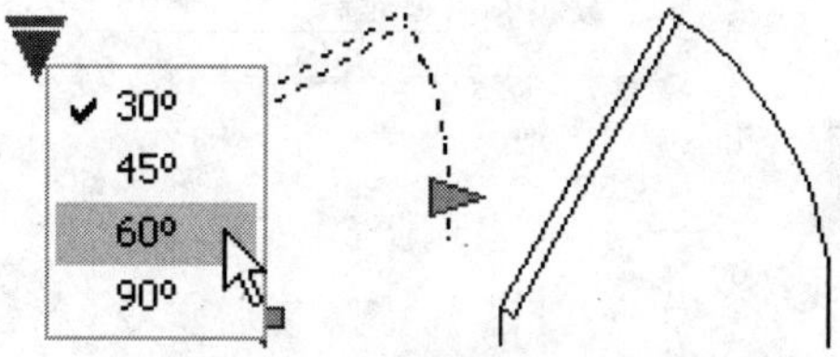

图 9-12 改变角度

可以使用块编辑器创建动态块。 块编辑器是一个专门的编写区域，用于添加能够使块成为动态块的元素。 用户可以从头创建块，也可以向现有的块定义中添加动态行为。 也可以像在绘图区域中一样创建几何图形。

1. 执行方式

命令行：BEDIT

菜单：工具→块编辑器

工具栏：标准→块编辑器

快捷菜单：选择一个块参照。 在绘图区域中单击鼠标右键。选择“块编辑器”项。

2. 操作格式

命令：BEDIT↙

系统打开“编辑块定义”对话框，如图 9-14 所示，在“要创建或编辑的块”文本框中输入块名或在列表框中选择已定义的块或当前图形。确认后，系统打开块编写选项板和“块编辑器”工具栏，如图 9-15 所示。

3. 选项说明

（1）块编写选项板

①“参数”选项卡：提供用于向块编辑器中的动态块定义中添加参数的工具。 参数用于指定几何图形在块参照中的位置、距离和角度。 将参数添加到动态块定义中时，该参数将定义块的一个或多个自定义特性。此选项卡也可以通过命令 BPARAMETER 来打开。提供用于向块编辑器中的动态块定义中添加参数的工具。参数用于指定几何图形在块参照中的位置、距离和角度。将参数添加到动态块定义中时，该参数将定义块的一个或多个自定义特性。

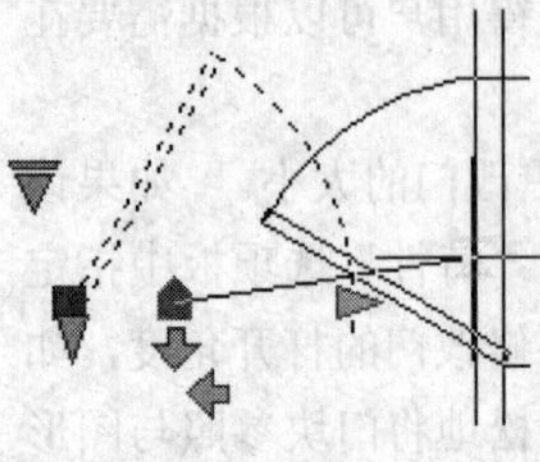

图 9-13 对齐

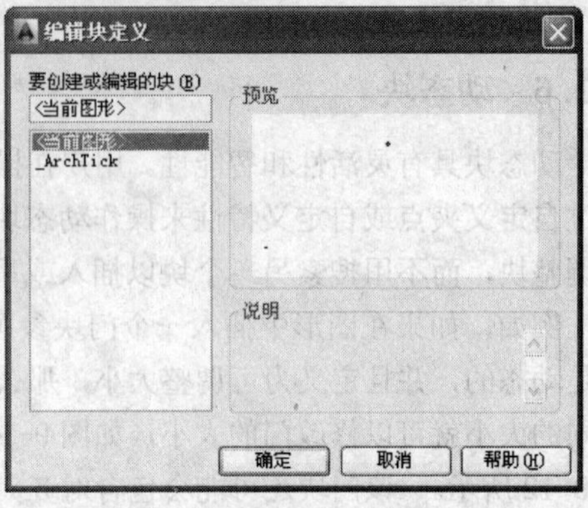

图 9-14 “编辑块定义”对话框

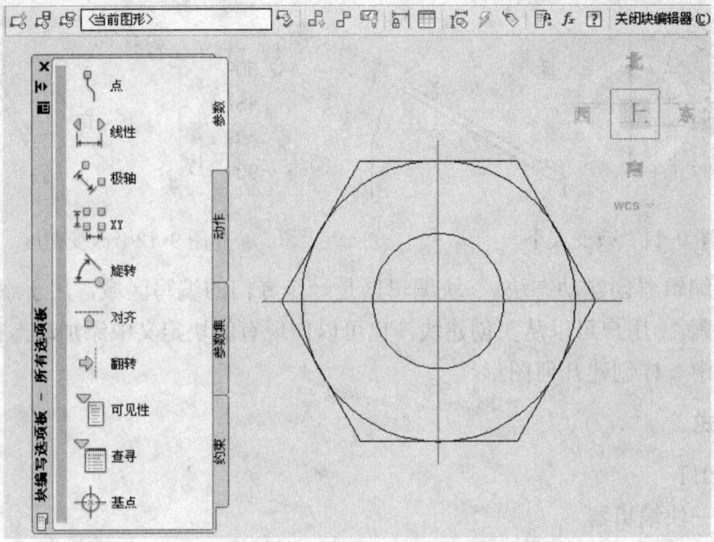

图 9-15 块编辑状态绘图平面

1）点参数：可向动态块定义中添加一个点参数，并为块参照定义自定义 X 和 Y 特性。点参数定义图形中的 X 和 Y 位置。在块编辑器中，点参数类似于一个坐标标注。

2）线性参数：可向动态块定义中添加一个线性参数，并为块参照定义自定义距离特性。线性参数显示两个目标点之间的距离。线性参数限制沿预设角度进行的夹点移动。在块编辑器中，线性参数类似于对齐标注。

3）极轴参数：可向动态块定义中添加一个极轴参数，并为块参照定义自定义距离和角度特性。极轴参数显示两个目标点之间的距离和角度值。可以使用夹点和“特性”选项板来共同更改距离值和角度值。在块编辑器中，极轴参数类似于对齐标注。

4）XY 参数：可向动态块定义中添加一个 XY 参数，并为块参照定义自定义水平距离和垂直距离特性。XY 参数显示距参数基点的 X 距离和 Y 距离。在块编辑器中，XY 参数显示为一对标注（水平标注和垂直标注）。这一对标注共享一个公共基点。

5）旋转参数：可向动态块定义中添加一个旋转参数，并为块参照定义自定义角度特性。旋转参数用于定义角度。在块编辑器中，旋转参数显示为一个圆。

6）对齐参数：可向动态块定义中添加一个对齐参数。对齐参数用于定义 X 位置、Y 位

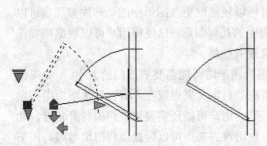

置和角度。对齐参数总是应用于整个块，并且无需与任何动作相关联。对齐参数允许块参照自动围绕一个点旋转，以便与图形中的其他对象对齐。对齐参数影响块参照的角度特性。在块编辑器中，对齐参数类似于对齐线。

7）翻转参数：可向动态块定义中添加一个翻转参数，并为块参照定义自定义翻转特性。翻转参数用于翻转对象。在块编辑器中，翻转参数显示为投影线。可以围绕这条投影线翻转对象。翻转参数将显示一个值，该值显示块参照是否已被翻转。

8）可见性参数：可向动态块定义中添加一个可见性参数，并为块参照定义自定义可见性特性。通过可见性参数，用户可以创建可见性状态并控制块中对象的可见性。可见性参数总是应用于整个块，并且无需与任何动作相关联。在图形中单击夹点可以显示块参照中所有可见性状态的列表。在块编辑器中，可见性参数显示为带有关联夹点的文字。

9）查寻参数：可向动态块定义中添加一个查寻参数，并为块参照定义自定义查寻特性。查寻参数用于定义自定义特性，用户可以指定或设置该特性，以便从定义的列表或表格中计算出某个值。该参数可以与单个查寻夹点相关联。在块参照中单击该夹点可以显示可用值的列表。在块编辑器中，查寻参数显示为文字。

10）基点参数：可向动态块定义中添加一个基点参数。基点参数用于定义动态块参照相对于块中的几何图形的基点。基点参数无法与任何动作相关联，但可以属于某个动作的选择集。在块编辑器中，基点参数显示为带有十字光标的圆。

②“动作”选项卡：提供用于向块编辑器中的动态块定义中添加动作的工具。动作定义了在图形中操作块参照的自定义特性时，动态块参照的几何图形将如何移动或变化。应将动作与参数相关联。此选项卡也可以通过命令 BACTIONTOOL 来打开。

1）移动动作：可在用户将移动动作与点参数、线性参数、极轴参数或 XY 参数关联时，将该动作添加到动态块定义中。移动动作类似于 MOVE 命令。在动态块参照中，移动动作将使对象移动指定的距离和角度。

2）缩放动作：可在用户将缩放动作与线性参数、极轴参数或 XY 参数关联时将该动作添加到动态块定义中。缩放动作类似于 SCALE 命令。在动态块参照中，当通过移动夹点或使用“特性”选项板编辑关联的参数时，缩放动作将使其选择集发生缩放。

3）拉伸动作 ：可在用户将拉伸动作与点参数、线性参数、极轴参数或 XY 参数关联时将该动作添加到动态块定义中。拉伸动作将使对象在指定的位置移动和拉伸指定的距离。

4）极轴拉伸动作：可在用户将极轴拉伸动作与极轴参数关联时将该动作添加到动态块定义中。当通过夹点或“特性”选项板更改关联的极轴参数上的关键点时，极轴拉伸动作将使对象旋转、移动和拉伸指定的角度和距离。

5）旋转动作：可在用户将旋转动作与旋转参数关联时将该动作添加到动态块定义中。旋转动作类似于 ROTATE 命令。在动态块参照中，当通过夹点或“特性”选项板编辑相关联的参数时，旋转动作将使其相关联的对象进行旋转。

6）翻转动作：可在用户将翻转动作与翻转参数关联时将该动作添加到动态块定义中。使用翻转动作可以围绕指定的轴（称为投影线）翻转动态块参照。

7）阵列动作：可在用户将阵列动作与线性参数、极轴参数或 XY 参数关联时将该动作添加到动态块定义中。通过夹点或“特性”选项板编辑关联的参数时，阵列动作将复制关联的对象并按矩形的方式进行阵列。

8）查寻动作：可向动态块定义中添加一个查寻动作。向动态块定义中添加查寻动作并将其与查寻参数相关联后，将创建查寻表。可以使用查寻表将自定义特性和值指定给动态块。

③“参数集”选项卡：提供用于在块编辑器中向动态块定义中添加一个参数和至少一个动作的工具。 将参数集添加到动态块中时，动作将自动与参数相关联。将参数集添加到动态块中后，请双击黄色警示图标（或使用 BACTIONSET 命令），然后按照命令行上的提示将动作与几何图形选择集相关联。此选项卡也可以通过命令 BPARAMETER 来打开。

1）点移动：可向动态块定义中添加一个点参数。系统会自动添加与该点参数相关联的移动动作。

2）线性移动：可向动态块定义中添加一个线性参数。系统会自动添加与该线性参数的端点相关联的移动动作。

3）线性拉伸：可向动态块定义中添加一个线性参数。系统会自动添加与该线性参数相关联的拉伸动作。

4）线性阵列：可向动态块定义中添加一个线性参数。系统会自动添加与该线性参数相关联的阵列动作。

5）线性移动配对：可向动态块定义中添加一个线性参数。系统会自动添加两个移动动作，一个与基点相关联，另一个与线性参数的端点相关联。

6）线性拉伸配对：可向动态块定义中添加一个线性参数。系统会自动添加两个拉伸动作，一个与基点相关联，另一个与线性参数的端点相关联。

7）极轴移动：可向动态块定义中添加一个极轴参数。系统会自动添加与该极轴参数相关联的移动动作。

8）极轴拉伸：可向动态块定义中添加一个极轴参数。系统会自动添加与该极轴参数相关联的拉伸动作。

9）环形阵列：可向动态块定义中添加一个极轴参数。系统会自动添加与该极轴参数相关联的阵列动作。

10）极轴移动配对：可向动态块定义中添加一个极轴参数。系统会自动添加两个移动动作，一个与基点相关联，另一个与极轴参数的端点相关联。

11）极轴拉伸配对：可向动态块定义中添加一个极轴参数。系统会自动添加两个拉伸动作，一个与基点相关联，另一个与极轴参数的端点相关联。

12）XY 移动：可向动态块定义中添加一个 XY 参数。系统会自动添加与 XY 参数的端点相关联的移动动作。

13）XY 移动配对：可向动态块定义中添加一个 XY 参数。系统会自动添加两个移动动作，一个与基点相关联，另一个与 XY 参数的端点相关联。

14）XY 移动方格集： 运行 BPARAMETER 命令，然后指定 4 个夹点并选择“XY 参数”选项，可向动态块定义中添加一个 XY 参数。系统会自动添加 4 个移动动作，分别与 XY 参数上的 4 个关键点相关联。

15）XY 拉伸方格集：可向动态块定义中添加一个 XY 参数。系统会自动添加四个拉伸动作，分别与 XY 参数上的 4 个关键点相关联。

16）XY 阵列方格集：可向动态块定义中添加一个 XY 参数。系统会自动添加与该 XY 参数相关联的阵列动作。

17）旋转集：可向动态块定义中添加一个旋转参数。系统会自动添加与该旋转参数相关联的旋转动作。

18）翻转集：可向动态块定义中添加一个翻转参数。系统会自动添加与该翻转参数相关联的翻转动作。

19）可见性集：可向动态块定义中添加一个可见性参数并允许定义可见性状态。无需添加与可见性参数相关联的动作。

20）查寻集 :.可向动态块定义中添加一个查寻参数。系统会自动添加与该查寻参数相关联的查寻动作。

④ “约束”选项卡：提供用于将几何约束和约束参数应用于对象的工具。将几何约束应用于一对对象时，选择对象的顺序以及选择每个对象的点可能影响对象相对于彼此的放置方式。

1）几何约束

- 重合约束：可同时将两个点或一个点约束至曲线（或曲线的延伸线）。对象上的任意约束点均可以与其他对象上的任意约束点重合。
- 垂直约束：可使选定直线垂直于另一条直线。垂直约束在两个对象之间应用。
- 平行约束：可使选定的直线位于彼此平行的位置。平行约束在两个对象之间应用。
- 相切约束：可使曲线与其他曲线相切。相切约束在两个对象之间应用。
- 水平约束：可使直线或点对位于与当前坐标系的 X 轴平行的位置。
- 竖直约束：可使直线或点对位于与当前坐标系的 Y 轴平行的位置。
- 共线约束：可使两条直线段沿同一条直线的方向。
- 同心约束：可将两条圆弧、圆或椭圆约束到同一个中心点。结果与将重合应用于曲线的中心点所产生的结果相同。
- 平滑约束：可在共享一个重合端点的两条样条曲线之间创建曲率连续 (G2) 条件。
- 对称约束：可使选定的直线或圆受相对于选定直线的对称约束。
- 相等约束：可将选定圆弧和圆的尺寸重新调整为半径相同，或将选定直线的尺寸重新调整为长度相同。
- 固定约束：可将点和曲线锁定在位。

2）约束参数

- 对齐约束：可约束直线的长度或两条直线之间、对象上的点和直线之间或不同对象上的两个点之间的的距离。
- 水平约束：可约束直线或不同对象上的两个点之间的 X 距离。有效对象包括直线段和多段线线段。
- 竖直约束：可约束直线或不同对象上的两个点之间的 Y 距离。有效对象包括直线段和多段线线段。

■ 角度约束：可约束两条直线段或多段线线段之间的角度。这与角度标注类似。

■ 半径约束：可约束圆、圆弧或多段圆弧段的半径。

■ 直径约束：可约束圆、圆弧或多段圆弧段的直径。

（2）“块编辑器”工具栏：该工具栏提供了在块编辑器中使用、创建动态块以及设置可见性状态的工具。

1）编辑或创建块定义：显示“编辑块定义”对话框。

2）保存块定义：保存当前块定义。

3）将块另存为 ：显示“将块另存为”对话框，可以在其中用一个新名称保存当前块定义的副本。

4）名称：显示当前块定义的名称。

5）测试块：运行 BTESTBLOCK 命令，可从块编辑器打开一个外部窗口以测试动态块。

6）自动约束对象： 运行 AUTOCONSTRAIN 命令，可根据对象相对于彼此的方向将几何约束应用于对象的选择集。

7）应用几何约束 ：运行 GEOMCONSTRAINT 命令，可在对象或对象上的点之间应用几何关系。

8）显示/隐藏约束栏： 运行 CONSTRAINTBAR 命令，可显示或隐藏对象上的可用几何约束。

9）参数约束 ：运行 BCPARAMETER 命令，可将约束参数应用于选定对象，或将标注约束转换为参数约束。

10）块表 ：运行 BTABLE 命令，可显示对话框以定义块的变量。

11）参数 ：运行 BPARAMETER 命令，可向动态块定义中添加参数。

12）动作 ：运行 BACTION 命令，可向动态块定义中添加动作。

13）定义属性 ：显示“属性定义”对话框，从中可以定义模式、属性标记、提示、值、插入点和属性的文字选项。

14）编写选项板： 编写选项板处于未激活状态时执行 BAUTHORPALETTE 命令。否则，将执行 BAUTHORPALETTECLOSE 命令。

15）参数管理器 f_x ：参数管理器处于未激活状态时执行 PARAMETERS 命令。否则，将执行 PARAMETERSCLOSE 命令。

16）了解动态块 ：显示“新功能专题研习”中创建动态块的演示。

17）关闭块编辑器 关闭块编辑器(C)：运行 BCLOSE 命令，可关闭块编辑器，并提示用户保存或放弃对当前块定义所做的任何更改。

18）可见性模式 :设置 BVMODE 系统变量，可以使当前可见性状态下不可见的对象变暗或隐藏。

19）使可见 :运行 BVSHOW 命令，可以使对象在当前可见性状态或所有可见性状态下均可见。

20）使不可见:运行 BVHIDE 命令，可以使对象在当前可见性状态或所有可见性状态下均不可见。

21）管理可见性状态 ：显示“可见性状态”对话框。从中可以创建、删除、重命名和设置当前可见性状态。在列表框中选择一种状态，右键单击，选择快捷菜单中“新状态”项，打开“新建可见性状态”对话框，可以设置可见性状态。

22）可见性状态 可见性状态0 :指定显示在块编辑器中的当前可见性状态。

9.1.7 实例——动态块功能标注阀体表面粗糙度

利用动态块功能标注图 9-10 所示阀体图形中的表面粗糙度符号。

光盘路径

光盘\动画演示\第 9 章\动态块功能标注阀体表面粗糙度.avi

操作步骤

01 单击“绘图”工具栏中的“直线”按钮，绘制如图 9-16 所示的图形。

02 在命令行内输入“WBLOCK”命令打开“写块”对话框，拾取上面图形下尖点为基点，以上面图形为对象，输入图块名称并指定路径，确认退出。

03 单击“绘图”工具栏中的“插入块”按钮，打开“插入”对话框，设置插入点和比例在屏幕指定，旋转角度为固定的任意值，单击“浏览”按钮找到刚才保存的图块，在屏幕上指定插入点和比例，将该图块插入到图 9-10 所示的图形中，结果如图 9-16 所示。

04 选择菜单栏中的“工具”→“块编辑器”命令，选择刚才保存的块，打开块编辑界面和块编写选项板，在块编写选项板的“参数”选项卡选择“旋转参数”项，命令行提示与操作如下：

命令:_BParameter 旋转

指定基点或 [名称(N)/标签(L)/链(C)/说明(D)/选项板(P)/值集(V)]:（指定表面粗糙度图块下角点为基点）

指定参数半径:（指定适当半径）

指定默认旋转角度或 [基准角度(B)] <0>: 0（指定适当角度）

指定标签位置:（指定适当夹点数）

在块编写选项板的“动作”选项卡选择“旋转动作”项，命令行提示与操作如下：

命令:_BActionTool 旋转

选择参数:（选择刚设置的旋转参数）

指定动作的选择集

选择对象:（选择表面粗糙度图块）

05 关闭块编辑器。

06 在当前图形中选择刚才标注的图块，系统显示图块的动态旋转标记，选中该标记，按住鼠标拖动，如图 9-17 所示。直到图块旋转到满意的位置为止，如图 9-18 所示。

07 选择菜单栏中的“绘图”→“文字”→“单行文字”命令，标注文字，标注时注意对文字进行旋转。

08 同样利用插入图块的方法标注其他表面粗糙度。

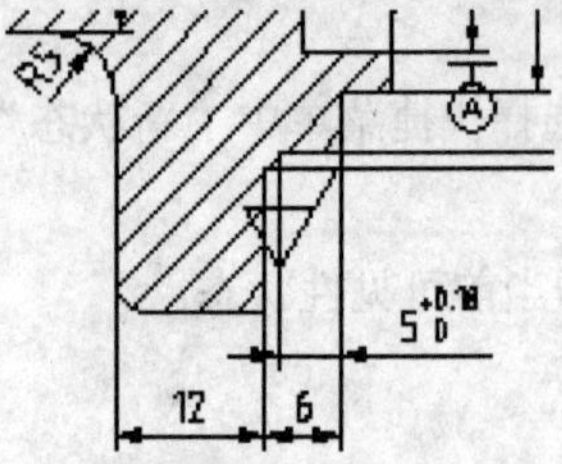

图 9-16　插入表面粗糙度符号

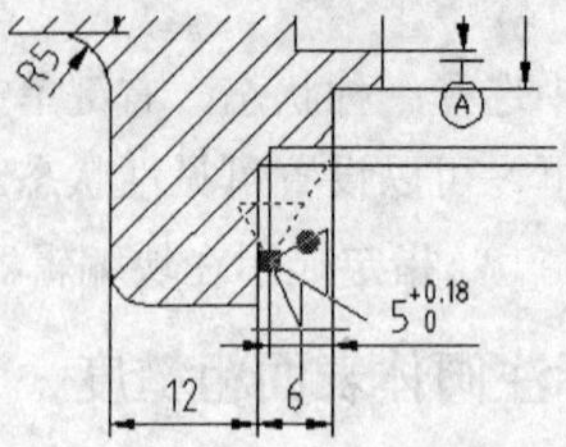

图 9-17　动态旋转

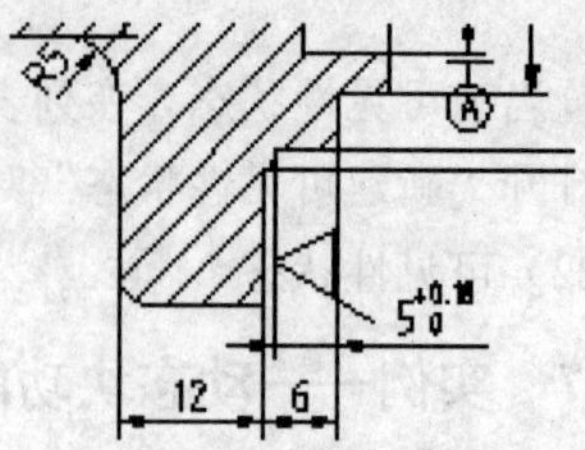

图 9-18　旋转结果

9.2　图块的属性

图块除了包含图形对象以外，还可以具有非图形信息，例如把一个椅子的图形定义为图块后，还可把椅子的号码、材料、重量、价格以及说明等文本信息一并加入到图块当中。图块的这些非图形信息，叫做图块的属性，它是图块的一个组成部分，与图形对象一起构成一个整体，在插入图块时 AutoCAD 把图形对象连同属性一起插入到图形中。

9.2.1　定义图块属性

1. 执行方式

命令行：ATTDEF

菜单：绘图→块→定义属性

2. 操作格式

命令：ATTDEF↙

选取相应的菜单项或在命令行输入 ATTDEF 回车，打开“属性定义”对话框，如图 9-19 所示。

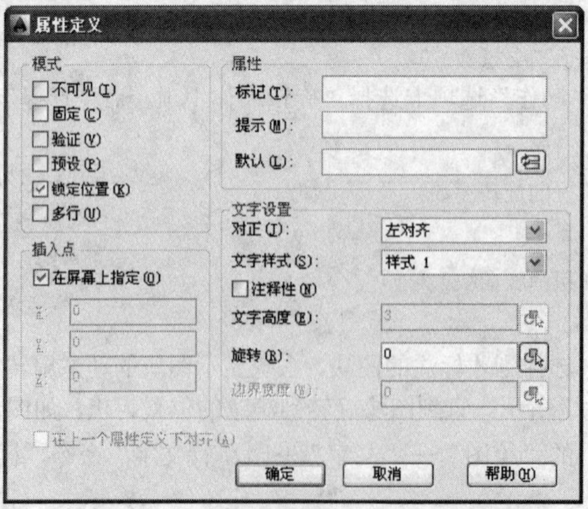

图 9-19　“属性定义”对话框

3. 选项说明

（1）“模式”选项组：确定属性的模式。

1）“不可见”复选框：选中此复选框。则属性为不可见显示方式，即插入图块并输入属性值后，属性值在图中并不显示出来。

2）“固定”复选框：选中此复选框则属性值为常量，即属性值在属性定义时给定，在插入图块时 AutoCAD 不再提示输入属性值。

3）“验证”复选框：选中此复选框，当插入图块时 AutoCAD 重新显示属性值让用户验证该值是否正确。

4）“预设”复选框：选中此复选框，当插入图块时 AutoCAD 自动把事先设置好的默认值赋予属性，而不再提示输入属性值。

5）“锁定位置”复选框：选中此复选框，锁定块参照中属性的位置。解锁后，属性可以相对于使用夹点编辑的块的其他部分移动，并且可以调整多行文字属性的大小。

6）“多行”复选框：指定属性值可以包含多行文字，选择此复选框可以指定属性的边界宽度。

（2）“属性”选项组：用于设置属性值。在每个文本框中 AutoCAD 允许输入不超过 256 个字符。

1）“标记”文本框：输入属性标签。属性标签可由除空格和感叹号以外的所有字符组成，AutoCAD 自动把小写字母改为大写字母。

2）“提示”文本框：输入属性提示。属性提示是插入图块时 AutoCAD 要求输入属性值的提示，如果不在此文本框内输入文本，则以属性标签作为提示。如果在“模式”选项组选中“固定”复选框，即设置属性为常量，则不需设置属性提示。

3）“默认”文本框：设置默认的属性值。可把使用次数较多的属性值作为默认值，也可不设默认值。

（3）“插入点”选项组：确定属性文本的位置。可以在插入时由用户在图形中确定属性文本的位置，也可在 X、Y、Z 文本框中直接输入属性文本的位置坐标。

（4）“文字设置”选项组：设置属性文本的对齐方式、文本样式、字高和倾斜角度。

（5）“在上一个属性定义下对齐”复选框：选中此复选框表示把属性标签直接放在前一个属性的下面，而且该属性继承前一个属性的文本样式、字高和倾斜角度等特性。

注意

在动态块中，由于属性的位置包括在动作的选择集中，因此必须将其锁定。

9.2.2 修改属性的定义

在定义图块之前，可以对属性的定义加以修改，不仅可以修改属性标签，还可以修改属性提示和属性默认值。

1．执行方式

命令行：DDEDIT

菜单：修改→对象→文字→编辑

2．操作格式

命令：DDEDIT↙

选择注释对象或 [放弃(U)]:

在此提示下选择要修改的属性定义，打开“编辑属性定义”对话框，如图 9-20 所示，该对话框表示要修改的属性的标记为“文字”，提示为“数值”，无默认值，可在各文本框中对各项进行修改。

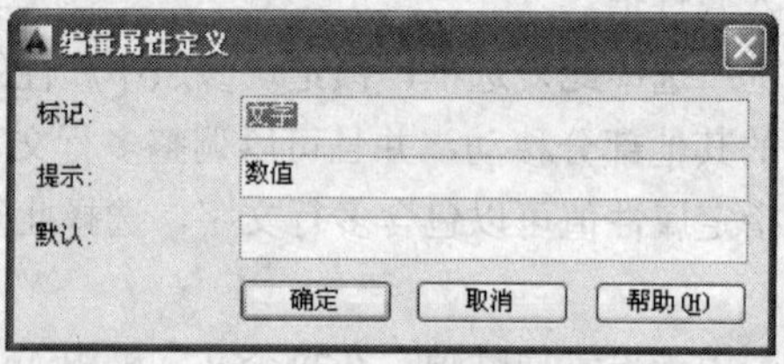

图 9-20　“编辑属性定义”对话框

9.2.3　图块属性编辑

当属性被定义到图块当中，甚至图块被插入到图形当中之后，用户还可以对属性进行编辑。利用 ATTEDIT 命令可以通过对话框对指定图块的属性值进行修改，利用-ATTEDIT 命令不仅可以修改属性值，而且可以对属性的位置、文本等其他设置进行编辑。

1．执行方式

命令行：ATTEDIT

菜单：修改→对象→属性→单个

工具栏：修改 II→编辑属性

2．操作格式

命令：ATTEDIT↙

选择块参照：

同时光标变为拾取框，选择要修改属性的图块，则 AutoCAD 打开图 9-21 所示的“编辑属性”对话框，对话框中显示出所选图块中包含的前 8 个属性的值，用户可对这些属性值进行修改。如果该图块中还有其他的属性，可单击“上一个”和“下一个”按钮对它们进行观察和修改。

当用户通过菜单或工具栏执行上述命令时，系统打开“增强属性编辑器”对话框，如图 9-22 所示。该对话框不仅可以编辑属性值，还可以编辑属性的文字选项和图层、线型、颜色等特性值。

另外，还可以通过“块属性管理器”对话框来编辑属性，方法是：工具栏：修改 II→块属性管理器。执行此命令后，系统打开“块属性管理器”对话框，如图 9-23 所示。单击“编辑”按钮，系统打开“编辑属性”对话框，如图 9-24 所示。可以通过该对话框编辑属性。

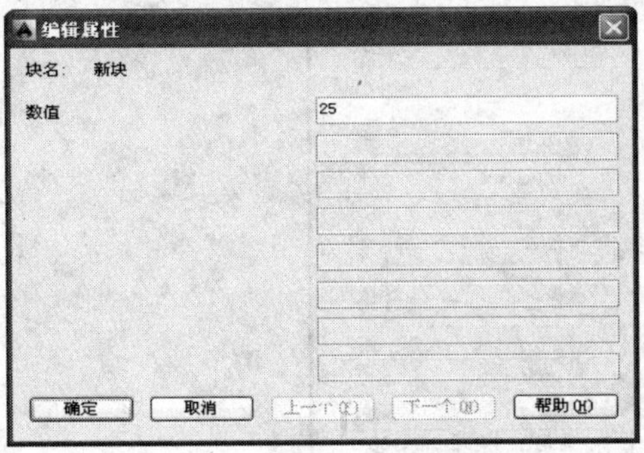

图 9-21 “编辑属性”对话框

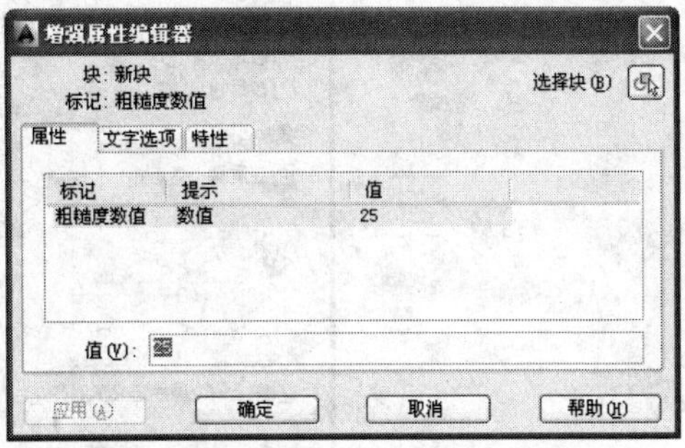

图 9-22 “增强属性编辑器”对话框

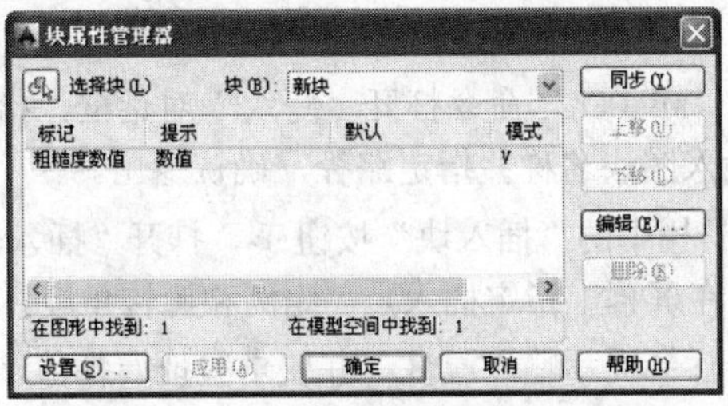

图 9-23 “块属性管理器”对话框

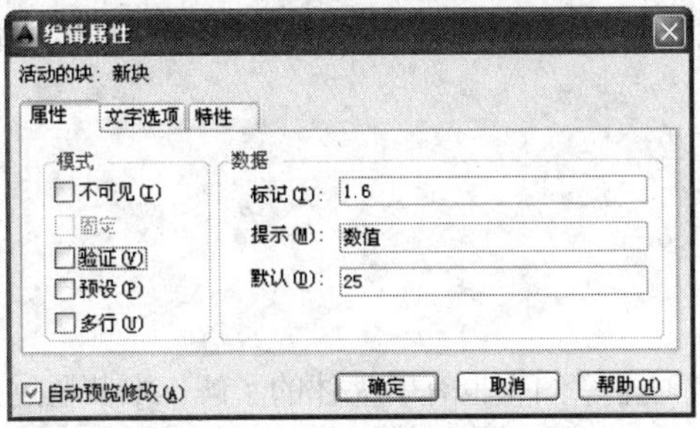

图 9-24 “编辑属性”对话框

9.2.4 实例——属性功能标注阀体表面粗糙度

将 9.1.5 节中表面粗糙度数值设置成图块属性，并重新标注。

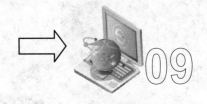

光盘路径

光盘\动画演示\第 9 章\属性功能标注阀体表面粗糙度.avi

操作步骤

01 单击“绘图”工具栏中的“直线”按钮，绘制表面粗糙度符号图形。

02 选择菜单栏中的“绘图”→“块”→“定义属性”命令，系统打开“属性定义”对话框，进行如图 9-25 所示的设置，其中插入点为表面粗糙度符号水平线中点，确认退出。

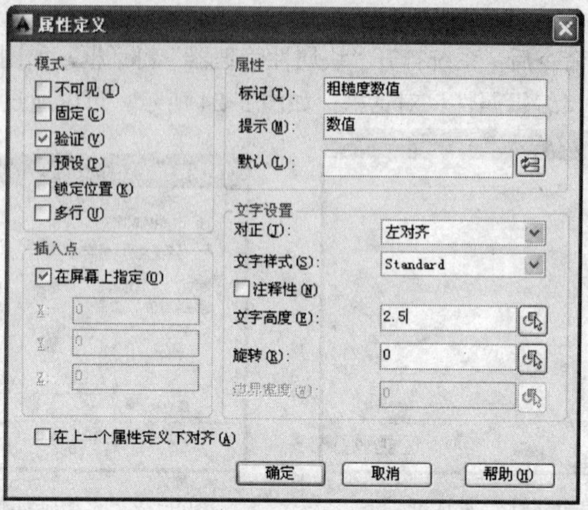

图 9-25 “属性定义”对话框

03 在命令行内输入“WBLOCK”命令打开“写块”对话框，拾取上面图形下尖点为基点，以上面图形为对象，输入图块名称并指定路径，确认退出。

04 单击“绘图”工具栏中的“插入块”按钮，打开“插入”对话框，单击“浏览”按钮找到刚才保存的图块，在屏幕上指定插入点、比例和旋转角度，将该图块插入到图 9-10 所示的图形中，这时，命令行会提示输入属性，并要求验证属性值，此时输入表面粗糙度数值 1.6，就完成了一个表面粗糙度的标注。

05 插入表面粗糙度图块，输入不同属性值作为表面粗糙度数值，直到完成所有表面粗糙度标注。

9.3 上机实验

通过前面的学习，读者对本章知识也有了大体的了解，本节通过 3 个上机实验使读者进一步掌握本章知识要点。

实验 1 定义“螺母”图块

操作提示：

（1）如图 9-26 所示，利用“块定义”对话框进行适当设置定义块。

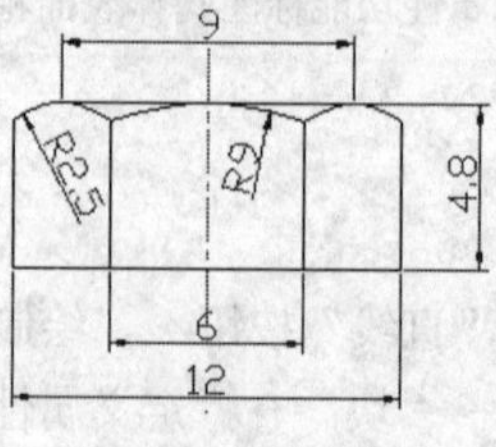

图 9-26 绘制图块

（2）利用 WBLOCK 命令，进行适当设置，保存块。

实验 2　标注齿轮表面粗糙度

操作提示：

（1）如图 9-27 所示，利用“直线”命令绘制表面粗糙度符号。

（2）定义表面粗糙度符号的属性，将标表面粗糙度值设置为其中需要验证的标记。

（3）将绘制的表面粗糙度符号及其属性定义成图块。

（4）保存图块。

（5）在图形中插入表面粗糙度图块，每次插入时输入不同的表面粗糙度值作为属性值。

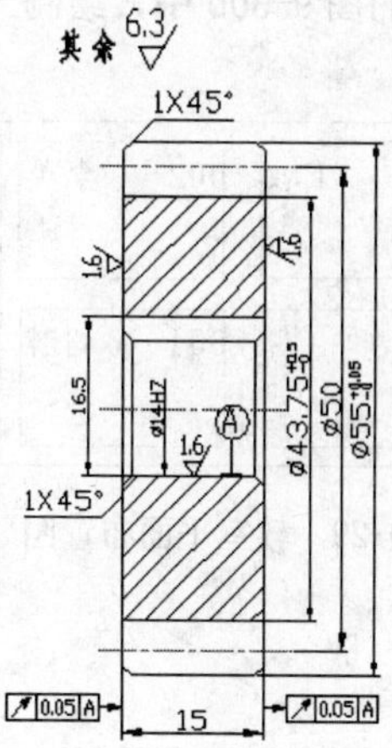

图 9-27　标注表面粗糙度

实验 3　图块插入

将实验 1 绘制的图形作为外部参照插入到第 8 章实验 3 绘制的轴图形中，组成一个配合。

操作提示：

（1）打开绘制好的轴零件图。

（2）执行“外部参照附着”命令，选择实验 1 绘制的螺母零件图文件为参照图形文件，设置相关参数，将螺母图形附着到轴零件图中。

9.4　思考与练习

通过前面的学习，读者对本章知识也有了大体的了解，本节通过几个练习使读者进一步掌握本章知识要点。

1．图块的定义是什么？图块有何特点？

2．动态图块有什么优点？

3．定义如图 9-28 所示的图块并存盘。

图 9-28　图块定义练习

4．将 2 题中的图块插入到图形中。

5．什么是图块的属性？如何定义图块属性？

6．绘制一张教室的平面图，如图 9-29 所示。教室内布置着若干形状相同的课桌，每一张课桌都对应着学生的学号、姓名、性别和年龄。

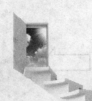

7．绘制图 9-30a 中的轴、轴承、盖板和螺钉图形，并将这些图形作为外部参照插入到绘制的图 9-30b 中，绘制一个箱体组装图。

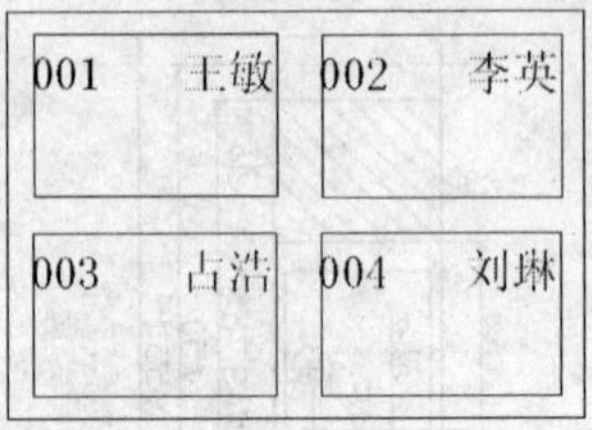

图 9-29 教室平面布置图

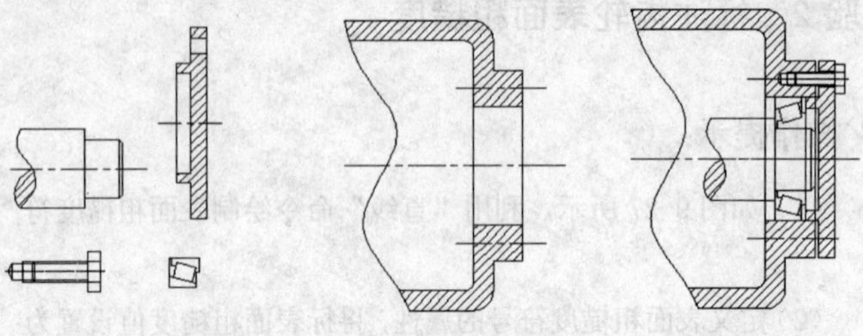

a）轴、轴承、盖板和螺钉图形 b）箱体零件图 c）箱体组装图

图 9-30 组装零件图

第 10 章 协同绘图工具

为了减少系统整体的图形设计效率，并有效地管理整个系统的所有图形设计文件，AutoCAD 经过不断地探索和完善，推出了大量的协同绘图工具，包括：查询工具、设计中心、工具选项板、CAD 标准、图纸集管理器和标记集管理器等工具，利用设计中心和工具选项板，用户可以建立自己的个性化图库，也可以利用别人提供的强大的资源快速准确地进行图形设计，同时利用 CAD 标准管理器、图纸集管理器和标记集管理器，用户可以有效地协同统一管理整个系统的图形文件。

本章主要介绍查询工具、设计中心、工具选项板、CAD 标准、图纸集、标记集等知识。

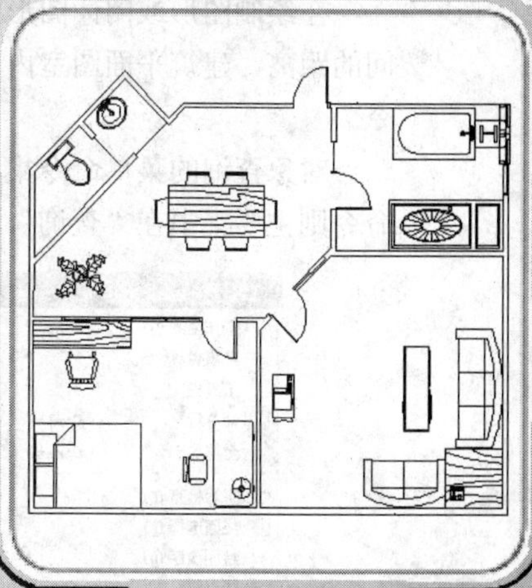

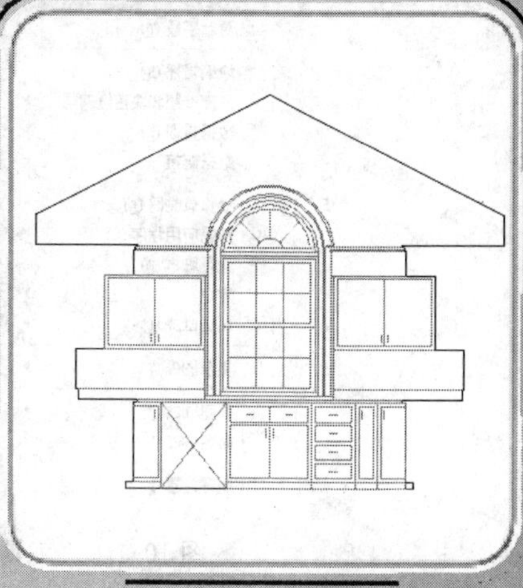

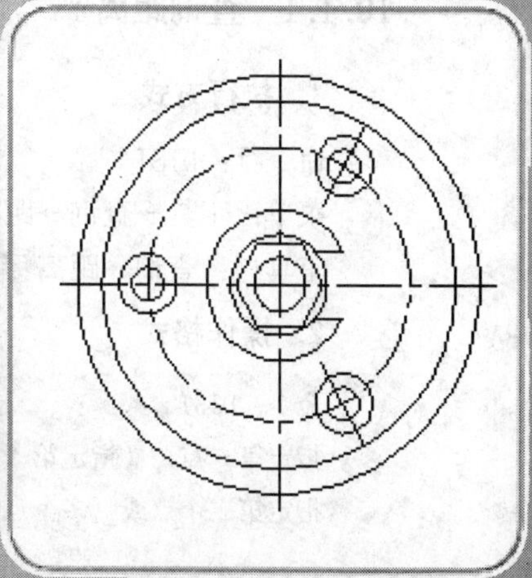

知识点

- 对象查询
- 设计中心
- 工具选项板

10.1 对象查询

在绘制图形或阅读图形的过程中，有时需要即时查询图形对象的相关数据，比如对象之间的距离，建筑平面图室内面积等。为了方便这些查询工作，AutoCAD 提供了相关的查询命令。

对象查询的菜单命令集中在“工具”→“查询”菜单中，如图 10-1 所示。而其工具栏命令则主要集中在“查询”工具栏中，如图 10-2 所示。

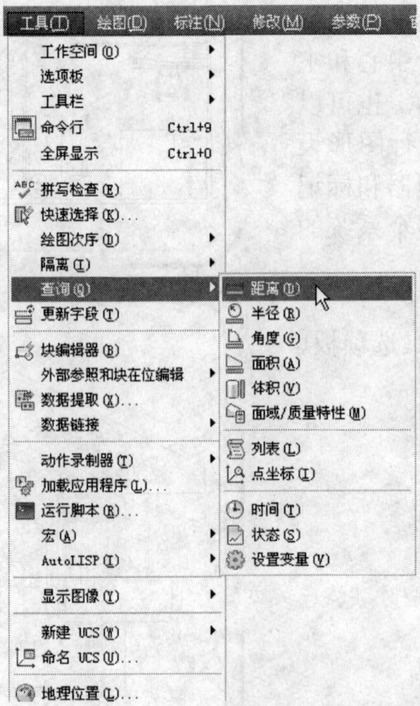

图 10-1 “工具→查询”菜单

图 10-2 “查询”工具栏

10.1.1 查询距离

1. 执行方式

命令行：DIST

菜单：工具→查询→距离

工具栏：查询→距离

2. 操作格式

命令：DIST↙

指定第一点：（指定第一点）

指定第二个点或 [多个点(M)]：（指定第二点）

距离=5.2699，XY 平面中的倾角=0，　与 XY 平面的夹角 = 0

X 增量=5.2699，　Y 增量=0.0000，　Z 增量=0.0000

面积、面域/质量特性的查询与距离查询类似，不再赘述。

10.1.2　查询对象状态

1．执行方式

命令行：STATUS

菜单：工具→查询→状态

2．操作格式

命令：STATUS↙

系统自动切换到文本显示窗口，显示所当前文件的状态，包括文件中的各种参数状态以及文件所在磁盘的使用状态，如图 10-3 所示。

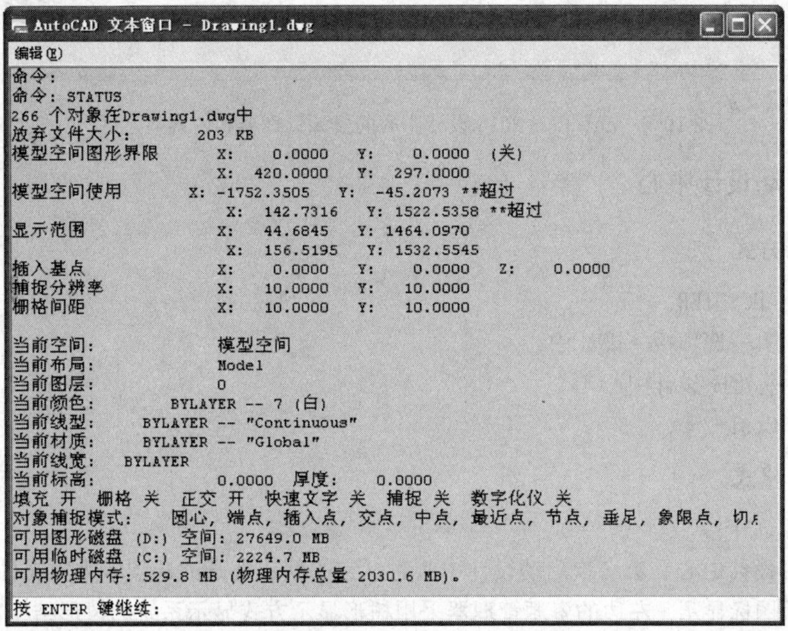
AutoCAD 文本窗口 - Drawing1.dwg
编辑(E)
命令:
命令: STATUS
266 个对象在Drawing1.dwg中
放弃文件大小: 203 KB
模型空间图形界限 X: 0.0000 Y: 0.0000 (关)
X: 420.0000 Y: 297.0000
模型空间使用 X: -1752.3505 Y: -45.2073 **超过
X: 142.7316 Y: 1522.5358 **超过
显示范围 X: 44.6845 Y: 1464.0970
X: 156.5195 Y: 1532.5545
插入基点 X: 0.0000 Y: 0.0000 Z: 0.0000
捕捉分辨率 X: 10.0000 Y: 10.0000
栅格间距 X: 10.0000 Y: 10.0000
当前空间: 模型空间
当前布局: Model
当前图层: 0
当前颜色: BYLAYER -- 7 (白)
当前线型: BYLAYER -- "Continuous"
当前材质: BYLAYER -- "Global"
当前线宽: BYLAYER
当前标高: 0.0000 厚度: 0.0000
填充 开 栅格 关 正交 开 快速文字 关 捕捉 关 数字化仪 关
对象捕捉模式: 圆心, 端点, 插入点, 交点, 中点, 最近点, 节点, 垂足, 象限点, 切
可用图形磁盘 (D:) 空间: 27649.0 MB
可用临时磁盘 (C:) 空间: 2224.7 MB
可用物理内存: 529.8 MB (物理内存总量 2030.6 MB)。
按 ENTER 键继续:

图 10-3　文本显示窗口

列表显示、点坐标、时间、系统变量等查询工具与查询对象状态方法和功能相似。

10.2　设计中心

使用 AutoCAD 2014 设计中心可以很容易地组织设计内容，并把它们拖动到自己的图形中。

可以使用 AutoCAD 2014 设计中心窗口的内容显示框，来观察用 AutoCAD 2014 设计中心的资源管理器所浏览资源的细目，如图 10-4 所示。在图中左边方框为 AutoCAD 2014 设计中

心的资源管理器，右边方框为 AutoCAD 2014 设计中心窗口的内容显示框。其中上面窗口为文件显示框，中间窗口为图形预览显示框。下面窗口为说明文本显示框。

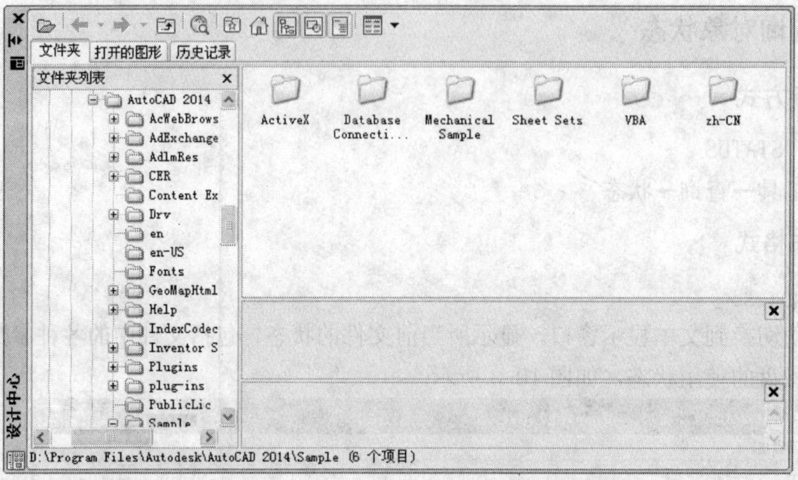

图 10-4　AutoCAD 2014 设计中心的资源管理器和内容显示区

10.2.1　启动设计中心

1. 执行方式

命令行：ADCENTER

菜单：工具→选项板→设计中心

工具栏：标准→设计中心

快捷键：Ctrl+2

2. 操作格式

命令：ADCENTER↙

系统打开设计中心。第一次启动设计中心时，它的默认打开的选项卡为“文件夹”。容显示区采用大图标显示，左边的资源管理器采用树形显示方式显示系统的树形结构，浏览资源的同时，在内容显示区显示所浏览资源的有关细目或内容，如图 10-4 所示。

可以依靠鼠标拖动边框来改变 AutoCAD 2014 设计中心资源管理器和内容显示区以及 AutoCAD 2014 绘图区的大小，但内容显示区的最小尺寸应能显示两列大图标。

如果要改变 AutoCAD 2014 设计中心的位置，可在 AutoCAD 2014 设计中心工具条的上部用鼠标拖动它，松开鼠标后，AutoCAD 2014 设计中心便处于当前位置，到新位置后，仍可以用鼠标改变各窗口的大小。也可以通过设计中心边框左边下方的“自动隐藏”按钮自动隐藏设计中心。

10.2.2　插入图块

可以将图块插入到图形当中。当将一个图块插入到图形当中的时候，块定义就被复制到图形数据库当中。在一个图块被插入图形之后，如果原来的图块被修改，则插入到图形当中的图块也随之改变。

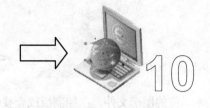

当其他命令正在执行时，不能插入图块到图形当中。例如，如果在插入块时，在提示行正在执行一个命令，此时光标变成一个带斜线的圆，提示操作无效。另外一次只能插入一个图块。AutoCAD DesignCenter 提供了插入图块的两种方法："利用鼠标指定比例和旋转方式"和"精确指定坐标、比例和旋转角度方式"。

1. 利用鼠标指定比例和旋转方式插入图块

采用此方法时，AutoCAD 根据鼠标拉出的线段的长度与角度确定比例与旋转角度。

采用该方法插入图块的步骤如下：

（1）从文件夹列表或查找结果列表选择要插入的图块，按住鼠标左键，将其拖动到打开的图形。

松开鼠标左键，此时，被选择的对象被插入到当前被打开的图形当中。利用当前设置的捕捉方式，可以将对象插入到任何存在的图形当中。

（2）按下鼠标左键，指定一点作为插入点，移动鼠标，鼠标位置点与插入点之间距离为缩放比例。按下鼠标左键确定比例。同样方法移动鼠标，鼠标指定位置与插入点连线与水平线角度为旋转角度。被选择的对象就根据鼠标指定的比例和角度插入到图形当中。

2. 精确指定的坐标、比例和旋转角度插入图块

利用该方法可以设置插入图块的参数，具体方法如下：

（1）从文件夹列表或查找结果列表框选择要插入的对象，拖动对象到打开的图形。

（2）在相应的命令行提示下输入比例和旋转角度等数值。

被选择的对象根据指定的参数插入到图形当中。

10.2.3 图形复制

1. 在图形之间复制图块

利用 AutoCAD 设计中心可以浏览和装载需要复制的图块，然后将图块复制到剪贴板，利用剪贴板将图块粘贴到图形当中。具体方法如下：

（1）在控制板选择需要复制的图块，右击打开快捷菜单，在快捷菜单中选择"复制"命令。

（2）将图块复制到剪贴板上，然后通过"粘贴"命令粘贴到当前图形上。

2. 在图形之间复制图层

利用 AutoCAD 设计中心可以从任何一个图形复制图层到其他图形。例如，如果已经绘制了一个包括设计所需的所有图层的图形，在绘制另外的新的图形的时候，可以新建一个图形，并通过 AutoCAD 设计中心将已有的图层复制到新的图形当中，这样可以节省时间，并保证图形间的一致性。

（1）拖动图层到已打开的图形：确认要复制图层的目标图形文件被打开，并且是当前的图形文件。在控制板或查找结果列表框选择要复制的一个或多个图层。拖动图层到打开的图形文件。松开鼠标后被选择的图层被复制到打开的图形当中。

（2）复制或粘贴图层到打开的图形：确认要复制的图层的图形文件被打开，并且是当前的图形文件。在控制板或查找结果列表框选择要复制的一个或多个图层。右击打开快捷菜单，在快捷菜单中选择“复制到粘贴板”命令。如果要粘贴图层，确认粘贴的目标图形文件被打开，并为当前文件。右击打开快捷菜单，在快捷菜单选择“粘贴”命令。

10.2.4 实例——给房子图形插入窗户图块

以 AutoCAD 设计中心将图 10-5a 中已有的图块插入本图形，完成如图 10-5b 所示。

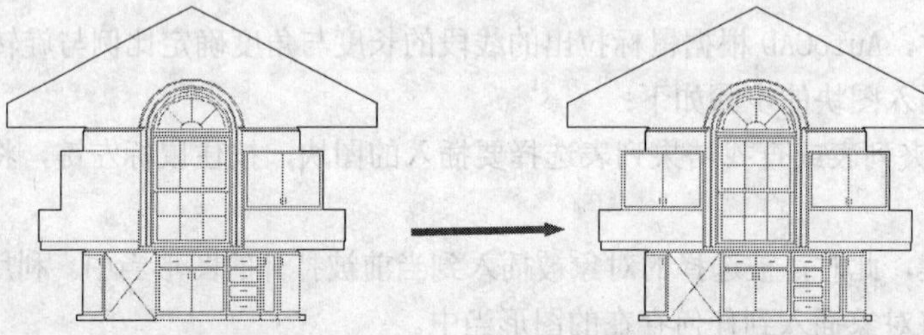

a）原图形　　　　b）插入其他图文件的数据后

图 10-5　插入图块

光盘路径

光盘\动画演示\第 10 章\插入窗户图块.avi

操作步骤

01 单击“标准”工具栏中的“设计中心”按钮，打开设计中心窗口。

02 从设计中心窗口中选择“打开的图形”选项卡，并从出现菜单中选择图块项目，然后选择图块，并在图块上单击鼠标右键，出现菜单后，选择“插入为块”项目，如图 10-6 所示。

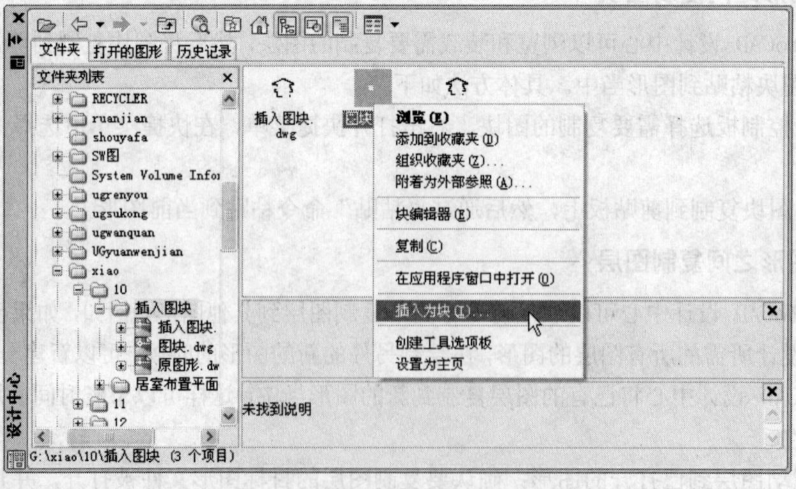

图 10-6　打开设计中心并插入块

03 出现“插入”对话框，进行设置后，选择“确定”按钮，如图 10-7 所示。

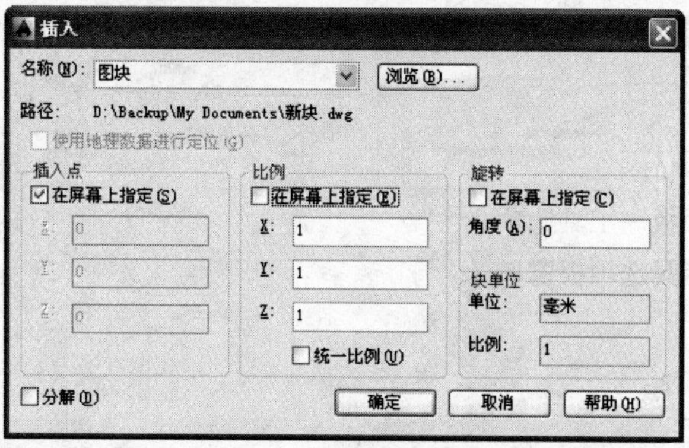

图 10-7 “插入”对话框

04 回到绘图窗口后，打开“对象捕捉”工具栏，选择“捕捉到端点”按钮，然后选择房子左侧的一个端点为图块放置位置，如图 10-8 所示，结果如图 10-5b 所示。

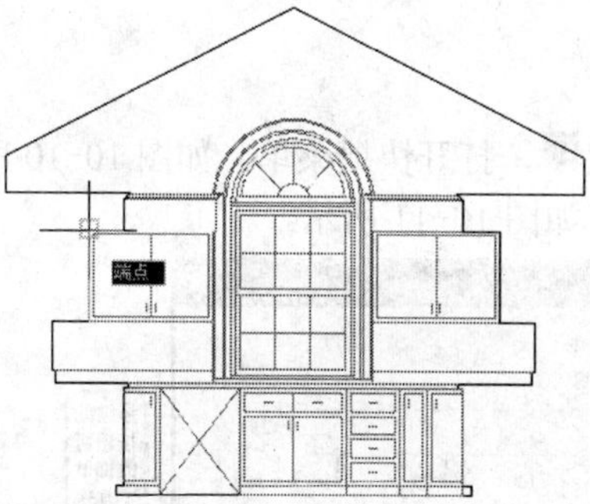

图 10-8 捕捉插入点

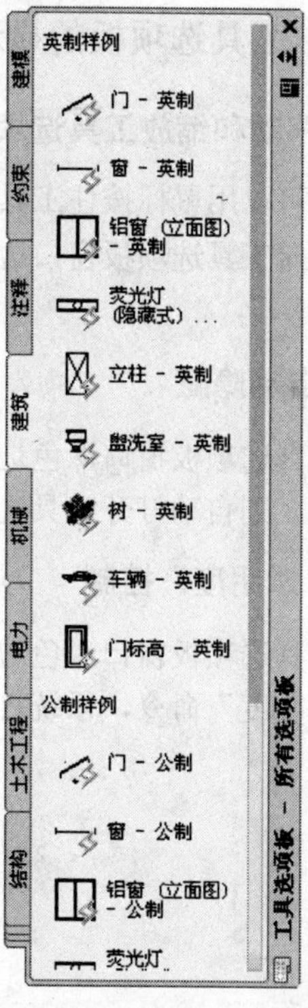

图 10-9 工具选项板窗口

10.3 工具选项板

工具选项板是“工具选项板”窗口中选项卡形式的区域，提供组织、共享和放置块及填充图案的有效方法。工具选项板还可以包含由第三方开发人员提供的自定义工具。

10.3.1 打开工具选项板

1. 执行方式

命令行：TOOLPALETTES

菜单：工具→选项板→工具选项

工具栏：标准→工具选项板窗口

快捷键：Ctrl+3

2. 操作格式

命令：TOOLPALETTES↙

系统自动打开工具选项板窗口，如图 10-9 所示。

3. 选项说明

在工具选项板中，系统设置了一些常用图形选项卡，这些常用图形可以方便用户绘图。

10.3.2 工具选项板的显示控制

1. 移动和缩放工具选项板窗口

用户可以用鼠标按住工具选项板窗口深色边框，拖动鼠标，即可移动工具选项板窗口。将鼠标指向工具选项板窗口边缘，出现双向伸缩箭头，按住鼠标左键拖动即可缩放工具选项板窗口。

2. 自动隐藏

在工具选项板窗口深色边框上单击“自动隐藏”按钮，可自动隐藏工具选项板窗口，再次单击，则自动打开工具选项板窗口。

3.“透明度”控制

在工具选项板窗口深色边框上单击“特性”按钮，打开快捷菜单，如图 10-10 所示。选择“透明度”命令，系统打开“透明度”对话框，如图 10-11 所示。

图 10-10 快捷菜单

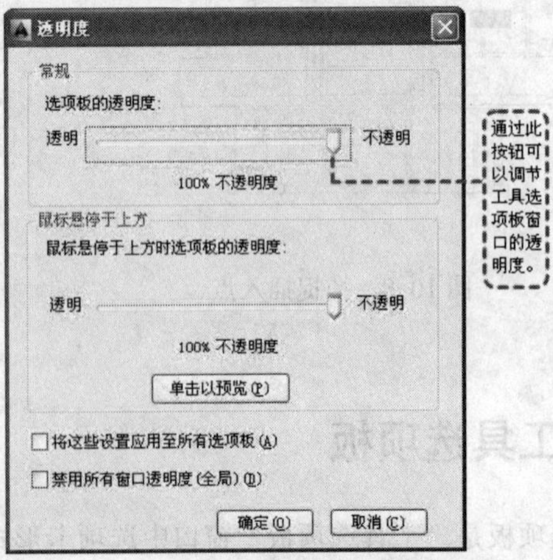

图 10-11 “透明度”对话框

4.“视图”控制

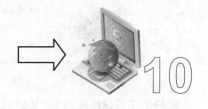

将鼠标放在工具选项板窗口的空白地方，单击鼠标右键，打开快捷菜单，选择其中的“视图选项”命令，如图 10-12 所示。打开“视图选项”对话框，如图 10-13 示。

图 10-12 快捷菜单

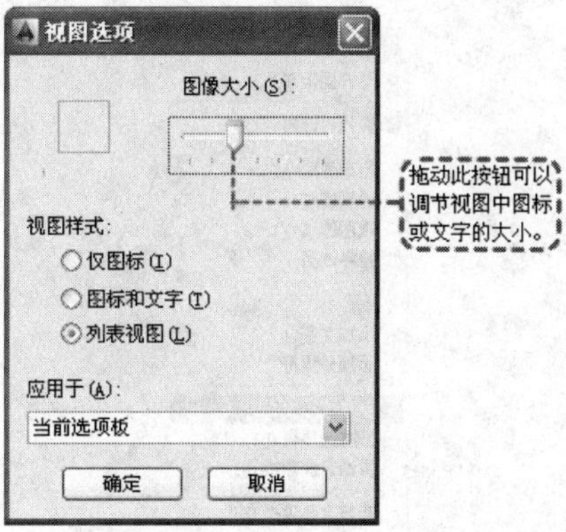

图 10-13 “视图选项”对话框

10.3.3 新建工具选项板

用户可以建立新工具板，这样有利于个性化作图，也能够满足特殊作图需要。

1. 执行方式

命令行：CUSTOMIZE
菜单：工具→自定义→工具选项板
快捷菜单：在任意工具栏上单击右键，然后选择“自定义”。
工具选项板：“特性”按钮→自定义（或新建选项板）

2. 操作格式

命令：CUSTOMIZE↙

系统打开“自定义”对话框的“工具选项板”选项卡，如图 10-14 所示。

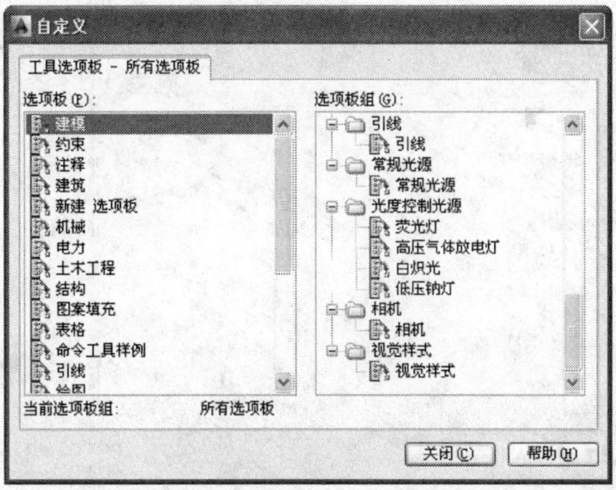

图 10-14 “自定义”对话框

右击鼠标，打开快捷菜单，如图 10-15 所示，选择“新建选项板”项，在对话框可以为新建的工具选项板命名。确定后，工具选项板中就增加了一个新的选项卡，如图 10-16 所示。

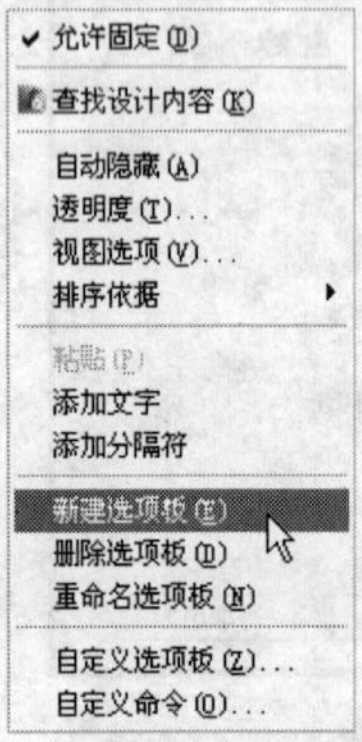

图 10-15 “新建选项板”选项

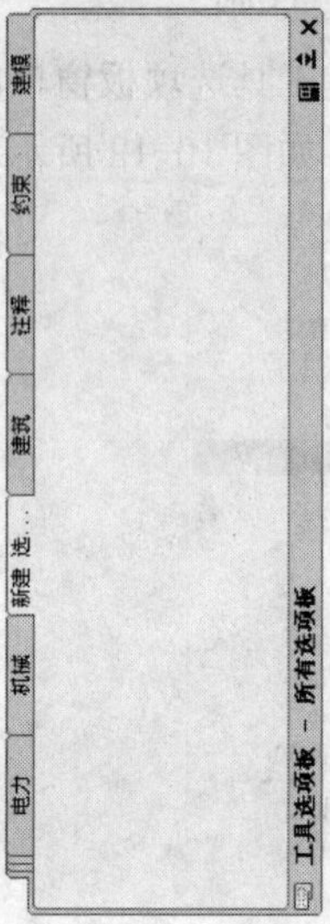

图 10-16 新增选项卡

10.3.4 向工具选项板添加内容

（1）将图形、块和图案填充从设计中心拖动到工具选项板上。

例如，在 Designcenter 文件夹上右击鼠标，系统打开右键快捷菜单，从中选择“创建块的工具选项板”命令，如图 10-17 所示。设计中心中储存的图元就出现在工具选项板中新建的 Designcenter 选项卡上，如图 10-18 所示。这样就可以将设计中心与工具选项板结合起来，建立一个快捷方便的工具选项板。将工具选项板中的图形拖动到另一个图形中时，图形将作为块插入。

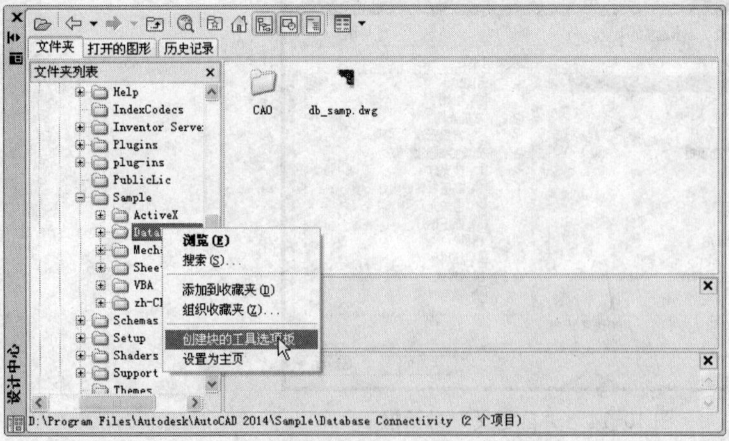

图 10-17 将储存图元创建成“设计中心”工具选项板

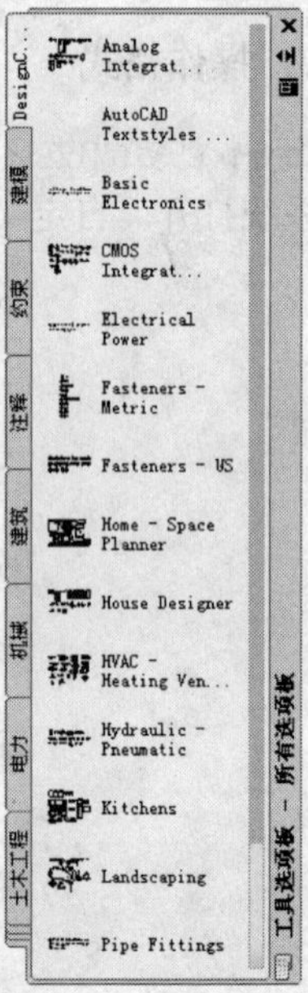

图 10-18 新创建的工具选项板

（2）使用“剪切”“复制”和“粘贴”将一个工具选项板中的工具移动或复制到另一个工具选项板中。

10.3.5 实例——居室布置平面图

利用设计中心绘制如图 10-19 所示的居室布置平面图。

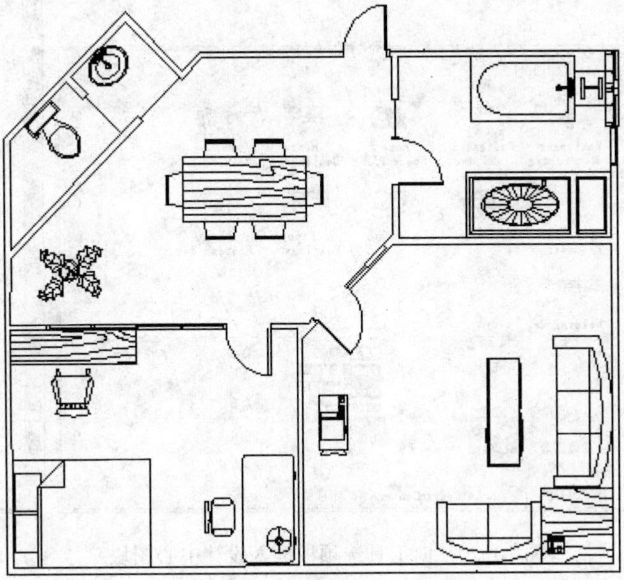

图 10-19 居室布置平面图

光盘路径

光盘\动画演示\第 10 章\居室布置平面图.avi

操作步骤

01 打开住房结构截面图。其中进门为餐厅，左手为厨房，右手为卫生间，正对为客厅，客厅左边为寝室。

02 单击“标准”工具栏的“工具选项板窗口”按钮，打开工具选项板。在工具选项板菜单中选择“新建工具选项板”命令，建立新的工具选项板选项卡。在新建工具栏名称栏中输入“住房”，确认。新建的“住房”工具选项板选项卡。

03 单击“标准”工具栏的“设计中心”按钮，打开设计中心，将设计中心中的 kitchens、house designer、home space planner 图块拖动到工具选项板的“住房”选项卡，如图 10-20 所示。

04 布置餐厅。将工具选项板中的 home space planner 图块拖动到当前图形中，利用缩放命令调整所插入的图块与当前图形的相对大小，如图 10-21 所示。对该图块进行分解操作，将 home space planner 图块分解成单独的小图块集。将图块集中的“饭桌”和“植物”图块拖动到餐厅适当位置，如图 10-22 所示。

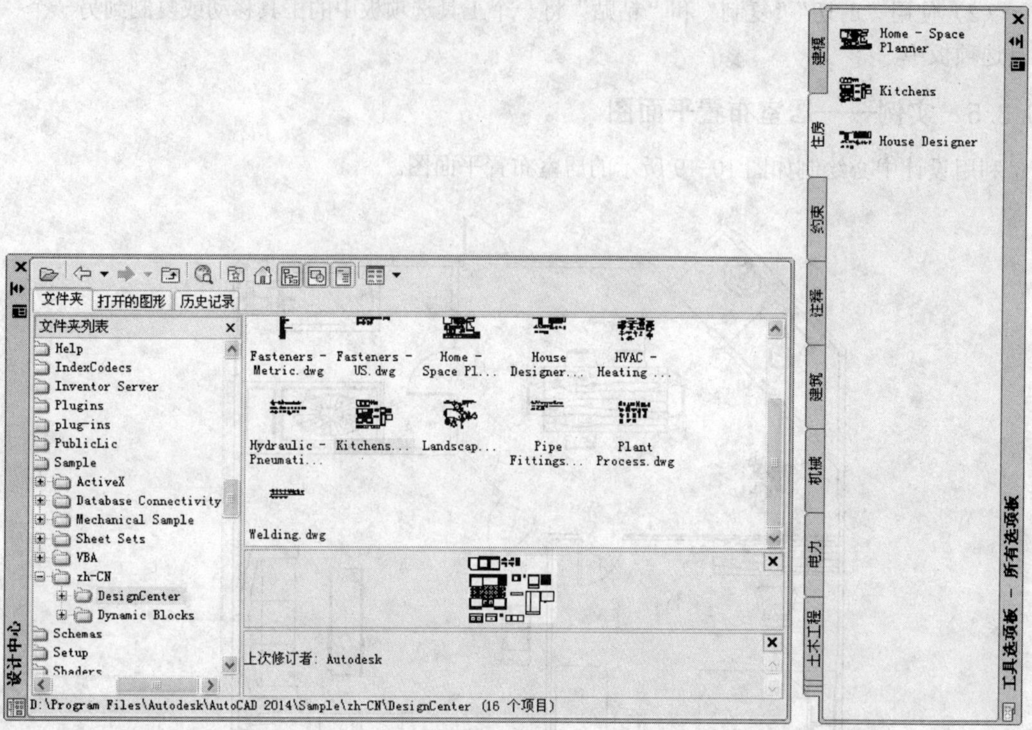

图 10-20　向工具选项板插入设计中心图块

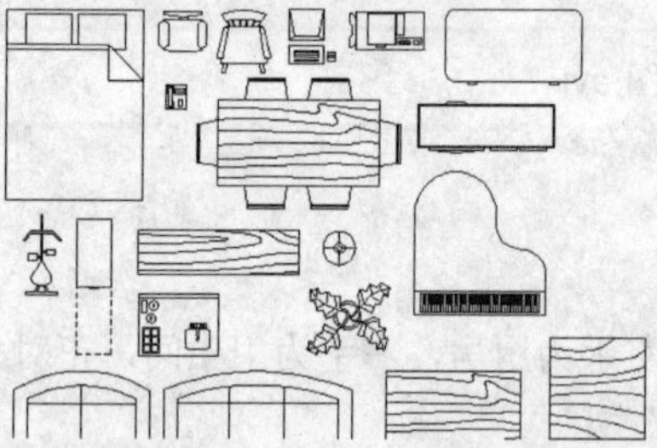

图 10-21　将 home space planner 图块拖动到当前图形

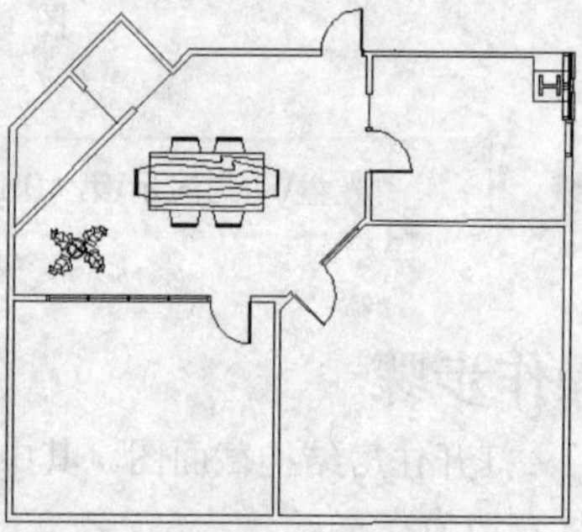

图 10-22　布置餐厅

05 布置寝室。将“双人床”图块移动到当前图形的寝室中，移动过程中，需要利用钳夹功能进行旋转和移动操作：

** 移动 **
指定移动点或 [基点(B)/复制(C)/放弃(U)/退出(X)]: (指定移动点)
** 旋转 **
指定旋转角度或 [基点(B)/复制(C)/放弃(U)/参照(R)/退出(X)]: 90↙
** 移动 **
指定移动点或 [基点(B)/复制(C)/放弃(U)/退出(X)]: (指定移动点)

用同样方法将“琴桌”“书桌”“台灯”和两个“椅子”图块移动并旋转到当前图形的寝

室中，如图 10-23 所示。

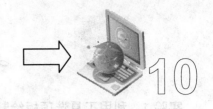

06 布置客厅。用同样方法将“转角桌”“电视机”“茶几”和两个“沙发”图块移动并旋转到当前图形的客厅中，如图 10-24 所示。

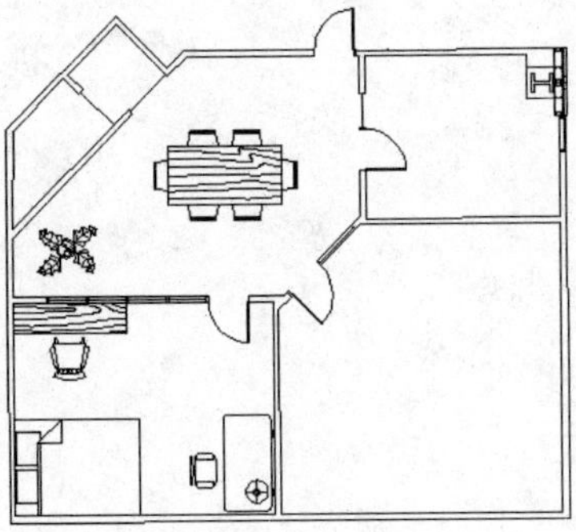

图 10-23　布置寝室图

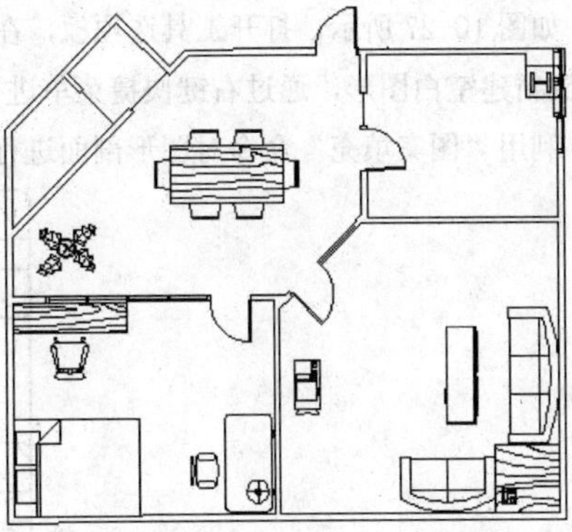

图 10-24　布置客厅

07 布置厨房。将工具选项板中的 house designer 图块拖动到当前图形中，利用缩放命令调整所插入的图块与当前图形的相对大小，如图 10-25 所示。对该图块进行分解操作，将 house designer 图块分解成单独的小图块集。用同样方法将“灶台”“洗菜盆”和“水龙头”图块移动并旋转到当前图形的厨房中，如图 10-26 所示。

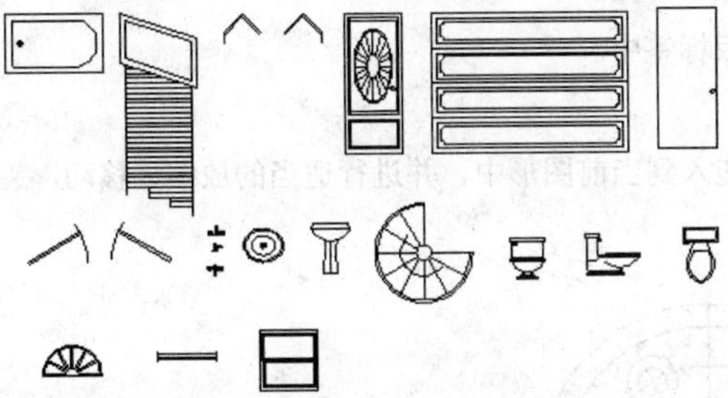

图 10-25　插入 house designer 图块

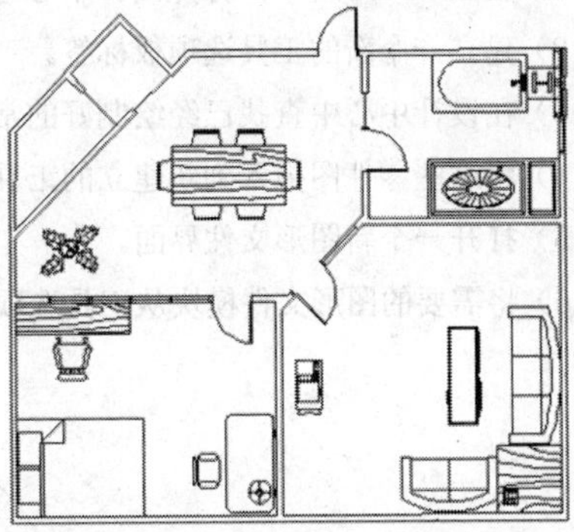

图 10-26　布置厨房

08 布置卫生间。用同样方法将“马桶”和“洗脸盆”移动并旋转到当前图形的卫生间中，复制“水龙头”图块并旋转移动到洗脸盆上。删除当前图形其他没有用处的图块，最终绘制出的图形如图 10-19 所示。

10.4 上机实验

通过前面的学习，读者对本章知识也有了大体的了解，本节通过两个上机实验使读者进一步掌握本章知识要点。

实验1　利用工具选项板绘制轴承图形

操作提示：

（1）如图10-27所示，打开工具选项板，在工具选项板的“机械”选项卡中选择“滚珠轴承”图块，插入到新建空白图形，通过右键快捷菜单进行缩放。

（2）利用“图案填充”命令对图形剖面进行填充。

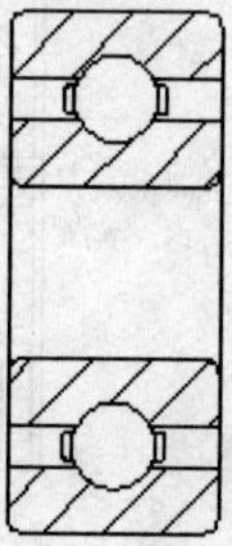

图10-27　绘制图形

实验2　利用设计中心绘制盘盖组装图

操作提示：

（1）如图10-28所示，打开设计中心与工具选项板。

（2）建立一个新的工具选项板标签。

（3）在设计中心中查找已经绘制好的常用机械零件图。

（4）将这些零件图拖入到新建立的工具选项板标签中。

（5）打开一个新图形文件界面。

（6）将需要的图形文件模块从工具选项板上拖入到当前图形中，并进行适当的放缩、移动、旋转等操作。

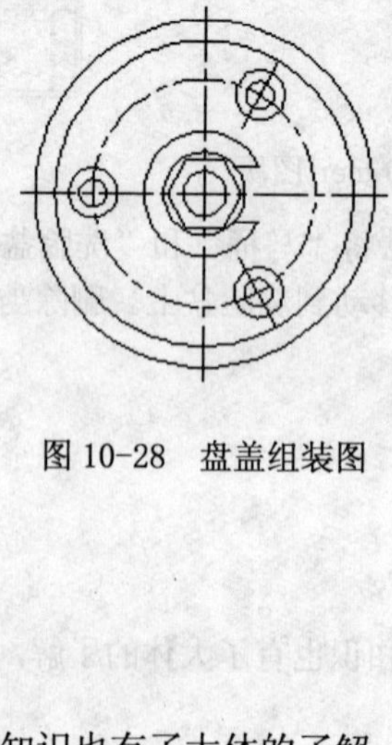

图10-28　盘盖组装图

10.5　思考与练习

通过前面的学习，读者对本章知识也有了大体的了解，本节通过几个练习使读者进一步掌握本章知识要点。

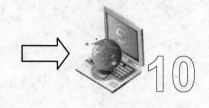

1. 什么是设计中心？设计中心有什么功能？
2. 什么是工具选项板？怎样利用工具选项板进行绘图。
3. 设计中心以及工具选项板中的图形与普通图形有什么区别？与图块又有什么区别？
4. 在 AutoCAD 设计中心中查找 D 盘中文件名包含“HU”文字，大于 2KB 的图形文件。
5. CAD 标准的设置对图形绘制产生哪些有利影响？
6. 将第 4 章练习绘制的图样创建一个图样集。
7. 标记集给绘制图样带来什么变化？

第 11 章 绘制和编辑三维表面

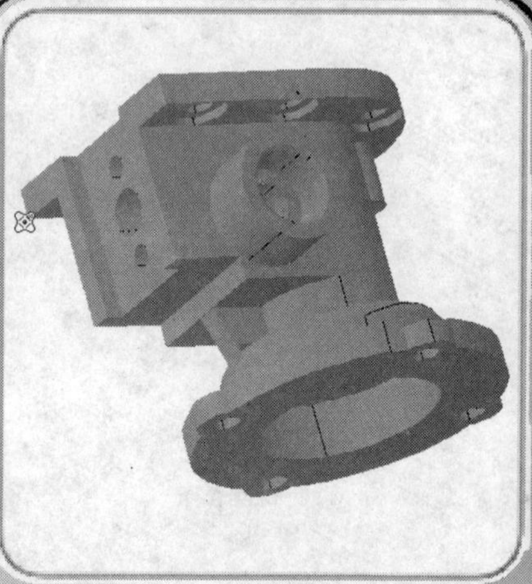

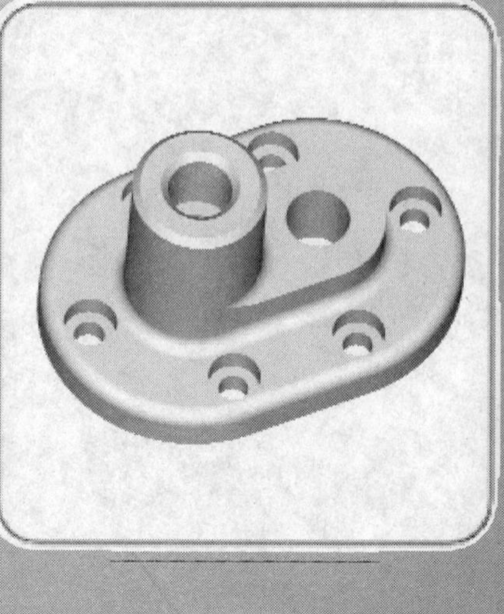

随着 CAD 技术的普及，愈来愈多的工程技术人员在使用 AutoCAD 进行工程设计。虽然，在工程设计中，通常都使用二维图形来描述三维实体，但是由于三维图形的逼真效果，以及可以通过三维立体图直接得到透视图或平面效果图，因此，计算机三维设计越来越受到工程技术人员的青睐。

本章重点介绍以下内容：三维坐标系统，建立三维坐标系，设置视图的显示，动态观察三维图形，三维网格曲面的绘制，三维曲面的编辑等。

知识点

- 三维坐标系
- 观察模式
- 绘制三维网格
- 绘制三维网格曲面
- 编辑三维曲面

11.1 三维坐标系

为了方便创建三维模型，AutoCAD 允许用户根据自己的需要设定坐标系，即用户坐标系（UCS）。合理地创建 UCS，用户可以方便地创建三维模型。

AutoCAD 使用的是笛卡儿坐标系。AutoCAD 使用的直角坐标系有两种类型，一种是绘制二维图形时，常用的坐标系，即世界坐标系（WCS），由系统默认提供。世界坐标系又称通用坐标系或绝对坐标系。对于二维绘图来说，世界坐标系足以满足要求。为了方便创建三维模型，AutoCAD 允许用户根据自己的需要设定坐标系，即用户坐标系（UCS）。合理地创建 UCS，用户可以方便地创建三维模型。

11.1.1 坐标系建立

1. 执行方式

命令行：UCS

菜单：工具→新建 UCS

工具栏：UCS

2. 操作格式

命令：UCS↙

当前 UCS 名称: *世界*

指定 UCS 的原点或[面(F)/命名(NA)/对象(OB)/上一个(P)/视图(V)/世界(W)/X/Y/Z/Z 轴(ZA)]<世界>:

3. 选项说明

（1）指定 UCS 的原点：使用一点、两点或三点定义一个新的 UCS。如果指定单个点 1，当前 UCS 的原点将会移动而不会更改 X、Y 和 Z 轴的方向。选择该项，系统提示：

指定 X 轴上的点或<接受>:（继续指定 X 轴通过的点 2 或直接回车接受原坐标系 X 轴为新坐标系 X 轴）

指定 XY 平面上的点或<接受>:（继续指定 XY 平面通过的点 3 以确定 Y 轴或直接回车接受原坐标系 XY 平面为新坐标系 XY 平面，根据右手法则，相应的 Z 轴也同时确定）

示意图如图 11-1 所示。

（2）面(F)：将 UCS 与三维实体的选定面对齐。要选择一个面，请在此面的边界内或面的边上单击，被选中的面将亮显，UCS 的 X 轴将与找到的第一个面上的最近的边对齐。选择该项，系统提示：

选择实体对象的面:（选择面）

输入选项 [下一个(N)/X 轴反向(X)/Y 轴反向(Y)] <接受>:↙（结果如图 11-2 所示）

如果选择“下一个”选项，系统将 UCS 定位于邻接的面或选定边的后向面。

（3）对象(OB)：根据选定三维对象定义新的坐标系，如图 11-3 所示。新建 UCS 的拉伸方向（Z 轴正方向）与选定对象的拉伸方向相同。选择该项，系统提示：

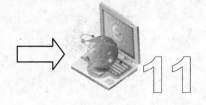

选择对齐 UCS 的对象:选择对象

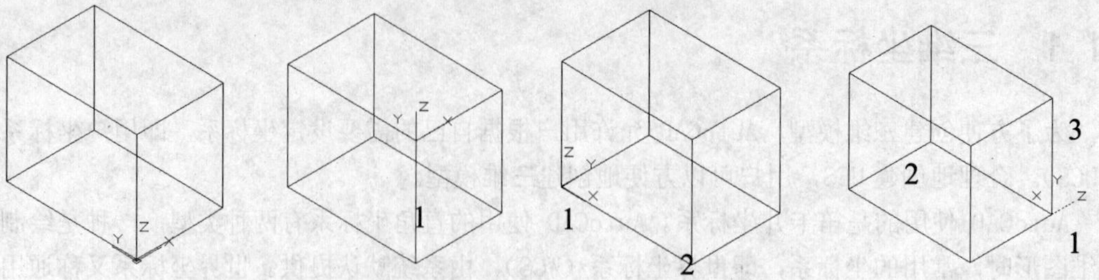

图 11-1　指定原点

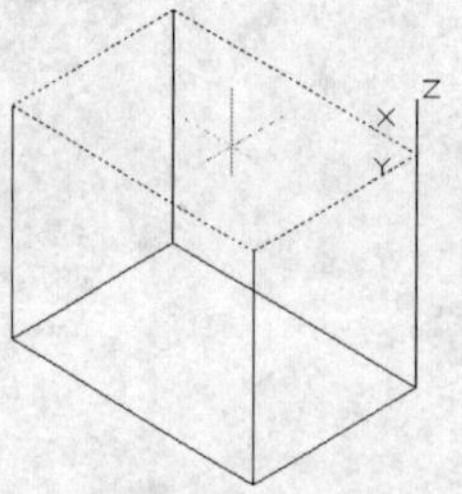

图 11-2　选择面确定坐标系

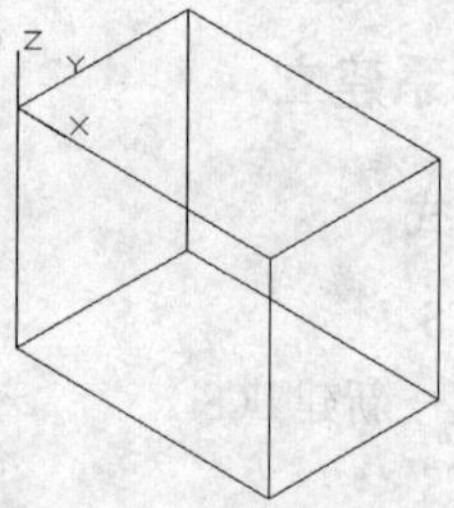

图 11-3　选择对象确定坐标系

对于大多数对象，新 UCS 的原点位于离选定对象最近的顶点处，并且 X 轴与一条边对齐或相切。对于平面对象，UCS 的 XY 平面与该对象所在的平面对齐。对于复杂对象，将重新定位原点，但是轴的当前方向保持不变。

注意：该选项不能用于下列对象：三维多段线、三维网格和构造线。

（4）视图(V)：以垂直于观察方向（平行于屏幕）的平面为 XY 平面，建立新的坐标系。UCS 原点保持不变。

（5）世界(W)：将当前用户坐标系设置为世界坐标系。WCS 是所有用户坐标系基准，不能被重新定义。

（6）X、Y、Z：绕指定轴旋转当前 UCS。

（7）Z 轴：用指定的 Z 轴正半轴定义 UCS。

11.1.2　动态 UCS

具体操作方法是：按下状态栏上的允许/禁止动态 UCS 按钮。

可以使用动态 UCS 在三维实体的平整面上创建对象，而无需手动更改 UCS 方向。

在执行命令的过程中，当将光标移动到面上方时，动态 UCS 会临时将 UCS 的 XY 平面与三维实体的平整面对齐，如图 11-4 所示。

动态 UCS 激活后，指定的点和绘图工具（例如极轴追踪和栅格）都将与动态 UCS 建立的临时 UCS 相关联。

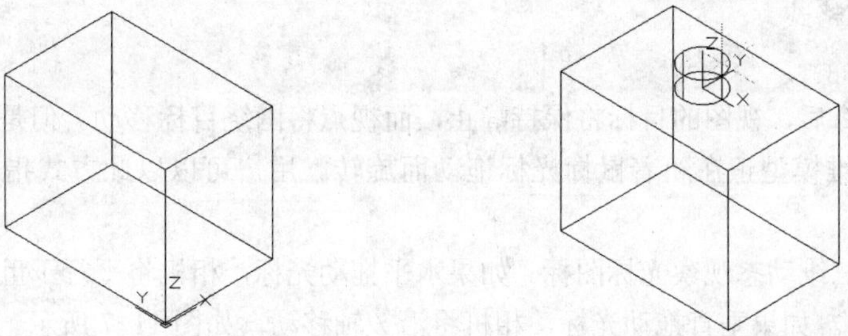

原坐标系　　　　　　　　　　　绘制圆柱体时的动态坐标系

图 11-4　动态 UCS

11.2　观察模式

AutoCAD 在增强原有的动态观察功能和相机功能的前提下又增加了漫游和飞行以及运动路径动画功能。

11.2.1　动态观察

AutoCAD 提供了具有交互控制功能的三维动态观测器，用三维动态观测器用户可以实时地控制和改变当前视口中创建的三维视图，以得到用户期望的效果。

1. 受约束的动态观察

（1）执行方式

命令行：3DORBIT

菜单：视图→动态观察→受约束的动态观察

快捷菜单：启用交互式三维视图后，在视口中单击右键弹出快捷菜单，如图 11-5 所示。选择“受约束的动态观察”项。

工具栏：动态观察→受约束的动态观察 或 三维导航→受约束的动态观察，如图 11-6 所示。

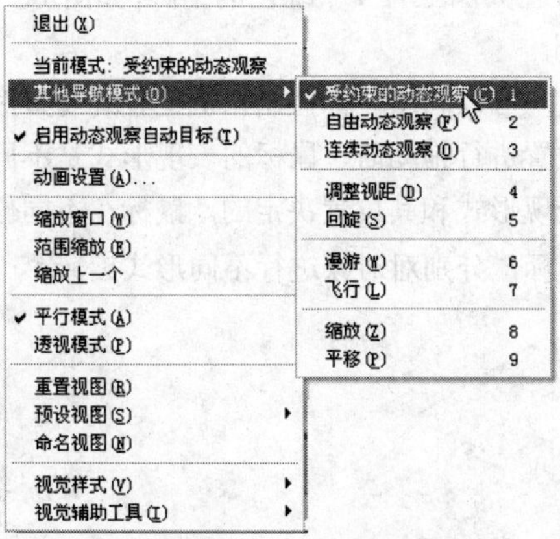

图 11-5　快捷菜单

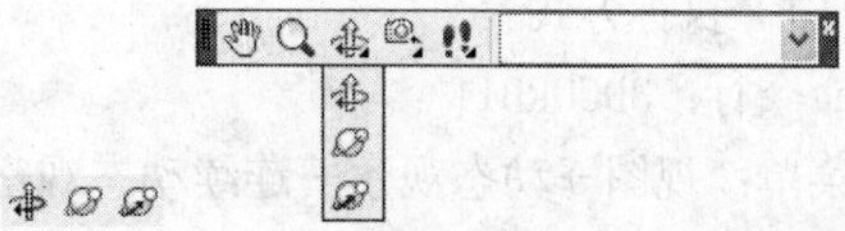

图 11-6　“动态观察”和“三维导航”工具栏

（2）操作格式

命令：3DORBIT↙

执行该命令后，视图的目标将保持静止，而视点将围绕目标移动。但是，从用户的视点看起来就像三维模型正在随着鼠标光标拖动而旋转。用户可以以此方式指定模型的任意视图。

系统显示三维动态观察光标图标。如果水平拖动光标，相机将平行于世界坐标系（WCS）的 XY 平面移动。如果垂直拖动光标，相机将沿 Z 轴移动，如图 11-7 所示。

图 11-7　受约束的三维动态观察

3DORBIT 命令处于活动状态时，无法编辑对象。

2．自由动态观察

（1）执行方式

命令行：3DFORBIT

菜单：视图→动态观察→自由动态观察

快捷菜单：启用交互式三维视图后，在视口中单击右键弹出快捷菜单，如图 11-5 所示。选择“自由动态观察”项。

工具栏：动态观察→自由动态观察 或 三维导航→自由动态观察，如图 11-6 所示。

（2）操作格式

命令：3DFORBIT↙

执行该命令后，在当前视口出现一个绿色的大圆，在大圆上有 4 个绿色的小圆，如图 11-8 所示。此时通过拖动鼠标就可以对视图进行旋转观测。

在三维动态观测器中，查看目标的点被固定，用户可以利用鼠标控制相机位置绕观察对象得到动态的观测效果。当鼠标在绿色大圆的不同位置进行拖动时，鼠标的表现形式是不同的，视图的旋转方向也不同。视图的旋转由光标的表现形式和其位置决定的。鼠标在不同位置的有、、、几种表现形式，拖动这些图标，分别对对象进行不同形式旋转。

3．连续动态观察

（1）执行方式

命令行：3DCORBIT

菜单：视图→动态观察→连续动态观察

快捷菜单：启用交互式三维视图后，在视口中单击右键弹出快捷菜单，如图 11-5 所示。

选择“自由动态观察”项。

工具栏：动态观察→连续动态观察 或 三维导航→连续动态观察，如图 11-6 所示。

（2）操作格式

命令：3DCORBIT↙

执行该命令后，界面出现动态观察图标，按住鼠标左键拖动，图形按鼠标拖动方向旋转，旋转速度为鼠标的拖动速度，如图 11-9 所示。

图 11-8　自由动态观察

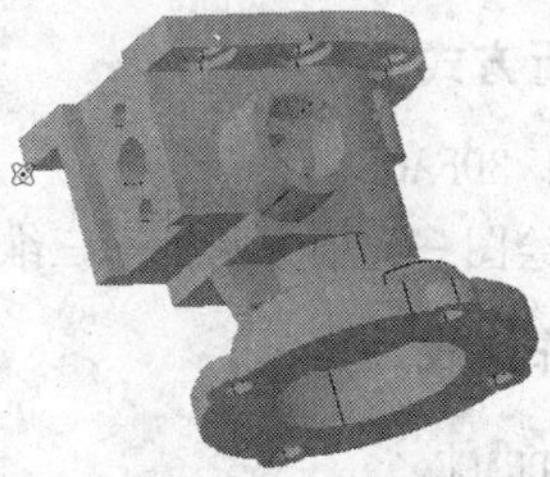

图 11-9　连续动态观察

11.2.2　控制盘

增加了控制盘新功能。使用该功能，可以方便地观察图形对象。

1. 执行方式

命令行：NAVSWHEEL

菜单：视图→Steeringwheels

2. 操作格式

命令：NAVSWHEEL↙

执行该命令后，控制盘显示控制盘，如图 11-10 所示，控制盘随着鼠标一起移动，在控制盘中选择某项显示命令，并按住鼠标左键，移动鼠标，图形对象进行相应的显示变化。单击控制盘上的按钮，系统打开如图 11-11 所示的快捷菜单，可以进行相关操作。单击控制盘上的按钮，则关闭控制盘。

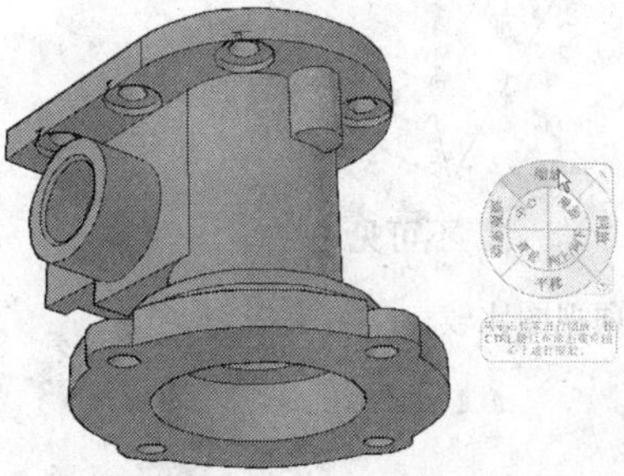

图 11-10　控制盘

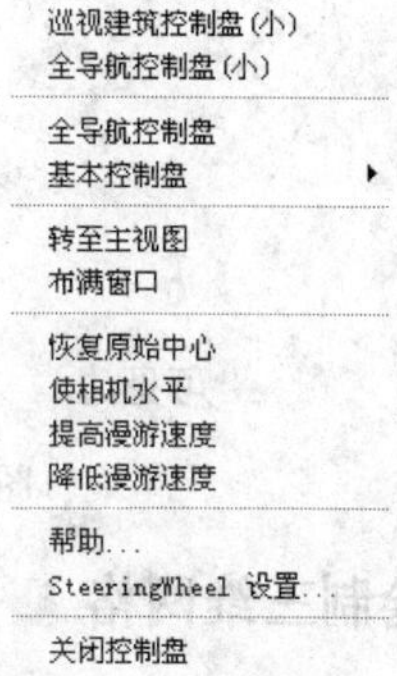

图 11-11　快捷菜单

11.3 三维绘制

AutoCAD 提供了很多基本的三维网格绘制命令来帮助构建三维造型，这里线介绍最基本的两个命令，帮助读者熟悉三维表面的绘制功能。

11.3.1 绘制三维面

1. 执行方式

命令行：3DFACE

菜单：绘图→建模→网格→三维面

2. 操作格式

命令：3DFACE↙

指定第一点或 [不可见(I)]:（指定某一点或输入 I）

3. 选项说明

（1）指定第一点：输入某一点的坐标或用鼠标确定某一点，以定义三维面的起点。在输入第一点后，可按顺时针或逆时针方向输入其余的点，以创建普通三维面。如果在输入的四点后按回车键，则以指定的四点生成一个空间三维平面。如果在提示下继续输入第二个平面上的第三点和第四点坐标，则生成第二个平面。该平面以第一个平面的第三点和第四点作为第二个平面的第一点和第二点，创建第二个三维平面。继续输入点可以创建用户要创建的平面，按回车键结束。

（2）不可见：控制三维面各边的可见性，以便建立有孔对象的正确模型。如果在输入某一边之前输入 I，则可以使该边不可见。如图 11-12 所示为建立一长方体时某一边使用 I 命令和不使用 I 命令的视图的比较。

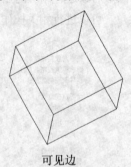

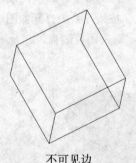

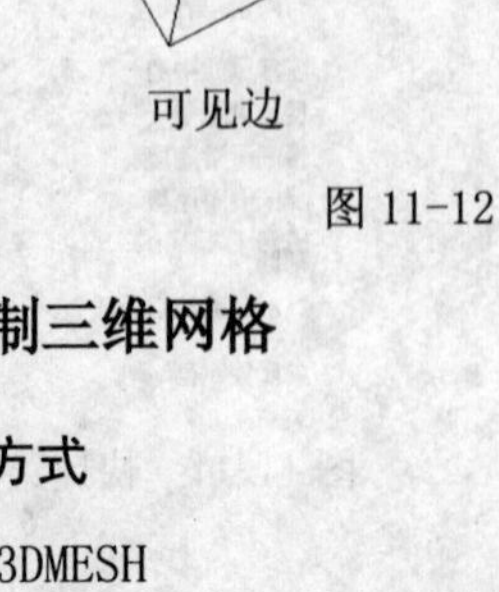

可见边

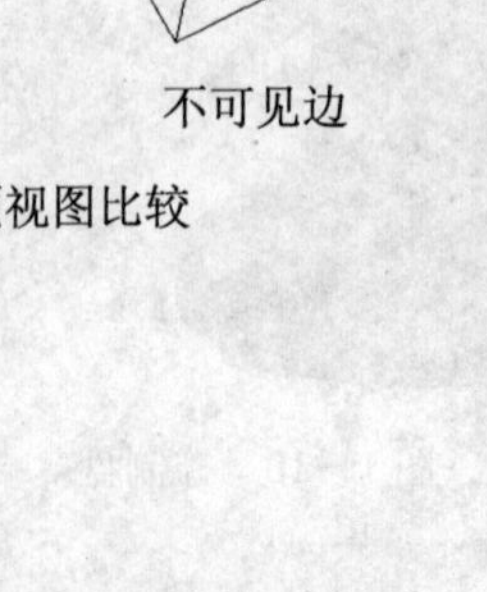

不可见边

图 11-12 “不可见”命令选项视图比较

11.3.2 绘制三维网格

1. 执行方式

命令行：3DMESH

2. 操作格式

命令：3DMESH↙
输入 M 方向上的网格数量：（ 输入 2～256 之间的值）
输入 N 方向上的网格数量：（ 输入 2～256 之间的值）
指定顶点(0, 0)的位置：（ 输入第一行第一列的顶点坐标）
指定顶点(0, 1)的位置：(输入第一行第二列的顶点坐标)
指定顶点(0, 2)的位置：（输入第一行第三列的顶点坐标）
… …
指定顶点(0,N-1)的位置：（输入第一行第 N 列的顶点坐标）
指定顶点(1, 0)的位置：（ 输入第二行第一列的顶点坐标）
指定顶点(1, 1)的位置：（ 输入第二行第二列的顶点坐标）
… …
指定顶点(1, N-1)的位置：（ 输入第二行第 N 列的顶点坐标）
… …
指定顶点(M-1, N-1)的位置：（ 输入第 M 行第 N 列的顶点坐标）

图 11-13 为绘制的三维网格表面。

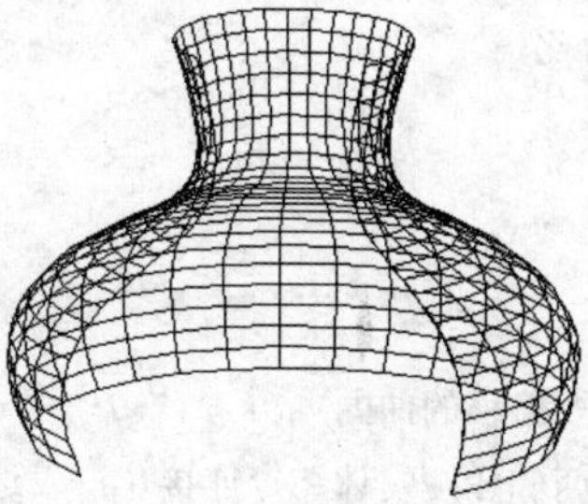

图 11-13　三维网格

11.4　绘制三维曲面

AutoCAD 2014 提供了基准命令来创建和编辑曲面，本节主要介绍几种绘制和编辑曲面的方法，帮助读者熟悉三维曲面的功能。

11.4.1　平面曲面

1. 执行方式

命令行：RLANESURF
菜单：绘图→建模→曲面→平面

2. 操作格式

命令：RLANESURF↙
指定第一个角点或［对象(O)］〈对象〉:(指定第一角点)
指定其他角点：(指定第二角点)

下面我们来生成一个简单的平面曲面。

首先将视图转换为“西南轴测图”，然后绘制如图 11-14a 所示的矩形作为草图，执行平面曲面命令 RLANESURF，分别拾取矩形为边界对象，得到的平面曲面如图 11-14b 所示。

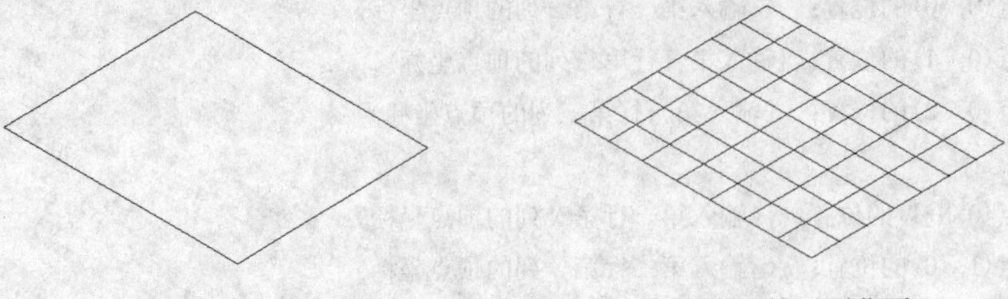

a）作为草图的矩形　　b）生成的平面曲面

图 11-14　绘制平面曲面

11.4.2　偏移曲面

1. 执行方式

命令行：SURFOFFSET

菜单：绘图→建模→曲面→偏移

2. 操作格式

命令：SURFOFFSET↙

连接相邻边 = 否

选择要偏移的曲面或面域:(选择要偏移的曲面)

指定偏移距离或［翻转方向(F)/两侧(B)/实体(S)/连接(C)/表达式(E)］〈0.0000〉:（指定偏移距离）

3. 选项说明

（1）指定偏移距离：指定偏移曲面和原始曲面之间的距离。

（2）翻转方向（F）：反转箭头显示的偏移方向。

（3）两侧（B）：沿两个方向偏移曲面。

（4）实体（S）：从偏移创建实体。

（5）连接（C）：如果原始曲面是连接的，则连接多个偏移曲面。

图 11-15 所示为利用 SURFOFFSET 命令创建偏移曲面的过程。

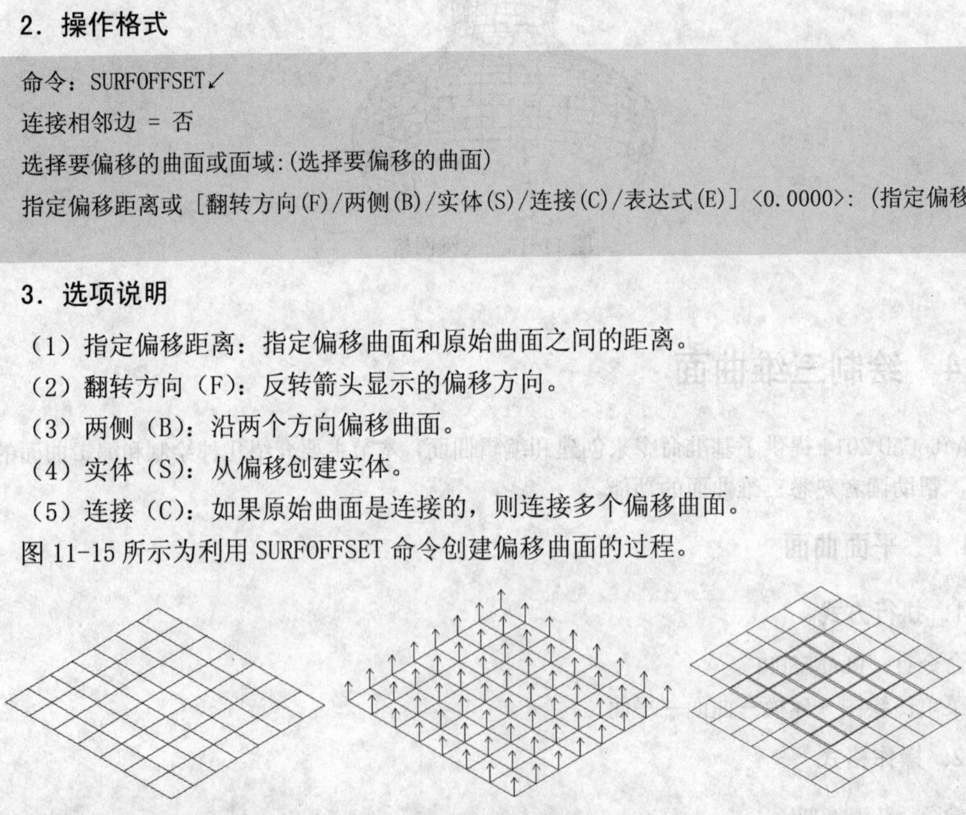

a）原始曲面　　b）偏移方向　　c）偏移曲面

图 11-15　偏移曲面

11.4.3 过渡曲面

1. 执行方式

命令行：SURFBLEND

菜单：绘图→建模→曲面→过渡

2. 操作格式

命令：SURFBLEND↙

连续性 = G1 - 相切，凸度幅值 = 0.5

选择要过渡的第一个曲面的边或 [链(CH)]:(选择如图 11-16 所示第一个曲面上的边 1,2)

选择要过渡的第二个曲面的边或 [链(CH)]: (选择如图 11-16 所示第二个曲面上的边 3,4)

按 Enter 键接受过渡曲面或 [连续性(CON)/凸度幅值(B)]：(按 Enter 键确认，结果如图 11-17 所示)

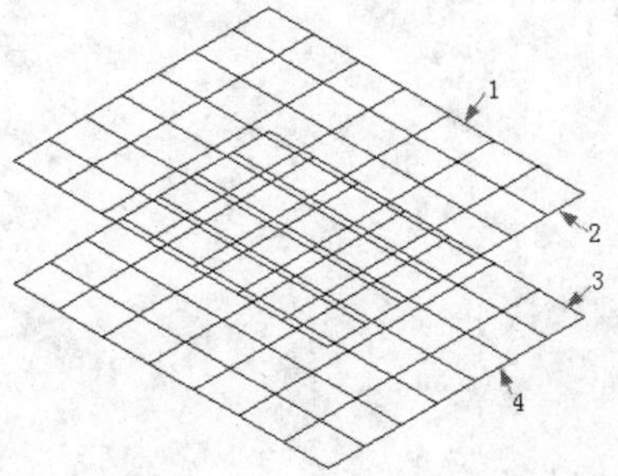

图 11-16 选择边

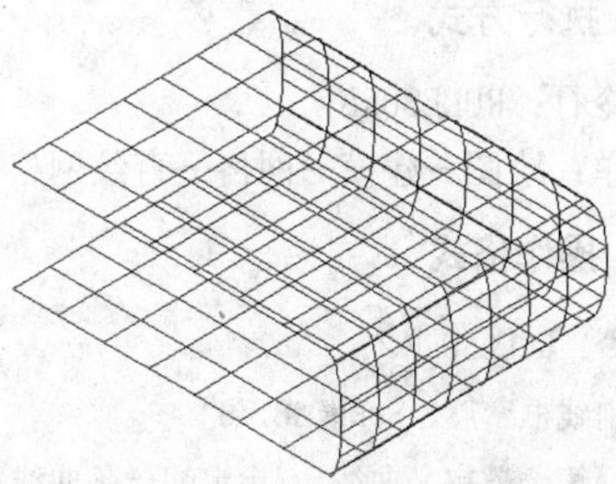
图 11-17 创建过渡曲面

3. 选项说明

（1）选择曲面边：选择边对象或者曲面或面域作为第一条边和第二条边。

（2）链（CH）：选择连续的连接边。

（3）连续性（CON）：测量曲面彼此熔合的平滑程度。默认值为 G0。选择一个值或使用夹点来更改连续性

（4）凸度幅值（B）：设定过渡曲面边与其原始曲面相交处该过渡曲面边的圆度。

11.4.4 圆角曲面

1. 执行方式

命令行：SURFFILLET

菜单：绘图→建模→曲面→圆角

2. 操作格式

命令：SURFFILLET↙

半径 =0.0000，修剪曲面 = 是

选择要圆角化的第一个曲面或面域或者 [半径(R)/修剪曲面(T)]:

3. 选项说明

（1）第一个和第二个曲面或面域：指定第一个和第二曲面或面域。

（2）半径（R）：指定圆角半径。使用圆角夹点或输入值来更改半径。输入的值不能小于曲面之间的间隙。

（3）修剪曲面（T）：将原始曲面或面域修剪到圆角曲面的边。

11.5 绘制三维网格曲面

与其他三维造型软件一样，AutoCAD 提供几个典型的三维曲面绘制工具帮助读者建立一些典型的三维曲面，这一节我们将重点进行介绍。

11.5.1 直纹曲面

1. 执行方式

命令行：RULESURF

菜单：绘图→建模→网格→直纹网格

2. 操作格式

```
命令：RULESURF↙
当前线框密度：SURFTAB1=6
选择第一条定义曲线：(指定的一条曲线)
选择第二条定义曲线：(指定的二条曲线)
```

下面我们来生成一个简单的直纹曲面。

首先将视图转换为“西南轴测图”，然后绘制如图 11-18a 所示的两个圆作为草图，执行直纹曲面命令 RULESURF，分别拾取绘制的两个圆作为第一条和第二条定义曲线，得到的直纹曲面如图 11-18b 所示。

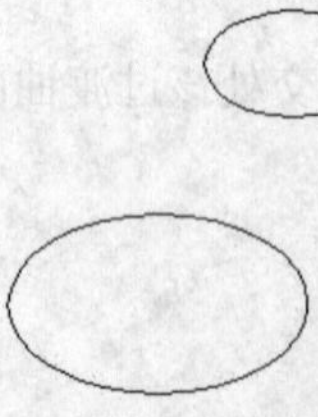

a）作为草图的圆

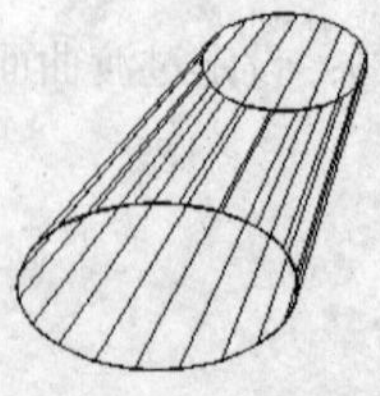

b）生成的直纹曲面

图 11-18　绘制直纹曲面

11.5.2 平移曲面

1. 执行方式

命令行：TABSURF

菜单：绘图→建模→网格→平移网格

2. 操作格式

命令：TABSURF↙

当前线框密度：SURFTAB1=6

选择用作轮廓曲线的对象：（选择一个已经存在的轮廓曲线）

选择用作方向矢量的对象:（选择一个方向线）

3. 选项说明

（1）轮廓曲线：轮廓曲线可以是直线、圆弧、圆、椭圆、二维或三维多段线。AutoCAD从轮廓曲线上离选定点最近的点开始绘制曲面。

（2）方向矢量：方向矢量指出形状的拉伸方向和长度。在多段线或直线上选定的端点决定拉伸的方向。

选择图 11-19a 绘制的六边形为轮廓曲线对象，以图 11-19a 所绘制的直线为方向矢量绘制的图形，如图 11-19b 所示。

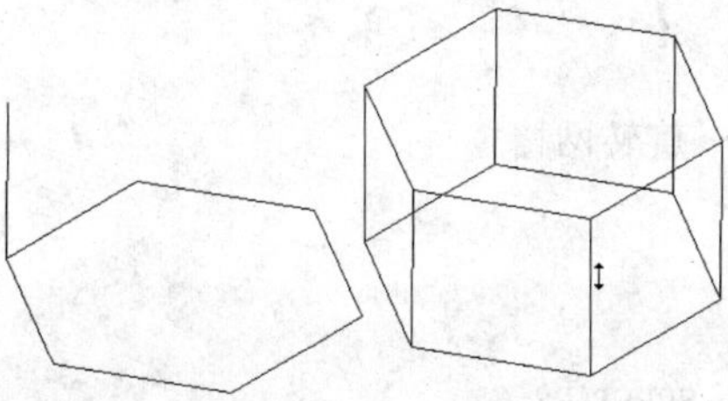

a）六边形和方向线　　b）平移后的曲面

图 11-19　平移曲面的绘制

11.5.3　边界曲面

1. 执行方式

命令行：EDGESURF

菜单：绘图→建模→网格→边界网格

2. 操作格式

命令：EDGESURF↙

当前线框密度：SURFTAB1=6 SURFTAB2=6

选择用作曲面边界的对象 1：（指定第一条边界线）

选择用作曲面边界的对象 2：（指定第二条边界线）

选择用作曲面边界的对象 3：（指定第三条边界线）

选择用作曲面边界的对象 4：（指定第四条边界线）

3. 选项说明

系统变量 SURFTAB1 和 SURFTAB2 分别控制 M、N 方向的网格分段数。可通过在命令行输入 SURFTAB1 改变 M 方向的默认值，在命令行输入 SURFTAB2 改变 N 方向的默认值。

下面生成一个简单的边界曲面。首先将视图转换为“西南轴测图”，绘制 4 条首尾相连的边界，如图 11-20a 所示。在绘制边界的过程中，为了方便绘制，可以首先绘制一个基本三维表面中的立方体作为辅助立体，在它上面绘制边界，然后再将其删除。执行边界曲面命令 EDGESURF，分别拾取绘制的 4 条边界，得到如图 11-20b 所示的边界曲面。

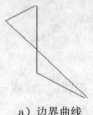

a）边界曲线　　b）生成的边界曲面

图 11-20　边界曲面

11.5.4　旋转曲面

1．执行方式

命令行：REVSURF

菜单：绘图→建模→网格→旋转网格

2．操作格式

命令：REVSURF↙

当前线框密度：SURFTAB1=6　SURFTAB2=6

选择要旋转的对象：（指定已绘制好的直线、圆弧、圆或二维、三维多段线）

选择定义旋转轴的对象：（指定已绘制好的用作旋转轴的直线或是开放的二维、三维多段线）

指定起点角度<0>：（输入值或按 Enter 键）

指定包含角度（+=逆时针，-=顺时针）<360>:（输入值或按 Enter 键）

3．选项说明

（1）起点角度如果设置为非零值，平面将从生成路径曲线位置的某个偏移处开始旋转。

（2）包含角用来指定绕旋转轴旋转的角度。

（3）系统变量 SURFTAB1 和 SURFTAB2 用来控制生成网格的密度。SURFTAB1 指定在旋转方向上绘制的网格线的数目。SURFTAB2 将指定绘制的网格线数目进行等分。

图 11-21 所示为利用 REVSURF 命令绘制的花瓶。

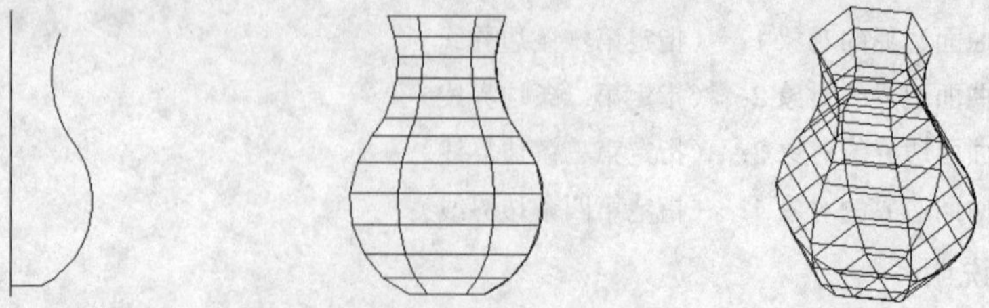

轴线和回转轮廓线　　回转面　　调整视角

图 11-21　绘制花瓶

11.5.5 实例——弹簧

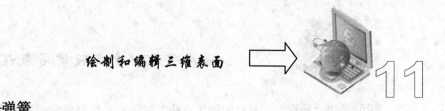

用 REVSURF 命令绘制如图 11-22 所示的弹簧。

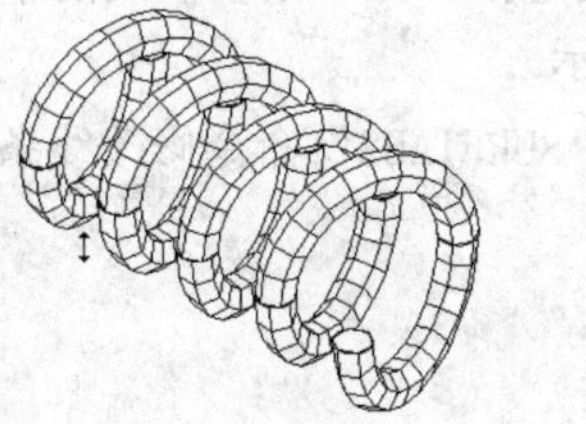

图 11-22 绘制结果

光盘路径

光盘\动画演示\第 11 章\弹簧.avi

操作步骤

01 利用“UCS”命令设置用户坐标系。

命令：UCS↙

当前 UCS 名称：*世界*

指定 UCS 的原点或 [面(F)/命名(NA)/对象(OB)/上一个(P)/视图(V)/世界(W)/X/Y/Z/Z 轴(ZA)] <世界>：200,200,0↙

指定 X 轴上的点或 <接受>：↙

02 单击“绘图”工具栏中的“多段线”按钮，绘制多段线。命令行提示与操作如下：

命令：PLINE↙

指定起点：0，0，0↙

当前线宽为 0.0000

指定下一个点或[圆弧（A）/半宽（H）/长度（L）/放弃（U）/宽度（W）]：@200<15

指定下一个点或[圆弧（A）/半宽（H）/长度（L）/放弃（U）/宽度（W）]：@200<165

重复上述步骤，结果如图 11-23 所示。

03 单击“绘图”工具栏中的“圆”按钮，指定多段线的起点为圆心，半径为 20，结果如图 11-24 所示。

04 单击“修改”工具栏中的“复制”按钮，复制圆。结果如图 11-25 所示。重复上述步骤。结果如图 11-26 所示。

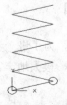

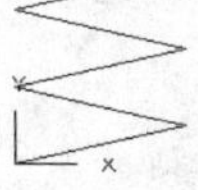

图 11-23 绘制步骤

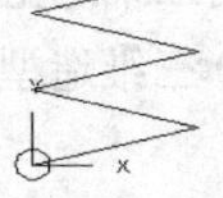

图 11-24 绘制步骤

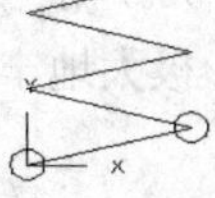

图 11-25 绘制步骤

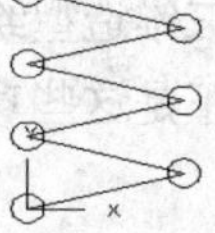

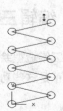

图 11-26 绘制步骤

05 单击“绘图”工具栏中的“直线”按钮，绘制线段。直线的起点为第一条多段线的中点，终点的坐标为（@50<105），重复上述步骤，结果如图 11-27 所示。

06 同样作线段。以直线的起点为第一条多段线的中点，终点的坐标为（@50<75），重复上述步骤，结果如图 11-28 所示。

07 利用“SURFTAB1”和“SURFTAB2”命令修改线条密度。命令行提示与操作如下：

```
命令：SURFTAB1↙
输入 SURFTAB1 的新值<6>：12↙
命令：SURFTAB2↙
输入 SURFTAB2 的新值<6>：12↙
```

08 选择菜单栏中的“绘图”→“建模”→“网格”→“旋转网格”命令，旋转上述圆。命令行提示与操作如下：

```
命令：REVSURF↙
选择要旋转的对象：（用鼠标点取第一个圆）
选择定义旋转轴的对象：（选中一根对称轴）
指定起点角度<0>：↙
指定包含角（+=逆时针，-=顺时针）<360>：-180↙
```

结果如图 11-29 所示。重复上述步骤，结果如图 11-30 所示。

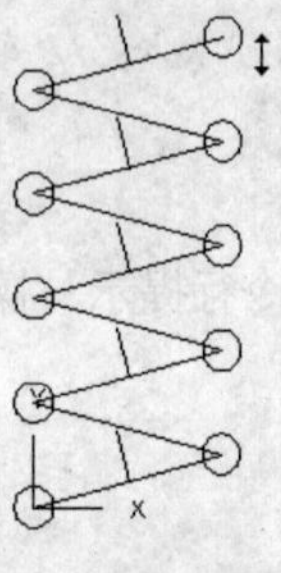

图 11-27　绘制步骤

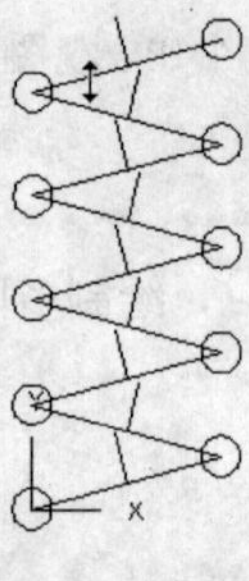

图 11-28　绘制步骤

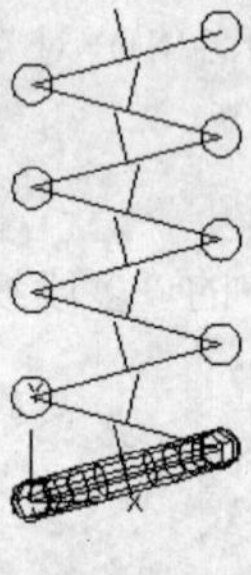

图 11-29　绘制步骤

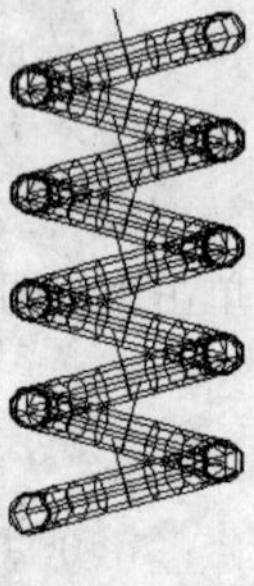

图 11-30　绘制步骤

09 切换到东南视图。选择菜单栏中的“视图”→“三维视图”→“东南等轴测”命令。

10 擦去多余线条。单击“修改”工具栏中的“删除”按钮，删去多余的线条。

11 选择菜单栏中的“视图”→“消隐”命令，在命令行输入 HIDE 命令对图形消隐，最终结果如图 11-22 所示。

11.6　编辑三维曲面

基本三维造型绘制完成后，为了进一步生成复杂的三维造型，有时需要用到一些三维编辑功能。正是这些功能的出现，极大地丰富了 AutoCAD 三维造型设计能力。

11.6.1 三维旋转

1. 执行方式

命令行：3DROTATE

菜单：修改→三维操作→三维旋转

工具栏：建模→三维旋转

2. 操作格式

命令：3DROTATE↙

UCS 当前的正角方向:ANGDIR=逆时针 ANGBASE=0

选择对象：（点取要旋转的对象）

选择对象：（选择下一个对象或按 Enter 键）

指定基点：（指定旋转基点）

拾取旋转轴：（指定旋转轴）

指定角的起点或键入角度：（输入角度）

3. 选项说明

（1）基点：设定旋转中心点。图 11-31 表示一棱锥表面绕某一轴顺时针旋转 30°的情形。

（2）对象：选择已经绘制好的对象作为旋转曲面。

（3）拾取旋转轴：在三维缩放小控件上指定旋转轴。

（4）指定角的起点或键入角度：设定旋转的相对起点。也可以输入角度值。

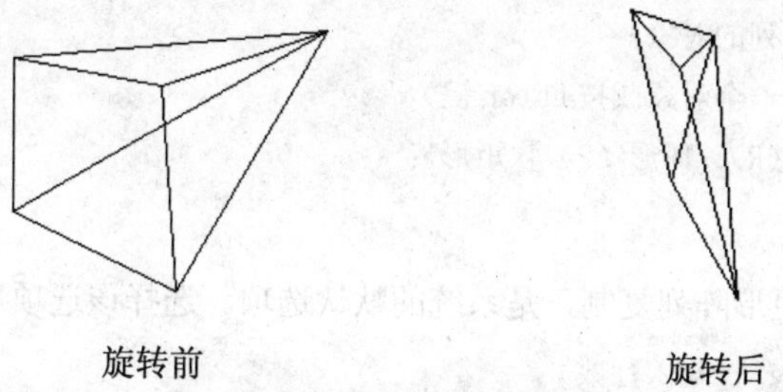

图 11-31 三维旋转

11.6.2 三维镜像

1. 执行方式

命令行：MIRROR3D

菜单：修改→三维操作→三维镜像

2. 操作格式

命令：MIRROR3D↙

选择对象：（选择镜像的对象）

选择对象：（选择下一个对象或按 Enter 键）

指定镜像平面(三点)的第一个点或[对象(O)/最近的(L)/Z 轴(Z)/视图(V)/XY 平面(XY)/YZ 平面

(YZ)/ZX 平面(ZX)/三点(3)] <三点>:

3．选项说明

（1）点：输入镜像平面上第一个点的坐标。该选项通过 3 个点确定镜像平面，是系统的默认选项。

（2）最近的：相对于最后定义的镜像平面对选定的对象进行镜像处理。

（3）Z 轴：利用指定的平面作为镜像平面。选择该选项后，出现如下提示：

在镜像平面上指定点：（输入镜像平面上一点的坐标）

在镜像平面的 Z 轴（法向）上指定点：（输入与镜像平面垂直的任意一条直线上任意一点的坐标）

是否删除源对象？[是（Y）/否（N）]：（根据需要确定是否删除源对象）

（4）视图：指定一个平行于当前视图的平面作为镜像平面。

（5）XY(YZ、ZX)平面：指定一个平行于当前坐标系的 XY(YZ、ZX)平面作为镜像平面。

11.6.3 三维阵列

1．执行方式

命令行：3DARRAY

菜单：修改→三维操作→三维阵列

工具栏：建模→三维阵列

2．操作格式

命令：3DARRAY↙

选择对象：（选择阵列的对象）

选择对象：（选择下一个对象或按 Enter 键）

输入阵列类型[矩形（R）/环形（P）]<矩形>:

3．选项说明

（1）对图形进行矩形阵列复制，是系统的默认选项。选择该选项后出现如下提示：

输入行数（---）<1>：（输入行数）

输入列数（|||）<1>：（输入列数）

输入层数（…）<1>：（输入层数）

指定行间距（---）：（输入行间距）

指定列间距（|||）：（输入列间距）

指定层间距（…）：（输入层间距）

（2）对图形进行环形阵列复制。选择该选项后出现如下提示：

输入阵列中的项目数目：（输入阵列的数目）

指定要填充的角度（+=逆时针，－=顺时针）<360>：（输入环形阵列的圆心角）

旋转阵列对象？[是（Y）/否(N)]<是>：（确定阵列上的每一个图形是否根据旋转轴线的位置进行旋转）

指定阵列的中心点：（输入旋转轴线上一点的坐标）

指定旋转轴上的第二点：（输入旋转轴上另一点的坐标）

图 11-32 所示为 3 层 3 行 3 列间距分别为 300 的圆柱的矩形阵列；图 11-33 所示为圆柱的环形阵列。

图 11-32　三维图形的矩形阵列

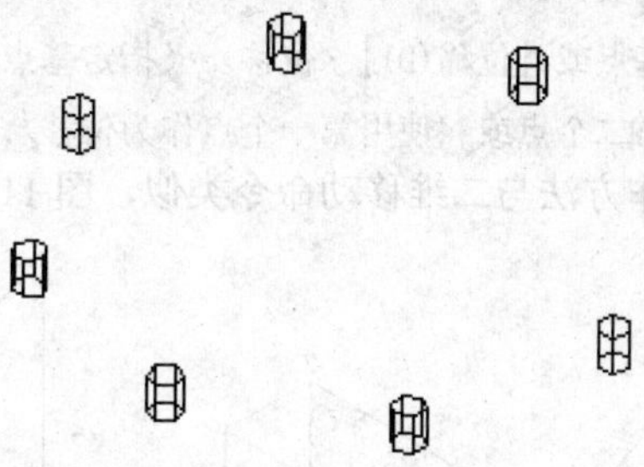

图 11-33　三维图形环形阵列

11.6.4　三维对齐

1. 执行方式

命令行：3DALIGN

菜单：修改→三维操作→对齐

工具栏：建模→三维对齐

2. 操作格式

```
命令：3DALIGN↙
选择对象：（选择对齐的对象）
选择对象：（选择下一个对象或按 Enter 键）
指定源平面和方向 ...
指定基点或[复制（C）]：（指定点 2）
指定第二点或[继续(C)] <C>：（指定点 1）
指定第三个点或 [继续(C)] <C>：
指定目标平面和方向 ...
指定第一个目标点：（指定点 2）
指定第二个目标点或 [退出(X)] <X>：
指定第三个目标点或 [退出(X)] <X>： ↙
```

结果如图 11-34 所示。

11.6.5　三维移动

1. 执行方式

命令行：3DMOVE

菜单：修改→三维操作→三维移动

工具栏：建模→三维移动

2. 操作格式

命令：3DMOVE↙

选择对象：找到 1 个

选择对象：↙

指定基点或 [位移(D)] <位移>：(指定基点)

指定第二个点或 <使用第一个点作为位移>：(指定第二点)

其操作方法与二维移动命令类似，图 11-35 所示为将滚珠从轴承中移出的情形。

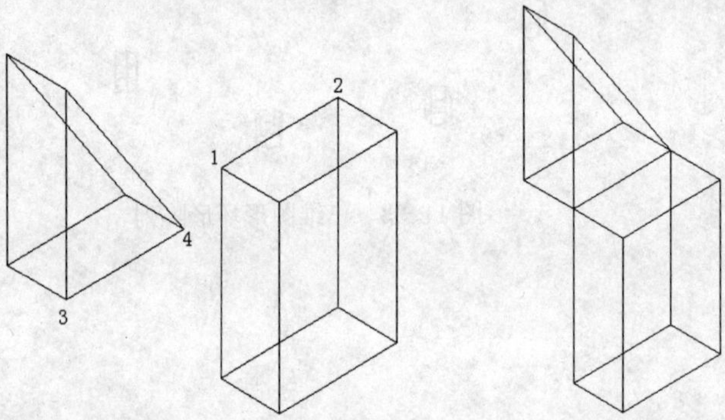

对齐前　　对齐后

图 11-34　一点对齐

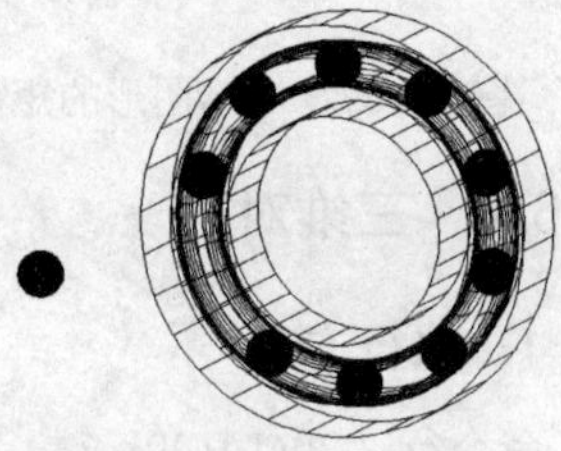

图 11-35　三维移动

11.7　上机实验

通过前面的学习，读者对本章知识也有了大体的了解，本节通过两个上机实验使读者进一步掌握本章知识要点。

实验 1　利用三维动态观察器观察泵盖

操作提示：

（1）如图 11-36 所示，打开三维动态观察器。

（2）灵活利用三维动态观察器的各种工具进行动态观察。

实验 2　绘制小凉亭

操作提示：

（1）如图 11-37 所示，利用“三维视点”命令设置绘图环境。

（2）利用“平移曲面”命令绘制凉亭的底座。

（3）利用“平移曲面”命令绘制凉亭的支柱。

（4）利用“阵列”命令得到其它的支柱。

（5）利用“多段线”命令绘制凉亭顶盖的轮廓线。

（6）利用“旋转”命令生成凉亭顶盖。

图 11-36　泵盖

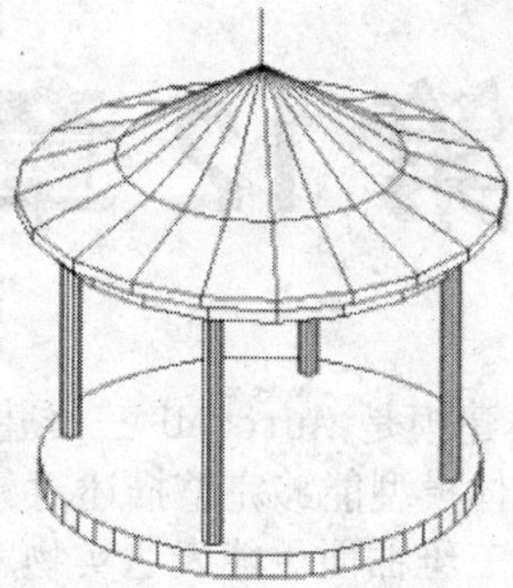

图 11-37　小凉亭

11.8　思考与练习

通过前面的学习，读者对本章知识也有了大体的了解，本节通过几个练习使读者进一步掌握本章知识要点。

1. 试分析世界坐标系与用户坐标系的关系。

2. 建立一个用户坐标系并命名保存。

3. 利用动态观察器观察 X:\program files\AutoCAD 2014Sample\ Welding Fixture Model 图形。

4. 利用罗盘确定 X：\program files\AutoCAD 2014\Sample\ Welding Fixture Model 图形视点位置。

5. 绘制如图 11-38 所示的支架图形。

6. 绘制如图 11-39 所示的锥体图形。

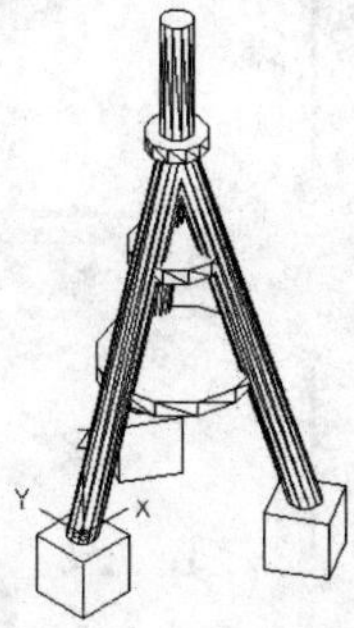

图 11-38　支架

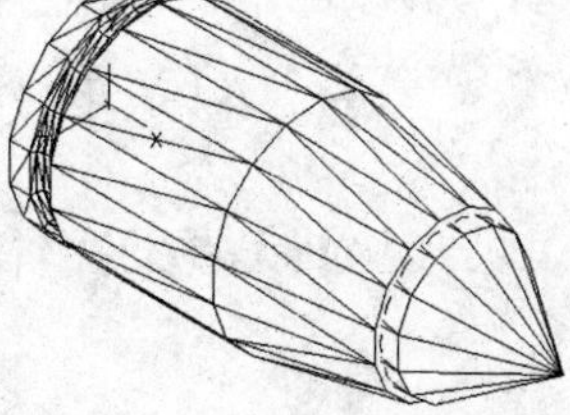

图 11-39　锥体

第 12 章 实体绘制

实体建模是 AutoCAD 三维建模中比较重要的一部分。实体模型能够完整描述对象的三维模型，比三维线框、三维曲面更能表达实物。利用三维实体，可以分析实体的质量特性，如体积、惯量、重心等。

本章重点介绍以下内容：基本三维实体的绘制，二维图形生成三维实体，三维实体的布尔运算，三维实体的编辑，三维实体的颜色处理等知识。

知识点

- 绘制基本三维实体
- 特征操作
- 三维倒角
- 特殊视图
- 编辑实体
- 显示形式
- 渲染实体

12.1　绘制基本三维实体

长方体、圆柱体等基本的三维实体是构成三维实体造型的最基本的单元，也是最容易绘制的三维实体。

12.1.1　绘制长方体

1．执行方式

命令行：BOX

菜单：绘图→建模→长方体

工具栏：建模→长方体

2．操作格式

命令：BOX↙

指定第一个角点或[中心(C)]:（指定第一点或按回车键表示原点是长方体的角点，或输入c代表中心点）

3．选项说明

（1）指定第一个角点：确定长方体的一个顶点的位置。选择该选项后，AutoCAD继续提示：

指定其他角点或 [立方体(C)/长度(L)]：（指定第二点或输入选项）

1）指定其他角点：输入另一角点的数值，即可确定该长方体。如果输入的是正值，则沿着当前UCS的X、Y和Z轴的正向绘制长度。如果输入的是负值，则沿着X、Y和Z轴的负向绘制长度。图12-1所示为使用相对坐标绘制的长方体。

2）立方体：创建一个长、宽、高相等的长方体。图12-2所示为使用指定长度命令创建的正方体。

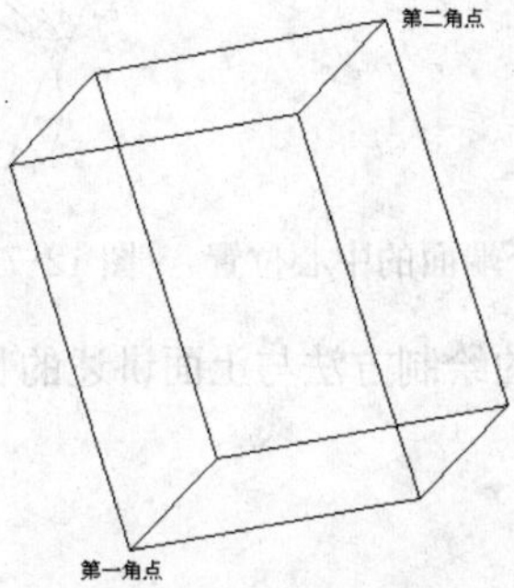

图12-1　利用角点命令创建的长方体

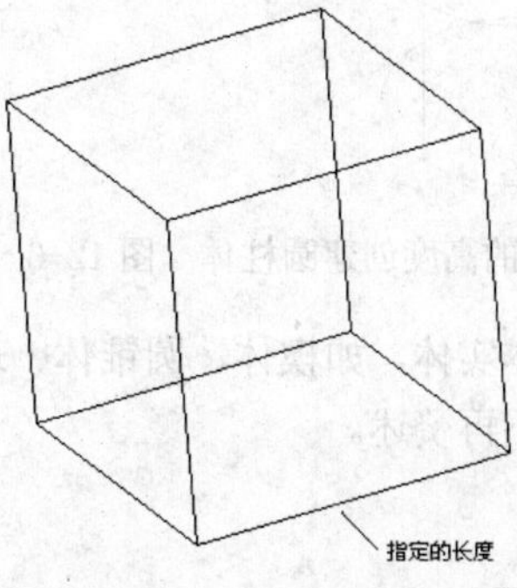

图12-2　利用立方体命令创建的长方体

3）长度：要求输入长、宽、高的值。图12-3所示为使用长、宽和高命令创建的长方体。

（2）中心点：用指定中心点创建长方体。图12-4所示为使用中心点命令创建的长方体。

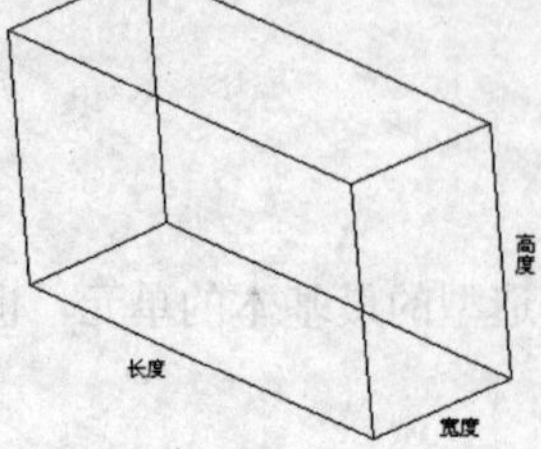

图 12-3　利用长、宽和高命令创建的长方体

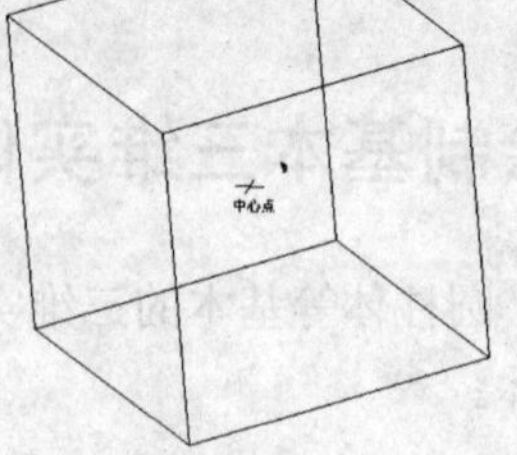

图 12-4　使用中心点命令创建的长方体

12.1.2　圆柱体

1. 执行方式

命令行：CYLINDER

菜单：绘图→建模→圆柱体

工具条：建模→圆柱体

2. 操作格式

命令：CYLINDER↙

指定底面的中心点或 [三点(3P)/两点(2P)/切点、切点、半径(T)/椭圆(E)]:

3. 选项说明

（1）中心点：输入底面圆心的坐标，此选项为系统的默认选项。然后指定底面的半径和高度。AutoCAD 按指定的高度创建圆柱体，且圆柱体的中心线与当前坐标系的 Z 轴平行，如图 12-5 所示。也可以指定另一个端面的圆心来指定高度。AutoCAD 根据圆柱体两个端面的中心位置来创建圆柱体。该圆柱体的中心线就是两个端面的连线，如图 12-6 所示。

（2）椭圆：绘制椭圆柱体。其中端面椭圆绘制方法与平面椭圆一样，结果如图 12-7 所示。

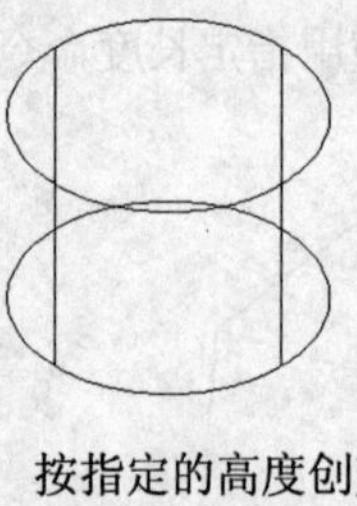

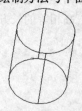

图 12-5　按指定的高度创建圆柱体

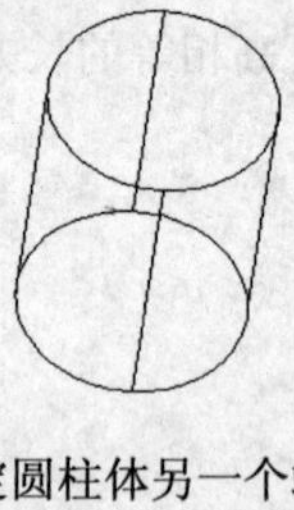

图 12-6　指定圆柱体另一个端面的中心位置

图 12-7　椭圆柱体

其他的基本实体，如楔体、圆锥体、球体、圆环体等的绘制方法与上面讲述的长方体和圆柱体类似，不再赘述。

12.2　布尔运算

布尔运算在数学的集合运算中得到广泛应用，AutoCAD 也将该运算应用于实体的创建过程中。用户可以对三维实体对象进行下列布尔运算：并集、交集、差集。

三维实体的布尔运算与平面图形类似。图 12-8 所示为两个圆柱并集后的图形。

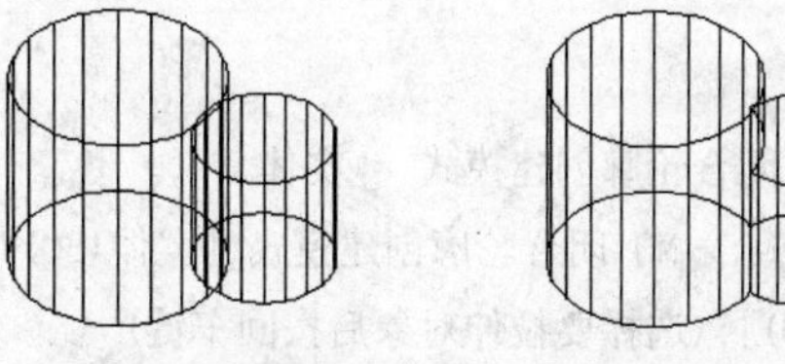

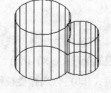

两个独立的圆柱　　　　并集

图 12-8　复合三维实体

图 12-9 所示为 3 个圆柱交集后的图形。

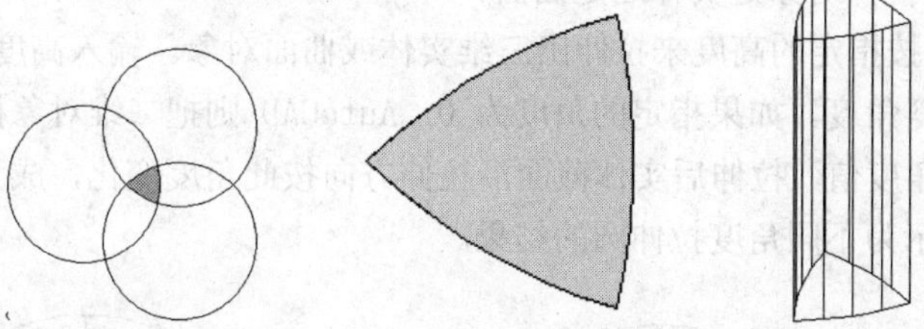

求交集前图　　　　求交集后　　　　交集的立体图

图 12-9　交集

图 12-10 所示为两圆柱差集结果。

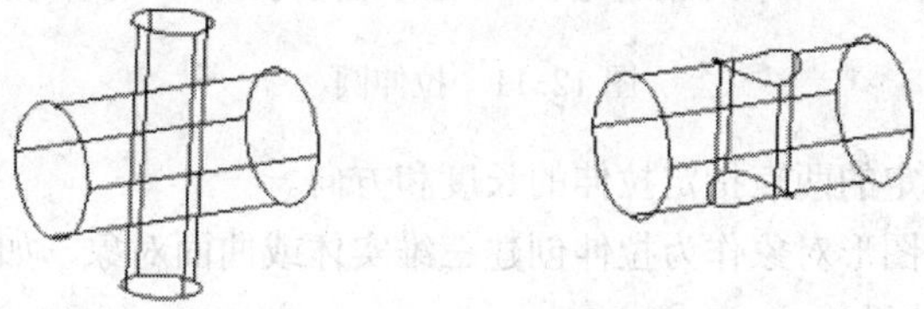

两个独立的圆柱　　　　差集结果

图 12-10　两圆柱差集

12.3　特征操作

特征操作命令包括拉伸、旋转、扫掠、放样等命令。这类命令的一个基本思想是利用二维图形生成三维实体造型。

12.3.1　拉伸

1. 执行方式

命令行：EXTRUDE

菜单：绘图→建模→拉伸

工具栏：建模→拉伸

2. 操作格式

```
命令: _extrude
当前线框密度:  ISOLINES=4, 闭合轮廓创建模式 = 实体
选择要拉伸的对象或（模式MO）: _MO 闭合轮廓创建模式 [实体(SO)/曲面(SU)] <实体>: _SO
选择要拉伸的对象或 [模式(MO)]:(选择要拉伸对象后按回车键)
指定拉伸的高度或 [方向(D)/路径(P)/倾斜角(T)/表达式(E)]:P↙
选择拉伸路径或 [倾斜角(T)]:
```

3. 选项说明

（1）模式：指定拉伸对象是实体还是曲面。

（2）拉伸高度：按指定的高度来拉伸出三维实体或曲面对象。输入高度值后，根据实际需要，指定拉伸的倾斜角度。如果指定的角度为 0，AutoCAD 则把二维对象按指定的高度拉伸成柱体；如果输入角度值，拉伸后实体截面沿拉伸方向按此角度变化，成为一个棱台或圆台体，如图 12-11 所示为不同角度拉伸圆的结果。

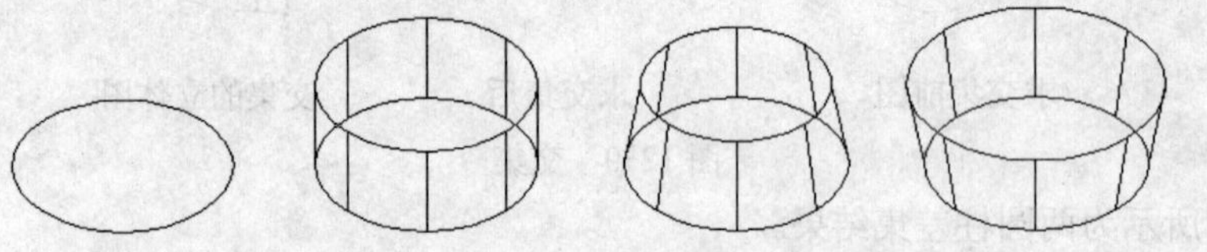

拉伸前　　拉伸锥角为 0°　　拉伸锥角为 10°　　拉伸锥角为－10°

图 12-11　拉伸圆

（3）方向：通过指定的两点指定拉伸的长度和方向。

（4）路径：以现有图形对象作为拉伸创建三维实体或曲面对象，如图 12-12 所示为沿圆弧曲线路径拉伸圆的结果。

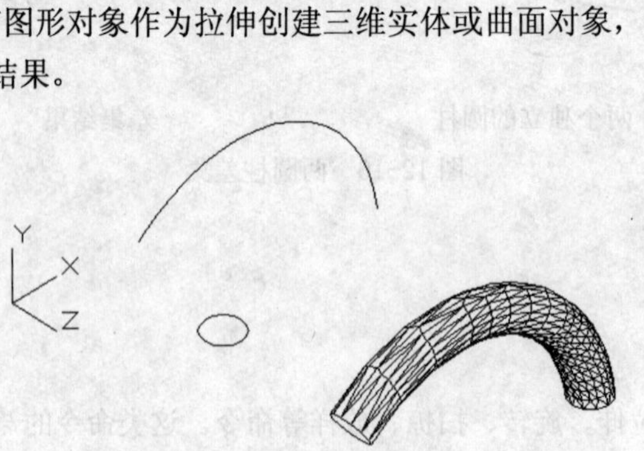

拉伸前　　拉伸后

图 12-12　沿路径曲线拉伸

（5）倾斜角：用于拉伸的倾斜角是两个指定点间的距离。

（6）表达式：输入公式或方程式以指定拉伸高度。

12.3.2 实例——圆柱斜齿轮

绘制如图 12-13 所示的圆柱斜齿轮。

图 12-13 圆柱斜齿轮

光盘路径

光盘\动画演示\第 12 章\圆柱斜齿轮.avi

操作步骤

01 设置线框密度。

```
命令:ISOLINES↙
输入 ISOLINES 的新值 <4>:10↙
```

02 绘制多段线。单击“绘图”工具栏中的“多段线”按钮，或者单击“绘图”工具栏中的按钮，绘制如图 12-14 所示的多段线。

03 镜像多段线。单击“修改”工具栏中的“镜像”按钮，将绘制的多段线进行镜像操作，结果如图 12-15 所示。

04 绘制圆。单击“绘图”工具栏中的“圆”按钮，绘制半径为 100 的圆。

05 移动多段线。单击“修改”工具栏中的“移动”按钮，将多段线移动到圆上，结果如图 12-16 所示。

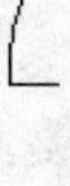

图 12-14 多段线

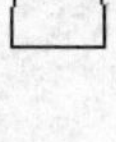

图 12-15 镜像多段线

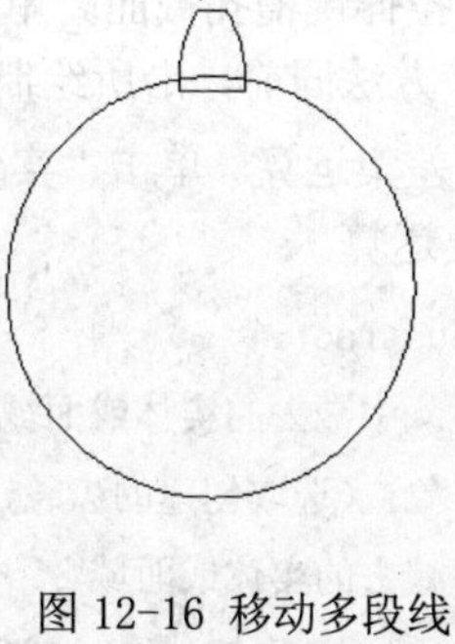

图 12-16 移动多段线

06 修剪多段线。单击“修改”工具栏中的“修剪”按钮，修剪多段线，如图 12-17 所示。

07 单击“修改”工具栏中的“环形阵列”按钮，将多段线进行环形阵列，阵列中心为圆心，阵列数目为 12。单击“修改”工具栏中的“修剪”按钮，修剪圆，结果如图 12-18 所示。

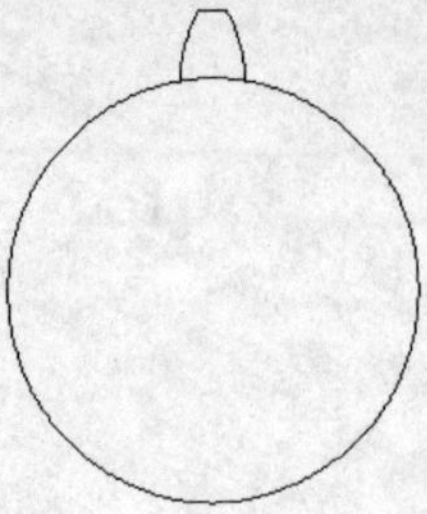

图 12-17 修剪多段线

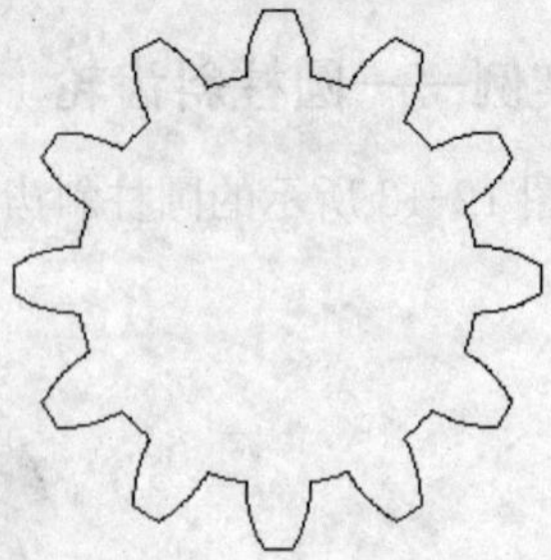

图 12-18 齿轮截面

08 创建面域。单击“绘图”工具栏中的“面域”按钮，选取全部图形，创建面域。

09 转换视图。单击“视图”工具栏中的“前视”按钮，切换到前视图。

10 绘制拉伸路径。单击“绘图”工具栏中的“直线”按钮，绘制拉伸路径。直线的起点为圆心，终点坐标为（@80<70）。结果如图 12-19 所示。

11 创建拉伸体。单击“建模”工具栏中的“拉伸”按钮，拉伸面域命令行提示与操作如下：

```
命令:Ext↙
当前线框密度: ISOLINES=4，闭合轮廓创建模式 = 实体
选择要拉伸的对象或 [模式(MO)]: （选取创建的面域，然后回车）
指定拉伸的高度或 [方向(D)/路径(P)/倾斜角(T)/表达式(E)]: P↙
选择拉伸路径或 [倾斜角(T)]:（选取绘制的直线）
```

12 移动坐标系原点。单击“视图”工具栏中的“俯视”按钮，切换到俯视图，在命令行输入 UCS，移动坐标系原点到齿轮顶面的圆心。

13 绘制键槽孔截面。方法同前。结果如图 12-20 所示。

14 创建面域。单击“绘图”工具栏中的“面域”按钮，选取键槽孔截面，创建面域。

15 拉伸键槽孔截面。单击“视图”工具栏中的“西南等轴测”按钮，切换到西南等轴测图。方法同前，沿所绘制的路径，拉伸键槽孔截面。

16 差集运算。单击“实体编辑”工具栏中的“差集”按钮，将创建的齿轮与键槽孔进行差集运算。

```
命令:Subtract↙
选择要从中减去的实体或面域...
选择对象:（选取创建的齿轮，然后回车）
选择要减去的实体或面域 ..
选择对象:（选取键槽孔，然后回车）
```

17 删除并消隐。单击“修改”工具栏中的“删除”按钮，删除拉伸路径，单击“渲染”工具栏中的“消隐”按钮，进行消隐处理后的图形，如图 12-21 所示。

18 渲染处理。单击“渲染”工具栏中的“渲染”按钮，选择适当的材质，渲染后的效果如图 12-13 所示。

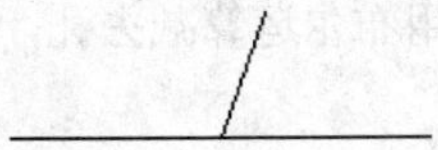

图 12-19　绘制拉伸路径

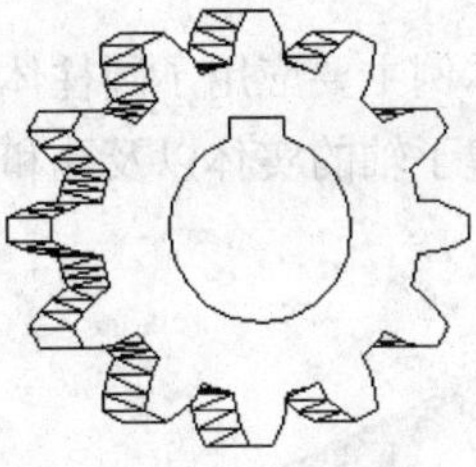

图 12-20 绘制键槽孔截面

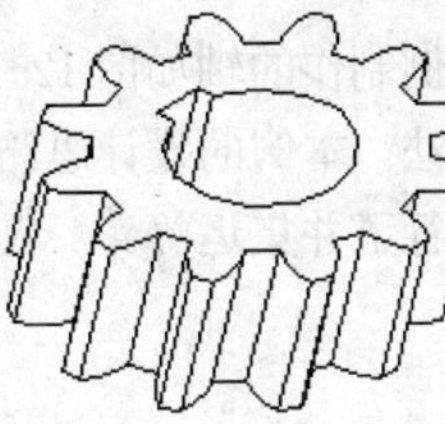

图 12-21　齿轮

12.3.3　旋转

1. 执行方式

命令行：REVOLVE

菜单：绘图→建模→旋转

工具栏：建模→旋转

2. 操作格式

命令：REVOLVE↙

当前线框密度：ISOLINES=4，闭合轮廓创建模式 = 实体

选择要旋转的对象[模式(MO)]：_MO 闭合轮廓创建模式 [实体(SO)/曲面(SU)] <实体>：_SO

选择要旋转的对象[模式(MO)]：（选择绘制好的二维对象）

选择要旋转的对象[模式(MO)]：（可继续选择对象或按回车键结束选择）

指定轴起点或根据以下选项之一定义轴 [对象(O)/X/Y/Z] <对象>：

3. 选项说明

（1）模式：指定旋转对象是实体还是曲面。

（2）指定旋转轴的起点：通过两个点来定义旋转轴。AutoCAD 将按指定的角度和旋转轴旋转二维对象。

（3）对象：选择已经绘制好的直线或用多段线命令绘制的直线段为旋转轴线。

（4）X(Y)轴：将二维对象绕当前坐标系（UCS）的 X(Y)轴旋转，如图 12-22 所示为矩形平行 X 轴的轴线旋转的结果。

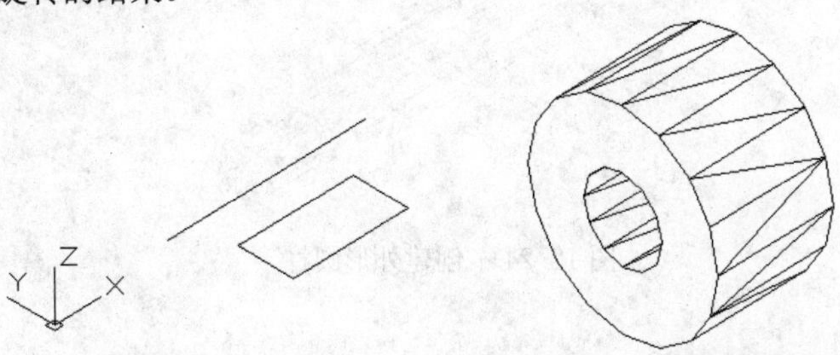

旋转界面　　　　旋转后的实体

图 12-22　旋转体

12.3.4 实例——轴

本例制作的轴如图 12-23 所示。本例主要应用了圆柱体绘制实体的方法，介绍了螺纹的绘制方法。本例的设计思路是：先创建了轴的实体以及孔和螺纹，利用布尔运算减去孔，与螺纹进行了并集运算。

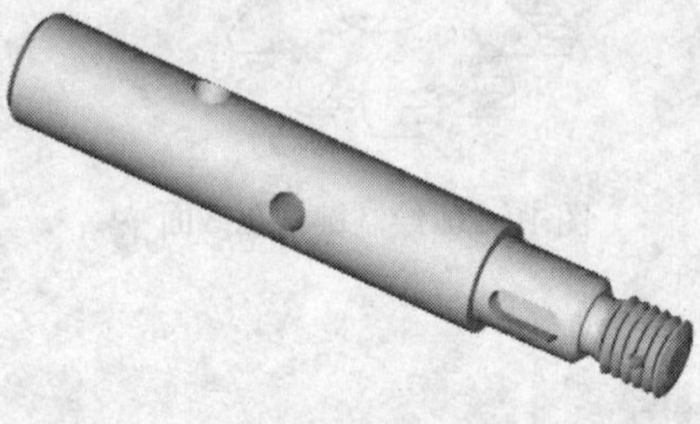

图 12-23　轴

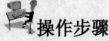

光盘路径　光盘\动画演示\第 12 章\轴.avi

操作步骤

1. 轴的主体绘制

01 启动系统。启动 AutoCAD，使用默认设置画图。

02 设置线框密度。在命令行中输入 Isolines，设置线框密度为 10。

03 设置用户坐标系。在命令行输入 Ucs，将坐标系统绕 X 轴旋转 90°。

04 创建外形圆柱。单击“建模”工具栏中的“圆柱体”按钮，以坐标原点为圆心，创建直径为 ϕ14，高 66 的圆柱；接续该圆柱依次创建直径为 ϕ11 和高 14、直径为 ϕ7.5 和高 2、直径为 ϕ10 和高 12 的圆柱。

05 并集运算。单击“建模”工具栏中的“并集”按钮，将创建的圆柱进行并集运算。单击“渲染”工具栏中的“隐藏”按钮，进行消隐处理后的图形，如图 12-24 所示。

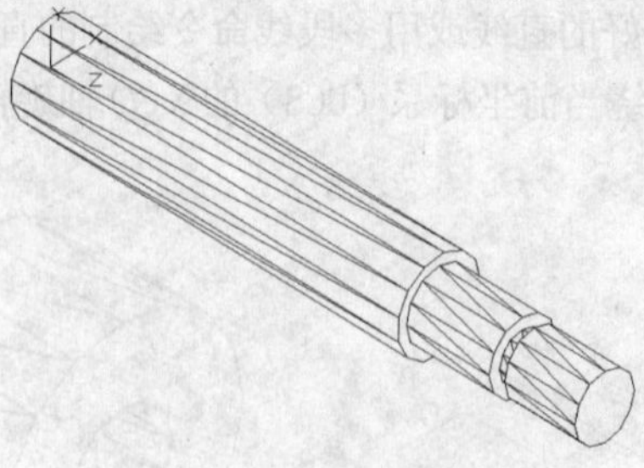

图 12-24　创建外形圆柱

2. 绘制键槽和孔

01 创建内形圆柱。切换到左视图，单击“渲染”工具栏中的“隐藏”按钮，进行消隐，创建内形圆柱。单击“建模”工具栏中的“圆柱体”按钮，以（40，0）为圆心，

创建直径为 $\phi 5$，高 7 的圆柱；以（88，0）为圆心，创建直径为 $\phi 2$，高 5 的圆柱。

02 绘制二维图形，并创建为面域。

单击“绘图”工具栏中的“直线”按钮，从（70，0）到（@6，0）绘制直线。

单击“修改”工具栏中的“偏移”按钮，将上一步绘制的直线分别向上、下偏移 2。

单击“修改”工具栏中的“圆角”按钮，对两条直线进行倒圆角操作，圆角半径为 R2。

单击“绘图”工具栏中的“面域”按钮，将二维图形创建为面域。

结果如图 12-25 所示。

03 镜像圆柱。切换视图到西南等轴测图，镜像创建的圆柱。单击“修改”→“三维操作”→“三维镜像”命令，将 $\phi 5$ 及 $\phi 2$ 圆柱以当前 XY 面为镜像面，进行镜像操作。

04 拉伸面域。单击“建模”工具栏中的“拉伸”按钮，将创建的面域拉伸 2.5。

05 移动拉伸实体。单击“修改”工具栏中的“移动”按钮，将拉伸实体移动(@0,0,3)。

06 差集运算。单击“建模”工具栏中的“差集”按钮，将外形圆柱与内形圆柱及拉伸实体进行差集运算，结果如图 12-26 所示。

图 12-25　创建内形圆柱与二维图形

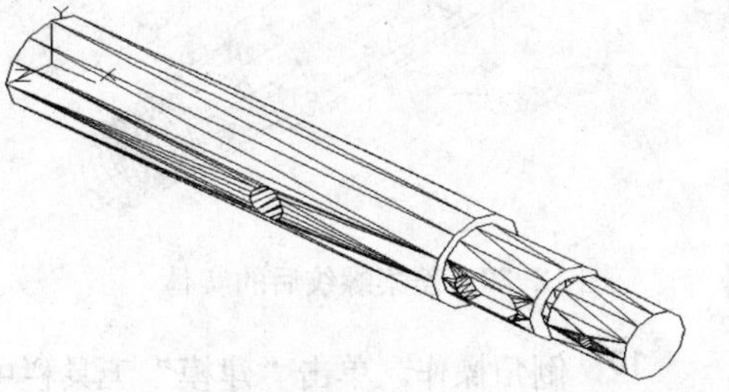

图 12-26　差集后的实体

3．绘制螺纹

01 创建螺纹截面。单击“绘图”工具栏中的“正多边形”按钮，在实体旁边绘制一个正三角形，其边长为 1.5。

单击“绘图”工具栏中的“构造线”按钮，过正三角形底边绘制水平辅助线。

单击“修改”工具栏中的“偏移”按钮，将水平辅助线向上偏移 5。

结果如图 12-27 所示。

02 旋转螺纹截面。单击“建模”工具栏中的“旋转”按钮，以偏移后的水平辅助线为旋转轴，选取正三角形，将其旋转 360°。

03 删除辅助线。单击“修改”工具栏中的“删除”按钮，删除多余的辅助线。

04 阵列旋转实体，创建螺纹。单击“建模”工具栏中的“三维阵列”按钮，将旋转形成的实体进行 1 行，8 列的矩形阵列，列间距为 1.5，结果如图 12-28 所示。

05 并集运算。单击“建模”工具栏中的“并集”按钮，将螺纹进行并集运算。单击“修改”工具栏中的“移动”按钮，以螺纹右端面圆心为基点，将其移动到轴右端圆心处，结果如图 12-29 所示。

06 差集运算。切换视图到西南等轴测图。单击“建模”工具栏中的“差集”按钮，将轴与螺纹进行差集运算，结果如图 12-30 所示。

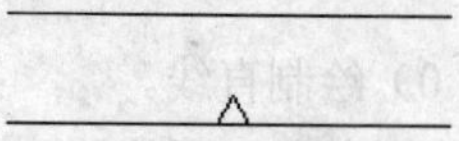

图 12-27　螺纹截面及辅助线

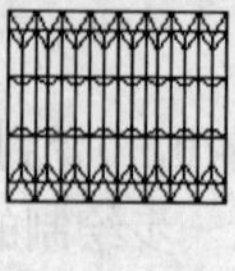

图 12-28　螺纹

图 12-29　移动螺纹

07 转换坐标系。利用 UCS 命令，将坐标系绕 Z 轴旋转-90°。

08 创建圆柱。切换到俯视图，单击“建模”工具栏中的“圆柱体”按钮，以（24，0，0）为圆心，创建直径为 5，高为 7 的圆柱。

09 镜像圆柱。方法同前，单击“修改”→“三维操作”→“三维镜像”命令，将上一步绘制的圆柱以当前 XY 面为镜像面，进行镜像操作，结果如图 12-31 所示。

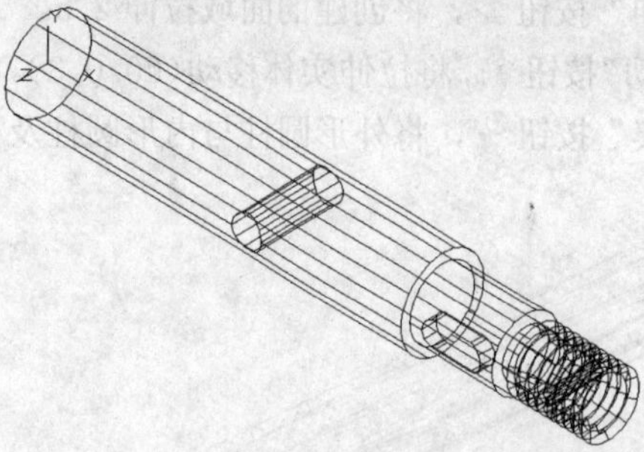

图 12-30　差集螺纹后的实体

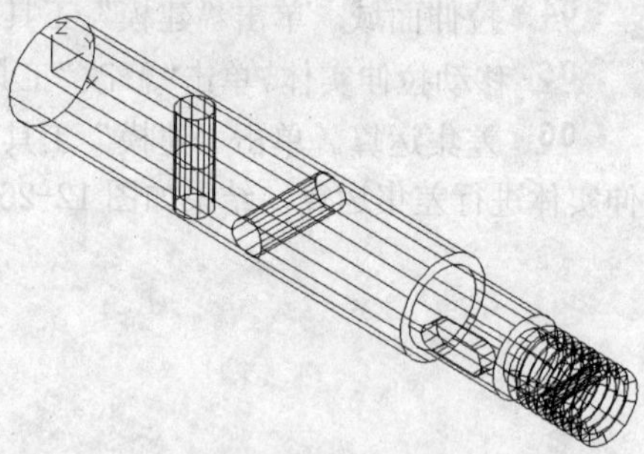

图 12-31　镜像圆柱

10 倒角操作。单击“建模”工具栏中的“差集”按钮，将轴与镜像的圆柱进行差集运算。单击“修改”工具栏中的“倒角”按钮，对左轴端及 ϕ11、ϕ10 轴径进行倒角操作，倒角距离为 1。单击“渲染”工具栏中的“隐藏”按钮，进行消隐处理后的图形，如图 12-32 所示。

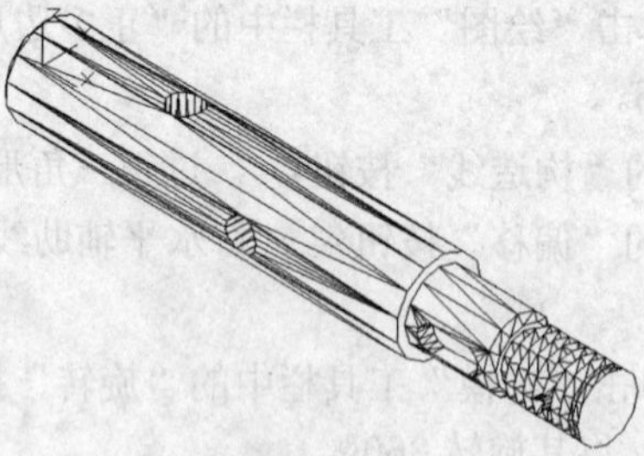

图 12-32　消隐后的实体

12.3.5　扫掠

1．执行方式

命令行：SWEEP

菜单：绘图→建模→扫掠

工具栏：建模→扫掠

2．操作格式

命令：SWEEP↙

当前线框密度:ISOLINES=2000，闭合轮廓创建模式 = 实体

选择要扫掠的对象或［模式(MO)]：_MO 闭合轮廓创建模式［实体(SO)/曲面(SU)］<实体>：_SO

选择要扫掠的对象或［模式(MO)]：(选择对象，如图 12-33a 中圆）

选择要扫掠的对象或［模式(MO)]：↙

选择扫掠路径或［对齐(A)/基点(B)/比例(S)/扭曲(T)]：（选择对象，如图 12-33a 中螺旋线）

扫掠结果如图 12-33b 所示。

a）对象和路径　　　　b）结果

图 12-33　扫掠

3．选项说明

（1）模式：指定扫掠对象为实体还是曲面。

（2）对齐：指定是否对齐轮廓以使其作为扫掠路径切向的法向。默认情况下，轮廓是对齐的。选择该项，系统提示：

扫掠前对齐垂直于路径的扫掠对象［是(Y)/否(N)］<是>：（输入 NO 指定轮廓无需对齐或按 回车 键指定轮廓将对齐）

注意

如果轮廓曲线不垂直于（法线指向）路径曲线起点的切向，则轮廓曲线将自动对齐。出现对齐提示时输入 No 以避免该情况的发生。

（3）基点：指定要扫掠对象的基点。 如果指定的点不在选定对象所在的平面上，则该点将被投影到该平面上。选择该项，系统提示：

指定基点：（指定选择集的基点）

（4）比例：指定比例因子以进行扫掠操作。 从扫掠路径的开始到结束，比例因子将统一应用到扫掠的对象。选择该项，系统提示：

输入比例因子或［参照(R)］<1.0000>：（指定比例因子、输入 r 调用参照选项或按回车键指定默认值）

其中“参照”选项表示通过拾取点或输入值来根据参照的长度缩放选定的对象。

（5）扭曲：设置正被扫掠的对象的扭曲角度。扭曲角度指定沿扫掠路径全部长度的旋转量。选择该项，系统提示：

输入扭曲角度或允许非平面扫掠路径倾斜［倾斜(B)］<n>：（指定小于 360 的角度值、输入 b 打

开倾斜或按 回车 键指定默认角度值)

倾斜指定被扫掠的曲线是否沿三维扫掠路径（三维多线段、三维样条曲线或螺旋）自然倾斜（旋转）。图 12-34 所示为扭曲扫掠示意图。

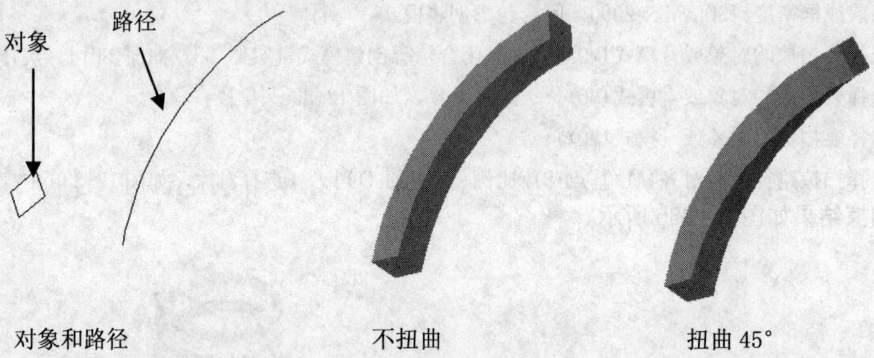

图 12-34 扭曲扫掠

12.3.6 实例——锁的绘制

分析图 12-35 所示的锁图形，可以看出，该图形的结构简单。本例要求用户对锁头图形的结构熟悉，且能灵活运用三维表面模型的基本图形的绘制命令和编辑命令。

图 12-35 锁头图形

光盘路径

光盘\动画演示\第 12 章\锁.avi

操作步骤

01 单击“绘图”工具栏中的“矩形”按钮，绘制角点坐标为(-100,30)和 (100,-30)的矩形。

02 单击“绘图”工具栏上的“圆弧”按钮，绘制起点坐标为（100，30） 端点坐标为-100，30 半径为 340 的圆弧。

03 单击“绘图”工具栏上的“圆弧”按钮，绘制起点坐标为（-100，-30） 端点坐标为（100，-30）半径为 340 的圆弧，如图 12-36 所示。

04 单击“修改”工具栏上的“修剪”按钮，对上述圆弧和矩形进行修剪，结果如图 12-37 所示。

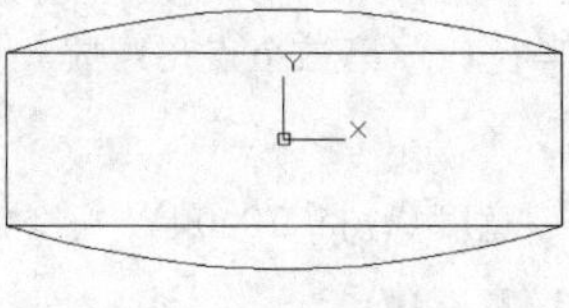

图 12-36　绘制圆弧后的图形

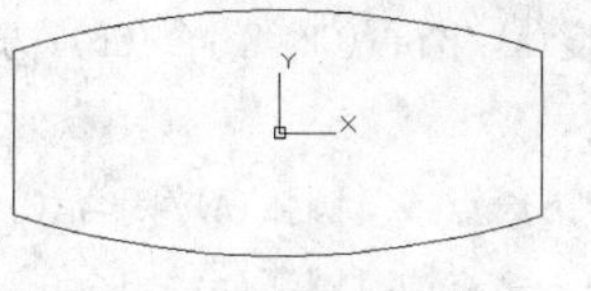

图 12-37　修剪后的图形

05 单击“修改 II”工具栏上的“编辑多段线”按钮，将上述多段线合并为一个整体。

06 单击“视图”工具栏中的“西南等轴测”按钮，切换到西南等轴测视图。

07 单击“建模”工具栏中的“拉伸”按钮，选择上步创建的面域高度为 150，结果如图 12-38 所示。

08 在命令行直接输入 UCS。将新的坐标原点移动到点 0，0，150。切换视图。选取菜单命令“视图”→“三维视图”→“平面视图”→“当前 UCS”。

09 单击“绘图”工具栏中的“圆”按钮，指定圆心坐标（-70，0），半径为 15。重复上述指令，在右边的对称位置再作一个同样大小的圆，结果如图 12-39 所示。单击“视图”工具栏中的“前视”按钮，切换到前视图。

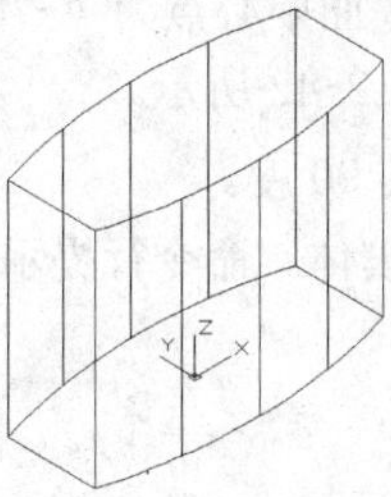

图 12-38　拉伸后的图形

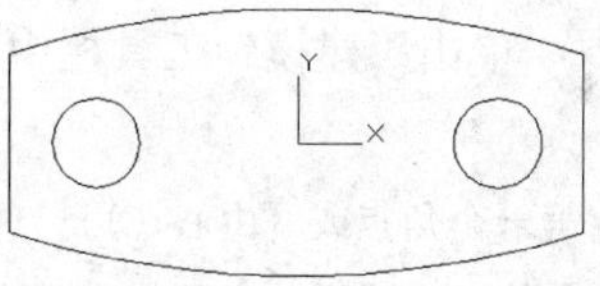

图 12-39　绘圆后的图形

10 在命令行直接输入 UCS。将新的坐标原点移动到点 0，150，0。

11 单击“绘图”工具栏中的“多段线”按钮，绘制多段线。系统提示如下：

```
PLINE
指定起点: -70,-30
当前线宽为 0.0000
指定下一个点或 [圆弧(A)/半宽(H)/长度(L)/放弃(U)/宽度(W)]: @80<90
指定下一点或 [圆弧(A)/闭合(C)/半宽(H)/长度(L)/放弃(U)/宽度(W)]: a
指定圆弧的端点或
[角度(A)/圆心(CE)/闭合(CL)/方向(D)/半宽(H)/直线(L)/半径(R)/第二个点(S)/放弃(U)/宽度(W)]: a
指定包含角: -180
指定圆弧的端点或 [圆心(CE)/半径(R)]: r
指定圆弧的半径: 70
指定圆弧的弦方向 <90>: 0
```

指定圆弧的端点或

[角度(A)/圆心(CE)/闭合(CL)/方向(D)/半宽(H)/直线(L)/半径(R)/第二个点(S)/放弃(U)/宽度(W)]: 1

指定下一点或 [圆弧(A)/闭合(C)/半宽(H)/长度(L)/放弃(U)/宽度(W)]: 70,0

指定下一点或 [圆弧(A)/闭合(C)/半宽(H)/长度(L)/放弃(U)/宽度(W)]:

结果如图 12-40 所示。

12 单击“视图”工具栏中的“西南等轴测”按钮，回到西南等轴测图。

13 单击“建模”工具栏中的“扫琼”按钮，将绘制的圆与多段线进行扫掠处理，命令行提示如下：

命令: _sweep

当前线框密度: ISOLINES=4，闭合轮廓创建模式 = 实体

选择要扫掠的对象或 [模式(MO)]: _MO 闭合轮廓创建模式 [实体(SO)/曲面(SU)] <实体>: _SO

选择要扫掠的对象或 [模式(MO)]:找到 1 个（选择圆）

选择要扫掠的对象或 [模式(MO)]:（选择圆）

选择扫掠路径或 [对齐(A)/基点(B)/比例(S)/扭曲(T)]: （选择多段线）

结果如图 12-41 所示。

14 单击“建模”工具栏中的“圆柱体”按钮，绘制底面中心点为（-70，0，0）底面半径为 20，轴端点为（-70，-30，0）的圆柱体，结果如图 12-42 所示。

15 在命令行直接输入 UCS。将新的坐标原点绕 x 轴旋转 90 度。

16 单击“建模”工具栏中的“偰体”按钮，绘制楔体。命令行提示:

命令: we

指定第一个角点或 [中心(C)]: -50,-70,10

指定其他角点或 [立方体(C)/长度(L)]: -80,70,10

指定高度或 [两点(2P)] <30.0000>: 20

17 单击“建模”工具栏中的“差集”按钮，将扫掠体与楔体进行差集运算，如图 12-43 所示。

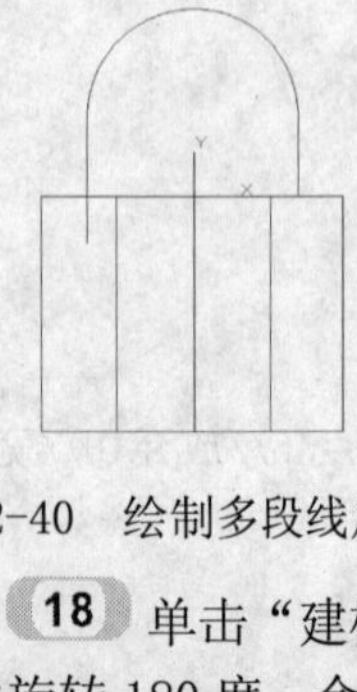

图 12-40 绘制多段线后的图形

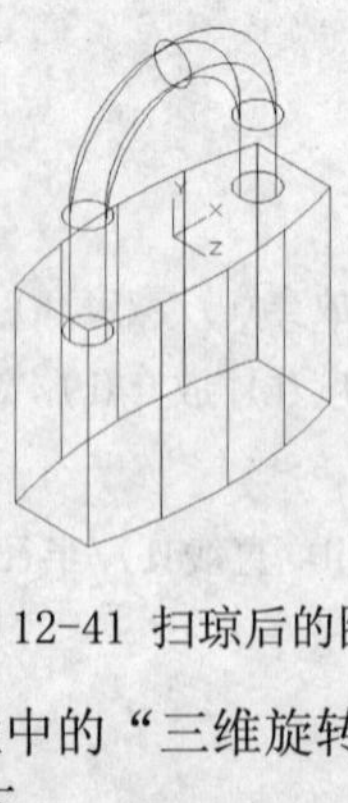

图 12-41 扫琼后的图形

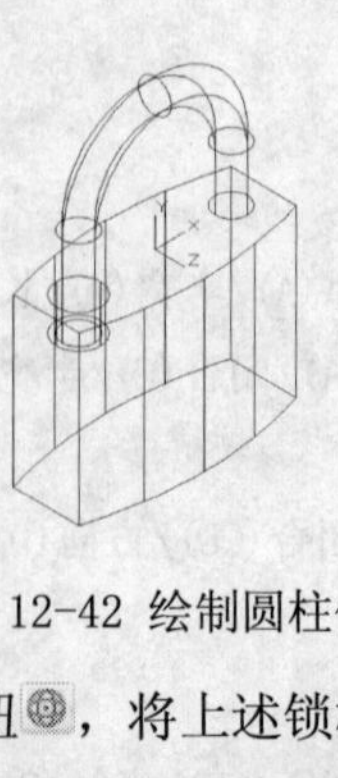

图 12-42 绘制圆柱体

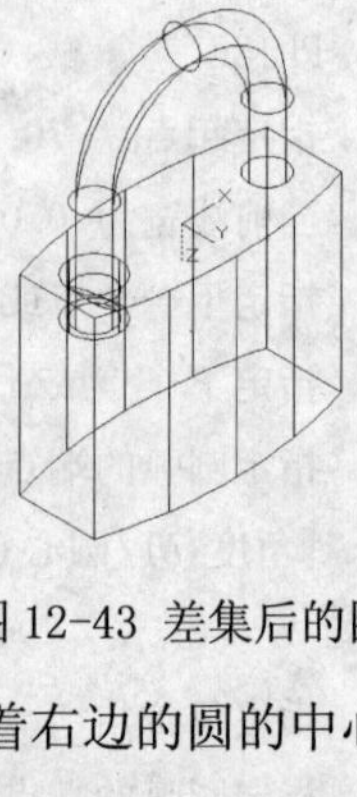

图 12-43 差集后的图形

18 单击“建模”工具栏中的“三维旋转”按钮，将上述锁柄绕着右边的圆的中心垂线旋转 180 度，命令提示如下：

命令: 3drotate

UCS 当前的正角方向: ANGDIR=逆时针 ANGBASE=0

选择对象：（选择锁柄）
选择对象：↙
指定基点：（指定右边圆的圆心）
拾取旋转轴：（指定右边的圆的中心垂线）
指定角的起点：90↙

旋转的结果如图 12-44 所示。

19 单击“建模”工具栏中的“差集”按钮，将左边小圆柱体与锁体进行差集操作，在锁体上打孔。

20 单击“修改”工具栏中的“圆角”按钮，设置圆角半径为 10，对锁体四周的边进行圆角处理。

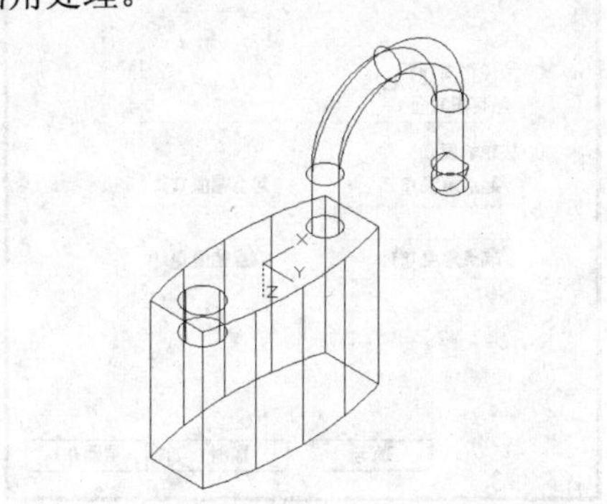

图 12-44 旋转处理

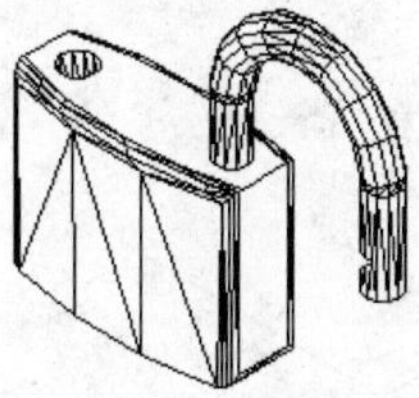

图 12-45 消隐处理

21 单击“渲染”工具栏中的“隐藏”按钮，或者直接在命令行输入 hide 后回车，结果如图 12-45 所示。

12.3.7 放样

1. 执行方式

命令行：LOFT
菜单：绘图→建模→放样
工具栏：建模→放样

2. 操作格式

命令：LOFT↙
当前线框密度： ISOLINES=4，闭合轮廓创建模式 = 实体
按放样次序选择横截面或 [点(PO)/合并多条边(J)/模式(MO)]: _MO 闭合轮廓创建模式 [实体(SO)/曲面(SU)] <实体>: _SO
按放样次序选择横截面或 [点(PO)/合并多条边(J)/模式(MO)]:（依次选择图 12-46 中 3 个截面）
输入选项 [导向(G)/路径(P)/仅横截面(C)/设置(S)] <仅横截面>:S

3. 选项说明

（1）仅横截面：选择该项，系统打开“放样设置”对话框，如图 12-47 所示。其中有 4

个单选按钮选项，图 12-48a 所示为选择“直纹”单选按钮的放样结果示意图，图 12-48b 所示为选择“平滑拟合”单选按钮的放样结果示意图，图 12-48c 所示为选择“法线指向”单选按钮中的“所有横截面”选项的放样结果示意图，图 12-48d 所示为选择“拔模斜度”单选按钮并设置“起点角度”为 45°，“起点幅值”为 10，“端点角度”为 60°，“端点幅值”为 10 的放样结果示意图。

图 12-46　选择截面

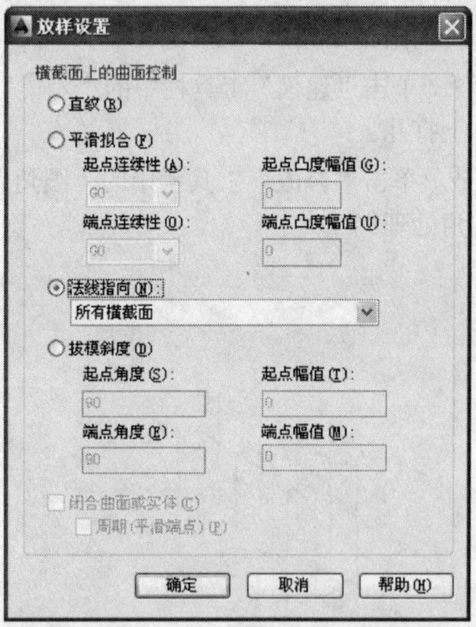

图 12-47　“放样设置”对话框

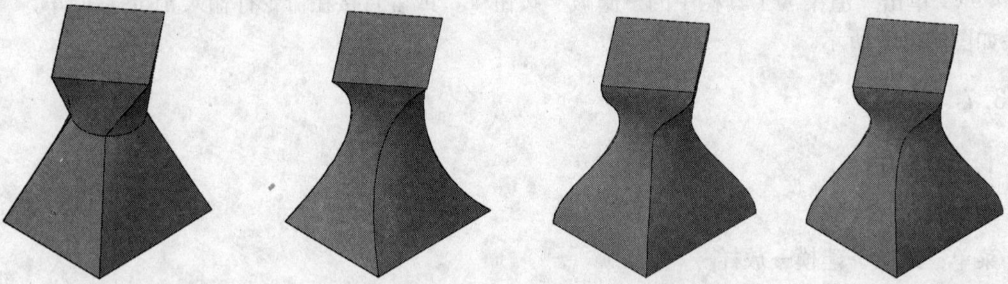

a)　　b)　　c)　　d)

图 12-48　放样示意图

（2）法线指向：指定控制放样实体或曲面形状的导向曲线。导向曲线是直线或曲线，可通过将其他线框信息添加至对象来进一步定义实体或曲面形状，如图 12-49 所示。选择该项，系统提示：

选择导向曲线：（选择放样实体或曲面的导向曲线，然后按 回车 键）

（3）路径：指定放样实体或曲面的单一路径，如图 12-50 所示。选择该项，系统提示：

选择路径：（指定放样实体或曲面的单一路径）

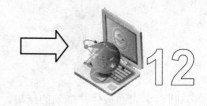

路径曲线必须与横截面的所有平面相交。

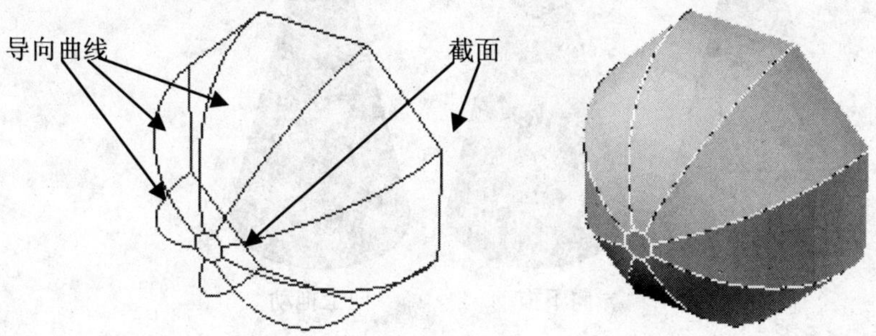

图 12-49 导向放样

每条导向曲线必须满足以下条件才能正常工作：

◆与每个横截面相交

◆从第一个横截面开始

◆到最后一个横截面结束

可以为放样曲面或实体选择任意数量的导向曲线。

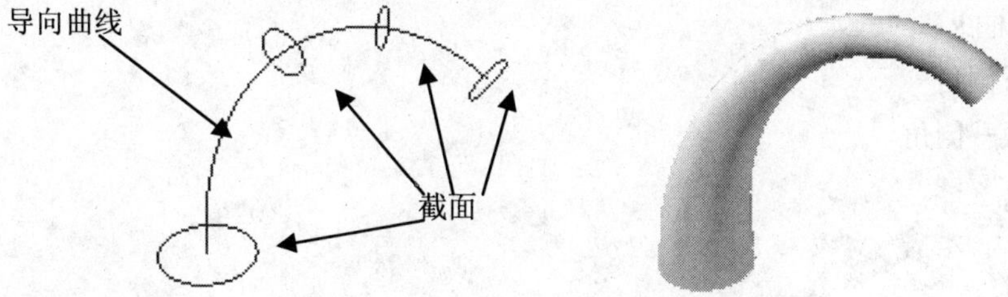

图 12-50 路径放样

12.3.8 拖曳

1. 执行方式

命令行：PRESSPULL

工具栏：建模→按住并拖动

2. 操作格式

命令：PRESSPULL↙

单击有限区域以进行按住或拖动操作。

已提取 1 个环。

选择有限区域后，按住鼠标并拖动，相应的区域进行拉伸变形，如图 12-51 所示为选择圆台上表面按住并拖动的结果。

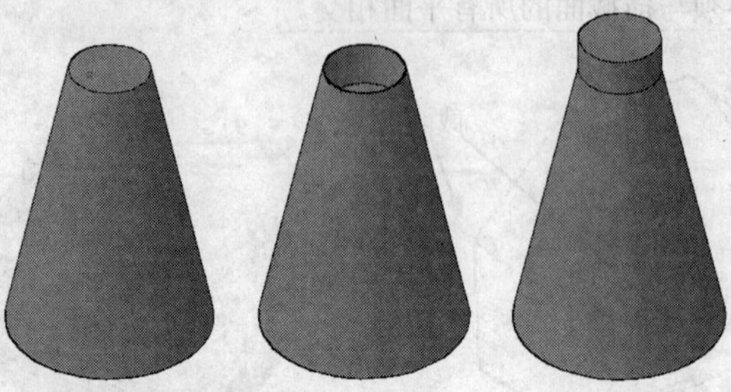

圆台　　向下拖动　　向上拖动

图 12-51　按住并拖动

12.4　三维倒角

与二维图形中用到的“倒角”命令和“倒圆”命令相似，三维造型设计中，有时也要用到这两个命令。命令虽然相同，但在三维造型设计中，其执行方式有所区别，这里简要介绍。

12.4.1　倒角

1. 执行方式

命令行：CHAMFER

菜单：修改→倒角

工具栏：修改→倒角

2. 操作格式

命令：CHAMFER↙

（“修剪”模式）当前倒角距离 1 = 0.0000，距离 2 = 0.0000

选择第一条直线或 [放弃(U)/多段线(P)/距离(D)/角度(A)/修剪(T)/方式(E)/多个(M)]:

3. 选项说明

（1）选择第一条直线：选择实体的一条边，此选项为系统的默认选项。选择某一条边以后，与此边相邻的两个面中的其中一个面的边框就变成虚线。

选择实体上要倒直角的边后，AutoCAD 出现如下提示：

基面选择...

输入曲面选择选项 [下一个(N)/当前(OK)] <当前>:

该提示要求选择基面，默认选项是当前，即以虚线表示的面作为基面。如果选择下一个（N），则以与所选边相邻的另一个面作为基面。

选择好基面后，AutoCAD 继续出现如下提示：

指定基面的倒角距离 <2.0000>:（输入基面上的倒角距离）

指定其他曲面的倒角距离 <2.0000>：（输入与基面相邻的另外一个面上的倒角距离）

选择边或 [环(L)]:

1）选择边：指确定需要进行倒角的边，此项为系统的默认选项。选择基面的某一边后，AutoCAD 出现如下提示：

选择边或 [环(L)]:

在此提示下，按回车键对选择好的边进行倒直角，也可以继续选择其他需要倒直角的边。

2）选择环：指对基面上所有的边都进行倒直角。

（2）其他选项：与二维斜角类似，不再赘述。

图 12-52 所示为对长方体倒角的结果。

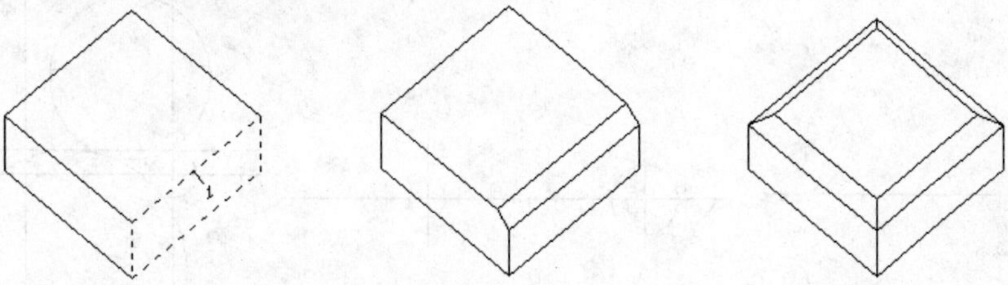

选择倒角边“1”　　边倒角结果　　环倒角结果

图 12-52　对实体棱边作倒角

12.4.2　实例——手柄的创建

创建如图 12-53 所示的手柄。

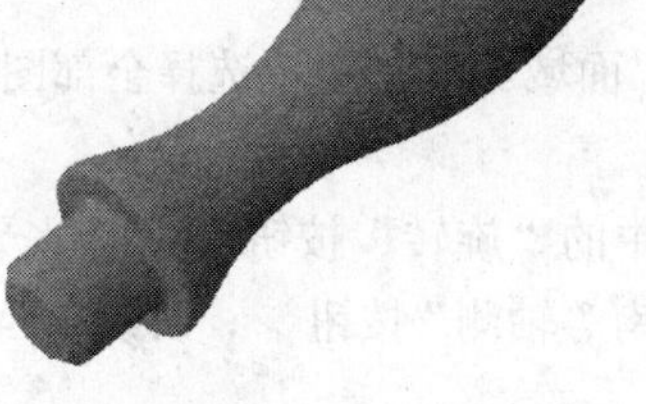

图 12-53　手柄

光盘路径

光盘\动画演示\第 12 章\手柄.avi

操作步骤

01 设置线框密度。命令行提示如下：

命令：ISOLINES↙

输入 ISOLINES 的新值 〈4〉: 10↙

02 绘制手柄把截面。

❶单击“绘图”工具栏中的“圆”按钮，绘制半径为 13 的圆。

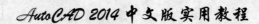

❷单击“绘图”工具栏中的“构造线”按钮，过R13圆的圆心绘制竖直与水平辅助线。绘制结果如图12-54所示。

❸单击“修改”工具栏中的“偏移”按钮，将竖直辅助线向右偏移83。

❹单击“绘图”工具栏中的“圆”按钮，捕捉最右边竖直辅助线与水平辅助线的交点，绘制半径为7的圆。绘制结果如图12-55所示。

❺单击“修改”工具栏中的“偏移”按钮，将水平辅助线向上偏移13。

❻单击“绘图”工具栏中的“圆”按钮，绘制与R7圆及偏移水平辅助线相切，半径为65的圆；继续绘制与R65圆及R13相切，半径为R45的圆，绘制结果如图12-56所示。

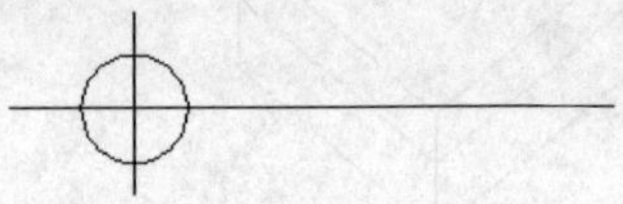

图12-54　圆及辅助线

图12-55　绘制R7圆

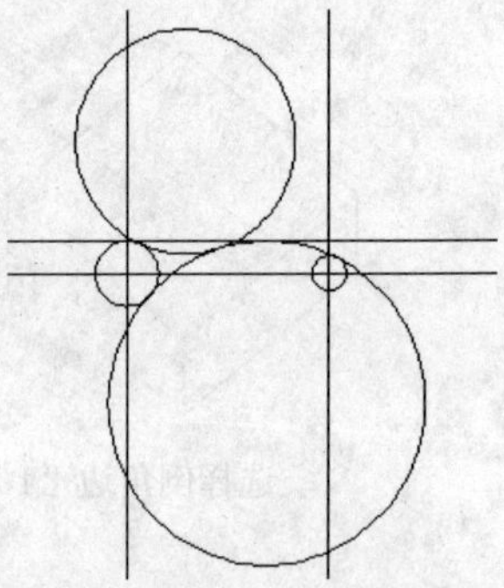

图12-56　绘制R65及R45圆

❼单击“修改”工具栏中的“修剪”按钮，对所绘制的图形进行修剪，修剪结果如图12-57所示。

❽单击“修改”工具栏中的“删除”按钮，删除辅助线。单击“绘图”工具栏中的“直线”按钮，绘制直线。

❾单击“绘图”工具栏中的“面域”按钮，选择全部图形创建面域，结果如图12-58所示。

❿单击“实体编辑”工具栏中的“旋转”按钮，以水平线为旋转轴，旋转创建的面域。单击“视图”工具栏中的“西南等轴测”按钮，切换到西南等轴测图，结果如图12-59所示。

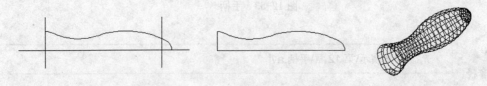

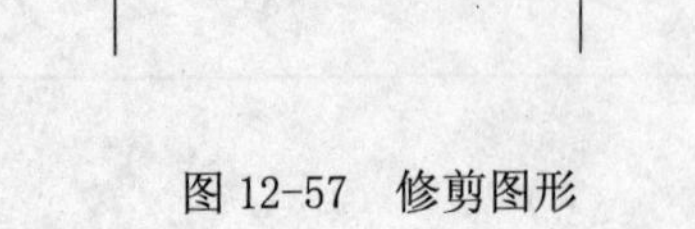

图12-57　修剪图形

图12-58　手柄把截面

图12-59　柄体

⓫单击“视图”工具栏中的“左视”按钮，切换到左视图。在命令行输入“UCS”，命令行提示如下：

```
命令: Ucs↙
输入选项[新建(N)/移动(M)/正交(G)/上一个(P)/恢复(R)/保存(S)/删除(D)/应用(A)/?/世界(W)] <世界>: M↙
```

指定新原点或 [Z 向深度(Z)] <0,0,0>:(单击“对象捕捉”工具栏中的“捕捉到圆心”按钮)
_cen 于： 捕捉圆心

⑫单击“建模”工具栏中的“圆柱体”按钮，以坐标原点为圆心，创建高为 15、半径为 8 的圆柱体。单击“视图”工具栏中的“西南等轴测”按钮，切换到西南等轴测图，结果如图 12-60 所示。

⑬单击“修改”工具栏中的“倒角”按钮，对圆柱体进行倒角。倒角距离为 2. 倒角结果如图 12-61 所示。

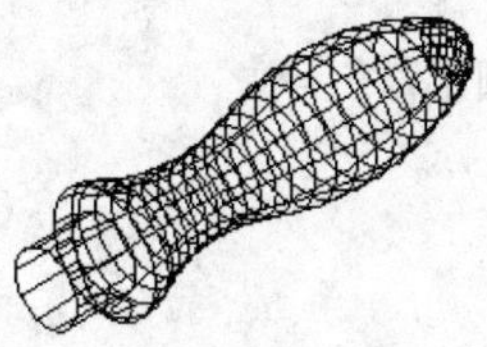
图 12-60　创建手柄头部

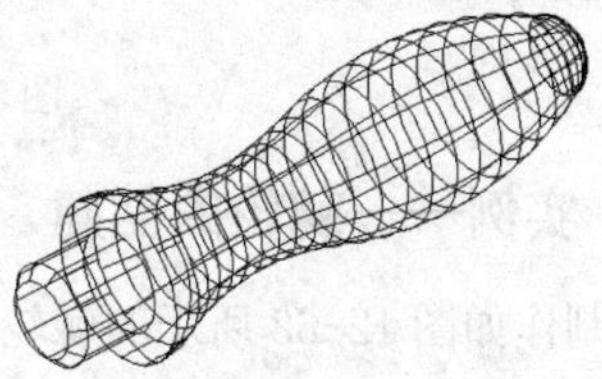
图 12-61　倒角

⑭单击“建模”工具栏中的“并集”按钮，将手柄头部与手柄把进行并集运算。

⑮单击“修改”工具栏中的“圆角”按钮，手柄头部与柄体的交线柄体端面圆进行倒圆角，圆角半径为 1。

⑯选取菜单命令“视图”→“视觉样式”→“概念”命令，最终显示效果如图 12-53 所示。

12.4.3　圆角

1. 执行方式

命令行：FILLET
菜单：修改→圆角
工具栏：修改→圆角

2. 操作格式

命令：FILLET↙
当前设置: 模式 = 修剪，半径 = 0.0000
选择第一个对象或 [放弃(U)/多段线(P)/半径(R)/修剪(T)/多个(M)]:(选择实体上的一条边)
输入圆角半径或 [表达式(E)]:(输入圆角半径)
选择边或 [链(C)/环(L)/半径(R)]:

3. 选项说明

选择“链”选项，表示与此边相邻的边都被选中并进行倒圆角的操作。图 12-62 所示为对长方体倒角的结果。

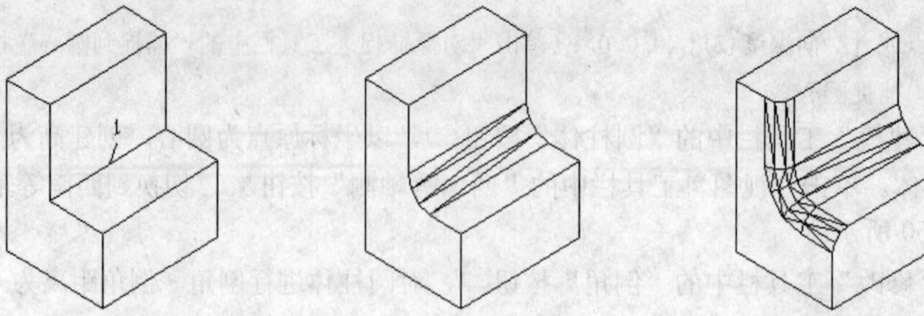

选择倒圆角边“1”　　边倒圆角结果　　链倒圆角结果

图 12-62　对实体棱边作圆角

12.4.4　实例——棘轮的创建

本例制作如图 12-63 所示的棘轮。

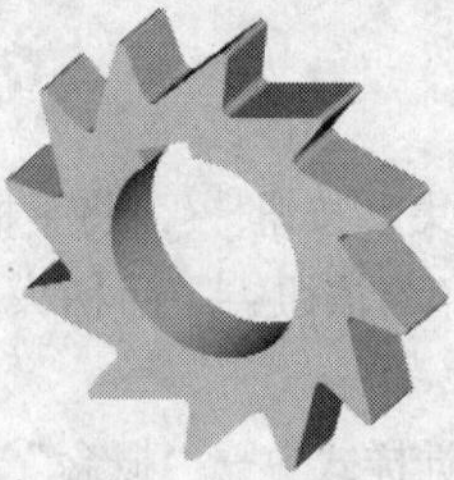

图 12-63　棘轮

光盘路径

光盘\动画演示\第 12 章\棘轮.avi

操作步骤

01 启动系统。启动 AutoCAD，使用默认设置画图。

02 设置线框密度。

```
命令: ISOLINES↙
输入 ISOLINES 的新值 <4>: 10↙
```

03 绘制同心圆。

❶单击“绘图”工具栏中的“圆”按钮，绘制 3 个半径分别为 90、60、40 的同心圆。

❷选取菜单命令“格式”→“点样式”，选择点样式为“×”。

```
命令: Divide↙
选择要定数等分的对象:（选取 R90 圆）
输入线段数目或 [块(B)]: 12↙
```

方法相同，等分 R60 圆，结果如图 12-64 所示。

❸单击“绘图”工具栏中的“多段线”按钮，分别捕捉内外圆的等分点，绘制棘轮轮齿截面，结果如图 12-65 所示。

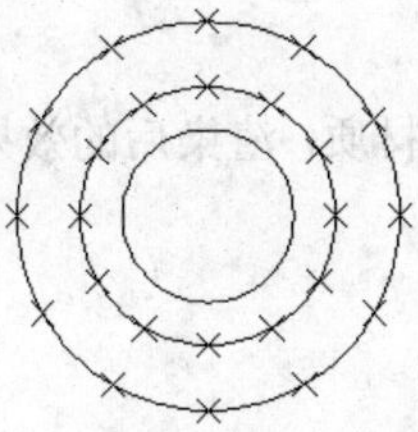

图 12-64　等分圆周

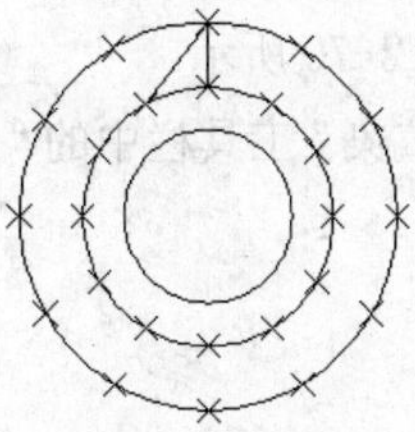

图 12-65　棘轮轮齿

❹单击“修改”工具栏中的“环形阵列”按钮，将绘制的多段线，进行环形阵列，阵列中心为圆心，数目为 12。

❺单击“修改”工具栏中的“删除”按钮，删除 R90 及 R60 圆，并将点样式更改为无，结果如图 12-66 所示。

04 绘制键槽。

❶单击状态栏中的“正交”按钮，打开正交模式；单击“绘图”工具栏中的按钮，过圆心绘制两条辅助线。

❷单击“修改”工具栏中的“移动”按钮，将水平辅助线向上移动 45，将竖直辅助线向左移动 11。

❸单击“修改”工具栏中的“偏移”按钮，将移动后的竖直辅助线向右偏移 22，结果如图 12-67 所示。

图 12-66　阵列轮齿

图 12-67　辅助线

❹单击“修改”工具栏中的“修剪”按钮，对辅助线进行剪裁，结果如图 12-68 所示。

❺单击“绘图”工具栏中的“面域”按钮，选取全部图形，创建面域。

❻单击“建模”工具栏中的“按住并拖动”按钮，选取全部图形进行拉伸，拉伸高度为 30。

❼单击“视图”工具栏中的“西南等轴测”按钮，切换到西南等轴测图。单击“渲染”工具栏中的“隐藏”按钮，进行消隐处理后的图形，如图 12-69 所示。

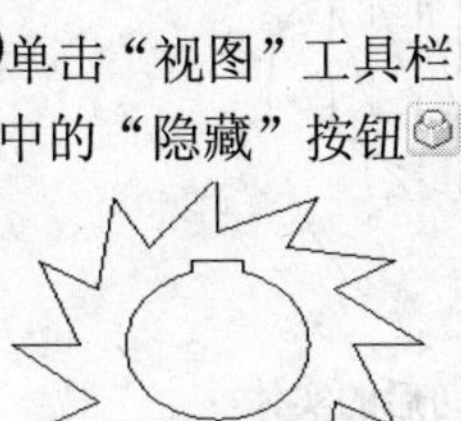

图 12-68　键槽图

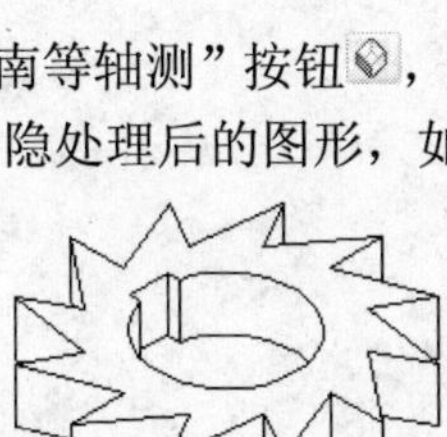

图 12-69　按住并拖动的建模

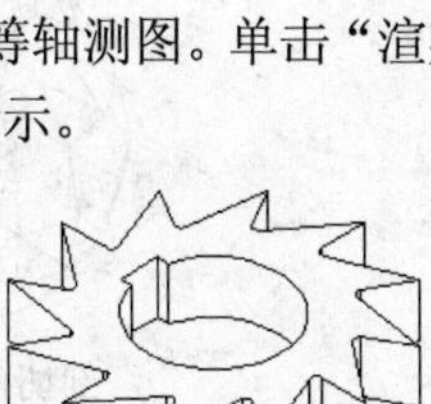

图 12-70　倒圆角

❽单击“修改”工具栏中的“圆角”按钮，对棘轮轮齿进行倒圆角操作，圆角半径为R5。结果如图 12-70 所示。

❾单击“渲染”工具栏中的“材质”按钮，选择适当的材质，渲染后的效果如图 12-64 所示。

12.5 特殊视图

剖切断面是了解三维造型内部结构的一种常用方法，不同于二维平面图中利用“图案填充”等命令人为机械地去绘制断面图，在三维造型设计中，系统可以根据已有的三维造型灵活地生成各种剖面图、断面图。

12.5.1 剖面图

1. 执行方式

命令行：SLICE

菜单：修改→三维操作→剖切

2. 操作格式

命令：SLICE ↙

选择要剖切的对象:(选择要剖切的实体)

选择要剖切的对象：（继续选择或按回车键结束选择）

指定 切面 的起点或 [平面对象(O)/曲面(S)/Z 轴(Z)/视图(V)/XY(XY)/YZ(YZ)/ZX(ZX)/三点(3)] <三点>:

3. 选项说明

（1）平面对象：将所选择的对象所在的平面作为剖切面。

（2）曲面：将剪切平面与曲面对齐。

（3）Z 轴：通过平面上指定一点和在平面的 Z 轴（法线）上指定另一点来定义剖切平面。

（4）视图：以平行于当前视图的平面作为剖切面。

（5）XY / YZ /ZX：将剖切平面与当前用户坐标系 (UCS) 的 XY 平面/ YZ 平面/ZX 平面对齐。图 12-71 所示为剖切三维实体图。

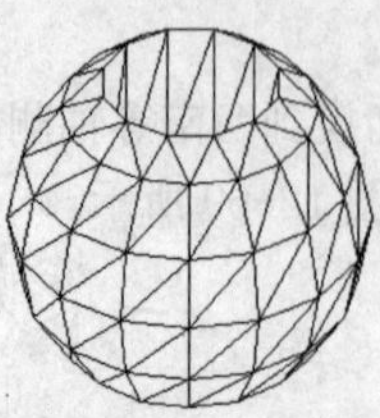

剖切前的三维实体

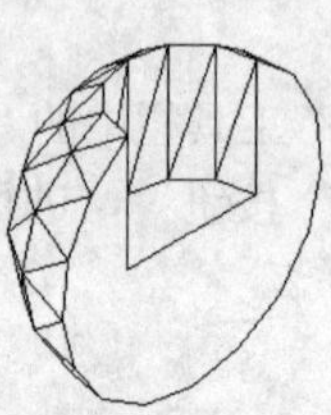

剖切后的实体

图 12-71 剖切三维实体

（6）三点：根据空间的 3 个点确定的平面作为剖切面。确定剖切面后，系统会提示保留一侧或两侧。

12.5.2 剖切断面

1. 执行方式

命令行：SECTION

2. 操作格式

命令：SECTION↙

选择对象：（选择要剖切的实体）

指定截面上的第一个点，依照 [对象(O)/Z 轴(Z)/视图(V)/XY /YZ /ZX /三点(3)] <三点>:

图 12-72 所示为断面图形。

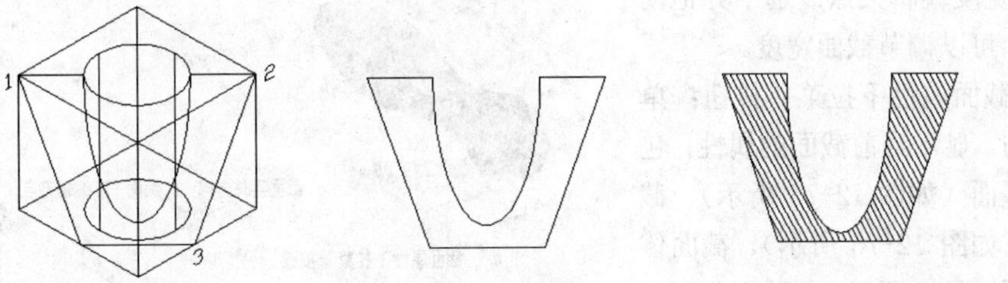

剖切平面与断面　　移出的断面图形　　填充剖面线的断面图形

图 12-72　实体的断面

12.5.3 截面平面

截面平面是通过截面平面功能可以创建实体对象的二维截面平面或三维截面实体。

1. 执行方式

命令行：SECTIONPLANE

菜单：绘图→建模→截面平面。

2. 操作格式

命令行提示与操作如下：

命令：sectionplane↙

选择面或任意点以定位截面线或 [绘制截面(D)/正交(O)]:

3. 选项说明

（1）选择面或任意点以定位截面线

1）选择绘图区的任意点（不在面上）可以创建独立于实体的截面对象。第一点可创建截面对象旋转所围绕的点，第二点可创建截面对象，如图 12-73 所示为在手柄主视图上指定两点创建一个截面平面，如图 12-74 所示为转换到西南等轴测视图的情形，图中半透明的平面为活动截面，实线为截面控制线。

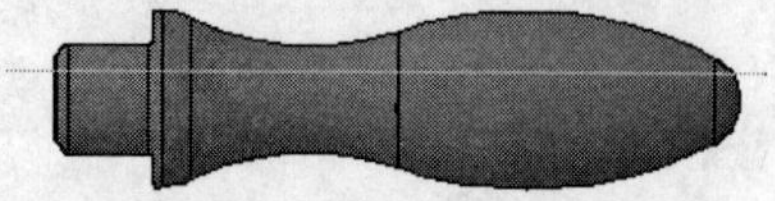

图 12-73　创建截面

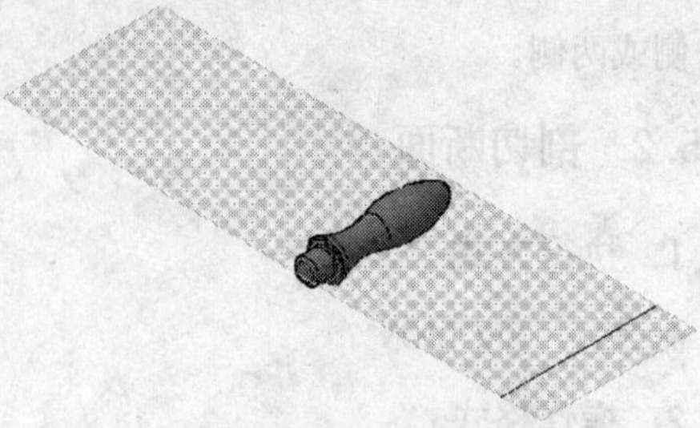

图 12-74 西南等轴测视图

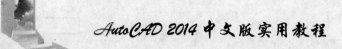

单击活动截面平面，显示编辑夹点，如图 12-75 所示，其功能分别介绍如下：

① 截面实体方向箭头：表示生成截面实体时所要保留的一侧，单击该箭头，则反向。

② 截面平移编辑夹点：选中并拖动该夹点，截面沿其法向平移。

③ 宽度编辑夹点：选中并拖动该夹点，可以调节截面宽度。

④ 截面属性下拉菜单按钮：单击该按钮，显示当前截面的属性，包括截面平面（如图 12-75 所示）、截面边界（如图 12-76 所示）、截面体积（如图 12-77 所示）3 种，分别显示截面平面相关操作的作用范围，调节相关夹点，可以调整范围。

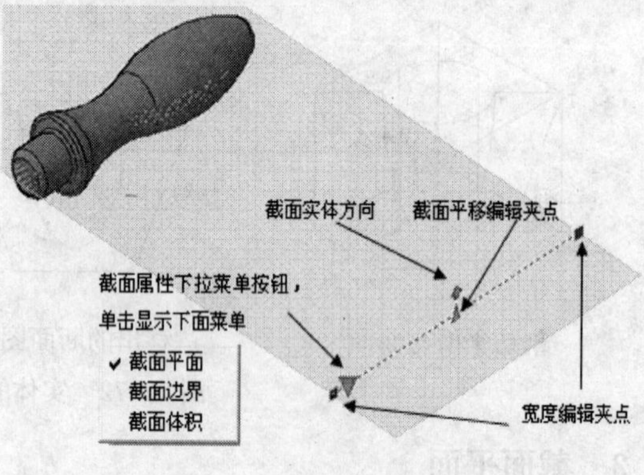

图 12-75　截面编辑夹点

2）选择实体或面域上的面可以产生与该面重合的截面对象。

3）快捷菜单。在截面平面编辑状态下右击，系统打开快捷菜单，如图 12-78 所示。其中几个主要选项介绍如下：

① 激活活动截面：选择该选项，活动截面被激活，可以对其进行编辑，同时原对象不可见，如图 12-79 所示。

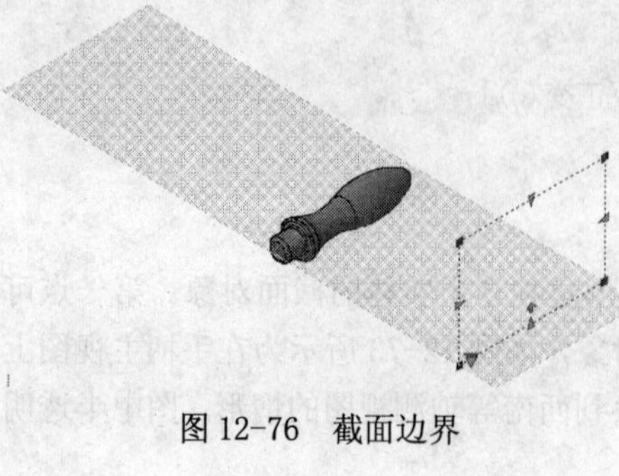

图 12-76　截面边界

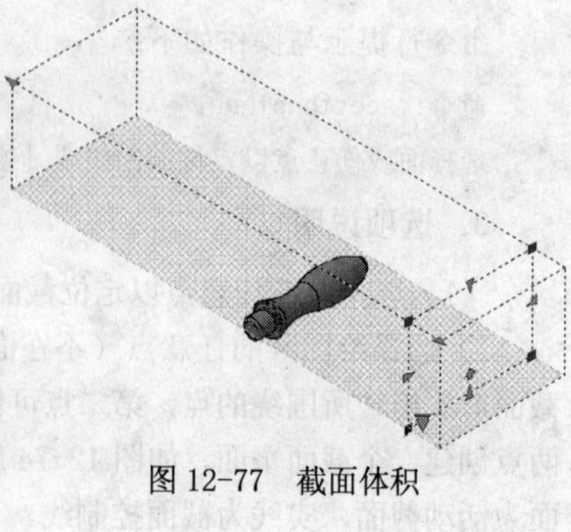

图 12-77　截面体积

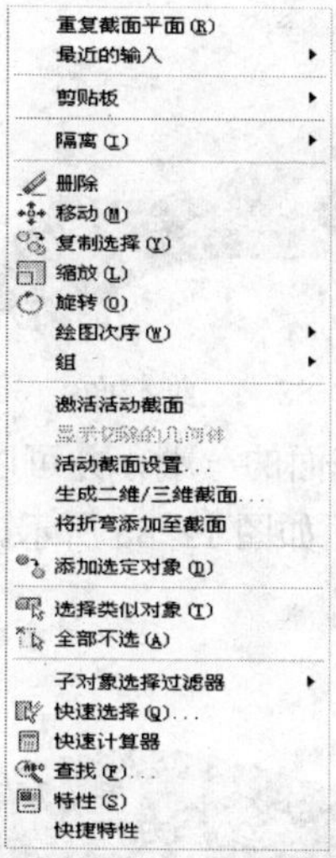

图 12-78 快捷菜单

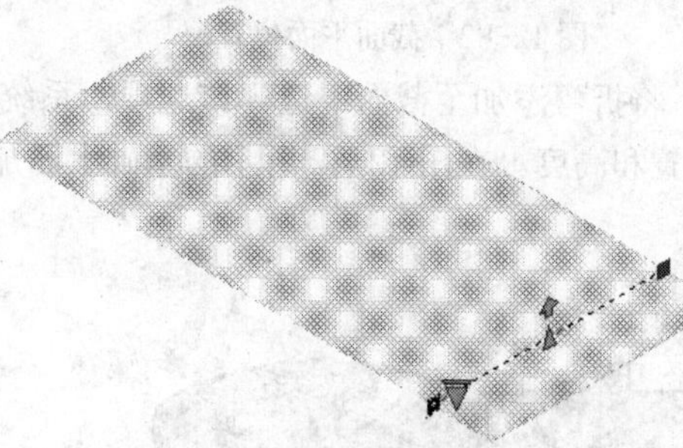

图 12-79 编辑活动截面

② 活动截面设置：选择该选项，打开“截面设置”对话框，可以设置截面各参数，如图 12-80 所示。

③ 生成二维/三维截面：选择该选项，系统打开“生成截面/立面”对话框，如图 12-81 所示。设置相关参数后，单击“创建”按钮，即可创建相应的图块或文件。在如图 12-82 所示的截面平面位置创建的三维截面如图 12-83 所示，如图 12-84 所示为对应的二维截面。

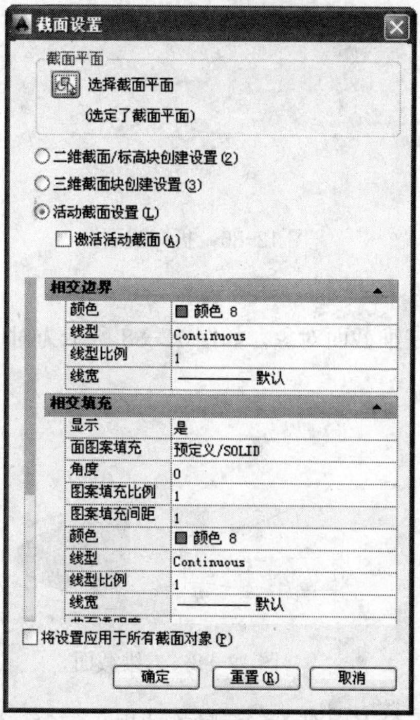

图 12-80 “截面设置”对话框

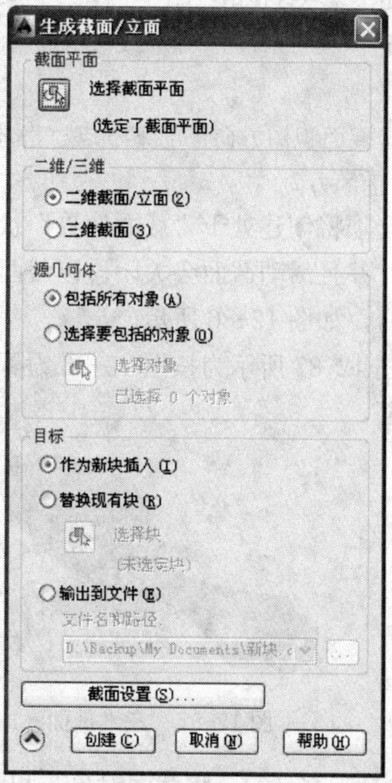

图 12-81 “生成截面/立面”对话框

图 12-82　截面平面位置

图 12-83　三维截面

④ 将折弯添加至截面：选择该选项，系统提示添加折弯到截面的一端，并可以编辑折弯的位置和高度。在图 12-82 所示的基础上添加折弯后的截面平面如图 12-85 所示。

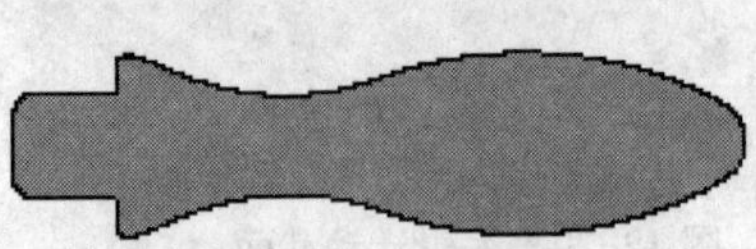

图 12-84　二维截面

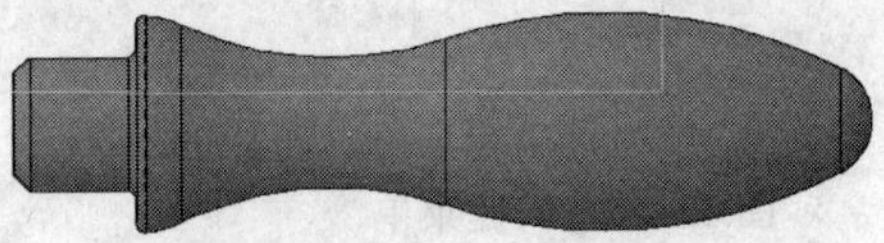

图 12-85　折弯后的截面平面

（2）绘制截面（D）：定义具有多个点的截面对象以创建带有折弯的截面线。选择该选项，命令行提示与操作如下：

指定起点：指定点 1

指定下一点：指定点 2

指定下一点或按回车键完成：指定点 3 或按回车键

指定截面视图方向上的下一点：指定点以指示剪切平面的方向

该选项将创建处于“截面边界”状态的截面对象，并且活动截面会关闭，该截面线可以带有折弯，如图 12-86 所示。

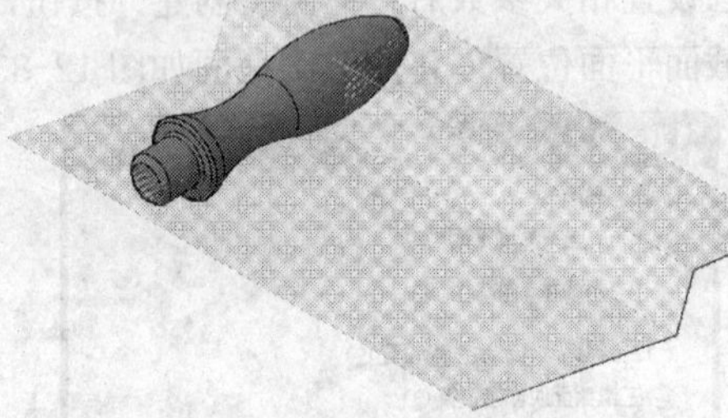

图 12-86　折弯截面

如图 12-87 所示为按图 12-86 设置截面生成的三维截面对象，如图 12-88 所示为对应的二维截面。

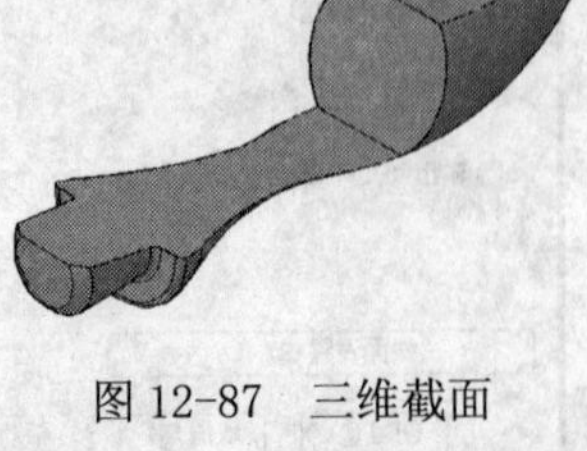

图 12-87　三维截面

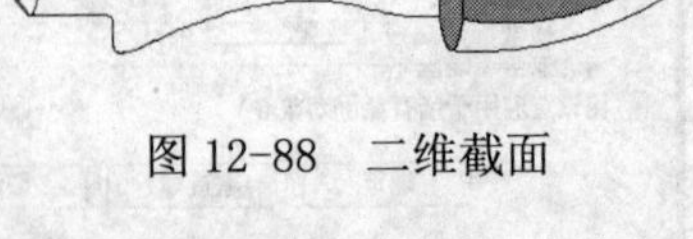

图 12-88　二维截面

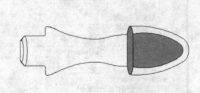

（3）正交（O）：将截面对象与相对于 UCS 的正交方向对齐。选择该选项，命令行提示如下：

将截面对齐至 [前(F)/后(B)/顶部(T)/底部(B)/左(L)/右(R)]:

选择该选项后，将以相对于 UCS（不是当前视图）的指定方向创建截面对象，并且该对象将包含所有三维对象。该选项将创建处于“截面边界”状态的截面对象，并且活动截面会打开。

选择该选项，可以很方便地创建工程制图中的剖视图。UCS 处于如图 12-89 所示的位置，如图 12-90 所示为对应的左向截面。

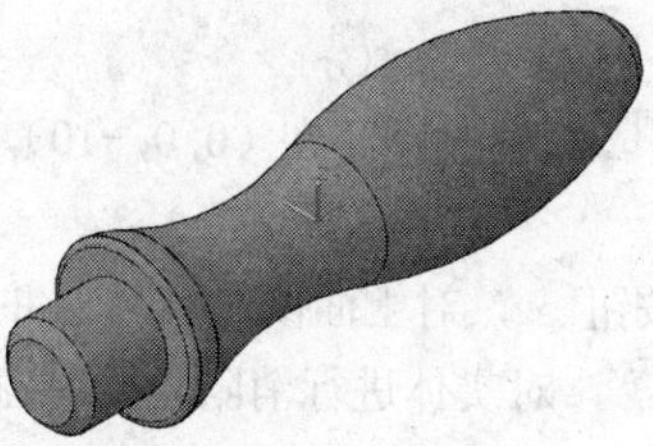

图 12-89 UCS 位置

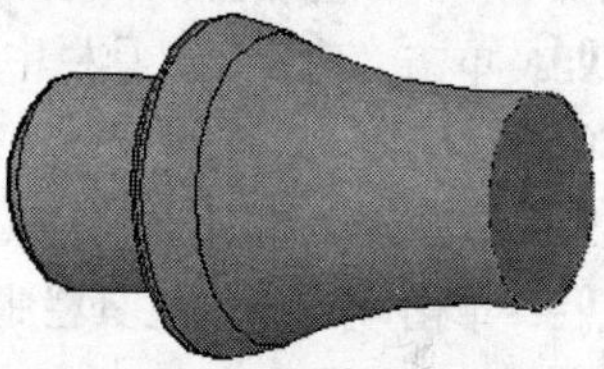

图 12-90 左向截面

12.5.4 实例——小闹钟的绘制

分析图 12-91 所示的小闹钟，它可以 4 步来绘制：绘制闹钟主体、绘制闹钟的时间刻度和指针、绘制底座、渲染实体。

图 12-91 小闹钟

光盘路径

光盘\动画演示\第 12 章\小闹钟.avi

操作步骤

1. 绘制闹钟主体

01 设置视图方向：单击“视图”→“三维视图”→“西南等轴测”命令，将视图切换到是西南等轴测。

02 单击“建模”工具栏中的“长方体”按钮，绘制中心在原点，长度为 80，宽度为 80，高度为 20 的长方体。

03 单击“修改”→“三维操作”→“剖切”命令，对长方体进行剖切。命令行提示如下：

命令:SLICE↙

选择要剖切的对象：（选择长方体）↙

选择要剖切的对象：↙

指定 切面 的起点或 [平面对象(O)/曲面(S)/Z 轴(Z)/视图(V)/XY/YZ/ZX/三点(3)] <三点>: ZX↙

指定 ZX 平面上的点 <0,0,0>:↙

在要保留的一侧指定点或 [保留两侧(B)]：(选择长方体的下半部分)↙

04 单击“建模”工具栏中的“圆柱体”按钮，绘制圆心在（0,0,-10），直径为 80，高为 20 的圆柱体。

05 单击“实体编辑”工具栏中的“并集”按钮，对上面两个实体求并集。

06 单击“渲染”工具栏中的“隐藏”按钮，对实体进行消隐。此时窗口图形如图 12-92 所示。

07 单击“建模”工具栏中的“圆柱体”按钮，绘制圆点在（0,0,10），直径为 60，高为-10 的圆柱体。

08 单击“建模”工具栏中的“并集”按钮，求直径为 60 的圆柱体和求并集后所得实体的差集。

2．绘制时间刻度和指针

01 单击“建模”工具栏中的“圆柱体”按钮，绘制圆点在（0,0, 0），直径为 4，高为 8 的圆柱体。

02 单击“建模”工具栏中的“圆柱体”按钮，绘制圆点在（0,25,0），直径为 3，高为 3 的圆柱体。此时窗口图形如图 12-93 所示。

03 单击“建模”工具栏中的“三维阵列”按钮，对直径为 3 的圆柱体进行环形阵列，阵列个数为 12，结果如图 12-94 所示。

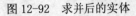

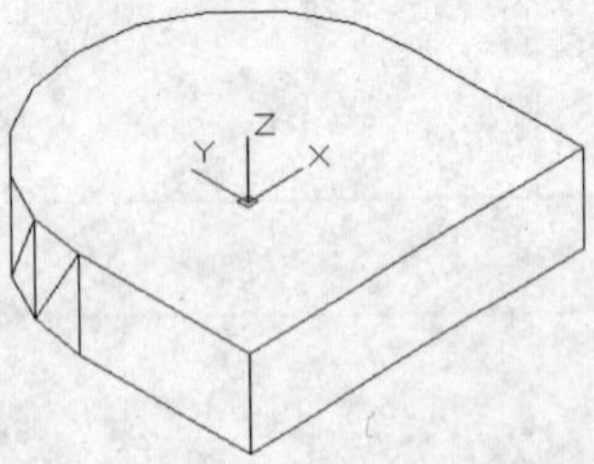

图 12-92　求并后的实体

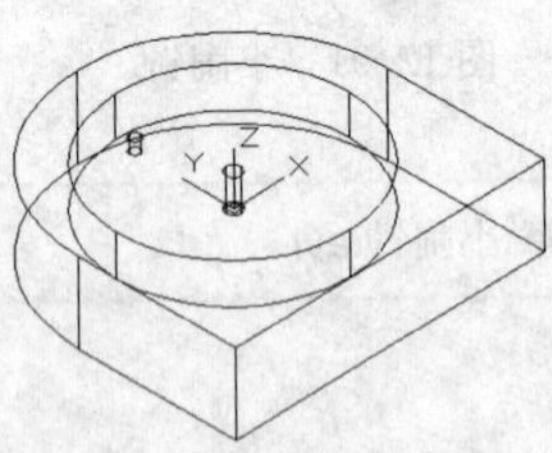

图 12-93　绘制圆柱体

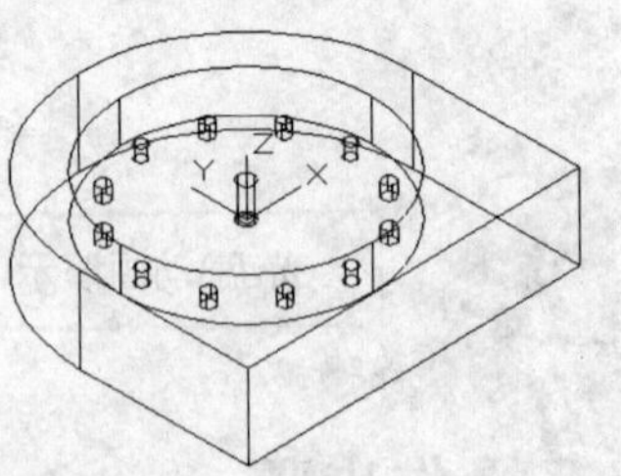

图 12-94　阵列后的实体

04 单击“建模”工具栏中的“长方体”按钮，绘制小闹钟的时针。

命令:BOX↙

指定第一个角点或 [中心(C)]：0,-1,0↙

指定其他角点或 [立方体(C)/长度(L)]：L↙

指定长度：20↙

指定宽度：2↙

指定高度：1.5↙

05 单击“建模”工具栏中的“长方体”按钮，在点（-1,0,2）处绘制长度为 23，宽度为 2，高度为 1.5 的长方体作为小闹钟的分针。

06 单击“渲染”工具栏中的“隐藏”按钮，对实体进行消隐。此时窗口图形如图 12-95 所示。

3. 绘制闹钟底座

01 单击“建模”工具栏中的“长方体”按钮，在以（-40，-40，20）为第一角点，以（40，-56，-20）为第二角点绘制长方体作为闹钟的底座。

02 单击“建模”工具栏中的“圆柱体”按钮，绘制底面中心点在(-40,-40,20)，直径为 20,顶圆轴端点为(@80,0,0)的圆柱体。

03 单击“修改”工具栏中的“复制”按钮，对刚绘制的直径为 20 的圆柱体进行复制。

命令:COPY↙

选择对象：(选择直径为 20 的圆柱体) ↙

选择对象：↙

指定基点或 [位移(D)] <位移>:-40,-40,20↙

指定第二个点或 <使用第一个点作为位移>:@0,0,-40↙

指定第二个点或 [退出(E)/放弃(U)] <退出>:↙.

此时窗口图形如图 12-96 所示。

04 单击“建模”工具栏中的“差集”按钮，求长方体和两个直径为 20 圆柱体的差集。

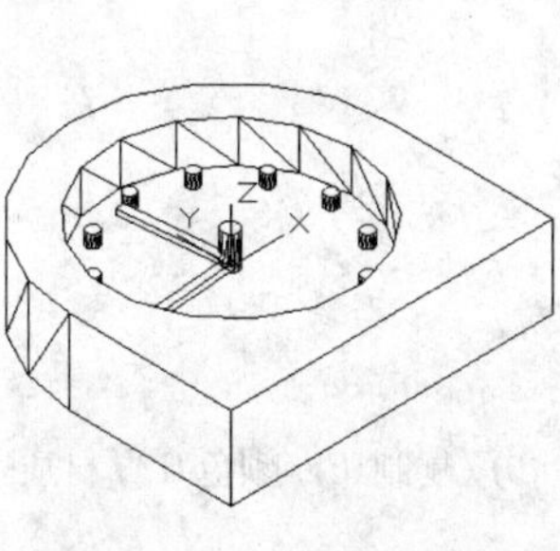

图 12-95　绘制时针和分针

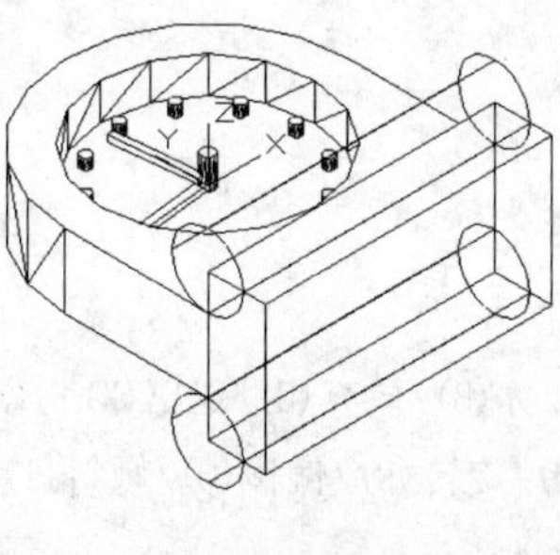

图 12-96　绘制闹钟底座

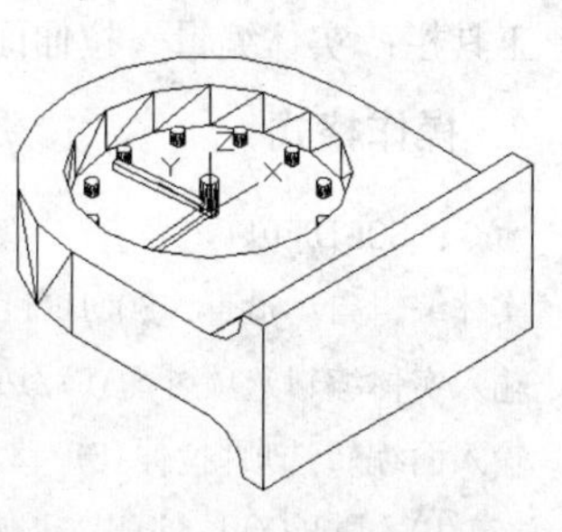

图 12-97　闹钟求并后的消隐图

05 单击“建模”工具栏中的“并集”按钮，将求差集后得到的实体与闹钟主体合并。

06 单击“渲染”工具栏中的“隐藏”按钮，对实体进行消隐。此时窗口图形如图 12-97 所示。

07 设置视图方向：单击“视图”→“三维视图”→“左视”命令，将视图切换到左视图。

08 单击“修改”工具栏中的“复制”按钮，将小闹钟顺时针旋转-90°。

09 设置视图方向：单击“视图”→“三维视图”→“西南等轴测”命令，将视图切换到西南等轴测。

10 单击“渲染”工具栏中的“隐藏”按钮，对实体进行消隐。

此时窗口图形如图 12-98 所示。

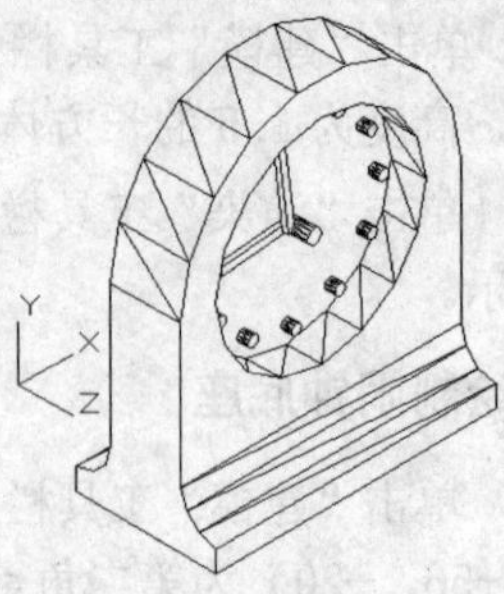

图 12-98 旋转后的闹钟

4. 着色与渲染

01 将小闹钟的不同部分着上不同的颜色。单击“实体编辑”工具栏中的“着色面”按钮，根据命令行的提示，将闹钟的外表面着上棕色，钟面着上红色，时针和分针着上白色。

02 单击“渲染”工具栏中的“渲染”按钮，对小闹钟进行渲染。渲染结果如图 12-91 所示。

12.6 编辑实体

一个实体造型绘制完成后，有时需要修改其中的错误或者在此基础形成更复杂的造型，AutoCAD 实体编辑功能为用户提供了方便的手段。

12.6.1 拉伸面

1. 执行方式

命令行：SOLIDEDIT

菜单：修改→实体编辑→拉伸面

工具栏：实体编辑→拉伸面

2. 操作格式

命令：SOLIDEDIT↙

实体编辑自动检查：SOLIDCHECK=1

输入实体编辑选项 [面(F)/边(E)/体(B)/放弃(U)/退出(X)] <退出>:_face

输入面编辑选项[拉伸(E)/移动(M)/旋转(R)/偏移(O)/倾斜(T)/删除(D)/复制(C)/颜色(L)/材质(A)/放弃(U)/退出(X)] <退出>: _extrude

选择面或 [放弃(U)/删除(R)]:（选择要进行拉伸的面）

选择面或 [放弃(U)/删除(R)]:

3. 选项说明

（1）指定拉伸高度：按指定的高度值来拉伸面。指定拉伸的倾斜角度后，完成拉伸操作。

（2）路径：沿指定的路径曲线拉伸面。图 12-99 所示为拉伸长方体的顶面和侧面的结果。

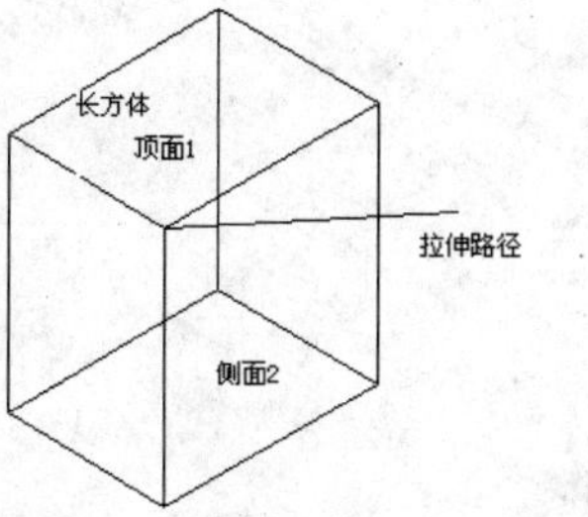

拉伸前的长方体

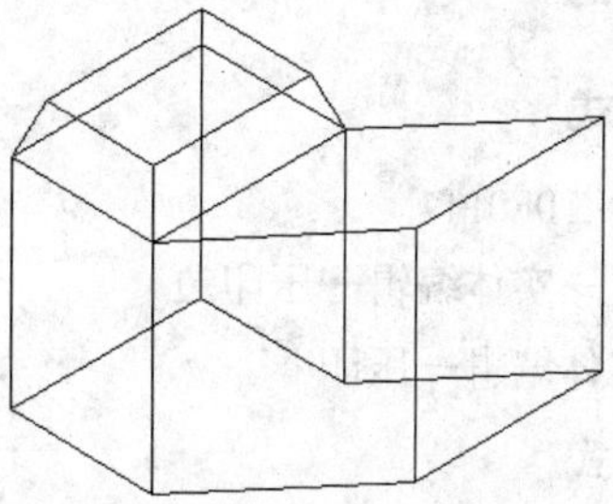
拉伸后的三维实体

图 12-99 拉伸长方体

12.6.2 移动面

1. 执行方式

命令行：SOLIDEDIT

菜单：修改→实体编辑→移动面

工具栏：实体编辑→移动面

2. 操作格式

命令:_solidedit

实体编辑自动检查: SOLIDCHECK=1

输入实体编辑选项 [面(F)/边(E)/体(B)/放弃(U)/退出(X)]〈退出〉: _face

输入面编辑选项[拉伸(E)/移动(M)/旋转(R)/偏移(O)/倾斜(T)/删除(D)/复制(C)/颜色(L)/材质(A)/放弃(U)/退出(X)] 〈退出〉: _move

选择面或 [放弃(U)/删除(R)]:（选择要进行移动的面）

选择面或 [放弃(U)/删除(R)/全部(ALL)]:（继续选择移动面或按回车键）

指定基点或位移:（输入具体的坐标值或选择关键点）

指定位移的第二点:（输入具体的坐标值或选择关键点）

3. 选项说明

各选项的含义在前面介绍的命令中都涉及到，如有问题，查相关命令（拉伸面、移动等）。图 12-100 所示为移动三维实体的结果。

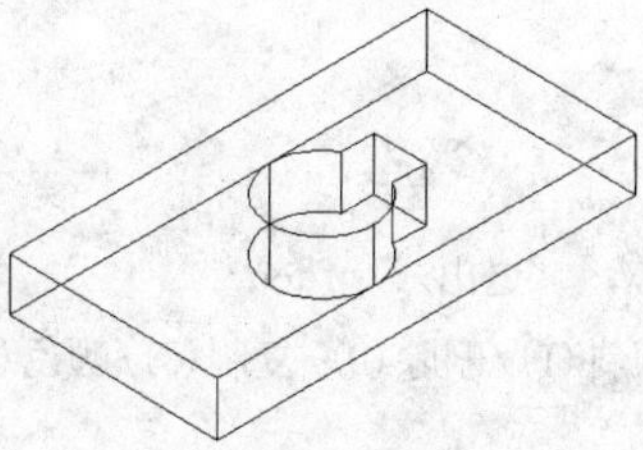
移动前的图形

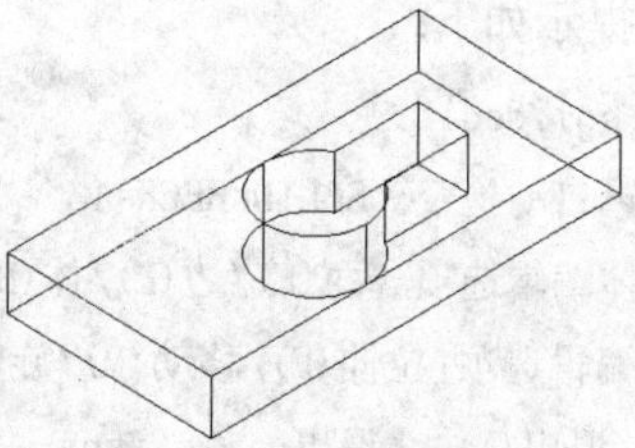
移动后的图形

图 12-100 移动对象

12.6.3 压印边

1．执行方式

命令行：SOLIDEDIT

菜单：修改→实体编辑→压印边

工具栏：实体编辑→压印

2．操作格式

命令:imprint

选择三维实体:

选择要压印的对象:

是否删除源对象[是(Y)/否(N)]<N>:

依次选择三维实体、要压印的对象和设置是否删除源对象，如图 12-101 所示为将五角星压印在长方体上的图形。

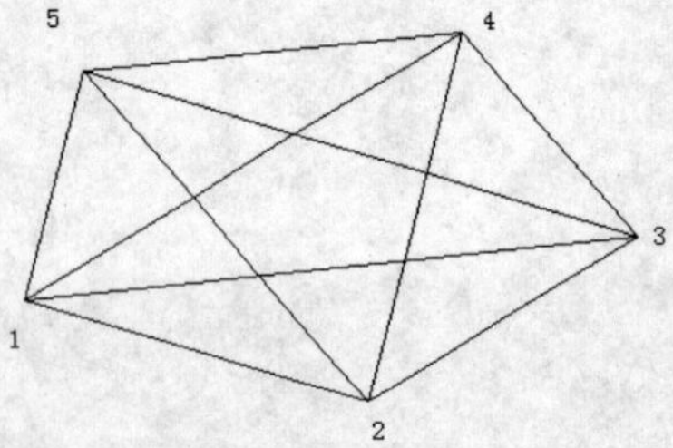

五角星和五边形

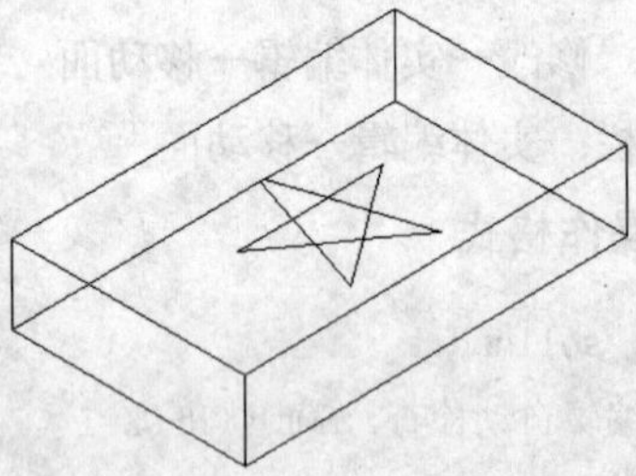
压印后长方体和五角星

图 12-101　压印对象

12.6.4 偏移面

1．执行方式

命令行：SOLIDEDIT

菜单栏：“修改”→“实体编辑”→“偏移面”

工具栏：“实体编辑”→“偏移面”按钮

2．操作步骤

命令行提示如下：

命令: _solidedit

实体编辑自动检查: SOLIDCHECK=1

输入实体编辑选项 [面(F)/边(E)/体(B)/放弃(U)/退出(X)] <退出>: _face

输入面编辑选项[拉伸(E)/移动(M)/旋转(R)/偏移(O)/倾斜(T)/删除(D)/复制(C)/颜色(L)/材质(A)/放弃(U)/退出(X)] <退出>: _offset

选择面或 [放弃(U)/删除(R)]: 选择要进行偏移的面

指定偏移距离： 输入要偏移的距离值

如图 12-102 所示为通过偏移命令改变哑铃手柄大小的结果。

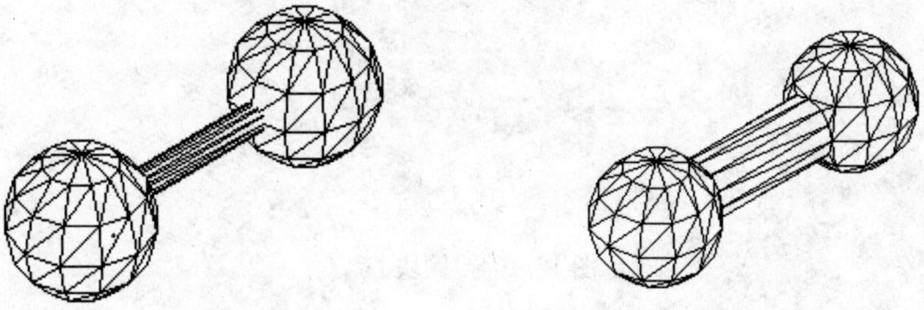

偏移前　　　　偏移后

图 12-102　偏移对象

12.6.5　删除面

1. 执行方式

命令行：SOLIDEDIT

菜单："修改"→"实体编辑"→"删除面"

工具栏：实体编辑→删除面

2. 选项说明

命令行提示如下：

命令：_solidedit

实体编辑自动检查：SOLIDCHECK=1

输入实体编辑选项 [面(F)/边(E)/体(B)/放弃(U)/退出(X)] <退出>：_face

输入面编辑选项[拉伸(E)/移动(M)/旋转(R)/偏移(O)/倾斜(T)/删除(D)/复制(C)/颜色(L)/材质(A)/放弃(U)/退出(X)] <退出>：_erase

选择面或 [放弃(U)/删除(R)]：(选择要删除的面)

如图 12-103 为删除长方体的一个圆角面后的结果。

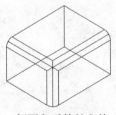

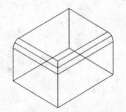

倒圆角后的长方体　　　　删除倒角面后的图形

图 12-103　删除圆角面

12.6.6　实例——镶块的绘制

绘制如图 12-104 所示的镶块。

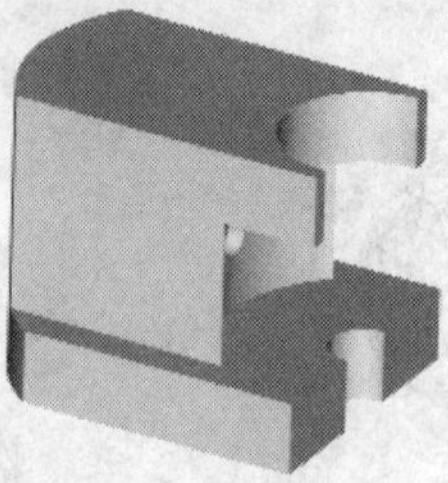

图 12-104　镶块

光盘\动画演示\第 12 章\镶块.avi

操作步骤

01 启动 AutoCAD，使用默认设置画图。

02 在命令行中输入 Isolines，设置线框密度为 10。单击“视图”工具栏中的“西南等轴测”按钮，切换到西南等轴测图。

03 单击“建模”工具栏中的“长方体”按钮，以坐标原点为角点，创建长 50，宽 100，高 20 的长方体。

04 单击“建模”工具栏中的“圆柱体”按钮，以长方体右侧面底边中点为圆心，创建半径为 R50，高 20 的圆柱。

05 单击“实体编辑”工具栏中的“并集”按钮，将长方体与圆柱进行并集运算，结果如图 12-105 所示。

06 单击“修改”→“三维操作”→“剖切”命令，以 ZX 为剖切面，分别指定剖切面上的点为（0，10，0）及（0，90，0），对实体进行对称剖切，保留实体中部，结果如图 12-106 所示。

07 单击“修改”工具栏中的“复制”按钮，如图 12-107 所示，将剖切后的实体向上复制一个。

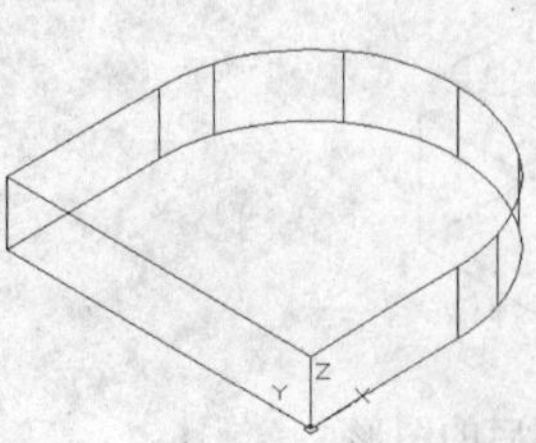

图 12-105　并集后的实体

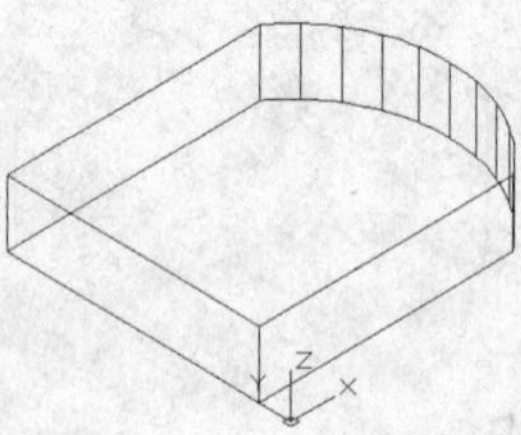

图 12-106　剖切后的实体

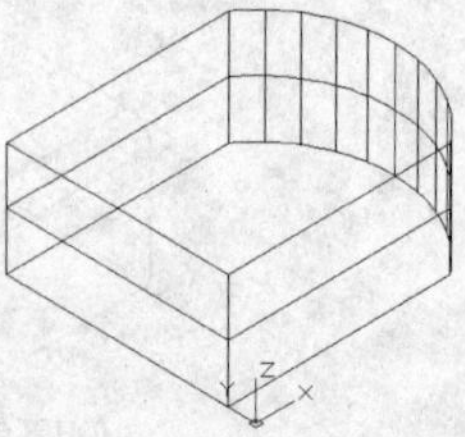

图 12-107　复制实体

08 单击“实体编辑”工具栏中的“拉伸面”按钮，选取实体前端面如图 12-108 所示，拉伸高度为-10。继续将实体后侧面拉伸-10，结果如图 12-109 所示。

09 单击“实体编辑”工具栏中的“删除面”按钮，选择图 12-110 所示的面为删除面。继续将实体后部对称侧面删除，结果如图 12-111 所示。

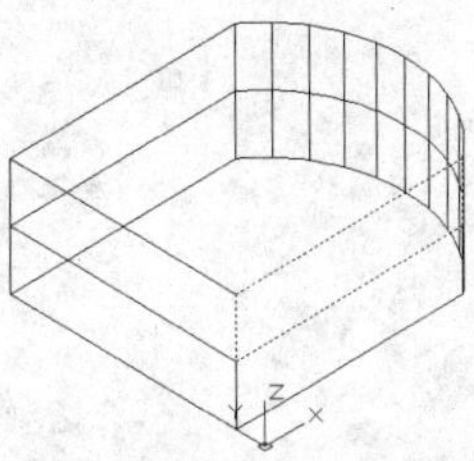

图 12-108　选取拉伸面

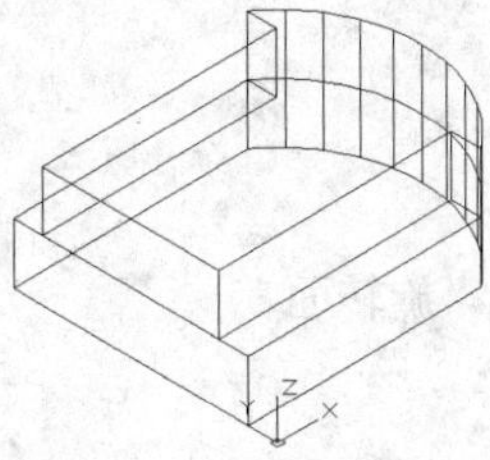

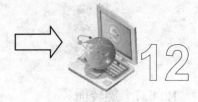

图 12-109　拉伸面操作后的实体

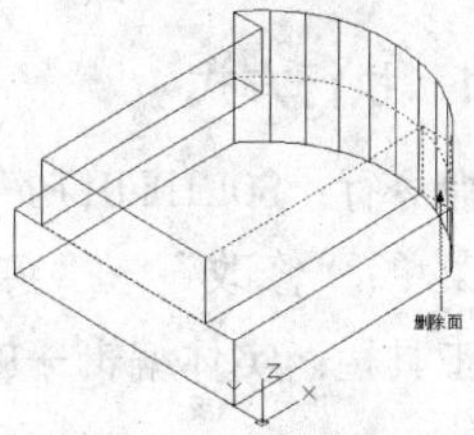

图 12-110　选取删除面

10 单击“实体编辑”工具栏中的“拉伸面”按钮，将实体顶面向上拉伸 40，结果如图 12-112 所示。

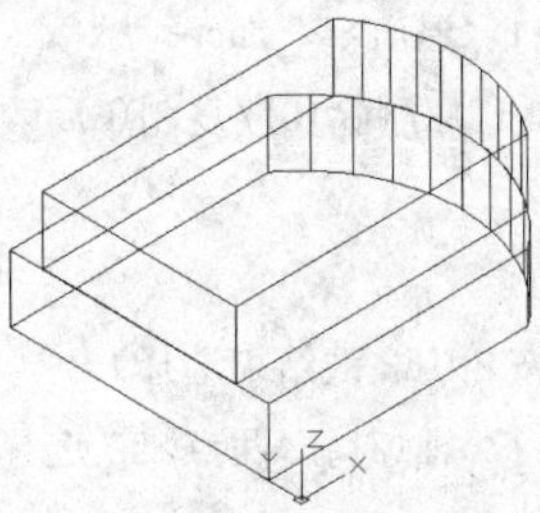

图 12-111　删除面操作后的实体

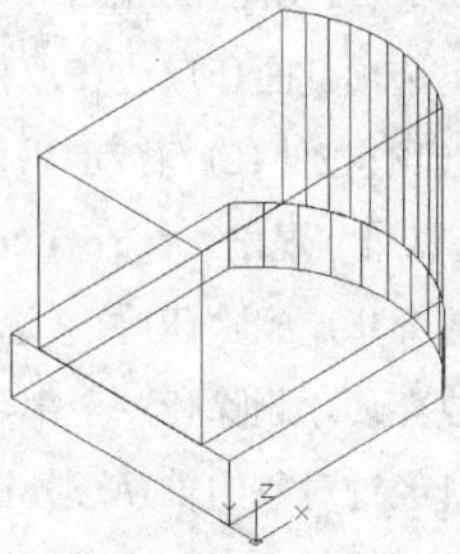

图 12-112　拉伸顶面操作后的实体

11 单击“建模”工具栏中的“圆柱体”按钮，以实体底面左边中点为圆心，创建半径为 R10，高 20 的圆柱。同理，以 R10 圆柱顶面圆心为中心点继续创建半径为 R40，高 40 及半径为 R25，高 60 的圆柱。

12 单击“建模”工具栏中的“并集”按钮，将两个实体进行并集运算。

13 单击“建模”工具栏中的“差集”按钮，将实体与 3 个圆柱进行差集运算，结果如图 12-113 所示。

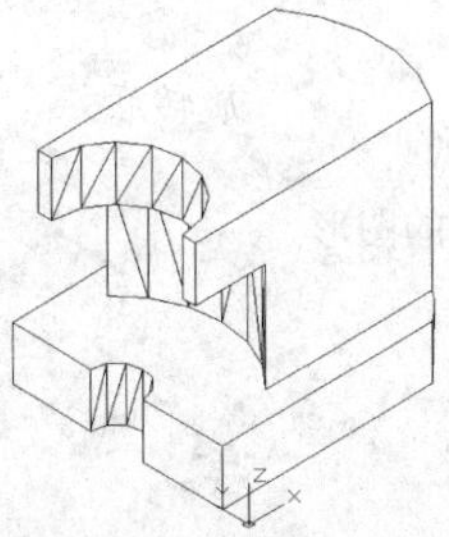

图 12-113　差集后的实体

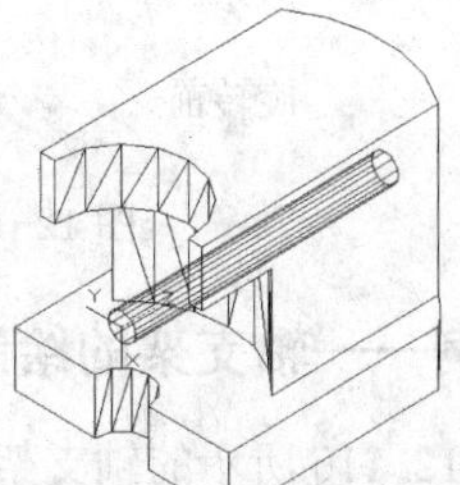

图 12-114　创建圆柱

14 在命令行输入 UCS，将坐标原点移动到（0，50，40），并将其绕 Y 轴选择 90°。

15 单击”建模”工具栏中的“圆柱体”按钮，以坐标原点为圆心，创建半径为 R5，高 100 的圆柱，结果如图 12-114 所示。

16 单击“建模”工具栏中的“差集”按钮，将实体与圆柱进行差集运算。

17 单击“渲染”工具栏中的“材质”按钮，选择适当的材质，渲染后的结果如图 12-104 所示。

12.6.7 旋转面

1. 执行方式

命令行：SOLIDEDIT

菜单："修改"→"实体编辑"→"旋转面"

工具栏：实体编辑→旋转面

2. 选项说明

命令行提示如下:

命令：_solidedit

实体编辑自动检查：SOLIDCHECK=1

输入实体编辑选项 [面(F)/边(E)/体(B)/放弃(U)/退出(X)] <退出>: _face

输入面编辑选项[拉伸(E)/移动(M)/旋转(R)/偏移(O)/倾斜(T)/删除(D)/复制(C)/颜色(L)/材质(A)/放弃(U)/退出(X)] <退出>: _rotate

选择面或 [放弃(U)/删除(R)]:（选择要旋转的面）

选择面或 [放弃(U)/删除(R)/全部(ALL)]：（继续选择或按 ENTER 键结束选择）

指定轴点或 [经过对象的轴(A)/视图(V)/X 轴(X)/Y 轴(Y)/Z 轴(Z)] <两点>:（选择一种确定轴线的方式）

指定旋转角度或 [参照(R)]:（输入旋转角度）

图 12-115 所示的图为将图 12-115 中开口槽的方向旋转 90° 后的结果。

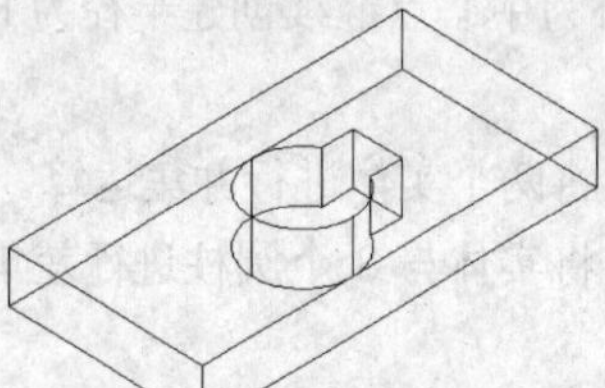

旋转前

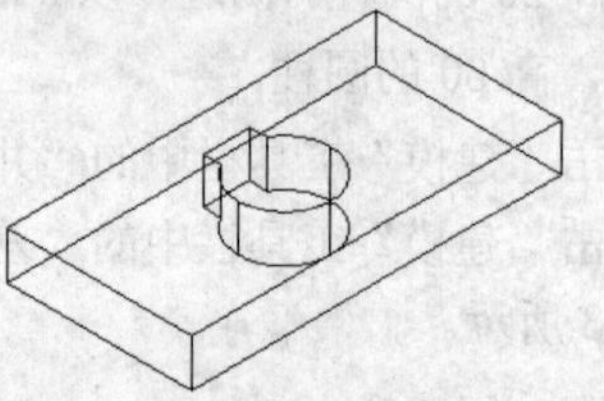

旋转后

图 12-115 开口槽旋转 90º 前后的图形

12.6.8 实例——轴支架的绘制

绘制如图 12-116 所示的轴支架。

图 12-116 轴支架

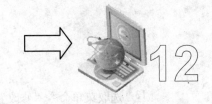

光盘路径 光盘\动画演示\第 12 章\轴支架.avi

操作步骤

01 启动 AutoCAD2014，使用默认设置绘图环境。

02 设置线框密度。

命令: ISOLINES

输入 ISOLINES 的新值 <4>: 10↙

03 单击“视图”工具栏中的“西南等轴测”按钮，将当前视图方向设置为西南等轴测视图。

04 单击“建模”工具栏中的“长方体”按钮，以角点坐标为（0,0,0）长宽高分别为 80,、60、10 绘制连接立板长方体，绘制长方体。

05 单击“修改”工具栏中的“圆角”按钮，选择要圆角的长方体进行圆角处理。

06 单击“建模”工具栏中的“圆柱体”按钮，绘制底面中心点为（10，10，0）半径为 6，指定高度为 10，绘制圆柱体。结果如图 12-117 所示。

07 单击“修改”工具栏中的“复制”按钮，选择上一步绘制的圆柱体进行复制。结果如图 12-118 所示。

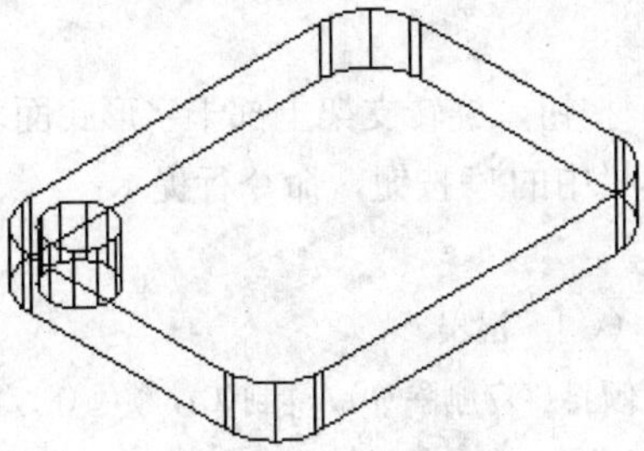

图 12-117　创建圆柱体

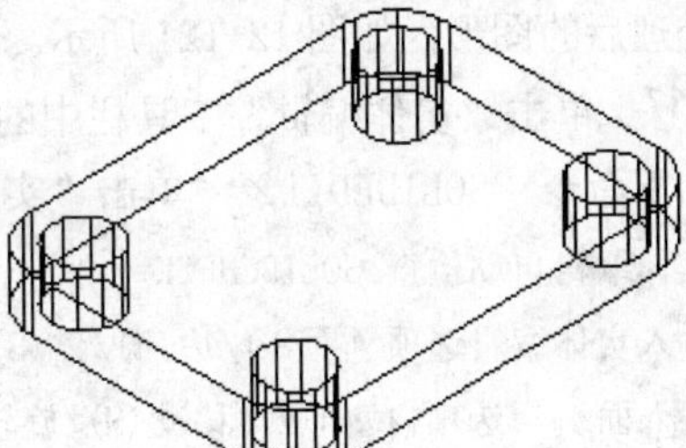

图 12-118　复制圆柱体

08 单击“实体编辑”工具栏中的“差集”按钮，将长方体和圆柱体进行差集运算。

09 设置用户坐标系。

命令: UCS↙

当前 UCS 名称: *世界*

指定 UCS 的原点或 [面(F)/命名(NA)/对象(OB)/上一个(P)/视图(V)/世界(W)/X/Y/Z/Z 轴(ZA)] <世界>: 40，30，60↙

指定 X 轴上的点或 <接受>:↙

10 单击“建模”工具栏中的“长方体”按钮，以坐标原点为长方体的中心点，分别创建长 40、宽 10、高 100 及长 10、宽 40、高 100 的长方体，结果如图 12-119 所示。

11 在命令行中输入命令 ucs，移动坐标原点到（0，0，50），并将其绕 Y 轴旋转 90°。

12 单击“建模”工具栏中的“圆柱体”按钮，以坐标原点为圆心，创建半径为 R20、高 25 的圆柱体。

13 选取菜单命令“修改”→“三维操作”→“三维镜像”。选取圆柱绕 XY 轴进行选装，结果如图 12-120 所示。

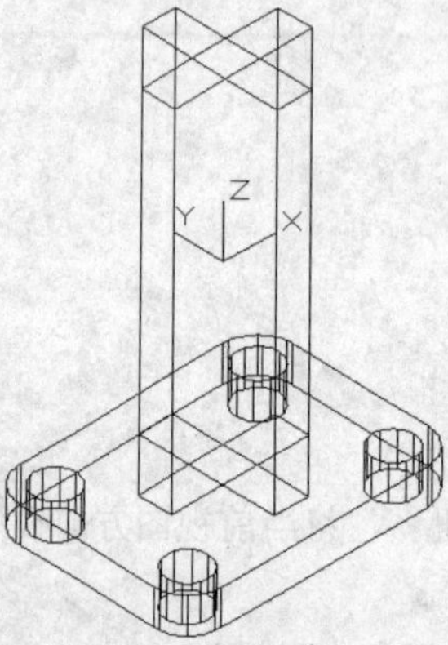

图 12-119　创建长方体

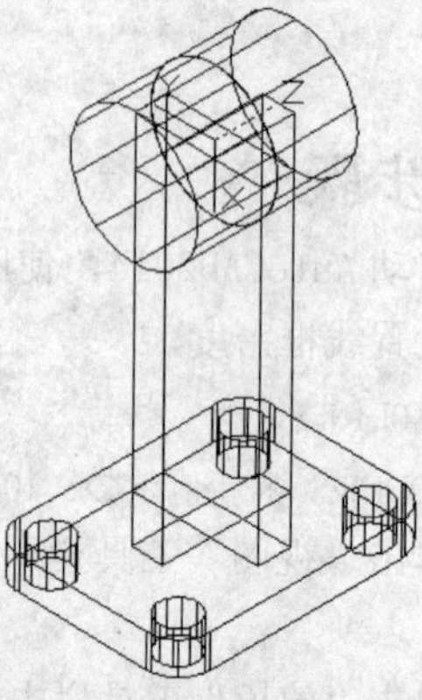

图 12-120　镜像圆柱体

14 单击“建模”工具栏中的“并集”按钮，选择两个圆柱体与两个长方体进行并集运算。

15 单击“建模”工具栏中的“圆柱体”按钮，捕捉 R20 圆柱的圆心为圆心，创建半径为 R10、高 50 的圆柱体。

16 单击“建模”工具栏中的“差集”按钮，将并集后的实体与圆柱进行差集运算。消隐处理后的图形，如图 12-121 所示。

17 单击“实体编辑”工具栏中的“旋转面”按钮，旋转支架上部十字形底面。命令行如下命令：SOLIDEDIT↙　单击“实体编辑”工具栏中的按钮，命令行提示：

实体编辑自动检查:SOLIDCHECK=1

输入实体编辑选项 [面(F)/边(E)/体(B)/放弃(U)/退出(X)] <退出>: F↙

输入面编辑选项[拉伸(E)/移动(M)/旋转(R)/偏移(O)/倾斜(T)/删除(D)/复制(C)/颜色(L)/材质(A)/放弃(U)/退出(X)] <退出> : R↙

选择面或 [放弃(U)/删除(R)]:（如图 12-99 所示，选择支架上部十字形底面）

指定轴点或 [经过对象的轴(A)/视图(V)/X 轴(X)/Y 轴(Y)/Z 轴(Z)] <两点>: Y↙

指定旋转原点 <0,0,0>:_endp 于 （捕捉十字形底面的右端点）

指定旋转角度或 [参照(R)]: 30↙

结果如图 12-122 所示。

18 在命令行中输入“Rotate3D”命令，旋转底板。命令行提示与操作如下：

命令: Rotate3D↙

选择对象:（选取底板）

指定轴上的第一个点或定义轴依据 [对象(O)/最近的(L)/视图(V)/X 轴(X)/Y 轴(Y)/Z 轴(Z)/两点(2)]: Y↙

指定 Y 轴上的点 <0,0,0>:_endp 于 （捕捉十字形底面的右端点）

指定旋转角度或 [参照(R)]: 30↙

19 设置视图方向。单击”视图”工具栏“前视” 按钮，将当前视图方向设置为主视图。消隐处理后的图形，如图 12-123 所示。

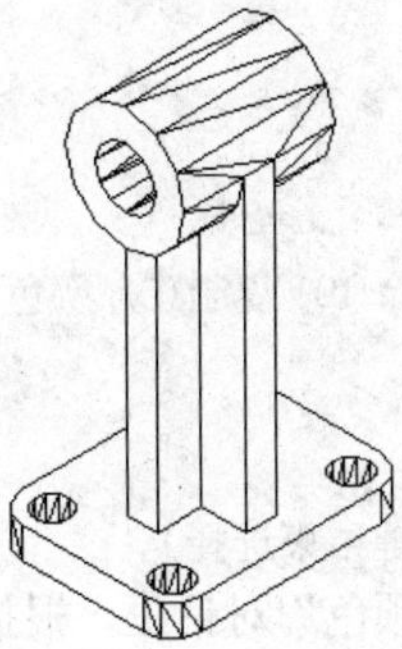

图 12-121　消隐后的实体

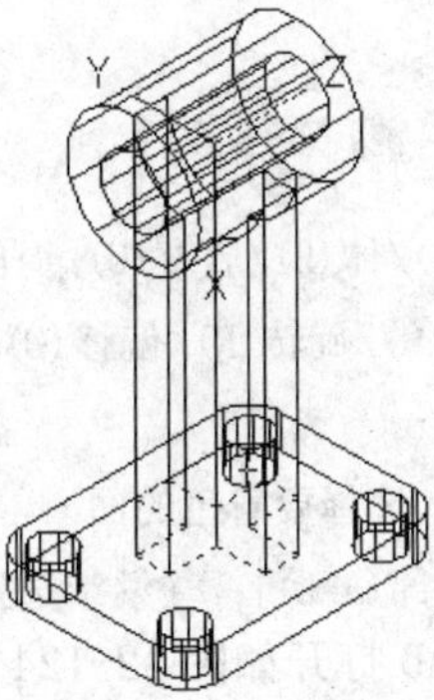

图 12-122　选择旋转面

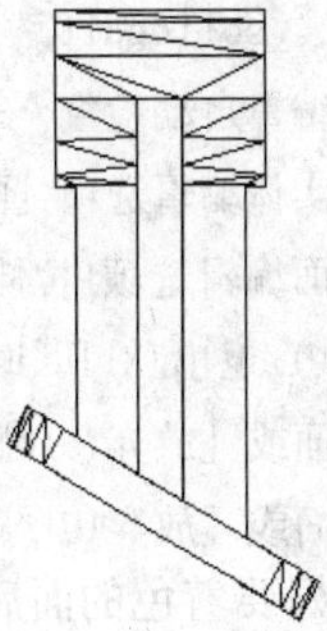

图 12-123　旋转底板

20 单击“渲染”工具栏“材质”按钮，对图形进行渲染。渲染后的结果如图 12-116 所示。

12.6.9　复制面

1. 执行方式

命令行：SOLIDEDIT

菜单：“修改” → “实体编辑” → “复制面”

工具栏：实体编辑→复制面

2. 操作步骤

命令行提示如下：

命令: _solidedit

实体编辑自动检查: SOLIDCHECK=1

输入实体编辑选项 [面(F)/边(E)/体(B)/放弃(U)/退出(X)] <退出>: _face

输入面编辑选项[拉伸(E)/移动(M)/旋转(R)/偏移(O)/倾斜(T)/删除(D)/复制(C)/颜色(L)/材质(A)/放弃(U)/退出(X)] <退出>: _copy

选择面或 [放弃(U)/删除(R)]:(选择要复制的面)

选择面或 [放弃(U)/删除(R)/全部(ALL)]: (继续选择或按 ENTER 键结束选择)

指定基点或位移:(输入基点的坐标)

指定位移的第二点:(输入第二点的坐标)

12.6.10　着色面

1. 执行方式

命令行：SOLIDEDIT

菜单：修改→实体编辑→着色面

工具栏：实体编辑→着色面

2. 操作步骤

命令行提示如下：

命令：_solidedit

实体编辑自动检查：SOLIDCHECK=1

输入实体编辑选项 [面(F)/边(E)/体(B)/放弃(U)/退出(X)] <退出>：_face

输入面编辑选项[拉伸(E)/移动(M)/旋转(R)/偏移(O)/倾斜(T)/删除(D)/复制(C)/颜色(L)/材质(A)/放弃(U)/退出(X)] <退出>：_color

选择面或 [放弃(U)/删除(R)]：(选择要着色的面)

选择面或 [放弃(U)/删除(R)/全部(ALL)]：（继续选择或按 ENTER 键结束选择）

选择好要着色的面后，AutoCAD 打开如图 12-124 所示“选择颜色”对话框，根据需要选择合适颜色作为要着色面的颜色。操作完成后，单击“确定”按钮，该表面将被相应的颜色覆盖。

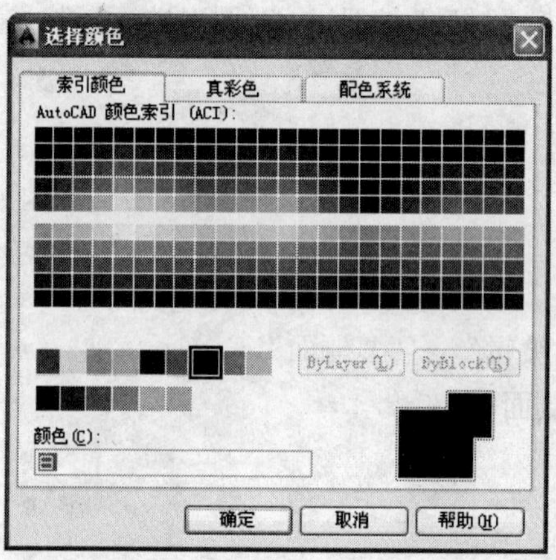

图 12-124 “选择颜色”对话框

12.6.11 实例——双头螺柱立体图

本例绘制的双头螺柱的型号为 AM12×30（GB898），其表示为公称直径 d=12mm，长度 L=30mm，性能等级为 4.8 级，不经表面处理，A 型的双头螺柱，如图 12-125 所示。本实例的制作思路：首先绘制单个螺纹，然后使用阵列命令阵列所用的螺纹，再绘制中间的连接圆柱体，最后再绘制另一端的螺纹。

光盘路径

光盘\动画演示\第 12 章\双头螺柱立体图.avi

操作步骤

01 建立新文件。启动 AutoCAD 2014，使用默认设置绘图环境。选择“文件”→“新建”命令，打开“选择样板”图对话框，单击“打开”按钮右侧的下拉按钮，以“无样板打开－公制”（毫米）方式建立新文件；将新文件命名为“双头螺柱立体图.dwg”并保存。

02 设置线框密度。默认设置是 8，有效值的范围为 0～2047。设置对象上每个曲面的轮廓线数目，命令行中的提示与操作如下：

```
命令: ISOLINES↙
输入 ISOLINES 的新值 <8>: 10↙
```

03 设置视图方向。选择菜单栏中“视图”→“三维视图”→“西南等轴测”命令，将当前视图方向设置为西南等轴测视图。

04 创建螺纹。

❶绘制螺旋线。单击“建模”工具栏中的“螺旋”按钮，绘制螺纹轮廓，命令行中的提示与操作如下：

```
命令: _Helix
圈数 = 3.0000      扭曲=CCW
指定底面的中心点: 0,0,-1
指定底面半径或 [直径(D)] <1.0000>: 5
指定顶面半径或 [直径(D)] <5.0000>:
指定螺旋高度或 [轴端点(A)/圈数(T)/圈高(H)/扭曲(W)] <1.0000>: t
输入圈数 <3.0000>: 17
指定螺旋高度或 [轴端点(A)/圈数(T)/圈高(H)/扭曲(W)] <1.0000>: 17
```

结果如图 12-126 所示。

❷切换视图方向。单击“视图”工具栏中的“右视”按钮，将视图切换到右视图方向。

❸绘制牙型截面轮廓。单击“绘图”工具栏中的“直线”按钮，捕捉螺旋线的上端点绘制牙型截面轮廓，尺寸参照如图 12-127 所示；单击“绘图”工具栏中的“面域”按钮，将其创建成面域，结果如图 12-128 所示。

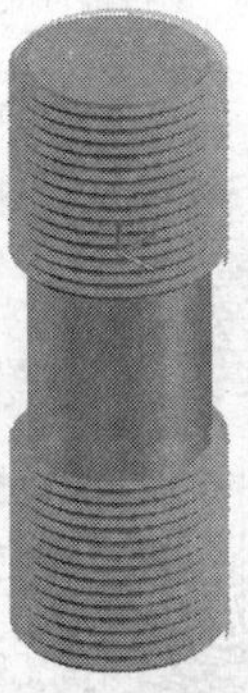

图 12-125 双头螺柱立体图

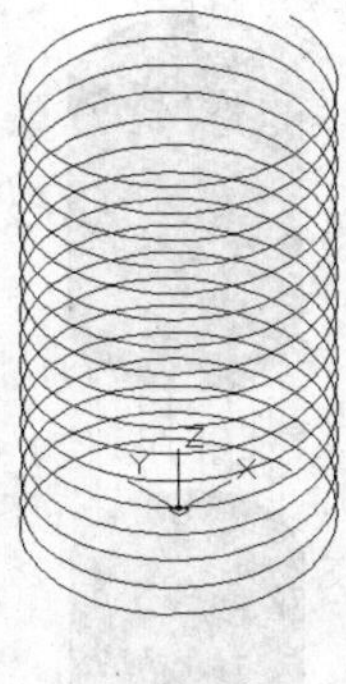

图 12-126 绘制螺旋线

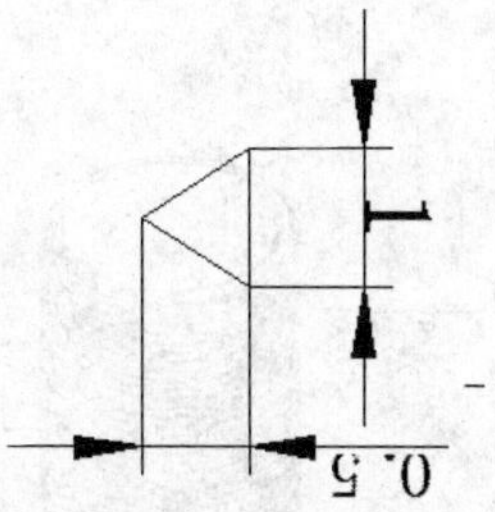

图 12-127 牙型尺寸

❹ 扫掠形成实体。单击“视图”工具栏中的“西南等轴测”按钮，将视图切换到西南等轴测视图。单击“建模”工具栏中的“扫掠”按钮，命令行中的提示与操作如下：

命令：_sweep

当前线框密度： ISOLINES=10，闭合轮廓创建模式 = 实体

选择要扫掠的对象或 [模式(MO)]：_MO 闭合轮廓创建模式 [实体(SO)/曲面(SU)] <实体>：_SO

选择要扫掠的对象或 [模式(MO)0]：找到 1 个（选择三角牙型轮廓）

选择要扫掠的对象或 [模式(MO)]：

选择扫掠路径或 [对齐(A)/基点(B)/比例(S)/扭曲(T)]：（选择螺纹线）

结果如图 12-129 所示。

❺创建圆柱体。单击“建模”工具栏中的“圆柱体”按钮，以坐标点（0，0，0）为底面中心点，创建半径为 5，轴端点为（@0,15,0）的圆柱体；以坐标点（0，0，0）为底面中心点，半径为 6，轴端点为（@0，-3，0）的圆柱体；以坐标点（0，15，0）为底面中心点，半径为 6，轴端点为（@0，3，0）的圆柱体，结果如图 12-130 所示。

❻布尔运算处理。单击“实体编辑”工具栏中的“并集”按钮，将螺纹与半径为 5 的圆柱体进行并集处理，然后单击“实体编辑”工具栏中的“差集”按钮，从主体中减去半径为 6 的两个圆柱体，单击“隐藏”按钮，消隐后结果如图 12-131 所示。

图 12-128 绘制牙型截面轮廓

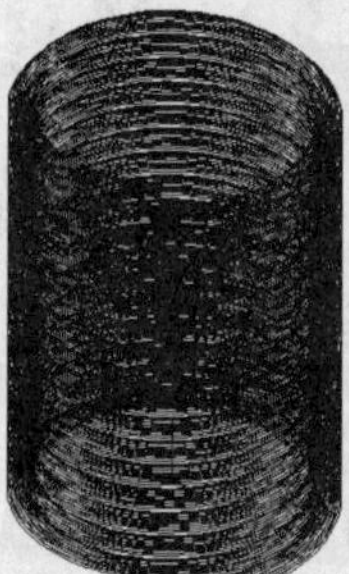

图 12-129 扫掠实体

图 12-130 创建圆柱体

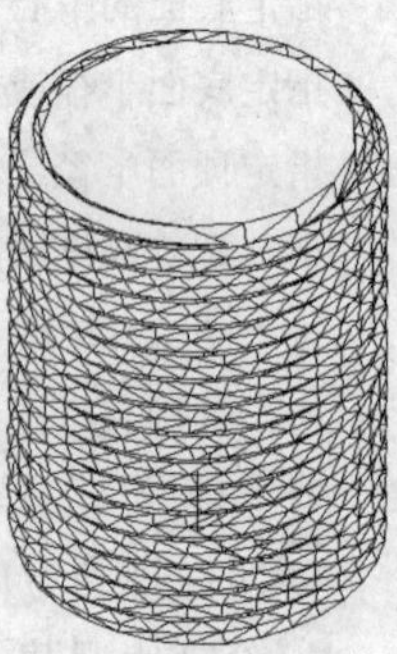

图 12-131 消隐结果

05 绘制中间柱体。利用圆柱体绘制命令（CYLINDER）绘制底面中心点在（0,0,0），半径为 5，顶圆中心点为（@0，-14,0）的圆柱体。消隐后结果如图 12-132 所示。

图 12-132 绘制圆柱体后的图形

图 12-133 复制螺纹后的图形

图 12-134 并集后的图形

06 绘制另一端螺纹。

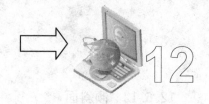

❶复制螺纹：利用复制命令（COPY）将最下面的一个螺纹从（0, 15, 0）复制到（0, -14, 0），如图 12-133 所示。

❷并集处理：利用布尔运算的并集运算命令（UNION），将所绘制的图形作并集处理。消隐后结果如图 12-134 所示。

07 渲染视图。

❶着色面：对相应的面进行着色。

命令:SOLIDEDIT↙

实体编辑自动检查： SOLIDCHECK=1

输入实体编辑选项 [面(F)/边(E)/体(B)/放弃(U)/退出(X)] <退出>: F↙

[拉伸(E)/移动(M)/旋转(R)/偏移(O)/倾斜(T)/删除(D)/复制(C)/颜色(L)/材质(A)/放弃(U)/退出(X)] <退出>: L↙

选择面或 [放弃(U)/删除(R)/全部(ALL)]: (选择实体上任意一个面)

选择面或 [放弃(U)/删除(R)/全部(ALL)]: ALL↙

选择面或 [放弃(U)/删除(R)/全部(ALL)]:↙

此时弹出“选择颜色”对话框，如图 12-135 所示，在其中选择所需要的颜色，然后单击确定。

AutoCAD 在命令行继续出现如下提示：

输入面编辑选项[拉伸(E)/移动(M)/旋转(R)/偏移(O)/倾斜(T)/删除(D)/复制(C)/颜色(L)/材质(A)/放弃(U)/退出(X)] <退出>: X↙

实体编辑自动检查： SOLIDCHECK=1

输入实体编辑选项 [面(F)/边(E)/体(B)/放弃(U)/退出(X)] <退出>: X

❷渲染实体：利用渲染选项中的渲染命令，选择适当的材质对图形进行渲染，渲染后的效果如图 12-135 所示。渲染后的视图如图 12-136 所示。

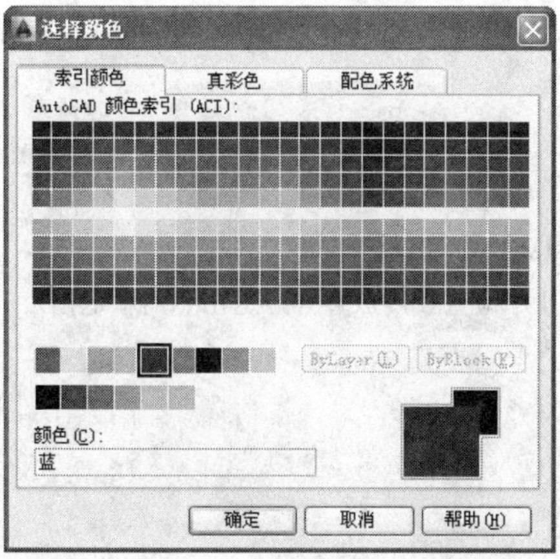

图 12-135 “选择颜色”对话框

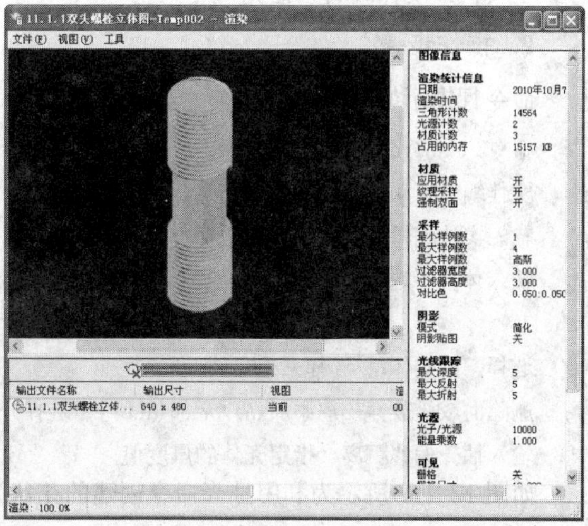

图 12-136 “渲染”对话框

12.6.12 倾斜面

1. 执行方式

命令行：SOLIDEDIT

菜单："修改"→"实体编辑"→"倾斜面"

工具栏：实体编辑→倾斜面

2. 操作步骤

命令行提示如下:

命令: _solidedit

实体编辑自动检查: SOLIDCHECK=1

输入实体编辑选项 [面(F)/边(E)/体(B)/放弃(U)/退出(X)] <退出>: _face

输入面编辑选项[拉伸(E)/移动(M)/旋转(R)/偏移(O)/倾斜(T)/删除(D)/复制(C)/颜色(L)/材质(A)/放弃(U)/退出(X)] <退出>: _taper

选择面或 [放弃(U)/删除(R)]:(选择要倾斜的面)

选择面或 [放弃(U)/删除(R)/全部(ALL)]: (继续选择或按 ENTER 键结束选择)

指定基点:(选择倾斜的基点(倾斜后不动的点))

指定沿倾斜轴的另一个点:(选择另一点(倾斜后改变方向的点))

指定倾斜角度:(输入倾斜角度)

12.6.13 抽壳

1. 执行方式

命令行：SOLIDEDIT。

菜单：修改→实体编辑→抽壳

工具栏：实体编辑→抽壳

2. 操作步骤

命令行提示如下：

命令: _solidedit

实体编辑自动检查: SOLIDCHECK=1

输入实体编辑选项 [面(F)/边(E)/体(B)/放弃(U)/退出(X)] <退出>: _body

输入体编辑选项[压印(I)/分割实体(P)/抽壳(S)/清除(L)/检查(C)/放弃(U)/退出(X)] <退出>: _shell

选择三维实体: 选择三维实体

删除面或 [放弃(U)/添加(A)/全部(ALL)]: 选择开口面

输入抽壳偏移距离: 指定壳体的厚度值

如图 12-137 所示为利用抽壳命令创建的花盆。

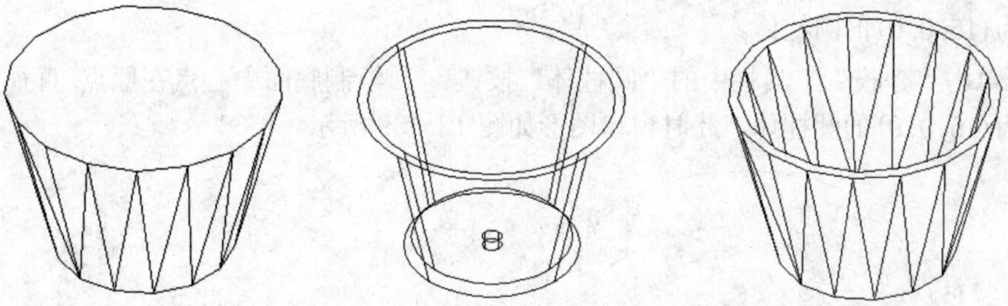

创建初步轮廓　　完成创建　　消隐结果

图 12-137　花盆

教你一招：

抽壳是用指定的厚度创建一个空的薄层。可以为所有面指定一个固定的薄层厚度，通过选择面可以将这些面排除在壳外。一个三维实体只能有一个壳，通过将现有面偏移出其原位置来创建新的面。

12.6.14　实例——台灯的绘制

分析如图 12-138 所示的台灯，它主要有 4 部分组成：底座、开关旋钮、支撑杆和灯头。底座和开关旋钮相对比较简单。支撑杆和灯头的难点之处，在于它们需要先用多段线分别绘制出路径曲线和截面轮廓线，这是完成台灯设计的关键。

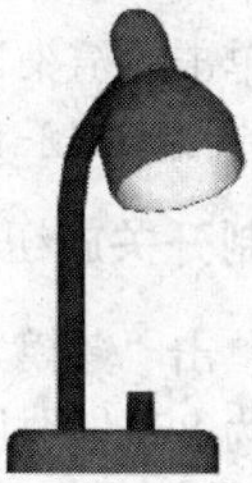

图 12-138　台灯

光盘路径

光盘\动画演示\第 12 章\台灯.avi

操作步骤

1. 绘制台灯底座

01 设置视图方向：单击“绘图”→“三维视图”→“西南等轴测”命令，将视图切换到西南等轴测。

02 单击“建模”工具栏中的“圆柱体”按钮，绘制一个圆柱体。

```
命令: CYLINDER↙
指定底面的中心点或 [三点(3P)/两点(2P)/相切、相切、半径(T)/椭圆(E)]:0, 0, 0↙
指定底面半径或 [直径(D)]: D↙
指定底面直径:150↙
指定高度或 [两点(2P)/轴端点(A)]: 30↙
```

03 单击“建模”工具栏中的“圆柱体”按钮，绘制底面中心点在原点，直径为 10，顶圆圆心为(15, 0, 0)的圆柱体。

04 单击“建模”工具栏中的“圆柱体”按钮，绘制底面中心点在原点，直径为 5，顶圆圆心为(15, 0, 0)的圆柱体。此时窗口图形如图 12-139 所示。

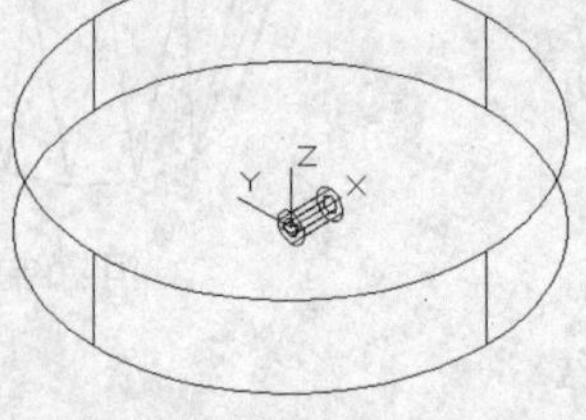

图 12-139　底座雏形

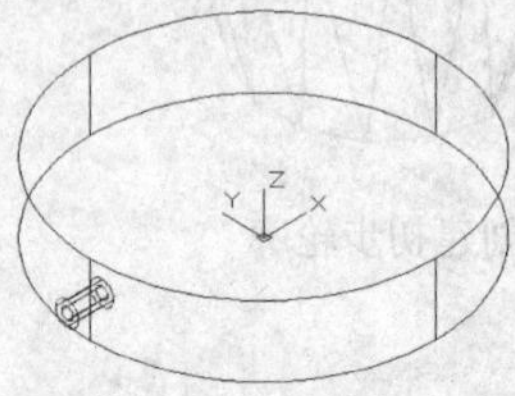

图 12-140　移动后的图形

05 单击“建模”工具栏中的“差集”按钮，求直径是 10 和 5 的两个圆柱体的差集。

06 单击“修改”工具栏中的“移动”按钮，将求差集后所得的实体导线孔从（0, 0, 0）移动到（-85, 0, 15）。

此时结果如图 12-140 所示。

07 单击“修改”工具栏中的“圆角”按钮，对底座的上边缘倒半径为 12 的圆角。

08 单击“渲染”工具栏中的“隐藏”按钮，对实体进行消隐。

此时结果如图 12-141 所示。

2. 绘制开关旋钮

01 单击“建模”工具栏中的“圆柱体”按钮，绘制底面中心点为(40, 0, 30)，直径为 20，高度为 25 的圆柱体。

02 单击“实体编辑”工具栏中的“倾斜面”按钮，将刚绘制的直径为 20 的圆柱体外表面倾斜 2°。

03 单击“渲染”工具栏中的“隐藏”按钮，对实体进行消隐。此时结果如图 12-142 所示。

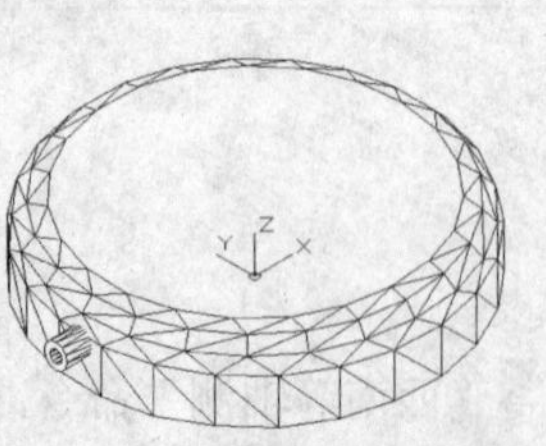

图 12-141　倒圆角后的底座

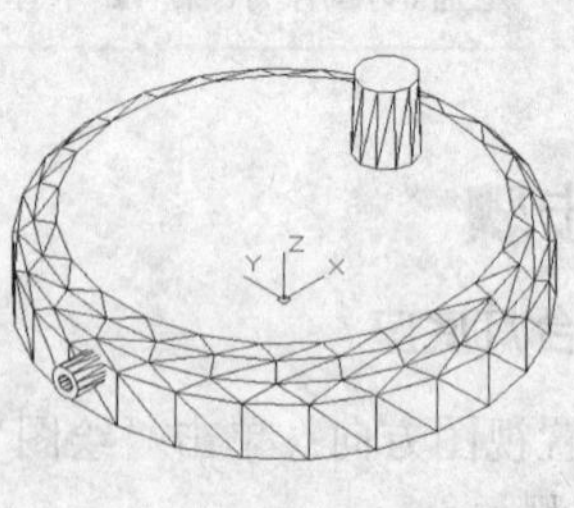

图 12-142　开关旋钮和底座

3. 绘制支撑杆

01 改变视图方向：单击“视图”→“三维视图”→“前视”命令，将视图切换到前视。

02 单击“修改”工具栏中的“旋转”按钮，将绘制的所有实体顺时针旋转-90°，图形如图 12-143 所示。

03 单击“绘图”工具栏中的“多段线”按钮，绘制支撑杆的路径曲线。

命令:PLINE↙

指定起点: 30,55↙

当前线宽为 0.0000

指定下一个点或 [圆弧(A)/半宽(H)/长度(L)/放弃(U)/宽度(W)]: @150,0↙

指定下一点或 [圆弧(A)/闭合(C)/半宽(H)/长度(L)/放弃(U)/宽度(W)]: A↙

指定圆弧的端点或[角度(A)/圆心(CE)/闭合(CL)/方向(D)/半宽(H)/直线(L)/半径(R)/第二个点(S)/放弃(U)/宽度(W)]: S↙

指定圆弧上的第二个点: 203.5,50.7↙

指定圆弧的端点: 224,38↙

指定圆弧的端点或[角度(A)/圆心(CE)/闭合(CL)/方向(D)/半宽(H)/直线(L)/半径(R)/第二个点(S)/放弃(U)/宽度(W)]: 248,8↙

指定圆弧的端点或[角度(A)/圆心(CE)/闭合(CL)/方向(D)/半宽(H)/直线(L)/半径(R)/第二个点(S)/放弃(U)/宽度(W)]: L↙

指定下一点或 [圆弧(A)/闭合(C)/半宽(H)/长度(L)/放弃(U)/宽度(W)]: 269,-28.8↙

指定下一点或 [圆弧(A)/闭合(C)/半宽(H)/长度(L)/放弃(U)/宽度(W)]: ↙

此时窗口图形如图 12-144 所示。

04 单击“建模”工具栏中的“三维旋转”按钮，将图中的所有实体逆时针旋转 90°。

05 改变视图方向：单击“视图”→“三维视图”→“西南等轴测”命令，将视图切换到西南等轴测。单击“视图”→“三维视图”→“俯视”命令，将视图切换到俯视图。

06 单击“绘图”工具栏中的“圆”按钮，绘制一个圆。

命令: CIRCLE↙

指定圆的圆心或 [三点(3P)/两点(2P)/相切、相切、半径(T)]: -55,0,30↙

指定圆的半径或 [直径(D)]:D↙

指定圆的直径: 20↙

07 单击“建模”工具栏中“拉伸”按钮，沿支撑杆的路径曲线拉伸直径为 20 的圆。

08 单击“旋转”工具栏中的“隐藏”按钮，对实体进行消隐。

此时结果如图 12-145 所示。

图 12-143　实体旋转

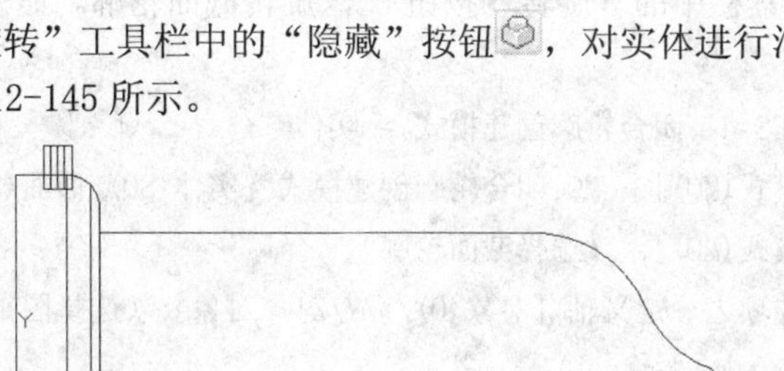

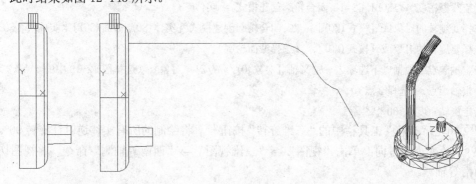

图 12-144　支撑杆的路径曲线

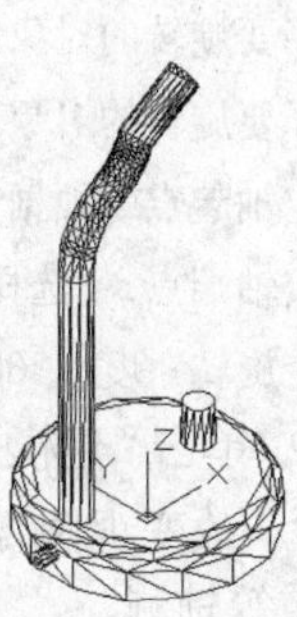

图 12-145　拉伸成支撑杆

4. 绘制灯头

01 改变视图方向：单击“视图”→“三维视图”→“前视”命令，将视图切换到前视。

02 单击“修改”工具栏中的“旋转”按钮，将绘制的所有实体逆时针旋转-90°。

03 单击“绘图”工具栏中的“多段线”按钮，绘制截面轮廓线。命令行提示如下：

命令：PLINE↙

指定起点：（选择支撑杆路径曲线的上端点）↙

当前线宽为 0.0000

指定下一个点或 [圆弧(A)/半宽(H)/长度(L)/放弃(U)/宽度(W)]：@20<30↙

指定下一点或 [圆弧(A)/闭合(C)/半宽(H)/长度(L)/放弃(U)/宽度(W)]：A↙

指定圆弧的端点或[角度(A)/圆心(CE)/闭合(CL)/方向(D)/半宽(H)/直线(L)/半径(R)/第二个点(S)/放弃(U)/宽度(W)]：316,-25↙

指定圆弧的端点或[角度(A)/圆心(CE)/闭合(CL)/方向(D)/半宽(H)/直线(L)/半径(R)/第二个点(S)/放弃(U)/宽度(W)]：L

指定下一点或 [圆弧(A)/闭合(C)/半宽(H)/长度(L)/放弃(U)/宽度(W)]：200,-90↙

指定下一点或 [圆弧(A)/闭合(C)/半宽(H)/长度(L)/放弃(U)/宽度(W)]：177,-48.66↙

指定下一点或 [圆弧(A)/闭合(C)/半宽(H)/长度(L)/放弃(U)/宽度(W)]：A↙

指定圆弧的端点或[角度(A)/圆心(CE)/闭合(CL)/方向(D)/半宽(H)/直线(L)/半径(R)/第二个点(S)/放弃(U)/宽度(W)]：S↙

指定圆弧上的第二个点：216,-28↙

指定圆弧的端点：257.5,-34.5↙

指定圆弧的端点或[角度(A)/圆心(CE)/闭合(CL)/方向(D)/半宽(H)/直线(L)/半径(R)/第二个点(S)/放弃(U)/宽度(W)]：L↙

指定下一点或 [圆弧(A)/闭合(C)/半宽(H)/长度(L)/放弃(U)/宽度(W)]：C↙

此时窗口结果如图 12-146 所示。

04 单击“建模”工具栏中的“旋转”按钮，旋转截面轮廓。命令行提示如下：

命令:REVOLVE↙

当前线框密度： ISOLINES=4，闭合轮廓创建模式 = 实体

选择要旋转的对象或 [模式(MO)]：_MO 闭合轮廓创建模式 [实体(SO)/曲面(SU)] <实体>：_SO：

选择要旋转的对象或 [模式(MO)]：（选择截面轮廓）↙

指定轴起点或根据以下选项之一定义轴 [对象(O)/X/Y/Z] <对象>：（选择图 12-18 中的 1 点）

指定轴端点：（选择 2 点）

指定旋转角度 <360>:↙

05 单击“建模”工具栏中的“三维旋转”按钮，将绘制的所有实体逆时针旋转 90°。

06 改变视图方向：单击“视图”→“三维视图”→“西南等轴测”命令，将视图切换到西南等轴测。

07 单击“渲染”工具栏中的“隐藏”按钮，对实体进行消隐。

此时窗口图形如图 12-147 所示。

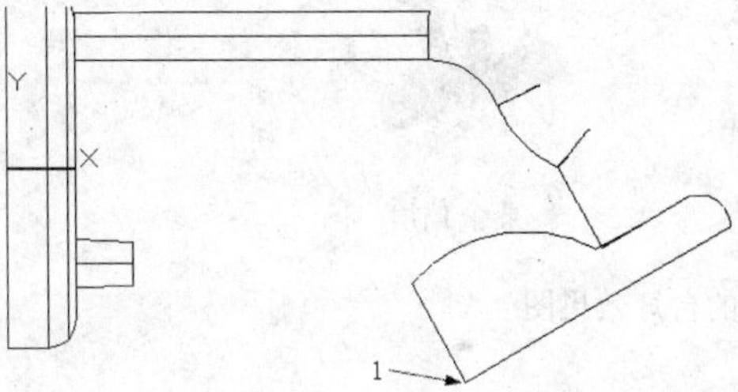

图 12-146　灯头的截面轮廓

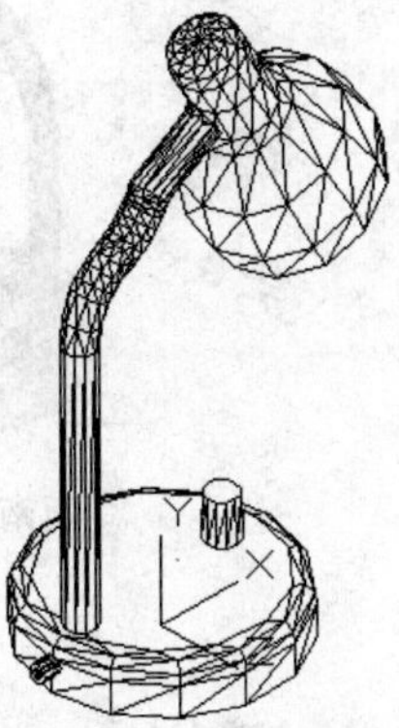

图 12-147　消隐图

08 用三维动态观察旋转实体。单击“视图”→“动态观察”→“自由动态观察”命令，旋转灯头，使灯头的大端面朝外。

09 对灯头进行抽壳。单击“实体编辑”工具栏中的“抽壳”按钮，对灯头进行抽壳处理，命令行提示如下：

```
命令: _solidedit
实体编辑自动检查:  SOLIDCHECK=1
输入实体编辑选项 [面(F)/边(E)/体(B)/放弃(U)/退出(X)] <退出>: _body
输入体编辑选项[压印(I)/分割实体(P)/抽壳(S)/清除(L)/检查(C)/放弃(U)/退出(X)] <退出>:
_shell
选择三维实体: (选择灯头) ↙
删除面或 [放弃(U)/添加(A)/全部(ALL)]:(选择灯头的大端面)
找到一个面，已删除 1 个
删除面或 [放弃(U)/添加(A)/全部(ALL)]: ↙
输入抽壳偏移距离: 2↙
已开始实体校验。
已完成实体校验。
输入体编辑选项[压印(I)/分割实体(P)/抽壳(S)/清除(L)/检查(C)/放弃(U)/退出(X)] <退出
>:X↙
实体编辑自动检查:  SOLIDCHECK=1
输入实体编辑选项 [面(F)/边(E)/体(B)/放弃(U)/退出(X)] <退出>: X↙
```

10 将台灯的不同部分着上不同的颜色。单击“实体编辑”工具栏中的“着色面”按钮，根据命令行的提示，将灯头和底座着上红色，灯头内壁着上黄色，其余部分着上蓝色。

11 单击“渲染”工具栏中的“渲染”按钮，对台灯进行渲染。渲染结果如图 12-148 所示。

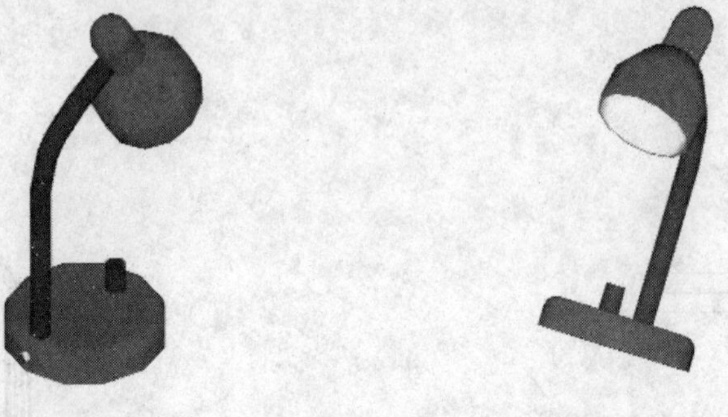

西南等轴测　　　　某个角度

图 12-148　不同角度的台灯效果图

12.6.15　复制边

1. 执行方式

命令行：SOLIDEDIT

菜单：修改→实体编辑→复制边

工具栏：实体编辑→复制边

2. 操作步骤

命令行提示如下:

```
命令: _solidedit
实体编辑自动检查: SOLIDCHECK=1
输入实体编辑选项 [面（F）/边（E）/体（B）/放弃（U）/退出（×）] <退出>: _edge
输入边编辑选项 [复制（C）/着色（L）/放弃（U）/退出（×）] <退出>: _copy
选择边或 [放弃（U）/删除（R）]:（选择曲线边）
选择边或 [放弃（U）/删除（R）]:（回车）
指定基点或位移:（单击确定复制基准点）
指定位移的第二点:（单击确定复制目标点）
```

如图 12-149 所示为复制边的图形结果。

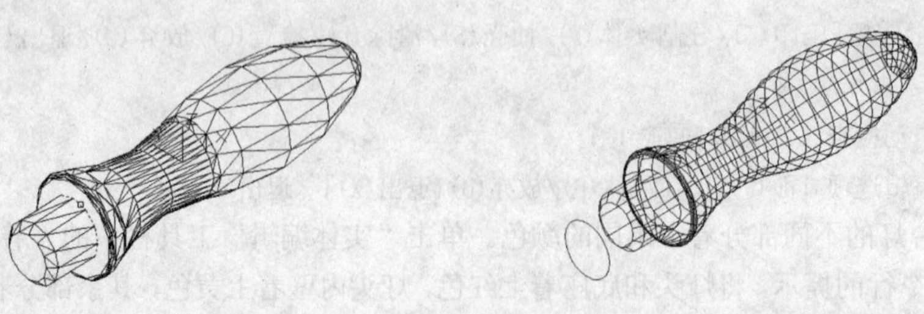

选择边　　　　复制边

图 12-149　复制边

12.6.16 实例——摇杆的创建

绘制如图 12-150 所示的摇杆。

光盘路径

光盘\动画演示\第 12 章\摇杆.avi

操作步骤

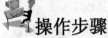

01 在命令行中输入“Isolines”，设置线框密度为 10。单击“视图”工具栏中的“西南等轴测”按钮，切换到西南等轴测图。

02 单击“建模”工具栏中的“圆柱体”按钮，以坐标原点为圆心，分别创建半径为 30、15，高为 20 的圆柱。

03 单击“实体编辑”工具栏中的“差集”按钮，将 R30 圆柱与 R15 圆柱进行差集运算。

04 单击“建模”工具栏中的“圆柱体”按钮，以（150,0,0）为圆心，分别创建半径为 50、30，高为 30 的圆柱，及半径为 40，高为 10 的圆柱。

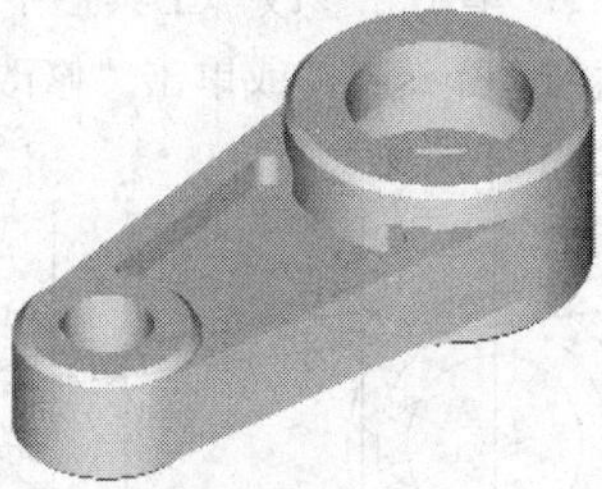

图 12-150 摇杆

05 单击“实体编辑”工具栏中的“差集”按钮，将 R50 圆柱与 R30、R40 圆柱进行差集运算，结果如图 12-151 所示。

06 单击“实体编辑”工具栏中的“复制边”按钮，命令行提示与操作如下：

```
命令: _solidedit
实体编辑自动检查: SOLIDCHECK=1
输入实体编辑选项 [面(F)/边(E)/体(B)/放弃(U)/退出(X)] <退出>: _edge
输入边编辑选项 [复制(C)/着色(L)/放弃(U)/退出(X)] <退出>: _copy
选择边或 [放弃(U)/删除(R)]: 如图 12-78 所示，选择左边 R30 圆柱体的底边↙
指定基点或位移: 0,0↙
指定位移的第二点: 0,0↙
输入边编辑选项 [复制(C)/着色(L)/放弃(U)/退出(X)] <退出>: C↙
选择边或 [放弃(U)/删除(R)]: 方法同前，选择右边 R50 圆柱体的底边↙
指定基点或位移: 0,0↙
指定位移的第二点: 0,0↙
输入边编辑选项 [复制(C)/着色(L)/放弃(U)/退出(X)] <退出>:↙
```

07 单击“视图”工具栏中的“仰视”按钮，切换到仰视图。单击“渲染”工具栏中的“隐藏”按钮，进行消隐处理。

08 单击“绘图”工具栏中的“构造线”按钮，分别绘制所复制的 R30 及 R50 圆的外公切线，并绘制通过圆心的竖直线，绘制结果如图 12-152 所示。

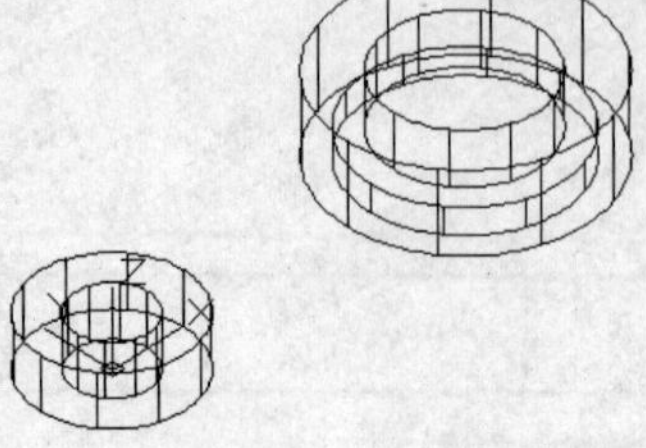

图 12-151　创建圆柱体

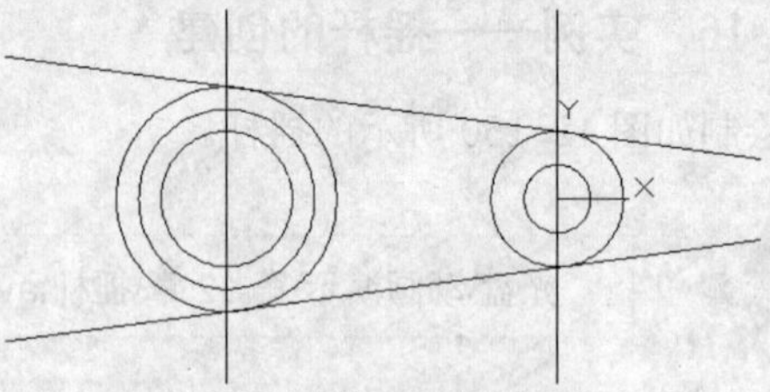

图 12-152　绘制辅助构造线

09 单击“修改”工具栏中的“偏移”按钮，将绘制的外公切线，分别向内偏移 10，并将左边竖直线向右偏移 45，将右边竖直线向左偏移 25。偏移结果如图 12-153 所示。

10 单击“修改”工具栏中的“修剪”按钮，对辅助线及复制的边进行修剪。在命令行输入“Erase”，或单击“修改”工具栏中的“删除”按钮，删除多余的辅助线，结果如图 12-154 所示。

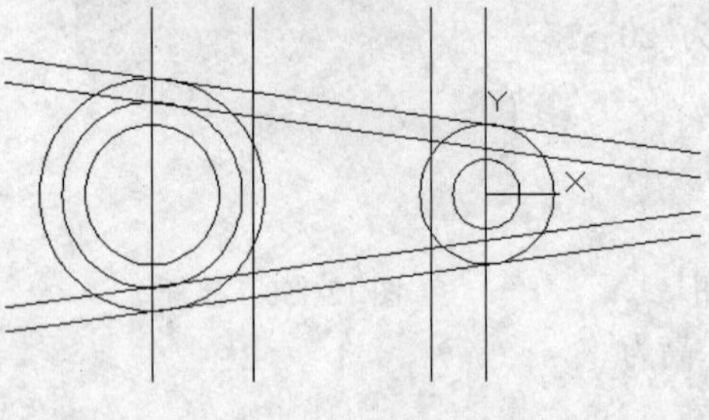

图 12-153　偏移辅助线

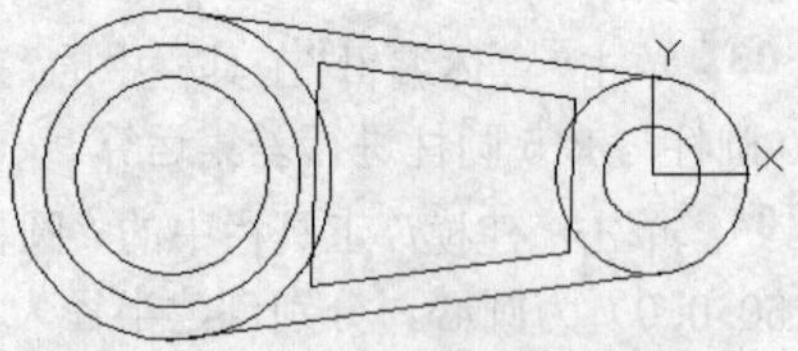

图 12-154　修剪辅助线及圆

11 单击“视图”工具栏中的“西南等轴测”按钮，切换到西南等轴测图。在命令行输入“Region”，单击“绘图”工具栏中的“面域”按钮，分别将辅助线与圆及辅助线之间围成的两个区域创建为面域。

12 单击“修改”工具栏中的“移动”按钮，将内环面域向上移动 5。

13 单击“建模”工具栏中的“拉伸面”按钮，分别将外环及内环面域向上拉伸 16 及 11。

14 单击“实体编辑”工具栏中的“差集”按钮，将拉伸生成的两个实体进行差集运算。

15 单击“实体编辑”工具栏中的“并集”按钮，将所有实体进行并集运算。

16 对实体倒圆角。单击“修改”工具栏中的“圆角”按钮，对实体中间内凹处进行倒圆角操作，圆角半径为 5。

17 单击“修改”工具栏中“倒角”按钮，对实体左右两部分顶面进行倒角操作，倒角距离为 3。单击“渲染”工具栏中的“隐藏”按钮，进行消隐处理后图形如图 12-155 所示。

18 选取菜单命令“修改”→“三维操作”→“三维镜像”命令，命令行提示与操作如下：

```
命令: _ mirror3d
选择对象: 选择实体↙
指定镜像平面 (三点) 的第一个点或[对象(O)/最近的(L)/Z 轴(Z)/视图(V)/XY 平面(XY)/YZ
```

平面(YZ)/ZX 平面(ZX)/三点(3)] 〈三点〉: XY↙

指定 XY 平面上的点 〈0,0,0〉: ↙

是否删除源对象？[是(Y)/否(N)] 〈否〉:↙

镜像结果如图 12-156 所示。

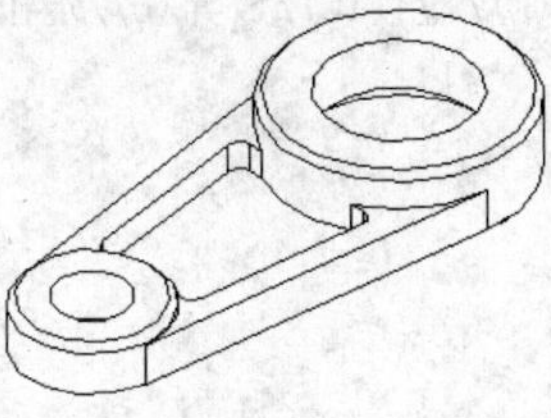

图 12-155　倒圆角及倒角后的实体

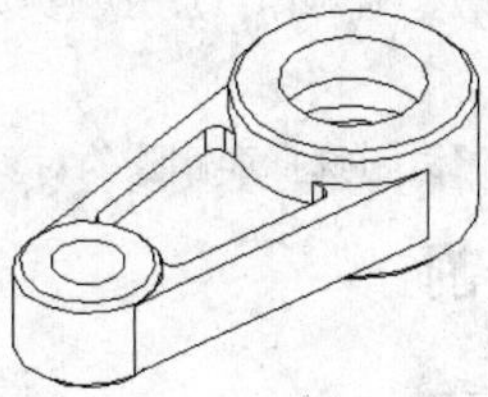

图 12-156　镜像后的实体

19 单击“实体编辑”工具栏中的“并集”按钮，将所有实体进行并集运算。

20 选取菜单命令“视图”→“视觉样式”→“概念”命令，最终显示结果如图 12-150 所示。

12.6.17　着色边

1. 执行方式

命令行：SOLIDEDIT

菜单：修改→实体编辑→着色边

工具栏：实体编辑→着色边

2. 操作步骤

命令行提示如下：

命令: _solidedit

实体编辑自动检查: SOLIDCHECK=1

输入实体编辑选项 [面(F)/边(E)/体(B)/放弃(U)/退出(X)] 〈退出〉: _edge

输入边编辑选项 [复制(C)/着色(L)/放弃(U)/退出(X)] 〈退出〉:L

选择边或 [放弃(U)/删除(R)]:(选择要着色的边)

选择面或 [放弃(U)/删除(R)/全部(ALL)]: (继续选择或按 ENTER 键结束选择)

选择好边后，AutoCAD 将打开“选择颜色”对话框。根据需要选择合适的颜色作为要着色边的颜色。

12.6.18　清除

1. 执行方式

命令行：SOLIDEDIT

菜单：修改→实体编辑→清除

工具栏：实体编辑→清除

2. 操作步骤

命令行提示如下:

命令: _solidedit

实体编辑自动检查: SOLIDCHECK=1

输入实体编辑选项 [面(F)/边(E)/体(B)/放弃(U)/退出(X)] <退出>: _body

输入体编辑选项[压印(I)/分割实体(P)/抽壳(S)/清除(L)/检查(C)/放弃(U)/退出(X)] <退出>: _clean

选择三维实体: (选择要删除的对象)

12.6.19 分割

1. 执行方式

命令行: SOLIDEDIT

菜单: 修改→实体编辑→分割

工具栏: 实体编辑→分割

2. 操作步骤

命令行提示如下:

命令: _solidedit

实体编辑自动检查: SOLIDCHECK=1

输入实体编辑选项 [面(F)/边(E)/体(B)/放弃(U)/退出(X)] <退出>: _body

输入体编辑选项[压印(I)/分割实体(P)/抽壳(S)/清除(L)/检查(C)/放弃(U)/退出(X)] <退出>: _sperate

选择三维实体: (选择要分割的对象)

12.6.20 检查

1. 执行方式

命令行: SOLIDEDIT

菜单: 修改→实体编辑→检查

工具栏: 实体编辑→检查

2. 操作步骤

命令行提示如下:

命令: _solidedit

实体编辑自动检查: SOLIDCHECK=1

输入实体编辑选项 [面(F)/边(E)/体(B)/放弃(U)/退出(X)] <退出>: _body

输入体编辑选项[压印(I)/分割实体(P)/抽壳(S)/清除(L)/检查®/放弃(U)/退出(X)] <退出>: _check

选择三维实体: (选择要检查的三维实体)

选择实体后，AutoCAD将在命令行中显示出该对象是否是有效的ACIS实体。

12.6.21　夹点编辑

利用夹点编辑功能，可以很方便地进行三维实体编辑，与二维对象夹点编辑功能相似。其方法很简单，单击要编辑的对象，系统显示编辑夹点，选择某个夹点，按住鼠标拖动，三维对象随之改变，选择不同的夹点，可以编辑对象的不同参数，红色夹点为当前编辑夹点，如图 12-157 所示。

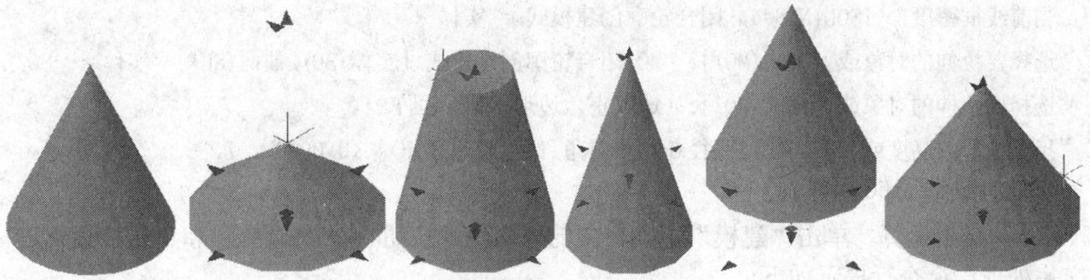

图 12-157　圆锥体及其夹点编辑

12.6.22　实例——六角螺母

绘制如图 12-158 所示的六角螺母。

图 12-158　六角螺母

光盘路径：光盘\动画演示\第 12 章\六角螺母.avi

操作步骤

01 设置线框密度。命令行提示如下：

命令：ISOLINES↙

输入 ISOLINES 的新值 <4>：10↙

02 创建圆锥。单击“建模”工具栏中的“圆锥体”按钮，在坐标原点创建圆锥体，命令行提示如下：

命令：Cone↙

指定底面的中心点或 [三点(3P)/两点(2P)/切点、切点、半径(T)/椭圆(E)]:]:0,0,0↙

指定底面半径或 [直径(D)] <0.0000>：12↙

指定高度或 [两点(2P)/轴端点(A)/顶面半径(T)] <0.0000>：20↙

03 单击“视图”工具栏中的“西南等轴测”按钮，切换到西南等轴测图，结果如

图 12-159 所示。

04 绘制正六边形。单击“绘图”工具栏中的“多边形”按钮，以圆锥底面圆心为中心点，内接圆半径为 12 绘制正六边形。

05 拉伸正六边形。单击“建模”工具栏中的“拉伸”按钮，拉伸六边形，命令行提示如下：

```
命令:Ext↙
当前线框密度: ISOLINES=4，闭合轮廓创建模式 = 实体
选择要拉伸的对象或 [模式(MO)]: _MO 闭合轮廓创建模式 [实体(SO)/曲面(SU)] <实体>: _SO
选择要拉伸的对象或 [模式(MO)]:（选取正六边形，然后回车）
指定拉伸的高度或 [方向(D)/路径(P)/倾斜角(T) /表达式(E)] <0.0000>: 7↙
```

结果如图 12-160 所示。

06 交集运算。单击“建模”工具栏中的“交集”按钮，将圆锥体和正六棱柱体进行交集处理。命令行提示如下:

```
命令: Intersect↙（或者单击“实体编辑”工具栏中的按钮）
选择对象:（分别选取圆锥及正六棱柱，然后回车）
```

结果如图 12-161 所示。

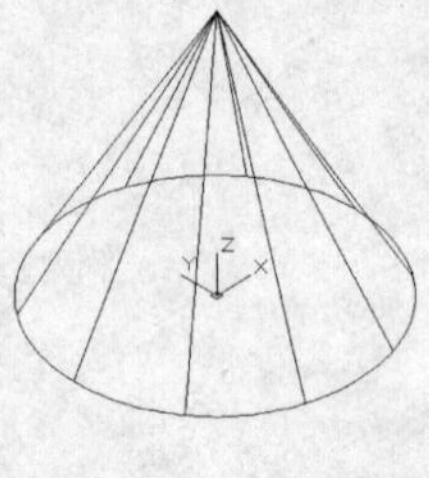

图 12-159 创建圆锥

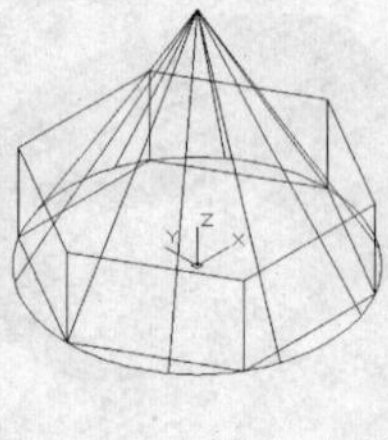

图 12-160 拉伸正六边形

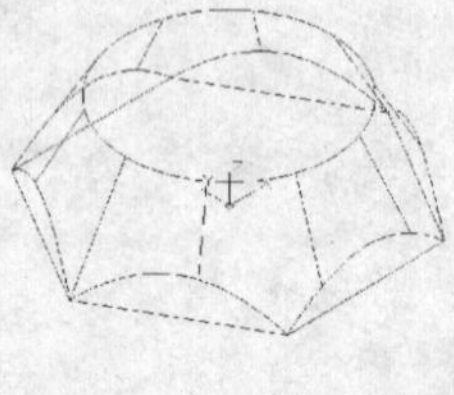

图 12-161 交集运算后的实体

07 对形成的实体进行剖切。单击“修改”→“三维操作”→“剖切”命令，剖切交集运算后的实体。命令行提示如下:

```
命令: slice↙
选择要剖切的对象:（选取交集运算形成的实体，然后回车）
指定 切面 的起点或 [平面对象(O)/曲面(S)/Z 轴(Z)/视图(V)/XY/YZ/ZX/三点(3)] <三点>:
XY↙
指定 XY 平面上的点 <0,0,0>: _mid 于（捕捉曲线的中点，如图 12-162 所示点）
在要保留的一侧指定点或 [保留两侧(B)]:（在 1 点下点取一点，保留下部）
```

结果如图 12-163 所示。

08 单击“实体编辑”工具栏中的“拉伸面”按钮，拉伸实体底面。命令行提示如下:

```
命令: Solidedit
实体编辑自动检查: SOLIDCHECK=1
输入实体编辑选项 [面(F)/边(E)/体(B)/放弃(U)/退出(X)] <退出>: _face↙
输入面编辑选项[拉伸(E)/移动(M)/旋转(R)/偏移(O)/倾斜(T)/删除(D)/复制(C)/颜色(L)/材质
```

(A)/放弃(U)/退出(X)] <退出>: E↙

选择面或 [放弃(U)/删除(R)]:（选取实体底面，然后回车）

指定拉伸高度或 [路径(P)]: 2↙

指定拉伸的倾斜角度 <0>:

结果如图 12-164 所示。

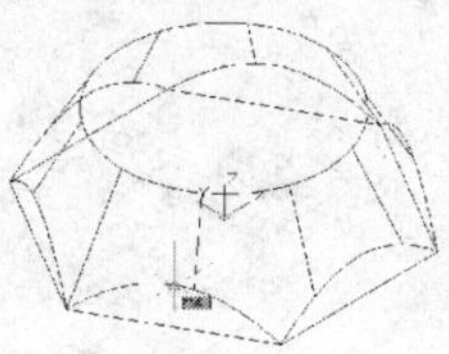

图 12-162　捕捉曲线中点

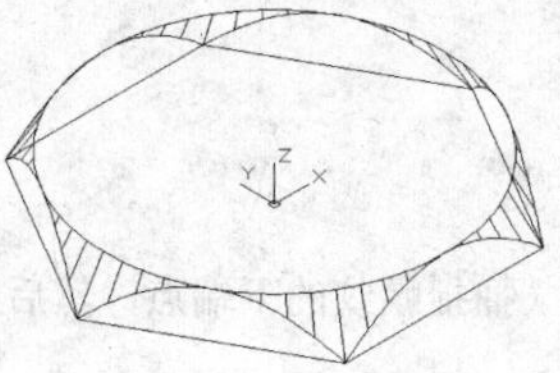

图 12-163　剖切后的实体

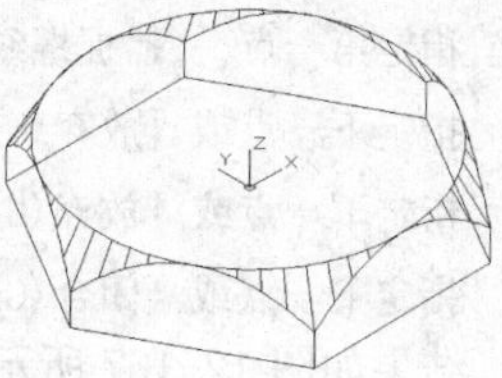

图 12-164　拉伸底面

09 单击“修改”→“三维操作”→“三维镜像”命令，镜像实体。命令行提示如下：

命令: Mirror3D↙

选择对象: （选取实体）

指定镜像平面 （三点） 的第一个点或[对象(O)/最近的(L)/Z 轴(Z)/视图(V)/XY 平面(XY)/YZ 平面(YZ)/ZX 平面(ZX)/三点(3)] <三点>: XY↙

指定 XY 平面上的点 <0,0,0>:_endp 于（捕捉实体底面六边形的任意一个顶点）

是否删除源对象？[是(Y)/否(N)] <否>:↙

结果如图 12-165 所示。

10 方法同前，单击“建模”工具栏中的“并集”按钮，将镜像后的两个实体进行并集运算。

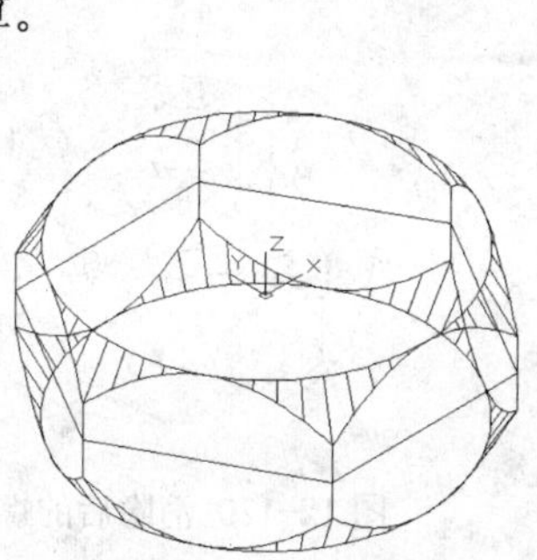

图 12-165　镜像实体

图 12-166　螺纹牙型

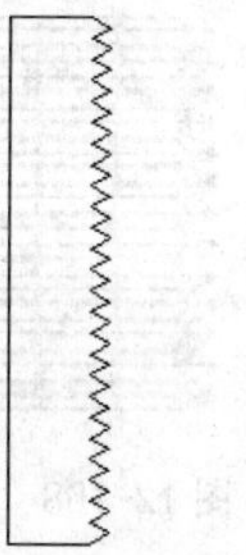

图 12-167　螺纹截面

11 切换视图。单击“视图”→“三维视图”→“前视”命令，切换到前视图。

12 单击“绘图”工具栏中的“多段线”按钮，绘制螺纹牙型。命令行提示如下：

命令:Pl↙

指定起点:（单击鼠标指定一点）

当前线宽为 0.0000

指定下一个点或 [圆弧(A)/半宽(H)/长度(L)/放弃(U)/宽度(W)]: @2<-30↙

指定下一点或 [圆弧(A)/闭合(C)/半宽(H)/长度(L)/放弃(U)/宽度(W)]: @2<-150↙

指定下一点或 [圆弧(A)/闭合(C)/半宽(H)/长度(L)/放弃(U)/宽度(W)]: ↙

结果如图 12-166 所示。

13 单击“修改”工具栏中的“矩形阵列”按钮，阵列螺纹牙型，阵列行数为 25，行间距为 2，绘制螺纹截面。

14 单击“绘图”工具栏中的“直线”按钮，绘制直线。命令行提示如下：

命令: L↙

指定第一点:（捕捉螺纹的上端点）

指定下一点或 [放弃(U)]: @8<180↙

指定下一点或 [放弃(U)]: @50<-90↙

指定下一点或 [闭合(C)/放弃(U)]:（捕捉螺纹的下端点，然后回车）

结果如图 12-167 所示。

15 单击“绘图”工具栏中的“面域”按钮，将绘制的螺纹截面形成面域，然后单击“建模”工具栏中的“旋转”按钮，旋转螺纹截面。命令行提示如下：

命令: Revolve↙

当前线框密度: ISOLINES=4，闭合轮廓创建模式 = 实体

选择要旋转的对象或 [模式(MO)]: _MO 闭合轮廓创建模式 [实体(SO)/曲面(SU)] <实体>: _SO

选择要旋转的对象或 [模式(MO)]: （选取螺纹截面）

指定轴起点或根据以下选项之一定义轴 [对象(O)/X/Y/Z] <对象>:（捕捉螺纹截面左边线的端点）

指定旋转角度或 [起点角度(ST)/反转(R)/表达式(EX)] <360>:↙

结果如图 12-168 所示。

16 单击“修改”→“三维操作”→“三维移动”命令，将螺纹移动到圆柱中心。结果如图 12-169 所示。

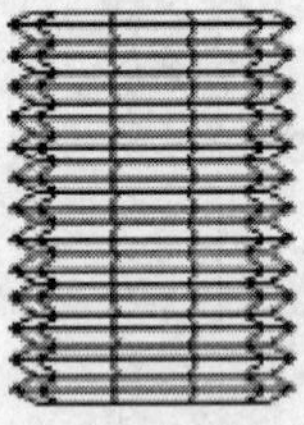

图 12-168 螺纹

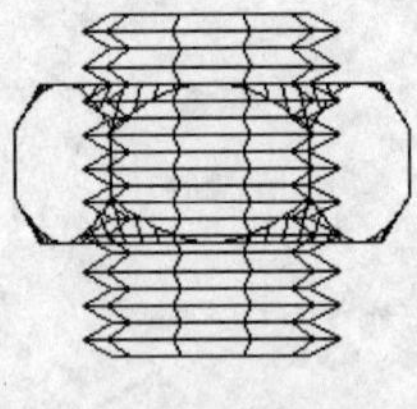

图 12-169 创建螺纹

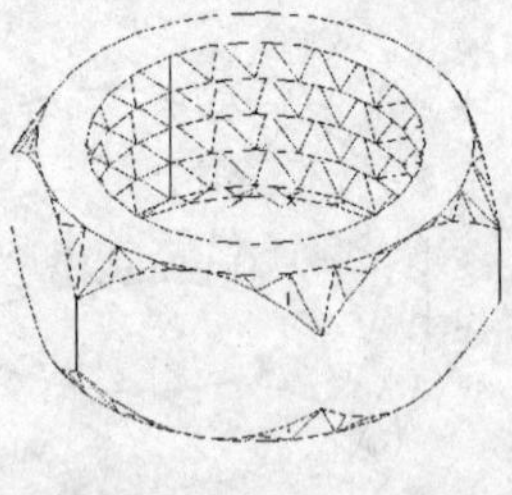

图 12-170 消隐后的螺母

17 单击“建模”工具栏中的“差集”按钮，将螺母与螺纹进行差集运算。

18 单击“视图”工具栏中的“西南等轴测”按钮，切换到西南等轴测图；单击“渲染”工具栏中的“隐藏”按钮，进行消隐处理后的图形，如图 12-170 所示。

12.7 编辑曲面

一个曲面绘制完成后，有时需要修改其中的错误或者在此基础形成更复杂的造型，本节主要介绍如何修剪曲面和延伸曲面。

12.7.1 修剪曲面

1. 执行方式

命令行：SURFTRIM

菜单：修改→曲面编辑→修剪

工具栏：曲面编辑→修剪

2. 操作格式

命令：SURFTRIM↙

延伸曲面 = 是，投影 = 自动

选择要修剪的曲面或面域或者 [延伸(E)/投影方向(PRO)]：（选择图 12-171 中的曲面）

选择剪切曲线、曲面或面域:（选择图 12-171 中的曲线）

选择要修剪的区域 [放弃(U)]：（选择图 12-171 中的区域，修剪结果如图 12-172 所示）

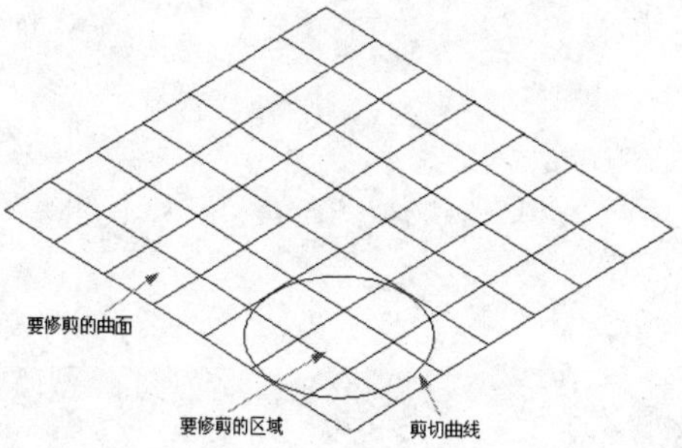

图 12-171　原始曲面

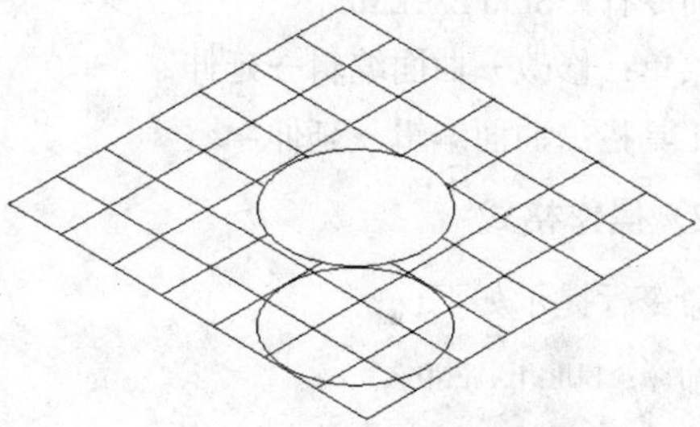

图 12-172　修剪曲面

3. 选项说明

（1）要修剪的曲面或面域：选择要修剪的一个或多个曲面或面域。

（2）延伸（E)：控制是否修剪剪切曲面以与修剪曲面的边相交。选择此选项，命令行提示如下：

延伸修剪几何图形 [是(Y)/否(N)] <是>:

（3）投影方向（PRO)：剪切几何图形会投影到曲面。选择此选项，命令行提示如下：

指定投影方向 [自动(A)/视图(V)/UCS(U)/无(N)] <自动>:

自动（A)：在平面平行视图中修剪曲面或面域时，剪切几何图形将沿视图方向投影到曲面上；使用平面曲线在角度平行视图或透视视图中修剪曲面或面域时，剪切几何图形将沿曲线平面垂直的方向投影到曲面上；使用三维曲线在角度平行视图或透视视图中修剪曲面或面域时，剪切几何图形将沿与当前 UCS 与当前 UCS 的 Z 方向平行的方向投影到曲面上。

视图（V)：基于当前视图投影几何图形。

UCS（U)：沿当前 UCS 的+Z 和-Z 轴投影几何图形。

无（N)：将当剪切曲线位于曲面上时，才会修剪曲面。

12.7.2 取消修剪曲面

1. 执行方式

命令行：SURFUNTRIM

菜单：修改→曲面编辑→取消修剪

工具栏：曲面编辑→修剪

2. 操作格式

命令行提示如下：

命令：SURFUNTRIM↙

选择要取消修剪的曲面边或 [曲面(SUR)]::（选择图 12-172 中的曲面，修剪结果如图 12-171 所示）

12.7.3 延伸曲面

1. 执行方式

命令行：SURFEXTEND

菜单：修改→曲面编辑→延伸

工具栏：曲面编辑→延伸

2. 操作格式

命令行提示如下：

命令：SURFEXTEND↙

模式 = 延伸，创建 = 附加

选择要延伸的曲面边：（选择图 12-173 中的边）

指定延伸距离或 [模式(M)]：(输入延伸距离，或者拖动鼠标到适当位置，如图 12-174 所示)

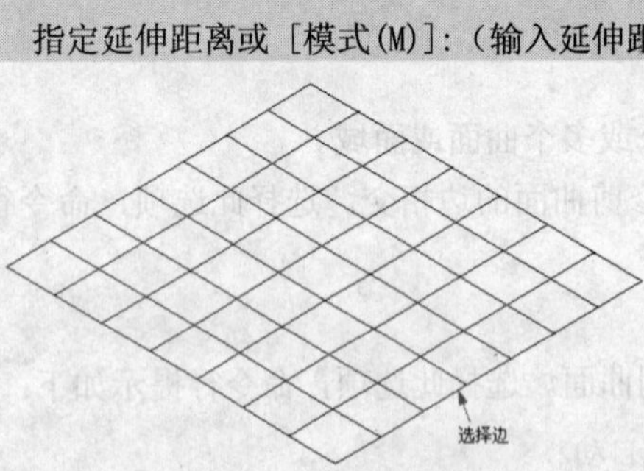

图 12-173 选择延伸边

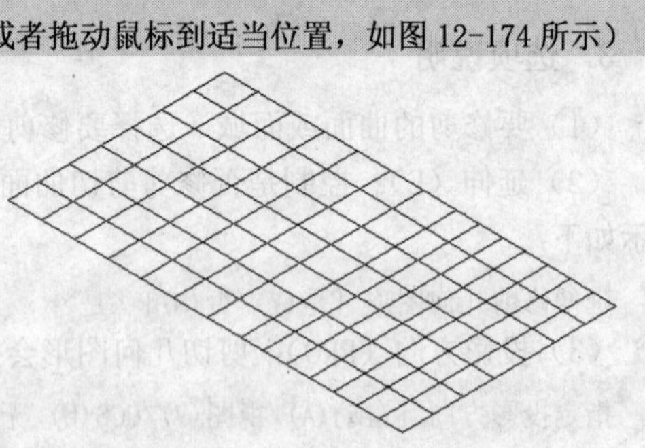

图 12-174 延伸曲面

3. 选项说明

（1）指定延伸距离：指定延伸长度。

（2）模式（M）：选择此选项，命令行提示如下：

延伸模式 [延伸(E)/拉伸(S)] <延伸>:S

创建类型 [合并(M)/附加(A)] <附加>:

延伸（E）：以尝试模仿并延续曲面形状的方式拉伸曲面。

拉伸（S）：拉伸曲面，而不尝试模仿并延续曲面形状。

合并（M）：将曲面延伸指定的距离，而不创建新曲面。如果原始曲面为 NURBS 曲面，则延伸的曲面也为 NURBS 曲面。

附加（A）：创建与原始曲面相邻的新延伸曲面。

12.8 显示形式

AutoCAD 中，三维实体有多种显示形式。包括二维线框、三维线框、三维消隐、真实、概念、消隐等显示形式。

12.8.1 消隐

1. 执行方式

命令行：HIDE

菜单：视图→消隐

工具栏：渲染→隐藏

2. 操作格式

命令行提示如下：

命令：HIDE↙

系统将被其他对象挡住的图线隐藏起来，以增强三维视觉效果，如图 12-175 所示。

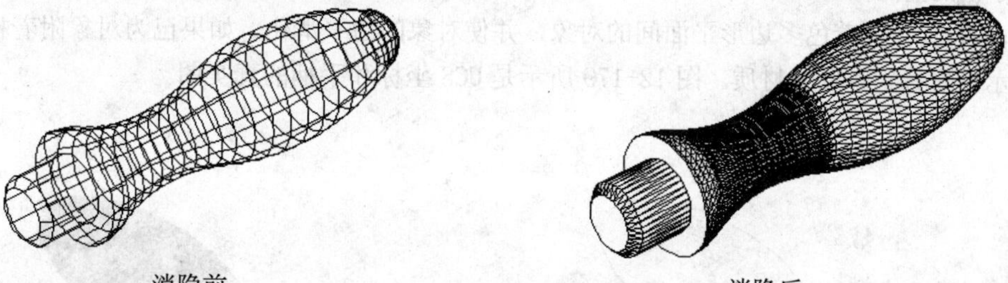

消隐前　　消隐后

图 12-175　消隐效果

12.8.2 视觉样式

1. 执行方式

命令行：VSCURRENT

菜单：视图→视觉样式→二维线框等

工具栏：视觉样式→二维线框等

2. 操作格式

命令行提示如下：

命令:VSCURRENT↙

输入选项 [二维线框(2)/线框(W)/隐藏(H)/真实(R)/概念(C)/着色(S)/带边缘着色(E)/灰度(G)/勾画(SK)/X 射线(X)/其他(O)] <二维线框>:

3．选项说明

（1）二维线框：用直线和曲线表示对象的边界。光栅和 OLE 对象、线型和线宽都是可见的。即使将 COMPASS 系统变量的值设置为 1，它也不会出现在二维线框视图中。

图 12-176 所示是 UCS 坐标和手柄二维线框图。

（2）线框：显示用直线和曲线表示边界的对象。显示着色三维 UCS 图标。可将 COMPASS 系统变量设定为 1 来查看坐标球。图 12-177 所示是 UCS 坐标和手柄线框图。

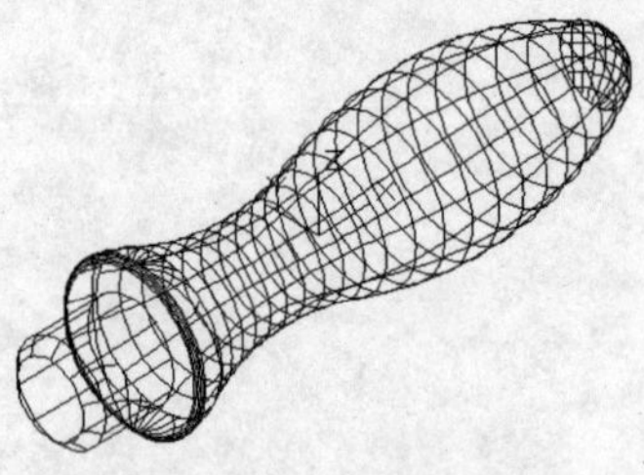

图 12-176　UCS 坐标和手柄的二维线框图

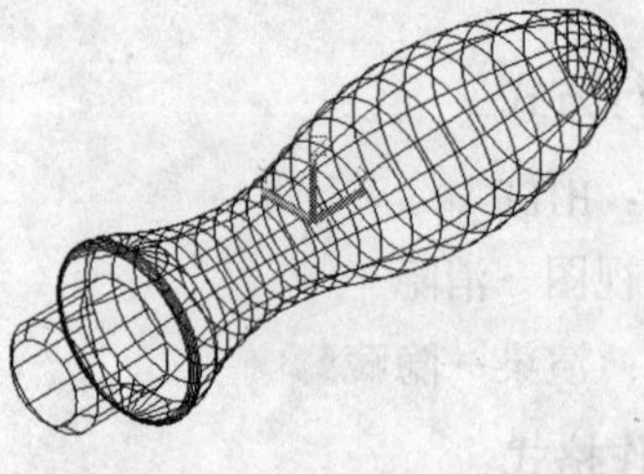

图 12-177　UCS 坐标和手柄的三维线框图

（3）隐藏：显示用线框表示的对象并隐藏表示后向面的直线。图 12-178 所示是 UCS 坐标和手柄的消隐图。

（4）真实：着色多边形平面间的对象，并使对象的边平滑化。如果已为对象附着材质，将显示已附着到对象的材质。图 12-179 所示是 UCS 坐标和手柄的真实图。

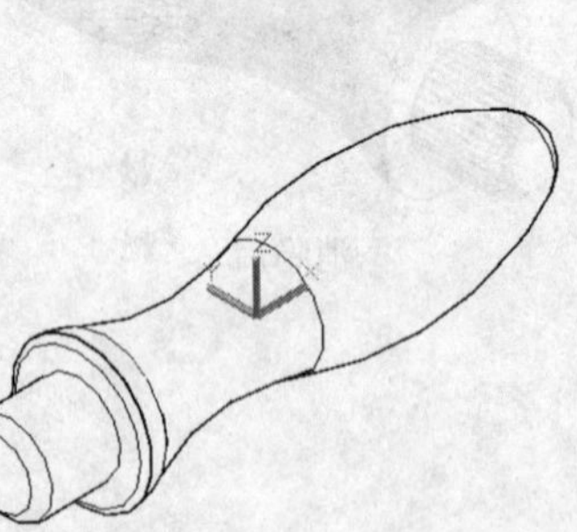

图 12-178　UCS 坐标和手柄的消隐图

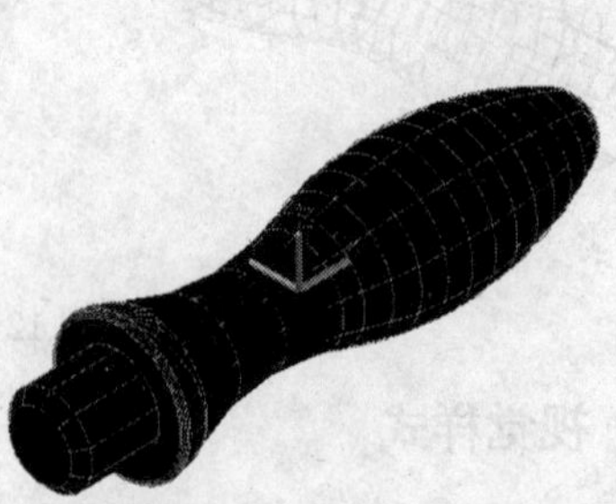

图 12-179　UCS 坐标和手柄的真实图

（5）概念：着色多边形平面间的对象，并使对象的边平滑化。着色使用冷色和暖色之间的过渡。效果缺乏真实感，但是可以更方便地查看模型的细节。图 12-180 所示是 UCS 坐标和手柄的概念图。

（6）着色：产生平滑的着色模型，图 12-181 所示是 UCS 坐标和手柄的着色图。

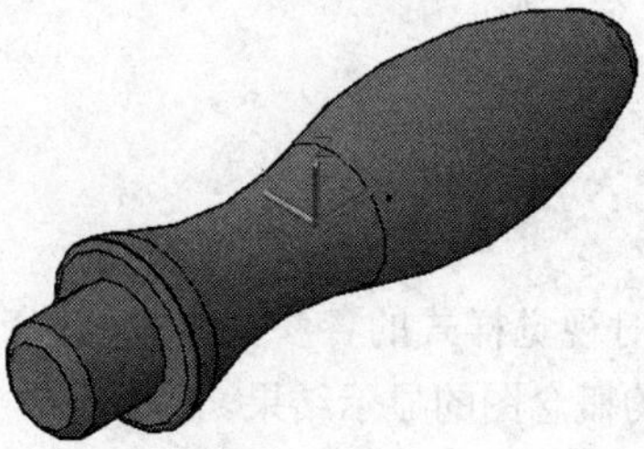

图 12-180　概念图

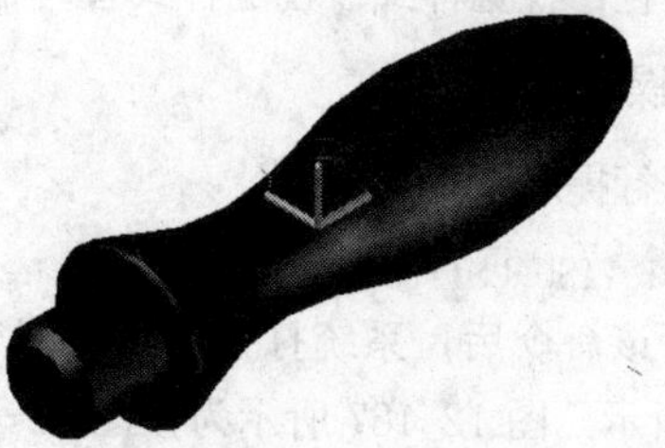

图 12-181　着色图

(7) 带边缘着色：产生平滑、带有可见边的着色模型，图 12-182 所示是 UCS 坐标和手柄的带边缘着色图。

(8) 灰度：使用单色面颜色模式可以产生灰色效果，图 12-183 所示是 UCS 坐标和手柄的灰度图。

图 12-182　带边缘着色图

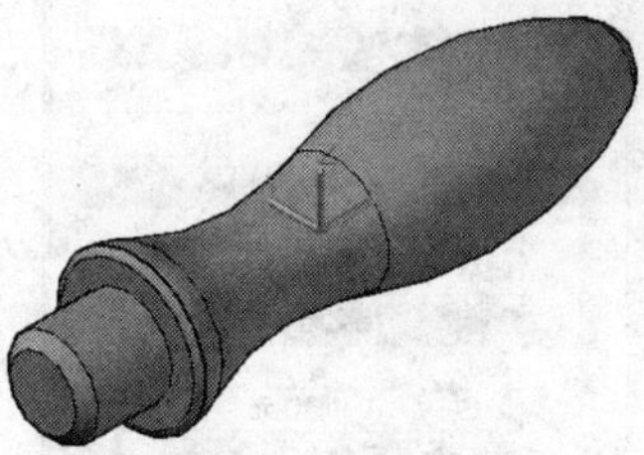

图 12-183　灰度图

(9) 勾画：使用外伸和抖动产生手绘效果，图 12-184 所示是 UCS 坐标和手柄的勾画图。

(10) X 射线：更改面的不透明度使整个场景变成部分透明，图 12-185 所示是 UCS 坐标和手柄的 X 射线图。

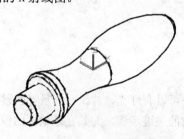

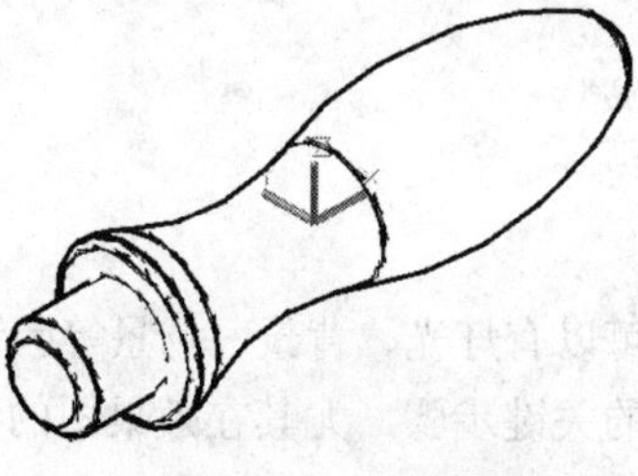

图 12-184　勾画图

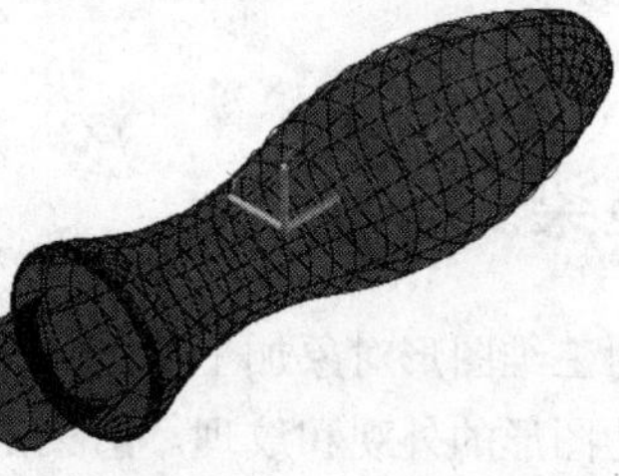

图 12-185　X 射线图

(11) 其他：输入视觉样式名称 [?]：输入当前图形中的视觉样式的名称或输入 ? 以显示名称列表并重复该提示。

12.8.3　视觉样式管理器

1. 执行方式

命令行：VISUALSTYLES

菜单：视图→视觉样式→视觉样式管理器 或 工具→选项板→视觉样式

工具栏：视觉样式→视觉样式管理器

2．操作格式

命令行提示如下：

命令：VISUALSTYLES↙

执行该命令后，系统打开视觉样式管理器，可以对视觉样式的各参数进行设置，如图 12-186 所示。图 12-187 所示为按图 12-186 进行设置的概念图的显示结果。

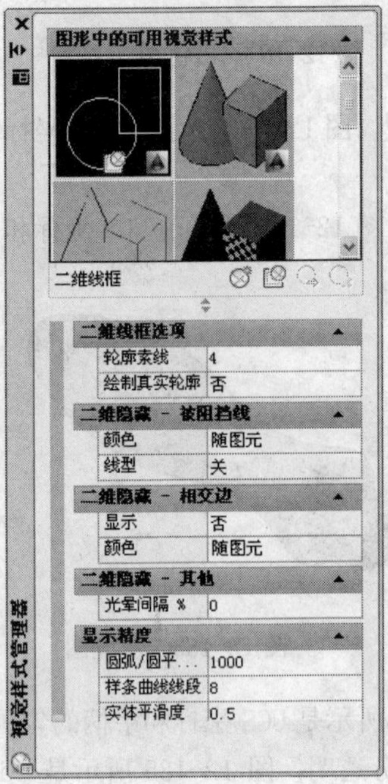

图 12-186　视觉样式管理器

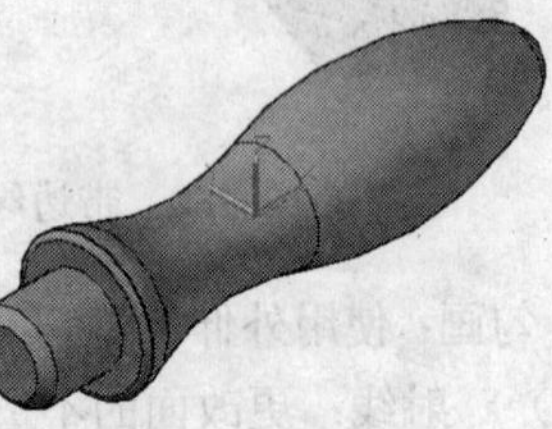

图 12-187　显示结果

12.9　渲染实体

渲染是对三维图形对象加上颜色和材质因素，还可以有灯光、背景、场景等因素，能够更真实地表达图形的外观和纹理。渲染是输出图形前的关键步骤，尤其在效果图的设计中。

12.9.1　贴图

贴图的功能是在实体附着带纹理的材质后，可以调整实体或面上纹理贴图的方向。当材质被映射后，调整材质以适应对象的形状。将合适的材质贴图类型应用到对象可以使之更加适合对象。

1．执行方式

命令行：MATERIALMAP

菜单：视图→渲染→贴图（如图 12-188 所示）

工具栏：渲染→贴图（如图 12-189 所示）或贴图（如图 12-190 所示）

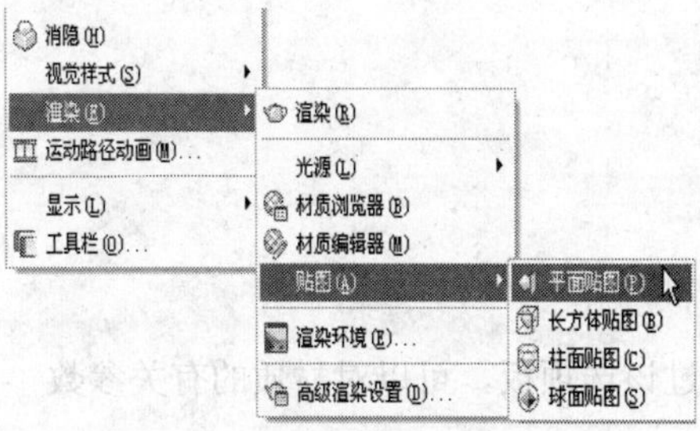

图 12-188　贴图子菜单

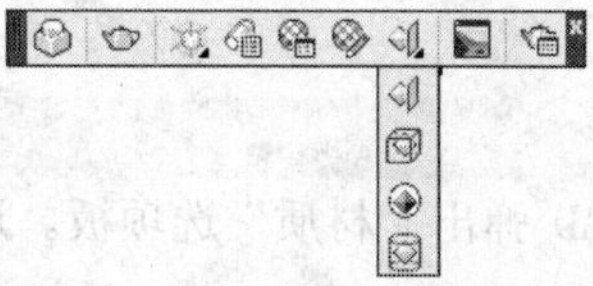

图 12-189　渲染工具栏

图 12-190　贴图工具栏

2. 操作格式

命令行提示如下：

命令：MATERIALMAP↙
选择选项[长方体(B)/平面(P)/球面(S)/柱面(C)/复制贴图至(Y)/重置贴图(R)] <长方体>:

3. 选项说明

（1）长方体：将图像映射到类似长方体的实体上。该图像将在对象的每个面上重复使用。

（2）平面：将图像映射到对象上，就像将其从幻灯片投影器投影到二维曲面上一样。图像不会失真，但是会被缩放以适应对象。该贴图最常用于面。

（3）球面：在水平和垂直两个方向上同时使图像弯曲。纹理贴图的顶边在球体的“北极”压缩为一个点；同样，底边在“南极”压缩为一个点。

（4）柱面：将图像映射到圆柱形对象上；水平边将一起弯曲，但顶边和底边不会弯曲。图像的高度将沿圆柱体的轴进行缩放。

（5）复制贴图至：将贴图从原始对象或面应用到选定对象。

（6）重置贴图：将 UV 坐标重置为贴图的默认坐标，如图 12-191 所示是球面贴图实例。

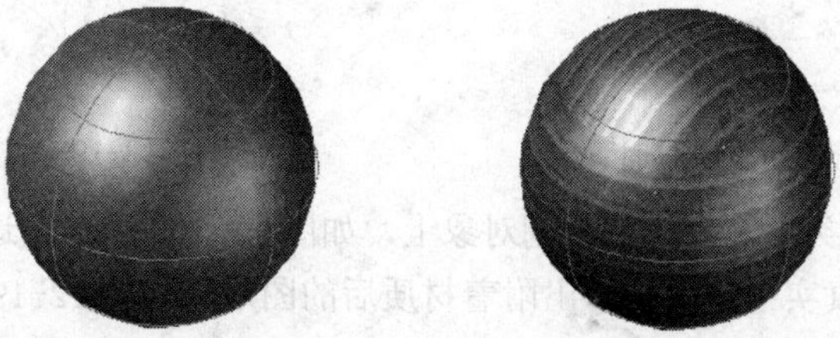

贴图前　　　　贴图后

图 12-191　球面贴图

12.9.2　材质

1. 附着材质

AutoCAD 将常用的材质都集成到工具选项板中。

（1）执行方式

命令行：MATBROWSEROPEN

菜单：视图→渲染→材质浏览器

工具栏：渲染→材质浏览器

（2）操作格式

命令行提示如下：

命令：MATBROWSEROPEN↙

执行该命令后，AutoCAD 弹出“材质”选项板。通过该选项板，可以对材质的有关参数进行设置。

具体附着材质的步骤是：

1）选择菜单栏中的“视图”→“渲染”→“材质浏览器”命令，打开“材质浏览器”对话框，如图 12-192 所示。

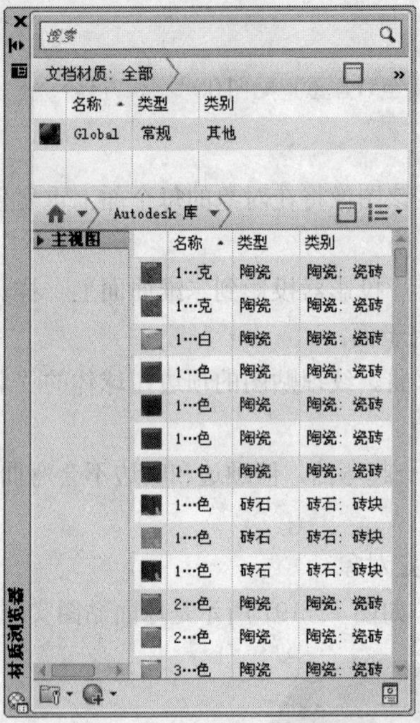

图 12-192 “材质浏览器”选项卡

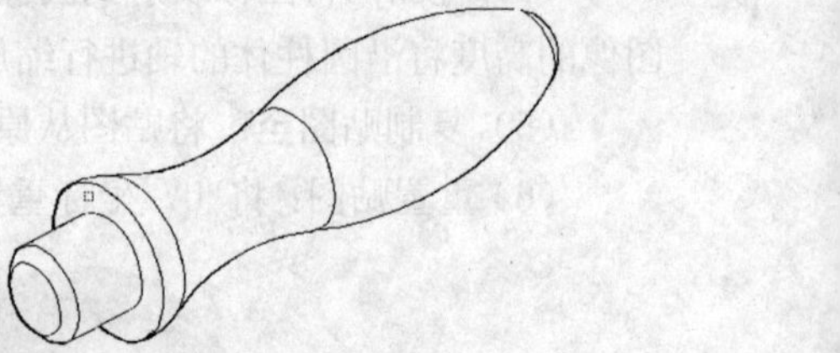

图 12-193 指定对象

2）选择需要的材质类型，直接拖动到对象上，如图 12-193 所示。这样材质就附着了。当将视觉样式转换成“真实”时，显示出附着材质后的图形，如图 12-194 所示。

2. 设置材质

（1）执行方式

命令行：mateditoropen

菜单：视图→渲染→材质编辑器

工具栏：渲染→材质编辑器

（2）操作格式

命令行提示如下：

命令：mateditoropen↙

执行该命令后，AutoCAD 弹出如图 12-195 所示的“材质编辑器”选项板。

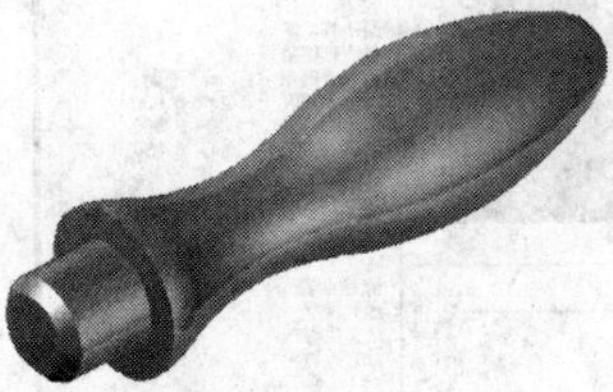

图 12-194　附着材质后

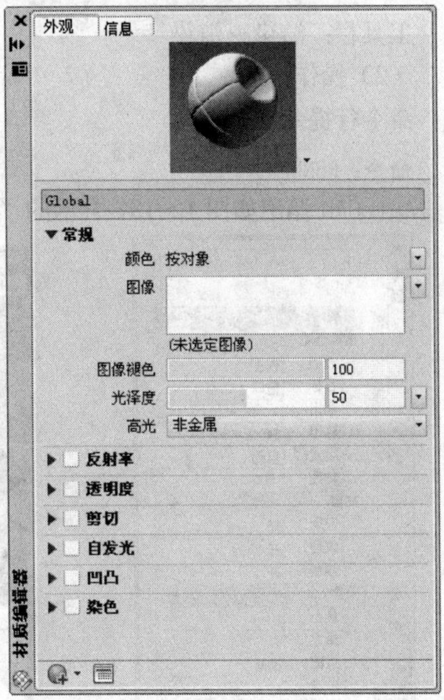

图 12-195　“材质编辑器”选项板

（3）选项说明

1)“外观”选项卡：包含用于编辑材质特性的控件。可以更改材质的名称、颜色、光泽度、反射度、透明等。

2)“信息”选项卡：包含用于编辑和查看材质的关键字信息的所有控件。

12.9.3　渲染

1. 高级渲染设置

（1）执行方式

命令行：RPREF

菜单：视图→渲染→高级渲染设置

工具栏：渲染→高级渲染设置

（2）操作格式

命令行提示如下：

命令：RPREF↙

系统打开如图 12-196 所示的“高级渲染设置”选项板。通过该选项板，可以对渲染的有关参数进行设置。

2. 渲染

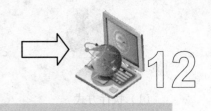

（1）执行方式

命令行：RENDER

菜单：视图→渲染→渲染

工具栏：渲染→渲染

（2）操作格式

命令行提示如下：

命令：RENDER↙

AutoCAD 弹出如图 12-197 所示的“渲染”对话框，显示渲染结果和相关参数。

图 12-196 “高级渲染设置”选项板

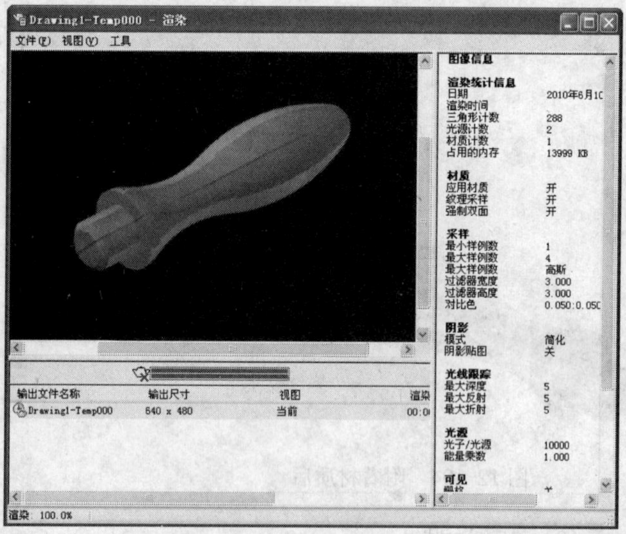

图 12-197 “渲染”对话框

12.10 综合实例——脚踏座

经过前面的学习，已经相对完整地介绍了三维造型设计和编辑的相关功能，为了进一步巩固和加深读者的认识，下面绘制如图 12-198 所示的脚踏座。

图 12-198 脚踏座

光盘路径　光盘\动画演示\第 12 章\脚踏座.avi

操作步骤

01 设置线框密度。在命令行中输入 Isolines，设置线框密度为 10。单击“视图”工具栏中的“西南等轴测”按钮，切换到西南等轴测图。

02 创建长方体。单击“建模”工具栏中的“长方体”按钮，以坐标原点为角点，创建长 15、宽 45、高 80 的长方体。

03 创建面域。

❶单击“视图”工具栏中的“左视”按钮，切换到左视图，绘制矩形及二维图形。

❷单击“绘图”工具栏中的“矩形”按钮，捕捉长方体左下角点为第一个角点，以（@15，80）为第二个角点，绘制矩形。

❸单击“绘图”工具栏中的按钮，从（-10，30）到（@0，20）绘制直线。

❹单击“修改”工具栏中的“偏移”按钮，将直线向左偏移 10。

❺单击“修改”工具栏中的“圆角”按钮，对偏移的两条平行线进行倒圆角操作。

❻单击“绘图”工具栏中的“面域”按钮，将直线与圆角组成的二维图形创建为面域。结果如图 12-199 所示。

04 创建拉伸实体。单击“视图”工具栏中的“西南等轴测图”按钮，切换到西南等轴测图。单击“建模”工具栏中的“拉伸”按钮，分别将矩形拉伸-4，将面域拉伸-15。

05 差集运算。单击“实体编辑”工具栏中的“差集”按钮，将长方体与拉伸实体进行差集运算。结果如图 12-200 所示。

06 设置用户坐标系。在命令行输入 Ucs，将坐标系绕系统 Y 轴旋转 90° 并将坐标原点移动到（74，135，-45）。

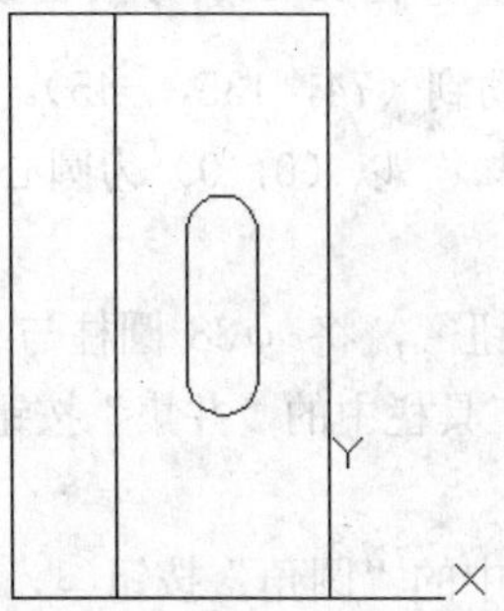

图 12-199　绘制矩形及二维图形

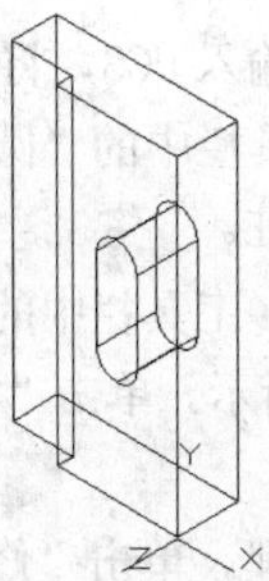

图 12-200　差集后的实体

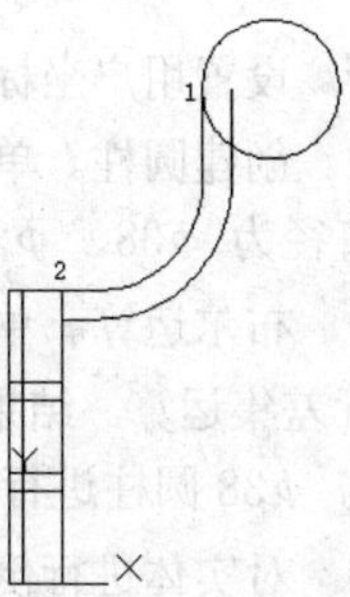

图 12-201　偏移多段线

07 绘制二维图形，并创建为面域。

❶单击“绘图”工具栏中的“圆”按钮，以（0，0）为圆心，绘制直径为 $\phi 38$ 的圆。单击“视图”工具栏中按钮，切换到前视图。

❷单击“绘图”工具栏中的“多段线”按钮，如图 12-201 所示，从 $\phi 38$ 圆的左象

限点 1→（@0，-55）→长方体角点 2，绘制多段线。

❸单击“修改”工具栏中的“圆角”按钮，对多段线进行倒圆角操作。圆角半径为 R30。

❹单击“修改”工具栏中的“偏移”按钮，将多段线向下偏移 8。

❺单击“绘图”工具栏中的“多段线”按钮，如图 12-202 所示，从点 3（端点）→点 4（象限点），绘制直线；从点 4→点 5，绘制半径为 100 的圆弧；从点 5→点 6（端点），绘制直线。

❻单击“绘图”工具栏中的“直线”按钮，如图 12-202 所示，从点 6→点 2，从点 1→点 3，绘制直线。单击“修改”工具栏中的“复制”按钮，在原位置复制多段线 36。

❼单击“修改”工具栏中的“删除”按钮，删除 ϕ38 圆。在命令行中输入 pedit 命令，将绘制的二维图形创建为面域 1 及面域 2，结果如图 12-203 所示。

08 拉伸面域。单击“视图”工具栏中的“西南等轴测”按钮，切换到西南等轴测图。单击“建模”工具栏中的“拉伸”按钮，将面域 1 拉伸 20，面域 2 拉伸 4，结果如图 12-204 所示。

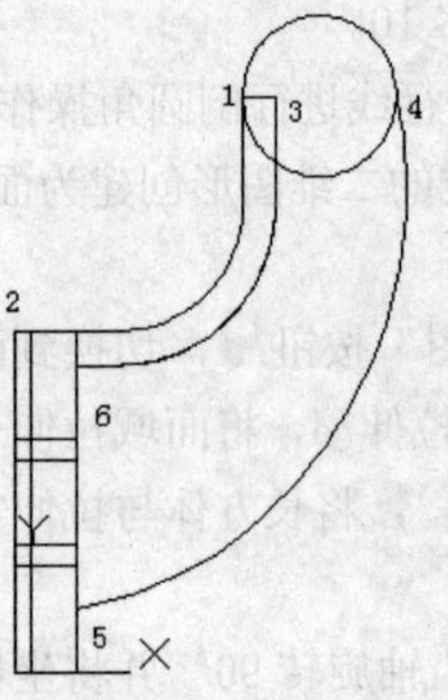

图 12-202　绘制多段线及直线

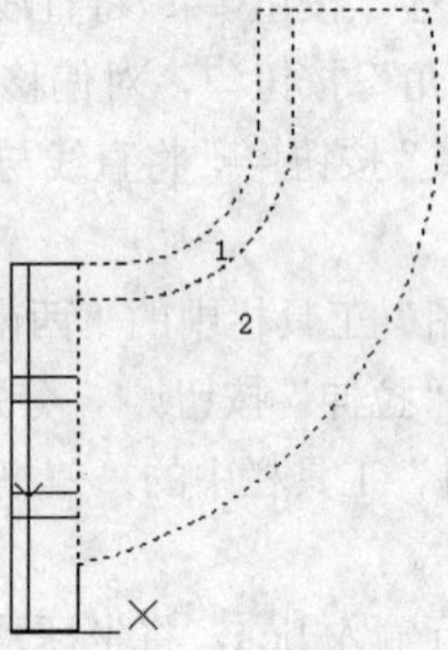

图 12-203　创建面域

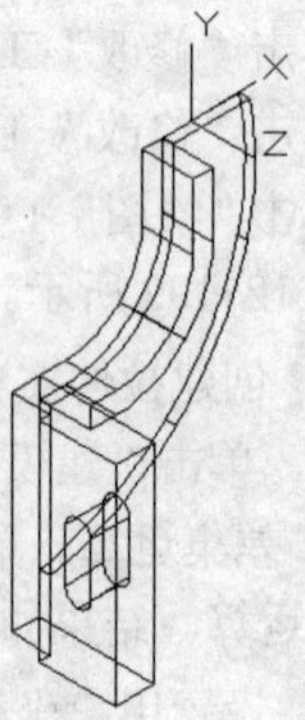

图 12-204　拉伸面域

09 设置用户坐标系。在命令行输入 UCS，将坐标原点移动到（74，135，-45）。

10 创建圆柱。单击“建模”工具栏中的“圆柱体”按钮，以（0，0）为圆心，分别创建直径为 ϕ38、ϕ20，高 30 的圆柱。

11 布尔运算。单击“实体编辑”工具栏中的“差集”按钮，将 ϕ38 圆柱与 ϕ20 圆柱进行差集运算。结果如图 12-205 所示。单击“实体编辑”工具栏中的“并集”按钮，将实体与 ϕ38 圆柱进行并集运算。

12 对实体进行倒圆角及倒角处理。单击“修改”工具栏中的“圆角”按钮，对长方体前端面及对拉伸实体 1 进行倒圆角操作，圆角半径为 R10，对拉伸实体 2 倒圆角 R20；单击“修改”工具栏中的“倒角”按钮，对 ϕ20 圆柱前端面进行倒角操作，倒角距离为 1。

13 镜像实体。选择菜单栏中的“修改”→“三维操作”→“三维镜像”命令，将实体以当前 XY 面为镜像面，进行镜像操作。

单击“实体编辑”工具栏中的“并集”按钮，将所有物体进行并集处理。

单击“渲染”工具栏中的“消隐”按钮，进行消隐处理后的图形，如图 12-206 所示。

14 设置用户坐标系。将坐标原点移动到（0，15，0），并将其绕 X 轴旋转-90°。

15 创建圆柱。单击“建模”工具栏中的“圆柱体”按钮，以（0，0）为圆心，分别创建直径为 $\phi16$、高 10 及直径为 $\phi8$、高 20 的圆柱。

16 差集运算。单击“实体编辑”工具栏中的“差集”按钮，将实体及 $\phi16$ 圆柱与 $\phi8$ 圆柱进行差集运算。

17 并集运算。单击“实体编辑”工具栏中的“并集”按钮，将所有物体进行并集处理。

18 渲染处理。选择菜单栏中的“视图”→“渲染”→“材质浏览器”命令，打开“材质”选项板，如图 12-207 所示。

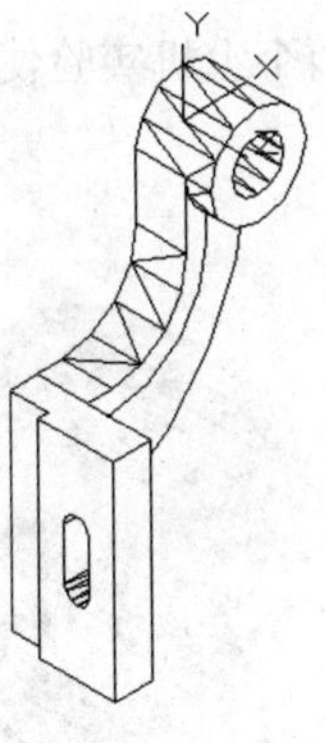

图 12-205 布尔运算后的实体

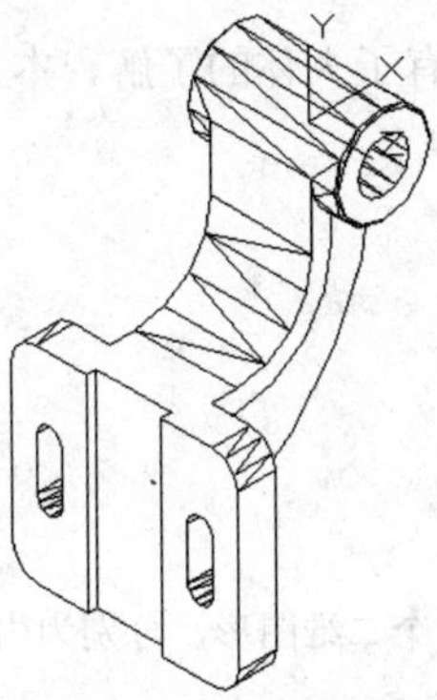

图 12-206 镜像实体

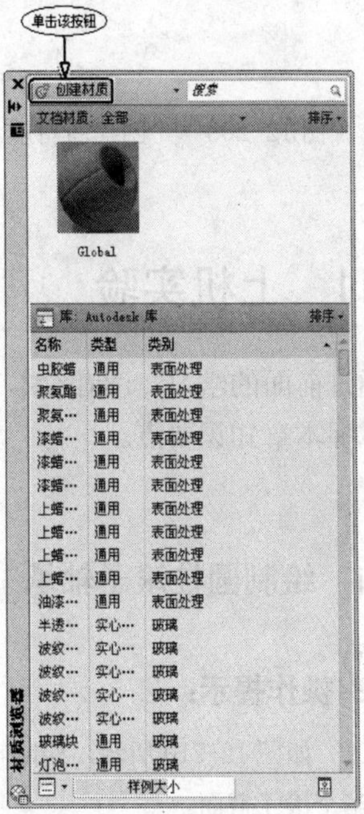

图 12-207 “材质”选项板

19 在“材质”窗口中，单击样品下的按钮条中的“创建新材质”按钮，下拉列表中选择所需材质。打开“创建材质”对话框如图 12-208 所示。

20 在“材质浏览器”中选择创建的材质球单击鼠标右键弹出的菜单中选择“指定给当前选择”。

21 渲染设置。选择菜单栏中的“视图”→“渲染”→“高级渲染设置”命令，打开“高级渲染设置”选项板，如图 12-209 所示。设置相关的渲染参数后，关闭“高级渲染设置”选项板。

22 图形渲染。选择菜单栏中的“视图”→“渲染”→“渲染”命令打开“渲染”对话框，并进行自动渲染，结果如图 12-198 所示。

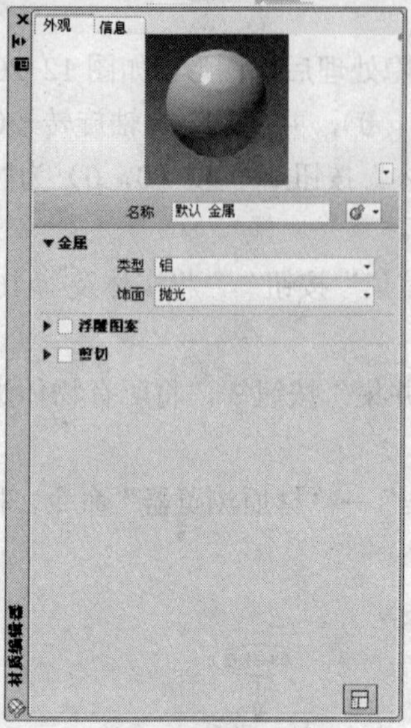

图 12-208 “创建新材质”对话框

图 12-209 “高级渲染设置”选项板

12.11 上机实验

通过前面的学习，读者对本章知识也有了大体的了解，本节通过两个上机实验使读者进一步掌握本章知识要点。

实验 1 绘制圆柱滚子轴承

图 12-210 圆柱滚子轴承

操作提示：

（1）如图 12-210 所示，绘制轴承截面 3 个二维图形，分别为内圈、外圈和半个滚子截面。

（2）生成 3 个面域。

（3）以中心线为轴旋转内外圈截面。

（4）以半个滚子截面的上边为轴旋转半个滚子截面。

（5）阵列滚动体。

（6）将所有绘制对象进行并集运算。

（7）渲染处理。

实验 2 绘制带轮

图 12-211 带轮

操作提示：

（1）绘制截面轮廓线。

（2）旋转截面。

（3）绘制轮毂。

（4）绘制孔截面。

（5）拉伸孔截面。

12.12 思考与练习

通过前面的学习，读者对本章知识也有了大体的了解，本节通过几个练习使读者进一步掌握本章知识要点。

1．绘制如图 12-212 所示的带轮。

2．绘制如图 12-213 所示的齿轮。

3．绘制如图 12-214 所示的弯管接头。

图 12-212 带轮

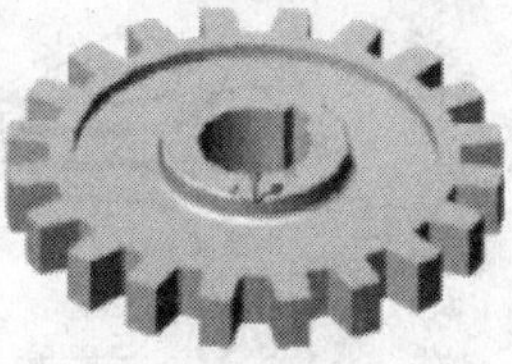

图 12-213 齿轮

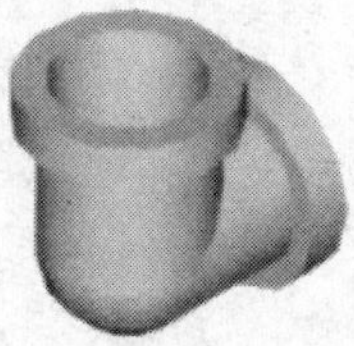

图 12-214 弯管接头

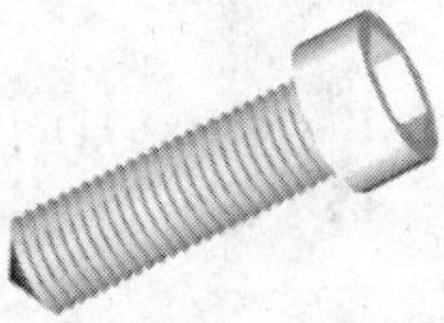

图 12-215 内六角螺钉

4．绘制如图 12-215 所示的内六角螺钉。

5．绘制如图 12-216 所示的转向盘，并进行渲染处理。

6．绘制如图 12-217 所示的旋塞体，并赋材渲染。

7．绘制如图 12-218 所示的缸套并赋材渲染。

8．绘制如图 12-219 所示的连接盘并赋材渲染。

图 12-216 转向盘

图 12-217 旋塞体

图 12-218 缸套

图 12-219 连接盘

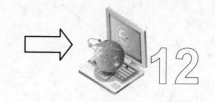

第13章机械设计工程案例

在学习了前面的相关 AutoCAD 绘图基本功能后，读者对 AutoCAD 的功能已经有了完整的了解。本章将通过两个具体实例结合 AutoCAD 在机械设计领域的应用讲述 AutoCAD 机械设计相关知识，通过完整介绍阀盖、球阀装配的设计过程，帮助读者更深一步掌握 AutoCAD 在机械专业领域的应用方法与技巧。

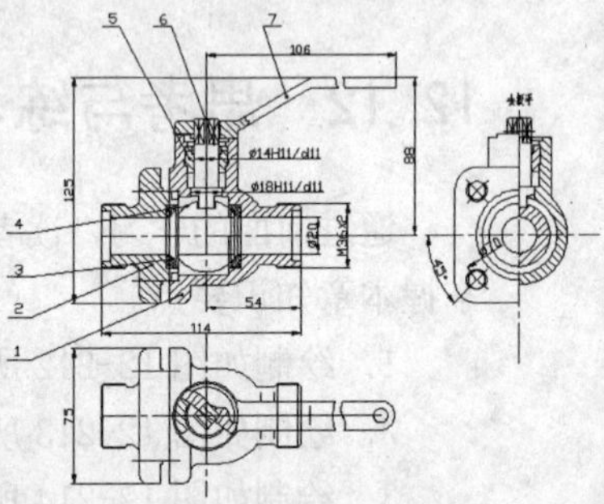

106
114
54

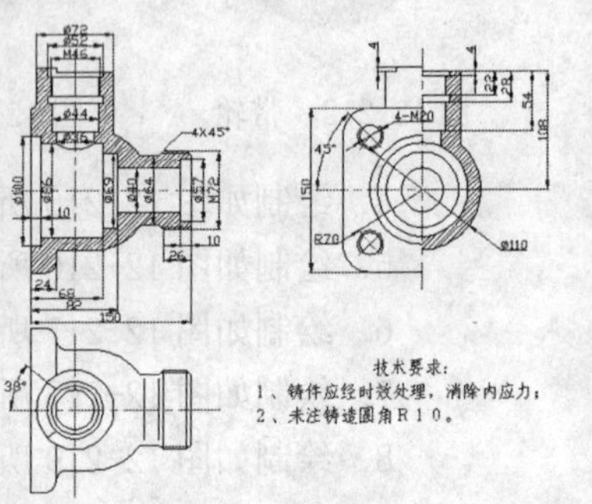

技术要求：
1、铸件应经时效处理，消除内应力；
2、未注铸造圆角R10。

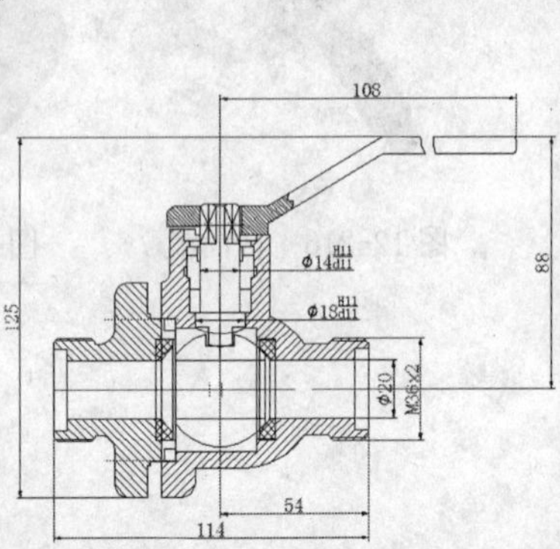

108
88
125
54
114

知识点

- 阀体零件图
- 球阀装配图

13.1 阀体零件图

零件图是设计者用以表达对零件设计意图的一种技术文件。完整的零件图包括一组视图、尺寸、技术要求、标题栏等内容，如图 13-1 所示，本节以球阀阀体这个典型的机械零件的设计和绘制过程为例，讲述零件图的绘制方法和过程。

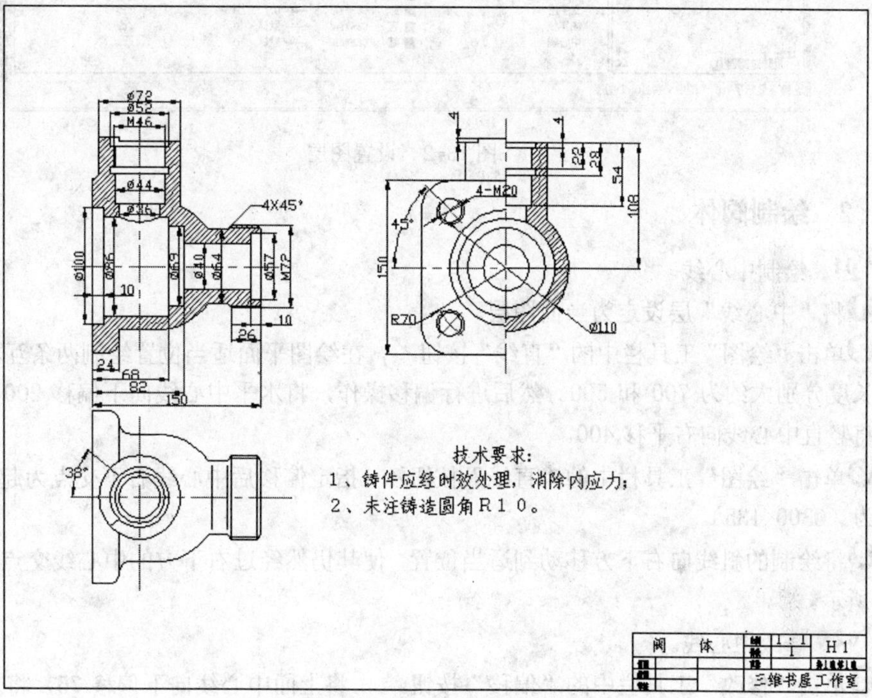

技术要求：
1、铸件应经时效处理，消除内应力；
2、未注铸造圆角R10。
阀 体
H1
三维书屋工作室

图 13-1 阀体零件图

光盘路径

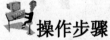

光盘\动画演示\第 13 章\阀体零件图.avi

操作步骤

13.1.1 配置绘图环境

01 建立新文件。启动 AutoCAD 2014 应用程序，以“A3.dwt”样板文件为模板，建立新文件；将新文件命名为“阀体.dwg”并保存。

02 设置绘图工具栏。在任意工具栏处单击鼠标右键，在打开的快捷菜单中选择“标准”、“图层”、“特性”、“绘图”、“修改”和“标注”这 6 个选项，调出这些工具栏，并将它们移动到绘图窗口中的适当位置。

03 缩放视图。单击“标准”工具栏中的“实时缩放”按钮，显示全部图形。

04 新建图层。单击“图层”工具栏中的“图层特性管理器”按钮，设置图层如图 13-2

所示。

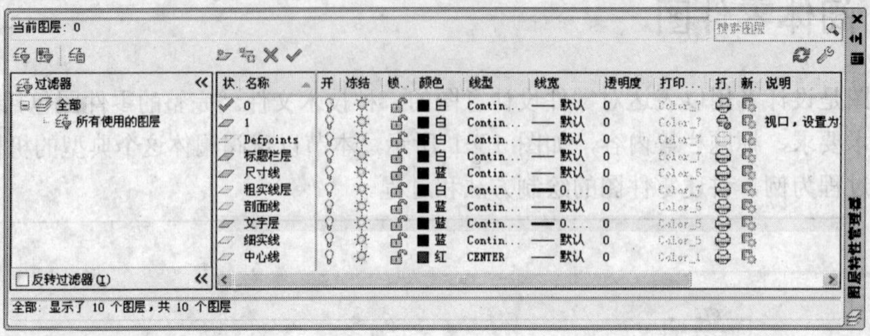

图 13-2　设置图层

13.1.2　绘制阀体

01 绘制中心线。

❶将“中心线”层设定为当前图层。

❷单击“绘图”工具栏中的“直线”按钮，在绘图平面适当位置绘制两条互相垂直的直线，长度分别大约为 700 和 500。然后进行偏移操作，将水平中心线向下偏移 200。用同样方法，将竖直中心线向右平移 400。

❸单击“绘图”工具栏中的“直线”按钮，指定偏移后中心线右下交点为起点，下一点坐标为（@300<135）。

❹将绘制的斜线向右下方移动到适当位置，使其仍然经过右下方的中心线交点，结果如图 13-3 所示。

02 修改中心线。

❶单击“修改”工具栏中的“偏移”按钮，将上面中心线向下偏移 75，将左边中心线向左偏移 42。选择偏移形成的两条中心线，如图 13-4 所示。

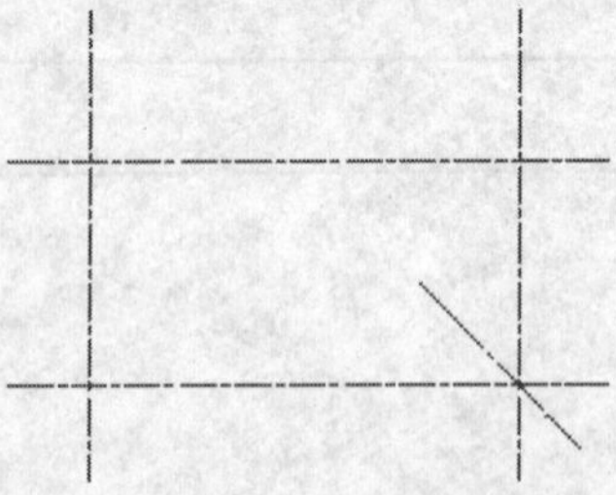

图 13-3　中心线和辅助线

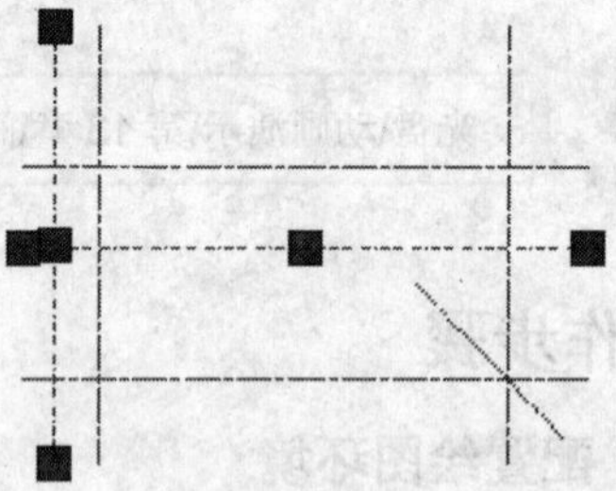

图 13-4　绘制的直线

❷在图层工具栏的图层下拉列表中选择“粗实线”层，则这两条中心线转换成粗实线，同时其所在图层也转换成“粗实线”层，如图 13-5 所示。

❸单击“修改”工具栏中的“修剪”按钮，将转换的两条粗实线修剪成如图 13-6 所示。

03 偏移与修剪图线。

❶单击“修改”工具栏中的“偏移 ”按钮，分别将刚修剪的竖直线向右偏移 10、24、58、68、82、124、140、150；将水平线向上偏移 20、25、32、39、40.5、43、46.5、55，结

果如图 13-7 所示。

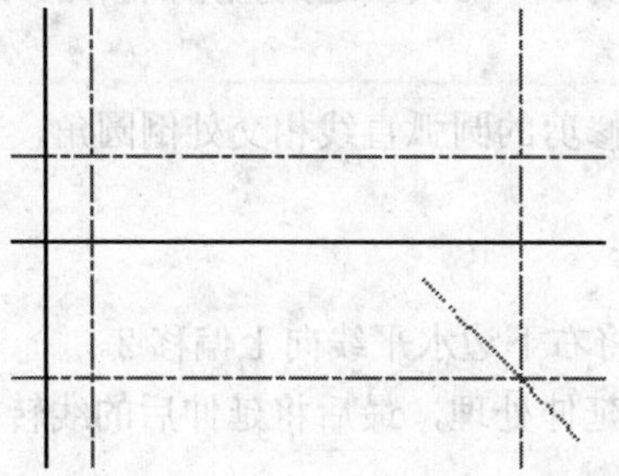

图 13-5　转换图线

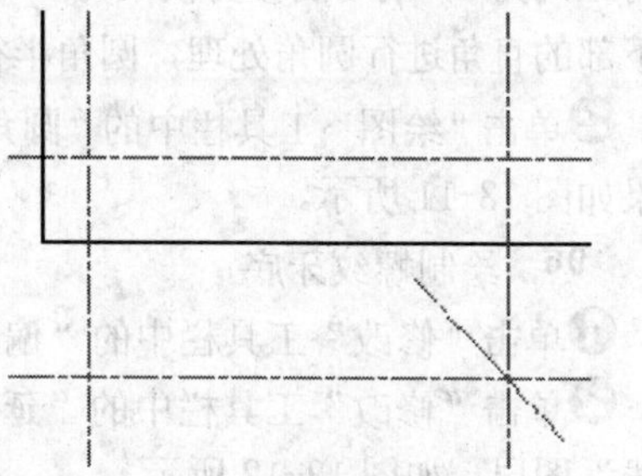

图 13-6　修剪图线

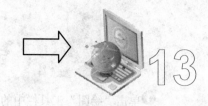

❷单击“修改”工具栏中的“修剪”按钮，将图 13-7 所示图形修剪成如图 13-8 所示图形。

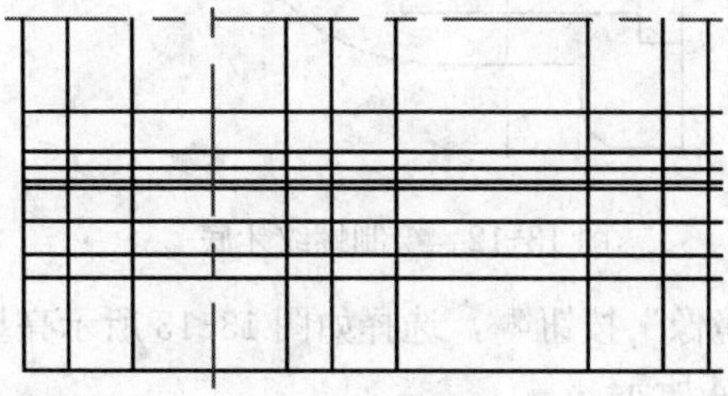

图 13-7　偏移图线

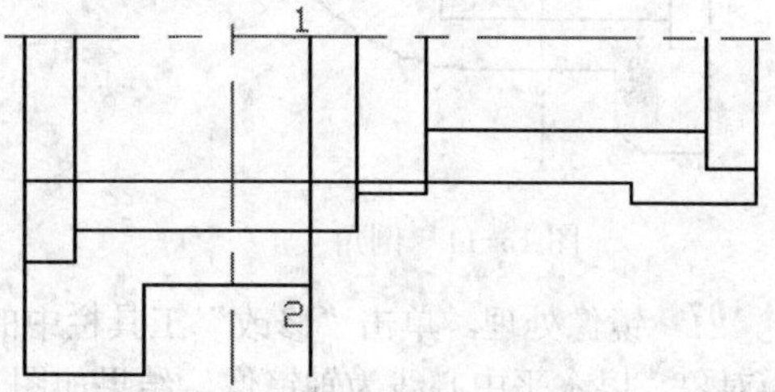

图 13-8　修剪图线

04 绘制圆弧。

❶单击“绘图”工具栏中的“圆弧”按钮，以图 13-8 中 1 点为圆心，以 2 点为起点绘制圆弧，圆弧终点为适当位置，如图 13-9 所示。

❷单击“修改”工具栏中的“删除”按钮，删除 1、2 位置直线。

❸单击“修改”工具栏中的“修剪”按钮，修建圆弧以及与它相交的直线，结果如图 13-10 所示。

> 注意：这种方式称为互相修剪，即互相作为修剪边界和修剪对象。这种方式操作比较简洁。

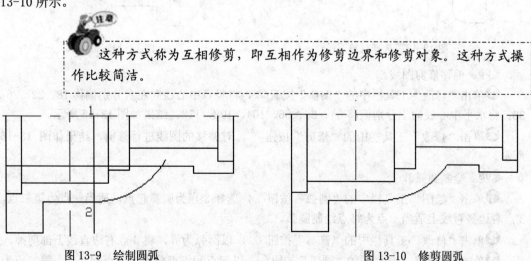

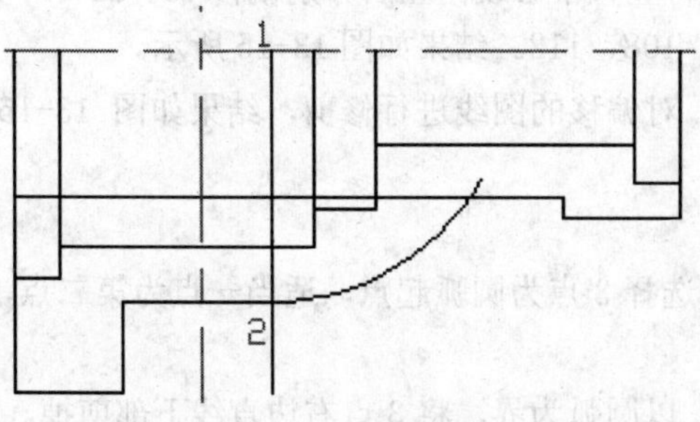

图 13-9　绘制圆弧

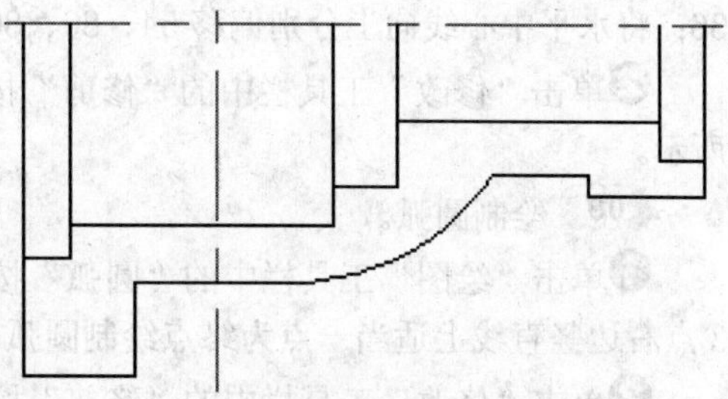

图 13-10　修剪圆弧

05 倒角。

❶单击“绘图”工具栏中的“倒角”按钮，进行倒角处理，对右下边的直角进行倒角，倒角距离为 4，采用的修剪模式为“不修剪”。用相同方法，对其左边的直角倒斜角，距离为 4。对下部的直角进行圆角处理，圆角半径为 10。

❷单击“绘图”工具栏中的“圆角”按钮，对修剪的圆弧直线相交处倒圆角，半径为 3，结果如图 13-11 所示。

06 绘制螺纹牙底。

❶单击“修改”工具栏中的“偏移”按钮，将右下边水平线向上偏移 2。

❷单击“修改”工具栏中的“延伸”按钮，延伸处理，最后将延伸后的线转换到“细实线”图层，如图 13-12 所示。

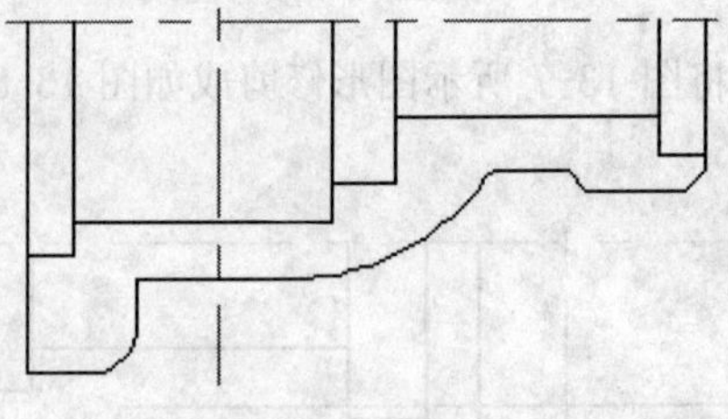

图 13-11　倒角

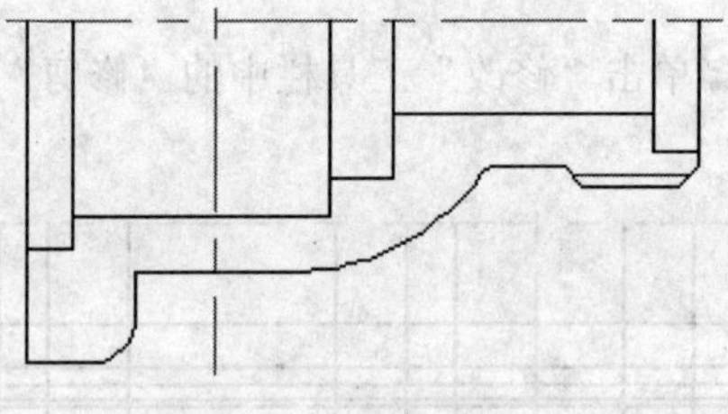

图 13-12　绘制螺纹牙底

07 镜像处理。单击“修改”工具栏中的“镜像”按钮，选择如图 13-13 所示亮显对象为对象，以水平中心线为轴镜像，结果如图 13-14 所示。

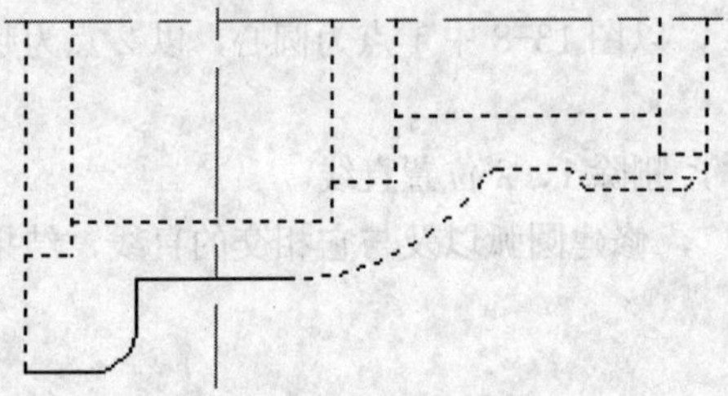

图 13-13　选择对象

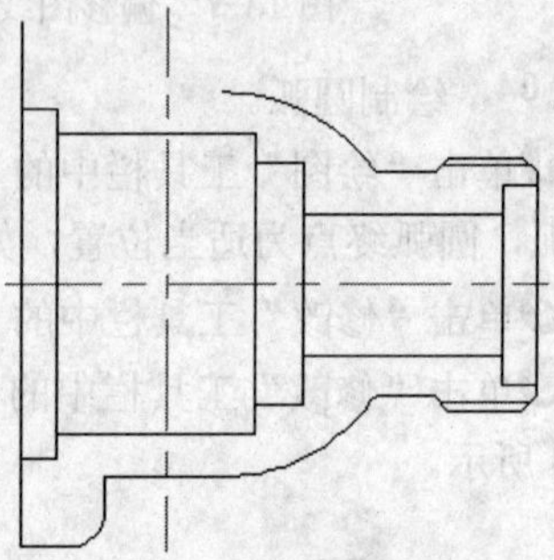

图 13-14　镜像

08 偏移修剪图线。

❶单击“修改”工具栏中的“偏移”按钮，将竖直中心线向左右分别偏移 18、22、26、36；将水平中心线向上分别偏移 54、80、86、104、108、112。结果如图 13-15 所示。

❷单击“修改”工具栏中的“修剪”按钮，对偏移的图线进行修剪，结果如图 13-16 所示。

09 绘制圆弧。

❶单击“绘图”工具栏中的“圆弧”按钮，选择 3 点为圆弧起点，适当一点为第二点，3 点右边竖直线上适当一点为终点绘制圆弧。

❷单击“修改”工具栏中的“修剪”按钮，以圆弧为界，将 3 点右边直线下部剪掉。

❸单击“绘图”工具栏中的“圆弧”按钮，以起点和终点分别为 4 点和 5 点，第二点为竖直中心线上适当位置一点，结果如图 13-17 所示。

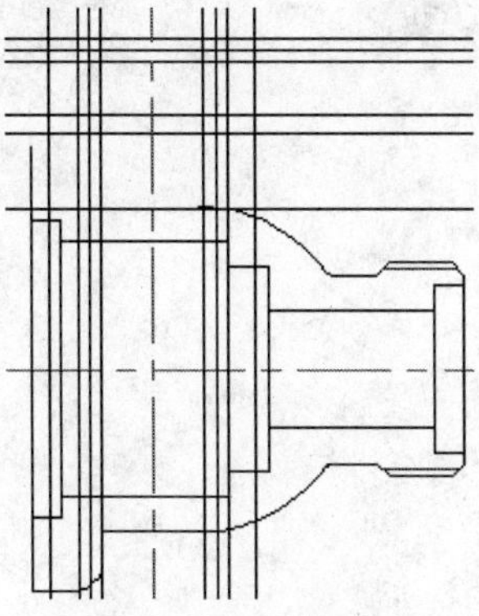

图 13-15 偏移图线

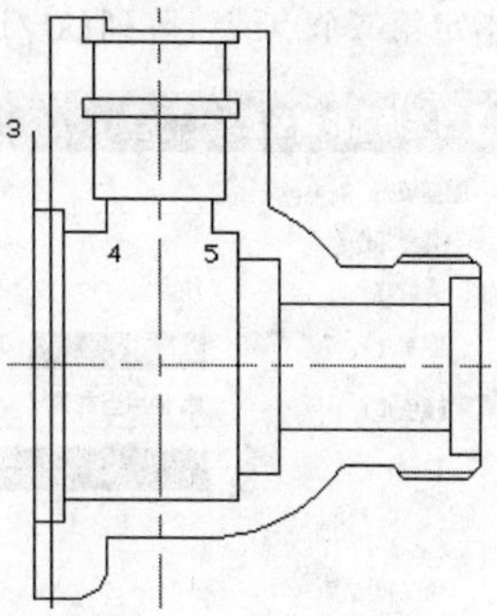

图 13-16 修剪处理

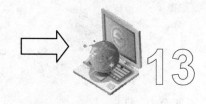

要严格地确定第二条圆弧的第二点，必须在绘制左视图后，通过左视图上的点依据主视图与左视图“高平齐”的原则定位。这里为了绘制简单，大体确定了此点。

10 绘制螺纹牙底。将图 13-17 中 6、7 两条线各向外偏移 1，然后将其转换到“细实线”层，结果如图 13-18 所示。

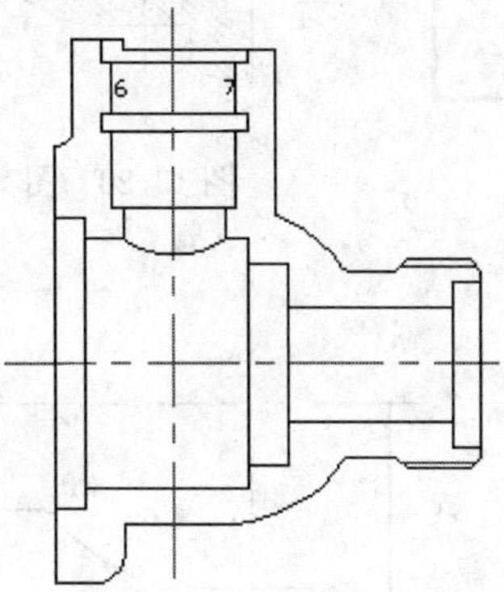

图 13-17 绘制圆弧

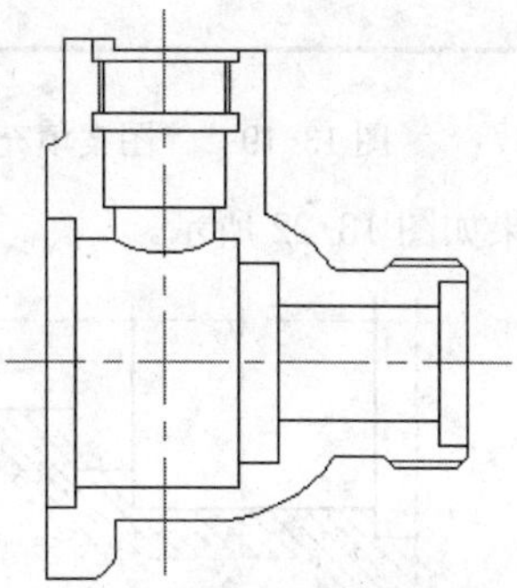

图 13-18 绘制螺纹牙底

11 图案填充。将图层转换到“剖面线”层。单击“绘图”工具栏中的“图案填充”按钮，打开“图案填充与渐变色”对话框，进行如图 13-19 所示设置，选择填充区域进行填充，如图 13-20 所示。

12 绘制俯视图。单击“修改”工具栏中的“复制”按钮，将图 13-21 主视图中高亮部分复制。

命令:_copy

选择对象:

当前设置: 复制模式 = 多个

指定基点或 [位移(D)/模式(O)] <位移>: (指定主视图水平线上一点)

指定第二个点或 [阵列(A)]或 <使用第一个点作为位移>:(打开“正交”开关，指定下面的水平中

心线上一点）

指定第二个点或［阵列(A)/退出(E)/放弃(U)］<退出>:↙

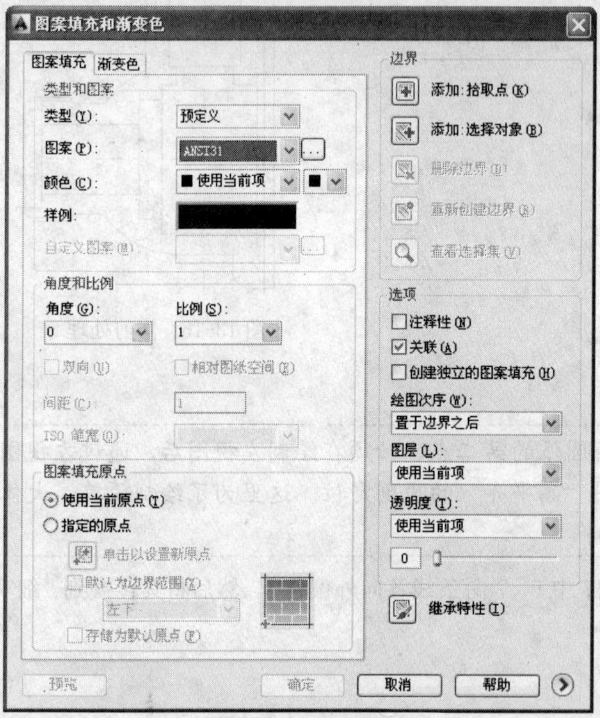

图 13-19 “图案填充与渐变色” 对话框

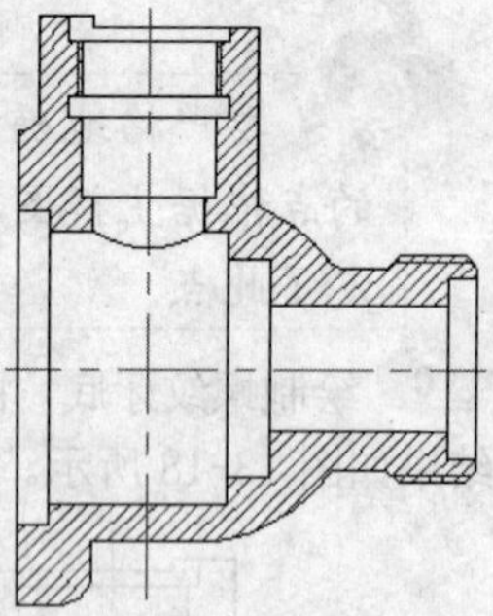

图 13-20 图案填充

结果如图 13-22 所示。

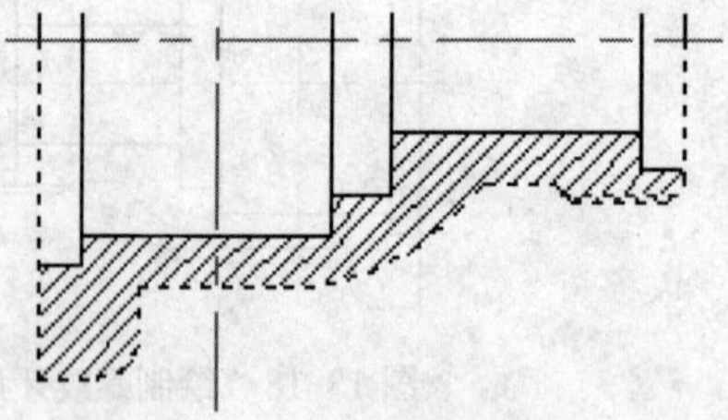

图 13-21 选择对象

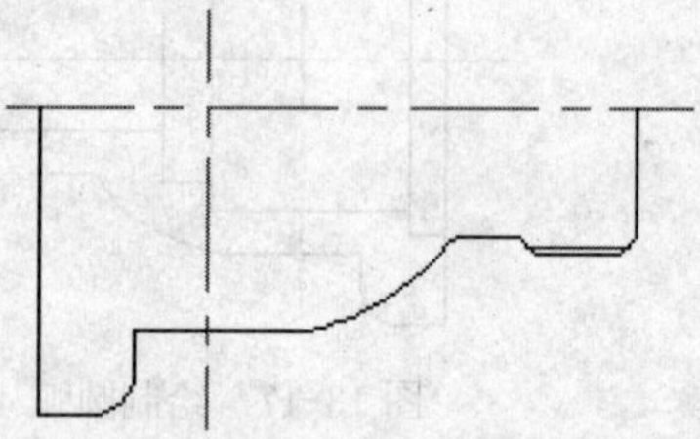

图 13-22 复制结果

13 绘制辅助线。捕捉主视图上相关点，向下绘制竖直辅助线，如图 13-23 所示。

14 绘制轮廓线。按辅助线与水平中心线交点指定的位置点，以左下边中心线交点为圆心，以这些交点为圆弧上一点绘制 4 个同心圆。以左边第 4 条辅助线与从外往里第 2 个圆的交点为起点绘制直线。打开状态栏上“DYN”开关，适当位置指定终点，绘制与水平线成 232° 角的直线。如图 13-24 所示。

15 整理图线。

❶单击“修改”工具栏中的“修剪”按钮，以最外面圆为界修建刚绘制的斜线，以水平中心线为界修剪最右边辅助线。删除其余辅助线，结果如图 13-25 所示。

❷单击“修改”工具栏中的“圆角”按钮，对俯视图同心圆正下方的直角以 10 为半径倒圆角；单击“修改”工具栏中的“打断”按钮，将刚修剪的最右边辅助线打断，结果如图 13-26 所示。

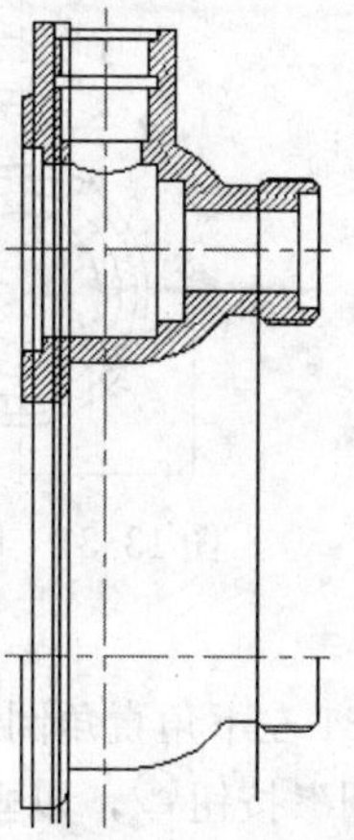
图 13-23　绘制辅助线

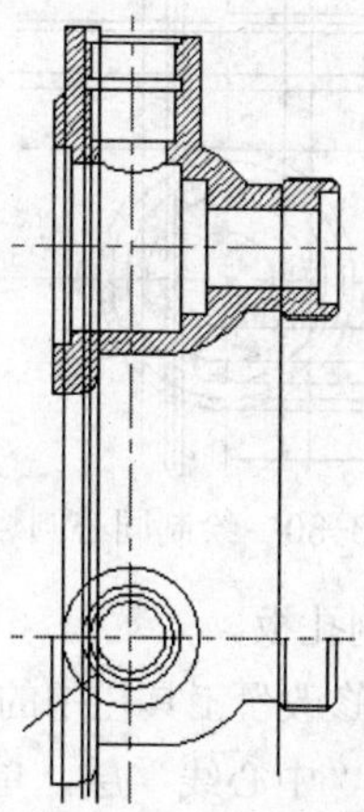
图 13-24　绘制轮廓线

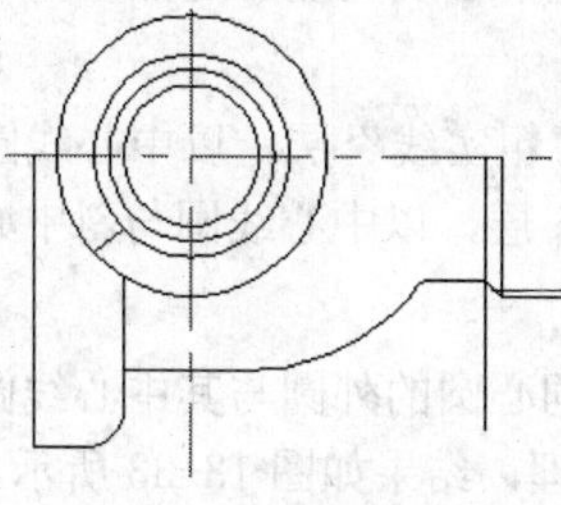
图 13-25　修剪与删除

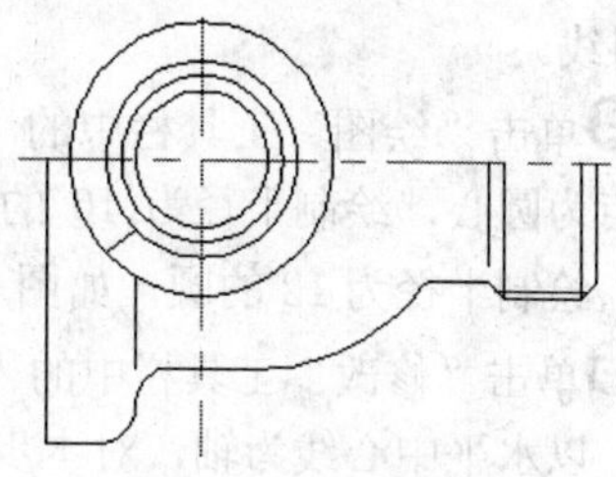
图 13-26　圆角与打断

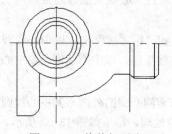

❸单击“修改”工具栏中的“延伸”按钮，以刚倒圆角的圆弧为界，将圆角形成的断开直线延伸。将刚打断的辅助线向左边适当位置平行复制，结果如图 13-27 所示。

以水平中心线为轴，将水平中心线以下所有对象镜像，最终的俯视图如图 13-28 所示。

16 绘制左视图。单击“绘图”工具栏中的“直线”按钮，捕捉主视图与左视图上相关点，绘制如图 13-29 所示的水平与竖直辅助线。

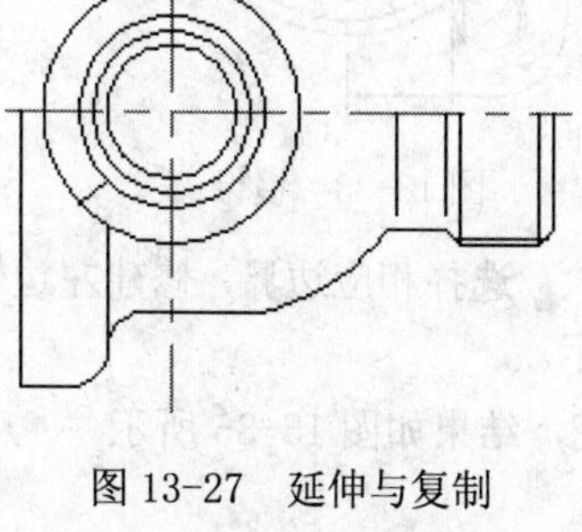
图 13-27　延伸与复制

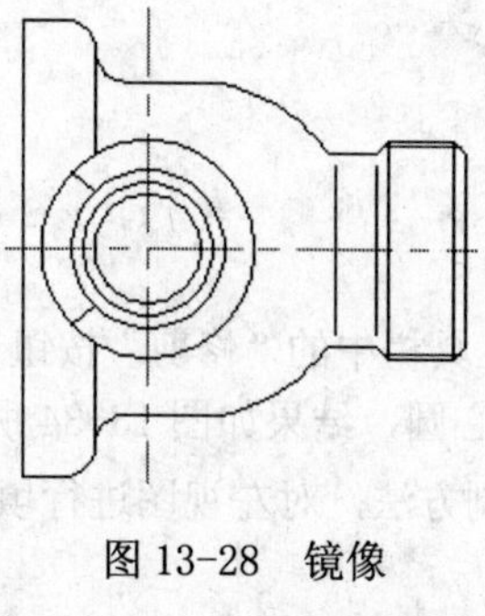
图 13-28　镜像

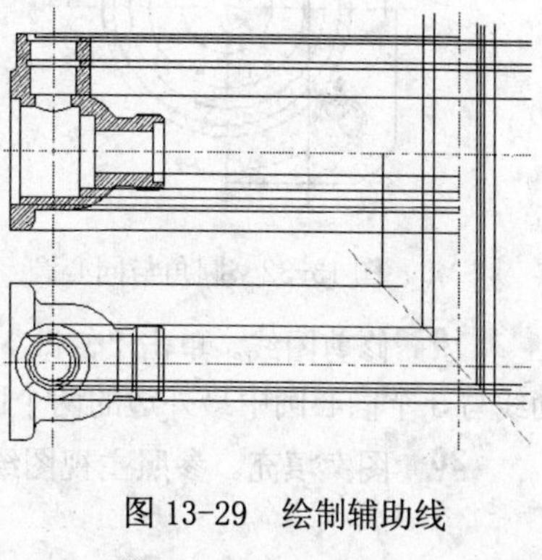
图 13-29　绘制辅助线

17 绘制初步轮廓线。单击“绘图”工具栏中的“圆”按钮，按水平辅助线与左视图中心线指定的交点为圆弧上的一点，以中心线交点为圆心绘制 5 个同心圆，并初步修建辅助线，如图 13-30 所示。进一步修剪辅助线，如图 13-31 所示。

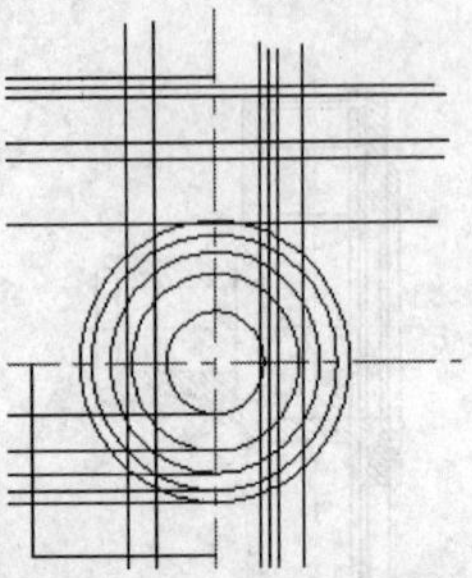

图 13-30　绘制同心圆

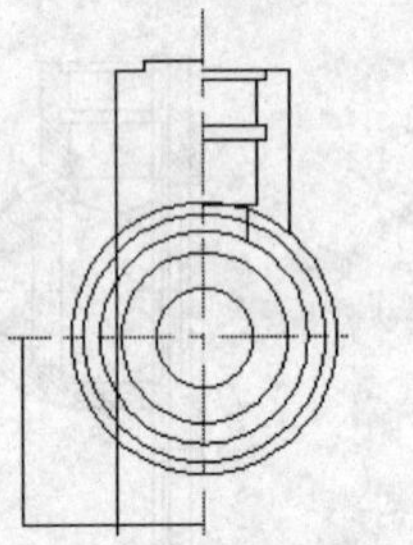

图 13-31　修剪图线

18 绘制孔板。

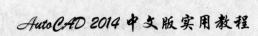

❶单击“修改”工具栏中的“圆角”按钮，对图 13-31 左下角直角倒圆角，半径为 25。

❷转换到“中心线”层，单击“绘图”工具栏中的“圆”按钮，以垂直中心线交点为圆心绘制半径为 70 的圆。

❸单击“绘图”工具栏中的“直线”按钮，以垂直中心线交点为起点，向左下方绘制 45º 斜线。

❹单击“绘图”工具栏中的“圆”按钮，转换到“粗实线”层，以中心线圆与斜中心线交点为圆心，绘制半径为 10 的圆，再转换到“细实线”层，以中心线圆与斜中心线交点为圆心，绘制半径为 12 的圆，如图 13-32 所示。

❺单击“修改”工具栏中的“打断”按钮，修剪同心圆的外圆与其中心线圆与斜线，然后，以水平中心线为轴，对本步前面绘制的对象镜像处理，结果如图 13-33 所示。

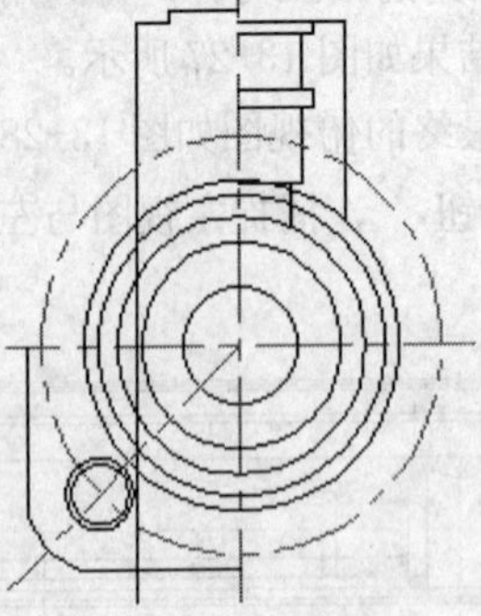

图 13-32　圆角与同心圆

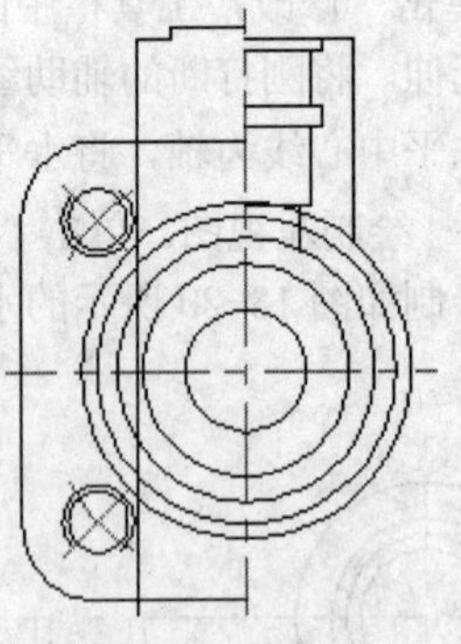

图 13-33　镜像

19 修剪图线。单击“修改”工具栏中的“修剪”按钮，选择相应边界，修建左边辅助线与 5 个同心圆中最外边的两个同心圆，结果如图 13-34 所示。

20 图案填充。参照主视图绘制方法，对左视图进行填充，结果如图 13-35 所示。

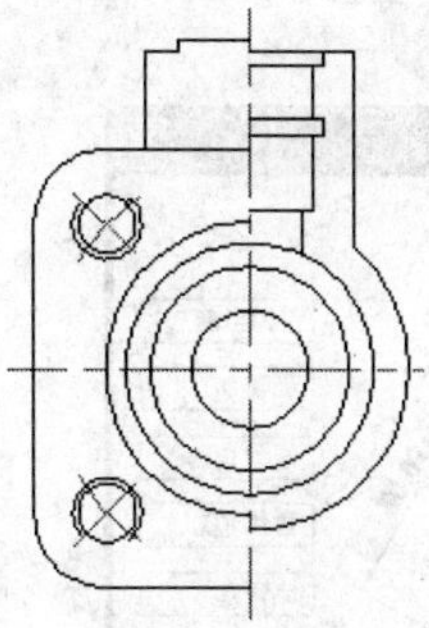

图 13-34　修剪图线

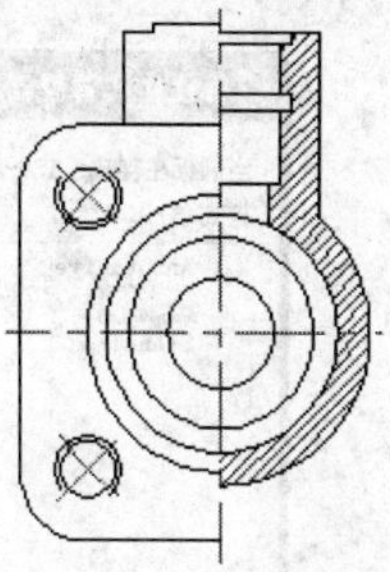

图 13-35　图案填充

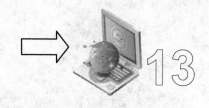

21 删除剩下的辅助线，单击“修改”工具栏中的“打断”按钮，修剪过长的中心线，再将左视图整体水平向左适当移动，最终绘制的阀体三视图如图 13-36 所示。

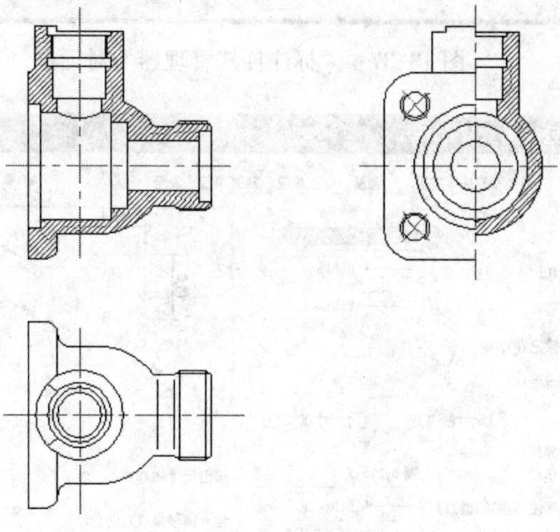

图 13-36　阀体三视图

13.1.3　标注球阀阀体

01 设置尺寸样式。选择菜单栏“格式”→“标注样式”命令，执行该命令后，弹出“标注样式管理器”对话框，如图 13-37 所示。单击“修改”按钮，AutoCAD 打开“修改标注样式”对话框，分别选择“线”以及“文字”选项卡进行如图 13-38 和图 13-39 所示的设置。

02 标注主视图尺寸。将“尺寸标注图层”设定为当前图层。单击“标注”工具栏中的“线型标注”按钮，标注相应的尺寸，下面是一些标注的样式。标注后的图形如图 13-40 所示。命令行操作与提示如下：

```
命令: DIMLINEAR↙
指定第一个尺寸界线原点或<选择对象>:（选择要标注的线性尺寸的第一个点）
指定第二条尺寸界线原点:（选择要标注的线性尺寸的第二个点）
指定尺寸线位置或[多行文字(M)/文字(T)/角度(A)/水平(H)/垂直(V)/旋转(R)]: T↙
输入标注文字 <72>: %%C72↙
```

指定尺寸线位置或[多行文字(M)/文字(T)/角度(A)/水平(H)/垂直(V)/旋转(R)]:(用鼠标选择要标注尺寸的位置)

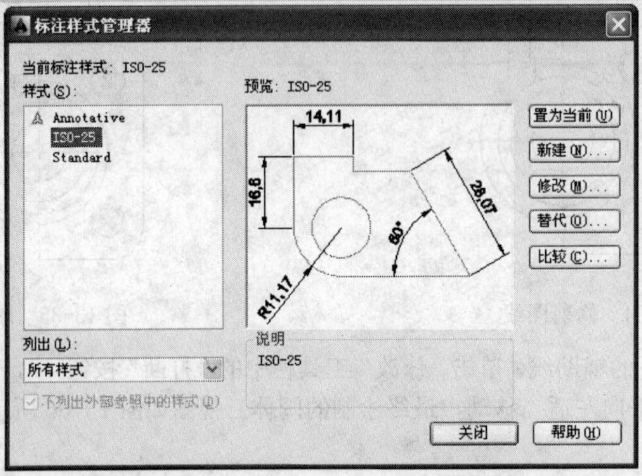

图 13-37 “标注样式管理器”对话框

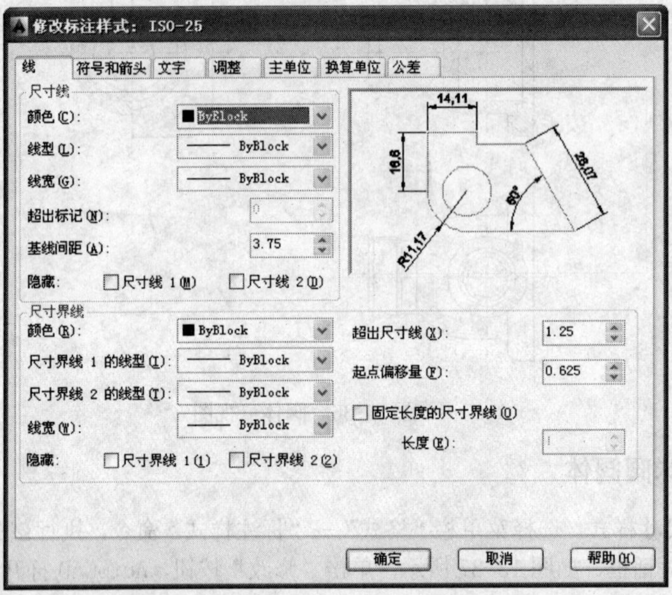

图 13-38 “线”选项卡

03 相同方法，标注线性尺寸 φ52、M46、φ44、φ36、φ100、φ86、φ69、φ40、φ64、φ57、M72、10、24、68、82、150、26、10。

命令: QLEADER↙

指定第一个引线点或 [设置(S)] <设置>:(指定引线点)

指定下一点: (指定下一引线点)

指定下一点: (指定下一引线点)

指定文字宽度 <0>:8↙

```
输入注释文字的第一行 <多行文字(M)>: 4×45%%D↙
输入注释文字的下一行: ↙
```

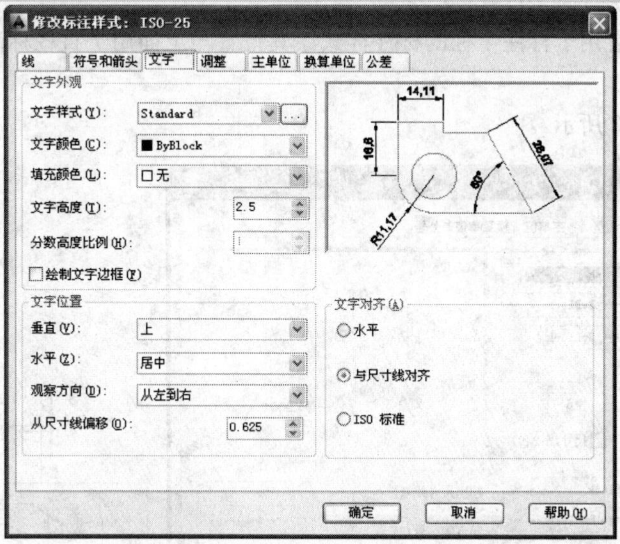

图 13-39 “文字”选项卡

04 标注左视图。按上面方法标注线性尺寸 150、4、4、22、28、54、108。选择菜单栏中的“格式”→“标注样式”命令，打开“标注样式管理器”对话框，单击“新建”按钮，系统打开“创建新标注样式”对话框，在“用于”下拉列表中选择“直径标注”，如图 13-41 所示。单击“继续”按钮，系统打开“新建标注样式”对话框，在“文字”选项卡“文字对齐”选项组中选择“ISO 标准”单选按钮，如图 13-42 所示，确定退出。

```
命令: _dimdiameter
选择圆弧或圆:(选择左视图最外圆)
标注文字 = 72
指定尺寸线位置或 [多行文字(M)/文字(T)/角度(A)]:(指定适当位置)
```

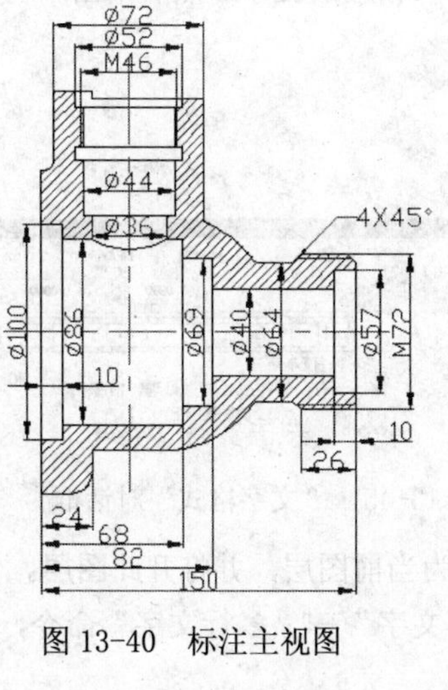

图 13-40 标注主视图

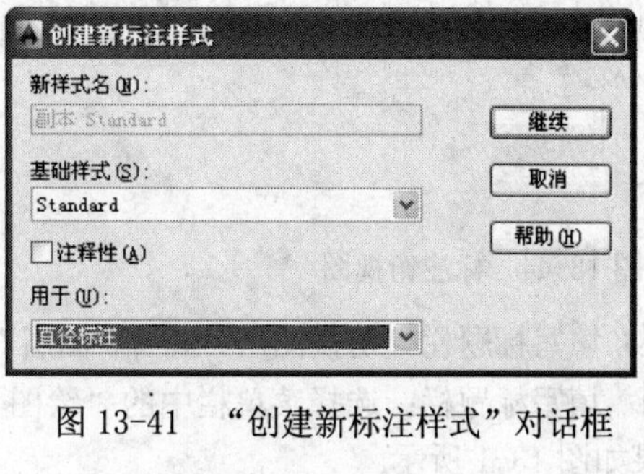

图 13-41 “创建新标注样式”对话框

同样方法，标注 4-M20。

相同方法，设置用于标注半径的标注样式，设置与上面用于直径标注的标注样式一样。标注半径尺寸 R70：

相同方法，设置用于标注半径的标注样式，其设置与上面用于直径标注的标注样式一样。标注角度尺寸 45º：

结果如图 13-43 所示。

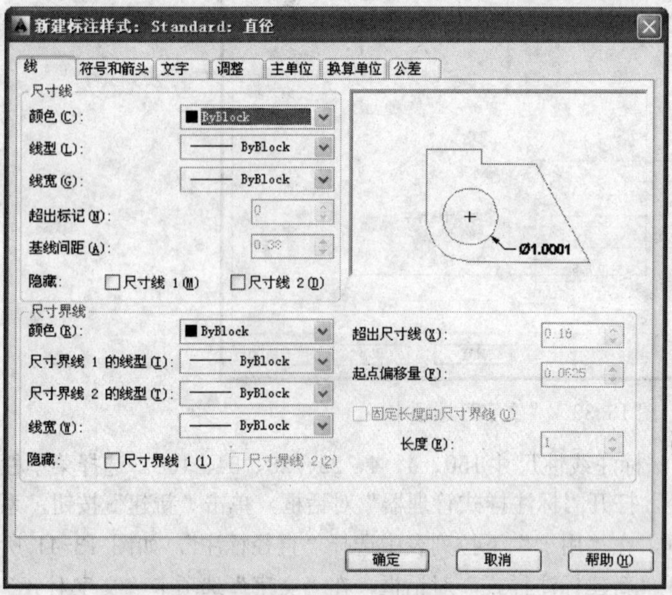

图 13-42 “新建标注样式”对话框

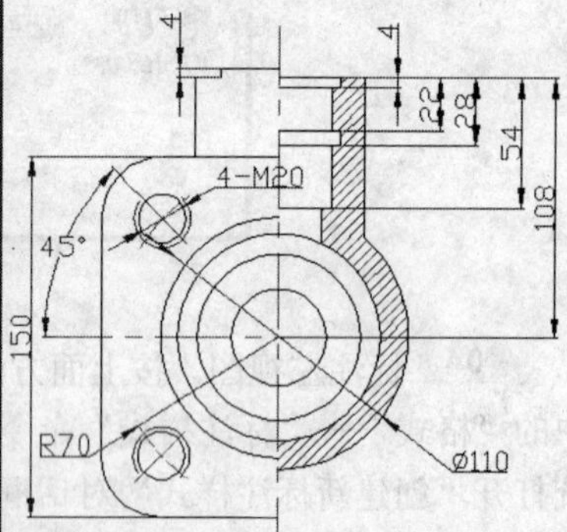

图 13-43 标注左视图

05 标注俯视图。接上面角度标注，在俯视图上标注角度 52º，结果如图 13-44 所示。

06 插入“技术要求”文本。切换图层：将“文字”设定为当前图层。填写技术要求：选择菜单栏中的“绘图”→“文字”→“多行文字”命令，输入多行文字。弹出 13-45 所示的“文字格式”对话框。按照图示进行设置，并在其中输入相应的文字。然后单击“确定”按钮，结果如图 13-46 所示。

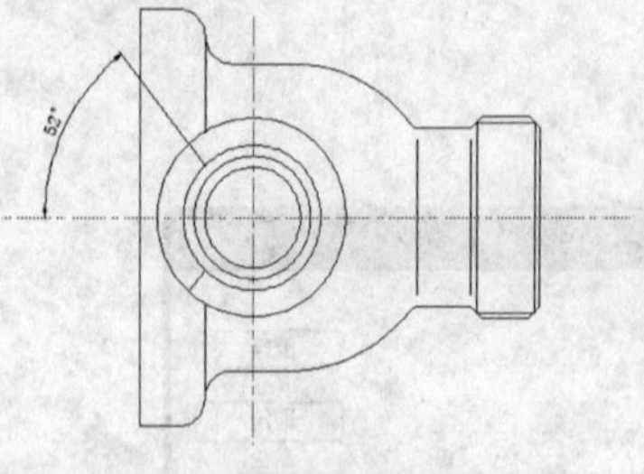

图 13-44 标注俯视图

图 13-45 “文字格式”对话框

07 填写标题栏。切换图层：将“0 图层”设定为当前图层，并打开此图层。

08 填写标题栏：选择菜单栏中的“绘图”→“文字”→“多行文字”命令，填写标题栏，结果如图 13-1 所示。

09 保存文件。选择菜单栏中的“文件”→“保存”命令。

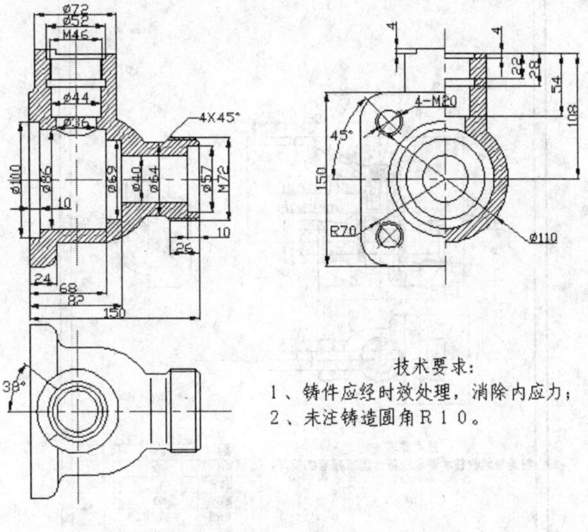

图 13-46　插入“技术要求”文本

13.2　球阀装配图

装配图表达了部件的设计构思、工作原理和装配关系，也表达了各零件间的相互位置、尺寸关系和结构形状，是绘制零件工作图、部件组装、调试及维护等的技术依据。设计装配工作图时要考虑工作要求、材料、强度、刚度、磨损、加工、装拆、调整、润滑和维护以及经济等诸多因素，并要使用足够的视图表达清楚。本节将通过球阀装配图的绘制帮助读者熟悉装配的具体绘制方法。

13.2.1　组装球阀装配图

如图 13-47 所示，球阀装配图由阀体、阀盖、密封圈、阀芯、压紧套、阀杆和扳手等零件图组成。装配图是零部件加工和装配过程中重要的技术文件。在设计过程中要用到剖视以及放大等表达方式，还要标注装配尺寸，绘制和填写明细表等。因此，通过球阀装配图的绘制，可以提高综合设计能力。

将零件图的视图进行修改，制作成块，然后将这些块插入装配图中，制作块的步骤本节不再介绍，用户可以参考前面例子相应的介绍。

光盘路径　光盘\动画演示\第 13 章\球阀装配图.avi

操作步骤

01 设置绘图环境。打开随书光盘中的 A2 竖向样板图。并将新建文件命名为“球阀平面装配图.dwg”并保存。

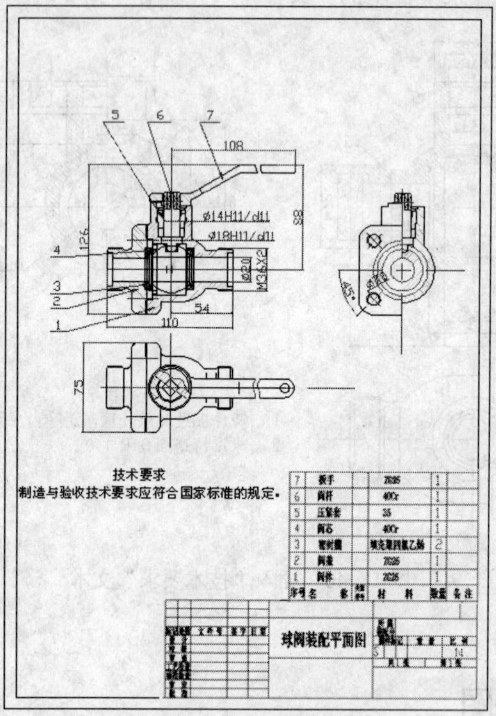

图 13-47　阀体装配平面图

02 球阀装配平面图主要有阀体、阀盖、密封圈、阀芯、压紧套、阀杆和扳手等零件图组成。除阀体、阀盖外的球阀其他几个零件可参考实例绘制并标注。在绘制零件图时，用户可以为了装配的需要，将零件的主视图以及其他视图分别定义成图块，但是在定义的图块中不包括零件的尺寸标注和定位中心线，块的基点应选择在与其零件有装配关系或定位关系的关键点上。根据以前所学块的知识，将绘制好的球阀各零件制作成块并保存好。

03 插入阀体平面图。选择菜单栏中的“工具”→“设计中心”，AutoCAD 弹出“设计中心”对话框。在 AutoCAD 设计中心中有“文件夹”“打开的图形”“历史记录”和“联机设计中心”等选项卡，用户可以根据需要选择相应的选项。

04 在设计中心中单击“文件夹”选项卡，计算机中所有的文件都会显示在其中，在其中找出要插入零件图的文件。选择相应的文件后，用鼠标双击该文件，然后用鼠标单击该文件中“块”选项，则图形中所有的块都会出现在右边的图框中，如图 13-48 所示，在其中选择“阀体主视图”块，用鼠标双击该块，弹出“插入”对话框，如图 13-49 所示。

05 按照图示进行设置，插入的图形比例为 1:1，旋转角度为 0º，然后单击“确定”按钮，命令行提示与操作如下：

```
指定插入点或 [比例(S)/X/Y/Z/旋转(R)/预览比例(PS)/PX/PY/PZ/预览旋转(PR)]:
```

在命令行中输入“100，200”，则“轴主视图”块会插入到“球阀”装配图中，且插入后轴右端中心线处的坐标为“100,200”，结果如图 13-50 所示。

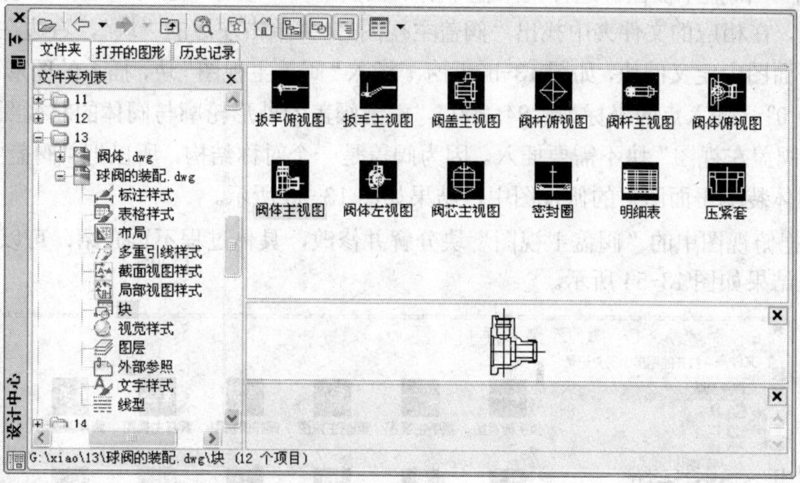

图 13-48 “设计中心”对话框

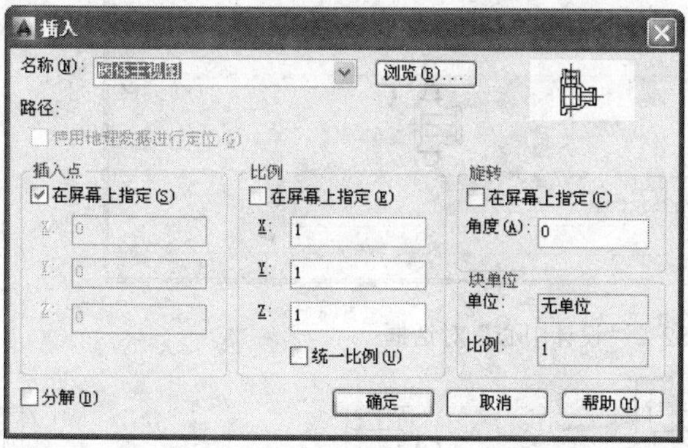

图 13-49 “插入”对话框

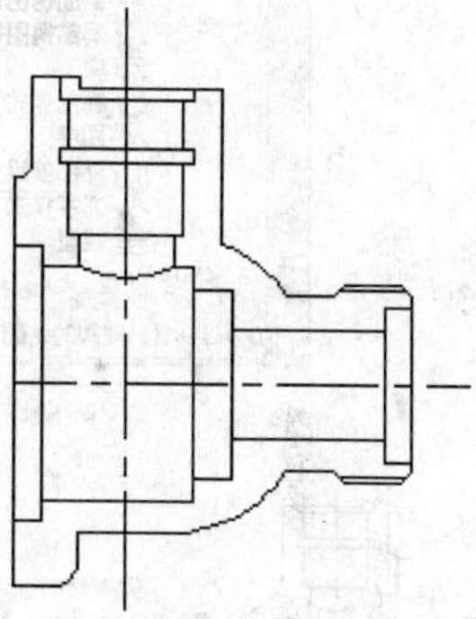

图 13-50 插入阀体后的图形

06 在“设计中心”对话框中继续插入“阀体俯视图”块，插入的图形比例为 1:1，旋转角度为 0º，插入点的坐标为“100,100”；继续插入“阀体左视图”块，插入的图形比例为 1:1，旋转角度为 0º，插入点的坐标为“300,200”，结果如图 13-51 所示。

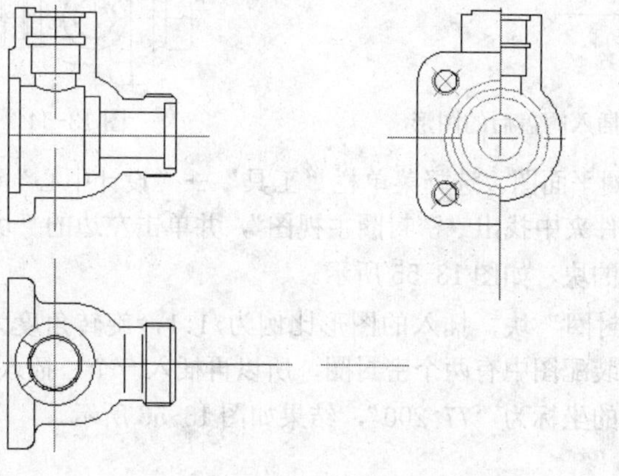

图 13-51 插入阀体后的装配图

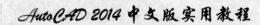

07 插入阀盖平面图。选择菜单栏中的“工具”→“设计中心”，AutoCAD 弹出“设计中心”对话框，在相应的文件夹中找出“阀盖主视图”，并单击左边的“块”，右边在顶点对话框中出现该平面图中定义的块，如图 13-52 所示。插入“阀盖主视图”块，插入的图形比例为 1:1，旋转角度为 0º，插入点的坐标为“84, 200”。由于阀盖的外形轮廓与阀体的左视图的外形轮廓相同，故“阀盖左视图”块不需要插入。因为阀盖是一个对称结构，所以把“阀盖主视图”块，插入到“阀体装配平面图”的俯视图中，结果如图 13-53 所示。

08 把俯视图中的“阀盖主视图”块分解并修改，具体过程不再介绍，可以参考前面相应的命令，结果如图 13-54 所示。

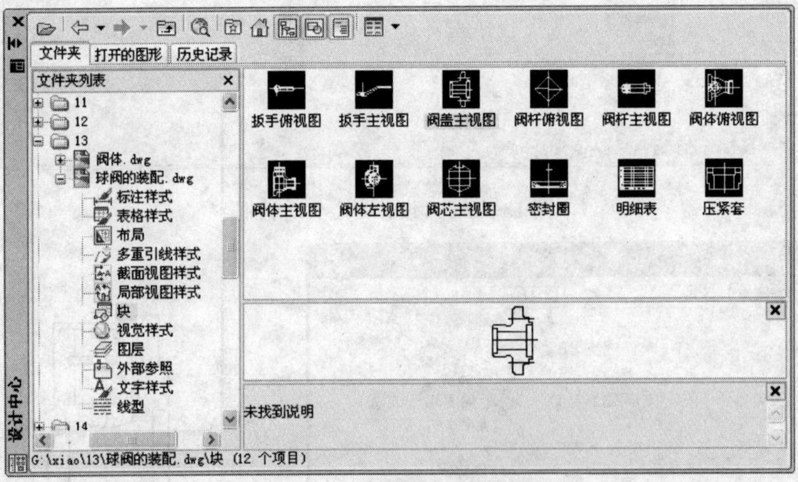

图 13-52 “设计中心”对话框

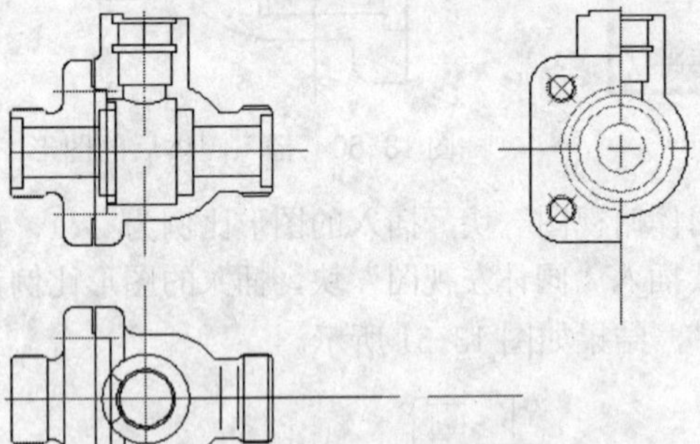

图 13-53 插入阀盖后的图形

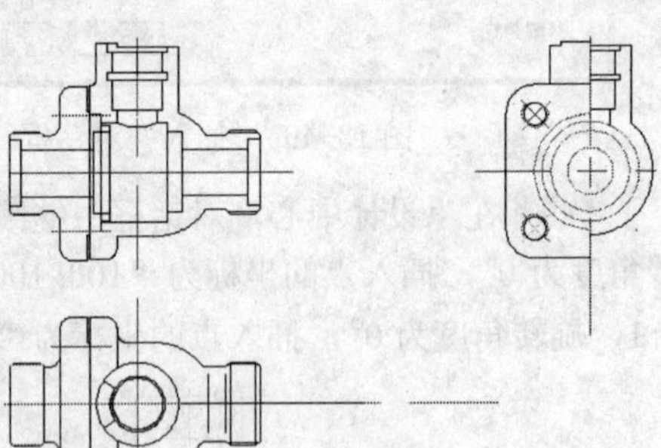

图 13-54 修改视图后的图形

09 插入密封圈平面图。选择菜单栏“工具”→“设计中心”命令，弹出“设计中心”对话框，在相应的文件夹中找出“密封圈主视图”，并单击左边的“块”，右边在顶点对话框中出现该平面图中定义的块，如图 13-55 所示。

10 插入“密封圈”块，插入的图形比例为 1:1，旋转角度为 90º，插入点的坐标为“120, 200”。由于该装配图中有两个密封圈，所以再插入一个，插入的图形比例为 1:1，旋转角度为-90º，插入点的坐标为“77, 200”，结果如图 13-56 所示。

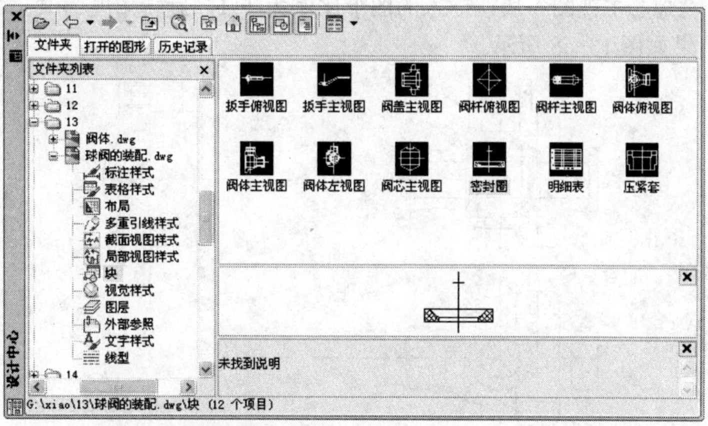

图 13-55 “设计中心”对话框

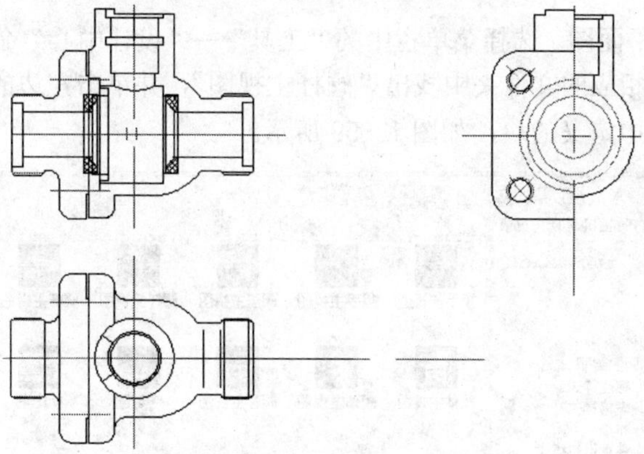

图 13-56 插入密封圈后的图形

11 插入阀芯平面图。选择菜单栏中的“工具”→“设计中心”命令，AutoCAD 弹出“设计中心”对话框，在相应的文件夹中找出“阀芯主视图”，并单击左边的“块”，右边在顶点对话框中出现该平面图中定义的块，如图 13-57 所示。

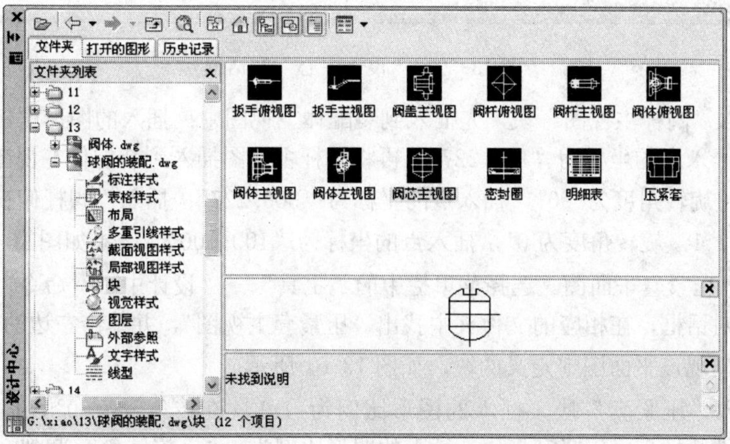

图 13-57 “设计中心”对话框

12 插入“阀芯主视图”块，插入的图形比例为 1:1，旋转角度为 0º，插入点的坐标为“100,200”，结果如图 13-58 所示。

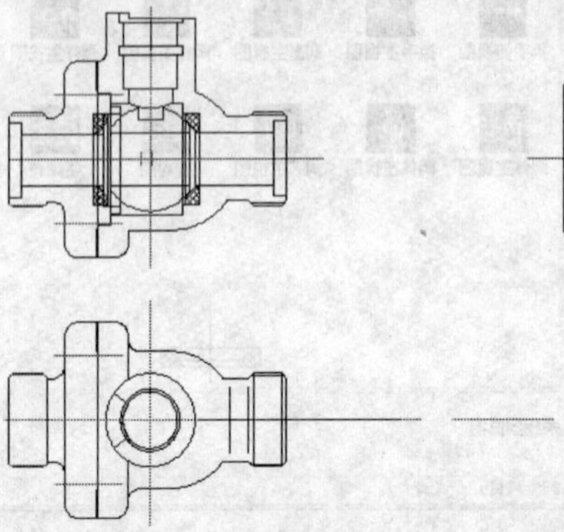

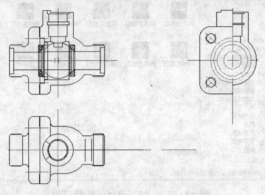

图 13-58　插入阀芯主视图后的图形

13 插入阀杆平面图。选择菜单栏中的“工具”→“设计中心”命令，AutoCAD 弹出“设计中心”对话框，在相应的文件夹中找出“阀杆主视图”，并单击左边的“块”，右边在顶点对话框中出现该平面图中定义的块，如图 13-59 所示。

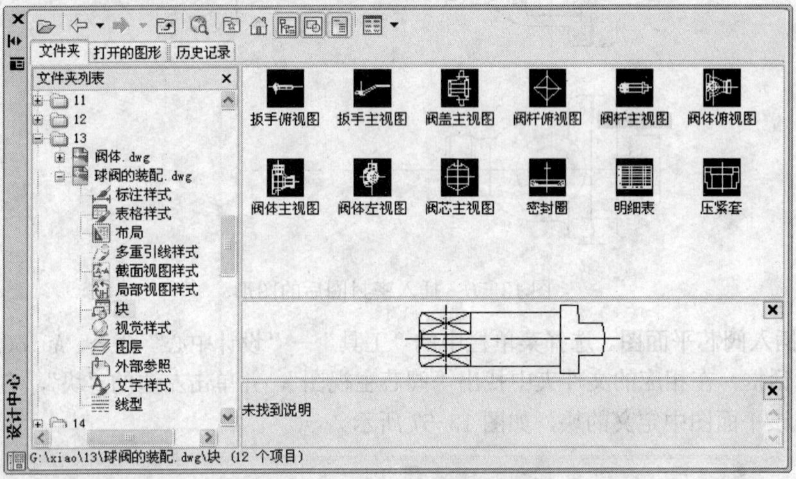

图 13-59　“设计中心”对话框

14 插入“阀杆主视图”块，先插入到装配体主视图中：插入的图形比例为 1:1，旋转角度为-90º，插入点的坐标为“100,227”；再将阀杆主视图插入到装配体左视图中：插入的图形比例为 1:1，旋转角度为-90º，插入点的坐标为“300,227”；插入“阀杆俯视图”块，插入的图形比例为 1:1，旋转角度为 0º，插入点的坐标为“100,100”，结果如图 13-60 所示。

15 插入压紧套平面图。选择菜单栏中的“工具”→“设计中心”命令，AutoCAD 弹出“设计中心”对话框，在相应的文件夹中找出“压紧套主视图”，并单击左边的“块”，右边在顶点对话框中出现该平面图中定义的块，如图 13-61 所示。

16 插入“压紧套”块，插入的图形比例为 1:1，旋转角度为 0º，插入点的坐标为“100,235”；继续插入“压紧套”块，插入的图形比例为 1:1，旋转角度为 0º，插入点的坐标为“300,235”，结果如图 13-62 所示。

17 把主视图和左视图中的“压紧套”块分解并修改，具体过程不再介绍，可以参考前面相应的命令，结果如图 13-63 所示。

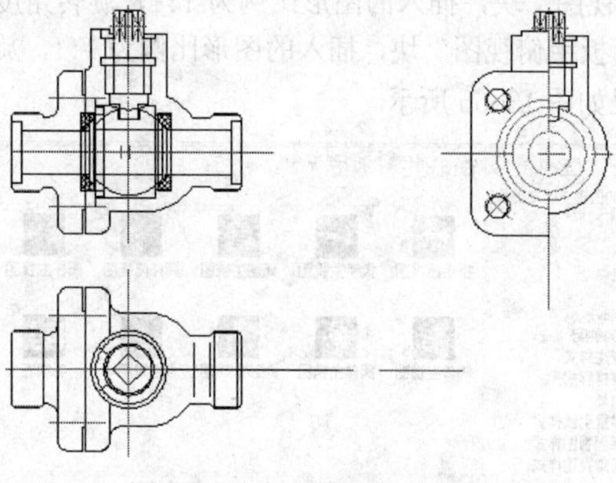

图 13-60　插入阀杆后的图形

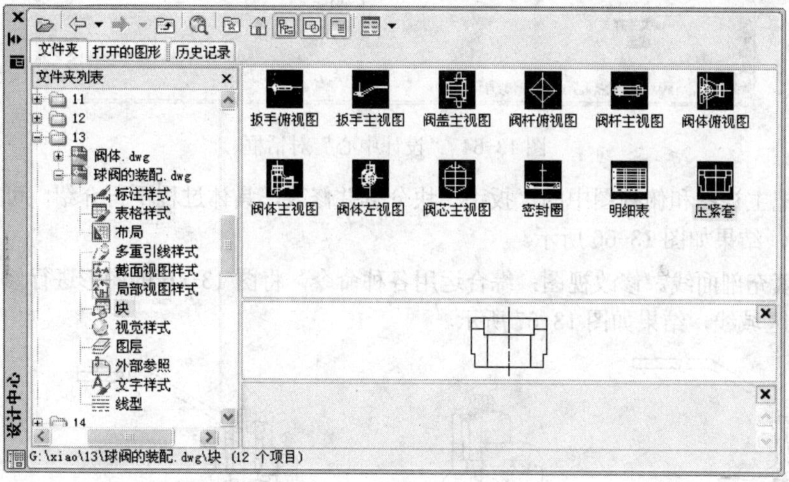

图 13-61　“设计中心”对话框

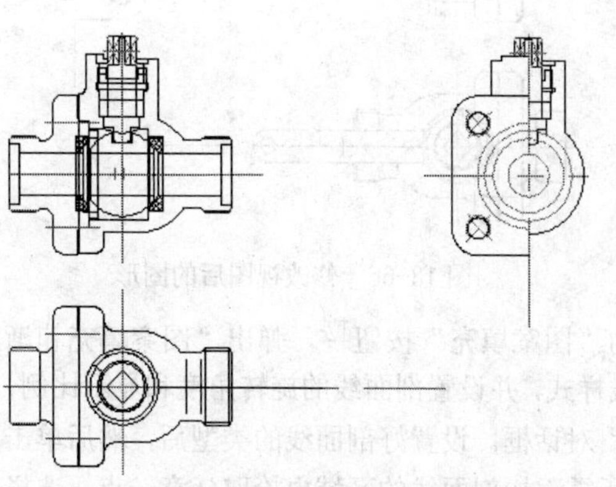

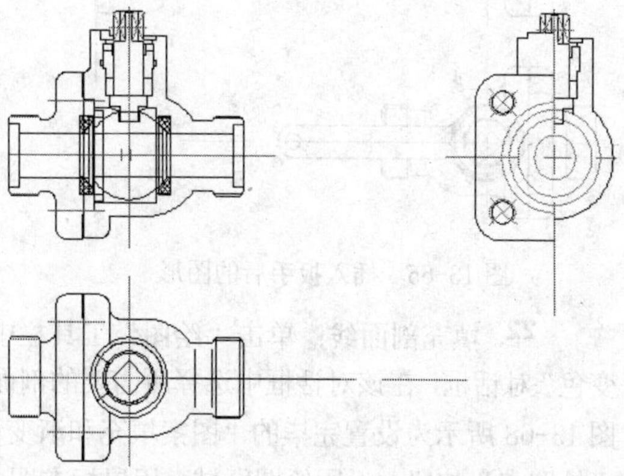

图 13-62　插入压紧套后的图形　　　　图 13-63　修改视图后的图形

18 插入扳手平面图。选择菜单栏中的“工具”→“设计中心”命令，弹出“设计中心”

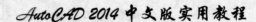

对话框，在相应的文件夹中找出“扳手主视图”，并单击左边的“块”，右边在顶点对话框中出现该平面图中定义的块，如图 13-64 所示。

19 插入“扳手主视图”块，插入的图形比例为 1:1，旋转角度为 0º，插入点的坐标为“100,254”；继续插入“扳手俯视图”块，插入的图形比例为 1:1，旋转角度为 0º，插入点的坐标为“100,100”，结果如图 13-65 所示。

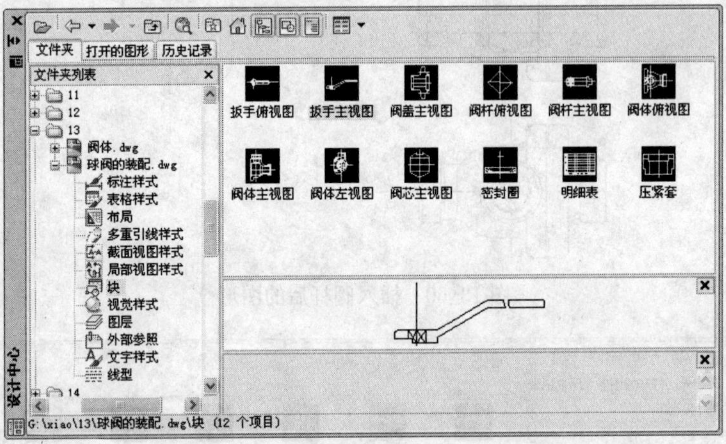

图 13-64 “设计中心”对话框

20 把主视图和俯视图中的“扳手”块分解并修改，具体过程不再介绍，可以参考前面相应的命令，结果如图 13-66 所示。

21 填充剖面线。修改视图：综合运用各种命令，将图 13-66 的图形进行修改并绘制填充剖面线的区域线，结果如图 13-67 所示。

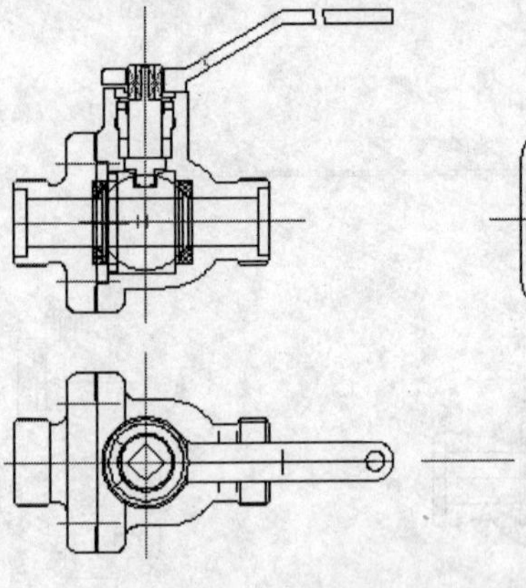

图 13-65 插入扳手后的图形

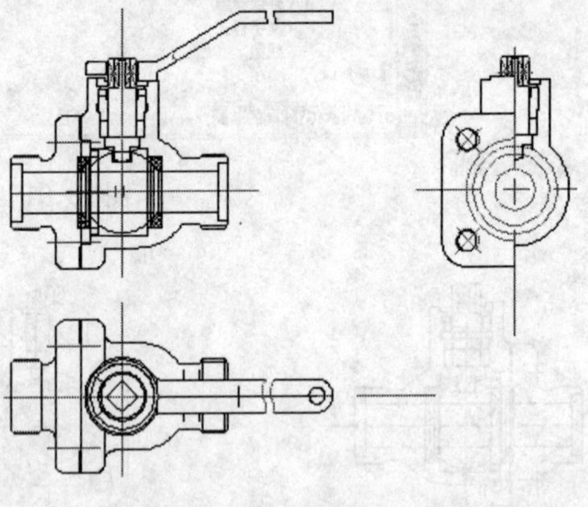

图 13-66 修改视图后的图形

22 填充剖面线：单击“绘图”工具栏中的“图案填充”按钮，弹出“图案填充和渐变色”对话框，在该对话框中选择所需要的剖面线样式，并设置剖面线的旋转角度和显示比例，图 13-68 所示为设置完毕的“图案填充和渐变色”对话框。设置好剖面线的类型后，然后单击“拾取点”按钮，返回绘图区域，用鼠标在图中所需添加剖面线的区域内拾取任意一点，选择完毕后按回车键返回“图案填充和渐变色”对话框，然后单击“确定”按钮，返回绘图区域，剖面线绘制完毕。

如果填充后用户感觉不满意，可以用鼠标双击图形中的剖面线，系统会弹出“图案填充编辑”对话框，如图 13-69 所示。用户可以在其中重新设定填充的样式，设置好以后，按“确定”按钮，剖面线则会以刚刚设置好参数显示，重复此过程，直到满意为止。

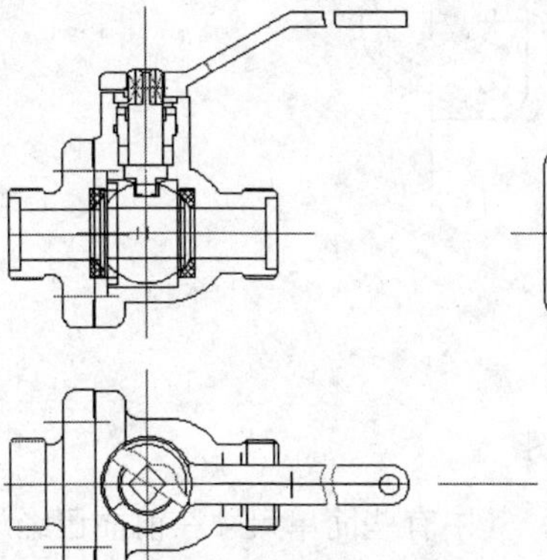

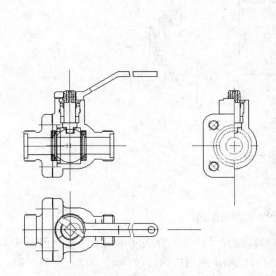

图 13-67　修改并绘制区域线后的图形

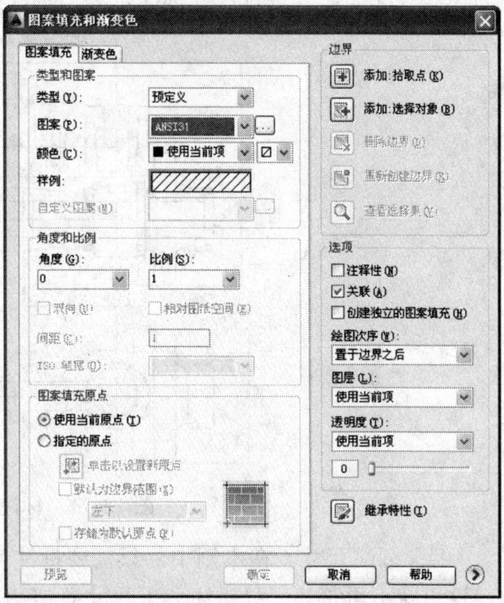

图 13-68　设置好的“图案填充和渐变色”对话框

23 重复“图案填充”命令，将视图中需要填充的位置进行填充，结果如图 13-70 所示。

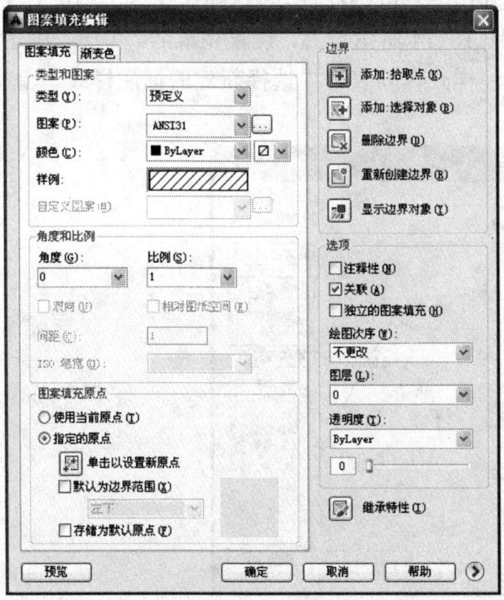

图 13-69　“图案填充编辑”对话框

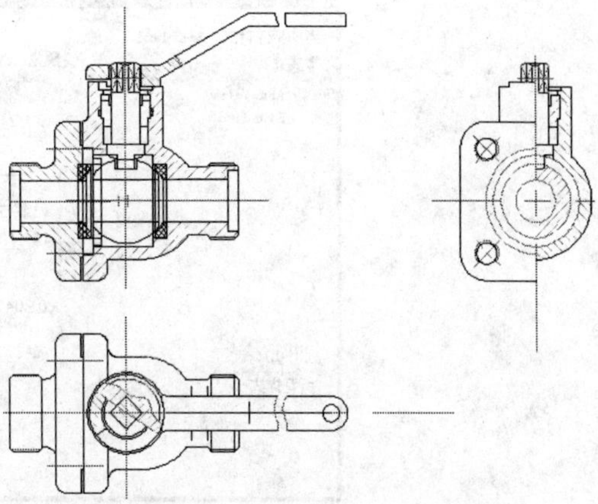

图 13-70　填充后的图形

13.2.2 标注球阀装配图

如图 13-71 所示，在装配图中不需要将每个零件的尺寸全部标注出来，需要标注的尺寸有：规格尺寸、装配尺寸、外形尺寸、安装尺寸以及其他重要尺寸。本练习主要学习标注上例绘制好的球阀装配图，先进行尺寸标注，然后标注零件序号。

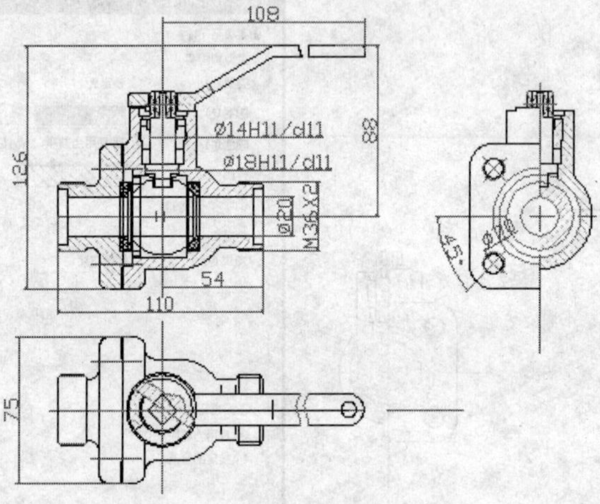

图 13-71 标注尺寸后的装配图

01 标注尺寸。在本例中，只需要标注一些装配尺寸，其中有些简单尺寸在前面已经讲过，这里就不再赘述，只讲述一下尺寸 φ14 H11/d11 和 φ18 H11/d11 的标注方法。图 13-71 所示为标注后的装配图。

02 设置标注样式。选择菜单栏中的“标注”→“样式”命令，打开“标注样式管理器”对话框，如图 13-72 所示。单击“修改”按钮，弹出“修改标注样式”对话框，如图 13-73 所示，对默认标注样式进行修改，按如图 13-73 和图 13-74 所示设置，设置完成后，单击“确定”按钮，回到“标注样式管理器”对话框。在“标注样式”列表框中选择新建的标注样式，单击“置为当前”按钮，再单击“确定”按钮。

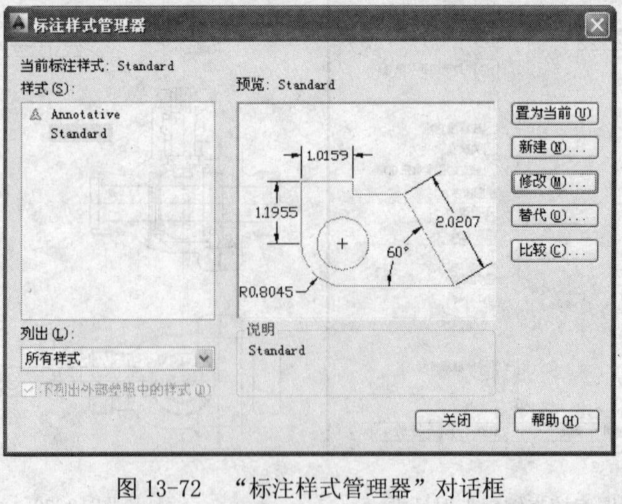

图 13-72 “标注样式管理器”对话框

03 标注配合尺寸。单击“标注”工具栏中的“线型标注”按钮，标注阀杆与压紧套之间的配合尺寸，结果如图 13-75 所示。

04 修改尺寸文本。由于图 13-75 所标注的尺寸文本不符合国家标准规定，需要修改。选择刚标注的尺寸，单击“修改”工具栏中的“分解”按钮，将此尺寸分解。此时，尺寸数字变成独立的文本。双击此尺寸数字，系统打开多行文字编辑器，选择后面的“H11/d11”，单击“文本格式”工具上的“堆叠”按钮，如图 13-76 所示，再在“文本格式”工具的“文字高度”文本框中将堆叠文字的高度设置成原高度的一半，结果如图 13-77 所示。

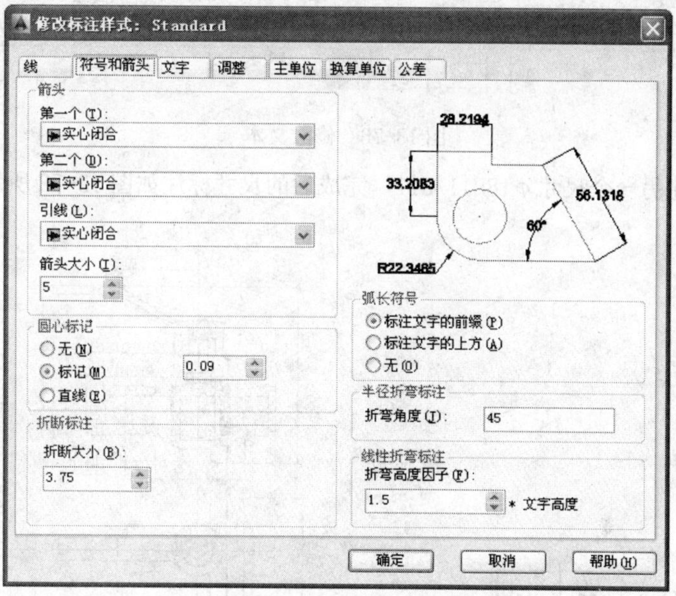

图 13-73 “符号和箭头”选项卡

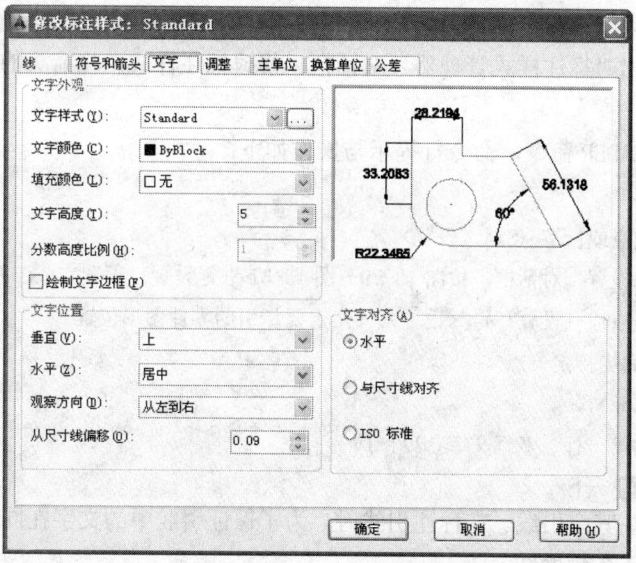

图 13-74 “文字”选项卡

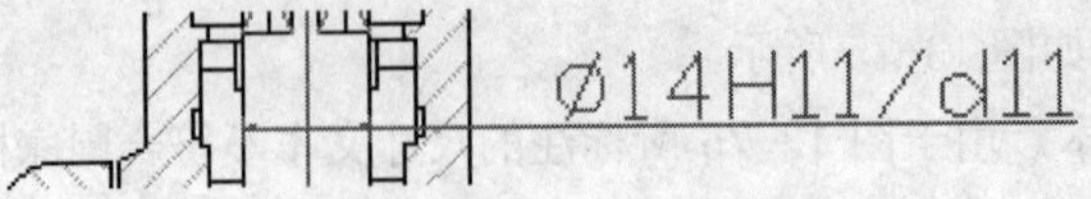

图 13-75 标注尺寸

图 13-76 修改文本

同样方法标注另一个尺寸 ϕ18H11/d11，完成后的尺寸标注如图 13-78 所示。

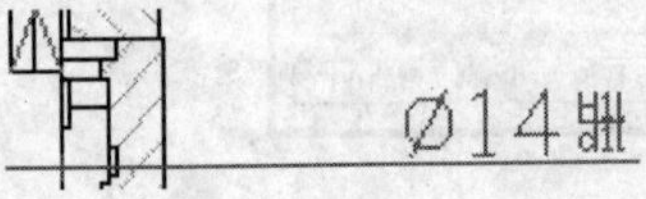

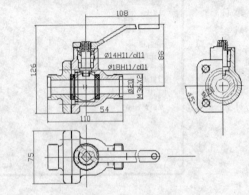

图 13-77 修改后的尺寸数字

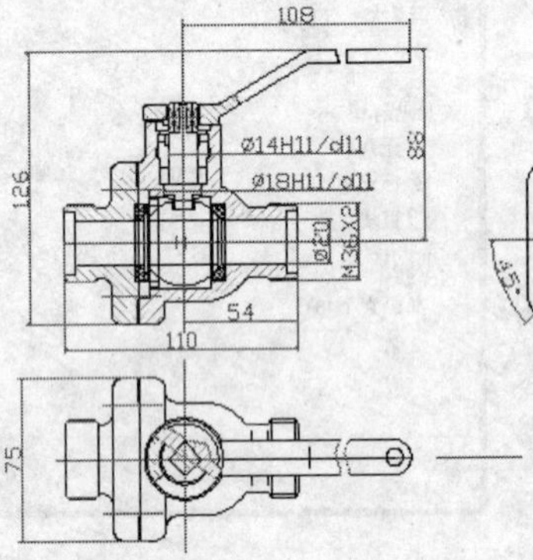

图 13-78 完成尺寸标注

05 标注零件序号。标注零件序号采用引线标注方式，选择菜单栏中的“格式”→“标注样式”命令，弹出“标注样式管理器”对话框。修改标注样式，将箭头的大小设置为 5，文字高度设置为 5。

06 执行 QLEADER 命令，命令行提示与操作如下：

命令:_qleader↙
指定第一个引线点或[设置(S)] <设置>:↙
系统打开“引线设置”对话框，按图 13-79～图 13-81 进行设置。设置完成，系统继续提示：
指定第一个引线点或 [设置(S)] <设置>:（指定要指引的零件图形位置）
指定下一点:（适当指定一点）
指定文字宽度 <52>:↙
输入注释文字的第一行 <多行文字(M)>: 1↙
输入注释文字的下一行: ↙

同样方法，标注其余引线。在标注引线时，为了保证引线中的文字在同一水平线上，可以在合适的位置绘制一条辅助线。

07 保存文件。选择菜单栏中的“文件”→“另存为”命令，输入文件名：球阀装配图。

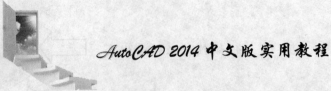

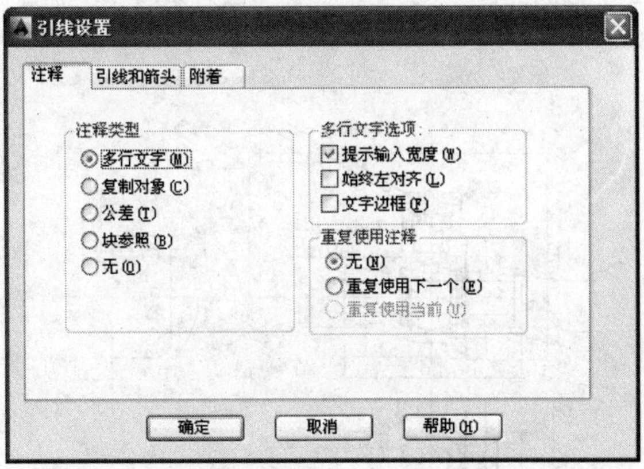

图 13-79 “注释”选项卡设置

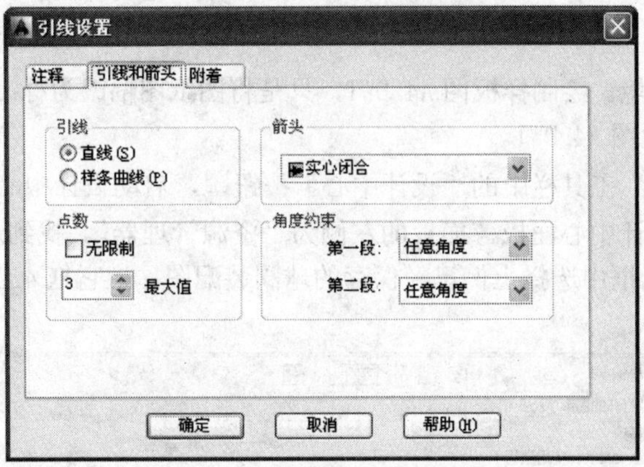

图 13-80 “引线和箭头”选项卡设置

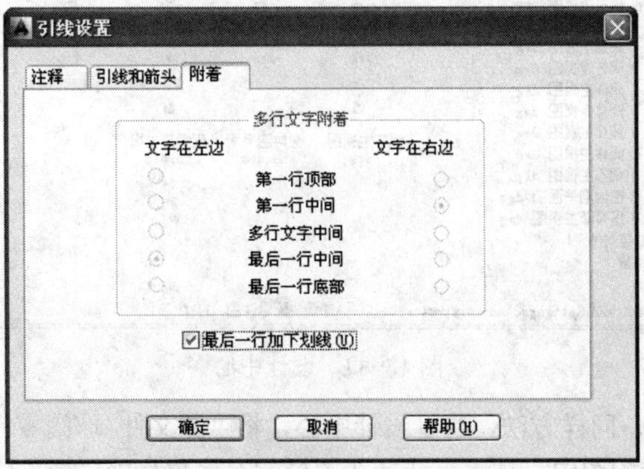

图 13-81 “附着”选项卡设置

13.2.3 完善球阀装配图

如图 13-82 所示，在本章前面的例子中，已经将各个零件绘制完成并组装起来，在本例中，主要是对球阀装配图进行最后的完善工作，比如先制作明细表与标题栏，然后填写技术要求，完成最后的球阀装配图。

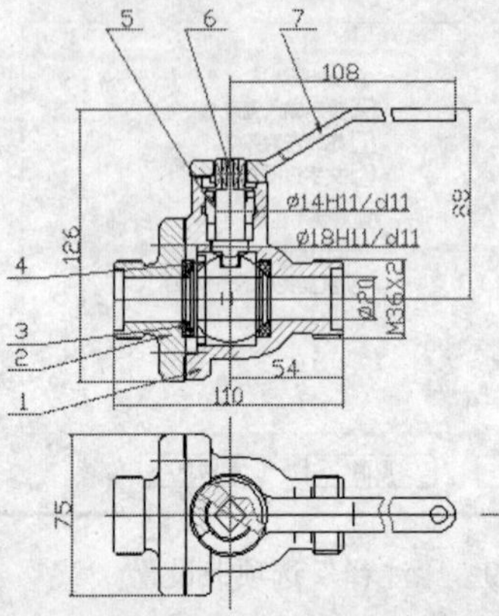

图 13-82　球阀平面图

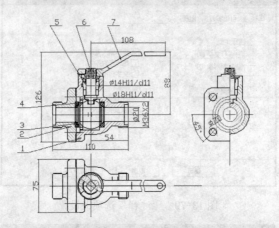

01 配置绘图环境。绘制样板图 A4.DWT，只是将图纸图幅改为标准的 A3，即 420×297。打开已经设置好的样板图 A4.DWT。

02 单击“标准”工具栏中的“设计中心”按钮，启动设计中心。

03 系统打开设计中心面板。面板的左侧为“资源管理器”。找到“源文件/球阀零件”文件夹，在右边的显示框中选择上例已经保存的球阀装配图，把它拖入当前图形，如图 13-83 所示。

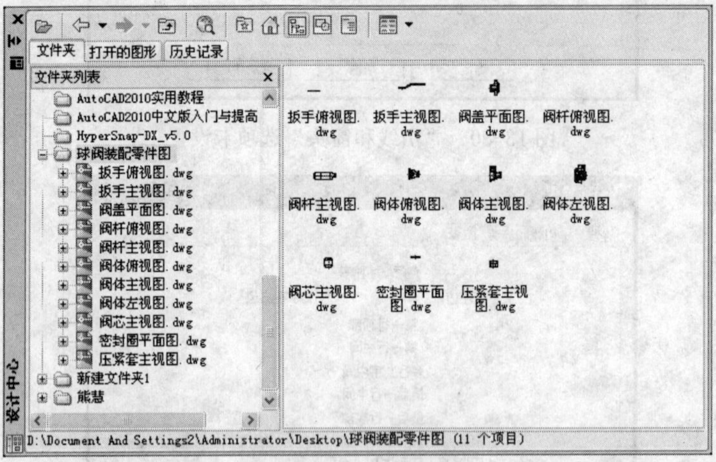

图 13-83　设计中心

04 制作标题栏。同样方法，通过设计中心，将“源文件/球阀零件”文件夹中“装配体标题栏”图块插入到装配图中，插入点选择在图框的右上角点处。插入“装配体标题栏”图块后，在使用“多行文字”命令填写标题栏中相应的项目。图 13-84 所示为填写好的标题栏。

05 制作明细表。通过设计中心，将“明细表”图块插入到装配图中，插入点选择在标题栏的右上角点处。插入“明细表”图块后，在使用“多行文字”命令填写明细表，图 13-85 所示为填写好的明细表。

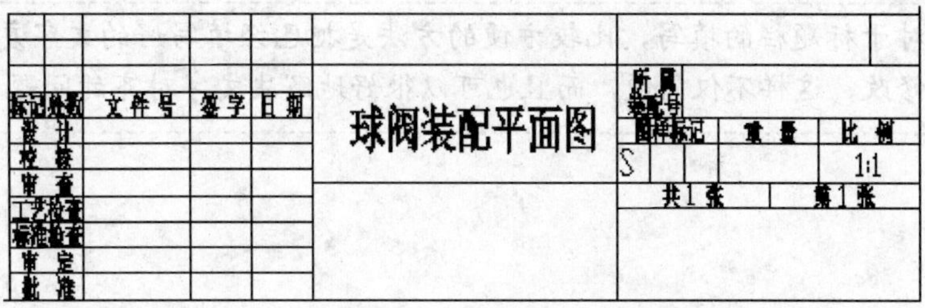

图 13-84　填写好的标题栏

序号	名称	装置符号	材料	数量	备注
7	扳手		ZG25	1	
6	阀杆		40Cr	1	
5	压紧套		35	1	
4	阀芯		40Cr	1	
3	密封圈		填充聚四氟乙烯	2	
2	阀盖		ZG25	1	
1	阀体		ZG25	1	

图 13-85　装配图明细表

06 填写技术要求。切换图层：将“文字图层”设定为当前图层。

07 填写技术要求：选择菜单栏“绘图”→“文字”→“多行文字”，填写技术要求。命令行提示与操作如下：

命令：MTEXT↙

当前文字样式："STANDARD"　当前文字高度：5

指定第一角点：（指定输入文字的第一角点）

指定对角点或［高度(H)/对正(J)/行距(L)/旋转(R)/样式(S)/宽度(W)］：（指定输入文字的对角点）

此时 AutoCAD 会弹出“文字格式”对话框，在其中设置需要的样式、字体和高度，然后再键入技术要求的内容，如图 13-86 所示。

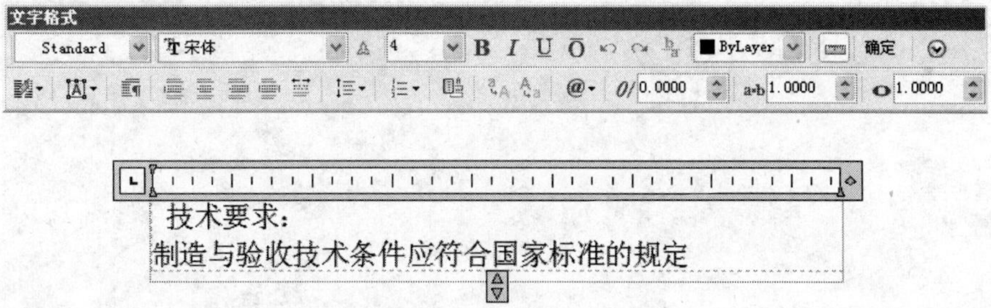

图 13-86　“文字格式”对话框

08 保存文件。选择菜单栏中的“文件”→“另存为”命令，保存文件名为球阀装配平面图。到此为止，整个球阀的装配图绘制完毕，结果如图 13-47 所示。

注意

对于标题栏的填写，比较方便的方法是把已经填写好的文字复制，然后再进行修改，这样不仅简便，而且也可以很好地解决文字对齐的问题。

第14章建筑设计工程案例

本章以具体的工程设计案例为例，详细论述如何绘制一个建筑工程的建筑平面图、立面图和剖面图等相关图形的CAD绘制方法与相关技巧。

本章是对前面有关内容的综述，同时也是进一步学习和巩固已有的知识，逐步提高绘图技能，适应实际建筑工程设计需要。

18号楼南立面图 1：100

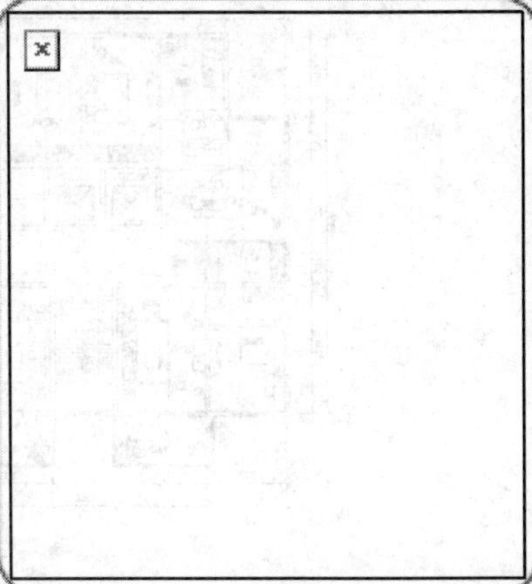

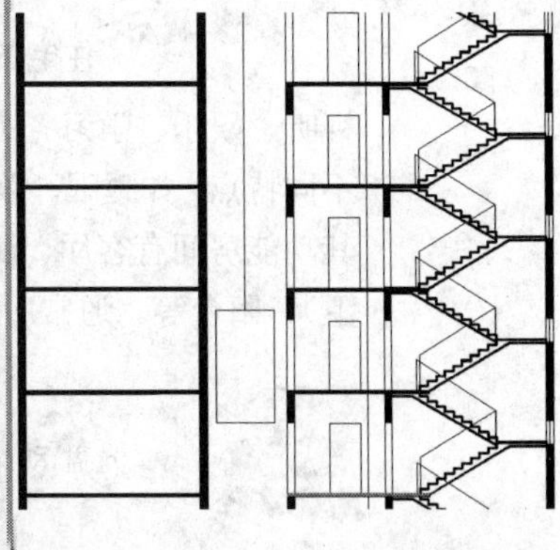

知识点

- 高层住宅建筑平面图
- 高层住宅立面图
- 高层住宅建筑剖面图

14.1 高层住宅建筑平面图

本节将以工程设计中常见的建筑平面图为例，详细介绍建筑平面图 CAD 绘制方法与技巧。通过本设计案例的学习，综合前面有关章节的建筑平面图的绘图方法，进一步巩固其相关绘图知识和方法，全面掌握建筑平面图的绘制方法。

本节以板式高层住宅建筑作为建筑平面图绘制范例。目前，高层住宅成为市场主流，板式高层南北通透，便于采光与通风，户型方正，各套户型的优劣差距较小，而且各功能空间尺度适宜，得房率也较高。但是由于板式高层楼体占地面积大，在园林规划上容易产生缺憾，比如大社区难逃兵营式、行列式的单调布局，绿地相对较少等。点式高层虽然有公摊大、密度大、通风和采光易受楼体遮挡、多户共用电梯、难以保证私密性等缺点，但其优势也十分明显，如外立面变化丰富；更适合采用角窗、弧形窗等宽视角窗户；房型和价格多样化等。

另外，在小区园林、景观方面，较之板式高层要活泼许多。板式高层和点式高层的界限正在日渐模糊。通过对居家舒适度的把握，开发商对板式高层和点式高层做了诸多的创新，将板式高层与点式高层的优势演绎到了极致，这种结合的结果使户型更加灵活合理。

下面介绍如图 14-1 所示住宅平面空间建筑平面图设计的相关知识及其绘图方法与技巧。

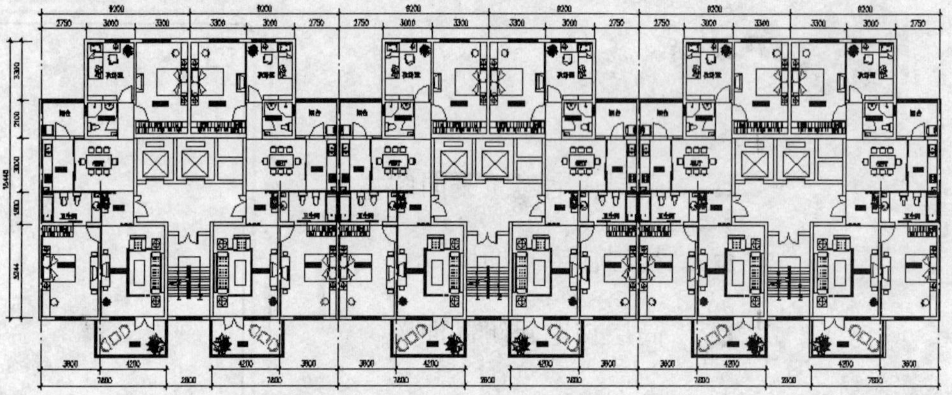

图 14-1　住宅平面空间建筑平面

提示： 住宅的基本功能不外乎睡眠、休息、饮食、盥洗、家庭团聚、会客、视听、娱乐、学习、工作等。这些功能是相对的，其中又有静或闹、私密或外向等不同特点，如睡眠、学习要求静，同时睡眠又有私密性的要求。在住宅平面空间中，其功能房间有客厅、餐厅、主卧室及卫生间、次卧室、书房、厨房、公用卫生间（客卫）、阳台等。通常所说的三居室类型有二室两厅一卫、三室两厅两卫等。

光盘路径：光盘\动画演示\第 14 章\高层住宅建筑平面图.avi

操作步骤

14.1.1 建筑平面墙体绘制

本小节介绍居室各个房间墙体轮廓线的绘制方法与技巧。

01 单击“绘图”工具栏中的“直线”按钮╱，绘制居室墙体的轴线，所绘制的轴线长度要略大于居室的总长度或总宽度尺寸。如图 14-2 所示。

02 将轴线的线型由实线线型改为点画线线型，如图 14-3 所示。

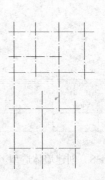

图 14-2 绘制墙体轴线

图 14-3 改变轴线的线型

提示： 改变线型为点画线的方法是先使用鼠标单击所绘的直线，然后在“对象特性”工具栏上，单击“线型控制”下拉列表选择点画线，所选择的直线将改变线型，得到建筑平面图的轴线点画线。若还未加载此种线型，则选择“其他”命令选项先加载此种点画线线型。

03 单击“修改”工具栏中的“偏移”按钮和“延伸”按钮，，根据居室开间或进深创建轴线，如图 14-4 所示。

04 按上述方法完成整个住宅平面空间的墙体轴线绘制，如图 14-5 所示。

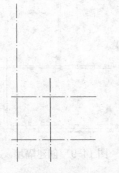

图 14-4 按开间或进深创建轴线

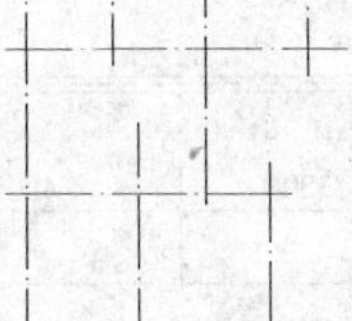

图 14-5 完成轴线绘制

教你一招：

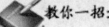

若某个轴线的长短与墙体实际长度不一致，可以使用STRETCH（拉伸功能命令）或热键进行调整。

05 单击“标注”工具栏中的“线型标注”按钮和“连续标注”按钮，对轴线尺寸进行标注，如图 14-6 所示。

06 单击“标注”工具栏中的“线型标注”按钮和“连续标注”按钮，完成住宅平面空间所有相关轴线尺寸的标注，如图 14-7 所示。

图 14-6　标注轴线

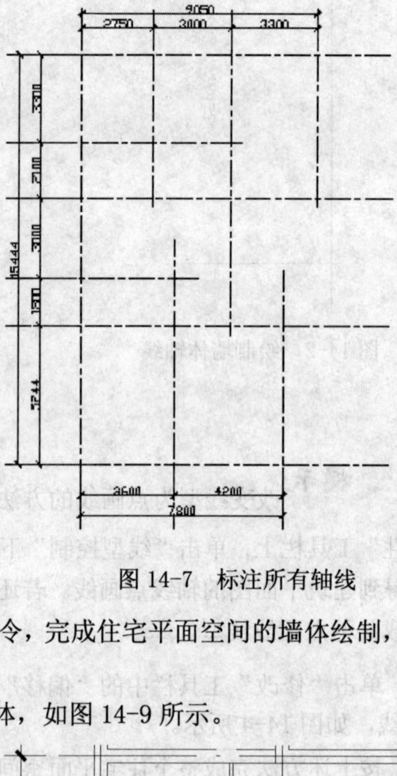

图 14-7　标注所有轴线

07 选择菜单栏中的“绘图”→“多线”命令，完成住宅平面空间的墙体绘制，如图 14-8 所示。

08 利用“多线”命令，绘制其他位置墙体，如图 14-9 所示。

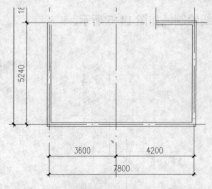

图 14-8　创建墙体造型

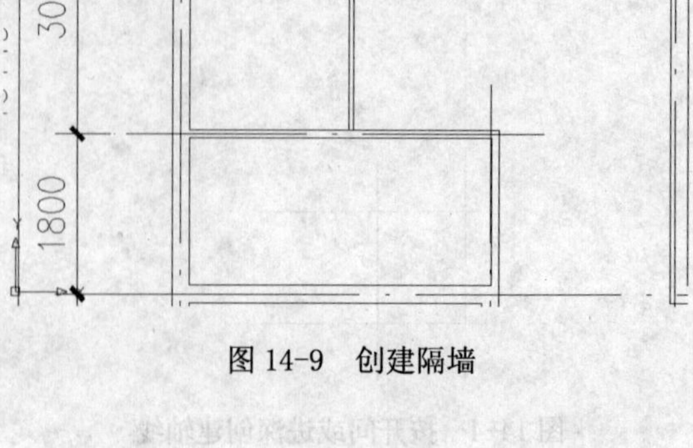

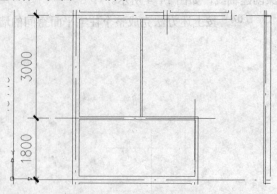

图 14-9　创建隔墙

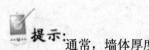

提示： 通常，墙体厚度设置为 200mm。

教你一招：

对一些厚度比较薄的隔墙，如卫生间、过道等位置的墙体，通过调整多线的比例可以得到不同厚度的墙体造型。

09 按照住宅平面空间的各个房间开间与进深，利用“多线”命令，继续进行其他位置墙体的创建，最后完成整个墙体造型的绘制，如图 14-10 所示。

10 单击“绘图”工具栏中的“多行文字”按钮 A，标注房间文字，最后完成整个建筑墙体平面图，如图 14-11 所示。

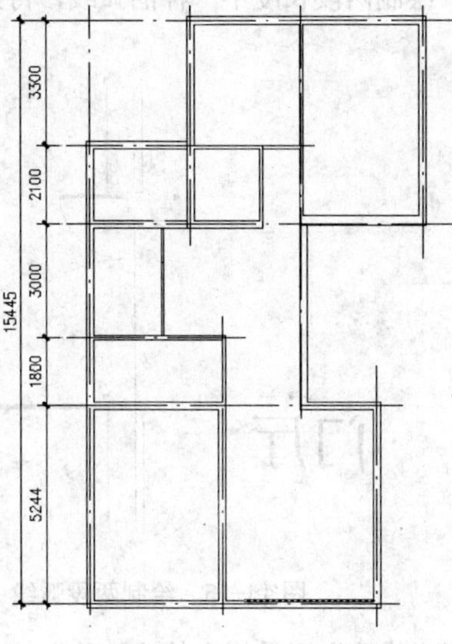

图 14-10　完成墙体绘制

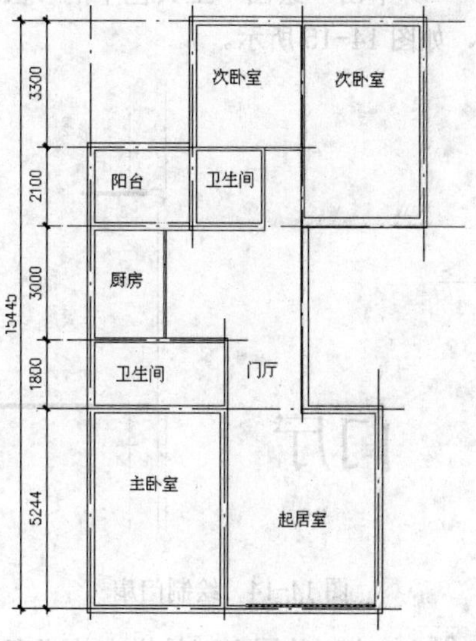

图 14-11　布置房间文字

提示： 标注房间文字也可以使用 TEXT 命令。

14.1.2　建筑平面门窗绘制

01 单击“绘图”工具栏中的“直线”按钮和“修改”工具栏中的“偏移”按钮，创建住宅平面空间的户门造型。按户门的大小绘制两条与墙体垂直的平行线确定户门宽度，如图 14-12 所示。

02 单击“修改”工具栏中的“修剪”按钮，对线条进行剪切得到户门的门洞，如图 14-13 所示。

03 单击“绘图”工具栏中的“多段线”按钮，绘制户门的门扇造型，该门扇为一大一小的造型，如图 14-14 所示。

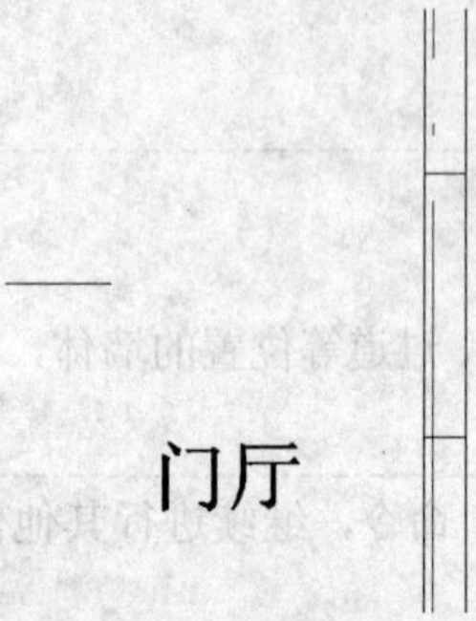

图 14-12 确定户门宽度

图 14-13 创建户门门洞

04 单击“绘图”工具栏中的“圆弧”按钮，绘制两段长度不一样的弧线，得到户门造型，如图 14-15 所示。

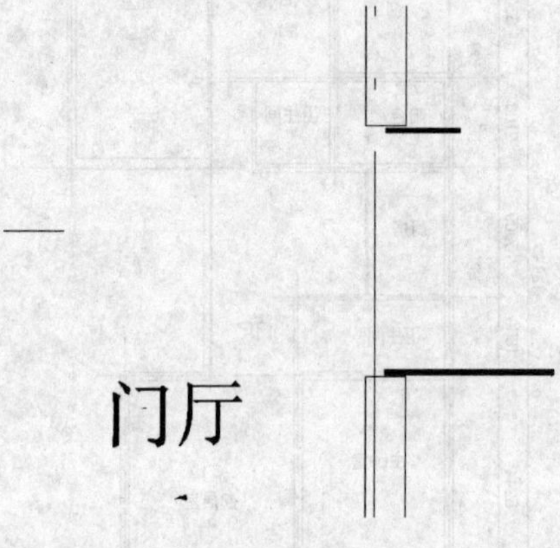

图 14-14 绘制门扇

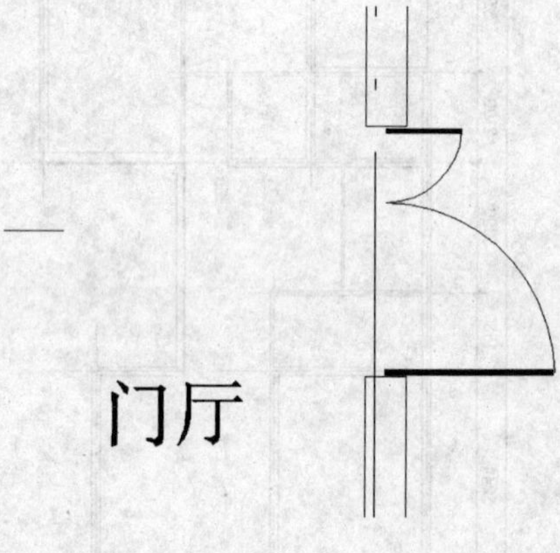

图 14-15 绘制两段弧线

05 单击“绘图”工具栏中的“直线”按钮和“修改”工具栏中的“偏移”按钮，对阳台门联窗户造型进行绘制，如图 14-16 所示。

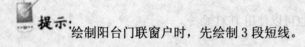

> **提示：** 绘制阳台门联窗户时，先绘制 3 段短线。

06 单击“修改”工具栏中的“修剪”按钮，，在门的位置剪切边界线，得到门洞，如图 14-17 所示。

07 单击“绘图”工具栏中的“多段线”按钮和“修改”工具栏中的“偏移”按钮，在门洞旁边绘制窗户造型，如图 14-18 所示。

08 单击“绘图”工具栏中的“多段线”按钮，按门大小的一半绘制其中一扇门扇，如图 14-19 所示。

09 单击“修改”工具栏中的“镜像”按钮，通过镜像得到阳台门扇造型，完成门联窗户造型的绘制，如图 14-20 所示。

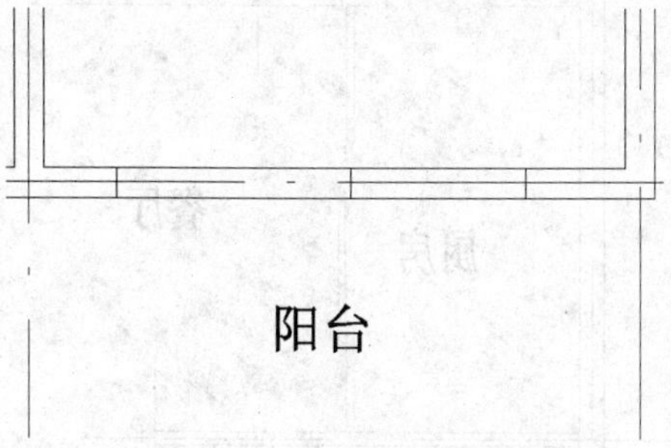

图 14-16　绘制 3 段短线

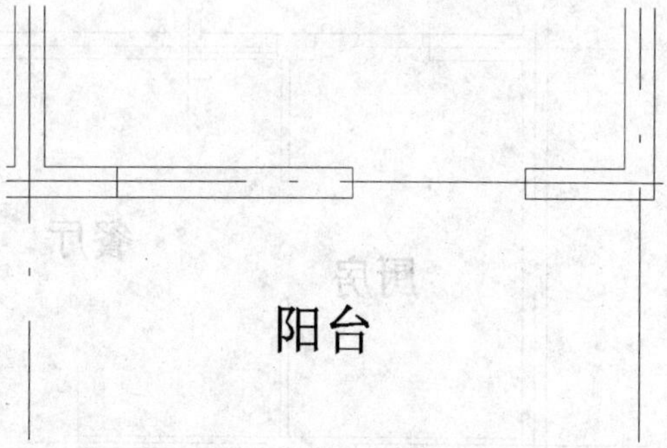

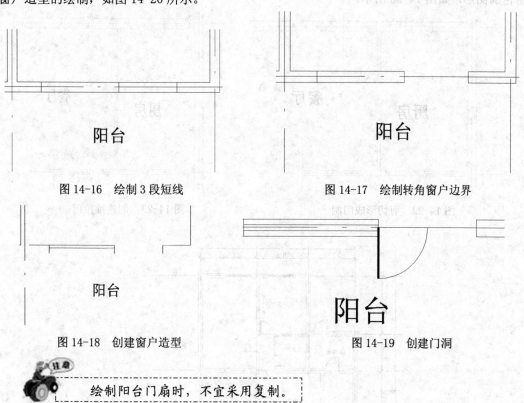

图 14-17　绘制转角窗户边界

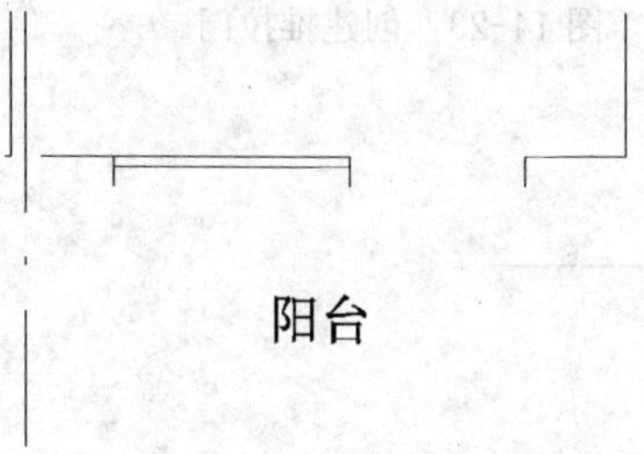

图 14-18　创建窗户造型

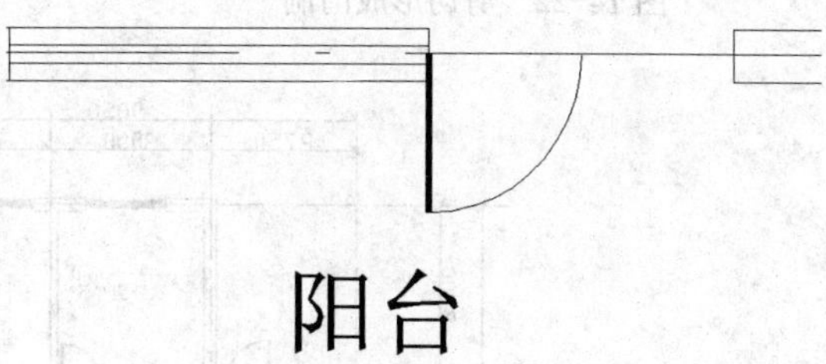

图 14-19　创建门洞

注意：绘制阳台门扇时，不宜采用复制。

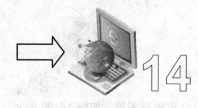

10 单击“绘图”工具栏中的“直线”按钮和“修改”工具栏中的“偏移”按钮，在餐厅与厨房之间进行推拉门造型绘制，先绘制门的宽度范围，如图 14-21 所示。

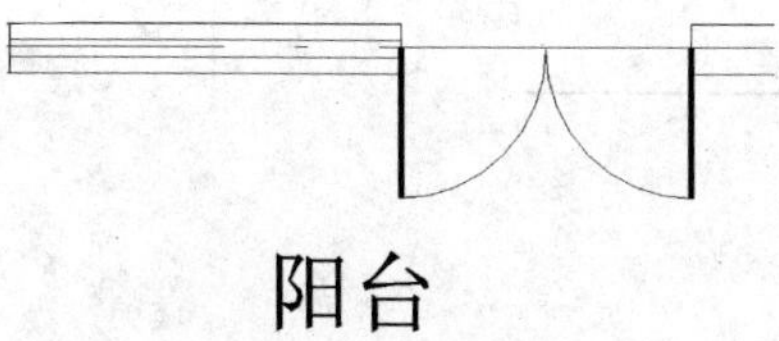

图 14-20　镜像门扇

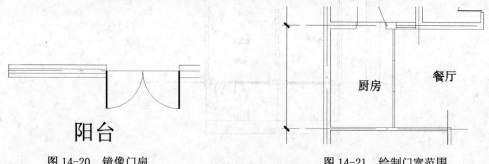

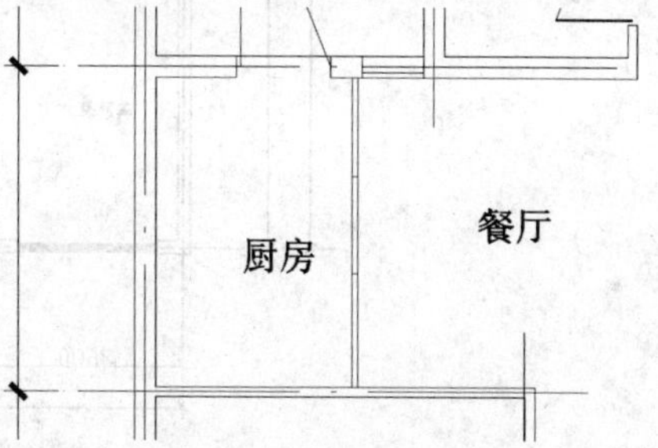

图 14-21　绘制门宽范围

11 单击“修改”工具栏中的“修剪”按钮，剪切得到门洞形状，如图 14-22 所示。

12 单击“绘图”工具栏中的“矩形”按钮，在靠餐厅一侧绘制矩形推拉门如图 14-23 所示。

13 其他位置的门扇和窗户造型可参照上述方法进行创建，如图 14-24 所示。

14.1.3　楼电梯间等建筑空间平面绘制

01 单击“绘图”工具栏中的“直线”按钮和“圆弧”按钮，绘制楼梯间墙体和门窗轮廓图形，如图 14-25 所示。

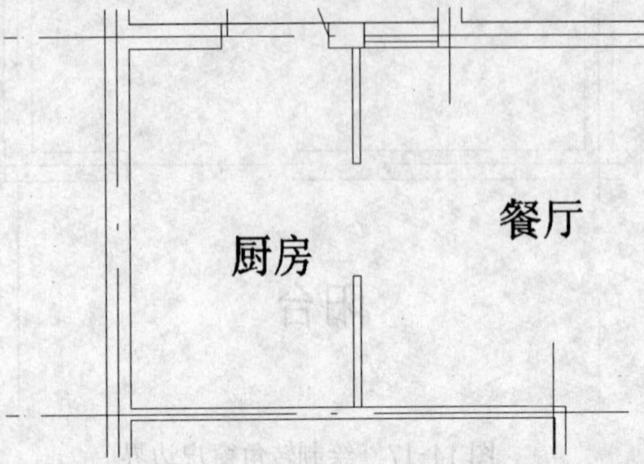

图 14-22　剪切形成门洞

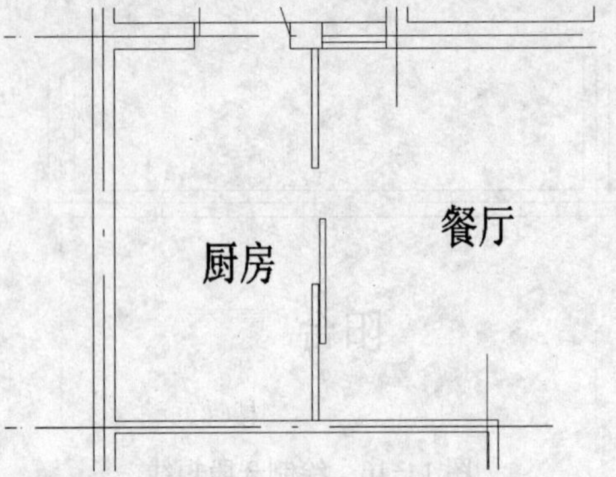

图 14-23　创建推拉门

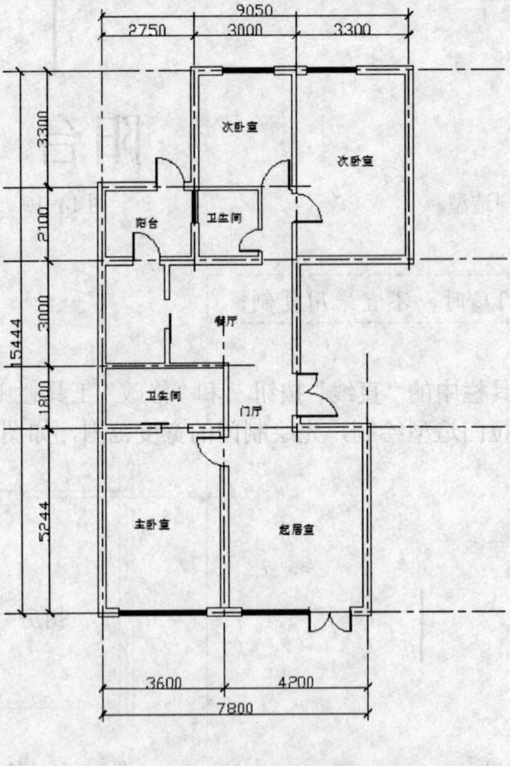

图 14-24　创建其他门窗

02 单击“绘图”工具栏中的“直线”按钮和“修改”工具栏中的“偏移”按钮，绘制楼梯踏步平面造型，如图 14-26 所示。

提示： 楼梯为双跑楼梯。

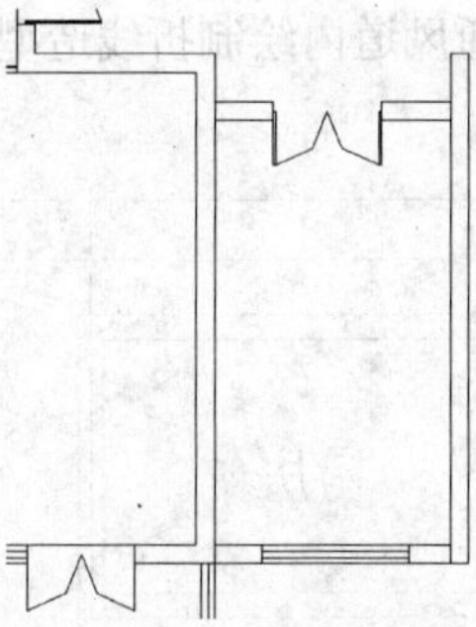

图 14-25　绘制楼梯间轮廓

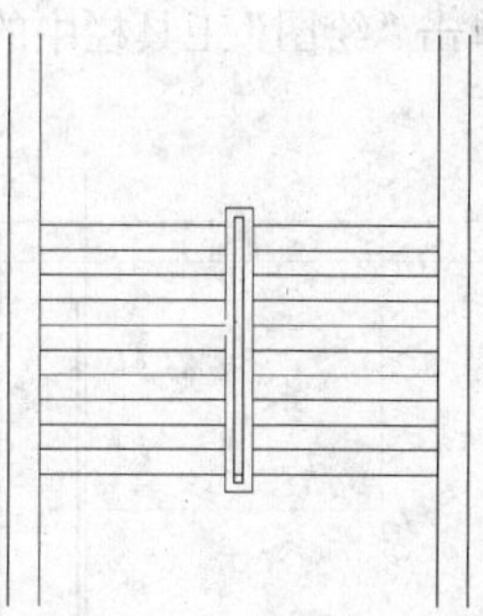

图 14-26　绘制楼梯踏步造型

03 单击“绘图”工具栏中的“直线”按钮和“修改”工具栏中的“修剪”按钮，勾画楼梯踏步折断线造型，如图 14-27 所示。

04 单击“绘图”工具栏中的“直线”按钮，绘制电梯井建筑墙体轮廓，如图 14-28 所示。

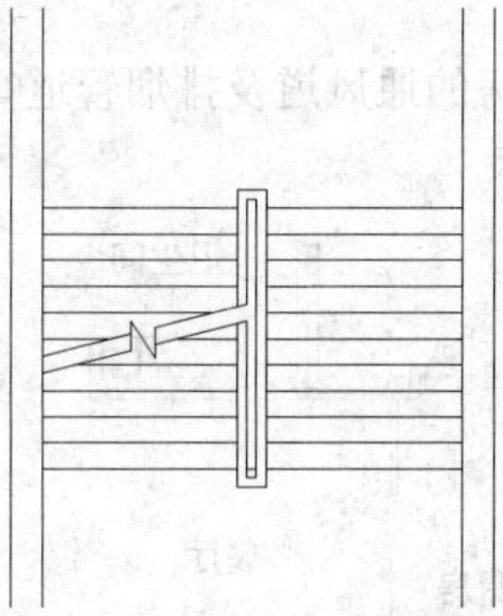

图 14-27　勾画楼梯折断线造型

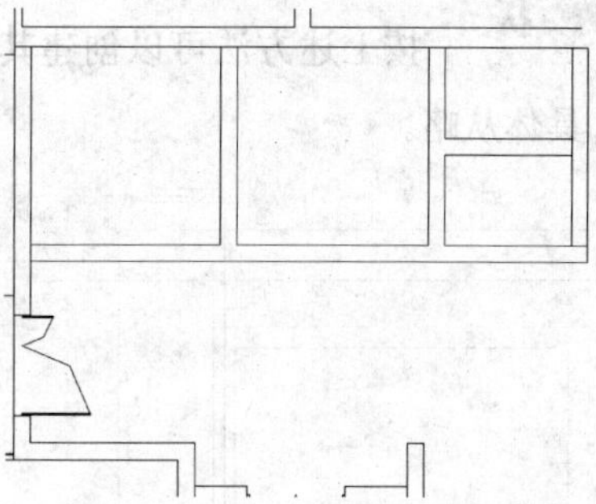

图 14-28　创建电梯井墙体

05 单击“绘图”工具栏中的“直线”按钮和“矩形”按钮，绘制电梯平面造型，如图 14-29 所示。

06 另外一个电梯平面按相同方法绘制，如图 14-30 所示。

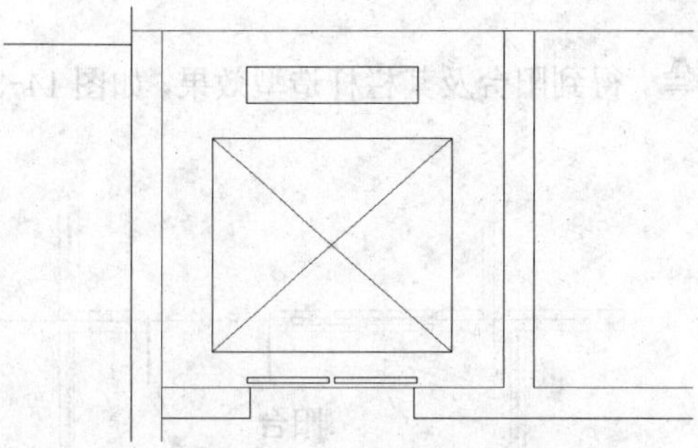

图 14-29　绘制电梯平面造型

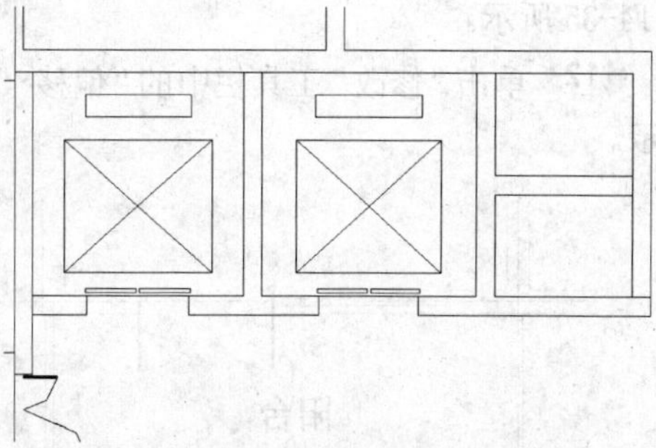

图 14-30　绘制另外一个电梯

07 单击“绘图”工具栏中的“多段线”按钮，绘制卫生间中的矩形通风道造型，如图 14-31 所示。

08 单击“修改”工具栏中的“偏移 ”按钮，得到通风道墙体造型，如图 14-32 所示。

09 单击“绘图”工具栏中的“多段线”按钮，在通风道内绘制折线造型，如图 14-33 所示。

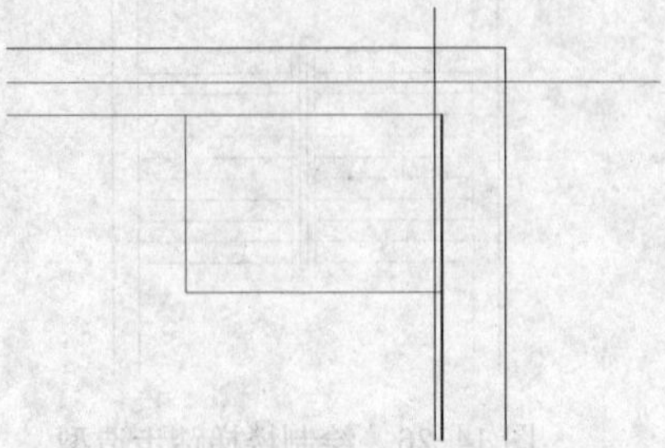

图 14-31　绘制通风道造型

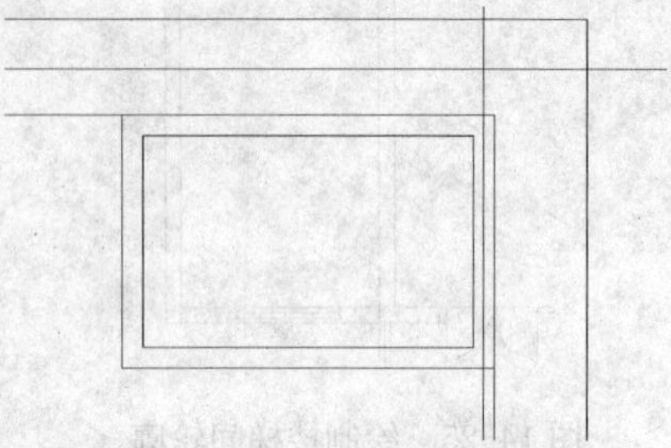

图 14-32　创建通风道墙体

10 创建其他造型轮廓，如图 14-34 所示。

> **提示：** 按上述方法可以创建其他卫生间和厨房的通风道及排烟管道等造型轮廓，具体从略。

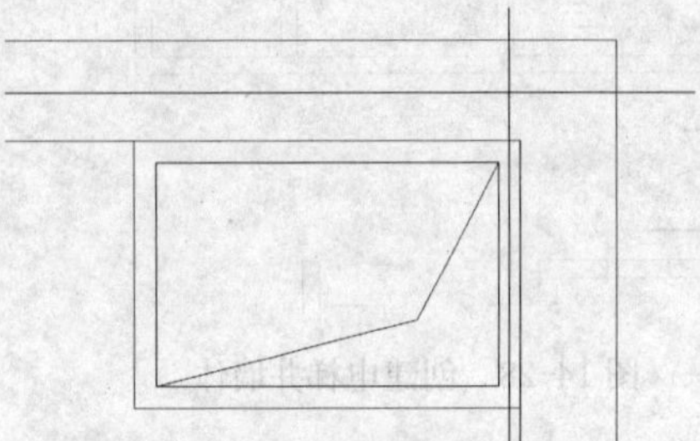

图 14-33　绘制折线

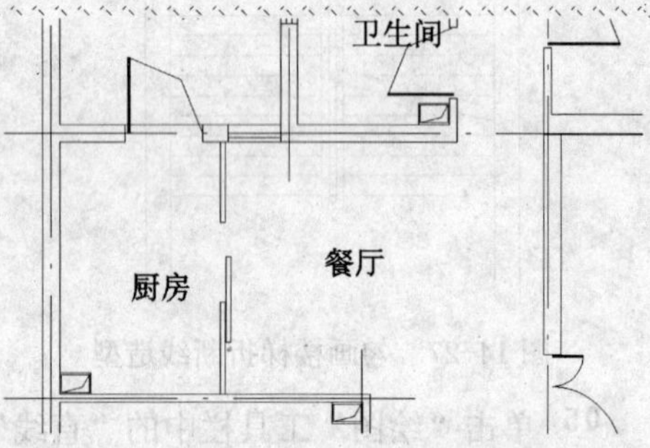

图 14-34　绘制其他管道造型

11 单击“绘图”工具栏中的“多段线”按钮，按阳台的大小尺寸绘制其外轮廓，如图 14-35 所示。

12 单击“修改”工具栏中的“偏移 ”按钮，得到阳台及其栏杆造型效果，如图 14-36 所示。

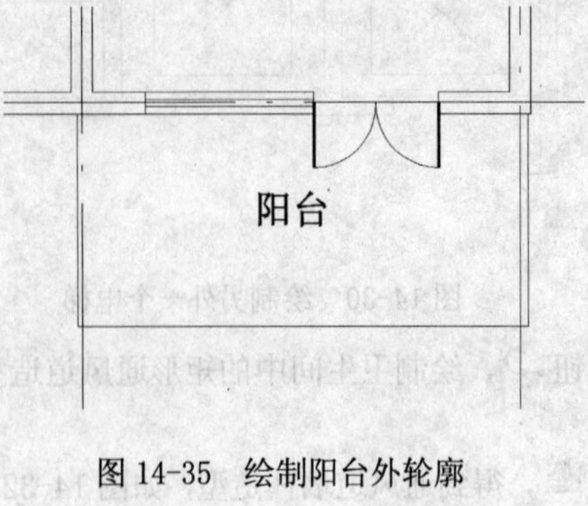

图 14-35　绘制阳台外轮廓

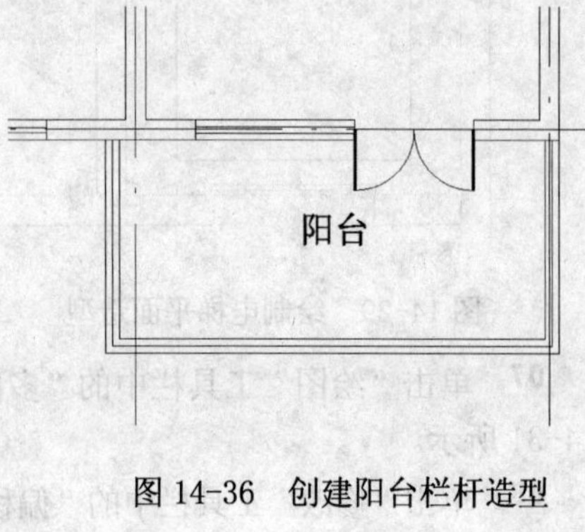

图 14-36　创建阳台栏杆造型

13 完成建筑平面图标准单元图形的绘制，如图 14-37 所示。

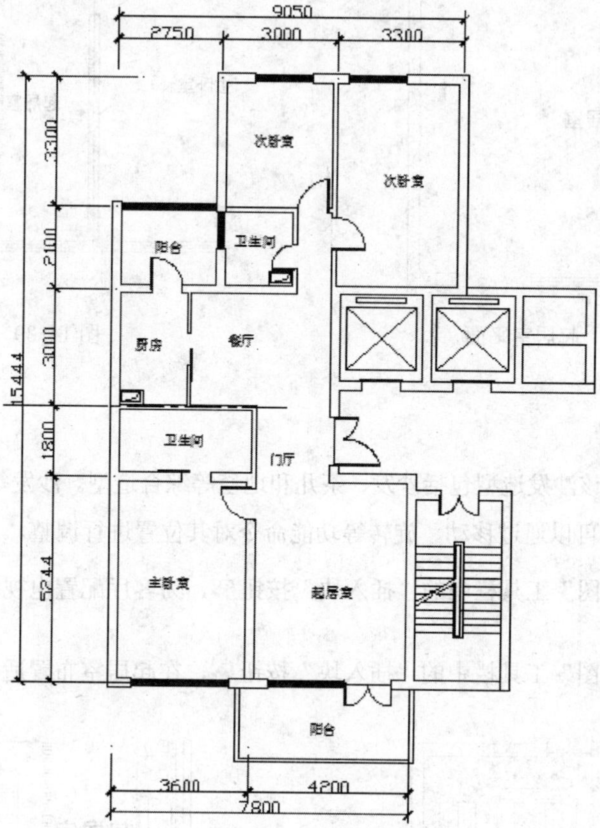

图 14-37　完成建筑墙体平面

提示: 完成平面图后可以缩放视图观察图形并保存图形。

14.1.4　建筑平面家具布置

01 单击“标准”工具栏中的“窗口缩放”按钮，局部放大起居室（即客厅）的空间平面，如图 14-38 所示。

```
命令: ZOOM（局部缩放视图）
指定窗口的角点，输入比例因子 (nX 或 nXP)，或者
[全部(A)/中心(C)/动态(D)/范围(E)/上一个(P)/比例(S)/窗口(W)/对象(O)] <实时>: W
指定第一个角点:
指定对角点:
```

02 单击“绘图”工具栏中的“插入块”按钮，在起居室平面上插入沙发造型等，如图 14-39 所示。

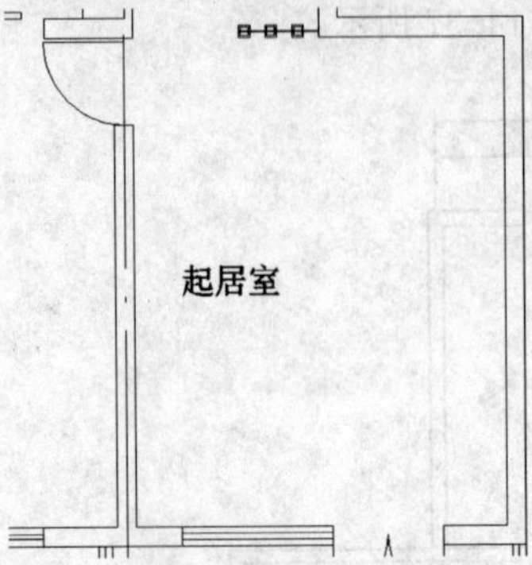

图 14-38　起居室平面

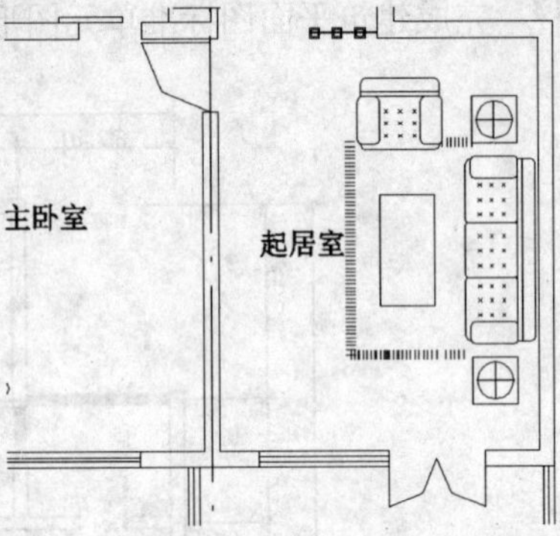

图 14-39　插入沙发

提示：该沙发造型包括沙发、茶几和地毯等综合造型。沙发等家具若插入的位置不合适，则可以通过移动、旋转等功能命令对其位置进行调整。

03 单击“绘图”工具栏中的“插入块”按钮，为客厅配置电视柜造型，如图 14-40 所示。

04 单击“绘图”工具栏中的“插入块”按钮，在起居室布置适当的花草进行美化，如图 14-41 所示。

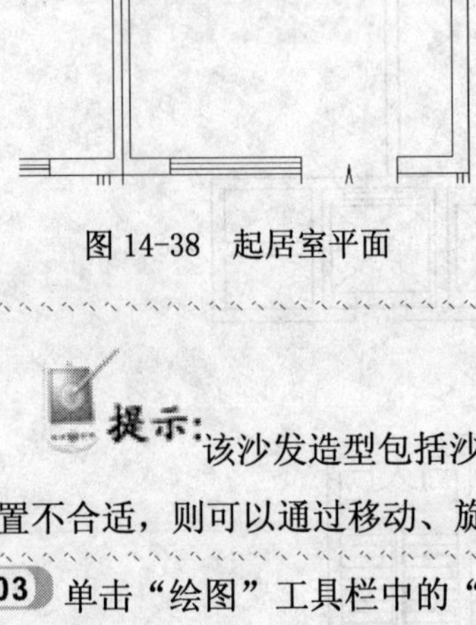

图 14-40　配置电视柜

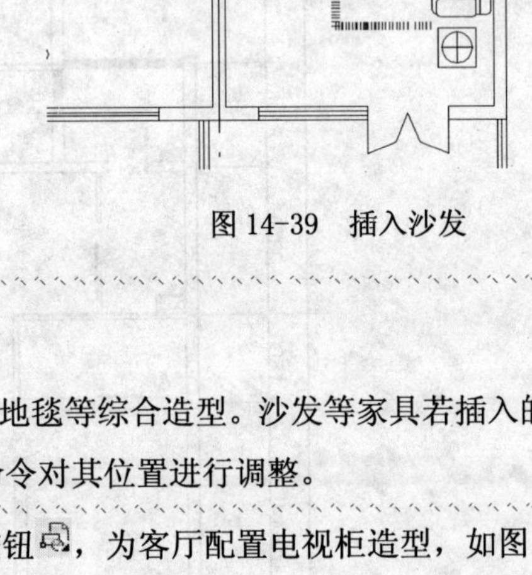

图 14-41　布置花草

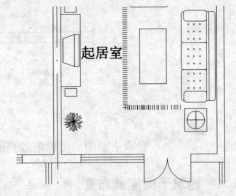

05 单击“绘图”工具栏中“插入块”按钮，在餐厅平面上插入餐桌，如图 14-42 所示。

06 单击“绘图”工具栏中的“插入块”按钮，按相似的方法布置其他位置的家具，如图 14-43 所示。

提示：利用“插入块”命令，布置如卫生间的坐便器和洁身器等洁具设施。

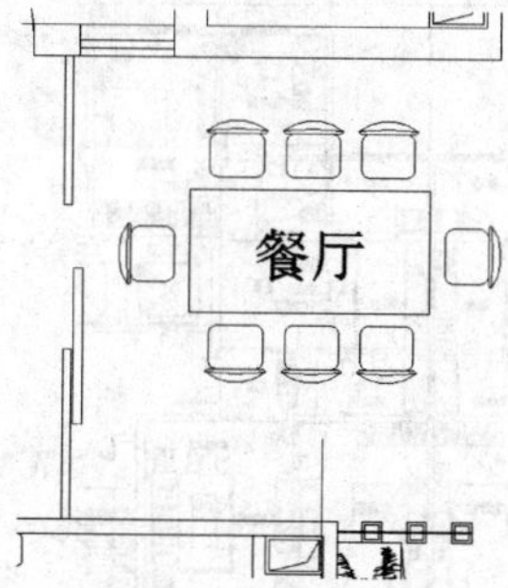

图 14-42　餐桌布置

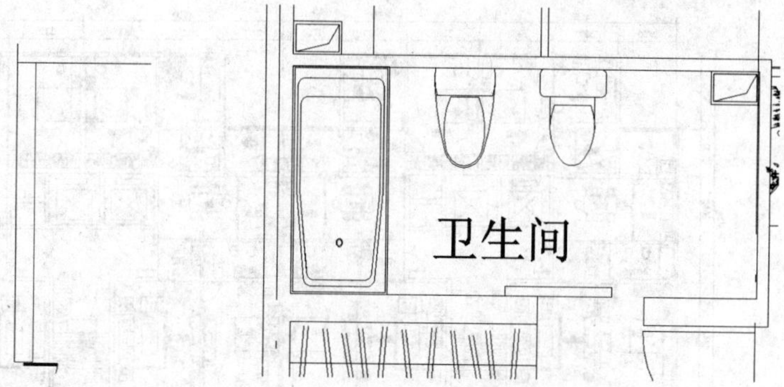

图 14-43　布置便器洁具

07 进行家具布置，直至完成，如图 14-44 所示。

08 单击“修改”工具栏中的“镜像”按钮，将布置好的家具镜像得到标准单元平面图，如图 14-45 所示。

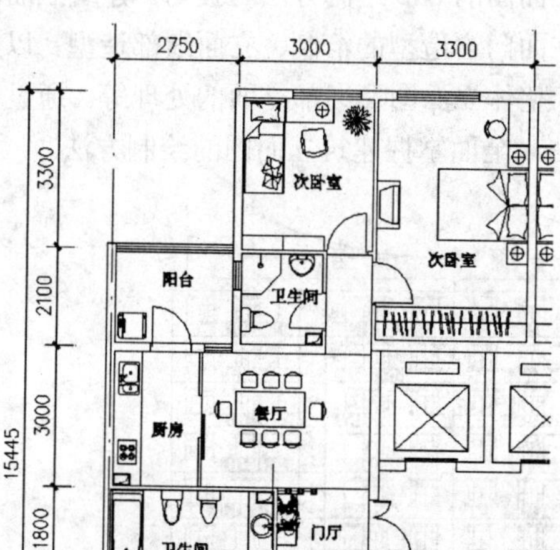

图 14-44　继续布置家具

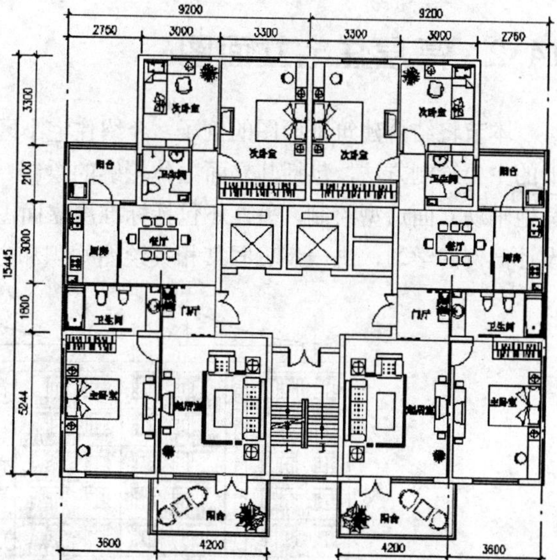

图 14-45　镜像图形

09 单击“修改”工具栏中的“复制”按钮，将标准单元进行复制，得到整个建筑平面图，如图 14-46 所示。

> **提示：** 也可以通过镜像得到整个建筑平面图。

10 标注轴线和图名等内容，相关方法可参阅前面有关章节介绍的方法，在此不多述。效果图如图 14-1 所示。

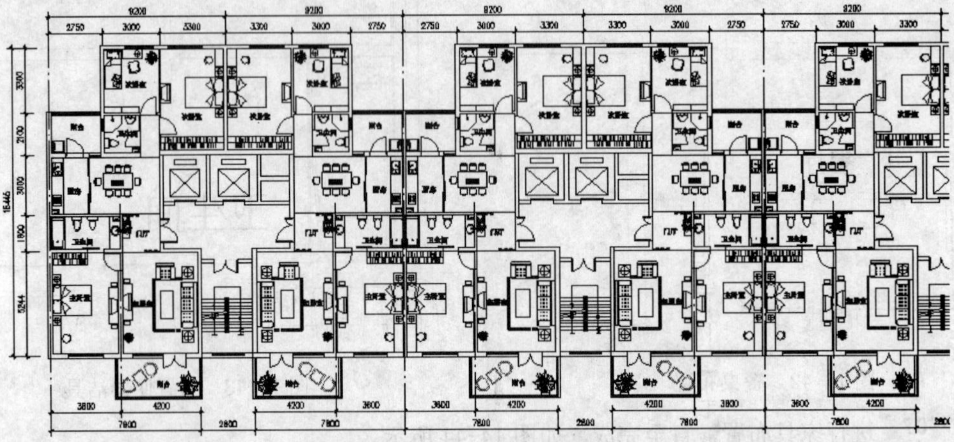

图 14-46　复制得到平面图

14.2　高层住宅立面图

本节将结合建筑平面图的例子，介绍住宅小区立面图的 CAD 绘制方法与技巧。建筑立面图形的主要绘制方法，包括其立面主体轮廓的绘制、立面门窗造型的绘制、立面细部造型，以及其他辅助立面造型绘制，另外还包括标准层立面图、整体立面图及细部立面的处理等。通过本设计案例的学习，进一步巩固其相关绘图知识和方法，全面掌握建筑立面图的绘制方法。

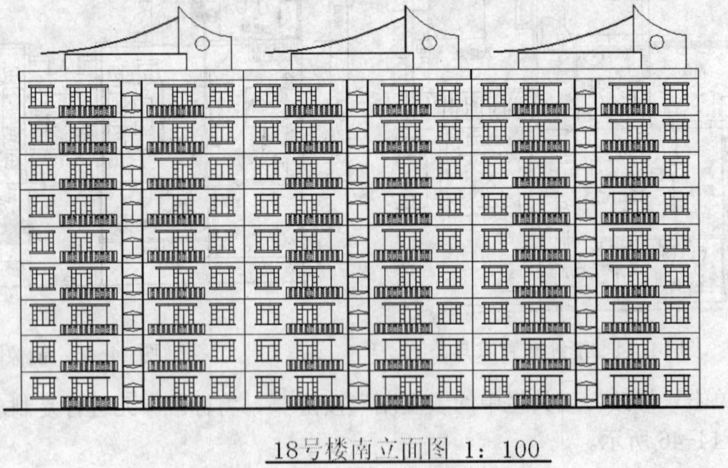

图 14-47　高层住宅立面图

光盘路径

光盘\动画演示\第 14 章\高层住宅立面图.avi

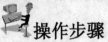

操作步骤

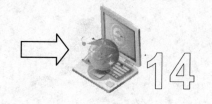

14.2.1 建筑标准层立面轮廓绘制

01 单击“绘图”工具栏中的“多段线”按钮，在标准层平面图对应的一个单元下侧绘制一条地平线，如图 14-48 所示。

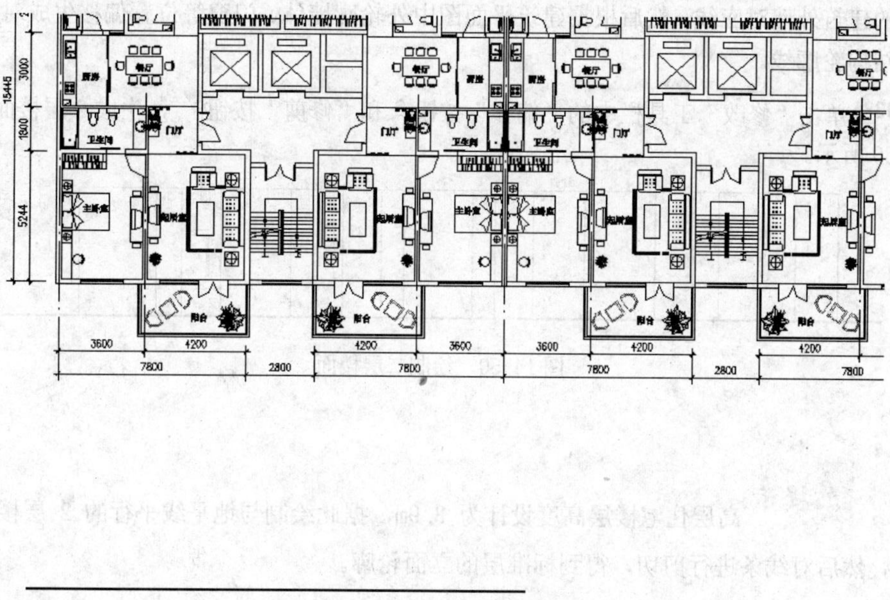

图 14-48 绘制建筑地平线

02 单击“绘图”工具栏中的“直线”按钮和“修改”工具栏中的“偏移”按钮，绘制外墙轮廓对应线，如图 14-49 所示。

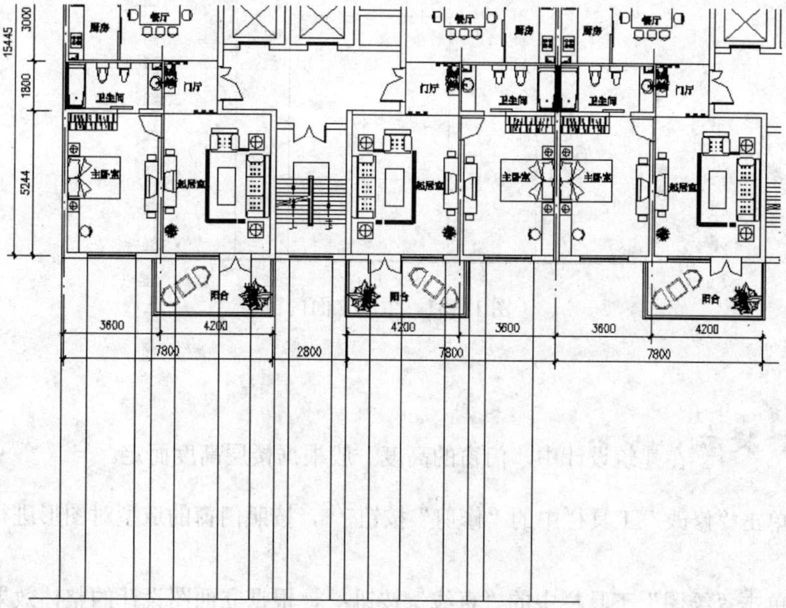

图 14-49 绘制立面对应线

提示：准备绘制的立面图是高层住宅的正立面图。先绘制1条与地平线相垂直的建筑外墙对应线，然后根据建筑平面图中外轮廓墙体、门窗等位置偏移生成对应的结构轮廓线。

03 单击“修改”工具栏中的“偏移”按钮和“修剪”按钮，生成2层楼面线，如图14-50所示。

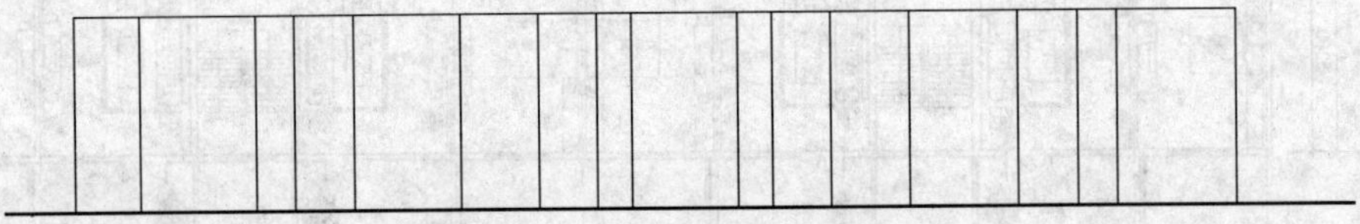

图14-50　绘制二层楼面

提示：高层住宅楼层高度设计为3.9m，据此绘制与地平线平行的2层楼面线，然后对线条进行剪切，得到标准层的立面轮廓。

14.2.2　建筑标准层门窗及阳台立面轮廓绘制

01 单击“修改”工具栏中的“偏移”按钮，在与地平线平行的方向创建立面图中的门窗高度轮廓线，如图14-51所示。

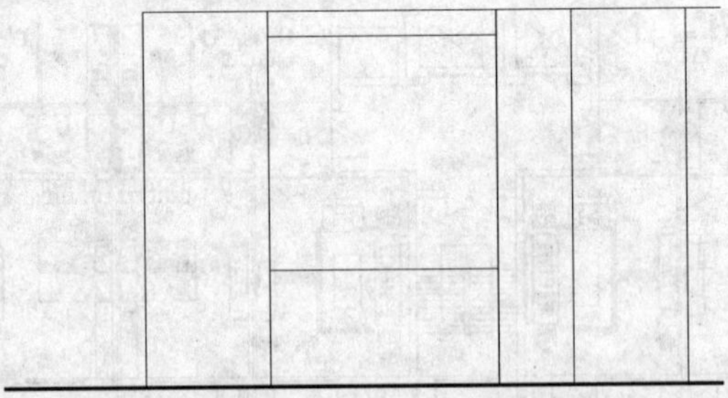

图14-51　生成立面门窗

提示：在建筑设计中，门窗的高度一般根据楼层高度而定。

02 单击“修改”工具栏中的“修剪”按钮，按照门窗的造型对图形进行修剪，如图14-52所示。

03 单击“绘图”工具栏中的“直线”按钮，根据立面图设计的整体效果，对窗户立面进行分隔，如图14-53所示。

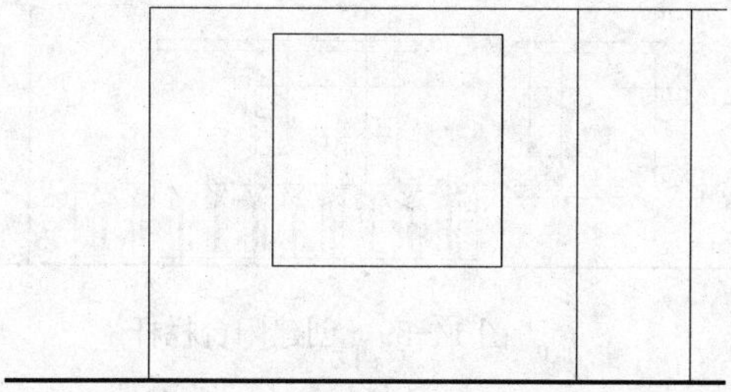

图 14-52　对图形进行修剪

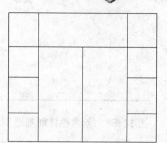

图 14-53　窗户造型绘制

04 单击“绘图”工具栏中的“多段线”按钮，在门窗上下位置，勾画窗台造型，如图 14-54 所示。

05 单击“绘图”工具栏中的“直线”按钮，按上述方法，对阳台和阳台门立面分隔，如图 14-55 所示。

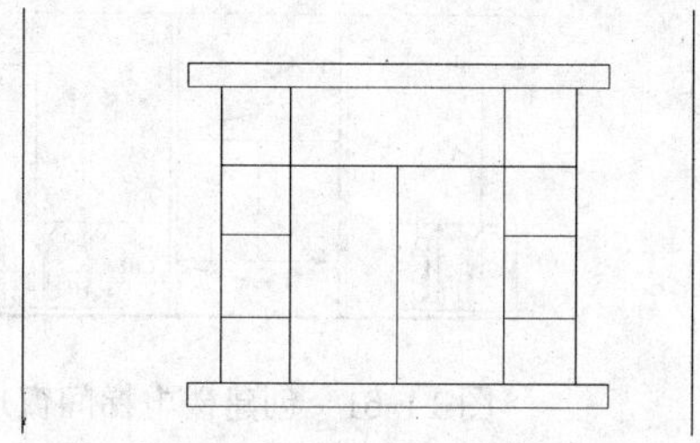

图 14-54　窗台造型设计

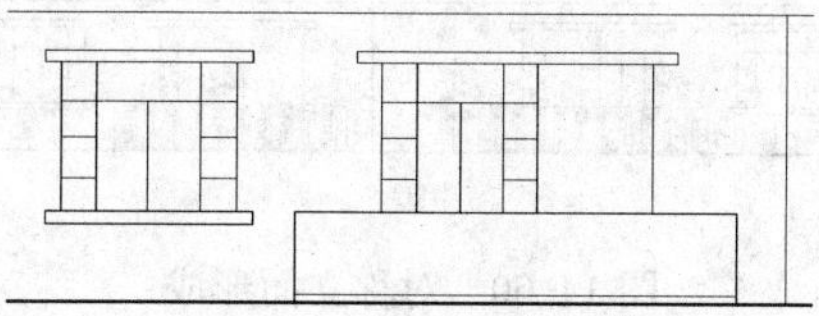

图 14-55　阳台及门造型绘制

06 单击“绘图”工具栏中的“直线”按钮和“矩形”按钮，按阳台位置绘制阳台造型，如图 14-56 所示。

> **教你一招：**
>
> 同时绘制与楼地面垂直的直线，作为垂直主支撑栏杆。

07 单击“绘图”工具栏“圆弧”按钮，勾画栏杆细部造型，如图 14-57 所示。

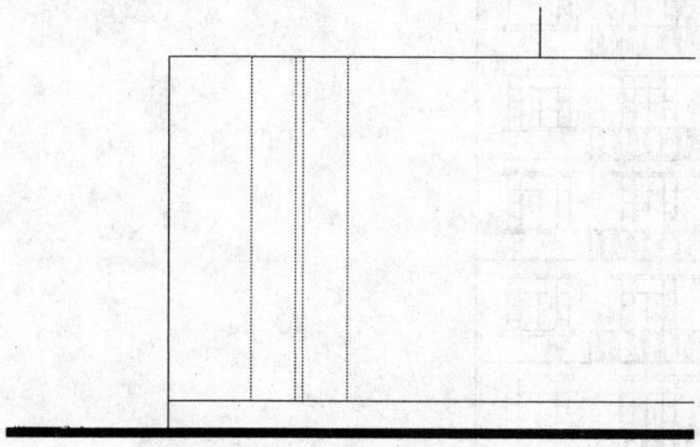

图 14-56　垂直栏杆

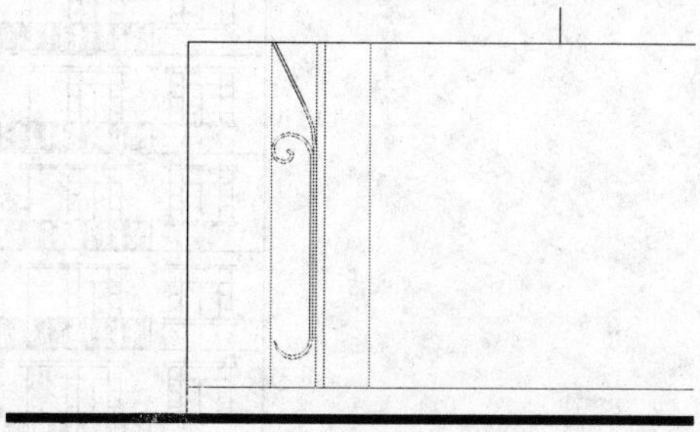

图 14-57　栏杆细部设计

08 单击“修改”工具栏中的“镜像”按钮，创建阳台栏杆细部造型，如图 14-58 所示。

09 单击“修改”工具栏中的“复制”按钮，创建阳台栏杆，如图 14-59 所示。

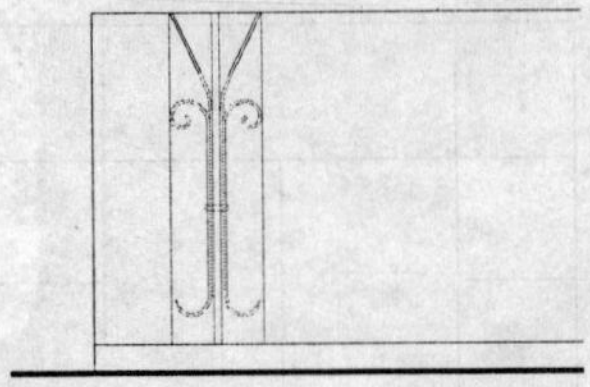

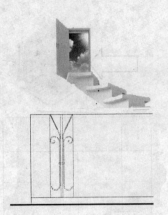

图 14-58　创建栏杆细部造型

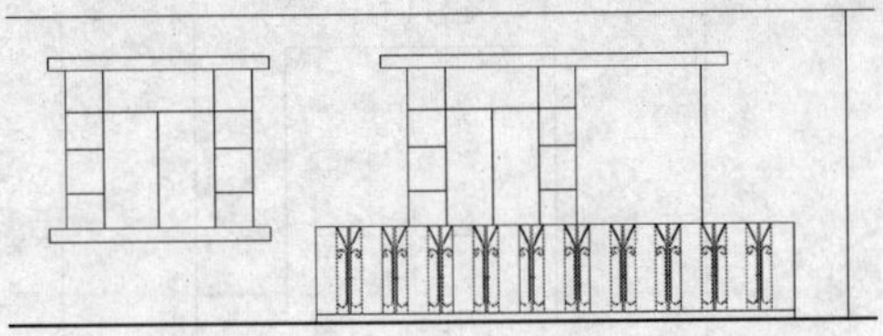

图 14-59　创建阳台栏杆

提示： 创建阳台栏杆也可以使用 MIRROR 命令。

10 另外一侧的立面按上述方法绘制，形成整个标准层的立面图，如图 14-60 所示。

11 中间楼电梯间的窗户立面图同样按上述方式完成，如图 14-61 所示。

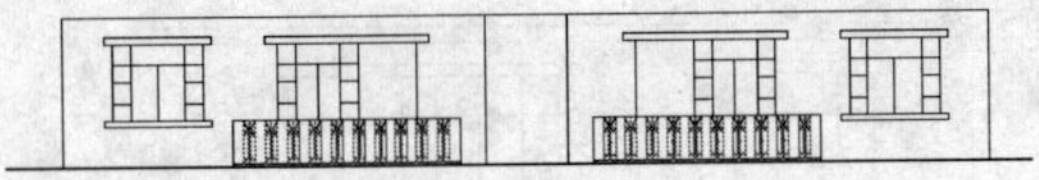

图 14-60　对称立面形成

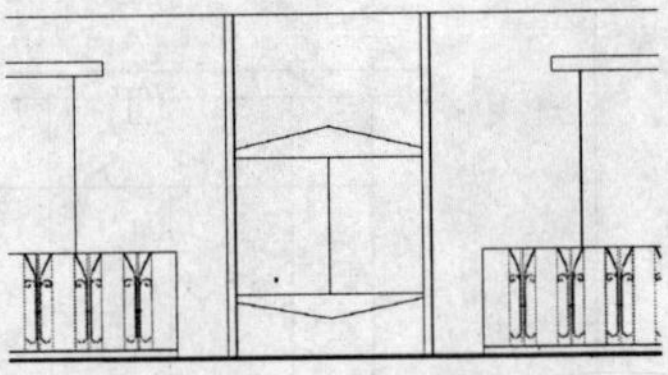

图 14-61　创建楼电梯间窗户

14.2.3　建筑整体立面创建

01 单击“修改”工具栏中的“复制”按钮，对楼层立面图进行复制，得到高层住宅建筑的主体结构形体，如图 14-62 所示。

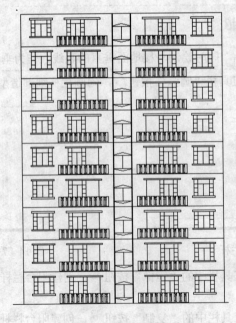

图 14-62　建立主体结构

02 单击“绘图”工具栏中的“直线”按钮，绘制屋面造型，如图 14-63 所示。

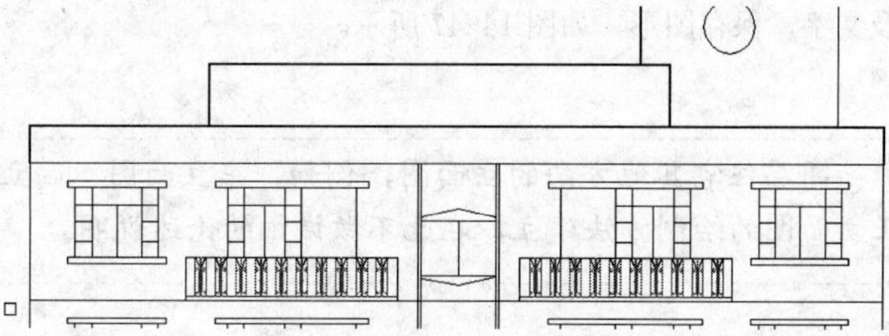

图 14-63 屋面立面轮廓

提示：在这里屋面整体造型为平屋面。

03 单击“绘图”工具栏“圆弧”按钮，在屋顶立面中，绘制弧线形成屋顶造型，如图 14-64 所示。

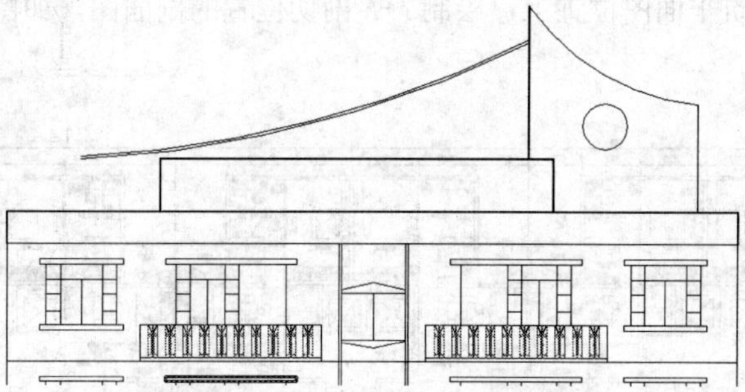

图 14-64 形成波浪造型

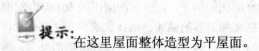

04 单击“修改”工具栏中的“复制”按钮，按单元数量进行单元立面复制，完成整体立面绘制，如图 14-65 所示。

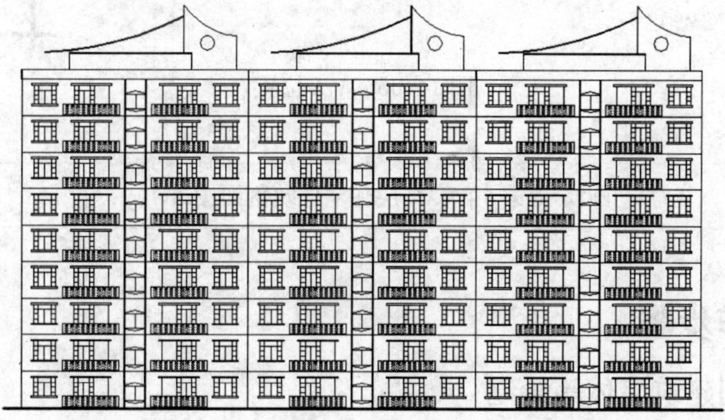

图 14-65 复制单元立面

05 单击“绘图”工具栏中的“直线”按钮和单击“文字”工具栏中的“单行文字”按钮标注标高及文字，保存图形，如图 14-47 所示。

注意

高层住宅其他方向的立面图，例如，东立面图、西立面图等，按照正立面图的绘制方法建立，在此不做详细的论述说明。

14.3 高层住宅建筑剖面图

本节将结合前面所述的建筑平面图和立面图的例子，介绍其剖面图的 AutoCAD 绘制方法与技巧。建筑剖面图形的主要绘制方法，包括楼梯剖面的轴线、墙体、踏步和文字尺寸；标准层剖面、门窗剖面、整体剖面图，以及剖面细部等绘制方法。通过本设计案例的学习，综合前面有关章节的建筑剖面图绘图方法，进一步巩固其相关绘图知识和方法，全面掌握建筑剖面图的绘制方法。

本节将讲述在建筑平面图位置上，绘制 A-A 剖切位置的剖面图，如图 14-66 所示。

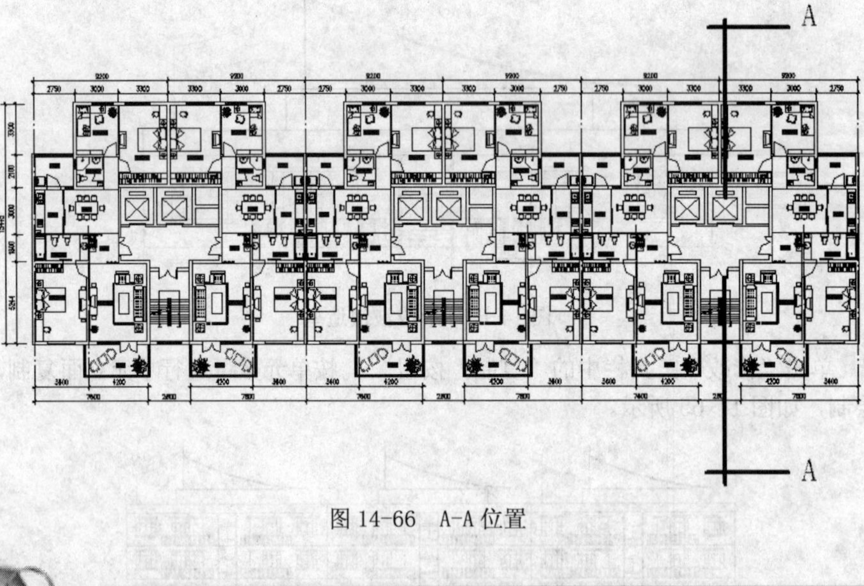

图 14-66 A-A 位置

光盘路径

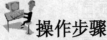

光盘\动画演示\第 14 章\高层住宅建筑剖面图.avi

操作步骤

14.3.1 剖面图建筑墙体等绘制

01 单击“绘图”工具栏中的“多段线”按钮，在平面图的右侧绘制 1 条垂直线，如图 14-67 所示。

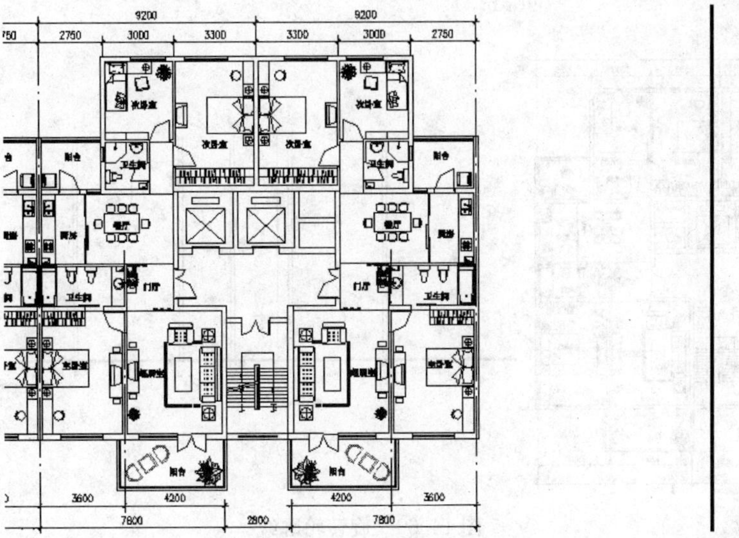

图 14-67　绘制垂直线

> **提示：** 准备以右侧绘制的垂直线作为其地面。

02 与 A-A 剖切通过所涉及（能够看到）的墙体、门窗、楼梯等位置，单击“绘图”工具栏中的“直线”按钮 和“修改”工具栏中的“偏移”按钮 ，绘制其相应的轮廓线，如图 14-68 所示。

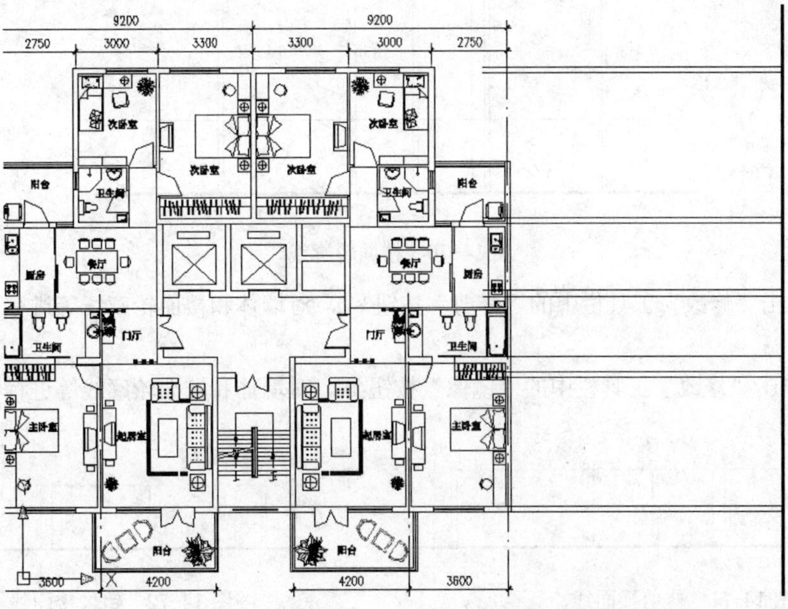

图 14-68　绘制相应轮廓线

03 单击“修改”工具栏中的“旋转”按钮 ，将所绘制的轮廓线旋转，如图 14-69 所示。

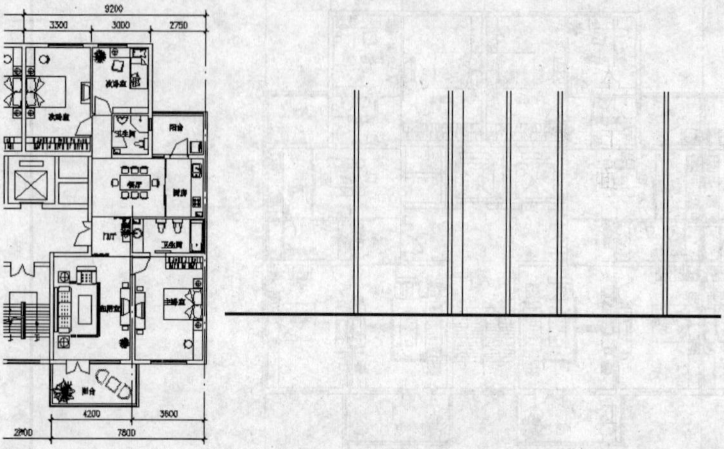

图 14-69　旋转轮廓线

教你一招：

可以将平面图一起旋转与轮廓线同样的角度。

04 单击“绘图”工具栏中的“直线”按钮，由于多层住宅的楼层高度为 3.0m，因此在距离地面线 3.0m 处绘制楼面轮廓线，如图 14-70 所示。

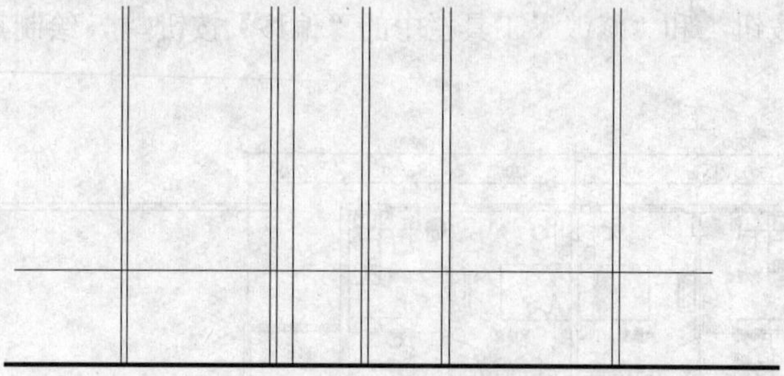

图 14-70　楼面轮廓线

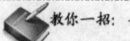

05 单击“修改”工具栏中的“修剪”按钮，对墙体和楼面轮廓线等进行修剪，如图 14-71 所示。

06 单击“修改”工具栏中的“镜像”按钮，对墙体和楼面轮廓线等进行镜像，如图 14-72 所示。

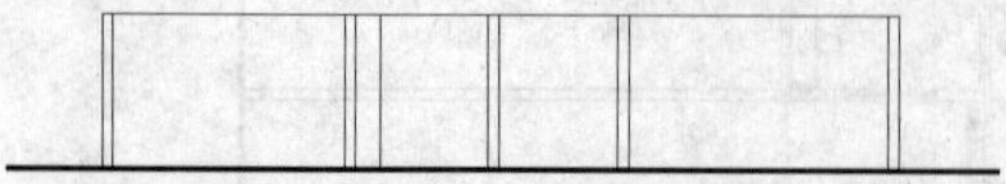

图 14-71　修剪楼面线

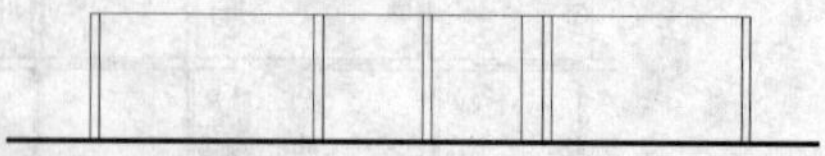

图 14-72　镜像楼面线

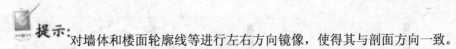

提示： 对墙体和楼面轮廓线等进行左右方向镜像，使得其与剖面方向一致。

07 单击“绘图”工具栏中的“直线”按钮和“修改II”工具栏中的“编辑多段线”按钮，参照平面图、立面图中建筑门窗的位置与高度，在相应的墙体绘制门窗轮廓线，如图14-73所示。

教你一招： 可以使用PEDIT命令加粗墙线和楼面线等结构体轮廓线。

08 单击“修改”工具栏中的“修剪”按钮，将中间部分楼地面线条剪切，单击“绘图”工具栏中的“矩形”按钮，绘制矩形门洞轮廓，如图14-74所示。

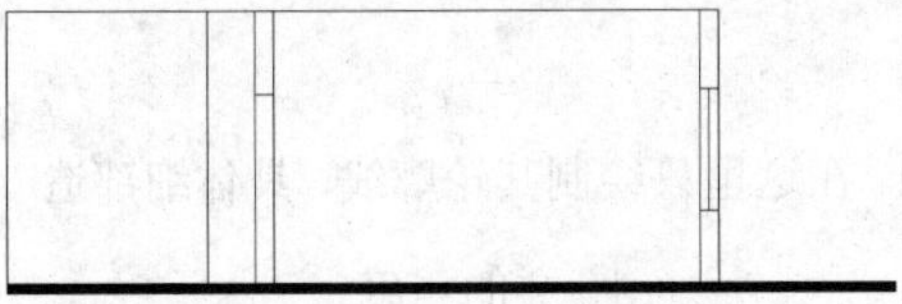

图14-73　绘制剖面门窗

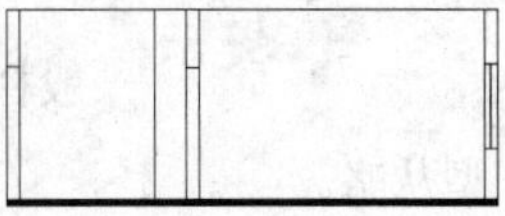

图14-74　形成电梯井

注意： 使矩形门洞上下开口通畅形成电梯井。

09 单击“绘图”工具栏中的“矩形”按钮，绘制剖面图中可以看到的其他位置的门洞造型，如图14-75所示。

10 单击“绘图”工具栏中的“图案填充”按钮，填充剖面图中的墙体为黑色，如图14-76所示。

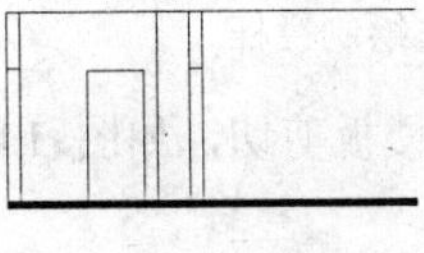

图14-75　绘制其他位置门洞

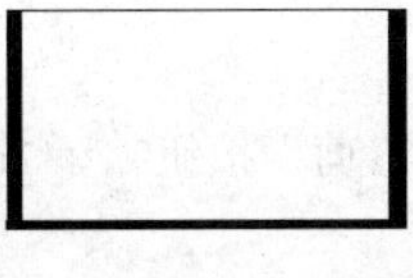

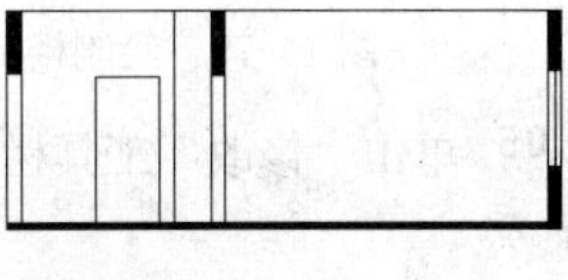

图14-76　填充墙体

14.3.2　剖面图建筑楼梯造型绘制

01 单击“绘图”工具栏中的“多段线”按钮和单击“修改”工具栏中的“复制”按钮，绘制1个楼梯踏步图形，如图14-77所示。

提示： 根据楼层高度，按每步高度小于170mm计算楼梯踏步和梯板的尺寸，然后按所计算的尺寸绘制其中一个梯段剖面轮廓线。

02 单击“修改”工具栏中的“镜像”按钮，对楼梯踏步进行镜像得到上梯段的楼梯剖面，如图 14-78 所示。

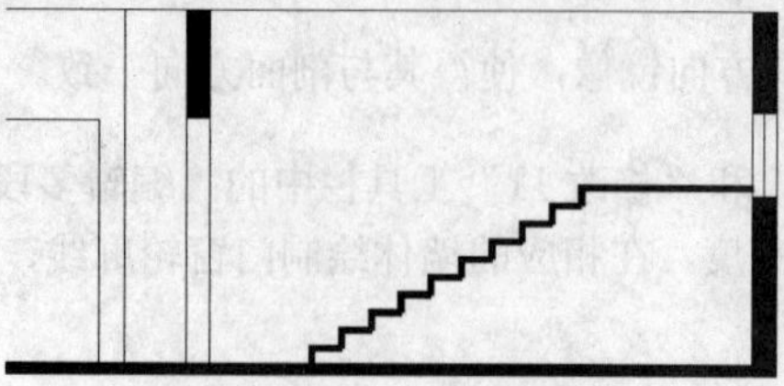

图 14-77　创建梯段剖面

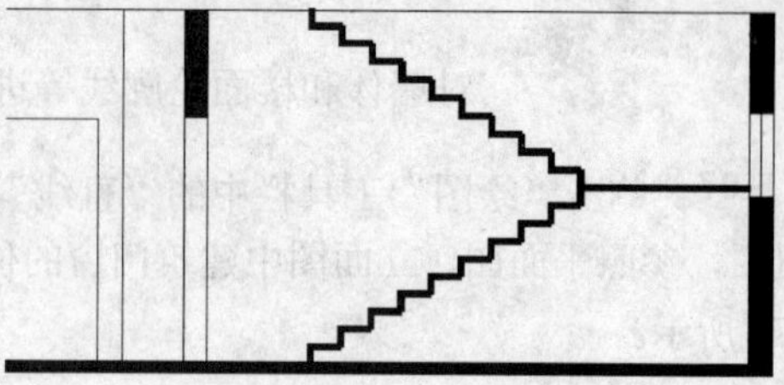

图 14-78　形成楼梯剖面

03 单击“绘图”工具栏中的“多段线”按钮，在踏步下绘制楼梯板，得到完整的楼梯剖面结构图，如图 14-79 所示。

04 单击“绘图”工具栏中的“直线”按钮，绘制楼梯栏杆，如图 14-80 所示。

提示： 一般栏杆的高度为 1.0～1.05m。在这里只绘制其轮廓线，具体细部造型从略。

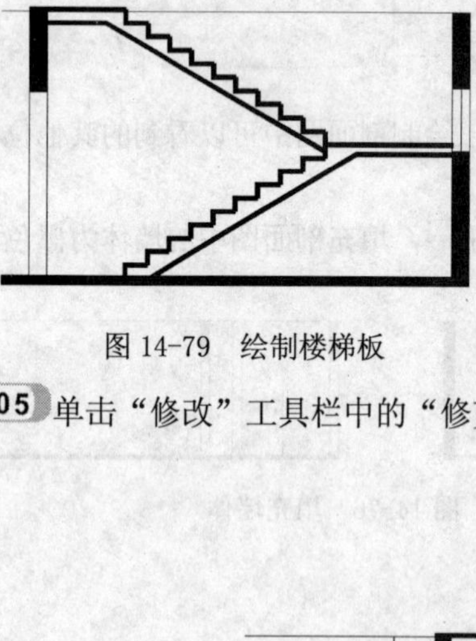

图 14-79　绘制楼梯板

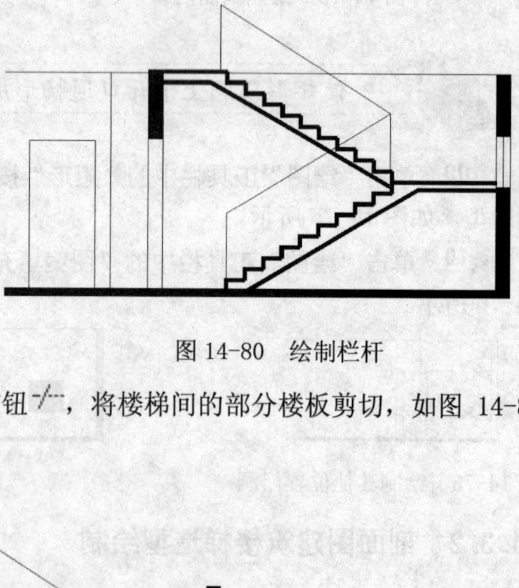

图 14-80　绘制栏杆

05 单击“修改”工具栏中的“修剪”按钮，将楼梯间的部分楼板剪切，如图 14-81 所示。

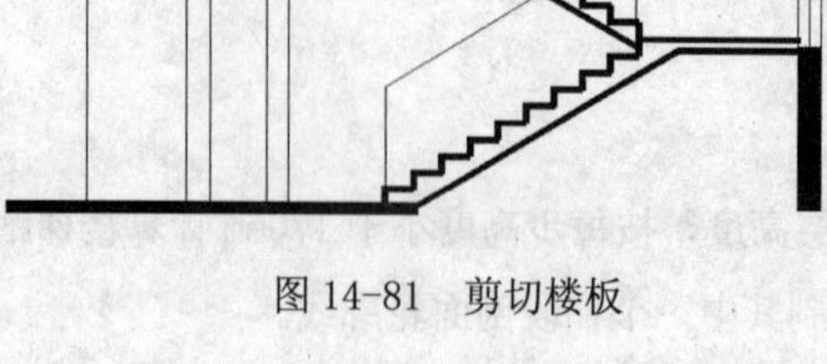

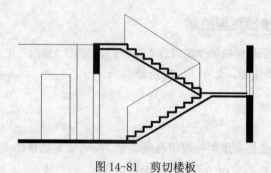

图 14-81　剪切楼板

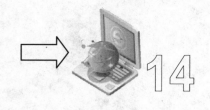

14.3.3 剖面图整体楼层图形绘制

01 单击“修改”工具栏中的“复制”按钮，按照立面图中所确定的楼层高度，进行楼层复制，得到A-A剖面图，如图14-82所示。

02 单击“绘图”工具栏中的“多段线”按钮，在剖切位置顶层楼层绘制屋面结构体，如图14-83所示。

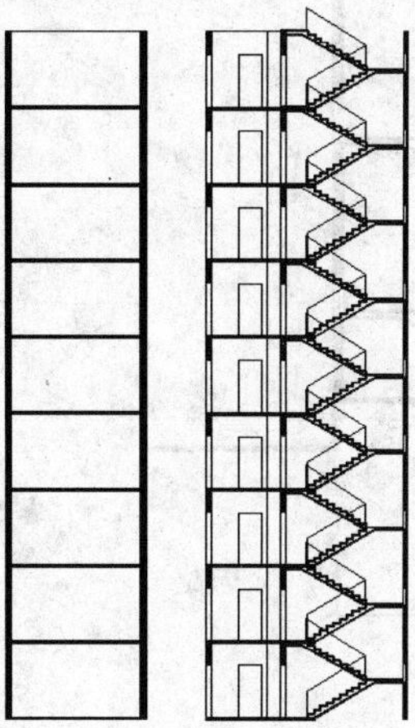

图14-82　复制楼层

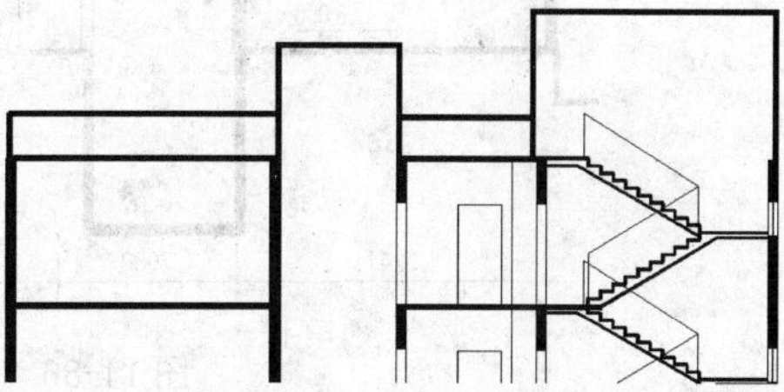

图14-83　绘制屋面剖面

注意：屋面结构在这里只绘制其轮廓线，具体细部造型从略。

03 单击“绘图”工具栏中的“多段线”按钮，在剖切位置顶层楼层绘制屋面结构体，如图14-84所示。

04 单击“绘图”工具栏中的“多段线”按钮，在剖面图底部绘制电梯底坑剖面，如图14-85所示。

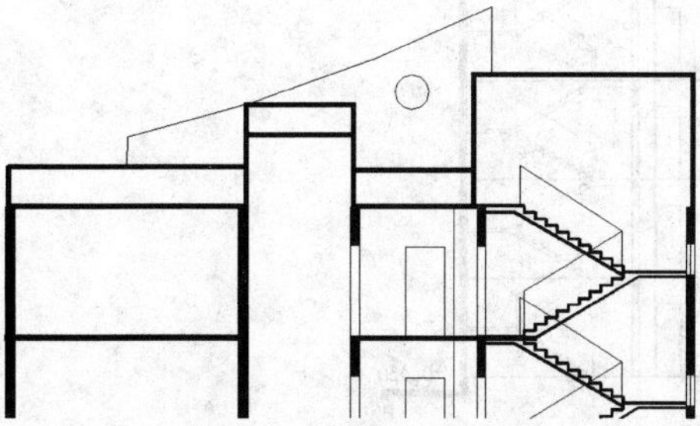

图14-84　绘制屋面剖面

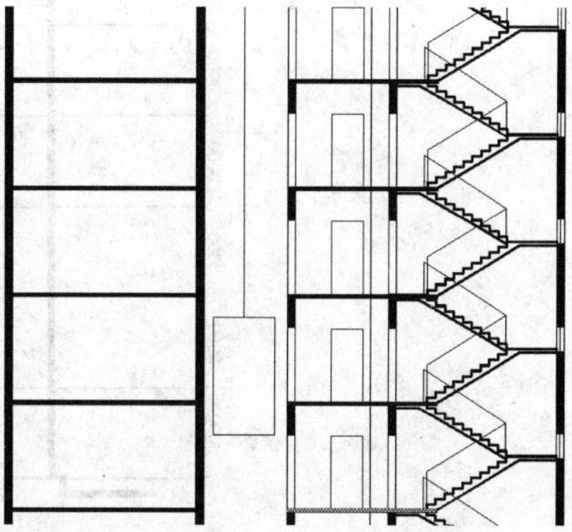

图14-85　绘制电梯坑井

05 利用“直线”、“单行文字”和“线性标注”命令，按楼层高度标注剖面图中的楼层标高，以及楼层和门窗的尺寸，如图14-86所示。

06 缩放视图检查多层住宅A-A剖面图的绘制情况，如图14-87所示。

注意 对不正确的地方进行修改，然后保存图形。

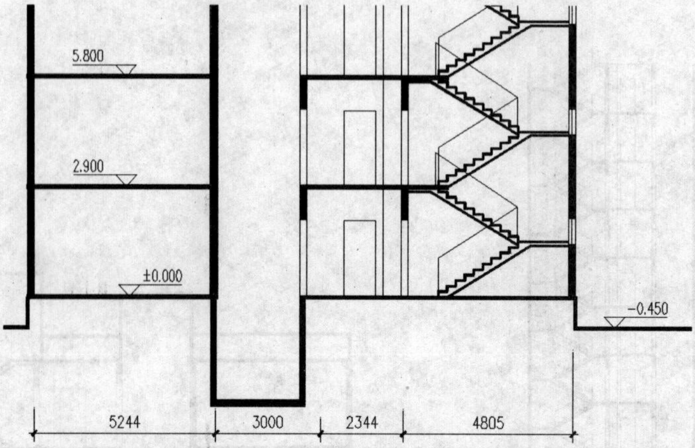

图 14-86 文字尺寸标注

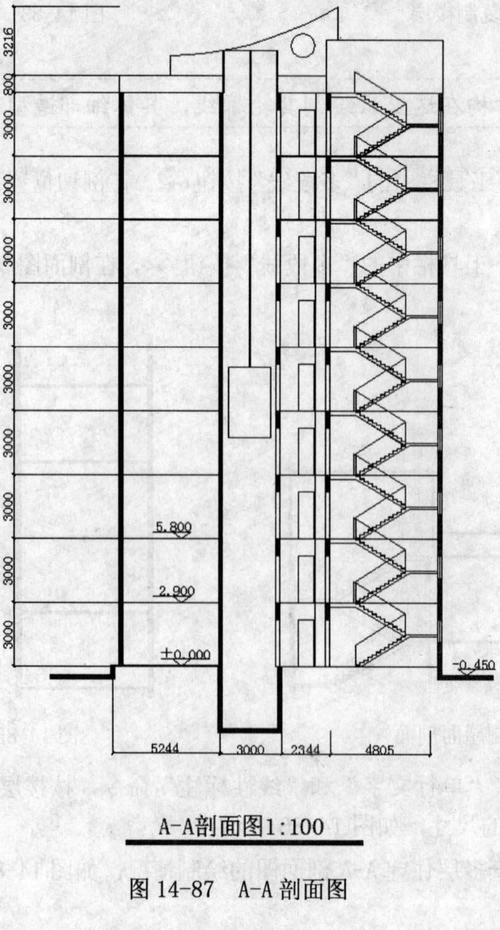

A-A剖面图1:100

图 14-87 A-A 剖面图